油气开发系统

（第二版）

［美］Michael J. Economides A. Daniel Hill
Christine Ehlig-Economides Ding Zhu 著

魏晨吉 李 勇 田昌炳 李保柱 译

石油工业出版社

内 容 提 要

本书多学科融合,不仅涵盖不同类型油气藏开发特征、产能评价及预测,也涉及人工举升、酸化压裂等增产措施相关内容,提供了一个油藏工程与采油工程紧密结合的视角来对整体的油气开发系统进行再认识。

本书注重理论与实践的紧密结合,适用性与可操作性强,可作为石油工程专业相关教材及油田开发人员的工作手册。

图书在版编目(CIP)数据

油气开发系统:第 2 版/(美)艾克诺米德斯(Economides,M. J.)等著;魏晨吉等译. —北京:石油工业出版社,2016. 1

书名原文:Petroleum Production Systems(Second Edition)

ISBN 978 – 7 – 5183 – 0728 – 9

Ⅰ. 油…

Ⅱ. ①艾…②魏…

Ⅲ. 油气田开发 – 开发系统

Ⅳ. TE3

中国版本图书馆 CIP 数据核字(2015)第 145870 号

Petroleum Production Systems,*Second Edition*

By Michael J. Economides,*A. Daniel Hill*,*Christine Ehlig-Economides*,*Ding Zhu*

ISBN:978 – 0 – 13 – 703158 – 0

Authorized translation from the English language edition, entitled PETROLEUM PRODUCTION SYSTEMS,2E, by ECONOMIDES, MICHAEL J. ; HILL, A. DANIEL; EHLIG – ECONOMIDES, CHRISTINE; ZHU, DING, published by Pearson Education, Inc. , Copyright © 2013 Pearson Education,Inc.

All rights reserved. No part of this book may be reproduced or transmitted in any form or by any means, electronic or mechanical, including photocopying, recording or by any information storage retrieval system, without permission from Pearson Education, Inc.

CHINESE SIMPLIFIED language edition published by PEARSON EDUCATION ASIA LTD. , and PETROLEUM INDUSTRY PRESS Copyright © 2015

本书经 PEARSON EDUCATION ASIA LTD. 授权石油工业出版社有限公司翻译出版。版权所有,侵权必究。本书封面贴有 Pearson Education(培生教育出版集团)防伪标签,无标签者不得销售。

北京市版权局著作权合同登记号:01 – 2015 – 6743

出版发行:石油工业出版社

(北京安定门外安华里 2 区 1 号　100011)

网　　址:www. petropub. com

编辑部:(010)64523543　图书营销中心:(010)64523633

经　销:全国新华书店

印　刷:北京中石油彩色印刷有限责任公司

2016 年 1 月第 1 版　2016 年 1 月第 1 次印刷

787×1092 毫米　开本:1/16　印张:30

字数:768 千字　印数:1—3000 册

定价:160. 00 元

(如出现印装质量问题,我社图书营销中心负责调换)

译 者 的 话

《油气开发系统》是由俄罗斯自然科学院外籍院士 Michael J. Economides,美国工程院院士 Christine Ehlig-Economides,美国得州农工大学(Texas A&M University)石油工程系主任 A. Daniel Hill 教授和 Ding Zhu 副教授合著,第一版于 1999 年问世,获得学术界和工业界专家普遍好评。历经十余年后,在保证专著原有精华的基础上,紧扣石油行业发展趋势,新补充了许多重要内容,第二版于 2013 年初问世,旨在为油田开发相关工作提供一套先进的综合性方法。尤其近年来油价持续低迷,在低油价的"新常态"下,该书第二版的出版,无疑是雪中送炭,将对油气田的合理高效开发起到技术支撑,为油气田经济效益开发提供保障。

本书最大特点是多学科融合,内容不仅涵盖不同类型油气藏的开发特征、产能评价及预测,也涉及人工举升、酸化压裂等增产措施相关内容,提供了一个油藏工程与采油工程紧密结合的视角来对整体的油气开发系统进行再认识。本书注重理论知识与现场应用的紧密结合,实用性及可操作性强,书中例子多来自油田实例,极具参考价值。此外,每章后面均附有相应习题,为巩固本章知识起到积极作用。该书不仅是美国著名的得州农工大学等石油工程专业研究生必修课程教材,也成为了众多石油公司及油田服务公司的工作手册。因此,本书可作为国内石油工程专业研究生教材、非石油工程专业背景工程师的培训资料,以及具有一定专业基础的油气田开发工程及采油工程科研人员和现场操作人员的使用手册。

本书译者于 2009 年赴美国得州农工大学求学,有幸跟随本书作者之一 A. Daniel Hill 教授学习本书,其结构之合理、内容之丰富,教授思路之清晰、板书之精彩,至今历历在目。2013 年博士毕业归国参加工作后便着手翻译本书,在单位领导与同事以及各方专家的支持与帮助下,历时近两年终于完成该译本。另外,休斯顿大学(University of Houston)秦关教授、威德福公司(Weatherford)杨梅女士、得州农工大学卡塔尔分校(Texas A&M University at Qatar)王宇赫教授在本书的出版过程中也给予了悉心指导,在此一并表示衷心的感谢!

由于译者水平有限,书中不足之处敬请读者批评指正。

魏晨吉
2015 年 8 月 6 日于北京

序

在过去的十年里我一直很期待这本书。该书为第一版的更新版本,我已向我的前实习生们、工程师们、同事们分发了成千上万册。本书作者同我一起工作过25年,工作能力卓越。同时,在石油天然气增产方面我们一直有着相同的见解,尤其是在生产管理措施方面,这些情况甚至也发生在那些我们之前认为不可能发生的地方和企业中。

该书全面地讲解了油气生产系统(也是一直倡导的"节点分析"概念),囊括了人工举升、油井诊断、基质酸化、水力压裂、防砂等方面的内容。

本书的一些重要观点如下:

(1)为提高油田现场生产,尤其在所钻的新井无法成为最优井时,采取油井增产措施比新钻注水井更为有效。在我对法国Yukos E&P公司的管理中就深刻地体会了这一点,期间数据显示,在一年中停止钻新井,仅采取适当的增产措施,油田产量提高超过15%。

(2)在常规油藏生产中,只要能够通过自然气顶、水驱、注水得到足够的油藏压力补充,优化完井方式并不会降低最终采收率。

(3)许多作业者无法准确描述油井生产动态,同时油井也很少在最大流动潜力下生产。本书认为合理的产量优化比盲目的完井和增产措施更为重要。尤其,我认为统一的裂缝设计(UFD),即作者的主要成果,是水力压裂设计的唯一一种条理分明的方法,而我也已经在我的所有水力压裂设计工作中成功地应用了该成果。

本书不仅提供了油田生产的最佳措施,还介绍了许多新方法的基本原理。本书涉及的内容也解释了如今非常规油气藏的开发为何如此成功。

本书恰逢其时地填补了石油天然气行业的一个技术空白。

Joe Mach

"节点分析方法"提出者

前尤科斯(俄罗斯石油公司)执行副总裁

斯伦贝谢前副总裁

前　言

　　自从 1994 年本书的第一版出版以来,在石油生产工作中相继出现了许多技术进展。本书的目的同第一版一样,旨在为石油生产工作提供一套相对先进且具备综合性的方法,同时可作为大学生以及毕业生的学习教材。另外,本书也可以用于非石油专业工程师的培训,以了解石油生产中的关键内容。自第一版以来出现的许多技术进步,都将在本次的第二版中予以更新。其中,水平井以及水力压裂的广泛应用给石油生产带来了全新的面貌,本部分已作了合理的更新。本书的编辑们在大学教学和实际石油生产中积攒了广泛的经验,我们感兴趣的领域也很好地满足了本书的时效性,主要涉及范围包括经典采油工艺、试井、生产测井、人工举升、基质酸化以及水力压裂。我们已经在这些领域做了多年的努力,其中有四人作为采油工程的老师根据本书的第一版在大学课堂上教授了许多学生,同时对现场工程师进行过短期的培训,这些经验也是本书第二版的重要指导依据。

　　本书为实现以上目的提供了一套结构化方法。第 2 ~ 第 4 章描述了原油、两相流、气藏的流入动态;第 5 章介绍了复杂结构井,例如水平井、多分支井等,这些都是自第一版后采油工程领域出现的技术进步;第 6 章介绍了井筒附近区域的地层环境,包括地层伤害、射孔、砾石充填等;第 7 章描述了井筒流动;第 8 章描述了地面流动系统、水平管流以及水平井流动;第 9 章和第 10 章综合研究了地层和油井的流入动态随时间的关系,考虑了单井瞬态流动以及物质平衡。因此,第 1 ~ 第 10 章介绍了油藏和油井系统的相关研究。

　　本书第 11 章和第 12 章分别讲述了气举和机械举升,在这两种油井开采方式下,油井和油藏的诊断至关重要。第 13 章介绍了目前的诊断方法,包括试井、生产测井以及永久性井下监测装置。

　　根据油井诊断,我们可以判断油井是否需要采取增产措施,例如基质酸化、水力压裂、人工举升或综合采用这几种方法,或者不需要采取任何措施。第 14、第 15、第 16 章介绍了不同类型油藏的基质酸化措施;第 17、第 18 章中介绍了相关水力压裂技术;第 19 章介绍了砂处理的新方法。

　　为简化实际例子的描述,三种特殊油藏类型数据已在附录中给出,包括不饱和油藏、饱和油藏和气藏。这些数据在本书中都有应用。

　　为涵盖过去二十年来的基本采油工艺,本书的修订过程是一项巨大的工作,需要编辑者们长期的协调工作。我们也得到了许多研究生以及同事的帮助,与现场和学术机构的很多同事的交流也是本书能够完成的一个关键。Paul Bommer 博士提供了关于人工举升的很多有效材料,Chen Yang 博士提供了关于碳酸盐岩酸化的全新材料,Tom Blasingame 博士和 Chih chen 先生提供了用于压力计算、生产实例的油井数据,Tony Rose 先生绘制了所有图版,Katherine Brady 女士和 Imaran Ali 协助了本书第二版的出版工作,我们由衷地感谢这些人员的帮助。

　　正如第一版那样,我们感谢很多同事、学生以及我们的教授们,他们为我们的工作做出了极大的贡献。我们的学生在采油工程课上给出的反馈对本书第一版次的校订有着重要的指导意义,非常感谢他们的建议、指正以及所作出的努力。

我们由衷感谢以下组织机构和相关人士允许本书中相关图表的出版:图 3.2,图 3.3,图 5.2,图 5.4,图 5.7,图 6.15,图 6.16,图 6.18,图 6.19,图 6.20,图 6.21,图 6.22,图 6.24,图 6.25,图 6.26,图 6.27,图 6.28,图 6.29,图 7.1,图 7.9,图 7.12,图 7.13,图 7.13,图 7.14,图 8.1,图 8.4,图 8.6,图 8.7,图 8.17,图 13.13,图 13.19,图 14.3,图 15.1,图 15.2,图 15.4,图 15.7,图 15.10,图 15.12,图 16.1,图 16.2,图 16.4,图 16.5,图 16.6,图 16.7,图 16.8,图 16.14,图 16.16,图 16.17,图 16.20,图 17.2,图 17.3,图 17.6,图 17.11,图 17.12,图 17.13,图 17.14,图 17.15,图 17.16,图 17.17,图 17.18,图 17.19,图 18.20,图 18.21,图 18.22,图 18.23,图 18.25,图 18.26,图 19.1,图 19.6,图 19.7,图 19.8,图 19.9,图 19.10,图 19.17,图 19.18,图 19.19,图 19.20,图 19.21(a),图 19.21(b)以及图 19.22,美国石油工程师协会;图 6.13,图 6.14,图 13.2,图 13.18,图 18.13,图 18.14,图 18.19,图 19.2 以及图 19.3,斯伦贝谢公司;图 6.23,图 12.5,图 12.6,图 15.3,图 15.6,图 16.17 以及图 16.19,普伦蒂斯·霍尔出版社;图 8.3,图 8.14,图 12.15,图 12.16 以及图 16.13,塞维尔科学出版社;图 4.3,图 19.12,图 19.13,图 19.14 以及图 19.15,海湾出版有限公司(休斯敦,得克萨斯州);图 13.5,图 13.6,图 13.8,图 13.9,图 13.11 以及图 13.12,哈特能源(休斯敦,得克萨斯州);图 7.11以及图 8.5,美国化学工程学院;图 7.6 和图 7.7,美国机械工程学会;图 8.11 以及表 8.1,起重机有限公司,斯坦福,CT;图 12.8,图 12.9 以及图 12.10,德希尼布版本,巴黎,法国;图 2.3,美国矿业学院,冶金和石油工程;图 3.4,麦格劳希尔集团;图 7.10,世界石油委员会;图 12.11,贝克休斯公司;图 13.1,PennWell 出版有限公司,塔尔萨;图 13.3,岩石物理学家和测井分析家协会;图 18.16,碳水化合物陶瓷有限公司;图 12.1,图 12.2,以及图 12.7,Michael Golan 博士和 Curtis Whitson 博士;图 6.17,Kenji Furui 博士;图 8.8,James P. Brill 博士;图 15.8,Eduardo Ponce da Motta 博士;图 18.11 以及图 18.15,Harold Brannon 博士。以上图版使用均经许可,保留所有权利。

目　　录

第1章 引 言

1.1 简介

石油开采涉及两个不同但紧密关联的系统,即油藏系统和人工系统。油藏系统是具有一定储存能力和流动特性的孔隙介质;人工系统通常包括井筒、井底、井口装置以及地面集输、分离和储存设施。

油气开发系统是石油工程的一部分,其目的是用经济高效的方法使产量(或石油流出井口的量)最大化。在出版本书第一版和第二版所间隔的 15 年内,水力压裂技术使全球的油气产量增长了 10 倍,成为行业内仅次于钻井的第二大预算项目。自本书第一版出版以来,相比垂直井或单一水平井复杂很多的复杂结构井也有了很大的发展,并已成为油气田开发的一个重要手段。

实际上,石油开采会同时涉及一口或多口井,石油工程中的采油工程往往关注的是特定井及其短期目标,强调生产或注入的最优化。而油藏工程的目标则更长远,主要关心采收率。因此,两者偶尔会出现矛盾,尤其当国际石油公司与国家石油公司合作时,前者关注的焦点是加速生产并使其短期利益最大化,而后者主要考虑如何平衡自身储量和长期开采战略。

采油工艺和方法的应用与石油工程的其他主要领域直接相关并相互依存,如储层评价、钻井及油藏工程,其中最为重要的一些关系概述如下:

现代储层评价通过三维地震勘探、井间测井对比及试井等方法来进行油藏综合描述,从而识别各具特色的地质流动单元,而连通的流动单元组成一个油藏。

钻井可建立重要的井身结构,且随着定向钻井技术的发展,使井身结构变得可控,包括大位移水平井、多边水平井、丛式水平井、多分支井等,这些井能更加准确地钻遇流动单元,这类井的成功完钻并非偶然,而是依靠复杂而精确的随钻测量(MWD)和随钻测井(LWD)技术。控制钻井所引起的近井地带的地层伤害是十分重要的,尤其对于长水平井来说。

广义上的油藏工程与采油工程在一定程度上存在交叉。它们在研究内容(单井与多井)和研究时间(短期与长期)上的差别通常很模糊,采油工程的研究对象单井动态可能作为油藏工程长期研究的边界条件。反过来,物质平衡计算或油藏模拟可以进一步确定和修正油井动态预测,从而提供更恰当的采油工艺决策。

在采油工程理论形成的过程中,首先必须理解控制产能的重要参数及系统特性。下面为大家列出油气开发系统中的一些定义。

1.2 油气开发系统的组成

1.2.1 油藏烃类的体积和相态

1.2.1.1 油藏

油藏由一个或几个相互连通的地质流动单元组成。虽然过去我们已经根据井的形状及汇流建立了径向流理论,但诸如三维地震勘探、测井新技术和试井方法等现代技术可更精确地描述地质流动单元的形状及井的生产特性。这在确定储层横向和垂直边界及非均质性方面非常有效。

油藏描述通常用于确定和评价油藏的非均质程度、连通性及各向异性。随着长达数千英尺的水平井和复杂结构井的出现，准确的油藏描述变得更为重要。如图 1.1 所示，油藏中有一口直井和一口水平井，该油藏具有横向非均质性或不连续性（封闭断层）、垂向流动边界（页岩透镜体）以及各向异性（应力或渗透率）。

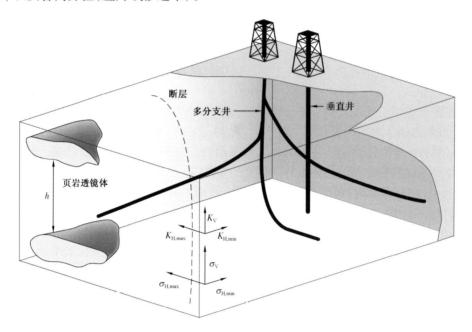

图 1.1　影响直井、水平井和复杂结构井流体动态的储层非均质性、各向异性、不连续性及边界

尽管准确的油藏描述和边界、非均质性及各向异性的识别对钻直井很重要，但对于只有直井开发的油藏，这些要求可以适当放宽。然而，钻复杂水平井时，对这些问题必须认真研究。横向储层不连续性（包括油井生产中的不均匀压力降）对复杂井的产量预测有很大影响，同时井眼轨迹和方位对产量也有很大影响。通常情况下，井只存在一个最优方位。

了解烃类成藏的地质历史具有一定的必要性。最好的石油工程师应该了解地质沉积过程、流体运移和聚集。油藏是背斜油藏、断块油藏还是河流相砂岩油藏，不仅影响烃含量，而且在很大程度上控制着油井生产动态。

1.2.1.2　孔隙度

石油工程的所有环节都旨在解决孔隙介质中流体的采出问题。孔隙度，可简单定义为孔隙体积 V_p 与岩石总体积 V_b 之比，即：

$$\phi = \frac{V_p}{V_b} \tag{1.1}$$

孔隙度是岩石中流量的直接指标，大小一般在 0.1～0.3 之间，一般可基于实验室对油藏岩心测量或根据测井、试井等方法解释得到。孔隙度是开发方案中所需的基础数据之一，合理的孔隙度值对油藏开发可行性评价非常必要。如果油藏没有大量孔隙存在，则油藏没有必要进行开发。

1.2.1.3　油藏厚度

油藏厚度通常称为储层厚度或产层厚度,指两个稳定非渗透层之间连通的孔隙介质厚度。有时,要将含油层的厚度与下伏含水层的厚度区分开。在同一油藏多油层开发中,通常使用"油层总厚度"这一概念。此时,"油层的有效厚度"指有效渗透层的厚度。

目前通常采用测井技术来识别可能的油藏并确定其厚度范围。例如,由于砂岩与页岩在自然电位测井时响应截然不同,通过自然电位(SP)测井,可以估计储层的厚度。图 1.2 是一口井的测井曲线,明显可以看出砂岩储层的自然电位与相邻页岩层的偏差,此偏差反映了潜在含烃孔隙介质的厚度。

大小合适的有效储层厚度是油气井开采中的另一个必要条件。

1.2.1.4　流体饱和度

油气从来不是单独存在于岩石的有效孔隙体积内,而是伴随着水的存在。某些岩石属于"油湿",意味着油分子附着在岩石表面,但更多的岩石属于"水湿"。岩石的润湿性由静电力和表面张力共同作用产生,流体注入、钻井、增产措施或其他活动以及表面活

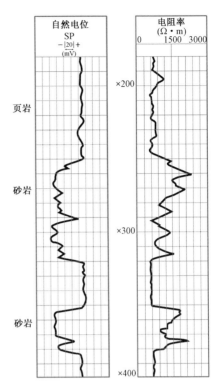

图 1.2　可区别砂岩与页岩层以及含水层与含烃层的自然电位曲线和电阻率曲线

性剂的都会使润湿性发生改变,且通常带来不利的影响。如果有水存在但不流动,相应的含水饱和度称为"原生水饱和度"或"束缚水饱和度"。当含水饱和度大于该值时,水将与烃类一起流动。

石油烃是由多种组分组成的混合物,可分为油和气。随着组成、压力和温度条件的变化,任一混合物均可是液体(油)、气体或两者混合的状态。通常油和气的概念是模糊的,生产的油、气是指总混合物经地面分离后的液态部分和气态部分,对应的压力和温度通常是"标准条件",即(但不总是)14.7psi 和 60℉。不论处于原始油藏压力还是处于井底流动压力,在油藏中油气流动则意味着油气两相共存的状态。除了高产气井,油藏温度通常都是常数。

烃类饱和度是试井或完井前需要确定的第 3 个重要参数(前两个为孔隙度和油藏厚度)。一个经典的方法是通过测量地层电阻率来确定,目前可用多种方法进行地层电阻率测量。我们知道,地层水是良好的导体(即它们的电阻率很小),而烃类恰恰相反,因此通过测量地层电阻率就可探测烃类的存在。探测结果经适当校正,不但可以确定烃类是否存在,还可以估算出烃类的饱和度(即烃类所占据的孔隙空间比例)。图 1.2 也给出了电阻率测井曲线。结合之前描述的自然电位曲线可以看出,同一区域内的高电阻率意味着孔隙介质中烃类的存在。

在确定油田是否具有开采前景时,必须综合考虑孔隙度、油藏有效厚度和烃类饱和度,可用这些变量来评价井附近地区的含烃情况。

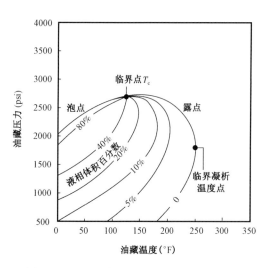

图 1.3　油田烃类相图(图中给出了泡点及
露点曲线、常规相态分布线、反凝析区、
临界点及临界凝析温度点)

1.2.1.5　油藏分类

所有烃类混合物都可用如图 1.3 所示的相图来描述,其是温度(x 轴)和压力(y 轴)的关系曲线。图上存在一个特殊点——临界点,在该点处,液相和气相的性质相同。对于低于临界点温度的每个温度(图 1.3 中 T_c 左边),都对应一个称为"泡点压力"的压力点。当压力高于该压力时只有液相(油)存在,而低于该压力时气液共存。压力更低时(恒温下),将有更多气体逸出。油藏压力高于泡点压力的油藏称为"未饱和油藏"。

如果原始地层压力低于或等于泡点压力,或井底流压低于泡点压力(即使原始地层压力高于泡点压力)时,油藏中会有可流动的自由气形成。这类油藏称为"两相油藏"或"饱和油藏"。

当温度高于临界点温度时(图 1.3 中 T_c 的右边),两相包络线称为露点线。在其外部,流体为气体,此条件下的油藏称为"干气藏"。

两相包络线的最高温度称为"临界凝析温度"。在临界点和最高温度点之间存在一个区域,从气体饱和曲线可看出,随着压力的降低,该区域内会有液体或凝析液析出。但这一现象只能发生在一定压力范围内,而当压力降低到一定程度后,又会发生汽化。发生这一现象的区域称为"反凝析区",具有这一特性的油气藏则成为"凝析气藏"。

每一个油气藏都具有特定特征的相图及相应的物理和热力学性质。这些性质常常通过专业的流体取样并在实验室测量得到。石油热力学性质统称为 PVT(压力—体积—温度)特性。

1.2.1.6　面积

通过单井测试可得到油藏的孔隙度、油藏厚度、流体饱和度及压力(隐含的相态分布),但这对油藏的开发决策和开发方案制订来说还不够。结合先进的三维地震勘探和井下地震勘探技术以及试井技术,可大大增加对油藏的认识(包括厚度、孔隙度和饱和度),并检测地层的非连通区域及其位置。随着钻井数量的增多,可获得更多信息以进一步提高对油藏的特性及边界的认识。估算原始油(气)储量时,油藏面积是必不可少的参数。油藏条件下,原油体积 V_{HC}(单位 ft^3)为:

$$V_{HC} = Ah\phi(1 - S_w) \tag{1.2}$$

式中:A 为油藏的面积,ft^2;h 为油藏厚度,ft;ϕ 为孔隙度,%;S_w 为含水饱和度(因此 $1 - S_w$ 为含油饱和度)。需要注意的是,孔隙度、油藏厚度和饱和度在油藏面积范围内一般不是定值。

由式(1.2)除以原油地层体积系数 B_o 或气体地层体积系数 B_g 就可以估算出标准条件下油或气的体积。该系数是一定量的液体或气体在油藏条件下的体积与标准条件下的体积之比。因此,对于油,有:

$$N = \frac{7758Ah\phi(1 - S_w)}{B_o} \tag{1.3}$$

式中:N 单位为桶(bbl)。式(1.3)中面积的单位为英亩(acre)。对于气,有:

$$G = \frac{Ah\phi(1 - S_w)}{B_g} \tag{1.4}$$

式中:G 的单位为 ft^3;A 的单位为 ft^2。

气体地层体积系数 B_g(单位为 ft^3/ft^3)对应一个简单的体积关系,可用真实气体状态方程计算出来。气体地层体积系数远远小于1。原油地层体积系数 B_o(单位为 bbl/bbl)不是一个简单的物理量。相反,它对应一个经验热力学关系,描述了标准状况下所释放出的天然气重新溶于液体中的天然气量(在油藏压力升高时出现)。因此,原油地层体积系数总是大于1,反映了气体溶解引起的原油体积膨胀。

读者可参阅 Muskat(1949)、Craft 和 Hawkins(Terry 修订,1991)及 Amyx,Bass 和 Whiting(1960)所著的经典教科书及新版的 Dake(1978)著作获得更多内容。本书学习要求具备一定的油藏工程基础知识。

1.2.2　渗透率

孔隙度高通常(但不总如此)意味着油藏内部的孔隙是相互连通的,因此孔隙介质为"可渗透的"。渗透率是描述孔隙介质中流体流动能力的参数。在某些岩性的岩石中(如砂岩),孔隙度越大,渗透率越高。而在其他岩性的岩石中(如白垩岩),孔隙度较大(有时甚至大于0.4),但相应的渗透率并不高。使用孔隙度与渗透率的关系式时必须十分谨慎,尤其在把某一种岩性关系式应用到其他岩性时。

渗透率的概念是由 Darcy(1856)在一个经典实验中提出的,这一实验对石油工程及地下水力学都有重要意义。Darcy 观察到,流体通过特定孔隙介质的流量(或流速)与出入口的压差及介质的一个特性参数成正比(图1.4)。因此:

$$\mu = \alpha K \Delta p \tag{1.5}$$

式中,K 为渗透率,是孔隙介质的一个特性参数。达西实验中使用的是水,如果改用其他黏度的流体,则渗透率必须除以黏度,其中比值 K/μ 称为流度比。

1.2.3　近井地带、砂面(井底砂面)、完井

近井地带具有非常重要的研究意义。首先,即使没有任何的人为干扰,汇流、径向流均会在井筒周围形成显著的压力降,且压降随距井的距离成对数变化,这一点将会在本书中证明。这意味着,在距井 1ft 处的压降等于10ft 处和100ft 处的压降。其次,所有作业(如钻井、固井和完井等)都会改变近井地带的油藏条件且通常会造成伤害,因此油藏中总压降的 90% 可能消耗在距井几英尺的区域内。

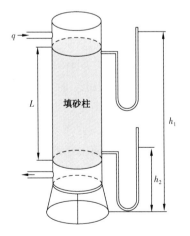

图 1.4　Darcy 实验(水在一定压差下流过填砂柱并记录压差)

增产措施旨在恢复或提高近井地带的渗透率(增产的同时也会造成地层伤害,但效果总体而言是有利的)。水力压裂作为目前应用最广泛的技术之一,改变了流体向井底的流动方式,其最深刻的影响之一是消除了近井径向流及与它相关的伤害。

许多井采用下套管水泥固井。固井的目的之一是为了支撑套管,但在地层深处,最重要的目的是提供层位封隔。在裸眼完井中,可以很容易地预测到其他地层产出液的伤害或流体向其他地层的滤失。如果不存在层位封隔或井眼稳定问题,则可采取裸眼完井。对于下套管固井的井,为了与地层重新连通,套管固井后必须进行射孔。如果没必要下套管水泥固井,则可以考虑使用割缝衬管完井,其在注水泥较为困难的水平井中比较常见。

最后,为了防止油井出砂或其他微粒的产出,可在井与地层之间安装筛管。下筛管砾石充填可起到附加的保护作用,使那些引起渗透率降低的微粒远离油井。

图 1.5 给出了各种完井方式及相应的近井地带情况。定向钻井可钻出大斜度井、水平井和复杂井。在这些情况下,井与地层的接触面积要比垂直井大得多。

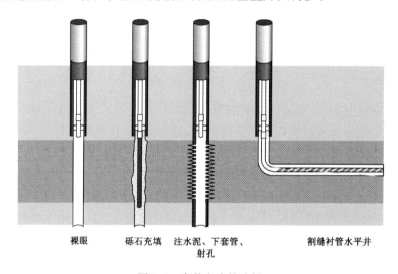

裸眼　　　　砾石充填　　注水泥、下套管、　　　割缝衬管水平井
　　　　　　　　　　　　　射孔

图 1.5　完井方式的选择

1.2.4　井

流体流经孔隙介质、近井地带及完井系统进入油井,从而通过油井被举升到地面。此过程需要井底与井口之间存在流动压力梯度,该压力梯度包括势能差(静水压力)和摩擦压力降。前者取决于油藏深度,而后者取决于井身长度。

如果井底压力足以将流体举升到井口,那么该油井即为"自喷井"(通过天然能量即可完成举升)。否则,该井需要"人工举升",一种方法是通过泵提供机械举升,另一种方法是降低井中流体密度从而减小静水压力实现举升。这可通过向井中某一设计位置注入干气来实现,这就是所谓的"气举"。

1.2.5　地面设备

流体被举升到井口后,可直接流入与多口井相连的管汇中。油藏流体由油、气、水组成。通常情况下,即使井底流动压力高于泡点压力,举升过程中也可能有气体从油中脱出。

一般而言,油、气、水混合物不宜进行长距离运输,通常将其在距井不远处用地面分离装置进行分离。但一些海上油田则例外,从海底油井采出的流体,或几口井的混合采出液,需要运输很长一段距离后才进行分离。

最后,将分离的流体进行外输或储存。产出水通常通过回注井注入地下。

图1.6给出了油藏、井及地面设备的示意图。从油藏到分离器入口的流动系统称为石油开发系统,也是本书的主要研究对象。

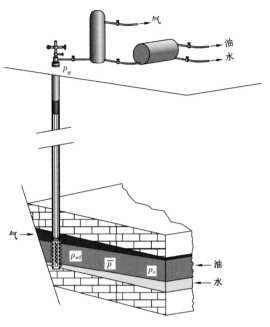

1.3 油气产能及开发系统

1.3.1 开发系统的目的

石油开发系统的许多组成部分都可以通过井底流入动态曲线(IPR)和垂直流动动态

图1.6 采油系统示意图(包括油藏、地下完井、井身、井口装置及地面设施)

曲线(VFP)展现,IPR曲线和VFP曲线都是井筒流压与地面产量的关系曲线。IPR曲线表示的是油藏产能,而VFP曲线表示的是油井产能。如图1.7所示,IPR曲线和VFP曲线的交点对应油井产能,即在给定生产条件下的油井产能。采油工程师的任务是以经济高效的方法实现油井产能的最大化。因此,了解并测量影响这些关系的变量(即油井诊断)是十分必要的。

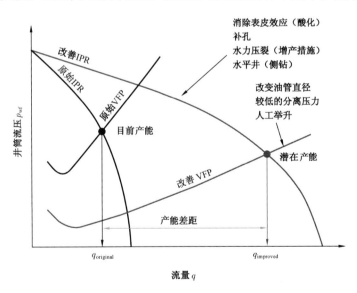

图1.7 原始油井动态与优化后油井动态间的产能差异

由于在后面的章节中将广泛地用到相关的概念,因此在这里有必要引入油井采油指数 J 的概念(同理可写出气井和油气两相井的类似表达式):

$$J = \frac{q}{p - p_{wf}} = \frac{Kh}{\alpha_r B \mu} J_D \qquad (1.6)$$

式(1.6)简洁地描述了采油工程师所需掌握的油井资料。首先,有量纲的采油指数(单位为流量除以压力)与无量纲(标准化的)采油指数 J_D 成正比。后者有非常著名的表达式,对于垂直井稳态(稳定状态)流动,有:

$$J_D = \frac{1}{\ln\left(\dfrac{r_e}{r_w}\right) + S} \qquad (1.7)$$

对于拟稳态流动,有:

$$J_D = \frac{1}{\ln\left(\dfrac{r_e}{r_w}\right) - 0.75 + S} \qquad (1.8)$$

而对于不稳定流,有

$$J_D = \frac{1}{p_D + S} \qquad (1.9)$$

式中,p_D 为无量纲压力。稳态、拟稳态及非稳态的概念将在第 2 章中介绍。无量纲采油指数的概念结合了流动几何形态及表皮效应,可通过测量产量、压力(油藏静压及井底流压)以及一些其他基础但重要的油藏和流体参数来进行计算。

对于渗透率为 K、厚度为 h、流体地层体积系数为 B、黏度为 μ 的油藏,式(1.6)右边唯一可控的变量即无量纲采油指数。例如,如果表皮系数是由地层伤害引起的,则可通过基质增产措施使其减小甚至完全消除;如果表皮系数是由机械作用造成的,则可通过其他方式补救,成功的水力压裂井可得到负的表皮系数。因此,增产措施可提高采油指数。最后,更有利的油井几何形态(如水平井或复杂井)可得到更高的 J_D 值。

由式(1.6)很容易看出,在出现与压降相关问题(出砂、水锥或气锥)的油藏中,提高产能可实现以较小压降得到经济有效的产量。

通过降低 p_{wf} 来增加压降($p - p_{wf}$)是采油工程中提高油井产能的另一手段。当 IPR 曲线保持不变时,井底流压的减小将使压力梯度($p - p_{wf}$)增加,而产量则必然相应增加。图 1.7 中 VFP 曲线的变化表明,通过使井底与分离设备间的压力损失最小化(如通过消除不必要的限制、优化油管尺寸等),或实施及改善人工举升操作,均可使井底流压降低。通过优化从井底到地面生产设施的流动系统来提高油井产能是采油工程的一个主要任务。

总之,油井动态评价及优化是采油工程的主要任务。采油工程有 3 个主要的油井动态评价工具:(1)油藏至分离器的流动路径中产量—压降关系的测量(有时只需对其有简单的了解);(2)试井可评价油藏流动潜力,同时通过解释表皮系数可提供有关近井地带流动限制(阻力)的信息;(3)生产测井或通过井下工具进行的压力、温度或其他系数的测试。可描述井筒中的流动分布情况,并诊断与完井相关的其他问题。

有了诊断信息,石油工程师就可集中研究采油系统的某一部分或几部分,从而对其进行优化以提高产能。补救措施的范围可为从油井增产措施(如提高油藏内流动能力的水力压裂)到调整地面流动管线尺寸,从而提高产能。本书的目的在于为石油工程师提供进行油井动态评价及优化所需要的信息。

1.3.2 本书的结构

本书的结构主要按照上面所说的目的进行安排。第2章至第4章介绍未饱和油藏、饱和油藏、气藏的流入动态;第5章讲述了复杂结构井的生产动态,如水平井和多分支井,反映了自本书第一版出版发行以来采油工程这一领域的巨大发展;第6章描述了近井地带的基本情况,如地层伤害、射孔和砾石充填等;第7章描述了流体向地面的流动;第8章描述了地面流动系统、水平管线中的流动及水平井中的流动;第9章和第10章阐述了考虑单井过渡流及物质平衡条件下流入流出动态和油井动态与时间的关系。因此,第1章至第10章描述了油藏及油井系统的工作过程。第11、第12章分别概述了气举和机械举升。对于适当的采油工程增产措施来说,油井及油藏诊断是十分必要的,因此,第13章讲述了最先进的现代诊断技术,包括试井、生产测井及使用永久井下工具进行的油井检测。根据油井诊断,可判断是否需要对油井进行基质酸化、水力压裂、人工举升或以上措施共同实施。第14、第15、第16章讲述了所有主要类型油藏的增产措施,而第17和第18章中讨论了水力压裂的主要内容。第19章是有关出砂管理进展的内容。

本书专为石油工程课程或类似的培训设计,设计学时为每周3学时、共两学期。为简化本书中给出的实例,附录中提供了3个特征油藏类型——未饱和油藏、饱和油藏及气藏的有关数据,这些数据在全书中通用。本书不侧重人工计算,但我们仍然认为它对读者理解基础知识是必要的。同时,习题中需要应用现代软件,如 Excel 表格及本书中包含的 PPS 软件,除了根据给定的一组变量进行单一计算外,更多的内容是方案动态及参数研究。

1.4 单位及其换算

尽管这一单位制并不统一,在本书中我们使用了"油田"单位制。我们选用这一单位制是因为许多油田工程师更习惯于用桶/天(bbl/d)和 psi 思考,而不是 m^3/s 和 Pa。所有方程及需要的常量也都采用油田单位制。为了使用 SI 单位,最简单的是先将 SI 换算成油田单位,计算出油田单位下的结果,然后再将其换算为 SI 单位。然而,如果一个方程中反复用到 SI 单位的已知量,那么将方程中的常量变为 SI 单位则更方便。表1.1 中给出了油田单位与 SI 单位间的换算系数。

表1.1 油藏和采油工程计算中的常用单位

变量	油田单位	SI 单位	换算系数(乘以 SI 单位)
面积	acre	m^2	2.475×10^{-4}
压缩系数	psi^{-1}	Pa^{-1}	6897
长度	ft	m	3.28
渗透率	mD	m^2	1.01×10^{15}
压力	psi	Pa	1.45×10^{-4}
流量(油)	bbl/d	m^3/s	5.434×10^5
流量(气)	$10^3 ft^3/d$	m^3/s	3049
黏度	cP	$Pa \cdot s$	1000

例 1.1 油田单位向 SI 单位的换算

第 2 章中给出了油田单位下稳态径向流的达西方程,即:

$$p_e - p_{wf} = \frac{141.2qB\mu}{Kh}\left(\ln\frac{r_e}{r_w} + S\right) \tag{1.10}$$

式中各参数对应单位如下:p—psi,q—bbl/d;B—bbl(油藏)/bbl;μ—cP;K—mD;h—ft;r_e,r_w—ft;S—无量纲。对于下面以 SI 单位给出的数据,计算以 Pa 表示的压降($p_e - p_{wf}$)。首先将单位换算成油田单位,再将结果换算成 SI 单位,从而得到 SI 单位下这一方程的常量。

数据如下:$q = 0.001\text{m}^3/\text{s}$,$B = 1.1\text{m}^3$(油藏)/m³,$\mu = 2\times10^{-3}\text{Pa}\cdot\text{s}$,$K = 10^{-14}\text{m}^2$,$h = 10\text{m}$,$r_w = 0.1\text{m}$,$S = 0$。

解:

使用第一种方法,我们首先将所有数据换算成油田单位。根据表 1.1 中的换算系数得:

$$q = \left(0.001\frac{\text{m}^3}{\text{s}}\right) \times (5.434\times10^5) = 543.4\text{bbl/d} \tag{1.11}$$

$$B = 1.1\text{bbl/bbl} \tag{1.12}$$

$$\mu = (2\times10^{-3}\text{Pa}\cdot\text{s}) \times 10^3 = 2\text{cP} \tag{1.13}$$

$$K = 10^{-14}\text{m}^2 \times (1.01\times10^{15}) = 10.1\text{mD} \tag{1.14}$$

$$h = 10\text{m} \times 3.28 = 32.8\text{ft} \tag{1.15}$$

由于方程中 r_e 除以 r_w,这两个半径不需要换算单位。现在,由式(1.10),有:

$$p_e - p_{wf} = \frac{141.2\times543.4\times1.1\times2}{10.1\times32.8} \times \left(\ln\frac{575}{0.1} + 0\right) = 4411\text{psi} \tag{1.16}$$

将这一结果换算为 Pa,有:

$$p_e - p_{wf} = 4411\text{psi} \times 6.9\times10^3 = 3.043\times10^7\text{Pa} \tag{1.17}$$

或者,我们可以将常数 141.2 转化为 SI 单位制下的对应值(包括被转换变量):

$$p_e - p_{wf}(\text{Pa}) = \frac{141.2 \times q(\text{m}^3/\text{s}) \times (5.43\times10^5) \times \mu(\text{Pa}\cdot\text{s}) \times 10^3}{K(\text{m}^2) \times (1.01\times10^{15}) \times h(\text{m}) \times 3.28} \times 6.9\times10^3 \tag{1.18}$$

或

$$p_e - p_{wf} = \frac{0.159qB\mu}{Kh}\left(\ln\frac{r_e}{r_w} + S\right) = \frac{qB\mu}{2\pi Kh}\left(\ln\frac{r_e}{r_w} + S\right) \tag{1.19}$$

式中导出的常数 0.159 对应 $1/2\pi$,是采用统一单位时的值。将 SI 单位的参数直接带入式(1.19),我们再次计算得 $p_e - p_{wf} = 3.043\times10^7\text{Pa}$。

通常在惯用米制单位的地区,有时会将 SI 单位与非 SI 单位混用。比如,达西定律中,流量的单位可能为 m³/d;黏度单位为 cP;渗透率单位为 mD;等等。这种情况下,可采用例题中所示的方法将单位换算成油田单位。

参 考 文 献

[1] Amyx, J. W. , Bass, D. M. , Jr. , and Whiting, R. L. , Petroleum Reservoir Engineering, McGraw – Hill, New York, 1960.

[2] Craft, B. C. , and Haw kins, M. (revised by Terry, R. E.), Applied Petroleum Engineering, 2nd ed. , Prentice Hall, Englewood Cliffs, NJ, 1991.

[3] Dake, L. P. , Fundamentals of Reservoir Engineering, Elsevier, Amsterdam, 1978.

[4] Darcy, H. , Les Fontaines Publiques de la Ville de Dijon, Victor Dalmont, Paris, 1856.

[5] Earlougher, R. C. , Jr. , Advances in Well Test Analysis, SPE Monograph, Vol. 5, SPE, Richardson, TX, 1977.

[6] Muskat, M. , Physical Principles of Oil Production, McGraw – Hill, New York, 1949.

第2章 未饱和油藏开发动态

2.1 简介

当给定地面产量时,通过油井的产能分析可以预测出井筒流压。第 2 章至第 5 章将描述在不同条件下影响油井产量的各储层参数,并且解决油气井的流入动态问题。完井过程中井筒穿过储层的多孔介质,其中需要注意的参数有孔隙度 ϕ、有效厚度 h 和渗透率 K。为了更好地理解流体从地层进入井底的流动过程,我们可运用一个简单的公式来表征,即在极坐标下的达西定律(1856):

$$q = \frac{KA}{\mu}\frac{\mathrm{d}p}{\mathrm{d}r} \tag{2.1}$$

其中,A 表示半径为 r 的径向流面积,$A = 2\pi rh$。

式(2.1)普遍应用,并启发我们得到了一系列有趣的结果。当压力梯度 $\mathrm{d}p/\mathrm{d}r$、渗透率 K、油层厚度 h 很大时或流体黏度 μ 很小时,流速会很大。并且,此公式本身假设的前提条件为单向流体流动和饱和油藏情况。

2.2 油井稳态生产动态

稳态生产指生产过程中所有的参数(包括流速和压力)都不随时间变化。对于一口供油半径为 r_e 的直井,它的稳态条件表示其边界压力 p_e、井底流压 p_{wf} 均不随时间变化,即为常数。而实际上对于一口生产井而言,只有油藏压力保持恒定,即当水层中的天然水流入或者注水以保持地层压力的情况下,其边界压力 p_e 才可能保持一个常数不变。注水开发的油藏是最常见的一种情况,其稳态特性近似等于实际生产井条件。

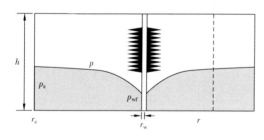

图 2.1 油井稳态流的油藏示意图

稳态下的各参数关系式可通过达西定律得到。在图 2.1 中我们可以得出,对于地层中的一口井,任意距离 r 的流动面积等于 $2\pi rh$,所以式(2.1)变为:

$$q = \frac{2\pi Krh}{\mu}\frac{\mathrm{d}p}{\mathrm{d}r} \tag{2.2}$$

假设 q 为常数,分离变量并积分得到:

$$\int_{p_{wf}}^{p}\mathrm{d}p = \frac{q\mu}{2\pi Kh}\int_{r_w}^{r}\frac{\mathrm{d}r}{r} \tag{2.3}$$

最终

$$p - p_{wf} = \frac{q\mu}{2\pi Kh}\ln\frac{r}{r_w} \tag{2.4}$$

式(2.4)是半对数公式,表示当半径增加1~2个数量级时,压力相应降落2~3倍。由于近井地带压力不断下降,其在油井生产中需受到重视。

Van Everdingen 和 Hurst(1949)引入表皮效应的概念,量化了伤害对近井地带的影响,它和热传递过程中的膜层散热系数相似。可将表皮效应的存在对应成一个稳态压降,公式如下:

$$\Delta p_s = \frac{q\mu}{2\pi Kh}S \tag{2.5}$$

当把表皮系数引入油藏条件中时,式(2.4)可变为:

$$p - p_{wf} = \frac{q\mu}{2\pi Kh}\left(\ln\frac{r}{r_w} + S\right) \tag{2.6}$$

如果油藏在外边界(r_e)的压力恒定,那么这口井便处于稳态条件下。如果压力等于p_e,那么径向流公式变为:

$$p_e - p_{wf} = \frac{q\mu}{2\pi Kh}\left(\ln\frac{r_e}{r_w} + S\right) \tag{2.7}$$

在英制单位中,p_e和p_{wf}的单位是psi,q的单位是bbl/d,μ的单位是cP,K的单位是mD,h的单位是ft;B是地层体积系数,那么式(2.7)变为:

$$p_e - p_{wf} = \frac{141.2qB\mu}{Kh}\left(\ln\frac{r_e}{r_w} + S\right) \tag{2.8}$$

重新整理后,可得到采油工程中最常用的公式之一:

$$q = \frac{Kh(p_e - p_{wf})}{141.2B\mu\left(\ln\frac{r_e}{r_w} + S\right)} \tag{2.9}$$

下文给出了另外两个重要概念,它们适用于所有类型的流动。

油井的折算半径$r_w{}'$可由式(2.8)重新整理后得到:

$$p_e - p_{wf} = \frac{141.2qB\mu}{Kh}\left(\ln\frac{r_e}{r_w} + \ln e^S\right) \tag{2.10}$$

因此,

$$p_e - p_{wf} = \frac{141.2qB\mu}{Kh}\left(\ln\frac{r_e}{r_w e^{-S}}\right) \tag{2.11}$$

则油井的折算半径$r_w{}'$可定义为:

$$r_w{}' = r_w e^{-S} \tag{2.12}$$

这是一个有趣的发现。在伤害井中,如果$S = 10$,油井的折算半径大概为$4.5 \times 10^{-5} r_w$;相反,在已进行增产改造的井(酸化井)中,假设 $S = -2$,则油井的折算半径大概为 $7.4r_w$;如果 $S = -6$(压裂井),则油井的折算半径大概为 $402r_w$。

第 1 章已介绍采油指数 J 的概念,即油井产量与压差(即压力降)的比值。对于稳态生产井,有:

$$J = \frac{q}{p_e - p_{wf}} = \frac{Kh}{141.2B\mu[\ln(r_e/r_w) + S]} = \frac{Kh}{141.2B\mu}J_D \tag{2.13}$$

其中

$$J_D = \frac{1}{\ln(r_e/r_w) + S} = \frac{1}{\ln(r_e/r_w{}')} \tag{2.14}$$

优化生产工艺最重要的目标之一是以最低的成本得到最大的采油指数,即在一定压降的条件下尽可能地提高产量,或在一定产量的条件下尽可能减小压差。一般来说,可以将其看作表皮系数的减小(通过基岩酸压以减少近井地带的伤害),或将水力压裂的影响转化为负表皮系数。

在油藏中,当黏度很大时($\mu > 100$cP),热力采油的方式可以降低黏度。

例 2.1 稳态条件下的产量计算和提高采收率(采取增产措施)

假设地层中一口井(具体参数见附录 A),其供给面积大约 640acre(即 $r_e = 2980$ft),并且在稳态下生产,外边界压力为 5651psi。当井底流压为 4500psi 时,试计算稳态产量(其中,表皮系数等于 +10)。

描述两种可以将产量提高 50% 的方法,并给出计算过程。

解:

由式(2.9),有:

$$q = \frac{8.2 \times 53 \times (5651 - 4500)}{(141.2 \times 1.2 \times 1.03) \times \left[\ln\left(\frac{2980}{0.328}\right) + 10\right]} = 15\text{bbl/d} \tag{2.15}$$

如果将产量提高 50%,一种方法是将压差($p_e - p_{wf}$)提高 50%,则:

$$(5651 - p_{wf})_2 = 1.5 \times (5651 - 4500) \tag{2.16}$$

最后得到,$p_{wf} = 3925$psi。

第二种方法主要通过降低表皮系数,从而提高 J_D,这种情况下,有:

$$1.5J_D = 1.5 \times \frac{1}{\ln\frac{2980}{0.328} + 10} = \frac{1}{\ln\frac{2980}{0.328} + S_2} \tag{2.17}$$

最后得到,$S_2 = 3.6$。

例 2.2 油井生产动态中供油面积的影响

当油井供给面积从 40acre 分别增长为 80acre、160acre 和 640acre 时,通过计算产量比来证明供油区域的影响作用。其中井筒半径为 0.328ft。

解:

假设表皮系数为 0(表皮系数的不同会使产量产生明显的差异),则产量比(或生产指数)为:

$$\frac{q}{q_{40}} = \frac{\ln(r_e/r_w)_{40}}{\ln(r_e/r_w)} \tag{2.18}$$

假设油井在圆形供给区域中心,则由供给面积可得供给半径为:

$$r_e = \sqrt{\frac{43560A}{\pi}} \tag{2.19}$$

具体结果见表2.1,结果表明,供油面积对油井产量的影响比较小。在致密储层中,由于瞬时动态随时间变化较为明显,故其累计产量的变化基本不受供油面积的影响。

表 2.1 供油面积对产量的影响

$A(\text{acre})$	$r_e(\text{ft})$	$\ln(r_e/r_w)$	q/q_{40}
40	745	7.73	1
80	1053	8.07	0.96
160	1489	8.42	0.92
640	2980	9.11	0.85

2.3　未饱和油藏非稳态流

扩散方程描述了无限大地层中径向流动微可压缩流体的压力分布,其中流体(未达到饱和点的原油和水)的黏度为常数。该方程在一系列工程领域里均有类似的应用,比如在热传递过程中(Carslaw 和 Jaeger,1959),其经典形式为:

$$\frac{\partial^2 p}{\partial r^2} + \frac{1}{r}\frac{\partial p}{\partial r} = \frac{\phi \mu c_t}{K}\frac{\partial p}{\partial t} \tag{2.20}$$

它的广义解为:

$$p(r,t) = p_i + \frac{q\mu}{4\pi Kh}E_i(-x) \tag{2.21}$$

其中,$E_i(x)$ 是指数积分,x 为:

$$x = \frac{\phi \mu c_t r^2}{4Kt} \tag{2.22}$$

当 $x < 0.01$ 时(即 t 很大或 r 很小时,如井筒中),指数积分 $-E_i(-x)$ 可以近似等于 $-\ln(\gamma x)$,其中 γ 为欧拉常数,其值等于 1.78。

因此,在刚生产不久的井眼附近 $[p(r,t) \equiv p_{wf}]$,式(2.21)可以近似为:

$$p_{wf} = p_i - \frac{q\mu}{4\pi Kh}\ln\frac{4Kt}{\gamma \phi \mu c_t r_w^2} \tag{2.23}$$

最后,引入表1.1中列出的油田单位的变量,将自然对数换算为以10为底的对数,则式(2.23)变为:

$$p_{wf} = p_i - \frac{162.6q B\mu}{Kh}\left(\lg t + \lg\frac{K}{\phi \mu c_t r_w^2} - 3.23\right) \tag{2.24}$$

该公式作为压降方程经常用于描述定产条件下降低的井底流压。

由于井筒中长期以定井口压力生产(这是由于井口装置设定的原因,比如油嘴等),致使井底压力几乎不变,因此,式(2.24)的定产量项需要进行调整。并且,定井底流压条件下将得到一个相似的表达式,该表达式对应合适的内边界条件,式(2.20)的近似解析解(Earlougher,1977)为:

$$q = \frac{Kh(p_i - p_{wf})}{162.6B\mu}\left(\lg t + \lg \frac{K}{\phi\mu c_t r_w^2} - 3.23\right)^{-1} \qquad (2.25)$$

其中,时间 t 必须是在几小时之内。

式(2.25),如果考虑表皮系数的影响,则变为:

$$q = \frac{Kh(p_i - p_{wf})}{162.6B\mu}\left(\lg t + \lg \frac{K}{\phi\mu c_t r_w^2} - 3.23 + 0.87S\right)^{-1} \qquad (2.26)$$

例 2.3 无限大地层中油井的产量预测

使用附录 A 中的油井和油藏参数,假设没有边界效应存在,请作出一年内的产量剖面图。其中,以两个月为时间增量,井底流压等于 3500psi。

解:

将附录 A 中的相应变量代入式(2.25),则油井产量为:

$$q = \frac{8.2 \times 53 \times (5651 - 3500)}{162.6 \times 1.2 \times 1.03}\left[\lg t + \lg \frac{8.2}{0.19 \times 1.03 \times (1.29 \times 10^{-5}) \times 0.328^2} - 3.23\right]^{-1}$$

$$= \frac{4651}{\lg t + 4.25} \qquad (2.27)$$

当 t 等于两个月时,由式(2.27)可得,产量 $q = 627$bbl/d。

图 2.2 是假设无限大地层条件下油井第一年的产量递减曲线,其产量从 627bbl/d(两个月后)递减到 568bbl/d(一年后)。

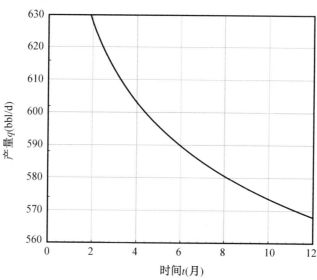

图 2.2　无限大地层中油井的产量递减曲线(例 2.3)

2.4　拟稳态流

几乎所有油井最终压力变化都会传递到边界,在第2.2节中,稳态条件意味着其外边界压力恒定不变。因此,可将边界近似视为一个较大面积的含水层,而导致压力恒定的原因是注采井网的分布。

对于没有流动的边界,供给区域既可以描述成自然边界,比如断层、尖灭等,也可以描述为相邻生产井的井间干扰。

如同油井泄油面积上各点的压力,外边界压力并非常数,而是随时间以恒定的速率下降,即各点的 $\partial p / \partial t$ 为常数。由于整个压力曲线不会改变,称此情况为"拟稳态"。

通过求解拟稳态下的径向流方程,可得供给半径为 r_e 的油藏中任一点 r 上的压力 p 为(Dake,1978):

$$p = p_{wf} + \frac{141.2qB\mu}{Kh}\left(\ln \frac{r}{r_w} - \frac{r^2}{2r_e^2}\right) \tag{2.28}$$

在 $r = r_e$ 时,式(2.28)可转换为:

$$p_e = p_{wf} + \frac{141.2qB\mu}{Kh}\left(\ln \frac{r_e}{r_w} - \frac{1}{2}\right) \tag{2.29}$$

因为 p_e 在任何给定的时间下都是未知的,该公式在拟稳态下并不常用。在第13章中会讲到平均压力 $\bar{p}$,它可以由压力恢复试验中的周期压力得到。因此,可以利用平均地层压力推出一个更适用的方程,即为体积加权平均压力:

$$\bar{p} = \frac{\int_{r_w}^{r_e} p\,\mathrm{d}V}{\pi(r_e^2 - r_w^2)h\phi} \approx \frac{\int_{r_w}^{r_e} p\,\mathrm{d}V}{\pi r_e^2 h\phi} \tag{2.30}$$

由于 $\mathrm{d}V = 2\pi rh\phi\mathrm{d}r$,则式(2.30)变为:

$$\bar{p} = \frac{2}{r_e^2}\int_{r_w}^{r_e} pr\mathrm{d}r \tag{2.31}$$

其中任一点 r 上的压力可以由式(2.28)替换,得:

$$\bar{p} - p_{wf} = \frac{2}{r_e^2}\frac{141.2qB\mu}{Kh}\int_{r_w}^{r_e}\left(\ln \frac{r}{r_w} - \frac{r^2}{2r_e^2}\right)r\mathrm{d}r \tag{2.32}$$

进行积分后可得,

$$\bar{p} - p_{wf} = \frac{141.2qB\mu}{Kh}\left(\ln \frac{r_e}{r_w} - \frac{3}{4}\right) \tag{2.33}$$

引入表皮系数,并将3/4合并至对数表达式中,由此可得边界无流动的油藏流入关系式:

$$\bar{p} - p_{wf} = \frac{141.2qB\mu}{Kh}\left(\ln \frac{0.472r_e}{r_w} + S\right) \tag{2.34}$$

然后重新整理得到产量,

$$q = \frac{Kh(\bar{p} - p_{wf})}{141.2B\mu\left(\ln\dfrac{0.472r_e}{r_w} + S\right)} \tag{2.35}$$

式(2.35)给出了平均地层压力 $\bar{p}$ 和产量 q 的关系,因此该公式非常常用。平均地层压力 $\bar{p}$ 是一个变量,可以由压力恢复测试得到,其与供给面积以及流体和岩石性质有关。第 10 章的物质平衡方程将递减分析和流入关系结合起来,由此可进行油井动态和累计产量的预测。

最后,对比发现式(2.35)和式(2.9)(稳态流)有一定的相似之处,但两者一定不能混淆。它们分别代表了两种截然不同的油井生产机制,然而它们可以得到相似的无量纲生产指数 J_D 的表达式。

对于稳态,有:

$$J_D = \frac{1}{\ln\dfrac{r_e}{r_w} + S} \tag{2.36}$$

对于拟稳态,有:

$$J_D = \frac{1}{\ln\dfrac{0.472r_e}{r_w} + S} \tag{2.37}$$

对于典型的供给区域和油井半径,这两种情况中对数项的范围大概为 7 ~ 9。因此,对于没有伤害或者没有实施增产措施的井,J_D 大约为 0.1 左右。如果其数值小于 0.1,则表示油井受到了伤害;如果数值大于 0.1,则表示油井实施了增产措施,比如水力压裂或者其井型为水平井或多分支井。

例 2.4 计算边界没有流动的油藏产量

假设油藏外边界压力为 6000psi,井底流压为 3000psi,供油面积为 640acre,油井半径为 0.328ft,那么其平均地层压力为多少? 当平均地层压力降到 1000psi 时,那么降低前产量 q_1 和降低后产量 q_2 之比为多少? (其中 $S = 0$)

解:

式(2.8)和式(2.32)之比为:

$$\frac{p_e - p_{wf}}{\bar{p} - p_{wf}} = \frac{\ln\dfrac{r_e}{r_w} - \dfrac{1}{2}}{\ln\dfrac{r_e}{r_w} - \dfrac{3}{4}} \tag{2.38}$$

其中供油面积 $A = 640$acre,因此 $r_e = 2980$ft。代入式(2.38)有:

$$\bar{p} = \frac{(6000 - 3000) \times 8.36}{8.61} + 3000 = 5931\text{psi} \tag{2.39}$$

则当平均地层压力降到 1000psi 的前后产量之比为:

$$\frac{q_2}{q_1} = \frac{4931 - 3000}{5931 - 3000} = 0.66 \tag{2.40}$$

从无限大地层过渡为拟稳态,Earlougher(1977)得出的拟稳态开始时间 t_{pss} 表达式为:

$$t_{\text{pss}} = \frac{\phi \mu c_{\text{t}} A}{0.000264 K} t_{\text{DApss}} \tag{2.41}$$

其中,A 是供油面积;t_{DApss} 考虑了由供给区域形状决定的特征值。对于一般形状,比如圆形或正方形,在拟稳态刚开始时,此无量纲时间 t_{DApss} 为 0.1。在 1×2 的长方形中,t_{DApss} 为 0.3;在 1×4 的长方形中,t_{DApss} 为 0.8。而当一口偏离中心的井处于不规则形状的区域时,t_{DApss} 值偏大,这表明经过很长时间压力才能传播到较远的边界处。

如果供给区域可以近似看作一个供给半径为 r_{e} 的圆,那么在刚进入拟稳态时,式(2.41)($t_{\text{DApss}} = 0.1$)变为:

$$t_{\text{pss}} \approx 1200 \frac{\phi \mu c_{\text{t}} r_{\text{e}}^2}{K} \tag{2.42}$$

其中,t_{pss} 大约为几个小时,其他的变量都使用常用的油田单位。

2.5 不规则泄油区开发动态

油井泄油区为较规则形状的情况比较少,即使视其为规则形状,在生产开始后泄油区也会受到干扰,这是由自然边界的存在或井间干扰造成的。因此,泄油区的形状可根据特定井的生产任务来指定。

为了描述不规则泄油区形状或油井所处位置的不对称性,Dietz(1965)引入了形状因子。

式(2.23)表示圆形区域中心有一口井的情况,其对数表达式可以变为(利用对数的性质,并且将分子分母同乘以 4π):

$$\ln \frac{r_{\text{e}}}{r_{\text{w}}} - \frac{3}{4} = \frac{1}{2} \ln \frac{4\pi r_{\text{e}}^2}{4\pi e^{3/2} r_{\text{w}}^2} \tag{2.43}$$

其中,πr_{e}^2 是半径为 r_{e} 的圆形泄油面积。分母上的 $4\pi e^{3/2}$ 大约等于 56.32,即 1.78×31.6,其中 1.78 是欧拉常数,用 γ 表示;31.6 是泄油区域为圆形时的形状因子,用 C_{A} 表示。Dietz (1965)给出了各种井或各种油藏结构中不同泄油区形状和油井位置对应的形状因子。因此,式(2.32)可以在任何泄油面积形状下使用,有:

$$\bar{p} - p_{\text{wf}} = \frac{141.2 q B \mu}{Kh} \left(\frac{1}{2} \ln \frac{4A}{\gamma C_{\text{A}} r_{\text{w}}^2} + S \right) \tag{2.44}$$

图 2.3(Earlougher,1977)给出了 t_{DApss} 值,以及一些常见泄油区形状和井位对应的形状因子。

例 2.5 不规则井位对产量的影响

假设油藏中有两口井,其具体参数见附录 A,且供油面积均为 640acre,$\bar{p} = 5651 \text{psi}$(与 p_{i} 一致),$S = 0$,井底流压均为 3500psi。A 井位于正方形泄油区域的中心,而 B 井位于正方形泄油区域右上象限的中心,分别计算刚进入拟稳态时两口井的产量。(此计算只在生产早期有效。而在生产后期,如果进行人工诱导或由于不同产量导致不同流量损耗而造成泄油区域平均地层压力不变或升高,都会使泄油区域形状发生改变。)

解:

由图 2.3 得，A 井的形状因子 C_A 为 30.9，因此由式(2.44)有：

$$q=\frac{8.2\times 53\times 2151}{141.2\times 1.2\times 1.03\times 0.5\ln[4\times 640\times 43560/(1.78\times 30.9\times 0.328^2)]}$$

$$q=\frac{8.2\times 53\times 2151}{141.2\times 1.2\times 1.03\times 0.5\times \ln[4\times 640\times 43560/(1.78\times 30.9\times 0.328^2)]}$$

$$=640\text{bbl/d} \tag{2.45}$$

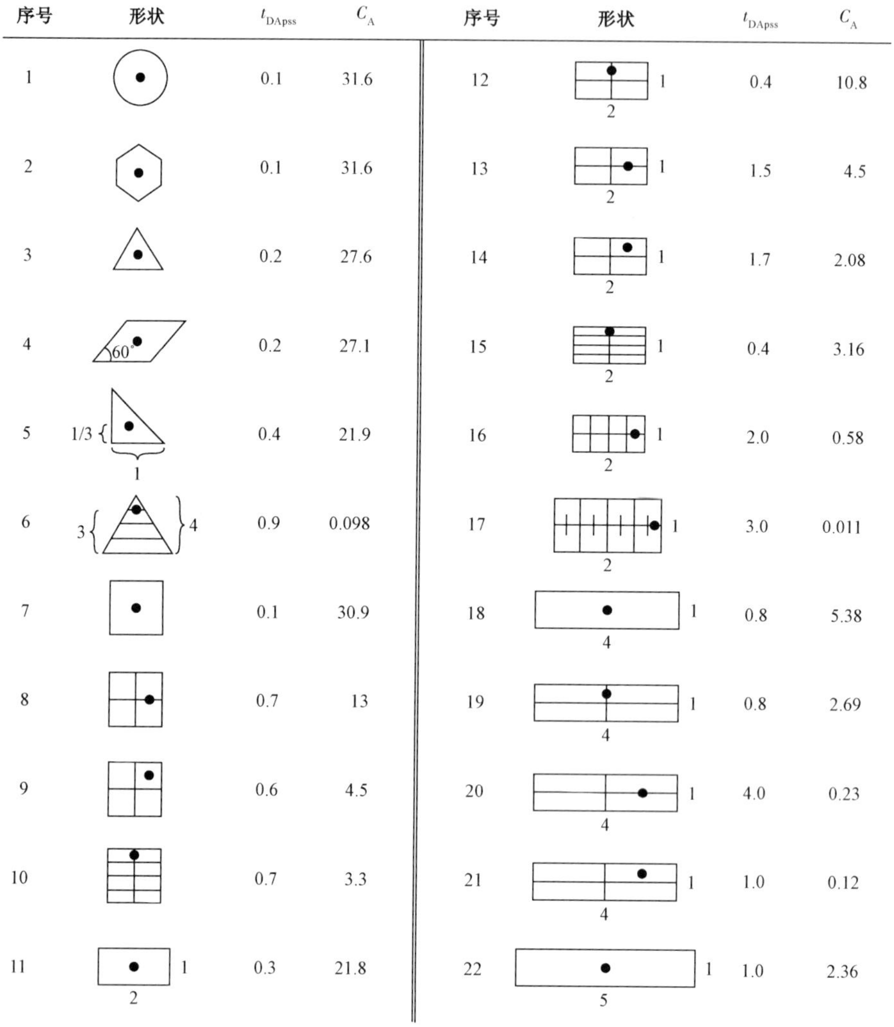

序号 形状 t_{DApss} C_A
1 0.1 31.6
2 0.1 31.6
3 0.2 27.6
4 60° 0.2 27.1
5 1/3 1 0.4 21.9
6 3 4 0.9 0.098
7 0.1 30.9
8 0.7 13
9 0.6 4.5
10 0.7 3.3
11 1 2 0.3 21.8
12 1 2 0.4 10.8
13 1 2 1.5 4.5
14 1 2 1.7 2.08
15 1 2 0.4 3.16
16 1 2 2.0 0.58
17 1 2 3.0 0.011
18 1 4 0.8 5.38
19 1 4 0.8 2.69
20 1 4 4.0 0.23
21 1 4 1.0 0.12
22 1 5 1.0 2.36

图 2.3　不同封闭边界单井泄油面积的形状因子(据 Earlougher，1977)

由于 B 井位于正方形右上象限的中心，由图 2.3 可得其形状因子为 4.5，且式(2.44)中其他参数数值相等，因此 B 井产量为 574bbl/d，降低了 10%。

例 2.6　利用相邻井的泄油面积求平均地层压力

某断块上有 3 口井，油井位置如图 2.4(利用附录 A 给出的参数)。每口井在上次关井后已生产 200 天，在 200 天末，其产量和形状因子见下表：

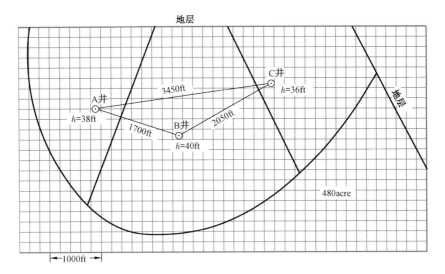

图 2.4　例 2.6 中断块上的 3 口井（据 H. Dykstra,1976）

参数	A	B	C
q_o(bbl/d,关井后)	100	200	80
h(ft)	38	40	36
S(表皮影响)	2	0	5

如果每口井的井底压力均为 2000psi,试计算各泄油区域内的平均地层压力。

解:

每口井的产量和泄油体积之比的关系如下:

$$\frac{V_A}{V_B} = \frac{q_A}{q_B} \tag{2.46}$$

$$\frac{V_A}{V_C} = \frac{q_A}{q_C} \tag{2.47}$$

假设油藏厚度始终不变,那么供给面积之比也满足上面两式。但是如果 h 发生变化,体积可以用 $h_i A_i$ 来代替,其中 i 指每口井。因此需要第 3 个方程:

$$A_A + A_B + A_C = A_{total} = 480\text{acre} \tag{2.48}$$

联立式(2.46)、式(2.47)和式(2.48)可得,$A_A = 129\text{acre}(5.6 \times 10^6 \text{ft}^2)$,$A_B = 243\text{acre}$ $(1.06 \times 10^7 \text{ft}^2)$,$A_C = 108\text{acre}(4.7 \times 10^6 \text{ft}^2)$。下一步将这些区域在断块地图上标出。

地图上每个网格代表 $40000\text{ft}^2(200\text{ft} \times 200\text{ft})$,因此这 3 口井的泄油面积分别为 140 个、365 个和 118 个网格,其泄油区域分界线必须和相邻井之间的时间轴正交。由此,大致的泄油面积可以在图 2.4 中画出,从而可得到其对应的形状因子。由图 2.3 得,A 井的 $C_A = 10.8$,B 井的 $C_A = 30.9$,C 井的 $C_A = 3.3$。

因此对于 A 井,由式(2.44)得:

$$\bar{p} = 2000 + \frac{141.2 \times 100 \times 1.2 \times 1.03}{8.2 \times 38} \times \left[0.5 \times \ln \frac{4 \times (5.6 \times 10^6)}{1.78 \times 10.8 \times 0.328^2} + 2 \right]$$

$$= 2565\text{psi} \tag{2.49}$$

同理,B 井和 C 井的平均地层压力分别为 2838psi 和 2643psi。

地层的这种不均匀生产很常见,其为油藏开发策略中需要了解的重要因素。

2.6　流入动态关系

产能方程将油井产量和油藏的驱动力联系起来,后者即最初供给边界压力或平均地层压力与井底流压的压力差。如果井底流压已知,则很容易得到产量。但是,井底流压是井口压力的函数,它和生产决策、分离器以及管线压力等参数有关。因此,油井真实产量与油藏可以输送的流量以及井筒流体力学所允许的流量有关。

描述产量和井底流压的关系非常有用,即第 1 章提到的流入动态曲线(IPR)。曲线中,井底流压 p_{wf} 为纵坐标,产量 q 为横坐标。式(2.9)、式(2.26)和式(2.44)可用于稳态、瞬态和拟稳态的 IPR 曲线中,用法见下面的例题。

例 2.7　瞬态 IPR

利用附录 A 中的井和油藏数据,作出生产 1 个月、6 个月和 24 个月的瞬态 IPR 曲线,假设表皮系数为 0。

解:

将数据代入式(2.24)并列成表格,

$$q = \frac{2.16(5651 - p_{wf})}{\lg t + 4.25} \qquad (2.50)$$

其中,q 和 p_{wf} 的关系和时间 t 有关,图 2.5 是 3 个不同时间下的瞬态 IPR 曲线。

例 2.8　考虑表皮系数的稳态 IPR

假设附录 A 中油井的初始油藏压力即外边界压力 p_e(稳态),试分别作出表皮系数为 0,5,10 和 50 时的 IPR 曲线。其中供给半径为 2980ft($A = 640$acre)。

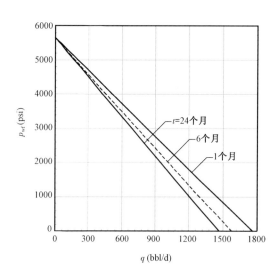

图 2.5　例 2.7 的瞬态 IPR 曲线

解:

式(2.9)描述的是任意表皮系数下 q 和 p_{wf} 的线性关系。比如,当表皮系数为 5 时,将数据代入式(2.9)有:

$$p_{wf} = 5651 - 5.66q \qquad (2.51)$$

同样地,当表皮系数为 0,10 和 50 时,q 所乘系数分别变为 3.66,7.67 和 23.7。

图 2.6 给出了 4 个表皮系数下的稳态 IPR 曲线。

例 2.9　考虑平均地层压力影响的拟稳态 IPR

此计算有利于油井的动态预测,且适用广泛,每条 IPR 曲线表示在给定油藏压力下的瞬时油井动态。此计算和时间有关,且需要将时间离散化来完成。若利用物质平衡方程(第 10 章将会讲到),还可以用来预测产量和累计产量随时间的变化。

在此例题中,需要计算表皮系数为 0 时平均地层压力从 5651psi 到 3500psi(间隔为500psi)下的每条 IPR 曲线。使用附录 A 中的数据,供给半径为 2980ft。

解:

式(2.44)是任意泄油面积形状和井位条件下的拟稳态方程。对于圆形泄油区域,可使用式(2.34)。

将附录 A 中的数据代入式(2.34)中,有($\bar{p} = 5651$psi):

$$p_{wf} = 5651 - 3.36q \tag{2.52}$$

对于所有的平均地层压力,式(2.52)的斜率不变,并且其截距是平均地层压力。因此,由图 2.7 可以看出,拟稳态的 IPR 曲线为一组平行直线,分别代表了不同的平均地层压力。

由这些简单的例题可以看出,IPR 曲线的斜率表示采油指数 J 的倒数。

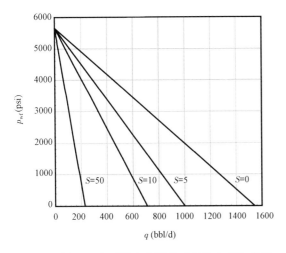

图 2.6   例 2.8 中不同表皮因子下的稳态 IPR 曲线　　图 2.7   例 2.9 中不同平均地层压力下的拟稳态 IPR 曲线

2.7   相渗和产水的影响

本章之前已研究了不饱和油藏条件下渗透率对体积流量的影响,此渗透率作为地层参数。事实上,其中的渗透率值只是一个近似值。要保证使用渗透率的结果正确,流体必须为饱和流体。在这种情况下,绝对渗透率和有效渗透率的值是一样的。

在油藏中,水经常以原生水的状态存在,用 S_{wc} 表示。因此,在之前本章所有方程中的渗透率均为有效渗透率,并且该值保持不变,且小于(在某些特定情况下会显著小于)岩心驱替或实验室测定的单相流体渗透率。而如果油和自由水都是流动的,则需要用到有效渗透率。这些渗透率数值的总和是一定的,且小于地层的绝对渗透率(对任意其他的流体亦如此)。

有效渗透率值和相对渗透率值的关系如下:

$$K_o = KK_{ro} \tag{2.53}$$

$$K_w = KK_{rw} \qquad (2.54)$$

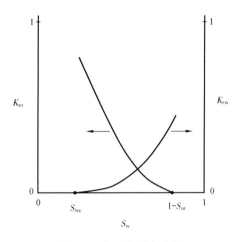

图 2.8　相对渗透率曲线

相对渗透率的值在实验室中可以测得,其为描述给定储层岩石和饱和流体特征的相关参数。但是,通过给定的相对渗透率预测另一油藏的动态往往并不精确。

如图 2.8 所示,相对渗透率一般是含水饱和度 S_w 的函数。当含水饱和度 S_w 等于束缚水饱和度 S_{wc} 时,表示地层中没有自由水流动,因此水相有效渗透率 K_w 等于 0。同样地,当含油饱和度等于残余油饱和度 S_{or} 时,表示没有油流动,其油相有效渗透率 K_o 等于 0。

因此,在不饱和油藏中,流入方程必须对应油相和水相的方程。例如,对于稳态的产能方程有:

$$q_o = \frac{KK_{ro}h(p_e - p_{wf})_o}{141.2B_o\mu_o\left(\ln\dfrac{r_e}{r_w} + S\right)} \qquad (2.55)$$

$$q_w = \frac{KK_{rw}h(p_e - p_{wf})_w}{141.2B_w\mu_w\left(\ln\dfrac{r_e}{r_w} + S\right)} \qquad (2.56)$$

如图 2.8 所示,相对渗透率 K_{ro} 和 K_{rw} 均为 S_w 的函数。此处应注意压力梯度分别有含油和水的下标,以表示油相和水相的压力不同。

q_w/q_o 为水油比。在衰竭油藏中,水油比超过 10 是很正常的现象。这种井一般称作衰竭井,其产油量一般不超过 10bbl/d。在开采较为成熟的油田中,绝大部分生产井均为衰竭井,其经济可行性是目前工程师所需要考虑的重要问题之一。

2.8　单相流入动态小结

本章介绍了 3 种油藏动态分析的单相流体流入动态方程,即稳态、瞬态和拟稳态流动,采油工程师应根据油井边界情况确定最适用的关系方程:如果供给边界处的压力 p_e 保持恒定,则选择稳态方程;如果压力没有传到边界,则选择瞬态方程;如果压力刚传到油井供给半径 r_e 处,则选择拟稳态方程。

参 考 文 献

［1］Carslaw,H. S. ,and Jaeger,J. C. ,Conduction of Heat in Solids,2nd ed. ,Clarendon Press,Oxford,1959.

［2］Dake,L. P. ,Fundamentals of Reservoir Engineering,Elsevier,Amsterdam,1978.

［3］Darcy,H. ,Les Fontaines Publiques de la Ville de Dijon,Victor Dalmont,Paris,1856.

［4］Dietz,D. N. ,"Determination of Average Reservoir Pressure from Build - up Surveys,"JPT,955 - 959(August 1965).

［5］Earlougher,R. C. ,Advances in Well Test Analysis,Society of Petroleum Engineers,Dallas,1977.

［6］Van Everdingen，A. F. ，and Hurst，W. ，"The Application of the Laplace Transformation to Flow Problems in Reservoirs，"Trans. AIME，186；305 – 324(1949).

习　　题

2.1 一口油井处于稳态生产。假设没有表皮系数的影响，供给面积为40acre，地层压力为5000psi。当渗透率为1mD，10mD 和100mD 时，分别作出其流入动态曲线(IPR)。其他的参数数据见附录 A。

2.2 假设油井产量为150bbl/d，供给面积为40acre，地层压力为5000psi。利用附录 A 给出的参数数据，分别计算当表皮因子为0，5，10 和20 时的压力梯度。在各情况下，哪个压力梯度穿过伤害区域？并绘出每个表皮因子数值下的IPR 曲线。

2.3 式(2.42)给出了进入拟稳态时间的计算方法。当供给面积为80acre，井底流压为4000psi 时，试计算附录 A 所给出井的进入拟稳态时间以及该时间的平均地层压力(注意：用瞬态关系式计算产量，然后将产量代入拟稳态公式从而计算平均地层压力)。

2.4 使用附录 A 中井的参数数据，假设初始地层压力为5000psi，试作出一年的累计产量曲线。并求出产量为总产量50% 的时间。其中井底流压为4000psi，根据式(2.42)选择合适的流体公式。

2.5 如问题2.4，假设压力降低速度为500psi/a，计算前 3 年预计产量的折现值。假设油价为100 美元，折扣率(货币的时间价值)为 0.08。折现值 = $(\Delta N_{\text{P}})_n/(1 + i)^n$，其中$(\Delta N_{\text{P}})_n$ 是 n 年的累计产量，i 是折扣率。问每年的哪一部分对 3 年的折现值有贡献？

2.6 地层1的平均地层压力为5000psi，如果地层 2 中油井的供给面积是地层 1 中油井的一半，那么当两口井产量相同时，地层 2 的平均地层压力应为多少？其中表皮因子为0，且两口井的井底流压均为4000psi，其余的参数值相同。试解释你所得出的结果。

2.7 由附录 A 给出的参数数据，假设供给面积为40acre，试计算：

(1)进入拟稳态的时间。

(2)当井筒流体压力由 0 到原始地层压力，时间从 0 到进入拟稳态时间 t 的过程中的瞬时产量。其中，压力增量设为5，时间增量设为10。作出相应的 IPR 曲线。

(3)当流体的边界压力等于原始地层压力，且井筒流动压力为500psi 时的拟稳态产量。

(4)当进入拟稳态的平均地层压力为5000psi 时，求拟稳态下地层的 IPR 曲线。并作出当平均地层压力等于4500psi 和4000psi 时的 IPR 曲线。

2.8 对于问题2.7中描述的井，当其泄油区形状变为图2.3 中序号 8、序号 9 和序号 11 对应形状时，其油井产量分别会有什么变化？当表皮系数等于0,10 或 30 时，产量又会怎样变化？

第3章 两相流油藏开发动态

3.1 简介

第2章中的流入动态曲线主要针对单相流油井,而当原油进入井筒后,溶解气可能析出,使用单相流流入动态曲线则无法考虑油藏中存在的自由气。由于原油压缩性较小,故利用原油本身的体积膨胀能进行原油开采,是一种非常低效的开采机制。即使在最好情况下(该情况将在第10章中予以描述),如果井底压力大于泡点压力,例如稠油,那也只能采出原始地质储量中非常小的一部分。因此,在大多数油田中,由于油藏压力本身低于泡点压力(饱和油藏),或井底流压设定在低于饱和压力以提供充足的驱动能量,原油与油藏中的自由气会同时产出。从最终采收率的角度来看,自由气或溶解气的弹性膨胀驱油效率要远高于原油的弹性膨胀。

图3.1是一个典型的压力—温度相图,图中标明了重要的变量。根据原始压力和流动压力以及油藏温度,图3.1能够用于判断是采用第2章中所描述的单相流入动态曲线,还是需要本章中的两相流方程。

在图3.1中,欠饱和油藏的原始油藏条件用 p_i 和 T_R 标出,对应的油藏压力高于泡点压力。井底流动温度可视为油藏

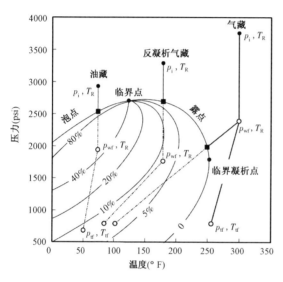

图 3.1 烃类混合物相图(油藏类型、油藏井底条件以及井口流动条件均已标出)

温度,相图反映的是典型油藏的等温渗流(热力开采除外)。井口的流动条件的压力 p_{tf} 和温度 T_{tf},也在图中标出。油藏流体将会沿着某一压降路径从油藏流动到地面,达到这3个点。在原始的饱和油藏中,这3点都会在两相区。作为比较,凝析气藏和单相气藏中流体的流动路径也已在图中给出。在气藏中,沿着流动路径,温度显著下降,反映了气体流动中伴随的 Joule - Thomson 膨胀效应。图中,实线表示单相流。

3.2 饱和原油性质

3.2.1 饱和原油的一般性质

泡点压力是描述饱和原油性质的一个重要参数。当压力高于泡点压力时,原油表现为液体;当压力低于泡点压力时,气体从原油中析出,成为自由气与原油共存。地层体积系数 B_o,

单位为 bbl(油藏)/bbl,可用于描述在地层压力高于泡点压力时溶解天然气的原油。在压力低于泡点压力时,B_o 则可描述液相以及在该压力条件下液相中残余的溶解气。

附录 B 中的图 B.1(a)对应一条油井两相流时的 B_o 随压力变化的曲线。随着原油从一定体积的油藏中产出,油藏压力下降,当油藏压力高于泡点压力时,B_o 随压力的下降而增大,反映了未饱和原油的体积膨胀情况。由于原油的压缩性较小,B_o 的增大并不显著。当油藏压力低于泡点压力时,B_o 随压力的降低而减小,反映了原油的脱气,从而造成原油相对密度的增加。

在图 B.1(b)中,气体的地层体积系数 B_g 随着压力的降低呈非线性地增加,这是因为气相压缩性远大于液相原油的压缩性,且这一现象在低压情况下更为显著。最后,图 B.1(c)给出了溶解气油比 R_s 的变化曲线。油藏压力高于泡点压力时,由于溶解气都存在于原油中,R_s 是一个常数,等于泡点压力下的溶解气油比 R_{sb}。当油藏压力低于泡点压力时,R_s 随油藏压力的降低而减小,这是因为气体从原油中脱出,剩余的溶解气越来越少。溶解气油比数值上等于标况下从单位体积原油中脱出的气体体积。

当油井生产气油比大于溶解气油比时,表明井周围的压力低于泡点压力,自由气从原油中脱出,与原油一起流动。B_o,B_g 和 R_s 这几个变量可以通过总地层体积系数 B_t 联系起来,B_t 可用于描述原油和自由气。

$$B_t = B_o + (R_{sb} - R_s)B_g \qquad (3.1)$$

$(R_{sb} - R_s)$ 表示生产的自由气。如果 B_g 的单位为 ft^3(油藏)/ft^3,那么 B_g 必须除以 5.615,以将单位转换为 bbl(油藏)/ft^3。这些压力—体积—温度(PVT)参数通常从实验中获得,而且对于给定的油藏流体,这些参数是恒定的。

例 3.1 低于泡点压力时的 PVT 性质及其对原油储量的影响

对于附录 B 中所提到的油藏流体,计算其在 3000psi 条件下的总地层体积系数。同样对于该附录中描述的油藏,当地层平均压力从原始压力降低到 3000psi 时,面积 4000ha 范围内的油藏中原油体积(地面标准状态下)的减少量是多少?假定原始地层压力等于泡点压力,即 4336psi。

解:

由附录 B 中的数据可知,$R_{sb} = 800\text{ft}^3/\text{bbl}$。在 3000psi 条件下,$B_o = 1.33\text{bbl}$(油藏)/bbl,$B_g = 5.64 \times 10^{-3}\text{ft}^3$(油藏)/bbl,$R_s = 517\text{ft}^3/\text{bbl}$。然后由式(3.1)有:

$$B_t = B_o + (R_{sb} - R_s)B_g = 1.33 + (800 - 517) \times \frac{5.64 \times 10^{-3}}{5.615} = 1.61\text{bbl}(\text{油藏})/\text{bbl} \quad (3.2)$$

由附录 B 可知,$B_{ob} = 1.46\text{bbl}$(油藏)/bbl。而由式(1.3),在 $p_i = p_b$ 条件下,原始地质储量为[由图 B.1(a)]:

$$N = \frac{7758Ah\phi(1 - S_w)}{B_{oi}} = \frac{7758 \times 4000 \times 115 \times 0.21 \times 0.7}{1.46}$$

$$= 3.6 \times 10^8\text{bbl} = 360 \times 10^6\text{bbl} \qquad (3.3)$$

根据 $B_t = 1.61\text{bbl}$(油藏)/bbl,可计算得 $N = 330 \times 10^6\text{bbl}$。与前面的计算结果相比,储量 N 减少了 $30 \times 10^6\text{bbl}$,原油中脱出的气体则占据了剩余的原始油藏体积。

图 3.2 和式(3.3)源自于 Standing(1977)在油藏烃类关系方面开创性的研究,其对大量的

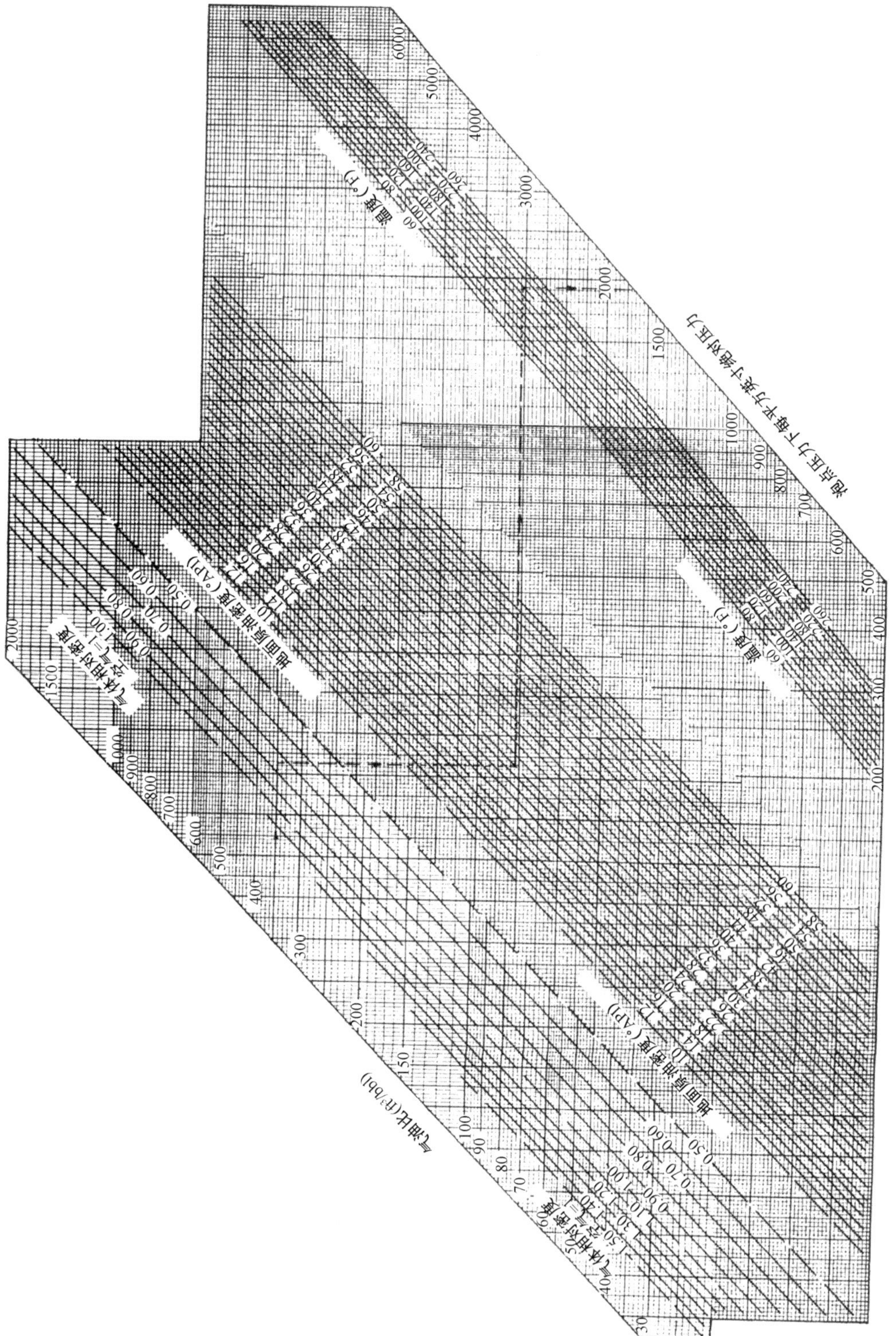

图 3.2 烃类气液天然混合物的性质（泡点压力下）（据 Standing，1997）

烃类物质建立了诸如 $R_s,\gamma_g,\gamma_o,T,p_b$ 以及 B_o 等重要参数之间的关系图版。对于特定的油藏,这些关系只有在实验室已测定 PVT 性质数据时才能使用。图 3.2 所示的关系可以通过式(3.4)计算得到:

$$p_b = 18.2\left[\left(\frac{R_s}{\gamma_g}\right)^{0.83}(10^{0.00091T-0.0125\gamma_o}) - 1.4\right] \tag{3.4}$$

其中,T 的单位为 $℉$,γ_o 的单位为 $°API$。

例 3.2 运用关系图版确定饱和油藏的 PVT 性质

假定 $R_s = 500\text{ft}^3/\text{bbl}$,$\gamma_g = 0.7$,$\gamma_o = 28°\text{API}$,而 $T = 160℉$,计算泡点压力。如果 $R_s = 1000\text{ft}^3/\text{bbl}$,其他变量不变,会有什么影响?

如果 $R_s = 500\text{ft}^3/\text{bbl}$,$B_{ob} = 1.2\text{bbl}(油藏)/\text{bbl}$,$T = 180℉$,$\gamma_o = 32°\text{API}$,那么气体的相对密度 γ_g 是多少?

解:

查看图 3.2 中的第一组变量,$p_b = 2650\text{psi}$。如果 $R_s = 1000\text{ft}^3/\text{bbl}$,则 $p_b = 4650\text{psi}$。使用式(3.4),有:

$$p_b = 18.2\left[\left(\frac{R_s}{\gamma_g}\right)^{0.83}(10^{0.00091T-0.0125\gamma_o}) - 1.4\right]$$

$$= 18.2 \times \left[\left(\frac{500}{0.7}\right)^{0.83} \times 10^{0.00091\times160-0.0125\times28} - 1.4\right] = 2632\text{psi} \tag{3.5}$$

当 $R_s = 1000\text{ft}^3/\text{bbl}$ 时,$p_b = 4698\text{psi}$,图 3.3 可用于解决最后一个问题。从右边开始,$B_{ob} = 1.2\text{bbl}(油藏)/\text{bbl}$,$T = 180℉$,$\gamma_o = 32°\text{API}$;然后从左边,$R_s = 500\text{ft}^3/\text{bbl}$,最后在两条线之间插值,结果为 $\gamma_g = 0.7$。

3.2.2 两相系统间的性质关系

在这一部分将会给出两相流的油田烃类系统中最广泛使用的性质关系。

井底体积流量与地面流量通过地层体积系数 B_o 联系在一起,有:

$$q_1 = B_o q_o \tag{3.6}$$

这里的 q_1 指井筒或油藏中某位置的实际流体流量。井底气体流量取决于溶解气油比 R_s,按照式(3.7):

$$q_g = B_g(R_p - R_s)q_o \tag{3.7}$$

其中,B_g 是气体的地层体积系数,将在第 4 章中进一步讨论;而 R_p 是生产气油比,单位是 ft^3/bbl。

原油的地层体积系数和溶解气油比 R_s 均随温度、压力的变化而变化,它们可以通过实验室 PVT 数据或关系图版得到。最常用的关系图版之一是图 3.2、图 3.3 所示的 Standing 图版;另外的计算关系式由 Vasquez 和 Beggs(1990)给出,该计算关系式对于较大范围内的原油计算具有较好的精度,该计算关系式如下。

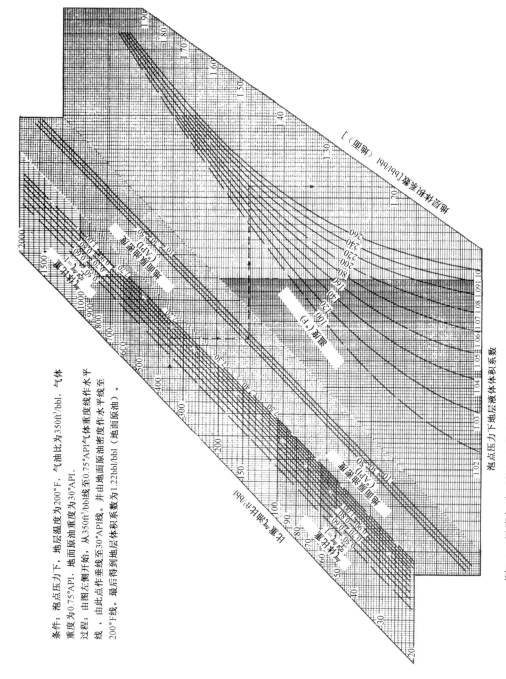

条件：泡点压力下，地层温度为200°F，气油比为350ft³/bbl，气体重度为0.75°API，地面原油重度为30°API。

过程：由图左侧开始，从350ft³/bbl线至0.75°API气体重度线作水平线，由此点作垂线至30°API线，并由地面原油密度作水平线至200°F线。最后得到地层体积系数为1.22bbl/bbl（地面原油）。

图3.3 烃类气液天然混合物的性质（对应泡点压力下的地层体积）（据Standing，1977）

首先,气体重度通过分离器的参考压力(100psi,即114.7psi)进行修正:

$$\gamma_{gs} = \gamma_{gsep}\left[1 + 5.912 \times 10^{-5}\gamma_1 T_{sep}\lg\left(\frac{p_{sep}}{114.7}\right)\right] \tag{3.8}$$

其中,T_{sep} 单位为℉,p_{sep} 单位为 psi,而 γ_1 单位为°API。溶解气油比计算公式如下:

当 $\gamma_1 \leqslant 30°$API 时

$$R_s = \frac{\gamma_{gs}p^{1.0937}}{27.64}(10^{11.172A}) \tag{3.9}$$

当 $\gamma_1 \geqslant 30°$API 时

$$R_s = \left(\frac{\gamma_{gs}p^{1.187}}{56.06}\right)(10^{10.393A}) \tag{3.10}$$

其中

$$A = \frac{\gamma_1}{T + 460} \tag{3.11}$$

当压力低于泡点压力,且原油地层体积系数在 $\gamma_1 > 30°$API 时,有:

$$B_o = 1.0 + 4.677 \times 10^{-4}R_s + 0.1751 \times 10^{-4}F - 1.8106 \times 10^{-8}R_sF \tag{3.12}$$

当 $\gamma_1 < 30°$API 时,有:

$$B_o = 1.0 + 4.67 \times 10^{-4}R_s + 0.11 \times 10^{-4}F + 0.1337 \times 10^{-8}R_sF \tag{3.13}$$

其中

$$F = (T - 60)\left(\frac{\gamma_1}{\gamma_{gs}}\right) \tag{3.14}$$

而当压力高于泡点压力时,有:

$$B_o = B_{ob}e^{c_o(p_b - p)} \tag{3.15}$$

其中

$$c_o = \frac{-1.433 + 5R_s + 17.2T - 1.180\gamma_{gs} + 12.61\gamma_1}{p \times 10^5} \tag{3.16}$$

而 B_{ob} 是泡点压力下的地层体积系数。在泡点压力下,溶解气油比等于生产气油比 R_p,因此泡点压力可以通过在式(3.9)或式(3.10)中设定 $R_s = R_p$,后求解 p 得到。最后式(3.12)或式(3.13)可以用于计算 B_{ob}。

3.2.2.1 原油密度

在压力低于泡点压力时,原油密度为:

$$\rho_o = \frac{[8830/(131.5 + \gamma_1)] + 0.01361\gamma_{gd}R_s}{B_o} \tag{3.17}$$

其中,ρ_o 单位为 lb/ft³。而 γ_{gd} 是溶解气相对密度,由于气体组成和温度的变化,它可以通过

图 3.4(Katz 等,1959)进行估计。在压力高于泡点压力时,原油密度为:

$$\rho_{\mathrm{o}} = \rho_{\mathrm{ob}}\left(\frac{B_{\mathrm{ob}}}{B_{\mathrm{o}}}\right) \tag{3.18}$$

其中,B_{o} 通过式(3.13)计算,而 B_{ob} 通过式(3.12)或式(3.13)来计算,设定 $R_{\mathrm{s}} = R_{\mathrm{p}}$。

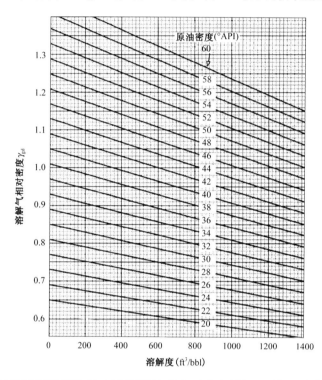

图 3.4　通过溶解度和原油相对密度预测气体相对密度(据 Katz 等,天然气工程手册,
1959,McGraw – Hill,获得 McGraw – Hill 允许复制)

3.2.2.2　原油黏度

原油黏度可以通过 Beggs 和 Robinson(1975)以及 Vasquez 和 Beggs(1980)提出的计算关系式来估算。"死油"黏度为:

$$\mu_{\mathrm{od}} = 10^{A} - 1 \tag{3.19}$$

其中

$$A = BT^{-1.163} \tag{3.20}$$

$$B = 10^{C} \tag{3.21}$$

$$C = 3.0324 - 0.02023\gamma_{1} \tag{3.22}$$

在压力低于泡点压力的任意条件下,原油黏度为:

$$\mu_{\mathrm{o}} = a\mu_{\mathrm{od}}^{b} \tag{3.23}$$

其中

$$a = 10.715(R_{\mathrm{s}} + 100)^{-0.515} \tag{3.24}$$

$$b = 5.44(R_s + 150)^{-0.338} \tag{3.25}$$

如果地面原油黏度已知,则其值可用作 μ_{od}。

在压力高于泡点压力的任何条件下,泡点压力下的原油黏度可通过式(3.19)和式(3.25)计算:

$$\mu_o = \mu_{ob}\left(\frac{p}{p_b}\right)^m \tag{3.26}$$

其中

$$m = 2.6p^{1.187}e^{(-11.513-8.98\times10^{-5}p)} \tag{3.27}$$

气体黏度将通过第4章中给出的相关关系式进行估算。

3.2.2.3 考虑产水情况

当水被一同产出时,液体流动性质通常取原油和水的平均值。如果原油和水之间不存在滑脱现象,那么液体密度即原油和水密度的体积加权平均值。尽管这种方法并没有相关理论支持,但体积加权平均的方法通常可用于估算液体黏度和表面张力。读者需要注意,在石油工业的相关文献中,油—气—水流动计算中通常使用体积加权平均的方法计算流体性质。由于压缩性和气体的溶解度很低,水的地层体积系数通常假定为1.0。那么当油水同时产出时,有:

$$q_l = q_o(WOR + B_o) \tag{3.28}$$

$$\rho_l = \frac{WOR\rho_w + B_o\rho_o}{WOR + B_o} \tag{3.29}$$

$$\mu_l = \left(\frac{WOR\rho_w}{WOR\rho_w + B_o\rho_o}\right)\mu_w + \left(\frac{B_o\rho_o}{WOR\rho_w + B_o\rho_o}\right)\mu_o \tag{3.30}$$

$$\sigma_l = \left(\frac{WOR\rho_w}{WOR\rho_w + B_o\rho_o}\right)\sigma_w + \left(\frac{B_o\rho_o}{WOR\rho_w + B_o\rho_o}\right)\sigma_o \tag{3.31}$$

其中: WOR 是水油比; σ 是表面张力。

例3.3 估算井底流体性质

假定附录B中描述的原油以500bbl/d的速度生产,生产过程中水油比 $WOR=1.5$,生产气油比 $R_p=500\text{ft}^3/\text{bbl}$。附录B所给的流体性质对应分离器条件,即压力为100psi、温度为100℉的情况。在压力为2000psi、温度为150℉时,运用3.2.2节中给出的计算关系式,估算油管中的气液体积流量以及液体的黏度和密度。

解:

第一步计算 R_s 和 B_o。由于分离器给出的参考压力是100psi, $\gamma_{gs}=\gamma_g$,根据式(3.9)至式(3.14)有:

$$A = \frac{\gamma_l}{T+460} = \frac{32}{150+460} = 0.0525 \tag{3.32}$$

$$R_s = \left(\frac{\gamma_{gs}p^{1.187}}{56.06}\right)10^{10.393A} = \frac{0.71\times2000^{1.187}}{56.06}\times10^{10.393\times0.0525} \tag{3.33}$$

$$= 369\text{ft}^3/\text{bbl}$$

$$F = (T - 60)\left(\frac{\gamma_1}{\gamma_{gs}}\right) = (150 - 60) \times \frac{32}{0.71} = 4.056 \times 10^3 \qquad (3.34)$$

$$B_o = 1.0 + 4.67 \times 10^{-4}R_s + 0.11 \times 10^{-4}F + 0.1337 \times 10^{-8}R_sF$$

$$= 1 + (4.67 \times 10^{-4}) \times 369 + 0.11 \times 10^{-4} \times (4.056 \times 10^3) +$$

$$0.1337 \times 10^{-8} \times 369 \times (4.056 \times 10^3) = 1.22\text{bbl}(\text{油藏})/\text{bbl} \qquad (3.35)$$

气体的地层体积系数 B_g 可通过真实气体状态方程计算得到。在温度 $T = 150\text{°F}$，压力 $p = 2000\text{psi}$ 时，其值为 $6.97 \times 10^{-3}\text{ft}^3(\text{油藏})/\text{ft}^3$（该计算过程将在第 4 章中明确给出）。

体积流量为[由式(3.28)和式(3.7)]：

$$q_1 = q_o(WOR + B_o) = 500 \times (1.5 + 1.22) = 1360\text{bbl/d} = 7640\text{ft}^3/\text{d} \qquad (3.36)$$

$$q_g = B_g(R_p - R_s)q_o = (6.9710 \times 10^{-3}) \times (500 - 369) \times 500 = 457\text{ft}^3/\text{d} \qquad (3.37)$$

为计算原油密度，溶解气的相对密度 γ_{gd} 需要进行估算。由图 3.4 可知，其值为 0.85。然后由式(3.17)有：

$$\rho_o = \frac{[8830/(131.5 + \gamma_1)] + 0.01361\gamma_{gd}R_s}{B_o}$$

$$= \frac{8830/(131.5 + 32) + 0.01361 \times 0.85 \times 369}{1.22} = 47.8\text{lb/ft}^3 \qquad (3.38)$$

而由式(3.29)有：

$$\rho_1 = \frac{WOR\rho_w + B_o\rho_o}{WOR + B_o} = \frac{1.5 \times 62.4 + 1.22 \times 47.8}{1.5 + 1.22} = 55.9\text{lb/ft}^3 \qquad (3.39)$$

原油黏度可以通过式(3.19)~式(3.25)进行估算：

$$C = 3.0324 - 0.02023\gamma_1 = 3.0324 - 0.02023 \times 32 = 2.385 \qquad (3.40)$$

$$B = 10^C = 10^{2.385} = 242.7 \qquad (3.41)$$

$$A = BT^{-1.163} = 242.7 \times 150^{-1.163} = 0.715 \qquad (3.42)$$

$$\mu_{od} = 10^A - 1 = 10^{0.715} - 1 = 4.19\text{cP} \qquad (3.43)$$

$$a = 10.715(R_s + 100)^{-0.515} = 10.715 \times (369 + 100)^{-0.515} = 0.451 \qquad (3.44)$$

$$b = 5.44(R_s + 150)^{-0.338} = 5.44 \times (369 + 150)^{-0.338} = 0.657 \qquad (3.45)$$

$$\mu_o = a\mu_{od}^b = 0.451 \times 4.19^{0.657} = 1.16\text{cP} \qquad (3.46)$$

液体黏度可通过式(3.30)进行计算，假定 $\mu_w = 1\text{cP}$：

$$\mu_1 = \left(\frac{WOR\rho_w}{WOR\rho_w + B_o\rho_o}\right)\mu_w + \left(\frac{B_o\rho_o}{WOR\rho_w + B_o\rho_o}\right)\mu_o$$

$$= \frac{1.5 \times 62.4}{1.5 \times 62.4 + 1.22 \times 4.78} \times 1 +$$

$$\frac{1.5 \times 62.4}{1.5 \times 62.4 + 1.22 \times 4.78} \times 1.16 = 1.06\text{cP} \qquad (3.47)$$

3.3 油藏中两相流

尽管对于油藏中两相流的严格处理并不在本书的讨论范围之内,但是理解各相间的相互作用对了解流体通过多孔介质的流动很有必要。

如果同时有两种或三种流体同时流过多孔介质时,那么绝对渗透率 K 需要划分为每一种流体的"有效"渗透率。因此在多相流中,同时存在 3 种渗透率,即油相有效渗透率 K_o、水相有效渗透率 K_w、气相有效渗透率 K_g。

与岩石中完全充满的原油相比,若存在不流动相(如束缚水,其饱和度用 S_{wc} 表示),也会使得油相的有效渗透率略有降低。因此,实验室用空气或水测定的岩心渗透率值不能直接用于实际油藏计算,而不稳定试井得到的渗透率值要可靠得多(不仅仅是因为上述原因,由于不稳定试井考虑了油藏的非均质性,岩心只反映了油藏岩石的局部渗透率值)。有效渗透率与相对渗透率可通过简单的表达式联系在一起:

$$K_{ro} = \frac{K_o}{K}, \ K_{rw} = \frac{K_w}{K}, \ K_{rg} = \frac{K_g}{K} \tag{3.48}$$

相对渗透率由实验室得到,其是流体饱和度的函数,同时也是特定的油藏岩石的函数,尽管这一点经常被误用。因此,由一个油藏的相对渗透率并不能很轻易地转换到另一个油藏,即使两者属于很相似的地层。

图 3.5 是实验室测定的某油气两相相对渗透率曲线示意图。相对渗透率数值常常由一组适当的实验室数据通过以下 Corey 方程得到:

$$K_{rg} = K_{rg}^o \left(\frac{S_g - S_{gr}}{1 - S_{or} - S_{gr}} \right)^n, \ K_{ro} = K_{ro}^o \left(\frac{1 - S_g - S_{or}}{1 - S_{or} - S_{gr}} \right)^m \tag{3.49}$$

其中,K_{rg}^o 和 K_{ro}^o 是水(润湿相)和油(非润湿相)在残余油饱和度 S_{or} 和残余气饱和度 S_{gr} 时的端点相对渗透率值。有效渗透率值是相似的,均简单地用相对渗透率乘以绝对渗透率 K 来表示。

因此,第 2 章中针对单相油流建立的产能方程必须进行调整,以反映有气体存在时的有效渗透率。而且在低于泡点压力时,地层体积系数和黏度随压力显著变化。考虑到流体性质变化和相对渗透率的影响,在稳态条件下产油量的一般表达式可以写成:

$$q_o = \frac{Kh}{141.2[\ln(r_e/r_w) + S]} \int_{p_{wf}}^{p_e} \frac{K_{ro}}{\mu_o B_o} dp \tag{3.50}$$

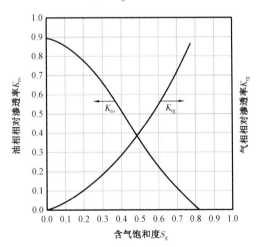

图 3.5 油气两相相对渗透率曲线

对于拟稳态情况,$\ln(r_e/r_w)$ 和 p_e 可以分别转换为 $\ln(0.472r_e/r_w)$ 和 $\bar{p}$。最后,对于高产量井,在式(3.50)分母的括号中,应将 Dq_o 加进去以考虑湍流效应,其中 D 是湍流系数。

例 3.4 两相流油藏中相对渗透率对原油流动的影响

使用附录 B 中实验测定的相对渗透率数据,计算井底流压为 3000psi 时的井产量。对比单相流的产量和低于泡点压力流动时的产量。泄流半径为 1490ft,不考虑表皮效应。

解:

将式(2.9)进行调整可得:

$$q_{o,singlephase} = \frac{Kh(p_i - p_{wf})}{141.2 B_o \mu \ln(r_e/r_w)} = \frac{13 \times 115 \times (4336 - 3000)}{141.2 \times 1.5 \times 0.45 \times \ln(1490/0.406)}$$

$$= 2553 bbl/d \tag{3.51}$$

严格地讲,相对渗透率是饱和度的函数,而不是压力的函数。因此,可以假定相应的气体饱和度值与低于泡点压力的压力值的对应关系。对于低于泡点压力的情况,可假定 $S_g(p)$ 是线性的,其范围为 $p = 4336$psi 时的 0 变化到 $p = 3000$psi 时的 0.3。

$$q_o = \frac{Kh}{141.2[\ln(r_e/r_w) + S]} \int_{p_{wf}}^{p_e} \frac{K_{ro}}{\mu_o B_o} dp$$

$$= \frac{13 \times 115}{141.2 \times \ln(1490/0.406)} \int_{3000}^{4350} \frac{K_{ro}(p)}{\mu_o(p) B_o(p)} dp = 1.29 \times 1563 = 2016 bbl/d \tag{3.52}$$

相对于单相流计算产量明显偏低的情况。这里的积分可由梯形法则的数值计算得到。

3.4 两相流油藏的油相流入动态

针对油井产量 q_o,Vogel(1968)根据数值模拟历史拟合的数据,建立了一个经验关系式。这个关系式归一化后的绝对无阻流量 $q_{o,max}$ 为:

$$\frac{q_o}{q_{o,max}} = 1 - 0.2 \frac{p_{wf}}{\bar{p}} - 0.8 \left(\frac{p_{wf}}{\bar{p}} \right)^2 \tag{3.53}$$

其中,对于拟稳态情况,有:

$$q_{o,max} = \left(\frac{1}{1.8} \right) \frac{K_o h \bar{p}}{141.2 B_o(\bar{p}) \mu_o(\bar{p})[\ln(0.472 r_e/r_w) + S]} \tag{3.54}$$

其中,K_o 是油相有效渗透率,可以通过压力恢复试井得到。因此有,

$$q_{o,max} = \frac{K_o h \bar{p}[1 - 0.2(p_{wf}/\bar{p}) - 0.8(p_{wf}/\bar{p})^2]}{254.2 B_o(\bar{p}) \mu_o(\bar{p})[\ln(0.472 r_e/r_w) + S]} \tag{3.55}$$

Vogel 关系式的简便之处在于,在两相流系统中可以只使用油相的属性参数。

例 3.5 运用 Vogel 关系式计算流入动态

对附录 B 中的井建立 IPR 曲线。泄流半径为 1490ft,不考虑表皮效应。

解:

在 $\bar{p} = 4336$psi 时,式(3.55)为:

$$q_{o,max} = \frac{K_o h \bar{p}[1 - 0.2(p_{wf}/\bar{p}) - 0.8(p_{wf}/\bar{p})^2]}{254.2B_o(\bar{p})\mu_o(\bar{p})[\ln(0.472r_e/r_w) + S]}$$

$$= \frac{13 \times 115 \times 4336 \times [1 - 0.2(p_{wf}/\bar{p}) - 0.8(p_{wf}/\bar{p})^2]}{254.2 \times 1.5 \times 0.45 \times [\ln(0.472(1490)/0.406) + 0]}$$

$$= 5067\left[1 - 0.2\left(\frac{p_{wf}}{\bar{p}}\right) - 0.8\left(\frac{p_{wf}}{\bar{p}}\right)^2\right] \tag{3.56}$$

运用式(3.55)预测产量比较简单。例如,如果 $p_{wf} = 3000$psi,由式(3.56)可得 $q_o = 2427$bbl/d。

图 3.6 是这口井的 IPR 曲线,注意曲线形态不再像第 2 章中单相流对应一条直线了。

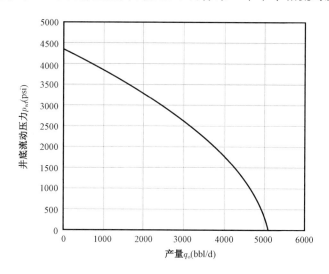

图 3.6 两相流油井的流入动态曲线

3.5 广义 Vogel 流入动态关系式

如果油藏压力高于泡点压力而井底流压低于泡点压力,可建立一个广义的流入动态关系式。以下方法建立的 IPR 曲线在 $p_{wf} \geqslant p_b$ 时对应一段直线,而在 $p_{wf} < p_b$ 时遵循 Vogel 方程,这一方法沿用 Standing(1971)的简单逻辑。对应的关系式可以用于非稳态、稳态以及拟稳态流动的情况。首先,$p_{wf} = p_b$ 时的产量 q_b 可以写作:

$$q_b = \frac{Kh(p_i - p_b)}{141.2B\mu(p_D + S)} \tag{3.57}$$

其中,p_D 是非稳态无量纲压力降;对于稳态,其等于 $\ln(r_e/r_w)$;对于拟稳态,其等于 $\ln(0.472r_e/r_w)$。

泡点压力下的生产指数为:

$$J = \frac{q_b}{p_i - p_b} \tag{3.58}$$

其与 q_V(此处表示"Vogel"流入动态方程 q_V)的关系为:

$$q_V = \frac{p_b J}{1.8} \tag{3.59}$$

当 $p_{wf} \geqslant p_b$ 时,有:

$$q_o = J(p_i - p_{wf}) \tag{3.60}$$

当 $p_{wf} < p_b$ 时,有:

$$q_o = q_b + q_V \left[1 - 0.2\frac{p_{wf}}{p_b} - 0.8\left(\frac{p_{wf}}{p_b}\right)^2 \right] \tag{3.61}$$

当 $\bar{p}$ 小于或等于泡点压力时,使用式(3.55)。

3.6　Fetkovich 近似

利用 $q_{o,max}$ 对 q_o 进行归一化,Vogel 的关系式常常不能与油田数据完全吻合。Fetkovich(1973)提出用 $q_{o,max} = C\,\bar{p}^{2n}$ 进行归一化,流动方程用以下形式:

$$q_o = C(\bar{p}^2 - p_{wf}^2)^n \tag{3.62}$$

关系式变形为:

$$\frac{q_o}{q_{o,max}} = \left[1 - \left(\frac{p_{wf}}{\bar{p}}\right)^2 \right]^n \tag{3.63}$$

式(3.63)需要确定两个未知量,即绝对无阻流量 $q_{o,max}$ 和指数 n。二者是特定井的特性参数,需要在两个不同稳定产量下进行测试以计算得到对应的 p_{wf},由此确定 $q_{o,max}$ 和 n。

式(3.55)和式(3.62)均为经验关系式,因此具体应用还需要考虑实际情况。

参　考　文　献

[1] Beggs, H. D., and Robinson, J. R., "Estimating the Viscosity of Crude Oil Systems," JPT,1140 – 1141(September 1975).

[2] Fetkovich, M. J., "The Isochronal Testing of Oil Wells," SPE Paper 4529,1973.

[3] Katz, D. L., Cornell, D., Kobayashi, R. L., Poettmann, F. H., Vary, J. A., Elenbaas, J. R., and Weinang, C. F., Handbook of Natural Gas Engineering, McGraw – Hill, New York,1959.

[4] Standing, M. B., "Concerning the Calculation of Inflow Performance of Wells Producing fromSolution Gas Drive Reservoirs," JPT,1141 – 1142(September 1971).

[5] Standing, M. B., Volumetric and Phase Behavior of Oil Field Hydrocarbon Systems, Society of Petroleum Engineers, Dallas,1977.

[6] Vasquez, M., and Beggs, H. D., "Correlations for Fluid Physical Property Predictions," JPT,968 – 970(June 1990).

[7] Vogel, J. V., "Inflow Performance Relationships for Solution – Gas Drive Wells," JPT,83 – 92(January 1968).

习　　题

3.1　对于某油藏,其油藏压力为 5000psi,温度为 160℉,原油密度为 35°API,气油比为 $1 \times 10^3 ft^3/bbl$,不产水。试估算泡点压力,并求泡点压力下 B_o 和原油黏度各为多少?绘制 B_o

与压力关系曲线。分离器条件为 $100\,\mathrm{℉},100\,\mathrm{psi},\gamma_g=0.7$。

3.2 原油密度为 $30\,\mathrm{℉}$,温度为 $180\,\mathrm{℉}$,气油比变化范围为 $0\sim2000\,\mathrm{ft^3/bbl}$,气体相对密度 $\gamma_g=0.7$,绘制泡点压力下 B_o 与 R_s 关系曲线以及 p_b 与 R_s 关系曲线。

3.3 假定 $\gamma_o=25\,\mathrm{°API},\gamma_g=0.7,R_s=600\,\mathrm{ft^3/bbl}$,温度变化范围为 $120\sim210\,\mathrm{℉}$。绘制泡点压力下的 B_o 与 T 关系曲线,以及泡点压力 p_b 与 T 关系曲线。在同一坐标系中绘制压力为 $14.7\sim4000\,\mathrm{psi}$,温度分别为 $120\,\mathrm{℉},150\,\mathrm{℉},180\,\mathrm{℉},210\,\mathrm{℉}$ 时原油黏度与压力关系曲线。

3.4 附录 B 中的原油以 $500\,\mathrm{bbl/d}$ 的产量生产,水油比为 1.5,气油比为 500。附录 B 中给出的各参数性质均在 $100\,\mathrm{psi}$ 和 $100\,\mathrm{℉}$ 条件下。绘制出压力在 0 到油藏压力范围内,温度为 $150\,\mathrm{℉}$ 条件下的液体体积流量变化曲线。

3.5 假定图 B.2 中给出的气体饱和度每变化 0.02,对应的井底压力降低 $200\,\mathrm{psi}$。利用图 B.1 中的相对渗透率数据、PVT 数据以及附录 B 中的数据,结合式(3.49)将油井产量作为井底流压的函数,对油井产量进行预测。假定表皮系数为 0,井的泄流面积为 $40\,\mathrm{ha}$。

3.6 某井的泄流面积为 $80\,\mathrm{ha}$,地层厚度为 $80\,\mathrm{ft}$,渗透率为 $15\,\mathrm{mD}$,假定 $B_o=1.2,\mu=1.8\,\mathrm{cP}$,$r_w=0.3\,\mathrm{ft}$,流体处于稳态流且遵循 Vogel 流入动态关系。在同一个图中分别绘制出表皮系数为 0,5,10 和 20 情况下的 IPR 曲线。假定油藏压力和泡点压力均为 $5000\,\mathrm{psi}$。

3.7 某井的泄流面积为 $40\,\mathrm{ha}$,地层厚度为 $100\,\mathrm{ft}$,渗透率为 $20\,\mathrm{mD}$,原始油藏压力为 $6000\,\mathrm{psi}$,泡点压力为 $4500\,\mathrm{psi}$。假定原始的井底压力为 $5000\,\mathrm{psi}$,以每年降低 $500\,\mathrm{psi}$ 的速度连续降低了 3 年,那么这 3 年的累计产油量是多少?假定处于拟稳态流,$B_o=1.1,\mu=1.7\,\mathrm{cP},r_w=0.328\,\mathrm{ft}$。

3.8 假定某井产油按照式(3.60)给出的 Fetkovich 近似关系进行。几次测试显示,$p_{wf}=3000\,\mathrm{psi}$ 时,产量为 $1875\,\mathrm{bbl/d}$;$p_{wf}=3500\,\mathrm{psi}$ 时,产量为 $1427\,\mathrm{bbl/d}$;$p_{wf}=4000\,\mathrm{psi}$ 时,产量为 $860\,\mathrm{bbl/d}$。据此确定 $q_{o,max}$、n 以及油藏平均压力。绘制此井的 IPR 曲线。

3.9 一个操作工试图确定要投资多少才能满足油藏投入新井生产的条件,该油藏的性质在附录 B 中给出。他通过经验知道,这个区域中的井在高于泡点压力的条件下遵循指数递减规律,且以 30% 的递减率生产了 5 年。那些井底流压为 $3000\,\mathrm{psi}$ 的井,以更高产量生产了 3 年,递减率为 30%。在此之后,开始产气,但没有管线来输送这些气。试确定使这些井获得最大净现值 NPV 的 p_{wf}。假设为拟稳态流,原油价格为 100 美元/bbl,折扣为 10%。$p_{wf}=3000\,\mathrm{psi}$ 时,平均含气饱和度 S_g 为 0.15。

第4章 天然气藏开发动态

4.1 简介

天然气藏中的碳氢化合物在地层条件下主要是以气相存在。在开发油气藏时,了解储层内部碳氢化合物的基本性质是非常重要的。因此为了预测该储层的产气速率,我们需要了解气相碳氢化合物的一些基本特性。特定气体及气体混合物的物性会因压力、温度及气体组分的变化而变化。下面将简要介绍气体相对密度、真实气体状态方程、气体压缩性、非烃类气体组分影响、气体黏度以及气体等温压缩率等内容。

4.1.1 气体相对密度

在天然气开采及油藏工程中,气体的相对密度定义为天然气混合物的相对分子质量与空气(混合气体)相对分子质量的比值。几乎气体的所有性质以及对气体的真实描述都与气体的相对密度密切相关,因此气体的相对密度是有关气体性质的一个重要定义。空气的相对分子质量为28.97(假设空气组成为79%的氮气和21%的氧气)。气体的相对密度用符号γ_g表示,其表达式为:

$$\gamma_g = \frac{MW}{28.97} = \frac{\sum y_i MW_i}{28.97} \tag{4.1}$$

其中,y_i和MW_i分别表示天然气体组分i的摩尔分数及该组分的摩尔质量。

表4.1提供了在天然气藏中可能存在的一些气体的摩尔质量及其临界性质,其中包括烃类及非烃类气体。干气气藏内气体组分主要为甲烷,另外还包括少量乙烷及摩尔质量较大的气体。甲烷气体的相对密度为0.55(16.04/28.97)。一般情况下,湿气气藏中气体的相对密度约为0.75,个别湿气气藏中气体的相对密度大于0.9。气体较大的相对密度意味着湿气气藏中含有一定的丙烷及丁烷。在实际生产应用中,这两种气体组分可用于制成液化气。

表4.1 天然气中各气体组分的摩尔质量及其临界性质

组分	化学表达式	简写符号(计算)	摩尔质量(g/mol)	临界压力(psi)	临界温度(°R)
甲烷	CH_4	C_1	16.04	673	344
乙烷	C_2H_6	C_2	30.07	709	550
丙烷	C_3H_8	C_3	44.09	618	666
异丁烷	C_4H_{10}	$i-C_4$	58.12	530	733
正丁烷	C_4H_{10}	$n-C_4$	58.12	551	766
异戊烷	C_5H_{12}	$i-C_5$	72.15	482	830
正戊烷	C_5H_{12}	$n-C_5$	72.15	485	847
正己烷	C_6H_{14}	$n-C_6$	86.17	434	915

组分	化学表达式	简写符号(计算)	摩尔质量(g/mol)	临界压力(psi)	临界温度(°R)
正庚烷	C_7H_{16}	$n-C_7$	100.2	397	973
正辛烷	C_8H_{18}	$n-C_8$	114.2	361	1024
氮气	N_2	N_2	28.02	492	227
二氧化碳	CO_2	CO_2	44.01	1072	548
硫化氢	H_2S	H_2S	34.08	1306	673

例 4.1 天然气体相对密度的计算

一种天然气体的组分如下:$C_1 = 0.880$,$C_2 = 0.082$,$C_3 = 0.021$,$CO_2 = 0.017$。计算该天然气的相对密度。

解:根据表 4.1 及题中所给数据列出每种组分的摩尔相对分子质量(g/mol)如下:

组分	构成	摩尔相对分子质量(g/mol)
C_1	0.880	14.115
C_2	0.082	2.466
C_3	0.021	0.926
CO_2	0.017	0.748
		18.255

因此,该气体的相对密度为 18.255/28.87 = 0.63。

4.1.2 真实气体状态方程

混合天然气气体状态方程可表达为:

$$pV = ZnRT \tag{4.2}$$

其中,Z 表示气体压缩因子,在石油工程相关文献中多记为气体偏差因子。通常气体常数 R 等于 $10.73\,psi \cdot ft^3/(lb \cdot mol \cdot °R)$。式(4.2)为气体在一般情况下的状态方程,烃类混合气体的压缩因子可由图 4.1 查到(Standing 和 Katz,1942)。该图针对烃类混合气体,当气体混合物中含有大量非烃类组分时,由该图查到的压缩因子需要进行校正,这部分内容将在以后进行详细分析。

为了应用图 4.1,我们需要了解混合气体的拟对比参数(拟对比温度和拟对比压力)的计算。拟对比压力定义为:

$$p_{pr} = \frac{p}{p_{pc}} \tag{4.3}$$

拟对比温度定义为:

$$T_{pr} = \frac{T}{T_{pc}} \tag{4.4}$$

其中,p_{pc} 和 T_{pc} 分别表示混合气体的拟临界压力和拟临界温度,且温度应为绝对温度,对应为 S/9(℉ +460)或℃ +273。

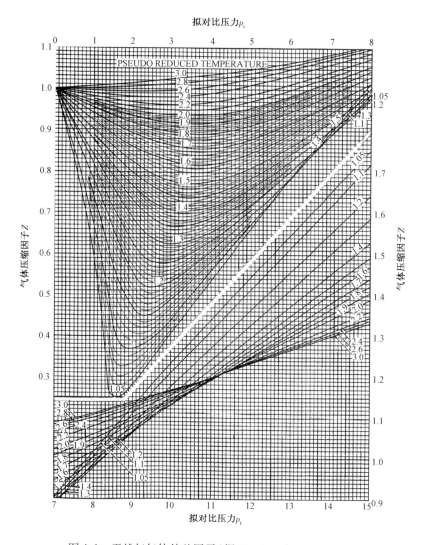

图 4.1　天然气气体偏差因子（据 Standing 和 Katz,1942）

基于图 4.1,很多学者经研究已得出压缩因子的计算公式。对比研究发现, Dranchuk 和 Abou – Kassem(1975)公式计算结果的相对误差小于 1% 。该公式由 McCain(1990)总结如下:

$$Z = 1 + (A_1 + A_2/T_{pr} + A_3/T_{pr}^3 + A_4/T_{pr}^4 + A_5/T_{pr}^5)\rho_{pr} +$$

$$(A_6 + A_7/T_{pr} + A_8/T_{pr}^2)\rho_{pr}^2 - A_9(A_7/T_{pr} + A_8/T_{pr}^2)\rho_{pr}^5 +$$

$$A_{10}(1 + A_{11}\rho_{pr}^2)(\rho_{pr}^2/T_{pr}^3)EXP(-A_{11}\rho_{pr}^2) \tag{4.5}$$

其中

$$\rho_{pr} = 0.27[p_{pr}/(ZT_{pr})] \tag{4.6}$$

公式中常数分别为:$A_1 = 0.3265, A_2 = -1.0700, A_3 = -0.5339, A_4 = 0.01569, A_5 = -0.05165, A_6 = 0.5475, A_7 = -0.7361, A_8 = 0.1844, A_9 = 0.1056, A_{10} = 0.6134, A_{11} = 0.7210$。

在该公式中,当 $1.0 < T_{pr} \leqslant 3.0$ 时,$0.2 \leqslant p_{pr} < 30$;当 $0.7 < T_{pr} < 1.0$ 时,$p_{pr} < 1.0$。

由图 4.1 可知,在标准临界压力($p_{sc} = 14.7\text{psi}$)及标准临界温度($T_{sc} = 60\text{℉} = 520°\text{R}$)下,标准气体压缩因子 $Z_{sc} = 1$。

例 4.2 利用真实气体状态方程计算气藏条件下混合气体的体积

假设混合天然气由如下组分组成:$C_1 = 0.875$,$C_2 = 0.083$,$C_3 = 0.021$,$i - C_4 = 0.006$,$n - C_4 = 0.002$,$i - C_5 = 0.003$,$n - C_5 = 0.008$,$n - C_6 = 0.001$,$C_{7+} = 0.001$。计算在储层条件下($T = 180\text{℉}$,$p = 40000\text{psi}$)每摩尔该混合气体的体积。

解:

首先需要计算该混合气体的拟临界参数,混合气体的拟临界参数为每一组分临界参数依据摩尔分数的加权总和。该题的求解依据理想气体热力学定律和道尔顿分压定律。表 4.2 列出了计算结果。

表 4.2　例 4.2 拟临界参数的计算结果

组分	y_i	MW_i	$y_i MW_i$	p_{ci}	$y_i p_{ci}$	T_{ci}	$y_i T_{ci}$
C_1	0.875	16.04	14.035	673	588.87	344	301
C_2	0.083	30.07	2.496	709	58.85	550	45.65
C_3	0.021	44.1	0.926	618	12.98	666	13.99
$i - C_4$	0.006	58.12	0.349	530	3.18	733	4.4
$n - C_4$	0.002	58.12	0.116	551	1.1	766	1.53
$i - C_5$	0.003	72.15	0.216	482	1.45	830	2.49
$n - C_5$	0.008	72.15	0.577	485	3.88	847	6.78
$n - C_6$	0.001	86.18	0.086	434	0.43	915	0.92
C_{7+}	0.001	114.23[a]	0.114	361[a]	0.36	1024	1.02
	1.000		18.92		$671 = p_{pc}$		$378 = T_{pc}$

其中,拟对比压力 $p_{pr} = 4000/671 = 5.96$,拟对比温度 $T_{pr} = (180 + 460)/378 = 1.69$。根据图 4.1 计算得 $Z = 0.855$。因此由式(4.2)进行变形,得到:

$$V = \frac{0.855 \times 1 \times 10.73 \times 640}{4000} = 1.47 \text{ ft}^3 \tag{4.7}$$

由式(4.5)求得 $Z = 0.89$,体积 $V = 1.53\text{ft}^3$。

4.2　天然气常用计算公式

本节将详细介绍一些重要的天然气物性关系式的用法。

4.2.1　根据气体相对密度计算拟临界参数

当天然气的组分未知时,我们仍可利用图 4.2 得到混合气体相对密度(相对于空气)与拟临界参数的关系式。例如,利用例题 4.2 的计算结果可知混合气体摩尔质量为 18.92,因此其相对密度 $\gamma_g = 18.92/28.97 = 0.65$。由图 4.2 查得,$p_{pc} = 670\text{psi}$,$T_{pc} = 375°\text{R}$。而由例题 4.2 可知,其准确的拟临界压力和拟临界温度分别为 671psi 及 378°R。由此可知利用该方法计算得到的拟临界参数误差相对较小。

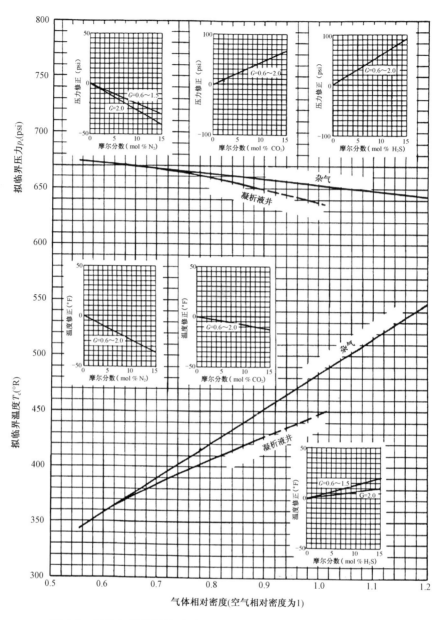

图 4.2　天然气拟临界性质（据 Brown，Katz，Oberfell 和 Alden，1948；
由 Carr，Kobayashi 和 Burrows 总结形成的图版，1954）

当仅知气体相对密度时，我们可利用图 4.2 进行快速估算。另外，Standing（1977）给出了
图 4.2 中曲线的经验公式如下：

对于一般混合气体

$$T_{\mathrm{pcHC}} = 168 + 325\gamma_{\mathrm{gHC}} - 12.5\gamma_{\mathrm{gHC}}^2 \qquad (4.8)$$

$$p_{\mathrm{pcHC}} = 677 + 15.0\gamma_{\mathrm{gHC}} - 35.7\gamma_{\mathrm{gHC}}^2 \qquad (4.9)$$

对于凝析油气井流体

$$T_{\mathrm{pcHC}} = 187 + 330\gamma_{\mathrm{gHC}} - 71.5\gamma_{\mathrm{gHC}}^2 \qquad (4.10)$$

$$p_{pcHC} = 706 + 51.7\gamma_{gHC} - 11.1\gamma_{gHC}^2 \tag{4.11}$$

4.2.2　含非烃类气体的混合气拟临界参数的计算

混合气中如含有大量 H_2S 气体,混合气体将呈现酸性,因此含大量 H_2S 或 CO_2 气体的天然气混合物被称为酸性气体,否则称为无硫气体。当已知混合气体的相对密度(记为 γ_{gM})及每种非烃类组分的摩尔分数时,混合气中烃类气体的相对密度可由式(4.12)计算(Standing,1977):

$$\gamma_{gHC} = \frac{\gamma_{gM} - 0.967y_{N_2} - 1.52y_{CO_2} - 1.18y_{H_2S}}{1 - y_{N_2} - y_{CO_2} - y_{H_2S}} \tag{4.12}$$

利用图4.2可对含有非烃类组分混合气的拟临界参数进行修正。另外,利用以下公式和烃类气体拟临界参数计算得到含非烃类组分混合气体的拟临界参数:

$$p_{pcM} = (1 - y_{N_2} - y_{CO_2} - y_{H_2S})p_{pcHC} + 493y_{N_2} + 1071y_{CO_2} + 1306y_{H_2S} \tag{4.13}$$

$$T_{pcM} = (1 - y_{N_2} - y_{CO_2} - y_{H_2S})T_{pcHC} + 227y_{N_2} + 548y_{CO_2} + 672y_{H_2S} \tag{4.14}$$

将式(4.8)及式(4.9)的计算结果代入到式(4.12)中,可得到烃类气体拟临界参数,实际计算见例4.2。

4.2.3　非烃类气体的压缩因子

Wichert 和 Aziz(1972)通过 Standing. Katz 图(图4.1)总结出了含非烃类组分的混合天然气拟临界参数校正公式。

校正拟临界温度:

$$T'_{pc} = T_{pcM} - \varepsilon_3 \tag{4.15}$$

校正拟临界压力:

$$p'_{pc} = \frac{p_{pcM}T'_{pc}}{T_{pcM} + y_{H_2S}(1 - y_{H_2S})\varepsilon_3} \tag{4.16}$$

其中,H_2S 及 CO_2 校正值 ε_3 为:

$$\varepsilon_3 = 120\left[(y_{CO_2} + y_{H_2S})^{0.9} - (y_{CO_2} + y_{H_2S})^{1.6}\right] + 15(y_{CO_2}^{0.5} - y_{H_2S}^4) \tag{4.17}$$

另外,校正值 ε_3 也可由图版(图4.3)查得。

例 4.3　酸气压缩系数的计算

某天然气混合物组分为:$C_1 = 0.7410$,$C_2 = 0.0245$,$C_3 = 0.0007$,$iC_4 = 0.0005$,$nC_4 = 0.0003$,$iC_5 = 0.0001$,$nC_5 = 0.0001$,$C_{6+} = 0.0005$,$N_2 = 0.0592$,$CO_2 = 0.021$,$H_2S = 0.152$。计算在180°F,压力为4000psi的条件下该天然气的气体压缩系数 Z。

解:

天然气拟临界参数计算结果见表4.3。

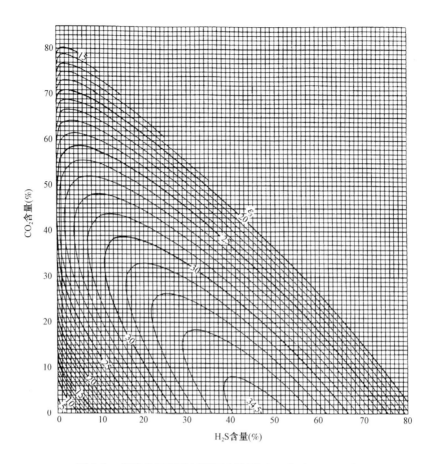

图 4.3　拟临界温度校正因子（据 Wichert 和 Aziz，1972）

表 4.3　例 4.3 天然气拟临界参数的计算结果

组分	y_i	MW_i	$y_i MW_i$	p_{ci}	$y_i p_{ci}$	T_{ci}	$y_i T_{ci}$
C_1	0.7410	16.04	11.886	673	498.69	344	254.90
C_2	0.0246	30.07	0.740	709	17.44	550	13.53
C_3	0.0007	44.01	0.031	618	0.43	666	0.47
iC_4	0.0005	58.12	0.029	530	0.26	733	0.37
nC_4	0.0003	58.12	0.117	551	0.17	766	0.23
iC_5	0.0001	72.15	0.007	482	0.05	830	0.08
nC_5	0.0001	72.15	0.007	485	0.05	847	0.08
C_{6+}	0.0005	100.2	0.050	397	0.02	973	0.49
N_2	0.0592	28.02	1.659	492	29.13	227	13.44
CO_2	0.021	44.01	0.924	1072	22.51	548	11.51
H_2S	0.152	34.08	5.180	1306	198.51	673	102.30
	1.0000		20.53		767.44		397.4

根据题中所给数据,查图4.3可得到校正值 $\varepsilon_3 = 23.5°\text{R}$,或由式(4.17)计算可得:

$$\varepsilon_3 = 120 \times \left[(0.021 + 0.152)^{0.9} - (0.21 + 0.152)^{1.6} \right] + 15 \times (0.021^{0.5} - 0.152^4)$$

$$= 19.7°\text{R} \tag{4.18}$$

由式(4.15)计算得:

$$T_{\text{pc}}{}' = 397.4 - 23.5 = 373.9°\text{R} \tag{4.19}$$

由式(4.16)计算得:

$$p'_{\text{pc}} = \frac{767.4 \times 373.9}{397.4 + 0.152 \times (1 - 0.152) \times 23.5} = 716.6\text{psi} \tag{4.20}$$

由例4.3可知,利用图4.2可计算出混合气体的拟临界参数。气体摩尔质量为20.53g/mol,因此气体相对密度 $\gamma_{\text{g}} = 20.53/28.97 = 0.709$,由图4.2可知,$T_{\text{pc}} = 394°\text{R}$,$p_{\text{pc}} = 667\text{psi}$。利用图4.2或者式(4.13)和式(4.14)校正,得:

$$T_{\text{pc}} = 394 - 15 - 2 + 20 = 397°\text{R} \tag{4.21}$$

$$p_{\text{pc}} = 667 - 10 + 5 + 92 = 754\text{psi} \tag{4.22}$$

由精确计算得到的拟临界温度及拟临界压力分别为397.4°R及767.4psi,因此可知该计算方法误差较小。为了应用压缩因子版图,应先利用式(4.19)和式(4.20)对拟临界温度及拟临界压力进行校正。

4.2.4 气体黏度

多位学者都曾研究过气体黏度的相关图版,其中学者 Carr 研究的图版最为常用(图4.4及图4.5)。图4.4可以计算1个大气压下任意温度的气体黏度,图4.5提供了气体在较大压力下黏度与在1个大气压下黏度的比值,记为 μ/μ_{1atm}。

学者 Lee,Gonzales 以及 Eakin(1966)研究出了一个计算气体黏度的常用公式:

$$\mu_{\text{g}} = A(10^{-4}) \exp(B\rho_{\text{g}}^c) \tag{4.23}$$

其中

$$A = \frac{(9.379 + 0.01607 M_{\text{a}}) T^{1.5}}{209.2 + 19.26 M_{\text{a}} + T} \tag{4.24}$$

$$B = 3.448 + \frac{986.4}{T} + 0.01009 M_{\text{a}} \tag{4.25}$$

$$C = 2.447 - 0.2224B \tag{4.26}$$

式中:ρ_{g} 为气体密度,g/cm³;M_{a} 为摩尔质量,g/mol;T 为温度,°R;μ_{g} 为气体黏度,cP。

例4.4 计算天然气及含硫气体的黏度

在180℉及4000psi条件下,计算例4.2及例4.3中天然气的气体黏度。

解:

例4.2中天然气的相对密度为0.65,在温度为180℉时由图4.4可得,其在1个大气压下的气体黏度 $\mu_{\text{1atm}} = 0.0122\text{cP}$。由气体拟压力 $p_{\text{pr}} = 5.96$ 及拟温度 $T_{\text{pr}} = 1.69$ 可在图4.5中查得,其黏度比 $\mu/\mu_{\text{1atm}} = 1.85$。由此计算得天然气黏度 $\mu = 1.85 \times 0.0122 = 0.0226\text{cP}$。

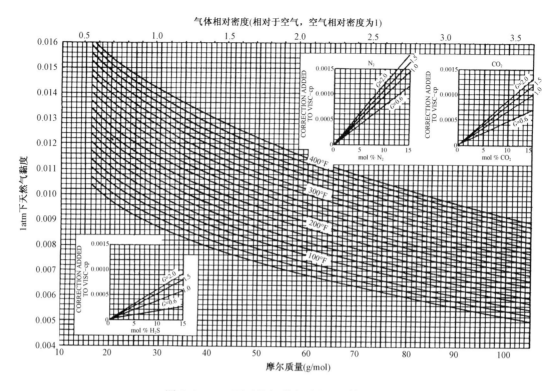

图 4.4　1atm 下天然气黏度(据 Carr 等,1954)

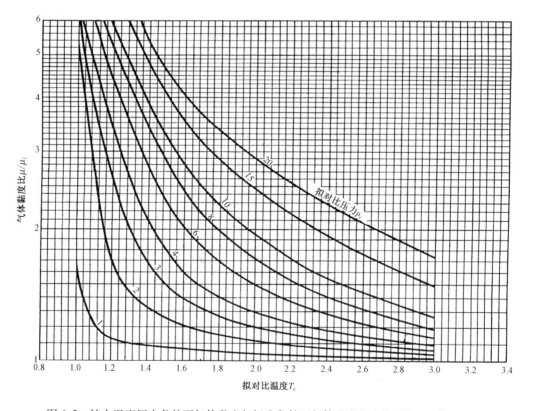

图 4.5　较大温度压力条件下气体黏度与标准条件下气体黏度的比值(据 Carr 等,1954)

例 4.3 中无硫天然气的气体黏度为 0.709，同理可由图表 4.4 查得其在 1 个大气压下的气体黏度 $\mu_{1\text{atm}} = 0.0119\text{cP}$。由于混合气体中存在非烃类组分，所以需要根据图 4.4 中插入的图版对结果进行校正。对于该例来说，需要在计算结果中考虑 3 种非烃类气体 N_2，CO_2 和 H_2S 的黏度，分别为 0.005cP，0.001cP 和 0.004cP。因此校正后的天然气黏度 $\mu_{1\text{atm}} = 0.0129\text{cP}$。由于拟临界压力 $p_{pc} = 767.4\text{psi}$，拟临界温度 $T_{pc} = 397.4°\text{R}$，所以得到拟对比压力 $p_{pr} = 4000/767.4 = 5.2$，拟对比温度 $T_{pr} = 640/397.4 = 1.61$。由图 4.5 查得气体黏度比 $\mu/\mu_{1\text{atm}} = 1.8$，因此计算得天然气黏度 $\mu = 0.0129 \times 1.8 = 0.0232\text{cP}$。

另外，可以利用式（4.23）求得，$\mu_{1\text{atm}} = 0.0119\text{cP}$，$\mu = 0.0232\text{cP}$。

4.2.5 天然气地层体积系数

天然气地层体积系数定义为天然气混合物在储层中的体积与其在地面标准状态下体积的比值。对于天然气来说，气体在储层中的体积和其在地面标准状态下的体积可分别用真实气体状态方程计算得到，因此天然气体地层体积系数 B_g 可用式（4.27）计算：

$$B_g = \frac{V}{V_{sc}} = \frac{ZnRT/p}{Z_{sc}nRT_{sc}/p_{sc}} \tag{4.27}$$

由于质量相同时，nR 值相同，因此可约掉。另外，$Z_{sc} \approx 1$，$T_{sc} = 60 + 460 = 520°\text{R}$，$p_{sc} = 14.7\text{psi}$，式（4.27）可简化为：

$$B_g = 0.0283 \frac{ZT}{p} \left[\text{ft}^3(\text{油藏})/\text{ft}^3\right] \tag{4.28}$$

例 4.5 天然气原始地质储量计算

计算某面积为 1900acre 的储层中天然气原始地质储量。其他数据详见附录 C。

解：

由式（4.28）可计算得到天然气原始地层体积系数 B_{gi}：

$$B_{gi} = \frac{0.0283 \times 0.945 \times 640}{4613} = 3.71 \times 10^{-3}\text{ft}^3(\text{油藏})/\text{ft}^3 \tag{4.29}$$

因此，由：

$$G_i = \frac{AhfS_g}{B_{gi}} \tag{4.30}$$

可计算得到：

$$G_i = \frac{43560 \times 1900 \times 78 \times 0.14 \times 0.73}{3.71 \times 10^{-3}} = 1.78 \times 10^{11}\text{ft}^3 \tag{4.31}$$

4.2.6 天然气的等温压缩率

天然气压缩系数 C_g，又称为天然气等温压缩率（或弹性系数），其准确的热力学表达式为：

$$C_g = -\frac{1}{V}\left(\frac{\partial V}{\partial p}\right)_T \tag{4.32}$$

对于理想气体而言,天然气压缩系数 $C_g = 1/p$。对于真实气体而言,根据式(4.2)可将 $\partial V/\partial p$ 化简为:

$$\frac{\partial V}{\partial p} = -\frac{ZnRT}{p^2} + \frac{nRT}{p}\left(\frac{\partial Z}{\partial p}\right)_T \tag{4.33}$$

利用式(4.2)将体积 V 替换,并将式(4.33)代入到式(4.32)中得到:

$$C_g = \frac{1}{p} - \frac{1}{Z}\left(\frac{\partial Z}{\partial p}\right)_T \tag{4.34}$$

另外,可利用式(4.3)中拟对比压力与临界压力的关系,由式(4.35)计算天然气压缩系数:

$$C_g = \frac{1}{p} - \frac{1}{Z p_{pc}}\left(\frac{\partial Z}{\partial p_{pr}}\right)_T \tag{4.35}$$

由式(4.35)可计算真实气体在任意温度压力条件下的气体压缩系数。计算压缩系数时需要知道天然气压缩因子 Z 以及在相应温度下 Standing-Katz 关系曲线的斜率 $\frac{\partial Z}{\partial p_{pr}}$,该斜率由微分方程(4.35)所确定。

4.3　气井产能近似

由达西定律总结出的不可压缩流体稳态方程可参见第 2 章中式(2.9)。通过将流速单位由日产地面标准状态桶数改为日产百万立方英尺,并利用真实气体状态方程表征气体 PVT 参数,可将不可压缩流体的产能方程转换为气井产能方程。由达西定律得到气井径向流微分方程:

$$q_{act} = \frac{2\pi rKh}{\mu}\frac{dp}{dr} \tag{4.36}$$

其中,q_{act} 表示储层中一定温度压力条件下井口实际体积流量。对于真实气体而言,任何温度压力条件下的井口实际体积流量 q_{act} 可由标准条件下体积流量 q 计算得到:

$$q_{act} = q\left(\frac{p_{sc}}{p}\right)\left(\frac{T}{T_{sc}}\right)Z \tag{4.37}$$

将式(4.37)代入式(4.36),并分离变量化简得到:

$$\frac{q\mu ZT}{2\pi r}dr = \left(\frac{T_{sc}}{p_{sc}}\right)Khp\,dp \tag{4.38}$$

对于径向流而言,在边界处(r_e)存在稳定压力供给 p_e,在井底处(r_w)存在井底流压 p_w,对式(4.38)中黏度及压缩因子取平均值,有:

$$q = \frac{Kh\left(\frac{T_{sc}}{p_{sc}}\right)(p_e^2 - p_{wf}^2)}{4\pi\bar{\mu}\,\bar{Z}T\left(\ln\frac{r_e}{r_w}\right)} \tag{4.39}$$

将单位转换并引入表皮系数,即可得到气井产能方程:

$$q = \frac{Kh(p_e^2 - p_{wf}^2)}{1424\,\overline{\mu}\,\overline{Z}T\left(\ln\dfrac{r_e}{r_w} + S\right)} \tag{4.40}$$

将式(4.40)变形得到:

$$p_e^2 - p_{wf}^2 = \frac{1424q\,\overline{\mu}\,\overline{Z}T}{Kh}\left(\ln\frac{r_e}{r_w} + S\right) \tag{4.41}$$

式(4.41)表明,气井产能与压力的平方差成正比。参数 $\overline{\mu}$ 及 $\overline{Z}$ 为从供给边界到井底间流体参数的平均值。

拟稳态流的产能方程与稳态流的产能方程形式相似,其公式为:

$$\overline{p}^2 - p_{wf}^2 = \frac{1424q\mu ZT}{Kh}\left(\ln 0.472\frac{r_e}{r_w} + S\right) \tag{4.42}$$

式(4.41)及式(4.42)不仅在参数上作了近似处理,还假定储层中流体的流动均为达西渗流,因此该公式存在一定的误差。式(4.41)及式(4.42)的通式为:

$$q = C(\overline{p}^2 - p_{wf}^2) \tag{4.43}$$

当流体流速较大时,将会出现非达西流,则式(4.43)将改写为:

$$q = C(\overline{p}^2 - p_{wf}^2)^n \tag{4.44}$$

其中 $0.5 < n < 1$。

q 与 $\overline{p}^2 - p_{wf}^2$ 的双对数坐标曲线为一条斜率为 n,截距为 C 的直线。

例4.6 气井流量与井底流压关系曲线

利用稳态流公式(4.40),画出某气井流量与井底流压的关系曲线。相关资料详见附录C。假设 $S = 0$,$r_e = 1490\text{ft}$($A = 160\text{acre}$)。

解:

对式(4.40)进行分离变量,有:

$$2.128 \times 10^7 - p_{wf}^2 = (5.79 \times 10^5)q\,\overline{\mu}\,\overline{Z} \tag{4.45}$$

对 p_{wf} 从1000psi到4000psi进行取值,计算结果见表4.4($\mu_{1atm} = 0.0122\text{cP}$,$T_{pr} = 1.69$,且储层为恒温储层)。

表4.4 例4.6中黏度及气体偏差因子的计算结果

p_{wf}(psi)	$p_{pr,w}$	μ/μ_{1atm}[①]	μ(cP)	$\overline{\mu}$(cup)[②]	Z[③]	$\overline{Z}$[④]
1000	1.49	1.10	0.0134	0.0189	0.920	0.933
1500	2.24	1.20	0.0146	0.0195	0.878	0.912
2000	2.98	1.35	0.0165	0.0205	0.860	0.903
2500	3.73	1.45	0.0177	0.0211	0.850	0.898

$p_{wf}(psi)$	$p_{pr,w}$	μ/μ_{1atm}[①]	$\mu(cP)$	$\bar{\mu}(cup)$[②]	Z[③]	$\bar{Z}$[④]
3000	4.47	1.60	0.0195	0.022	0.860	0.903
3500	5.22	1.70	0.0207	0.0226	0.882	0.914
4000	5.96	1.85	0.0226	0.0235	0.915	0.930

① 依据图 4.6 有 $T_{pr}=1.69$。
② 初始黏度 $\mu_i=0.0244cP$(边界压力 $p_e=4613psi$)。
③ 依据图 4.1 有 $T_{pr}=1.69$。
④ 初始压缩因子 $Z_i=0.945$(边界压力 $p_e=4613psi$)。

这里以 $p_{wf}=3000psi$ 为例说明计算过程。由式(4.45)可得：

$$q = \frac{2.128 \times 10^7 - 3000^2}{5.79 \times 10^5 \times 0.022 \times 0.903} = 1.07 \times 10^6 ft^3/d \qquad (4.46)$$

如果利用原始黏度 μ_i 及原始压缩因子 Z_i 计算产量，其误差为14%。图4.6为气井产量与井底流压的关系曲线。

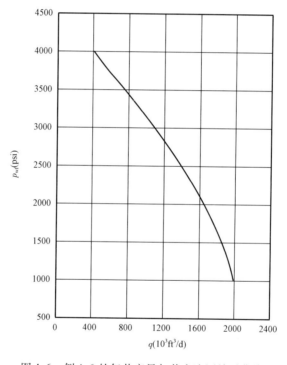

图4.6 例4.6的气井产量与井底流压关系曲线

前两章我们总结出了 IPR 曲线，但这并不适用于一般油气藏，这部分内容将会在以后的章节中进行论述。

4.4 气井非达西流产能公式

Aronofsky 和 Jenkins(1954)利用 Forchheimer 渗流公式(非达西公式)求解多孔介质中气体稳态流动的微分方程，从而得到了更精确的产能公式：

$$q(10^3\text{ft}^3/\text{d}) = \frac{Kh(\bar{p}^2 - p_{\text{wf}}^2)}{1424\bar{\mu}\,\bar{Z}T[\ln(r_\text{d}/r_\text{w}) + S + Dq]} \tag{4.47}$$

其中:D 为非达西系数;r_d 为 Aronofsky – Jenkins 渗流半径,当 $r_\text{d} < 0.472r_\text{e}$ 时,其大小与时间有关,有:

$$\frac{r_\text{d}}{r_\text{w}} = 1.5\sqrt{t_\text{D}} \tag{4.48}$$

其中

$$t_\text{D} = \frac{0.000264Kt}{\phi\mu C_\text{t}r_\text{w}^2} \tag{4.49}$$

其中 Dq 项表示流体紊流表皮系数,当气井流速较大时,气体紊流现象越严重,该值越大。非达西系数 D 数量级通常为 10^{-3},因此当产量为 $10 \times 10^6\text{ft}^3/\text{d}$ 时,Dq 值与 $\ln r_\text{d}/r_\text{w}$ 值相接近(通常为 $7 \sim 9$)。当产量 q 值较小时,紊流表皮系数 Dq 值也较小。

通常,式(4.47)可写为:

$$\bar{p}^2 - p_{\text{wf}}^2 = \frac{1424\bar{\mu}\,\bar{Z}T}{Kh}\left(\ln\frac{0.472r_\text{e}}{r_\text{w}} + S\right)q + \frac{1424\bar{\mu}\,\bar{Z}TD}{Kh}q^2 \tag{4.50}$$

等式右边第一项表示早期达西渗流,第二项表示非达西渗流,乘数 q 与 q^2 视为常数。因此等式可写为以下形式:

$$\bar{p}^2 - p_{\text{wf}}^2 = aq + bq^2 \tag{4.51}$$

在实际应用中,式(4.51)中的常数 a 和 b 可由"四点测试"得到的笛卡尔坐标系下 $(\bar{p}^2 - p_{\text{wf}}^2)/q$ 与 q 的关系曲线得到,井底流压对应于 4 个不同的稳定流量,$(\bar{p}^2 - p_{\text{wf}}^2)/q$ 与 q 的关系曲线为直线,其截距为 a,斜率为 b,最后通过式(4.50)计算可得到非达西系数 D。

很多学者都对非达西系数 D 的经验公式有过研究。Jones(1987)通过理论推导出了射孔完井的气井非达西系数 D 经验公式:

$$D = \frac{6 \times 10^{-5}\gamma K_\text{s}^{-0.1}h}{\mu r_\text{w}h_{\text{perf}}^2} \tag{4.52}$$

其中:γ 为气体相对密度;K_s 为井筒附近地层渗透率,mD;h 与 h_{perf} 分别为储层净厚度及储层射孔厚度,ft;μ 为井底流压下气体黏度,cP。

Katz 等(1959)总结出了一个更为复杂的天然气紊流表达式:

$$p_\text{e}^2 - p_{\text{wf}}^2 = \frac{1424\mu ZT}{Kh}\left[\ln\left(\frac{r_\text{e}}{r_\text{w}}\right) + S\right]q + \frac{3.16 \times 10^{-12}\beta\gamma_\text{g}ZT\left(\frac{1}{r_\text{w}} - \frac{1}{r_\text{e}}\right)}{h^2}q^2 \tag{4.53}$$

其中:K 与水平渗透率 K_H 相等;β 为 Forcheime 公式中的非达西因子,可由 Tek,Coats 及 Katz(1962)公式计算:

$$\beta = \frac{5.5 \times 10^9}{K^{1.25}\phi^{0.75}} \tag{4.54}$$

式(4.53)适用于裸眼完井。其他有关流体非达西因子的计算公式列于表4.5中。

表4.5 地层中流体非达西因子的计算公式

公式出处	计算公式	计量单位	
		β	K
Geerstma（1974）	$\beta = \dfrac{0.005}{K^{0.5}\phi^{5.5}}$	cm^{-1}	cm^2
Tek 等（1962）	$\beta = \dfrac{5.5 \times 10^9}{K^{1.25}\phi^{0.75}}$	ft^{-1}	mD
Jones（1987）	$\beta = \dfrac{6.15 \times 10^{10}}{K^{1.55}}$	ft^{-1}	mD
Coles 和 Hartman（1998）	$\beta = \dfrac{1.07 \times 10^{12} \times \phi^{0.449}}{K^{1.88}}$	ft^{-1}	mD
Coles 和 Hartman（1998）	$\beta = \dfrac{2.49 \times 10^{11}\phi^{0.537}}{K^{1.79}}$	ft^{-1}	mD
Li 等（2001）	$\beta = \dfrac{1150}{K\phi}$	cm^{-1}	D
Thauvin 和 Mohanty（1998）	$\beta = \dfrac{3.1 \times 10^4 \tau^3}{K}$	cm^{-1}	D
Liu 等（1995）	$\beta = \dfrac{8.91 \times 10^8 \tau}{K\phi}$	ft^{-1}	mD
Janicek 和 Katz（1955）	$\beta = \dfrac{1.82 \times 10^8}{K^{1.25}\phi^{0.75}}$	cm^{-1}	mD
Pascal 等（1980）	$\beta = \dfrac{4.8 \times 10^{12}}{K^{1.176}}$	m^{-1}	mD
Wang 等（1999），Wang（2000）	$\beta = \dfrac{(10)^{-3.25}\tau^{1.943}}{K^{1.023}}$（$\tau$ 为曲率）	cm^{-1}	cm^2

例4.7 气井产能曲线相关计算

利用附录 C 中的相关资料以及已知条件(供给半径 $r_e = 1490ft$，储层面积 $A = 160acre$，气体平均黏度 $\bar{\mu} = 0.022cP$，平均压缩因子 $\bar{Z} = 0.93$，综合压缩系数 $C_t = 1.5 \times 10^{-4}psi^{-1}$)，计算气井产能曲线关系式，并画出含达西及非达西渗流的校正产能关系曲线，并在图中标出绝对无阻流量 AOF(井底流压为 0 时的气井产量)。表皮系数 $S = 3$，非达西渗流系数 $D = 4.9 \times 10^{-2}$(紊流较为严重)。

解：

首先计算稳态流动时间，由式(4.48)及式(4.49)可得：

$$\left(\frac{0.472r_e}{1.5r_w}\right)^2 = \frac{0.000264Kt}{\phi\mu C_t r_w^2} \tag{4.55}$$

由式(4.55)推导得到：

$$t = \left(\frac{0.472 \times 1490}{1.5 \times 0.328}\right)^2 \times \frac{0.14 \times 0.0.22 \times 1.5 \times 10^{-4} \times 0.328^2}{0.000264 \times 0.17} = 2260h = 94d \tag{4.56}$$

因此在该时间内气体流动为稳态流动，式(4.50)成立。

式(4.51)中系数 a 和 b 可由式(4.57)和式(4.58)计算得到：

$$a = \frac{1424 \times 0.022 \times 0.93 \times 640}{0.17 \times 78} \times \left(\ln\frac{0.472 \times 1490}{0.328} + 3\right) = 1.5 \times 10^4 \tag{4.57}$$

$$b = \frac{1424 \times 0.022 \times 0.93 \times 640 \times 4.9 \times 10^{-2}}{0.17 \times 78} = 68.9 \qquad (4.58)$$

因此这口井的产能方程为：

$$\bar{p}^2 - p_{wf}^2 = 1.5 \times 10^4 q + 68.9 q^2 \qquad (4.59)$$

图4.7为达西渗流双对数曲线以及经非达西渗流校正后的曲线。

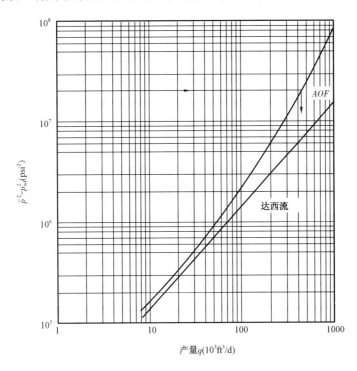

图4.7 例4.7中气井产能关系曲线(考虑达西流及非达西流影响)

校正后曲线的气井绝对无阻流量 $AOF = 460 \times 10^3 \mathrm{ft}^3/\mathrm{d}$ (井底流压 $p_{wf} = 0$，则 $\bar{p}^2 = 2.13 \times 10^7 \mathrm{psi}^2$)；而仅考虑达西渗流时 $AOF = 1420 \times 10^3 \mathrm{ft}^3/\mathrm{d}$。

例4.8 非达西渗流系数的计算

计算附录 C 中井的非达西渗流系数。假设 K_s 为储层渗透率，且 $h_{perf} = 39\mathrm{ft}$ (储层射开厚度为储层净厚度的一半)，气体黏度 $\mu = 0.02\mathrm{cP}$。假设井筒附近地层渗透率降低到储层渗透率的 1/10，计算井的非达西渗流系数。

解：

根据附录 C 中资料，对式(4.52)进行变形，有：

$$D = \frac{(6 \times 10^{-5}) \times 0.65 \times 0.17^{-0.1} \times 78}{0.02 \times 0.328 \times 39^2} = 3.6 \times 10^{-4} (10^3 \mathrm{ft}^3/\mathrm{d})^{-1} \qquad (4.60)$$

当 $K_s = 0.017\mathrm{mD}$ 时，计算得 $D = 4.5 \times 10^{-4} (10^3 \mathrm{ft}^3/\mathrm{d})^{-1}$。

4.5 气井的不稳定流动

一般情况下，在储层不稳定渗流条件下气体的流动需要用达西公式及连续性方程来描述：

$$\phi \frac{\partial p}{\partial t} = \nabla \left(\rho \frac{K}{\mu} \nabla p \right) \tag{4.61}$$

将该式转换到径向坐标：

$$\phi \frac{\partial p}{\partial t} = \frac{1}{r} \frac{\partial}{\partial r} \left(\rho \frac{K}{\mu} r \frac{\partial p}{\partial r} \right) \tag{4.62}$$

由真实气体状态方程可得：

$$\rho = \frac{m}{V} = \frac{pMW}{ZRT} \tag{4.63}$$

因此有：

$$\phi \frac{\partial}{\partial t} \left(\frac{p}{Z} \right) = \frac{1}{r} \frac{\partial}{\partial r} \left(\frac{K}{\mu Z} rp \frac{\partial p}{\partial r} \right) \tag{4.64}$$

如果 K 为常数，则式(4.64)可近似为：

$$\frac{\phi}{K} \frac{\partial}{\partial t} \left(\frac{p}{Z} \right) = \frac{1}{r} \frac{\partial}{\partial r} \left(\frac{p}{\mu Z} r \frac{\partial p}{\partial r} \right) \tag{4.65}$$

对等式(4.65)右边进行变形，并假设 Z 与 μ 均随压力的变化而变化。则有：

$$\frac{1}{\mu Z} \left[\frac{p}{r} \frac{\partial p}{\partial r} + p \frac{\partial^2 p}{\partial r^2} + \left(\frac{\partial p}{\partial r} \right)^2 \right] = RHS \tag{4.66}$$

因为

$$\frac{1}{2} \frac{\partial^2 p^2}{\partial r^2} = p \frac{\partial^2 p}{\partial r^2} + \left(\frac{\partial p}{\partial r} \right)^2 \tag{4.67}$$

将式(4.66)简化为：

$$\frac{1}{2\mu Z} \left(\frac{1}{r} \frac{\partial p^2}{\partial r} + \frac{\partial^2 p^2}{\partial r^2} \right) = RHS \tag{4.68}$$

因此，式(4.65)可写成如下形式：

$$\frac{\phi \mu}{Kp} \frac{\partial p^2}{\partial t} = \frac{\partial^2 p^2}{\partial r^2} + \frac{1}{r} \frac{\partial p^2}{\partial r} \tag{4.69}$$

对于理想气体而言，$C_g = 1/p$，则式(4.55)可写为：

$$\frac{\partial^2 p^2}{\partial r^2} + \frac{1}{r} \frac{\partial p^2}{\partial r} = \frac{\phi \mu c}{K} \frac{\partial p^2}{\partial t} \tag{4.70}$$

该方程属于扩散方程(见第 2 章式(2.18))。在假设成立的条件下，其解与油的不稳定渗流方程相似(将 p^2 看作 p)。本章节在前半部分将应用此方程，后半部分方程将有所变化，即将压力的平方差作近似处理。然而在实际应用中运用此方程将产生较大误差，特别是当气井产量较大时。而用 Al-Hussainy 及 Ramey(1966)所研究的真实气体拟压力函数来表征不稳定渗流方程时误差较小。

真实气体拟压力函数 $m(p)$ 的表达式为:

$$m(p) = 2\int_{p_o}^{p} \frac{p}{\mu Z} \mathrm{d}p \tag{4.71}$$

其中，p_o 为一任意参考压力（例如 0），拟压力微分 $\Delta m(p) = m(p) - m(p_{wf})$，即储层中驱替动力。

当压力较低时，有:

$$2\int_{p_{wf}}^{p_i} \frac{p}{\mu Z} \mathrm{d}p \approx \frac{p_i^2 - p_{wf}^2}{\mu Z} \tag{4.72}$$

当压力较高时（p_i 和 p_{wf} 均高于 3000psi），有:

$$2\int_{p_{wf}}^{p_i} \frac{p}{\mu Z} \mathrm{d}p \approx 2\frac{\bar{p}}{\bar{\mu}\,\bar{Z}}(p_i - p_{wf}) \tag{4.73}$$

在任意气井产能计算过程中，真实气体的拟压力函数均可代替压力平方差项（须对气体黏度及偏差因子进行适当校正）。例如，式（4.47）可写成如下形式:

$$q(10^3\mathrm{ft}^3/\mathrm{d}) = \frac{Kh[m(\bar{p}) - m(p_{wf})]}{1424T[\ln(0.472r_e/r_w) + S + Dq]} \tag{4.74}$$

真实气体拟压力函数可近似地看作气井产能方程精确解的综合影响因子，利用定义式（4.71）及链式法则，式（4.65）可写为:

$$\frac{\partial m(p)}{\partial t} = \frac{\partial m(p)}{\partial p}\frac{\partial p}{\partial t} = \frac{\partial p}{\mu Z}\frac{\partial p}{\partial t} \tag{4.75}$$

同理

$$\frac{\partial m(p)}{\partial r} = \frac{2p}{\mu Z}\frac{\partial p}{\partial r} \tag{4.76}$$

因此，式（4.65）可写为:

$$\frac{\partial^2 m(p)}{\partial r^2} + \frac{1}{r}\frac{\partial m(p)}{\partial r} = \frac{\phi\mu C_t}{K}\frac{\partial m(p)}{\partial t} \tag{4.77}$$

式（4.77）的解与压力扩散方程的解相似。无量纲时间定义为:

$$t_D = \frac{0.000264Kt}{\phi(\mu C_t)_i r_w^2} \tag{4.78}$$

无量纲压力定义为:

$$p_D = \frac{Kh[m(p_i) - m(p_{wf})]}{1424qT} \tag{4.79}$$

所有利用压力扩散方程求解的油井相关解（例如线源解、井筒存储及表皮系数解）都适用于利用真实气体拟压力函数对气井的相关求解。例如，对对数方程进行指数积分（对比式（2.19）及式（2.20））可推导出类似的天然气方程。因此:

$$q(10^3 \text{ft}^3/\text{d}) = \frac{Kh[m(p_i) - m(p_{wf})]}{1638T}\left[\lg t + \lg \frac{K}{\phi(\mu C_t)_i r_w^2} - 3.23\right]^{-1} \quad (4.80)$$

该方程即气井不稳定流入动态曲线(IPR)表达式。

例4.9 气井不稳定流入动态曲线(IPR)的计算

利用附录 C 中气井相关资料,分别绘出 10 天、3 个月及 1 年的不稳定 IPR 曲线。

解:

表 4.6 列出了附录 C 所描述储层中的气体黏度、气体压缩因子及真实气体拟压力函数数据。初始压力 $p_i = 4613\text{psi}$,所对应的真实气体拟压力函数、黏度及气体压缩系数分别为 $1.265 \times 10^9 \text{psi}^2/\text{cP}$,$0.0235\text{cP}$ 和 0.968cP(该数据与附录 C 中所给数据有所不同)。

表 4.6　例 4.9 中气体黏度、偏差因子及真实气体拟压力函数的计算结果

$p(\text{psi})$	$\mu(\text{cP})$	Z	$m(p)(\text{psi}^2/\text{cP})$
100	0.0113	0.991	8.917×10^5
200	0.0116	0.981	3.548×10^6
300	0.0118	0.972	7.931×10^6
400	0.0120	0.964	1.401×10^7
500	0.0123	0.955	2.174×10^7
600	0.0125	0.947	3.108×10^7
700	0.0127	0.939	4.202×10^7
800	0.0130	0.931	5.450×10^7
900	0.0132	0.924	6.849×10^7
1000	0.0135	0.917	8.396×10^7
1100	0.0137	0.910	1.009×10^8
1200	0.0140	0.904	1.192×10^8
1300	0.0142	0.899	1.389×10^8
1400	0.0145	0.894	1.598×10^8
1500	0.0147	0.889	1.821×10^8
1600	0.0150	0.885	2.056×10^8
1700	0.0153	0.881	2.303×10^8
1800	0.0155	0.878	2.562×10^8
1900	0.0158	0.876	2.831×10^8
2000	0.0161	0.874	3.111×10^8
2100	0.0163	0.872	3.401×10^8
2200	0.0166	0.872	3.700×10^8
2300	0.0169	0.871	4.009×10^8
2400	0.0171	0.871	4.326×10^8
2500	0.0174	0.872	4.651×10^8
2600	0.0177	0.873	4.984×10^8
2700	0.0180	0.875	5.324×10^8

p(psi)	μ(cP)	Z	$m(p)$(psi^2/cP)
2800	0.0183	0.877	5.670×10^8
2900	0.0185	0.879	6.023×10^8
3000	0.0188	0.882	6.381×10^8
3100	0.0191	0.885	6.745×10^8
3200	0.0194	0.889	7.114×10^8
3300	0.0197	0.893	7.487×10^8
3400	0.0200	0.897	7.864×10^8
3500	0.0203	0.902	8.245×10^8
3600	0.0206	0.907	8.630×10^8
3700	0.0208	0.912	9.018×10^8
3800	0.0211	0.917	9.408×10^8
3900	0.0214	0.923	9.802×10^8
4000	0.0217	0.929	1.020×10^9
4100	0.0220	0.935	1.059×10^9
4200	0.0223	0.941	1.099×10^9
4300	0.0223	0.947	1.139×10^9
4400	0.0226	0.954	1.180×10^9
4500	0.0232	0.961	1.220×10^9
4600	0.0235	0.967	1.260×10^9
4700	0.0238	0.974	1.301×10^9
4800	0.0241	0.982	1.342×10^9
4900	0.0244	0.989	1.382×10^9
5000	0.0247	0.996	1.423×10^9

含有真实气体拟压力函数的公式(4.80)可用于计算不稳定 IPR 曲线。如果利用压力平方差计算,则分母 $1638T$ 需变为 $1638\mu ZT$。

天然气压缩系数可由式(4.35)计算得到,在初始条件下,有:

$$C_g = \frac{1}{4613} - \frac{0.045}{0.968 \times 671} = 1.475 \times 10^{-4} \text{psi}^{-1} \tag{4.81}$$

其中,斜率(0.045)由图 4.1 在拟对比温度 $T_{pr} = 1.69$ 及拟对比压力 $p_{pr} = 6.87$ 的条件下查得。因此系统综合压缩系数:

$$c_t \approx S_g c_g \approx 0.73 \times 1.475 \times 10^{-4} = 1.08 \times 10^{-4} \text{psi}^{-1} \tag{4.82}$$

当时间为 10 天(240h)时,式(4.80)可写为:

$$q = \frac{0.17 \times 78 \times \left[1.265 \times 10^9 - m(p_{wf}) \right]}{1638 \times 640} \times \left[\lg 240 + \right.$$

$$\left. \lg \frac{0.17}{0.14 \times 0.0235 \times (1.08 \times 10^{-4}) \times 0.328^2} - 3.23 \right]^{-1} \tag{4.83}$$

最终计算结果为：

$$q = 2.18 \times 10^{-6} \left[1.265 \times 10^{9} - m(p_{wf}) \right] \tag{4.84}$$

同理可得到其他时间对应的表达式。

图 4.8 是时间分别为 10 天、3 个月及 1 年时的不稳定 IPR 曲线。

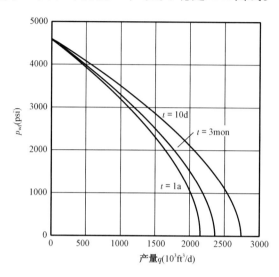

图 4.8　例 4.9 中不稳定 IPR 曲线

标注：目前许多天然气生产井均存在水力压裂裂缝，此情况下我们无法应用本章介绍的径向流流动关系来研究气井生产。当储层渗透率较大（$K > 10$mD）、储层中裂缝长度相对较短时，我们可以利用裂缝表皮系数来校正气井生产的径向流公式。然而，在低渗储层中，裂缝长度相对较长，在裂缝中出现的非达西渗流不能被忽略，所以该公式适用性不高。因此对于低渗储层，我们需要专门研究在裂缝模型储层中气井的生产动态，这部分内容将会在第 17 章和第 18 章中进行详细分析。

习　题

4.1　某两种天然气 A 和 B，所含组分 C_1 和 C_2 比例不同，其他性质相同。假设 A 气体中 $C_1 = 0.8$，$C_2 = 0.15$；B 气体中 $C_1 = 0.85$，$C_2 = 0.1$。气体 A 和 B 的拟临界压力分别为 663psi 和 661.2psi。如果气体 A 的相对密度为 0.6815，请计算气体 B 的相对密度。

4.2　某体积为 10ft^3 的封闭容器中含有相对密度为 0.7 的天然气。容器中温度为 200℉，压力为 4000psi。温度不变，假设容器中压力增加为 4100psi，气体体积会发生什么变化？并计算相同温度下 Standing-Katz 关系曲线的斜率 $\partial Z / \partial p_{pr}$。

4.3　已知某天然气气体组分如下：甲烷含量百分数 0.875，乙烷含量百分数 0.075，丙烷含量百分数 0.025。结合附录 C 中相关资料，请计算以下 3 种情况的天然气混合物密度：

（1）氮气含量百分数 0.025；

（2）二氧化碳含量百分数 0.025；

（3）硫化氢含量百分数 0.025。

4.4　某无硫天然气的拟临界温度及拟临界压力分别为 397°R、720psi。利用 Standing-Katz

图版进行校正后,其拟临界温度及拟临界压力分别为367°R、657.6psi。请计算该天然气混合物中硫化氢及二氧化碳的含量。

4.5 根据附录C中提供的资料,井底流压为500~3500psi,请分别绘出达西稳流及非达西稳定流$[D=7.6\times10^{-4}(10^3ft^3/d)^{-1}]$IPR曲线。

4.6 某稳定生产的气井满足 Aronofsky 及 Jenkins 的关系式。假设储层平均压力为3000psi,泄油面积为80acre,储层净厚度为80ft,井筒半径为0.328ft,储层射孔厚度为20ft。当井底流压为2000psi及1000psi时,其产量分别为$2\times10^6ft^3/d$和$5.2\times10^6ft^3/d$。请计算储层渗透率,并画出气井IPR曲线。已知气体相对密度为0.7,黏度为0.01,表皮系数为5。

4.7 已知某气井流动为稳态流动。请计算:

(1)该气井IPR曲线的二次方程;

(2)当井底流压为300psi时,计算气井产量;

(3)画出该气井IPR曲线;

(4)当产量在什么范围时可忽略非达西渗流的影响? 为什么?

已知条件:储层 $K=0.17mD$,$h=78ft$,$p_e=4350psi$,$T=180°F$,$S=5$,$r_e=1000ft$,$r_w=0.328ft$;流体 $\gamma_g=0.65$,$\bar{\mu}_g=0.02cP$,$\bar{Z}=0.95$;$D=10^{-3}$。

4.8 假设某气藏气体流动为拟稳态流动,气井产能方程为式(4.47)所示。储层平均压力每年下降500psi,$D=10^{-3}(10^3ft^3/d)^{-1}$。请计算:

(1)假设表皮系数 $S=0$,计算3年的累计产量;

(2)假设表皮系数 $S=10$,计算3年的累计产量;

(3)在什么产量下,由非达西渗流引起的产量下降与由表皮系数($S=10$)引起的产量下降相等?

相关资料见附录C。井底流压为3000psi,$r_e=1490ft$。忽略拟稳态中不稳定渗流因素的影响。

4.9 计算附录C中气井一年的累计产量曲线,井底流压为2000psi。如果泄油面积 $A=4000acre$,请计算一年的累计产量占原始地质储量的百分比。

第5章　水平井开发

5.1　简介

20 世纪 80 年代开始,利用水平井开采的油气产量不断增加。事实证明,在薄层($h < 50ft$)、重油、多级水力压裂的致密储层($K < 0.1mD$),以及强非均质性储层或垂向渗透率 K_V 较大的厚油层中,水平井都得到了很好的应用。长为 L 的水平井的泄油面积如图 5.1 所示。水平井可以增加油井与储层的接触,从而将流态由垂直井的径向流变为水平井的径向流、线性流和椭圆流的结合,其主要作用之一是减少了水锥或气锥。

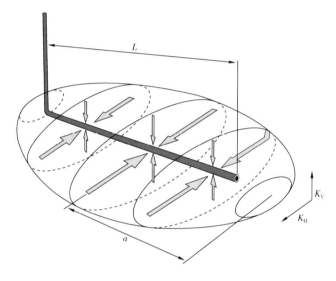

图 5.1　长为 L 的水平井的泄油面积

水平井生产中的一个重要参数是水平方向与垂直方向的渗透率非均质性。垂向渗透率足够大时,水平井生产才具备经济效益。如果垂向渗透率较低或者不连续,水平井在相对较厚储层中的应用将失去作用。另一易忽视的问题是平面渗透率非均质性。垂直于较大水平渗透率方向所钻的井,往往比随机方向或垂直较小水平渗透率方向所钻井的产量要高。渗透率非均质性越强,水平井的方位角越应受到重视。

在水平井开钻之前,经常要在垂直导眼中进行一系列测量。水平渗透率和垂直渗透率的测量技术将在第 13 章中描述。导眼中的应力测量可确定最大和最小水平应力方向,它们通常与最大、最小水平渗透率方向一致。因此,对于不进行水力压裂的水平井,应沿着最小水平应力方向开钻。

水平井的流动状态与垂直井大不相同。相比于垂直井中简单的径向流,水平井的流动要复杂得多。根据假设流型建立的水平井流入动态模型大多是几种标准形式(径向流、线性流、椭圆形流或球形流)的结合。边界条件给定时,根据稳态或拟稳态分析模型可以预测油井的流入动态关系。对于无限大径向流(瞬态边界),已有的流动方程(Goode 和 Kuchuk,1991;

Ozkan,Yildiz 和 Kuchuk,1998)即可满足其测试目的。但是,大多数方程包含无限项求和,不方便流入动态计算。因此,本章主要讨论稳态、拟稳态条件下的流动方程。

5.2 水平井稳态生产动态

本节将介绍 Joshi(1988)以及 Furui 等(2003)提出的两种水平井稳态流动方程。Joshi 方程中假设油井处于椭圆形供油边界的中心;Furui 方程中假设水平井位于矩形供油边界中心。在两个方程中,油藏边界压力都假定为常数。

5.2.1 Joshi 模型

1988 年 Joshi 提出的稳态流动方程是早期描述水平井流入动态的方程之一。Joshi 将水平面和垂直面的流动阻力结合在一起,并考虑垂直渗透率与水平渗透率间的非均质性,提出了长为 L 的水平井的产能方程。

如图 5.2 所示,假设厚 h 的油藏内有一沿 x 方向延伸的水平井,Joshi 认为此时水平井内流动可分为 xy 平面和 yz 平面上各自流动的组合。

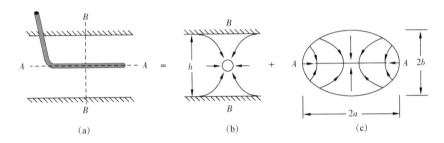

图 5.2 Joshi 模型示意图

稳态条件下,长为 L 的排液坑道在 xy 平面内的二维流动具有椭圆形的等压线分布[图5.2(c)]。因此,假设长轴为 $2a$ 的椭圆形供油区域,泄油边界压力恒定,可得:

$$q_h = \frac{2\pi K\Delta p}{\mu B_o \ln\left[\dfrac{a + \sqrt{a^2 - (L/2)^2}}{L/2}\right]} \tag{5.1}$$

式(5.1)乘以油层厚度 h,即可近似为从油层底部到顶部若干水平井叠加或一条充分穿透的无限导流裂缝的产量。

在垂直平面上的流动近似为由距油井 $h/2$ 的垂直边界产生的径向流[图5.2(b)],且假定其边界压力与椭圆形横向边界压力相同。由此可得:

$$q_v = \frac{2\pi K\Delta p}{\mu B_o \ln\left(\dfrac{h}{2r_w}\right)} \tag{5.2}$$

式(5.2)乘以油井长度 L,即可得整个水平井在 yz 平面内的流量。

然后将水平、垂直平面的流动阻力进行叠加,即为整个水平井的流动阻力 $\Delta p/q$。由此可得各向同性地层内水平井的产油量为:

$$q = \frac{2\pi K_H h \Delta p}{\mu B_o \left[\ln\left(\dfrac{a + \sqrt{a^2 - (L/2)^2}}{L/2}\right) + \dfrac{h}{L}\ln\left(\dfrac{h}{2r_w}\right)\right]} \tag{5.3}$$

对于各向异性油藏,式(5.3)可修正为(Economides,Deimbacher,Brand 和 Heinemann,1991):

$$q = \frac{K_H h (p_e - p_{wf})}{141.2\mu B_o \left\{\ln\left[\dfrac{a + \sqrt{a^2 - (L/2)^2}}{L/2}\right] + \dfrac{I_{ani}h}{L}\ln\left[\dfrac{I_{ani}h}{r_w(I_{ani}+1)}\right]\right\}} \tag{5.4}$$

式中,各向异性比 I_{ani} 定义为:

$$I_{ani} = \sqrt{\frac{K_H}{K_V}} \tag{5.5}$$

其中,K_H 和 K_V 分别为水平渗透率、垂向渗透率。

式(5.4)中采用油田单位:原油产量—bbl/d;渗透率—mD;厚度—ft;压力—psi;黏度—cP。

式(5.4)中的关键油藏参数 a 是水平井所在水平面内泄油椭圆区域的长半轴。由于水平井两端是椭圆的焦点,所以椭圆的短轴[图5.2(b)]由水平井长度 L 和长轴 $2a$ 确定。Joshi 通过将椭圆面积和半径为 r_e 圆柱体面积相等,将 a 等效为:

$$a = \frac{2}{L}\left\{0.5 + \left[0.25 + \left(\frac{r_{eH}}{L/2}\right)^4\right]^{0.5}\right\}^{0.5} \tag{5.6}$$

式(5.4)描述的是位于油层中心的水平井产量计算公式。选择适当的参数 a 对该方程的应用十分重要,a 应同时在 x 方向、y 方向的泄油面积范围都有效。Joshi 还给出了关于垂直平面内偏心率的修正方程(此处未给出)。

例5.1 利用 Joshi 模型求解水平井产能

在 $K_H = 10\text{mD}$,$K_V = 1\text{mD}$ 的油藏中钻一口长 2000ft 的水平井。水平井直径为 6in,泄油区域长轴 $2a = 4000\text{ft}$,泄油边界压力为 4000psi,原油黏度为 5cP,地层体积系数为 1.1。写出该井的流入动态方程并绘制其流入动态曲线。井底压力为 2000psi 时,产量为多少?

解:根据 Joshi 方程[式(5.4)],该井的流入动态关系为:

$$p_{wf} = p_e - \frac{141.2 q B_o \mu}{K_H h}\left[\ln\left(\frac{a + \sqrt{a^2 - (L/2)^2}}{L/2}\right) + \frac{I_{ani}h}{L}\ln\left(\frac{I_{ani}h}{r_w(I_{ani}+1)}\right)\right] \tag{5.7}$$

由式(5.5)得:

$$I_{ani} = \sqrt{\frac{10}{1}} = 3.162$$

将 $a = 2000\text{ft}$ 代入式(5.7)得:

$$p_{wf} = 4000 - 0.78q(1.32 + 0.16 \times 0.572) \tag{5.8}$$

或

$$p_{wf} = 4000 - 1.74q \tag{5.9}$$

式(5.9)即该水平井的流入动态方程,流入动态曲线如图5.3所示。

当 $p_{wf} = 2000\text{ft}$ 时,$q = 1149\text{bbl/d}$。

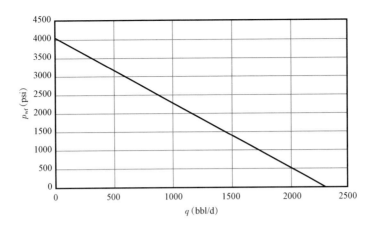

图 5.3 由 Joshi 方程得到的水平井流入动态曲线

5.2.2 Furui 模型

Furui 等(2003)解决了垂直于井眼的横截面内的流动问题(图 5.4)。该模型假设水平井附近为径向流、远井地带为线性流。因此,总压降可表示为:

$$\Delta p = \Delta p_r + \Delta p_l \tag{5.10}$$

式中,Δp_r 和 Δp_l 分别为径向流和线性流区域的压降。

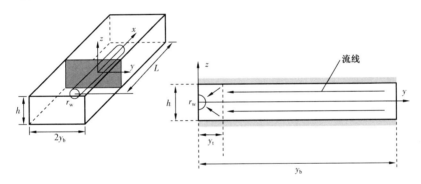

图 5.4 Furui(2003)模型示意图

在坐标下,由达西定律可得压降为:

$$\Delta p_r = \frac{q\mu}{2\pi KL}\ln\left[\frac{r_t}{r_w}\frac{2I_{ani}}{(I_{ani}+1)}\right] \tag{5.11}$$

其中

$$K = \sqrt{K_H K_V} \tag{5.12}$$

式中:r_t 为径向流区域半径;K 为几何平均渗透率;$2I_{ani}/(I_{ani}+1)$ 表示各向异性介质中径向流的 Peaceman 变换。

同理可得线性流区域的压力降:

$$\Delta p_t = \frac{(q/2)\mu(y_b - y_t)}{KI_{ani}hL} \tag{5.13}$$

式中:y_t 为线性流区域开始的位置;y_b 为 y 方向到泄油边界的距离。注意,各向异性情况下式(5.13)中的 K_H 用 KI_{ani} 替代。有限元建模表明,适合 r_t 和 y_t 之间的经验几何关系为:

$$r_t = y_t \sqrt{2} = \frac{\sqrt{2}I_{ani}}{2}h \tag{5.14}$$

将上述方程代入式(5.11)和式(5.13)可得:

$$\Delta p_r = \frac{q\mu}{2\pi KL}\ln\left[\frac{\sqrt{2}h}{r_w}\frac{I_{ani}}{(I_{ani}+1)}\right] \tag{5.15}$$

和

$$\Delta p_t = \frac{q\mu(y_b/h - I_{ani}/2)}{2KI_{ani}L} \tag{5.16}$$

因此,该水平井在 yz 平面内流动的总压降即为式(5.15)和式(5.16)之和:

$$\Delta p = \frac{q\mu}{2\pi KL}\left\{\ln\left[\frac{\sqrt{2}hI_{ani}}{r_w(I_{ani}+1)}\right] + \frac{\pi}{I_{ani}}(y_b/h - I_{ani}/2)\right\} \tag{5.17}$$

将径向流区域的表皮系数定义为:

$$\Delta p_{skin} = \frac{q\mu}{2\pi KL}S \tag{5.18}$$

则总压降为:

$$\Delta p = \frac{q\mu}{2\pi KL}\left\{\ln\left[\frac{\sqrt{2}hI_{ani}}{r_w(I_{ani}+1)}\right] + \frac{\pi}{I_{ani}}(y_b/h - I_{ani}/2) + S\right\} \tag{5.19}$$

由式(5.19)求解出 q,并转换为油田单位,可得:

$$q = \frac{Kb(p_e - p_{wf})}{141.2\mu B_o\left\{\ln\left[\frac{hI_{ani}}{r_w(I_{ani}+1)}\right] + \frac{\pi y_b}{hI_{ani}} - 1.224 + S\right\}} \tag{5.20}$$

上述方程中的常数 1.224 由 $\ln(\sqrt{2}) - \pi/2$ 得到。为了考虑水平井区域以外的泄油面积,我们引入了由部分射孔而造成的拟表皮系数 S_R,S_R 的计算将在下节进行讨论。对于部分射孔的井,式(5.20)可写为:

$$q = \frac{Kb(p_e - p_{wf})}{141.2\mu B_o\left\{\ln\left[\frac{hI_{ani}}{r_w(I_{ani}+1)}\right] + \frac{\pi y_b}{hI_{ani}} - 1.224 + S + S_R\right\}} \tag{5.21}$$

其中 K 为几何平均渗透率。

例5.2 利用 Furui 模型求解水平井产能

针对例 5.1 中描述的油藏,井底流压为 2000psi,水平井长 2000ft,使用 Furui 方程计算水平井的产量。假设部分射孔表皮系数为 14,K_H 为常数 10mD,试描述 I_{ani} = 1 ~ 10mD 时垂直渗透率变化对产量的影响。

解:由例 5.1 中的油藏条件,根据 Joshi 假设,长 2000ft 的水平井在长 4000ft 油藏中形成的椭圆泄油区域的短轴长为1414ft，即油藏边界距离 $2y_b$ 为1414ft。几何平均渗透率为 $K = \sqrt{K_y K_z} = \sqrt{10} = 3.162\text{mD}$ 。

由式(5.21)可得：

$$q = \frac{3.162 \times 4000 \times 2000}{141.2 \times 5 \times 1.1 \times \left(\ln\dfrac{100 \times 3.162}{0.25 \times 3.162 + 1} + \dfrac{707\pi}{100 \times 3.162} - 1.224 + 14 \right)}$$

$$= 1276\text{bbl/d} \tag{5.22}$$

在同一条件下，$I_{ani} = 1$（$K_V = 10\text{mD}$）时，$q = 2557\text{bbl/d}$；$I_{ani} = 1$（$K_V = 0.1\text{mD}$）时，$q = 493\text{bbl/d}$。当 K_V 比较小时，产量 q 对 I_{ani} 的变化十分敏感。

5.3　拟稳态流

如第2章所述，拟稳态流入动态模型中假设油藏为非流动边界，其压力以恒速递减。

5.3.1　Babu – Odeh 模型

如图5.5所示，在 Babu – Odeh 模型（1988,1989）中，对应矩形泄油区域内平行于 x 轴方向有一口长 $L = x_2 - x_1$、半径为 r_w 的水平井。油藏长为 b（x 方向）、宽为 a（y 方向）、厚 h。水平井可打在油藏中的任意位置，但是必须沿 x 方向且不能太靠近任一边界。以油藏一角作为原点，水平井的位置通过指定水平井的端部坐标 x_1, y_0 和 z_0 来确定。

Babu – Odeh 模型基于 yz 平面的径向流，其中用一个几何因子表征该平面内泄油区域与圆形区域的差异，用部分射孔表皮系数表征 x 方向上射孔之外的流动。注意，Babu – Odeh 几何因子与常用的迪茨形状因子（Dietz,1965）成反比，则 Babu – Odeh 流动方程为：

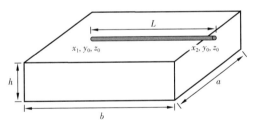

图 5.5　Babu 和 Odeh 模型示意图

$$q = \frac{\sqrt{K_y K_z}\, b(\bar{p} - p_{wf})}{141.2 B_o \mu \left[\ln\left(\dfrac{A^{0.5}}{r_w} \right) + \ln C_H - 0.75 + S_R + S \right]} \tag{5.23}$$

式中：A 为横截面积（ah，如图5.5）；C_H 为形状因子；S_R 为部分穿透表皮系数；S 包括其他任意表皮系数（如完井或伤害造成的表皮效应）。形状因子 C_H 表征泄油形状与圆柱形的差异及井眼位置与系统中心的偏离（图5.5）。部分射孔表皮系数 S_R 表征 x 方向上井端以外油藏的流动，对于完全穿透水平井，$S_R = 0$。

Babu – Odeh 模型的核心在于形状因子和部分射孔表皮系数的计算，可通过简化平行六面体油藏扩散方程的解，并与假设的流动方程［式(5.23)］进行比较从而得到相关参数。Babu 和 Odeh 利用格林函数方法求解了井筒边界流速恒定、油藏边界封闭条件下的三维扩散方程，通过此方法得到形状因子和部分射孔表皮系数之间的关系式如下：

$$\ln C_{\mathrm{H}} = 6.28 \frac{a}{h} \sqrt{\frac{K_z}{K_y}} \left[\frac{1}{3} - \frac{y_0}{a} + \left(\frac{y_0}{a} \right)^2 \right] - \ln \left(\sin \frac{\pi z_0}{h} \right)$$

$$- 0.5 \ln \left[\left(\frac{a}{h} \right) \frac{\sqrt{K_z}}{\sqrt{K_y}} \right] - 1.088 \tag{5.24}$$

或用各向异性比 I_{ani} 表示为:

$$\ln C_{\mathrm{H}} = 6.28 \frac{a}{I_{\mathrm{ani}} h} \left[\frac{1}{3} - \frac{y_0}{a} + \left(\frac{y_0}{a} \right)^2 \right] - \ln \left(\sin \frac{\pi z_0}{h} \right) - 0.5 \ln \left[\left(\frac{a}{I_{\mathrm{ani}} h} \right) \right] - 1.088 \tag{5.25}$$

根据油藏的水平尺寸,S_{R} 可根据两种情况进行确定。第一种情况是相对较宽的油藏[即沿水平方向的延伸远大于井眼轨迹方向的油藏($a > b$)]。第二种情况是相对较长的油藏($b > a$)。

情况 1 的判定标准为:

$$\frac{a}{\sqrt{K_x}} \geqslant 0.75 \frac{b}{\sqrt{K_y}} > 0.75 \frac{h}{\sqrt{K_z}}$$

那么

$$S_{\mathrm{R}} = p_{xyz} + p'_{xy} \tag{5.26}$$

这里

$$p_{xyz} = \left(\frac{b}{L} - 1 \right) \left\{ \ln \frac{h}{r_{\mathrm{w}}} + 0.25 \ln \frac{K_y}{K_z} - \ln \left[\sin \left(\frac{\pi z_0}{h} \right) \right] - 1.84 \right\} \tag{5.27}$$

$$p'_{xy} = \frac{2b^2}{Lh} \sqrt{\frac{K_z}{K_x}} \left\{ F \left(\frac{L}{2b} \right) + 0.5 \left[F \left(\frac{4x_{\mathrm{mid}} + L}{2b} \right) - F \left(\frac{4x_{\mathrm{mid}} - L}{2b} \right) \right] \right\} \tag{5.28}$$

其中,x_{mid} 为水平井中点的横坐标:

$$x_{\mathrm{mid}} = \frac{x_1 + x_2}{2} \tag{5.29}$$

$$F \left(\frac{L}{2b} \right) = - \left(\frac{L}{2b} \right) \left[0.145 + \ln \left(\frac{L}{2b} \right) - 0.137 \left(\frac{L}{2b} \right)^2 \right] \tag{5.30}$$

式(5.28)中,$F[(4x_{\mathrm{mid}} + L)/2b]$ 和 $F[(4x_{\mathrm{mid}} - L)/2d]$ 的计算如下(用 X 代表 $(4x_{\mathrm{mid}} + L)/2b$ 或 $(4x_{\mathrm{mid}} - L)/2d$):如果 $X \leqslant 1$,$F(X)$ 由式(5.30)计算得到(即用 X 代替 $L/2b$);相反,如果 $X > 1$,$F(X)$ 由式(5.31)计算得到:

$$F(X) = (2 - X) \left[0.145 + \ln(2 - x)X - 0.137(2 - X)^2 \right] \tag{5.31}$$

其中 X 用 $(4x_{\mathrm{mid}} + L)/2b$ 或 $(4x_{\mathrm{mid}} - L)/2d$ 替换均可。

情况 2 的判定标准为:

$$\frac{b}{\sqrt{K_y}} \geqslant 1.33 \frac{a}{\sqrt{K_x}} > \frac{h}{\sqrt{K_z}}$$

此时，

$$S_R = p_{xyz} + p_y + p_{xy} \tag{5.32}$$

这里

$$p_y = \frac{6.28b^2}{ah} \frac{\sqrt{K_y K_z}}{K_x} \Big[\Big(\frac{1}{3} - \frac{x_{mid}}{b} + \frac{x_{mid}^2}{b^2} \Big) + \frac{L}{24b} \Big(\frac{L}{b} - 3 \Big) \Big] \tag{5.33}$$

$$p_{xy} = \Big(\frac{b}{L} - 1 \Big) \Big(\frac{6.28a}{h} \sqrt{\frac{K_z}{K_y}} \Big) \Big[\frac{1}{3} - \frac{y_0}{a} + \Big(\frac{y_0}{a} \Big)^2 \Big] \tag{5.34}$$

其中，式(5.32)中的 p_{xyz} 与式(5.27)中含义相同。

例5.3 用 Babu – Odeh 模型求解水平井产能

如例5.1和例5.2中所描述的长4000ft的油藏。同例5.1，油藏中心钻一口长2000ft、宽 $a = 1414$ft 的水平井，假设其他参数都与例5.1和例5.2中相同。试用 Babu – Odeh 模型进行预测：当油藏压力为4000psi，井底流压为2000psi时，油井产量为多少？

解：由给定条件可知，油藏长 $b = 4000$ft，宽 $a = 1414$ft，厚 $h = 100$ft。油井各端点坐标值为 $x_1 = 1000$ft，$x_2 = 3000$ft，$x_{mid} = 2000$ft，且 $z_0 = 50$ft，$y_0 = 707$ft。前面例子中其他必要参数为：水平渗透率 $K_x = K_y = 10$mD，垂直渗透率 $K_z = 1$mD，井眼直径为6in。原油黏度为5cP，地层体积系数为1.1，$I_{ani} = 3.16$。

首先，根据式(5.25)计算流形系数 $\ln C_H$：

$$\ln C_H = 6.28 \times \frac{1414}{3.16 \times 100} \times \Big[\frac{1}{3} - \frac{707}{1414} + \Big(\frac{707}{1414} \Big)^2 \Big] - \ln \Big(\sin \frac{50 \pi}{100} \Big) -$$

$$0.5 \times \ln \frac{1414}{3.16 \times 100} - 1.088 = 0.5 \tag{5.35}$$

判断应用哪种情况来计算部分射孔表皮系数。

由于 $a = 1414$ft，$b = 4000$ft，则：

$$\frac{4000}{\sqrt{10}} \geq 1.33 \frac{1414}{\sqrt{10}} > \frac{100}{\sqrt{1}}$$

因此情况2(长油藏)适用。

根据式(5.27)、式(5.33)、式(5.34)可得：

$$p_{xyz} = \Big(\frac{4000}{2000} - 1 \Big) \times \Big(\ln \frac{100}{0.25} + 0.25 \times \ln 10 - 1.05 \Big) = 4.73 \tag{5.36}$$

$$p_y = \frac{6.28 \times 4000^2}{1414 \times 100} \times \frac{\sqrt{10 \times 1}}{10} \times \Big[\frac{1}{3} - \frac{2000}{4000} + \Big(\frac{2000}{4000} \Big)^2 + \frac{2000}{24 \times 4000} \times \Big(\frac{2000}{4000} - 3 \Big) \Big]$$

$$= 7.02 \tag{5.37}$$

$$p_{xy} = \Big(\frac{4000}{2000} - 1 \Big) \times \Big(\frac{6.28 \times 1414}{100} \times \sqrt{\frac{1}{10}} \Big) \times \Big[\frac{1}{3} - \frac{707}{1414} + \Big(\frac{707}{1414} \Big)^2 \Big] = 2.34 \tag{5.38}$$

再根据式(5.32)得：

$$S_R = 4.73 + 7.02 + 2.3 = 14.1 \qquad (5.39)$$

则根据式(5.23)可得给定条件下的产量：

$$q = \frac{\sqrt{10 \times 1} \times 4000 \times (4000 - 2000)}{141.2 \times 1.1 \times 5 \times \left[\ln \frac{(1414 \times 100)^{0.5}}{0.25} + 0.5 - 0.75 + 14.1\right]}$$

$$= 1527 \text{bbl/d} \qquad (5.40)$$

计算水平井产能时所需考虑的参数比直井多,例如井眼长度、渗透率各向异性等。水平井设计中的一个常见问题是井眼长度的确定(注意比较的是生产长度,在垂直井中即为地层厚度)。水平井的长度应该根据泄油区域的几何形状(长、宽、地层厚度)、储层流体类型和井的结构(新井或侧钻井)来设计。

通常,对于有效的无限大泄油区域,井眼越长,产量越高。然而,当沿水平井的压力降大于地层到水平井的压力降时,该结论不再成立。对于渗透率较高的地层,选择水平井长度时需要考虑水平井的直径。如果水平井太长,产量会受到油管内压力降的限制。管流中压力降的具体问题将在第7章和第8章中进行讨论,井眼中压力降与油藏压力降相关的重要的评判方法将在8.5.1节具体描述。

水平井有时可能不是开发油田的最好选择。例如,如果油层相对较薄,直井或水力压裂的直井可能更有利,尤其是纵向连通性较差(垂向渗透率小)的油藏。因此,要通过比较水平井、直井和水力压裂井的采油指数来选择井的结构。

例 5.4 水平井和直井采油指数的比较

如例 5.3 中描述的油藏,$K_x = 10 \text{mD}$,$K_z = 1 \text{mD}$,井眼半径为 0.25ft,原油黏度 5cP,地层体积系数为 1.1,计算长 2000ft 的水平井与直井的采油指数之比。

解:拟稳态条件下,直井生产指数为:

$$J_V = \frac{q}{(\bar{p} - p_{wf})} = \frac{K_x h}{141.2 B \mu \ln\left(\frac{0.472 r_e}{r_w}\right)} \qquad (5.41)$$

根据 Babu – Odeh 模型,水平井采油指数为:

$$J_H = \frac{q}{(\bar{p} - p_{wf})} = \frac{\sqrt{K_x K_z} b}{141.2 B \mu \left[\ln\left(\frac{A^{0.5}}{r_w}\right) + \ln C - 0.75 + S_R\right]} \qquad (5.42)$$

对于水平井,根据例 5.3 中结果,采油指数 = (1527bbl/d)/(2000psi) = 0.76bbl/(d·psi)。

对于直井,等效泄油半径 r_e 可根据泄油面积(4000ft × 1414ft)计算,则直井采油指数为:

$$J_V = \frac{10 \times 100}{141.2 \times 1.1 \times 5 \times \ln\left(\frac{0.472 \times \sqrt{\frac{4000 \times 1414}{\pi}}}{0.25}\right)} = 0.164 \text{bbl/(d·psi)} \qquad (5.43)$$

采油指数比为 4.6。表明这种情况下,从产量角度看,钻水平井更有利。

5.3.2 Economides 模型

Economides 等(1991),及 Economides, Brand 和 Frick(1996)提出了一口或多口水平井或

分支井完全通用的模型。该模型通过叠加非流动边界内的各点源来建立任意井眼轨迹,如图5.6所示,即方形地层泄油区域内具有任意轨迹的线源。应用这一方法已经成功建立了很多直井、偏心井、压裂或不压裂的水平井的瞬态和拟稳态流动模型。

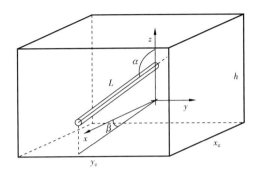

图5.6　适当坐标系下的方形基本模型

采油指数 J 与无量纲压力(采用油田单位)的关系式为:

$$J = \frac{q}{p - p_{wf}} = \frac{\overline{K} x_e}{887.22 B \mu \left(p_D + \dfrac{x_e}{2 \pi L} \sum S \right)} \tag{5.44}$$

式中:$\overline{K}$ 为几何平均渗透率,$\overline{K} = \sqrt[3]{K_x K_y K_z}$;$\sum S$ 是所有伤害的表皮系数和拟稳态表皮系数之和;x_e 为油藏长度,L 为水平井长度。

如果所有供油边界都能到达,那么无量纲压力 p_D 的广义解计算应从早期瞬态开始到拟稳态结束。这时,三维问题被分解为一个二维问题和一个一维问题两部分:

$$p_D = \frac{x_e C_H}{4 \pi h} + \frac{x_e}{2 \pi L} S_x \tag{5.45}$$

式中:C_H 为形状因子,表征水平面内井结构和储层结构的特点;S_x 为表征垂直流动影响的表皮系数。

表5.1中列出了一系列形状因子的近似值。表皮系数的表达式(Kuchuk,Goode,Brice,Sherrard 和 Thambynayagam,1990)为:

$$S_x = \ln \left(\frac{h}{2 \pi r_w} \right) + \frac{h}{6L} + S_e \tag{5.46}$$

其中,S_e 表征垂直方向偏心率的影响,其表达式为:

$$S_e = \frac{h}{L} \left[\frac{2 z_w}{h} - \frac{1}{2} \left(\frac{2 z_w}{h} \right)^2 - \frac{1}{2} \right] - \ln \left[\sin \left(\frac{\pi z_w}{h} \right) \right] \tag{5.47}$$

其中,z_w 是水平井到油层底部的垂直距离。当水平井位于油层垂直方向中间位置附近时,S_e 可以忽略。

Economides 等模型的工作原理是根据渗透率各向异性将长度、半径、偏心角进行修正,然后将修正后的变量用于计算。因此,有:

表 5.1　各种单井、多分支井结构的形状因子

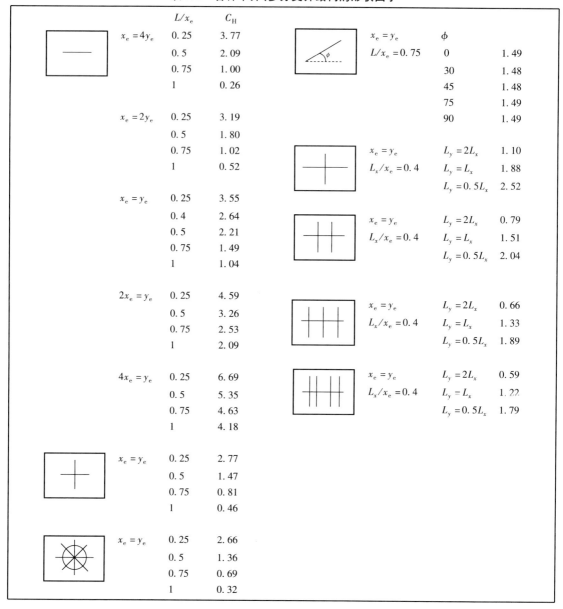

	L/x_e	C_H			ϕ	
$x_e = 4y_e$	0.25	3.77	$x_e = y_e$		0	1.49
	0.5	2.09	$L/x_e = 0.75$		30	1.48
	0.75	1.00			45	1.48
	1	0.26			75	1.49
					90	1.49
$x_e = 2y_e$	0.25	3.19	$x_e = y_e$	$L_y = 2L_x$	1.10	
	0.5	1.80	$L_x/x_e = 0.4$	$L_y = L_x$	1.88	
	0.75	1.02		$L_y = 0.5L_x$	2.52	
	1	0.52				
$x_e = y_e$	0.25	3.55	$x_e = y_e$	$L_y = 2L_x$	0.79	
	0.4	2.64	$L_x/x_e = 0.4$	$L_y = L_x$	1.51	
	0.5	2.21		$L_y = 0.5L_x$	2.04	
	0.75	1.49				
	1	1.04				
$2x_e = y_e$	0.25	4.59	$x_e = y_e$	$L_y = 2L_x$	0.66	
	0.5	3.26	$L_x/x_e = 0.4$	$L_y = L_x$	1.33	
	0.75	2.53		$L_y = 0.5L_x$	1.89	
	1	2.09				
$4x_e = y_e$	0.25	6.69	$x_e = y_e$	$L_y = 2L_x$	0.59	
	0.5	5.35	$L_x/x_e = 0.4$	$L_y = L_x$	1.22	
	0.75	4.63		$L_y = 0.5L_x$	1.79	
	1	4.18				
$x_e = y_e$	0.25	2.77				
	0.5	1.47				
	0.75	0.81				
	1	0.46				
$x_e = y_e$	0.25	2.66				
	0.5	1.36				
	0.75	0.69				
	1	0.32				

长度

$$L' = La^{-1/3}\beta \tag{5.48}$$

井眼半径

$$r'_w = r_w \frac{a^{2/3}}{2}\left(\frac{1}{a\beta} + 1\right) \tag{5.49}$$

且

$$a = \sqrt{\frac{(K_x K_y)^{1/2}}{K_z}} \tag{5.50}$$

$$\beta = \left(\sqrt{\frac{K_y}{K_x}}\cos^2\phi + \sqrt{\frac{K_x}{K_y}}\sin^2\phi \right)^{1/2} \tag{5.51}$$

这里的偏心角指井眼轨迹与油藏 x 方向的偏离角度。

相似地,油藏的尺寸为:

$$x' = x\frac{\sqrt{K_yK_z}}{K},\ y' = y\frac{\sqrt{K_xK_z}}{K},\ z' = z\frac{\sqrt{K_xK_y}}{K} \tag{5.52}$$

例 5.5 用 Economides 模型求解水平井产能

在长 4000ft 的正方形油藏中心平行于油藏边界钻一长 2000ft 的水平井。其他参数同例 5.1、例 5.2(如:$h = 100$ft,$r_w = 0.25$ft,$\mu_o = 5$cP,$B = 1.1$),假设无地层伤害。(1)计算完全均质情况下($K_H = K_V = 10$mD)的采油指数;(2)计算 $K_z = 1$mD 时的采油指数;(3)假设水平渗透率各向异性比为 5∶1,分别计算水平井垂直于最小渗透率方向(即 $K_x > K_y$)时和水平井垂直于最大渗透率方向时的采油指数。

解:

(1)完全均质时。

将未修正的 h,r_w,L 和 $S_e = 0$ 代入式(5.46),可得 $S_x = 4.15$。

由于 $x_e = y_e$,$L/x_e = 0.5$,根据表 5.1 得 $C_H = 2.21$。

根据式(5.45)可得 $p_D = 8.36$。

最后,根据式(5.44)可求得 $J = 0.98$bbl/(d·psi)。

(2)垂向—水平各向异性。

当 $K_z = 1$mD,$K_x = K_y = 10$mD 时,根据式(5.53)可得 $\overline{K} = 4.63$mD。

由式(5.52)可得,$x' = 2725$ft,$y' = 2725$ft,$h' = 215$ft。

由式(5.48)和式(5.49)可得,$L' = 1363$ft,$r_w' = 0.354$ft。

根据式(5.46)和修正后的变量可得,$S_x = 4.54$。

由于 L' 和 x' 进行了相似修正,且水平面内渗透率各向同性,y' 也进行相似修正,所以 C_H 不变。

根据式(5.45)可得 $p_D = 3.67$。

最后,根据式(5.44)可求得 $J = 0.7$bbl/(d·psi),与均质情况相比采油指数减少了近 30%。

(3)水平各向异性。

① 不利的钻井方位。

由 $K_H = 10$mD,$K_x = 5K_y$,可得 $K_x = 22.36$mD,$K_y = 4.47$mD。$\overline{K} = 4.63$mD。

根据题中条件,h' 不变,仍为 215ft。

根据式(5.52),可得 $x' = 1822$ft,$y' = 4076$ft,则 $2.24x' = y'$。

由式(5.48)和式(5.49)可得,$L' = 911$ft,$r_w' = 0.397$ft。

由于 L 和 x 在同一方向上,L/x 不变,仍为 0.5。

根据表 5.1 插值可得 $C_H = 3.5$。

根据式(5.46)和修正后的变量可得,$S_x = 4.42$。

最后,根据式(5.45)可得 $p_D = 3.77$,根据式(5.44)可求得 $J = 0.46$bbl/(d·psi),与均质情况相比采油指数减少了近 50%。

② 有利的钻井方位。

与①中同理，$K_x = 22.36\text{mD}$，$K_y = 4.47\text{mD}$（即油藏平均渗透率保持不变，但井垂直于最大渗透率方向）。

h' 不变，仍为 215ft。

但根据式（5.52）可得，$x' = 4076\text{ft}$，$y' = 1822\text{ft}$，则 $x' = 2.24y'$。

由式（5.48）和式（5.49）可得，$L' = 2038\text{ft}$，$r_w' = 0.326\text{ft}$。

由于 L 和 x 在同一方向上，L/x 不变，仍为 0.5。

根据表 5.1 插值可得 $C_H = 1.83$。

根据式（5.46）和修正后的变量可得，$S_x = 4.64$。

最后，根据式（5.45）可得 $p_D = 4.24$，根据式（5.44）可求得 $J = 0.91\text{bbl}/(\text{d}\cdot\text{psi})$，约是情况①下采油指数的 2 倍，表明了适当钻井方位的重要性。

表 5.2　例 5.5 结果汇总

序号	K_{avg}	h'	r'_w	L'	S_x	x'_e	y'_e	L'/x'_e	C_H	J	p_D
1	10	100	0.25	2000	4.15	4000	4000	0.5	2.21	0.98	8.36
2	4.63	215	0.354	1363	4.54	2725	2725	0.5	2.21	0.70	3.67
3	4.63	215	0.397	911	4.42	1822	4076	0.5	3.5	0.46	3.77
4	4.63	215	0.326	2038	4.64	4076	1822	0.5	1.83	0.91	4.24

Goode 和 Kuckuk（1991）通过求解整个油藏高度的裂缝内的二维流动问题，并考虑 z 方向上部分射孔表皮系数引起的汇流，提出了一个流动方程。其中假设沿井流量均匀。原始的 Goode—Kuckuk 方程中包含无限求和，所以与 Babu-Odeh 方程相比，它不太实用。

5.4　气藏中水平井的流入动态

水平气井的流入动态方程可直接由油井的动态方程得到。与第 4 章中直井流入动态的推导类似，通过用地层气体体积系数替换式（5.4）、式（5.20）、式（5.23）中的地层原油体积系数，并应用真实气体状态方程定义地层气体体积系数［如式（4.28）所示］，即可得水平气井方程。例如，稳态条件下，应用 Furui 方程［式（5.20）］，水平气井的流入动态方程可写为：

$$q_g = \frac{KL(p_e^2 - p_{wf}^2)}{1424\,\overline{Z}\,\overline{\mu}_g T\left\{\ln\left[\dfrac{hI_{ani}}{r_w(I_{ani}+1)}\right] + \dfrac{\pi\,y_b}{hI_{ani}} - 1.224 + S\right\}} \tag{5.53}$$

该方程中，在 $p_{wf} \sim p_e$ 压力变化范围内，Z 和 μ_g 为恒量，均取平均值。如第 4 章所述，为了更精确地表征压力对这些物理性质的影响，可采用 Al - Hussainy 和 Ramey（1966）提出的真实气体的拟压力函数：

$$m(p) = 2\int_{p_0}^{p} \frac{p}{\mu_g z}\mathrm{d}p \tag{5.54}$$

其中，p_0 为参考压力，可作为任一适当的基准压力。使用真实气体的拟压力得到的水平气井方程为：

$$q_g = \frac{KL[m(p_e) - m(p_{wf})]}{1424T\left\{\ln\left[\frac{hI_{ani}}{r_w(I_{ani} + 1)}\right] + \frac{\pi y_b}{hI_{ani}} - 1.224 + S\right\}} \tag{5.55}$$

考虑非达西流动后,式(5.55)改写为:

$$q_g = \frac{KL[m(p_e) - m(p_{wf})]}{1424T\left\{\ln\left[\frac{hI_{ani}}{r_w(I_{ani} + 1)}\right] + \frac{\pi y_b}{hI_{ani}} - 1.224 + S + D_{q_g}\right\}} \tag{5.56}$$

非达西系数可参考第4章中的详细讨论。

同理,拟稳态条件下,气井的流入动态方程可通过 Babu - Odeh 方程得到。水平气井方程为:

$$q_g = \frac{b\sqrt{K_y K_z}(\bar{p}^2 - p_{wf}^2)}{1424\bar{Z}\bar{\mu}_g T\left[\ln\left(\frac{A^{0.5}}{r_w}\right) + \ln C_H - 0.75 + S_R + S + D_{q_g}\right]} \tag{5.57}$$

在井底流压和油藏压力的平均压力下评估气体各性质。应用真实气体的拟压力,方程变为:

$$q_g = \frac{b\sqrt{K_y K_z}[m(\bar{p}) - m(p_{wf})]}{1424T\left[\ln\left(\frac{A^{0.5}}{r_w}\right) + \ln C_H - 0.75 + S_R + S + D_{q_g}\right]} \tag{5.58}$$

采用水平井的优点之一是减少了产量下降。与直井相比,水平井实际减少了非达西流动效应。非达西流动效应有时也可以通过部分射孔表皮系数 S_R 来弥补。当井眼长度与油藏尺寸之比 L/b 较小时,S_R 可以有效地减弱非达西流动效应。

5.5 两相流水平井的生产动态

与直井类似,由于油藏中相对渗透率和相变的复杂性,原流入关系在水平井两相流中不再适用。第3章中 Vogel 方程描述的相关式已应用于直井两相流 IPR 曲线的计算,目前也已经有水平井两相流特性的相关报道(如 Bendakhlia 和 Aziz,1989;Cheng,1990;Retnanto 和 Econo-mides,1996;Kabir,1992)。这里我们用原始 Vogel 方程来建立水平井两相流入动态方程,由两相油藏中油气井流动[式(3.51)]:

$$q_o/q_{o,max} = 1 - 0.2\left(\frac{p_{wf}}{\bar{p}}\right) - 0.8\left(\frac{p_{wf}}{\bar{p}}\right)^2 \tag{5.59}$$

为了修正上述方程,我们使用水平井中的单相流来计算最大无阻流量 $q_{o,max}$(井底流压为零时的流量)。由于原始关系式是在拟稳态条件下建立的,所以在修正方程中应该使用拟稳态方程。例如这里可以应用 Babu - Odeh 方程得到:

$$q_{max,o} = \frac{\sqrt{K_y K_z}b(\bar{p})}{254.2B_o\mu\left[\ln\left(\frac{A^{0.5}}{r_w}\right) + \ln C_H - 0.75 + S_R + S\right]} \tag{5.60}$$

例 5.6 两相流水平井的产能计算

油藏中有一口水平井，$L = 200$ft，垂向渗透率是水平渗透率的 10%，假设存在无油相相对渗透率的降低，使用附录 B 中的数据，计算井底流压为 3000psi 时该井中的流速。

解：首先根据式(5.60)计算水平井的最大无阻流量。

$b = 2r_e$，即 $1490 \times 2 = 2980$，$a = \pi r_e^2 / b = 2339$ft。

由已知条件并根据 Babu $-$ Odeh 方程可得，$C_h = 1.35$，$S_R = 1.92$。

从而有：

$$q_{max,o} = \frac{\sqrt{13 \times 1.3} \times 2960 \times 4350}{254.2 \times 1.37 \times 1.7 \times \ln(\sqrt{2339 \times 2960}/0.406 + 1.35 + 1.92 - 0.75)}$$

$$= 9307\text{bbl/d} \tag{5.61}$$

最终可得：

$$q_o = q_{o,max}\left[1 - 0.2 \cdot \frac{p_{wf}}{p} - 0.8 \cdot \left(\frac{p_{wf}}{p}\right)^2 \right]$$

$$= 9307 \times \left[1 - 0.2 \times \frac{3000}{4350} - 0.8 \times \left(\frac{3000}{4350}\right)^2 \right] = 4481\text{bbl/d} \tag{5.62}$$

5.6 多分支井技术

分支井源于水平井的概念，多分支井技术已经成为油气生产技术的重要组成部分。一口多分支井可以通过两个或两个以上的侧支与油藏的不同部分接触。多分支井在煤炭、重质油藏、非常规低渗气藏(页岩气藏)和位置受限的油气藏(如海上油田)等有广泛的应用。如图5.7 所示，即委内瑞拉重质油开采中成功应用的一口复杂多分支井。

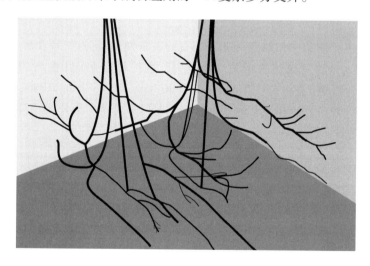

图 5.7 重质油开采中多分支井的应用实例(据 Robles，2001)

有时，多分支井比水平井更具有吸引力。如长水平井中存在井眼压降的限制时，采用多分支井仍然可以保证与储层的大面积接触，同时降低井筒摩擦压降。

多分支井的产能不是简单地将每个水平分支的产量加在一起。由于各分支通过结点与主井眼连接，所以每个分支在结点处的流动条件必须互相平衡，即每个分支在结点处的压力应相等。这一条件可调节每个分支的流量，使得井眼中的流动对多分支井的产能十分重要。《多分支井技术》(Hill,Economides 和 Zhu,2007)一书中讲述了多分支井产能计算的详细过程。

参 考 文 献

[1] Al‐Hussainy,R.,and Ramey,H. J.,Jr.,"Application of Real Gas Theory to Well Testing and Deliverability Forecasting,"JPT,637‐642,May 1966.

[2] Babu,D. K.,and Odeh,A. S.,Appendices A and B of SPE 18298,"Productivity of a Horizontal Well,"SPE 18334 presented at the 1988 SPE Annual Technical Conference and Exhibition,Houston,TX,October 2‐5,1988.

[3] Babu,D. K.,and Odeh,A. S.,"Productivity of a Horizontal Well,"SPE Reservoir Engineering,p. 417,November 1989.

[4] Bendakhlia,H.,and Aziz,K.,"Inflow Performance Relationships for Solution‐Gas Drive Horizontal Wells,"Paper SPE 19823,presented at the 64th Annual Technical Conference,San Antonio,TE,October 8‐11,1989.

[5] Cheng,A. M.,"Inflow Performance Relationships for Solution‐Gas‐Drive Slanted/Horizontal Wells,"Paper SPE 20720,presented at the 65th Annual Technical Conference,New Orleans,LA,September 23‐26,1990.

[6] Dietz,D. N.,"Determination of Average Reservoir Pressure from Build‐up Surveys,"JPT,955‐959(August 1965).

[7] Economides,M. J.,Brand,C. W.,and Frick,T. P.,"Well Configurations in Anisotropic Reservoirs,"SPEFE,257‐262(December 1996).

[8] Economides,M. J.,Deimbacher,F. X.,Brand,C. W.,and Heinemann,Z. E.,"Comprehensive Simulation of Horizontal Well Performance,"SPEFE,418‐426(December 1991).

[9] Furui,K.,Zhu,D.,and Hill,A. D.,"A Rigorous Formation Damage Skin Factor and Reservoir Inflow Model for a Horizontal Well,"SPE Production and Facilities,151‐157,August 2003.

[10] Goode,P. A. and Kuchuk,F. J.,"Inflow Performance of Horizontal Wells,"SPE Reservoir Engineering,319‐323(August 1991).

[11] Hill,A. D.,Economides,M. J.,and Zhu,D.,Multilateral Wells,Society of Petroleum Engineers,Richardson,Texas,2007.

[12] Joshi,S. D.,"Augmentation of Well Productivity with Slant and Horizontal Wells,"JPT,729‐739(June 1988).

[13] Kabir,C. S.,"Inflow Performance of Slanted and Horizontal Wells in Solution‐Gas‐Drive Reservoir,"Paper SPE 24056,presented at the 1992 SPE WESTERN REGIONAL Meeting,Bakersfield,CA,March 30‐April 1.

[14] Kuchuk,F. J.,Goode,P. A.,Brice,B. W.,Sherrard,D. W.,and Thambynayagam,R. K. M.,"Pressure Transient Analysis and Inflow Performance for Horizontal Well,"JPT,974‐1031(August 1990).

[15] Ozkan,E.,Yildiz,T.,and Kuckuk,F. J.,"Transient Pressure Behavior of Dual Lateral Wells,"SPEJ,181‐190(June 1998).

[16] Robles,Jorge,"Application of Advanced Heavy‐Oil‐Production Technologies in the Orinoco Heavy‐Oil‐Belt,Venezuela,"SPE 69848 presented at the 2001 SPE International Thermal Operations and Heavy Oil Symposium,Margarita Island,VA,March 12‐14,2001.

[17] Retnanto,A. and Economides,M. J.,"Performance of Multiple Horizontal Well Laterals in Low‐To Medium‐Permeability Reservoirs,"SPERE,73‐77(May 1996).

习 题

5.1 针对例 5.1 中描述的油藏,水平渗透率变为 100mD。根据 Joshi 方程写出其流入动态方程,并分别绘出垂直渗透率为 1mD,10mD 和 100mD 时的 IPR 曲线。考虑各向异性指数,分析垂向渗透率对结果的影响。当油藏厚度变为 25ft(原油藏厚度的 1/4)时,重新计算上述问题。讨论两组结果的差异。

5.2 针对习题 5.1 中的情况,分别作出两种油藏厚度下无量纲采油指数 J_D 与各向异性指数 I_{ani} 的关系曲线。定义 J_D 为:

$$J_D = \frac{141.2qB\mu}{Kh(p_e - p_{wf})}$$

5.3 假设线性流区域的开始位置 y_t 与径向流区域半径 r_t 有如下关系:

$$r_t = \sqrt{2}y_t = \frac{1}{2}h$$

试重新推导式(5.19)。

5.4 在 $K_H = 10mD$,$K_V = 1mD$ 的油藏中钻一口长 4000ft 的水平井,井眼直径为 6in,泄油区域长 4000ft、宽 2000ft(垂直于油井方向)。其他条件仍和例 5.1 中相同,假设表皮因子为 10。根据 Furui 方程写出其流入动态方程,并分别绘制油藏厚度为 50ft,250ft 和 500ft 情况下的 IPR 曲线。试用 3 种厚度对应的 J_H—J_V 曲线说明水平井与直井相比的优势。

5.5 油藏条件如下:4000ft × 4000ft 的正方形供油区域,厚度为 200ft,平均油藏压力 4000psi,$K_H = 50mD$,$K_V = 8mD$,假设无伤害因子。油藏中心钻一口长 3500ft 的水平井。$\mu_o = 5cP$,$B_o = 1.1$,$r_w = 6in$,绘制拟稳态流动的 IPR 曲线,并根据 Babu – Odeh 方程计算 $p_{wf} = 2000psi$ 时的产量。

5.6 针对习题 5.5,讨论以下参数对产能的影响。假设 $p_{wf} = 2000psi$,油藏中心钻一口直井,计算 J_H/J_V。

为了避免油井与水或气接触,将油井钻在靠近边界的位置。绘制 q—z_o 曲线并进行分析;

当井偏离中心位置时,产量下降,绘制 q—y_o 曲线并分析;

当垂直渗透率太小时,不适于采用水平井,绘制 q—K_V 曲线并分析。

5.7 使用 Economides 方程重新计算习题 5.5、习题 5.6。

5.8 使用附录 C 中的数据。$h = 78ft$,$K_H = 2mD$,$K_V = 0.2mD$,$r_w = 0.328ft$,油藏边界压力为 4600psi,泄油面积长(沿井方向)4000ft、宽(垂直井方向)2000ft,忽略非达西流动效应。使用 Furui 方程计算 $p_{wf} = 3000psi$ 时的气体流速。

5.9 根据 Economides 式(5.61),写出气藏中水平井的流入动态方程。

5.10 计算拟稳态条件下 $p_{wf} = 3000psi$ 时长 $L = 4000ft$ 水平气井的流量,并与直井结果进行比较。井都处于中心位置,泄油区域为长 4000ft 的正方形。平均油藏压力为 4600psi,使用附录 C 和习题 5.8 中的数据,忽略非达西流动效应,并假设无地层伤害。计算水平井与直井的采油指数之比。

5.11 使用习题 5.5 中的数据,绘制泄油区域平均压力为 3000psi 时两相流水平井的 IPR 曲线。

第6章　近井条件及伤害特征——表皮效应

6.1　简介

垂直井的径向流使井附近的流速逐渐增大,这解释了第 2 章[式(2.4)]中提出的压力与距离的半对数关系。Van Everdingen 和 Hurst(1949)引入了压力差 Δp_s 的概念来解释非理想流动剖面,它指井筒半径上无限小距离上产生的与表皮效应成正比的压差,如式(2.5)所示。

从数学角度看,Van Everdingen 和 Hurst 表皮效应没有物理量纲,并与热传导中的膜片系数相似。当把表皮效应加到稳态解的 $\ln(r_e/r_w)$、拟稳态解的 $\ln(0.472r_e/r_w)$ 或瞬时解(非稳态解)的 p_D 上时,其总和与总压降(油藏压降加井筒附近压降)成正比。

井的表皮系数可为正也可为负。表皮系数为正数时,井的产能下降;表皮系数为负数时,产能增加。因此确定表皮效应的影响因素,并找出消除正表皮效应或引入负表皮效应的方法是十分有用的。负表皮主要由油井增产措施产生,如第 14 章至第 16 章讨论的基质酸化以及第 17 章和第 18 章中讨论的水力压裂,此外在高度倾斜的井筒中也可能出现。本章主要讨论正表皮效应。

正表皮效应可由很多原因引起,如不完善完井(即射孔厚度小于油藏厚度)、孔眼数目不合理、相变(主流体相对渗透率的降低)、湍流、油气藏近井筒的渗透率变化等都会产生正表皮效应。井的表皮效应是一个综合变量,一般来说,使流线偏离油井方向或限制流量(可看作是对孔喉的破坏)等现象都会导致表皮效应为正值。

本章详细说明了表皮效应及其构成以及每部分的影响大小,同时也介绍了表征水平井伤害的表皮效应。最后概述了地层伤害的性质和类型以指导选择合理的储层改造措施。

注意,表皮的差异在整个生产段上,可能很大,这种情况很可能出现在对两个或多个不同层段进行合采时。不同的地层性质(渗透率、应力、机械稳定性、流体)和不同的压力都可能造成钻井液侵入、井眼清洗不干净及其他原因的非均匀伤害,类似的因素也可能由于沿水平井筒方向的非均匀伤害。第 15 章论述了合采水平井的增产技术。

6.2　Hawkins 公式

图 6.1 为井筒附近渗透率变化或伤害的典型图,r_s 和 K_s 分别为伤害深度和伤害渗透率。Hawkins(1956)提出了现在众所周知的有关表皮效应和上述变量的方程式,通常称为 Hawkins 公式。图 6.2 给出了推导这一关系式的简单示意。

如果井筒附近的渗透率为储层渗透率(即没有伤害),那么外边界压力(p_s)与井底间的稳态压降所产生的 $p_{wf,ideal}$ 可由式(6.1)给出:

$$p_s - p_{wf,ideal} = \frac{q\mu}{2\pi Kh}\ln\frac{r_s}{r_w} \tag{6.1}$$

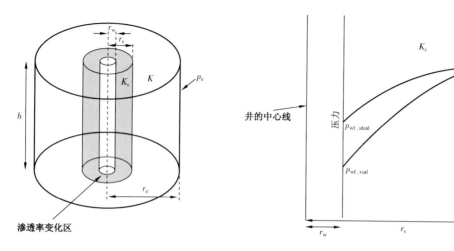

图 6.1　井筒附近的渗透率变化　　　图 6.2　近井区域的理想井底流压和实际井底流压

如果井筒附近渗透率变为 K_s，那么真实井底压力的关系式为

$$p_s - p_{\text{wf,real}} = \frac{q\mu}{2\pi K_s h}\ln\frac{r_s}{r_w} \tag{6.2}$$

$p_{\text{wf,ideal}}$ 与 $p_{\text{wf,real}}$ 之差恰好等于第 2 章中式(2.5)对应的由表皮系数所引起的压降 Δp_s。因此，由式(6.1)、式(6.2)和式(2.5)可得：

$$\frac{q\mu}{2\pi Kh}S = \frac{q\mu}{2\pi K_s h}\ln\frac{r_s}{r_w} - \frac{q\mu}{2\pi Kh}\ln\frac{r_s}{r_w} \tag{6.3}$$

进一步简化得

$$S = \left(\frac{K}{K_s} - 1\right)\ln\frac{r_s}{r_w} \tag{6.4}$$

即为 Hawkins 公式，该公式在评估渗透率的相对伤害程度和伤害深度时十分有用。

例 6.1　渗透率伤害与伤害深度的关系

假设井的半径 r_w 为 0.328ft，伤害深度超出井 3ft(即 r_s = 3.328ft)。若渗透率伤害导致 K/K_s = 5 和 K/K_s = 10，表皮系数应分别为多少？ 若保持第二个表皮系数值不变，且 K/K_s = 5，伤害深度应为多少？

解：

由式(6.4)，根据 K/K_s = 5 及给定的 r_s 和 r_w 得：

$$S = (5 - 1) \times \ln\frac{3.328}{0.328} = 9.3 \tag{6.5}$$

同样地，对于 K/K_s = 10，r_s = 3.328，得 S = 20.9。

而如果 S = 20.9，K/K_s = 5，那么：

$$r_s = r_w e^{20.9/4} = 61\text{ft} \tag{6.6}$$

该例表明渗透率伤害所引起表皮效应的影响比伤害深度的影响要大得多。除了与相变有关的表皮效应外,像式(6.6)中计算得到的伤害深度是不可能的。因此,试井得到的表皮效应(常在 5 ~ 20 之间)基本上是由近井地带的严重渗透率伤害引起的,这一点对设计储层增产措施非常重要。例如如果 $K/K_s = 0.042$,那么上述例子中计算得到的表皮系数为 20.9,其导致的伤害深度将仅为 0.5ft(即 $r_s = 0.828$ft)。

例 6.2 近井地带的压降与油藏内压降的关系

利用例 6.1 中计算的表皮效应,比较由于近井地带伤害引起的压降与总压降的关系(其差值为油藏压降)。假设 $A = 640$acre($r_e = 2980$ft)。

解:近井地带伤害引起的压降与总压降之比正比于 $r_s = 3.328$ft(对稳态流),这点从式(2.8)很容易看出来。对于 $r_e = 2980$ft 且 $r_w = 0.328$ft,可得 $\ln r_e/r_w = 9.1$,该值几乎对所有供给区/井筒半径组合都是不变的。例 6.1 中伤害深度 3ft 计算得到的表皮效应为 9.3 和 20.9,这表明由伤害引起的压降占总压降的比例分别为 0.51 和 0.7。如果能消除这些表皮效应,在 $(p_e - p_{wf})$ 不变的情况下产量会相应地增加 102% 和 230%。

如 Hawkins 公式中假设伤害地带的渗透率为常数是不太可能的,但只要使用一个合理的平均渗透率来表征伤害地带的渗透率,则推导的关系式仍然有效。一般而言,对于任意的渗透率分布以及 r_w 和 r_s 间的 $K_s(r)$,伤害表皮系数为:

$$S = K \int_{r_w}^{r_w} \frac{\mathrm{d}r}{rK_s(r)} - \ln \frac{r_s}{r_w} \tag{6.7}$$

或者,在 Hawkins 公式中可用如下的伤害地带平均渗透率:

$$\overline{K_s} = \frac{\ln \dfrac{r_s}{r_w}}{\displaystyle\int_{r_w}^{r_s} \frac{\mathrm{d}r}{rK_s(r)}} \tag{6.8}$$

当伤害地带的渗透率剖面已经用伤害过程模型预测得到时,可用式(6.7)或式(6.8)来计算伤害表皮效应。

例 6.3 同轴径向伤害地带的表皮系数

某些情况下,伤害可能是由两个同轴伤害深度导致的。比如,除了滤液损失及其所造成的伤害,钻井液颗粒渗透进入地层,从而额外地导致一个较短但伤害更大的区域。颗粒和滤液的复合伤害所引起的表皮系数为多少?假设颗粒侵入区域的渗透率为 K_p,滤液侵入区域的渗透率为 K_f。

解:

可用式(6.7)来求解这一问题。对于所描述的复合伤害,伤害渗透率分布 $K_s(r)$ 为:

$$K_s(r) = \begin{cases} K_p & \text{当 } r_w < r < r_p \text{ 时} \\ K_f & \text{当 } r_p < r < r_f \text{ 时} \end{cases} \tag{6.9}$$

将这一关系式带入式(6.7),得:

$$S = K \left\{ \int_{r_w}^{r_p} \frac{\mathrm{d}r}{rK_p} + \int_{r_p}^{r_f} \frac{\mathrm{d}r}{rK_f} \right\} - \ln \frac{r_f}{r_w} \tag{6.10}$$

积分得：

$$S = \left(\frac{K}{K_p}\right)\ln\frac{r_p}{r_w} + \left(\frac{K}{K_f}\right)\ln\frac{r_f}{r_p} - \ln\frac{r_f}{r_w} \tag{6.11}$$

6.3 直井和斜井表皮效应构成

直井或斜井的总表皮效应由多项表皮构成，通常可把它们累加起来，即：

$$S = (S_{comp})_d + S_c + S_\theta = \sum S_{pscudo} \tag{6.12}$$

式中：$(S_{comp})_d$ 为完井及完井区附近渗透率伤害造成的复合表皮；S_c 是局部完井造成的表皮 S_θ 为井斜造成的表皮。对于裸眼完井，$(S_{comp})_d$ 即 Hawkins 公式给出的伤害表皮。而对于其他任意的完井类型，必须考虑完井和伤害表皮的相互作用。所有拟表皮用连加号组合在一起，这些拟表皮包括所有相变表皮和速敏表皮。下面将对这些表皮效应加以讨论，后面几节将讨论其他表皮组成。

在第 4 章高产气井的湍流中已经讨论过速敏效应（对气油比较高的高产油井也有影响），这一表皮效应等于 Dq，其中 D 为非达西系数（参考第 4.4 节）。高产气井试井所得到的这一表皮系数很可能比其他表皮系数大，而且在某些情况下可能大很多。因此，根据试井可得到视表皮 S'：

$$S' = S + Dq \tag{6.13}$$

在不同流量下进行试井实验，由此可分析表皮效应 S。如图 6.3 所示的 S' 与 q 关系曲线表明，S 是截距，D 是斜率。这是油田确定 D 的一个简单方法，可用于预测速敏表皮效应对井未来生产的影响。

相变表皮效应与井筒附近压力梯度所引起的相态变化有关。对油井来说，如果井底流压低于泡点压力，则会形成对应的气体饱和度，即使气相不流动，也会引起油相有效渗透率的降低。将 Hawkins 公式进行变换，以有效（或相对）渗透率比代替 K/K_s，由此该公式可用于这种情况。

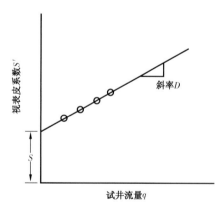

图 6.3　根据多流量试井确定表皮效应和非达西系数

在反凝析气藏中也可看到类似现象，反凝析气藏中井周围有液体形成，从而使气体渗透率降低。油藏中分离出的气体在压力回升时会重新溶解（如关井后压力恢复），但反凝析气藏中所形成的大部分凝析物不会再进入气体中。一些学者（如 Fussell，1973；Cvetkovic，Economides，Omrcen 和 Longaric，1990）已经研究了凝析液随时间的沉积过程，结果表明关井并不能消除凝析气藏中气体渗透率的伤害。因此，当重新开井后，气流量仍会受到井筒附近渗透率降低的影响。应对这种表皮效应的方法是将可溶解凝析物的纯天然气注入气藏，这种吞吐作业可周期性地重复进行。

在径向流油气藏中沿任意流线渗透率一致的直井或斜井附近,其流动或压降特征会因式(6.12)中的表皮项而发生改变。在流动装置与裂缝(如节流器与裂缝面)相连或裂缝与井接触时,如较大垂直裂缝正交于斜井或水平井的情况,将引起其他表皮效应,这些表皮效应将在第17章中论述。但是,一旦形成水力裂缝,处理前的大多数表皮效应[$(S_{comp})_d$, S_c, S_θ]都可不予考虑,因为它对处理后井的动态无太大影响。相变表皮效应和速敏表皮效应既可以消除,也可以对裂缝表皮效应的计算有影响。一般来说,将处理前的表皮效应加到压裂后的表皮效应上是不正确的。

6.4 不完善井和斜井表皮效应

通常的完井作业都是部分完井,即地层的打开程度小于油气藏厚度,当特别针对水平井时称为部分穿透。该情况一般出现在当射孔作业效果较差或砾石充填位置不当,或为限制和避免气锥或水锥效应而人为地部分完井。

在这些情况中,所引起的径向流的流线变化都会产生表皮效应 S_c。相比于油气藏高度,射孔段越小,完井的偏心度越大,则表皮效应越大。如果完井段大于等于油气藏高度的75%,则这种表皮效应可忽略不计。

尽管部分完井减小了井的裸露长度从而产生了正表皮效应,但斜井的结果恰好相反。井斜度越大,其对总表皮效应的负贡献越大,这是因为油气藏与井筒的接触面积增加。井斜引起的表皮效应以 S_θ 表示。

目前大量的研究均考虑了不完善井对垂直井生产能力的影响,最早由 Muskat(1946)开始,他得到了部分穿透油藏顶部(Muskat 研究时期常见的完井作业)处井流动问题的解析解。

对于如图 6.4 中所示的完井,Muskat 提出了下面的流入方程:

$$q = \frac{2\pi K h_w \Delta p \left(1 + 7\sqrt{\frac{r_w}{2h_w}\cos\frac{\pi h_w}{2h}}\right)}{\mu \ln \dfrac{r_e}{r_w}} \tag{6.14}$$

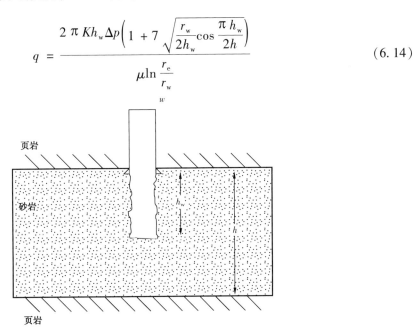

图 6.4 油藏顶部的裸眼完井

其中,h_w 为完井段厚度。将该方程与包含表皮系数[如式(2.7)]的稳态流入方程进行对比可得,Muskat 关系式的不完善表皮系数为:

$$S_c = \left(\frac{\dfrac{h}{h_w}}{1 + 7\sqrt{\dfrac{r_w}{2h_w}\cos\dfrac{\pi h_w}{2h}}} - 1 \right)\ln\frac{r_e}{r_w} \qquad (6.15)$$

根据对称性,Muskat 的不完善井流入方程也可用来推导储层中心井的不完善表皮系数。因此,对于位于储层中心(厚 h)、完井厚度为 h_w 的井,其不完善表皮系数为:

$$S_c = \left\{ \frac{\dfrac{h}{h_w}}{1 + 7\sqrt{\dfrac{r_w}{h_w}\cos\dfrac{\pi h_w}{2h}}} - 1 \right\}\ln\frac{r_e}{r_w} \qquad (6.16)$$

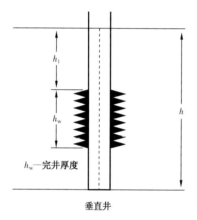

h_w—完井厚度

垂直井

图 6.5　部分完井结构图

继 Muskat 的研究,相继出现了一系列部分完井影响的研究,包括 Brons 和 Marting(1961),Cinco-Ley,Ramey 和 Miller(1975),Strelstova-Adams(1979),Odeh(1980)和 Papatzacos(1987)的文章。由于 Papatzacos 模型相对简单,包含了渗透率各向异性的影响,允许在储层中任意位置进行完井,再现了其他不完善井模型,所以这里我们介绍该模型。为了描述图 6.5 中所示的完井特征,Papatzacos 引入了下面的无量纲变量:

$$h_{wD} = \frac{h_w}{h} \qquad (6.17)$$

$$r_D = \frac{r_w}{h}\sqrt{\frac{K_V}{K_H}} \qquad (6.18)$$

和

$$h_{1D} = \frac{h_1}{h} \qquad (6.19)$$

根据这些无量纲变量,部分完井表皮系数为:

$$S_c = \left(\frac{1}{h_{wD}} - 1 \right)\ln\frac{\pi}{2r_D} + \frac{1}{h_{wD}}\left(\frac{h_{wD}}{2 + h_{wD}}\sqrt{\frac{A-1}{B-1}} \right) \qquad (6.20)$$

其中

$$A = \frac{1}{h_{1D} + \dfrac{h_{wD}}{4}} \qquad (6.21)$$

$$B = \frac{1}{h_{1D} + \dfrac{3h_{wD}}{4}} \qquad (6.22)$$

井筒偏离储层的影响也已经被多次研究。相同储层中斜井比垂直井的产能高,这是因为斜井情况下与地层相接触的井筒更长。因此,这一效应引起的表皮系数总为负值。Besson(1990)提出了各向同性和各向异性油藏、井斜角为 θ 的斜井的表皮效应分析方程。对于各向同性的情况,有:

$$S_\theta = \ln\left(\frac{4r_w\cos\theta}{h}\right) + \cos\theta\ln\left(\frac{h}{4r_w\sqrt{\cos\theta}}\right) \tag{6.23}$$

对于各向异性的情况,有:

$$S_\theta = \ln\left[\frac{1}{I_{ani}\gamma}\left(\frac{4r_w\cos\theta}{h}\right)\right] + \frac{\cos\theta}{\gamma}\ln\left[\frac{2I_{ani}\sqrt{\gamma}}{1 + \frac{1}{\gamma}}\left(\frac{h}{4r_w\sqrt{\cos\theta}}\right)\right] \tag{6.24}$$

其中

$$\gamma = \sqrt{\frac{1}{I_{ani}^2} + \cos^2\theta\left(1 - \frac{1}{I_{ani}^2}\right)} \tag{6.25}$$

各向同性条件下的该关系式再现了 Cinco – Ley 等的成果(1975)。

对于不完善井、斜井,我们用 Papatzacos 关系式来计算不完善井表皮系数,但是 h_w 采用完井段的真实垂直厚度,而不是沿井筒测量的完井段长度。Besson 方程适用于斜井的表皮系数。

不完善井效应(通常为部分穿透)是水平井流入动态的重要方面,这在第 5 章已论述。

例 6.4 **不完善井和斜井的表皮效应**

储层的各向异性和完井段的位置对不完善井表皮效应有着重要影响,因为垂直方向上向完井段的汇流会产生不完善井正表皮系数。考虑厚 100ft 的油藏中,有一口半径为 $r_w = 0.25$ft 的井,完井长度为 20ft。使用 Papatzacos 不完善井表皮模型,证明不完善井表皮系数与各向异性比及完井段位置的关系。

使用 Besson 关系式重新计算该井的井斜表皮系数,在油藏垂直 20ft 处完井,井斜角分别为 30° 和 60°。

解:

首先计算完井的无量纲大小和位置:

$$h_{wD} = \frac{h_w}{h} = \frac{20\text{ft}}{100\text{ft}} = 0.2 \tag{6.26}$$

当在油藏顶部完井时,有:

$$h_{1D} = \frac{h_1}{h} = \frac{0}{100} = 0 \tag{6.27}$$

当在油藏中间完井时,有:

$$h_{1D} = \frac{h_1}{h} = \frac{40\text{ft}}{100\text{ft}} = 0.4 \tag{6.28}$$

无量纲半径 r_D 为:

$$r_D = \frac{r_w}{h}\sqrt{\frac{K_V}{K_H}} = \frac{0.25\text{ft}}{(100\text{ft})I_{ani}} = \frac{0.0025}{I_{ani}} \tag{6.29}$$

现在,以油藏中间完井为例($h_{1D} = 0.4$),有:

$$A = \frac{1}{h_{1D} + \dfrac{h_{wD}}{4}} = \frac{1}{0.4 + 0.25 \times 0.2} = 2.222 \tag{6.30}$$

$$B = \frac{1}{h_{1D} + \dfrac{3h_{wD}}{4}} = \frac{1}{0.4 + 0.75 \times 0.2} = 1.8181 \tag{6.31}$$

且

$$S_c = \left(\frac{1}{0.2} - 1\right)\ln\frac{\pi}{2r_D} + \frac{1}{0.2} \times \left(\frac{0.2}{2 + 0.2} \times \sqrt{\frac{2.222 - 1}{1.8181 - 1}}\right) = 4\ln\frac{\pi}{2r_D} - 11 \tag{6.32}$$

如图6.6所示,即在油藏顶部完井及中间完井情况下的I_{ani}计算结果(从1到20)。完井的油藏厚度比例及油藏各向异性对不完善井表皮系数的影响很大,而对完井的垂直位置影响较小。

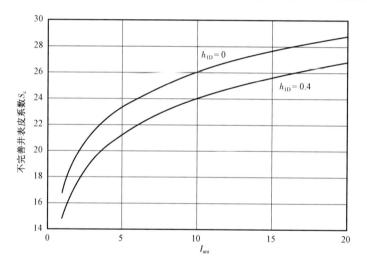

图6.6 各向异性对不完善井表皮系数的影响

根据斜井表皮系数的计算,由式(6.24)和式(6.25),可计算井斜角为30°的情况,

$$\gamma = \sqrt{\frac{1}{I_{ani}^2} + \cos^2(30)\left(1 - \frac{1}{I_{ani}^2}\right)} = \sqrt{\frac{0.25}{I_{ani}^2} + 0.75} \tag{6.33}$$

$$S_\theta = \ln\left\{\frac{1}{I_{ani}\gamma}\left[\frac{4 \times (0.25\text{ft}) \times \cos(30)}{100\text{ft}}\right]\right\} + \frac{\cos(30)}{\gamma}\ln\left\{\frac{2I_{ani}\sqrt{\gamma}}{1 + \dfrac{1}{\gamma}}\left[\frac{100\text{ft}}{4 \times (0.25\text{ft}) \times \sqrt{\cos(30)}}\right]\right\}$$

$$= \ln\left(\frac{0.00866}{I_{ani}\gamma}\right) + \frac{0.866}{\gamma}\ln\left(\frac{215I_{ani}\sqrt{\gamma}}{1 + \dfrac{1}{\gamma}}\right) \tag{6.34}$$

而对于60°的情况,有:

$$\gamma = \sqrt{\frac{1}{I_{\mathrm{ani}}^2} + \cos^2(60)\left(1 - \frac{1}{I_{\mathrm{ani}}^2}\right)} = \sqrt{\frac{0.75}{I_{\mathrm{ani}}^2} + 0.25} \qquad (6.35)$$

$$S_{\theta} = \ln\left[\frac{1}{I_{\mathrm{ani}}\gamma}\frac{4 \times (0.25\mathrm{ft}) \times \cos(60)}{100\mathrm{ft}}\right] + \frac{\cos(60)}{\gamma}\ln\left[\frac{2I_{\mathrm{ani}}\sqrt{\gamma}}{1 + \frac{1}{\gamma}}\frac{100\mathrm{ft}}{4 \times (0.25\mathrm{ft}) \times \sqrt{\cos(60)}}\right]$$

$$= \ln\frac{0.005}{I_{\mathrm{ani}}\gamma} + \frac{0.5}{\gamma}\ln\frac{283I_{\mathrm{ani}}\sqrt{\gamma}}{1 + \frac{1}{\gamma}} \qquad (6.36)$$

根据这些方程,可得到斜井表皮系数随各向异性比的变化关系(图6.7)。

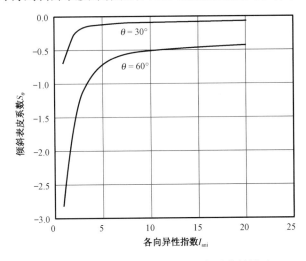

图6.7 油藏各向异性对斜井表皮系数的影响

6.5 水平井伤害表皮系数

　　水平井的泄油模式与直井大不相同。油藏中多分支水平井近井地带的流动形态是径向的,远离井的地带流动形态主要是线性的。而对于垂直井(无水力裂缝),流动主要是径向流。因此,完全穿透的直井对渗透率各向异性并不敏感。但垂向和横向渗透率各向异性对水平井的产能很重要,且都影响伤害机理。常规的 Hawkins 公式不能用来估算水平井地层伤害表皮,因为水平井的径向流受制于水平—垂向渗透率各向异性。此外,由于储层的非均质性及暴露在钻井液、完井液中的时间不同,横向地层伤害极不均匀。

　　Furui,Zhu 和 Hill(2003)提出了水平井伤害表皮系数的模型。该模型假设垂直于井的伤害横截面(图6.8),并模拟了 Peaceman(1983)解给出的从各向异性渗透率场向圆柱形井筒流动的等压线。由于地层伤害经常与流量或流速直接相关,所以假设渗透率伤害分布与压力场相似。根据垂直于井轴的 y—z 平面内伤害分布的假设,Hawkins 公式可应用于各向异性空间条件,局部表皮系数 $S_{\mathrm{d}}(x)$ 可表示为:

$$S_{\mathrm{d}}(x) = \left[\frac{K}{K_{\mathrm{s}}(x)} - 1\right]\ln\left\{\frac{1}{I_{\mathrm{ani}} + 1}\left[\frac{r_{\mathrm{sH}}(x)}{r_{\mathrm{w}}} + \sqrt{\left(\frac{r_{\mathrm{sH}}(x)}{r_{\mathrm{w}}}\right)^2 + I_{\mathrm{ani}}^2 - 1}\right]\right\} \qquad (6.37)$$

式(6.37)中的局部表皮系数描述了垂直于水平井筒轴线的平面内二维流动的表皮效应。

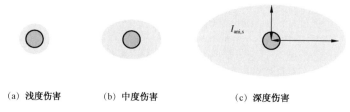

(a) 浅度伤害　　　　(b) 中度伤害　　　　(c) 深度伤害

图6.8　各向异性储层中水平井附近的伤害截面图

在式(6.37)中:r_{sH}为伤害椭圆的水平轴半长;K_s为伤害地带的渗透率;K为未伤害地层的渗透率。由于向水平井的流动最终变成拟径向流(即一个关于整个井长的椭圆形),整体水平分支的伤害表皮系数可通过将二维流入方程(Furui 等,2003)对横向长度积分得到:

$$S_h = \frac{L}{\int_0^L \left[\frac{I_{ani}h}{r_w(I_{ani}+1)} + S_d(x) \right]^{-1} \mathrm{d}x} - \ln\left[\frac{I_{ani}h}{r_w(I_{ani}+1)} \right] \tag{6.38}$$

式中:L为水平侧支长度;r_w为井筒半径;h为产油层厚度;I_{ani}为各向异性比;$S_d(x)$为式(6.37)给出的局部表皮系数分布。

任意沿水平井的伤害分布都会产生局部表皮系数。为了获得水平井整体的伤害表皮系数,必须知道沿井的伤害分布 $S_d(x)$,而这又需要知道伤害分布的深度 $r_{sH}(x)$。相关文献中已经给出了两种极限情况。根据地层暴露于钻井液中的时间变化,Frick 和 Economides(1991)假设钻井液滤液侵入引起的伤害深度在水平井的跟部最深,而在趾部最浅,这将产生一个圆锥形的伤害区域,如图6.9所示,从跟部向趾部逐渐减少,针对这种情况,如果水平方向的伤害深度在跟部为 $r_{sH,max}$,在端部减少为零,那么 $r_{sH}(x)$ 为:

$$r_{sH}(x) = r_{sH,max}\left(1 - \frac{x}{L} \right) \tag{6.39}$$

将这一关系式与式(6.37)合并,用得到的表达式代替式(6.38)中的 $S_d(x)$,经积分即可得这个锥形区域伤害的整体表皮系数。

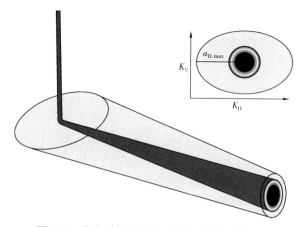

图6.9　滤液引起的沿水平井方向的伤害分布

另一个方法即假设沿整个井长伤害分布均匀。当钻井液滤液或完井液迅速侵入并阻碍进一步的入侵时,这一假设是合理的。颗粒的堵塞会引起这种类型的伤害。对于这一伤害分布,$r_{sH}(x)$ 和 $S_d(x)$ 为常数,结合式(6.37)和式(6.38)得:

$$S_h = \left(\frac{K_H}{K_{sH}} - 1\right)\ln\left\{\frac{1}{I_{ani} + 1}\left[\frac{r_{sH}}{r_w} + \sqrt{\left(\frac{r_{sH}}{r_w}\right)^2 + I_{ani}^2 - 1}\right]\right\} \qquad (6.40)$$

通常,水平井完井的近井地带伤害与垂直井相比相对较小。然而,如果储层厚度较大或垂向渗透率较小,径向流动或椭圆形流动成为主导,地层伤害对水平段的影响较为显著。水平井的地层伤害程度可通过将伤害和完井表皮系数的大小与水平流入方程(Hill 和 Zhu,2008)中的其他项进行比较来确定。读者可参阅 Hill,Zhu 和 Economides(2008)关于水平井、多分支水平井的完井和伤害表皮效应的讨论,以了解更多内容。

例6.5 伤害分布对水平井表皮系数的影响

对于长 2000ft 的水平井,$I_{ani} = 3$,$h = 53$ft,$r_w = 0.328$ft,伤害深度为 5ft,K_H/K_{sH} 比分别为 5,10 和 20,计算如下条件的等效表皮系数 S_{eq}。

(1)圆锥形伤害分布,由跟部的 $r_{sH,max}$ 向趾部逐渐减少为零。

(2)沿整个井段伤害均匀分布。

解:

(1)圆锥形伤害分布的等效表皮可通过将式(6.38)对跟部 $x = 0$ 到趾部 $x = L$ 进行积分得到,$r_{sH,max}$ 使用式(6.39)中的表达式。结果如图 6.10 所示。

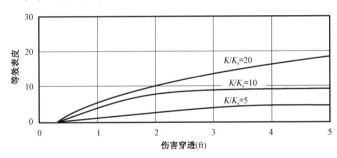

图 6.10　沿水平井伤害锥形分布的等效表皮效应

(2)对于伤害均匀分布的情况,应用式(6.40)进行求解,结果如图 6.11 所示。

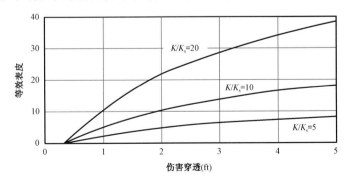

图 6.11　沿水平井伤害均匀分布的等效表皮效应

对于相同的渗透率伤害水平(即 K_s/K 相同),当跟部的伤害穿透相同时,伤害均匀分布情况的整体表皮系数比锥形伤害更高。

6.6 完井表皮系数

油气井的完井方式有很多种,最常见的有裸眼完井、套管射孔完井、割缝或射孔衬管完井及砾石充填完井。图 6.12 举例说明了水平井的完井类型,其同样适用于垂直井。任何通过在井筒中使用硬件或完井自身来改变近井地带严格径向流的完井方式,都将产生机械表皮效应,其对油井动态有着重要影响。因此,除了无伤害裸眼完井,其他完井方式都可能限制生产。这些影响可用完井表皮系数来描述。另一个影响完井性能的重要因素为井周围区域是否有地层伤害。对于一些完井类型,完井引起的伤害及汇流的共同影响将导致非常高的表皮系数,由此造成产能较低。

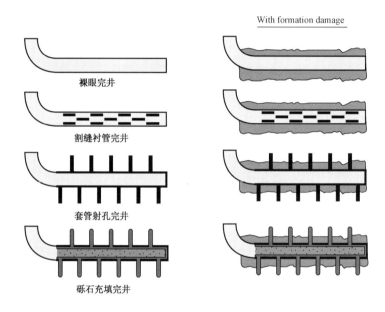

图 6.12 常见的完井方式

6.6.1 套管射孔完井

现代射孔是用电缆、油管、连续油管将射孔枪下入射孔井段完成的。图 6.13 为带有螺旋形射孔弹的射孔器系统的示意图,这种结构可通过较小相位(即相邻孔眼间的角度)得到较高的射孔密度。

射孔器包括电缆头、相关装置、定位装置和射孔枪。电缆头把射孔器连到电缆上,并同时提供一个"弱点",以便出现问题时在该点切断电缆。相关装置用来确定前期相关测井的准确位置,通常位于套管接箍处。定位装置用来确定射向套管的子弹的方位,以得到较优的射孔几何分布。射孔枪装在射孔器内,它由外壳、炸药和衬筒组成,如图 6.14 所示。电流激发爆炸波,起爆过程如图 6.14 所示。一般产生的孔眼直径为 0.25 ~ 0.4in,射入深度为 $6\frac{1}{2}$in。在一些地层使用特殊的射孔器可得到大大延长的孔眼。

射孔通常在负压下进行,即井内压力低于射孔时的油气藏压力,这样可使起爆后流体携带碎片立即流回井底,从而产生较清洁的孔眼通道。孔眼大小、数量和相位对井的动态有一定的控制作用。

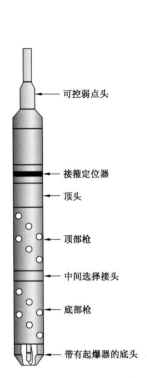

图 6.13　射孔器系统示意图
（获 Schlunberger 许可）

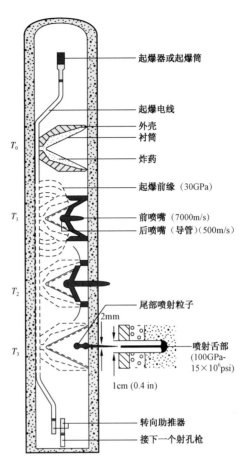

图 6.14　射孔弹的引爆过程
（获 Schlunberger 许可）

6.6.1.1　射孔表皮系数计算

基于详细的有限元模拟，Karakas 和 Tariq（1988）提出了计算射孔表皮系数的经验模型，他们把射孔表皮系数分成几部分：平面流效应 S_H、垂向汇聚效应 S_V 和井筒堵塞效应 S_{wb}。总射孔表皮系数为：

$$S_p = S_H + S_V + S_{wb} \tag{6.41}$$

图 6.15 给出了计算射孔表皮效应的全部相关变量，包括井半径 r_w、孔眼半径 r_{perf}、射孔长度 l_{perf}、射孔相位角 θ，以及非常重要的孔眼间距 h_{perf}，h_{perf} 正好是射孔密度的倒数（如 2 孔/ft，则 $h_{perf} = 0.5ft$）。下面介绍计算射孔表皮系数分量的方法。

6.6.1.2　S_H 的计算

$$S_H = \ln \frac{r_w}{r'_w(\theta)} \tag{6.42}$$

式中，$r'_w(\theta)$ 为有效井筒半径，它是相位角 θ 的函数。

$$r'_w(\theta) = \begin{cases} \dfrac{l_{perf}}{4} & \text{当 } \theta = 0° \text{ 时} \\[2mm] a_\theta(r_w + l_{perf}) & \text{当 } \theta \neq 0° \text{ 时} \end{cases} \tag{6.43}$$

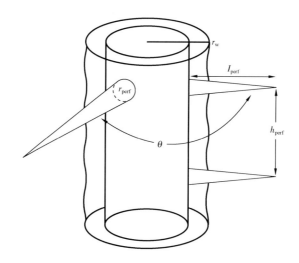

图 6.15　射孔表皮系数计算中所用的油井参数(据 Karakas 和 Tariq,1988)

常数 a_θ 取决于射孔相位,可由表 6.1 得到。该表皮系数为负值(除了 $\theta = 0°$外),但它的总贡献通常很小。

表 6.1　射孔表皮系数的计算常数(据 **Karakas** 和 **Tariq,1988**)

射孔相位(°)	a_θ	a_1	a_2	b_1	b_2	c_1	c_2
0(360)	0.250	−2.091	0.0453	5.1313	1.8672	1.6×10^{-1}	2.675
180	0.500	−2.025	0.0943	3.0373	1.8115	2.6×10^{-2}	4.532
120	0.648	−2.018	0.0634	1.6136	1.7770	6.6×10^{-3}	5.320
90	0.726	−1.905	0.1038	1.5674	1.6935	1.9×10^{-3}	6.155
60	0.813	−1.898	0.1023	1.3654	1.6490	3.0×10^{-4}	7.509
45	0.860	−1.788	0.2398	1.1915	1.6392	4.6×10^{-5}	8.791

6.6.1.3　S_V 的计算

为了得到 S_V,必须计算两个无量纲量:

$$h_D = \frac{h_{perf}}{l_{perf}} \sqrt{\frac{K_H}{K_V}} \tag{6.44}$$

式中 K_H 和 K_V 分别为水平和垂直渗透率,且

$$r_D = \frac{r_{perf}}{2h_{perf}} \left(1 + \sqrt{\frac{K_V}{K_H}} \right) \tag{6.45}$$

那么垂直拟表皮系数为:

$$S_V = 10^a h_D^{b-1} r_D^b \tag{6.46}$$

其中

$$a = a_1 \lg r_D + a_2 \tag{6.47}$$

$$b = b_1 r_D + b_2 \tag{6.48}$$

常数 a_1，a_2，b_1 和 b_2 也都是射孔相位的函数，可由表 6.1 得到。垂向表皮系数 S_V 可能对 S_p 的贡献最大。对低射孔密度来说（即大 h_{perf}），S_V 可能非常大。

6.6.1.4　S_{wb} 的计算

为计算 S_{wb}，首先要计算一个无量纲量：

$$r_{wD} = \frac{r_w}{l_{perf} + r_w} \tag{6.49}$$

则

$$S_{wb} = c_1 e^{c_2 r_{wD}} \tag{6.50}$$

常数 c_1 和 c_2 也可从表 6.1 得到。

例 6.6　射孔表皮系数

假设井的半径 $r_w = 0.328$ft，射孔密度为 2 孔/ft，$r_{perf} = 0.25$in（0.0208ft），$l_{perf} = 8$in（0.667ft）和 $\theta = 180°$。计算当 $K_H / K_V = 10$ 时的射孔表皮系数。

并重复计算 $\theta = 0°$ 和 $\theta = 60°$ 时的表皮系数。

如果 $\theta = 180°$，在 $K_H / K_V = 1$ 情况下证明水平—垂直渗透率各向异性的影响。

解：

由式（6.43）和表 6.1（$\theta = 180°$），有：

$$r'_w(\theta) = 0.5 \times (0.328 + 0.667) = 0.5 \tag{6.51}$$

然后由式（6.42），有：

$$S_H = \ln \frac{0.328}{0.5} = -0.4 \tag{6.52}$$

由式（6.44）及 $h_{perf} = 1$ft，有：

$$h_D = \frac{0.5}{0.667} \times \sqrt{10} = 2.37 \tag{6.53}$$

且

$$r_D = \frac{0.0208}{2 \times 0.5} \times (1 + \sqrt{0.1}) = 0.027 \tag{6.54}$$

由式（6.47）和式（6.48）及表 6.1 中的常数得：

$$a = -2.025 \times \lg 0.027 + 0.0943 = 3.271 \tag{6.55}$$

$$b = 3.0373 \times 0.027 + 1.8115 = 1.894 \tag{6.56}$$

由式（6.46），有：

$$S_V = 10^{3.271} \times 2.37^{0.894} \times 0.027^{1.894} = 4.3 \tag{6.57}$$

最后，由式（6.49），有：

$$r_{wD} = \frac{0.328}{0.667 + 0.328} = 0.33 \tag{6.58}$$

由表 6.1 中的常数及式(6.50)得：

$$S_{wb} = (2.6 \times 10^{-2}) \times e^{4.532 \times 0.33} = 0.1 \tag{6.59}$$

则总射孔表皮系数为：

$$S_p = -0.4 + 4.3 + 0.1 = 4 \tag{6.60}$$

如果 $\theta = 0°$，则 $S_H = 0.7$，$S_V = 3.6$，$S_{wb} = 0.4$，所以 $S_p = 4.7$。

如果 $\theta = 60°$，则 $S_H = -0.9$，$S_V = 4.9$，$S_{wb} = 0.004$，所以 $S_p = 4$。

对于 $\theta = 180°$ 和 $K_H/K_V = 1$，S_H 和 S_{wb} 不变；而 S_V 仅为 1.2，使得 $S_p = 0.9$，表明即使射孔密度相对较低(仅为 2 孔/ft)，较高的垂直渗透率也会带来有利影响。

例 6.7 射孔密度

利用典型的射孔参数，如 $r_{perf} = 0.25in(0.0208ft)$，$l_{perf} = 8in(0.667ft)$，$\theta = 120°$，井半径 $r_w = 0.328ft$，对渗透率各向异性 $K_H/K_V = 10,5$ 和 1 的情况，列出 S_V 和射孔密度关系的表格。

解：

表 6.2 给出了用式(6.44)~式(6.48)计算得到的射孔密度为 0.5~4 孔/ft 的表皮系数 S_V。对于较高的射孔密度(3~4 孔/ft)，这一表皮系数是非常小的。对于低射孔密度，在正常的各向异性地层中，该表皮系数则可能很大。对于本问题中的井而言，$S_H = -0.7$，$S_{wb} = 0.04$。

表 6.2 垂向表皮对射孔表皮系数的影响

射孔密度(孔/ft)	S_V		
	$K_H/K_V = 10$	$K_H/K_V = 5$	$K_H/K_V = 1$
0.5	21.3	15.9	7.7
1	10.3	7.6	3.6
2	4.8	3.5	1.6
3	3.0	2.1	0.9
4	2.1	1.5	0.6

6.6.1.5 近井伤害与射孔

当套管射孔完井附近存在地层伤害时，射孔表皮系数和伤害表皮系数的综合效应将比两者单独效应之和要大得多。这是因为如果这个区域的渗透率降低，向孔眼的汇流会产生较大压降。Karakas 和 Tariq(1988)已研究证明，伤害和孔眼可用综合表皮系数来表征。如果孔眼终止于伤害带内($l'_{perf} < r'_w$)，有：

$$(S_p)_d = \left(\frac{K}{K_s} - 1\right)\left(\ln\frac{r_s}{r_w} + S_p\right) + S_p = (S_d)_o + \frac{K}{K_s}S_p \tag{6.61}$$

在式(6.61)中，$(S_d)_o$ 为 Hawkins 公式[式(6.4)]给出的裸眼井等效表皮系数。如果孔眼终止于伤害带外，则：

$$(S_p)_d = S'_p \tag{6.62}$$

式中，S'_p 是在修正的射孔长度 l'_{perf} 和修正的半径 r'_w 下估算的。它们分别为：

$$l'_{perf} = l_{perf} - \left(1 - \frac{K_s}{K}\right)(r_s - r_w) \tag{6.63}$$

和

$$r'_w = r_s - \frac{K_s}{K}(r_s - r_w) \tag{6.64}$$

在式(6.41)~式(6.50)中用这些变量来计算各分量对式(6.62)中综合表皮系数的影响。

6.6.1.6 水平井的射孔表皮系数

水平—垂向渗透率各向异性对水平井孔眼的影响与直井不同。但与射孔腔流动有关的压降均取决于相对于渗透率各向异性方向的射孔方位。由于垂向渗透率常常明显低于水平渗透率,所以射孔水平完井的表皮系数不同于直井的表皮系数。更重要的是,水平井射孔完井的产能取决于相对于渗透区的孔眼方位。在低垂向渗透率地层(高 I_{ani})中,上下交错分布的孔眼比水平分布的孔眼生产能力更高。按照类似于 Karakas 和 Tariq 的方法,Furui 等(2008)建立了射孔水平井的表皮系数模型,该模型中考虑了孔眼方位的影响。读者可参阅相关文章以了解更多细节。

6.6.2 割缝或射孔衬管完井

割缝或射孔衬管完井通常用于水平多分支井。在这类完井中,通常只对衬管区域的一小部分进行割缝或预射孔以达到与地层连通,所以如果这些割缝或孔眼被堵塞,或在开口(汇流处)附近几英寸内存在地层伤害,就会导致非常高的表皮系数。割缝或射孔衬管置于水平井筒内,但不固定。如果射孔非常稳定,衬管附近的地层不坍塌,则该井特性类似于裸眼完井;如果存在地层伤害,则可用简单的 Hawkins 公式描述其表皮系数;如果地层变形且与衬管接触,向割缝或孔眼的汇流将导致更大的完井表皮系数。

图 6.16 为割缝衬管内常见的割缝形态。由于实际上衬管只有一小部分打开且可以流动,所以流动向割缝迅速地汇聚,如图 6.17 所示。Furui,Zhu 和 Hill(2005)建立了针对割缝和射孔衬管考虑非达西效应的表皮系数模型,该模型不在本书研究范围内。

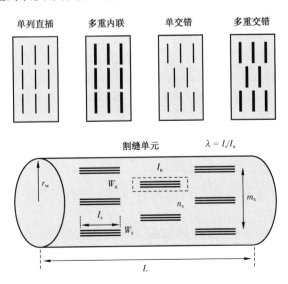

图 6.16　割缝衬管内的割缝结构图(据 Furui 等,2005)

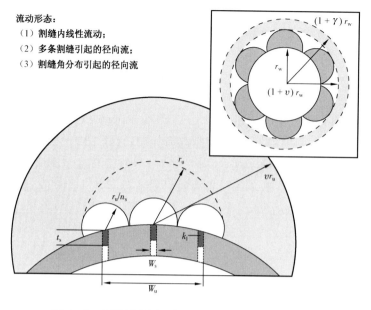

流动形态:
（1）割缝内线性流动;
（2）多条割缝引起的径向流;
（3）割缝角分布引起的径向流

图6.17 割缝衬管周围的流动区域(据 Furui,2004)

图6.18举例说明了该模型的表皮系数预测值。该图比较了各种完井方式的表皮系数,包括裸眼完井、具有极好射孔特性的套管射孔完井($l_p = 12in$ 且 $S_p = -1.20$)、具有良好射孔特性的套管射孔完井($l_p = 12in$,$S_p = 0$)及割缝衬管完井($S_{SL} = 1.54$)。对于高效射孔的套管射孔完井(即 $S_p < 0$),其表皮系数低于裸眼完井。其延伸至伤害区域外的孔眼建立了通过伤害区域的流动通道,使地层伤害的影响不再显著。对于这类完井,如果使用的射孔密度足够大,射孔/伤害的组合表皮系数为零,甚至为负值。即使所有孔眼都终止于伤害区域内,伤害引起的表皮的增加也将比裸眼完井小。另一方面,割缝衬管完井不适用于渗透率严重降低的地层。由于渗透率的降低增大了割缝衬管表皮系数,所以表皮系数可能明显增大,甚至对较浅射孔的伤害也如此。为了降低地层伤害,需要进行最优割缝设计来实现 $S_{SL} \approx 0$,或进行消除伤害的适当操作来恢复受损的渗透率(如酸化)。

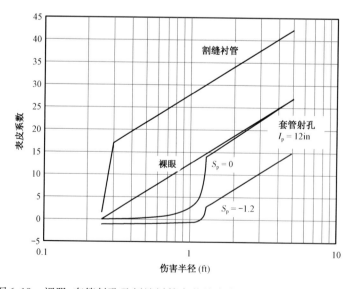

图6.18 裸眼、套管射孔及割缝衬管完井的表皮系数(据 Furui 等,2005)

6.6.3　砾石充填完井

砾石充填完井通常用于不整合地层以达到防砂的目的。如图6.19所示,有两种常见类型,即裸眼砾石充填完井和套管砾石充填完井。Furui,Zhu和Hill(2004)建立了这两种类型完井流动对应的机械表皮系数计算模型。

裸眼砾石充填(图6.20)可简单地视为3个连续渗透率区域:砾石、地层中可能的伤害区域和远离井的未伤害渗透区域。这一系统的表皮系数可由式(6.7)得到:

$$h_p S_{g,o} = \frac{K}{K_g}\ln\frac{r_t}{r_g} + \left(\frac{K}{K_s} - 1\right)\ln\frac{r_s}{r_w} \tag{6.65}$$

该方程表明,只要砾石的渗透率高于地层渗透率,裸眼砾石充填将不会降低产能。随着时间的推移,地层颗粒进入砾石或在砾石附近聚集,砾石充填的渗透率可能会降低,而定期酸化是解决颗粒聚集堵塞的有效方法之一。

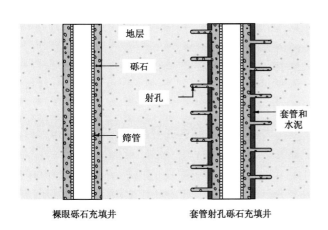

图6.19　裸眼套管砾石充填完井
(据 Furui 等,2004)

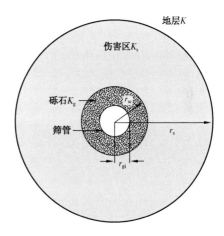

图6.20　裸眼砾石充填完井的截面图
(据 Furui 等,2004)

套管砾石充填的性能受衬管与套管间砾石充填环空的流动、砾石充填射孔孔道和腔体的流动以及射孔腔汇流(如套管射孔完井)的影响。图6.21给出了套管砾石完井的示意图。如果衬管与套管环空内的砾石渗透率 K_g 较大,套管砾石充填的表皮系数可分为两部分:一是与通过水泥环和套管的射孔孔道内流动有关的 $S_{CG,ic}$,二是与延伸到地层的射孔腔内流动及其内部流动有关的 $S_{CG,oc}$。因此,有:

$$S_{CG} = S_{CG,ic} + S_{CG,oc} \tag{6.66}$$

定义如下的无量纲变量,

$$r_{tD} = r_t/r_w \tag{6.67}$$

$$h_{pD} = h_p/r_w \tag{6.68}$$

$$l_{tD} = l_t/r_w \tag{6.69}$$

$$K_{gD} = K_g/K \tag{6.70}$$

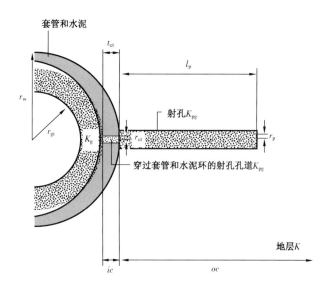

图 6.21　套管砾石充填完井的截面图(据 Furui 等,2004)

由流经套管的射孔孔道内流动引起的表皮系数组成为:

$$S_{CG,ic} = \left(\frac{2h_{pD}}{r_{tD}^2} \right) \frac{l_{tD}}{K_{gD}} \quad (6.71)$$

在式(6.67)至式(6.71)中,r_t 是孔道半径,l_t 为孔道穿过套管和水泥环的长度,h_p 为射孔间距(与射孔密度成反比),K_g 为砾石充填通道的渗透率。

砾石充填层(延伸进地层)的流动与射孔完井的流动或衬管射孔完井的流动相似,取决于孔眼长度和射孔孔道内砾石充填区的渗透率。如果孔眼非常短或射孔孔道内砾石的渗透率较低,该完井的性能与衬管射孔完井基本相似;对于长孔眼、高砾石渗透率的情况,则其完井性能与套管射孔完井相同。这些影响可用加权组合的方法来描述:

$$K_{pg}/KS_{CG,oc} = (1 - K_{gD}^{-0.5})S_p + K_{gD}^{-0.5}S_{pl} \quad (6.72)$$

式中:S_p 为射孔表皮系数(可由 Karakas 和 Tariq 关系式计算得到);S_{pl} 为射孔衬管表皮系数;K_{pgD} 为砾石充填区的无量纲渗透率(K_{pg}/K)。射孔衬管表皮系数为:

$$S_{pl} = \frac{3h_{pD}}{2r_{pD}} + \ln\left[\frac{v^2}{h_{pD}^2(1 + v)} \right] - 0.61 \quad (6.73)$$

且

$$v = \begin{cases} 1.5 & \theta = 360°,0° \\ \sin\left(\dfrac{\pi}{360/\theta} \right) & \theta \neq 360°,0° \end{cases} \quad (6.74)$$

在砾石充填完井中,砾石充满射孔腔是非常重要的。如果射孔孔道没有被充满,随着时间的推移,微粒可能进入腔体并将其堵塞。成功的砾石充填需要相当大的能量,尤其对于超压地层的完井。堵塞的孔眼会导致砾石充填区的不均匀流动,若通过孔眼的流量太大则会导致完井失败。

6.7 地层伤害机理

下面两节主要描述油井作业过程中引起地层伤害的原因和伤害源。固体颗粒对孔隙空间的堵塞、孔隙介质的机械破坏或物理风化，以及诸如乳状液的生成或相对渗透率的变化等流体效应，都可引起地层伤害。固体颗粒对孔隙的堵塞是最常见的，其根源很多，包括颗粒进入地层、岩石黏土的扩散与沉淀以及细菌的生长等。

6.7.1 颗粒对孔隙空间的堵塞

孔隙介质是由不规则矿物颗粒组成的具有一定孔隙的复杂集合体，其形状和分布不规则，并为流体提供流动通道。如图 6.22 所示的电镜扫描图说明了孔隙的弯曲性，以及孔隙介质中普遍存在的一些小微粒。这一复杂结构可以理想化当作较大孔腔与连通孔腔间狭窄喉道的集合，介质的渗透率主要由孔隙喉道的数目及导流能力决定。

当微粒通过孔隙介质运动时，经常会形成沉积，如果这种沉积发生在孔隙喉道中，则会使渗透率大大降低。图 6.23（Schechter，1992）说明了颗粒滞留的不同模式。被输送到孔隙介质表面的大颗粒会在孔隙表面上形成桥堵，并在孔隙介质外面形成滤饼，钻井中井筒壁上形成的滤饼就是由于表面桥堵和滤饼形成的，这种滤饼会极大地降低孔隙介质的导流能力，但相对比较容易清除。

小微粒通过孔隙介质时可能会黏附到孔腔的表面，这对渗透率的伤害并不大；但也可能会在孔隙喉道处形成桥堵并严重堵塞孔隙。当颗粒大小是孔隙喉道的 1/7 ~ 1/3 或更大时，常会发生桥堵。因此，在确定微粒运移是否能对地层造成伤害时，微粒和孔喉的相对尺寸是一个重要指标。

图 6.22 砂岩孔隙空间的电镜扫描图（据 Krueger，1986）

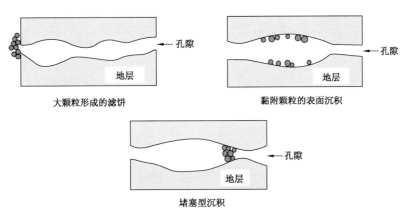

大颗粒形成的滤饼

黏附颗粒的表面沉积

堵塞型沉积

图 6.23 颗粒滞留模式（据 Schechter，1992）

例 6.8 孔喉堵塞引起的渗透率变化

孔隙结构的毛细管模型（Schechter 和 Gidley，1969）将孔隙介质描述为毛细管的集合体，毛细管的尺寸用孔隙密度函数 $\eta(A)$ 表征，其定义为截面积 A 与 $A + dA$ 之间的单位体积中的孔隙数。根据这一模型，渗透率为：

$$K = F \int_0^\infty A^2 \eta(A) \, dA \tag{6.75}$$

式中 F 为平均孔隙长度与挠曲系数之积。对于 Berea 砂岩，孔隙密度函数如下：

$$\eta = 0 \qquad (\text{当 } A < 10^{-10} \text{cm}^2 \text{ 时}) \tag{6.76}$$

$$\eta = A^{-2} \qquad (\text{当 } 10^{-10} \text{cm}^2 < A < 10^{-4} \text{cm}^2 \text{ 时}) \tag{6.77}$$

$$\eta = 0 \qquad (\text{当 } A > 10^{-4} \text{cm}^2 \text{ 时}) \tag{6.78}$$

式中 η 为每立方厘米中的孔隙数，可描述孔喉的分布。

将半径不大于 $5\mu m$ 的颗粒注入到上述的孔隙介质中，直至渗透率不再变化。如果发生颗粒桥堵并完全堵住了比 7 倍颗粒尺寸小的所有孔隙喉道，那么注入后和注入前的渗透率比为多少？

解：

所有被堵住的小孔隙对渗透率都不再有贡献。被堵住的最大孔隙是颗粒尺寸的 7 倍，其半径为 $7 \times 5 \times 10^{-4} \text{cm} = 3.5 \times 10^{-3} \text{cm}$。因此，受伤害的孔隙介质中最小有效孔隙的面积为：

$$A_d = \pi(r_d)^2 = \pi(3.5 \times 10^{-3} \text{cm})^2 = 3.85 \times 10^{-5} \text{cm}^2 \tag{6.79}$$

那么伤害渗透率与原始渗透率之比为：

$$\frac{K_d}{K} = \frac{F \int_{A_d}^{A_{max}} A^2 \eta \, dA}{F \int_{A_{min}}^{A_{max}} A^2 \eta \, dA} = \frac{\int_{A_d}^{A_{max}} A^2 (A^{-2}) \, dA}{\int_{A_{min}}^{A_{max}} A^2 (A^{-2}) \, dA} = \frac{A_{max} - A_d}{A_{max} - A_{min}} \tag{6.80}$$

所以

$$\frac{K_d}{K} = \frac{10^{-4} - (3.85 \times 10^{-5})}{10^{-4} - 10^{-10}} = 0.61 \tag{6.81}$$

大多数孔隙将被颗粒堵塞。然而，由于大孔隙没有受到影响，所以渗透率伤害不太严重。使用 Hawkins 公式并假设 $r_s = 3 \text{ft}$，$r_w = 0.5 \text{ft}$，可求得这一渗透率伤害所产生的表皮系数约为 1。

6.7.2 微粒运移机理

造成颗粒堵塞的微粒可能来自外部，也可能来自孔隙介质自身。水的化学组成变化或运动流体所施加的剪切力引起的机械携带作用，都会使孔隙介质中的微粒发生运移。当空隙中水的矿化度降低或离子组成发生变化时，黏土微粒的扩散常会引起地层伤害。因此，可能接触地层的任何流体（钻井液的滤液、完井液、增产措施引入的液体等）都应由对地层不产生伤害的离子组成。

大量研究表明，突然降低进入砂岩的矿化水的矿化度，会造成黏土颗粒扩散从而引起地层伤害，这种现象称为水敏效应，它取决于矿化水中的阳离子、pH 值及矿化度变化速度。一般来说，一价阳离子比二价、三价阳离子的伤害性要大得多，因此 NaCl 矿化水造成的水敏效应最大，且按 $Na^+ > K^+ > NH_4^+$ 的顺序逐渐减小。pH 值越高，则孔隙介质对矿化度的变化越敏感。为防止因矿化度的变化引起黏土扩散，应保证任何可能与地层接触的水基流体中一价离子的浓度尽可能小或具有足够高的二价离子含量。为防止地层伤害，常用的标准是矿化水中至少含有 2%（质量分数）的 KCl 或至少有 1/10 的阳离子为二价阳离子。

6.7.3　化学沉淀

当矿化水或原油中的固体颗粒在地层中沉淀并堵塞孔隙空间时，会引起严重的地层伤害。所形成的沉积可能来自矿化水中的无机化合物，也可能来自油中的有机质。不管哪种沉积，都可能是由井筒附近压力或温度的变化或注入流体引起的相变造成的。

引起地层伤害的无机沉淀通常是钙离子、钡离子等二价离子与碳酸根离子或硫酸根离子的结合。溶于油藏原生水中的离子型物质最初与地层矿物质处于化学平衡状态，而当矿化水的组成发生变化时则可能导致沉淀。

例如，钙离子与碳酸氢根离子的化学平衡反应可表示为：

$$Ca^{2+} + 2HCO_3^- \rightleftharpoons CaCO_3(s) + H_2O + CO_2(g) \qquad (6.82)$$

如果最初矿化水中碳酸氢钙处于饱和状态，那么方程左边任何物质浓度的增加或右边任何物质浓度的减少，都会使反应向右移并形成碳酸钙发生沉淀。钙离子的加入会引起碳酸钙沉淀，而 CO_2 的移出同样也会产生沉淀。因此，在碳酸氢根离子浓度较高的油藏中注入如 $CaCl_2$ 等高含钙的完井液时，通常会引起严重的地层伤害。同样，当生产井附近的压力降低时，由于 CO_2 从矿化水中的释放，也会产生沉淀。从富含碳酸氢根离子的原生水中沉淀出的 $CaCO_3$ 是 Prudhoe Bay 油田常见的地层伤害源（Tyler，Metzger 和 Twyford，1984）。

引起地层伤害的最常见有机物是石蜡和沥青。当温度降低或由于压力降低气体被释放而使油的组成发生变化时，从原油中析出的长链烃通常为石蜡。沥青是高相对分子质量的芳香烃和环烷烃，被认为是以胶体状分散在原油中的化合物（Schechter，1992）。这种胶态由于原油中树脂的存在处于稳定状态，而当树脂不存在时，沥青就会形成絮凝，产生足以引起地层伤害的大颗粒。因此，降低原油中树脂浓度的化学变化会导致沥青在地层中的沉积。

6.7.4　流体伤害

地层伤害也可由流体自身的变化而非岩石渗透率的变化引起。流体引起的伤害可能由相视黏度的变化引起，也可能由相对渗透率变化引起。这些类型的伤害可认为是暂时的，因为流体可流动，且从理论上讲，都可从近井地带排除，但有时很困难（是难以实现的）。

井筒周围地层岩石中形成的油包水乳状液会引起地层伤害，这是因为乳状液的视黏度比油的视黏度高几个数量级。此外，乳状液通常是非牛顿流体，通常是油和水的机械混合物，其中一相以小液滴形式分散在另一相中，要使其流动需要足够的能量以克服屈服应力。在地层中，化学作用最有可能形成乳状液，这是由于引入了使小液滴趋于稳定的表面活性剂或微粒。

井筒周围含水饱和度的增加也能引起明显的地层伤害，从而使油相渗透率降低。这种效应称为水堵，其在水基流体进入地层的任意时间都可能发生。

最后，某些化学药品可改变地层的润湿性，从而完全改变地层的相对渗透率特征。如果井筒周围的地层由水湿变为油湿，则近井地带的油相相对渗透率会大大降低，这点在 6.3 节中也已提到。

6.7.5　机械伤害

物理破碎或压实作用也会造成近井地带的地层伤害。射孔使孔眼附近岩石发生破碎和压实是不可避免的,从而形成如图 6.24(Krueger,1986)所示的伤害区域。基于砂岩岩心的室内实验,Krueger(1986)实验得到孔眼周围伤害带的厚度为 1/4 ~ 1/2in、渗透率为未伤害渗透率的 7% ~ 20%。由于孔眼的聚流效应,孔眼周围的这一小伤害层也会严重地伤害孔眼的生产能力。例如,据 Lee 等(1991)证实,若破碎区的渗透率为原始渗透率的 10%,则造成的射孔表皮系数约为 15。

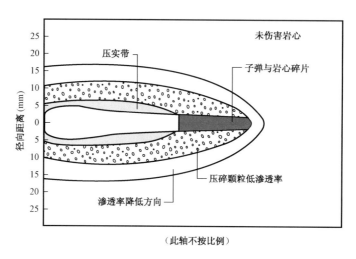

图 6.24　孔眼附近的伤害区域(据 Krueger,1986)

井筒周围的机械伤害也可能由于井筒周围松软地层的坍塌引起,这种伤害可能发生在易破碎地层或近井地带实施酸化的地层中。

6.7.6　生物伤害

有些井容易受到近井环境中细菌引起的伤害,尤其是注水井。注入到地层中的细菌(特别是厌氧菌)可能在地层中快速生长,这些细菌自身或有机物生物活性所形成的沉淀会堵塞孔隙,所引起的渗透率降低可能很明显。因此,一些学者正在研究把细菌注入地层以降低其渗透率,从而实现强化采油(Zajic,Cooper,Jack 和 Kosaric,1983)。用杀菌剂处理注入水是防止生物伤害的最好办法。

6.8　油井作业期间地层伤害源

6.8.1　钻井伤害

最常见的地层伤害源出现在钻井过程中。钻井伤害是由于钻井液颗粒及钻井液滤液侵入地层造成的,其中钻井液中颗粒引起的伤害比较严重。

钻井液颗粒在井筒周围地层中的沉积会严重地降低该区域的渗透率。但幸运的是,颗粒侵入的深度一般比较小,其范围从不足 1in 到最大 1ft 左右。为使这种伤害减到最小,钻井液颗粒应大于孔隙直径。Abrams(1977)认为,5%(体积)的钻井液颗粒直径超过平均孔隙直径的 1/3 时即可防止颗粒的侵入。由于侵入深度很小,通过穿透伤害区射孔或酸化即可克服钻井液颗粒的伤害。

钻井液滤液侵入地层的深度比钻井液颗粒的侵入深度要大,通常的侵入深度为 1~6ft (Hassen,1980)。当滤液进入地层时,在地层表面形成钻井液滤饼,从而降低了滤液的侵入速度,但钻井液的剪切力能把滤饼冲蚀掉。利用动态滤失速度可说明滤饼形成和冲蚀间的平衡关系:

$$u_f = \frac{C}{\sqrt{t}} + 3600b\dot{\gamma} \tag{6.83}$$

式中:u_f 为滤失速度,cm/h;C 为滤饼的动态滤失系数,$cm^3/(cm^2 \cdot h^{1/2})$;$t$ 为侵入时间,h;b 为与滤饼机械稳定性有关的常数;$\dot{\gamma}$ 为壁面外的剪切速率,s^{-1}。

据 Hassen(1980)研究得到,b 值为 $2 \times 10^{-8} \sim 5 \times 10^{-7} cm^3/cm^2$。动态滤失系数可由实验室的动态滤失实验得到。

研究中水平井长度高达 8000ft,水平井钻井因在钻井液中的浸泡时间很长而面临着伤害深度较大的新问题,沿水平井方向的伤害形状很可能反映近垂直井段更长时间的浸泡。本章前面已论述了这一问题。

例 6.9 滤液侵入深度计算

对于动态滤失系数为 $5in^3/(in^2 \cdot h^{1/2})$ 的钻井液,浸泡 10h 和 100h 后,计算钻井液滤液的侵入深度。井筒半径为 6in,地层孔隙度为 0.2。假定 b 为 $5 \times 10^{-7} cm^3/cm^2$,井壁处的剪切速率为 $20s^{-1}$。

解:

式(6.83)给出了井筒的滤失速度,单位地层厚度上的体积流量等于该滤失速度乘以井眼周长,那么滤失体积即体积流量对时间的积分

$$q_f = 2\pi r_w u_f = 2\pi r_w \left(\frac{C}{\sqrt{t}} + 3600b\dot{\gamma} \right) \tag{6.84}$$

式中:q_f 计量单位 cm^2/h;r_w 计量单位 cm;C 计量单位 $cm^3/(cm^2 \cdot h^{1/2})$。

$$V = \int_0^t q_f dt \tag{6.85}$$

$$V = \int_0^t 2\pi r_w \left(\frac{C}{\sqrt{t}} + 3600b\dot{\gamma} \right) dt = 2\pi r_w (2C\sqrt{t} + 3600b\dot{\gamma}t) \tag{6.86}$$

注入单位厚度的滤液体积与滤液侵入深度的关系为:

$$V = \pi\phi(r_p^2 - r_w^2) \tag{6.87}$$

由式(6.86)和式(6.87)可得:

$$r_p = \sqrt{r_w^2 + \frac{2r_w}{\phi}(2Ct^{1/2} + 3600b\dot{\gamma}t)} \tag{6.88}$$

代入经单位换算后的数据,得:

$$r_{\mathrm{p}} = \sqrt{6^2 + \frac{2 \times 6}{0.2} \times \left(2 \times 5t^{1/2} + 3600 \times \frac{5 \times 10^{-7}}{2.54} \times 20t\right)} \qquad (6.89)$$

由式(6.89)可得,当 $t = 10\mathrm{h}$ 时,$r_\mathrm{p} = 44\mathrm{in}$;当 $t = 100\mathrm{h}$ 时,$r_\mathrm{p} = 78\mathrm{in}$。因此,10h 后滤液只侵入地层28in;100h 后侵入地层72in。实际侵入深度可能比计算值要大,因为形成稳定的滤饼以前滤失速度较大。

钻井滤液可能通过微粒运移、沉淀或水堵(如 6.5 ~ 6.7 节讨论的)伤害地层。通过改变钻井液的离子组成并使其与地层配伍,可把微粒运移和沉淀所造成的伤害减到最低。若水堵问题严重,则应避免使用水基钻井液。

6.8.2 完井伤害

完井作业时的地层伤害可能由完井液侵入地层、注水泥、射孔或增产措施引起。由于完井液的主要目的是维持井筒内的压力高于地层压力(过平衡),所以要把完井液挤入地层。因此,如果完井液中含有固体成分或化学上与地层不配伍的物质,则可能会产生类似于钻井液所引起的伤害。因此,过滤完井液以防止将固体注入地层特别重要,一些研究结果建议完井液中小于 $2\mu\mathrm{m}$ 的固体颗粒的浓度不要超过 $2\mathrm{mg/L}$(Millhone,1982)。

进入地层的水泥滤液是另一潜在的地层伤害液。由于水泥滤液常常含有高浓度的钙离子,其可能会造成沉淀伤害。然而,水泥滤液的体积较小,从而限制了近井地带的这类伤害。

射孔难免会导致孔眼附近地层的破碎,而通过负压射孔(即井筒内的压力低于地层压力),可使这种伤害减到最小。图 6.25 和图 6.26 给出了(King,Anderson 和 Bingham,1985)油气层所需的负压指标。对于给定的地层渗透率,所需的最小负压可从这些图上的关系曲线得出。

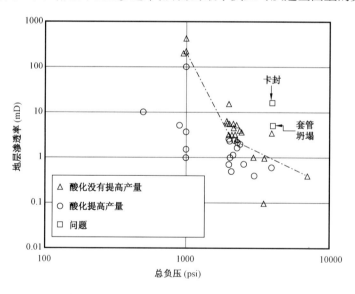

图 6.25　气井中最小化射孔伤害所需的负压(据 King 等,1985)

替代负压射孔得到清洁孔眼的一种方法是超正压射孔(Handren,Jupp 和 Dees,1993)。在该技术中,井筒中的压力远高于孔眼形成时的压裂压力,井筒压力梯度通常大于 $1.0\mathrm{psi/ft}$。此外,井筒或油管内存在气体,可使高压在孔眼形成后维持较短的时间。如图 6.27 所示为超正压射孔的井配置图。超正压射孔创建了从孔眼向外发散的短裂缝网络(图 6.28),为射孔碎屑离开射孔孔道提供了通道。

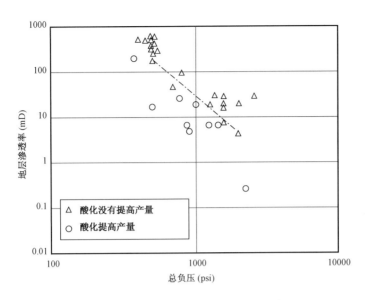

图 6.26　油井中最小化射孔伤害所需的负压

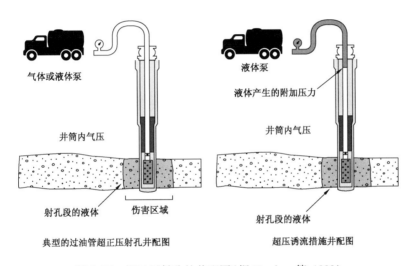

图 6.27　超正压射孔的井配图（据 Handren 等,1993）

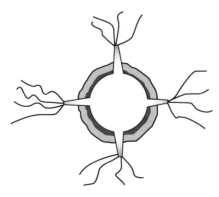

图 6.28　超正压射孔形成的由孔眼向外的短裂缝
（据 Handren 等,1993）

尽管增产液是用来增加井的生产能力的,但也会因它的固体侵入地层或沉淀而引起地层伤害。增产液对地层的潜在伤害将在油气井的增产措施一章中论述。

6.8.3　生产伤害

生产期间的地层伤害可能由地层中的微粒运移或沉淀引起。井附近孔隙介质中的高速流动有时足以使微粒发生移动,从而堵塞孔隙喉道。大量研究已表明存在一个临界流速,当高于此速度时即会出现颗粒运移引起的地层伤害(Schechter,1992)。但此临界流速与特定岩石及流体的关系非常复杂,而临界流速只能通过实验室的岩心驱替实验得到。

当油井开始产水时,微粒可能在生产井附近发生运移,其机理如图6.29所示(Muecke,1979)。当微粒的润湿相为可流动相时,微粒发生运移的可能性最大,且由于大多数地层微粒是水湿的,可流动水相的存在会引起微粒运移进而导致地层伤害。

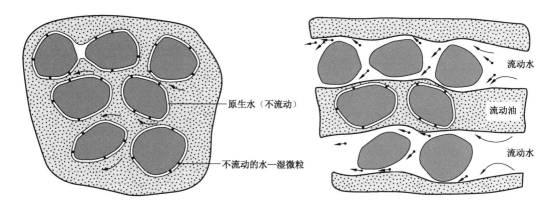

图 6.29　水流引起的微粒运移(据 Muecke,1979)

由于井筒附近压力的降低,不管是矿化水中的无机固体还是原油中的有机固体,都可能发生沉淀。这些地层伤害源常可用一些特殊的增产措施(如用酸解除碳酸盐沉淀或用溶剂除蜡)或用封固剂进行化学封固等措施来预防。

6.8.4　注入伤害

固体颗粒的注入、注入水与地层水的不配伍性导致的沉淀或细菌的生长都会引起注入井的地层伤害。如果注入水没有经过很好地过滤,注入固体颗粒会比较危险,建议滤掉所有直径大于 $2\mu m$ 的颗粒。

当注入水与地层水混合并导致一种或多种化学物质出现过饱和时,有可能出现固体沉淀造成的伤害。最常见的是将含有相对较高浓度 SO_4^{2-} 或 CO_3^{2-} 的水注入到含有二价阳离子(如 Ca^{2+},Mg^{2+},Ba^{2+})的地层中。由于注入含不同离子组成的水时,其与地层黏土的阳离子发生交换会释放二价阳离子进入溶液,即使注入水看上去与地层水配伍,也可能会出现沉淀。换言之,即使地层水样与注入水样混合时不会产生沉淀,也不足以保证在地层中不发生沉淀。必须考虑阳离子交换等过程,这些过程的模拟不在本书的研究范围以内。

注入水中可能含有细菌,如其他固体颗粒一样,它们也会堵塞地层,而且注入的细菌可能在井筒附近生长,从而造成严重的地层伤害。因此,注水前应当测试注入水中是否含有细菌,如果有引起地层伤害的可能,则应在水中加入杀菌剂。

参 考 文 献

［1］ A brams, A. , "Mud Design to Minimize Rock Impairment Due to Particle Invasion," JPT,586 – 592(May 1997)

［2］ Besson, J. , "Performance of Slanted and Horizontal Wells on an Anisotropic Medium," SPE Paper 20965 presented at Europec 90, The Hague, The Netherlands, October 22 – 24,1990.

［3］ Brons, F. , and Marting, V. E. , "The Effect of Restricted Flow Entry on Well Productivity," JPT,172 – 174(February 1961)

［4］ Cinco – Ley, H. , Ramey, H. J. , Jr. , and Miller, F. G. , "Pseudoskin Factors for Partially Penetrating Directionally Drilled Wells," SPE Paper 5589,1975.

［5］ Cvetkovic, B. , Economides, M. J. , Omrcen, B. , and Longaric, B. , "Production from Heavy Gas Condensate Reservoirs," SPE Paper 20968,1990.

［6］ Frick, T. P. , and Economides, M. J. , "Horizontal Well Damage Characterization and Removal," SPE Paper 21795,1991.

［7］ Furui, K. , "A Comprehensive Skin Factor Model for Well Completions based on Finite Element Simulations," Ph. D. dissertation, University of Texas at Austin, May 2004.

［8］ Furui, K. , Zhu, D. , and Hill, A. D. , "A Rigorous Formation Damage Skin Factor and Reservoir Infolw Model for a Horizontal Well," SPE Production and Facilities,151 – 157(August 2003).

［9］ Furui, K. , Zhu, D. , and Hill, A. D. , "A New Skin Factor Model for Gravel – Packed Completions," SPE Paper 90433 presented at the SPE Annual Technical Conference and Exhibition, Houston, Texas, September 26 – 29,2004.

［10］ Furui, K. , Zhu, D. , and Hill, A. D. , "A Comprehensive Skin Factor Model of Horizontal Well Completion Performance," SPE Production and Facilities,207 – 220(May 2005).

［11］ Furui, K. , Zhu, D. , and Hill, A. D. , "A New Skin Factor Model for Perforated Horizontal Wells," SPE Drilling and Completion, Vol,23, No. 3, pp. 205 – 215(September 2008).

［12］ Fussell, D. D. , "Single – Well Performance Predictions for Gas Condensate Reservoirs," JPT,860 – 870(July 1973).

［13］ Handren, P. J. , Jupp, T. B. , and Dees, J. M. , "Overbalance Perforating and Stimulation of Wells," SPE Paper 26515,1993.

［14］ Hassen, B. R. , "New Technique Estimates Drilling Fluid Filtrate Invasion," SPE Paper 8791,1980.

［15］ Hawkins, M. F. , Jr. , "A Note on the Skin Effect," Trans. AIME,207:356 – 357(1956).

［16］ Hill A. D. , and Zhu, D. , "The Relative Importance of Wellbore Pressure Drop and Formation Damage in Horizontal Well," SPE Production and Operations,23(2):232 – 240(May 2008).

［17］ Hill A. D. , Zhu, D. , and Economides, M. J. , Multilateral Wells, Society of Petroleum Engineers, Richardson, TX,2008.

［18］ Karakas, M. , and Tariq, S. , "Semi – Analytical Production Models for Perforated Completions," SPE Paper 18247,1988.

［19］ King, G. E. , Anderson, A. , and Bingham, M. , "A Field Study of Underbalance Pressures Necessary to Obtain Clean Perforations Using Tubing – Conveyed Perforating," SPE Paper 14321,1985.

［20］ Krueger, R. F. , "An Overview of Formation Damage and Well Productivity in Oilfield Operations," JPT, 131 – 152(February 1986).

［21］ Lea, C. M. , Hill, A. D. , and Sepehrnoori, K. , "The Effect of Fluid Diversion on the Acid Stimulation of a Perforation," SPE Paper 22853,1991.

［22］ Millhone, R. S. , "Completion Fluids—Max imizing Productivity," SPE Paper 10030,1982.

［23］ Muecke, T. W. , "Formation Fines and Factors Controlling their Movement in Porous Media," JPT,144 – 150 (February 1979).

[24] Muskat, M., The Flow of Homogeneous Fluids Through Porous Media, J. W. Edwards, Inc., Ann Arbor, MI,1946.

[25] Odeh, A. S., "An Equation for Calcuating Skin Factor Due to Restricted Entry,"JPT,964 – 965(June 1980).

[26] Peaceman, D. W., "Interpretation of Well – Block Pressure in Numerical Reservoir Simulation with Nonsquare Grid Blocks and Anisotropic Permeability,"SPEJ,531 – 543(June 1983).

[27] Papatzacos, Paul, "Approximate Partial Penetration Pseudoskin for Infinite – Conductivity Wells,"SPERE, 227 – 234(May 1987).

[28] Schechter, R. S., Oil Well Stimulation, Prentice Hall, Englewood Cliffs, NJ,1992.

[29] Schechter, R. S., and Gidley, J. L., "The Change in Pore Size Distributions from Surface Reactions in Porous Media,"AICHE J., 339 – 350(May 1969).

[30] Strelstova – Adams, T. D., "Pressure Draw down in a Well with Limited Flow Entry," JPT,1469 – 1476(November 1979).

[31] Tyler, T. N., Metzger, R. R, and Twyford, L. R., "Analysis and Treatment of Formation Damage at Prudhoe Bay, A K,"SPE Paper 12471,1984.

[32] Van Everdingen, A. F., and Hurst, N., "The Application of the Laplace Transformation to Flow Problems in Reservoirs,"Trans. AIME,186:305 – 324(1949).

[33] Zajic, J. E., Cooper, D. G., Jack, T. R., and Kosaric, N., Microbial Enhanced Oil Recovery, Penn Well Publishing Co., Tulsa, OK,1983.

习　题

6.1 某井在两个区域内进行完井。区域1:厚度为20ft,渗透率为500mD,伤害区域的渗透率为50mD,伤害深度为1ft。区域2:厚度为40ft,渗透率为200mD,伤害区域的渗透率为40mD,伤害深度为6in。井半径为0.25ft,泄油区域为40acre,无其他完井表皮效应。这口井的总表皮系数为多少? 如果向该井注酸以恢复伤害区域的渗透率,那么这两层中注入酸的原始分布应为怎样?

6.2 SPE 84401 中给出的表皮系数(无端流)的一般方程为:

$$S^0 = \left(\int_{\xi_{D0}}^{\xi_{D1}} K_D^{-1} A_D^{-1} d\xi_D - \int_{\xi'_{D0}}^{\xi'_{D1}} A_D^{-1} d\xi'_D \right) \tag{1}$$

其中

$$A_D = A/(2\pi r_w L)$$

$$\xi_D = \xi/r_w$$

$$K_D = K(\xi)/K$$

根据这个一般方程,推导伤害表皮系数的标准 Hawkins 公式。不要给出如同本书中 Hawkins 公式的一般推导,而直接由上面的式(1)进行推导。

6.3 一口斜井井斜角在偏离竖直方向45°~65°之间。请根据 Besson 方程确定井斜角分别为45°,50°,60°和65°时的倾斜表皮系数。完井段贯穿整个产油层,油藏厚度为120ft,水平渗透率为10mD,垂向渗透率为1mD。假设垂向渗透率和水平渗透率相等(各向同性),用 $r_w =$ 0.328ft 重新计算该问题。在这两种情况下计算倾斜表皮效应的最小值。

6.4 如果 $r_w = 0.328ft, h = 165ft, z_w = 82.5ft$(油藏中部),请计算垂直井的不完善井表皮效应。井斜角为多大时可使 S_θ 与 S_c 相抵消(即 $S_{c+\theta} \approx 0$)?

6.5 一直井的井筒半径为 0.4ft,在油层的上半部进行完井。油层厚度为 80ft。射孔密度为 2 孔/ft,孔眼长度为 6in,不考虑任何其他伤害或效应时产生的射孔表皮系数为 6($S_p = 6$)。伤害区域的渗透率为未伤害渗透率的 10%,伤害深度为 1ft。

(1)该井的总表皮系数为多少?

(2)如果该井进行补孔,沿着剩下的 40ft 储层增加同样类型的孔眼(2 孔/ft,6in 长),那么新的总表皮系数为多少?

(3)如果在同一区域对该井进行射孔,孔眼性质为:2 孔/ft、长 1.5ft,造成的射孔表皮为 1,那么总表皮为多少?

6.6 在附录 A 的油藏中钻一口长 3000ft 的水平井,距垂直于井的水平边界的距离为 1000ft,边界压力为 4000psi,井底流压为 2000psi。在整个水井长方向上,该井伤害分布均匀,伤害深度为水平方向超出井 12in,伤害渗透率为未伤害渗透率的 10%。计算该井的伤害表皮系数及采取酸化措施完全消除伤害前后的采油指数比。

6.7 钻井液的动态滤失系数为 $10in^3/(in^2 \cdot h^{1/2})$,钻井过程中地层在钻井液中浸泡 20h,井壁处的剪切速率为 $50s^{-1}$,且 b 为 $5 \times 10^{-7} cm^3/cm^2$。假设 $\phi = 0.19$,那么钻井滤液的侵入深度为多少? 如果钻井滤液使渗透率降到原始值的 50%,那么表皮系数为多少? 供油半径为 660ft,$r_w = 0.328ft$。

6.8 在习题 5.10 的井中,除滤失及导致的伤害外,假定钻井液颗粒侵入地层深度为 5in,使渗透率降为原始渗透率的 10%,那么颗粒和滤失引起的综合伤害对应的表皮系数为多少?

第7章 井筒流动动态

7.1 简介

根据流动的几何形态、流体性质及流速可将井筒流动分为多种类型。首先,井筒中的流动可能是单相流,也可能是多相流。大多数生产井中的流动为多相流,通常为两相流(气液两相);某些生产井和大部分注入井中,其流动为单相流。井筒中的流动通常为圆管流动以及油管和套管环形空间的流动。另外,相对于重力场流动可能沿任意方向。描述井筒流动动态时,必须考虑流体性质,即其 PVT 性质和流变特性。最后,井筒流动可能是层流或湍流,这取决于流速和流体性质,且这将严重影响流动特性。

考虑井筒流动动态的目的是预测井筒压力,其为井底与地面之间位置的函数。另外,有时多相流中的速度剖面和各相分布也是需要关注的问题,尤其在生产测井解释中。

本章中,将流体视为牛顿流体,这对大部分烃类流体均适用。然而,当注入凝胶压裂液时,其流动不具备牛顿特性,这将在第 18 章中讲述。

7.2 不可压缩牛顿流体单相流

7.2.1 层流或湍流

根据无量纲雷诺数 N_{Re} 的值,单相流可分为层流或湍流。雷诺数是流动流体的惯性力和黏滞力之比。对于圆管内的流动,其雷诺数为:

$$N_{Re} = \frac{Du\rho}{\mu} \tag{7.1}$$

当流动为层流时,流体在不同层内流动,在整体流动方向上没有横向运动。然而对于湍流,由于涡流的影响,在各个方向上都有流速。无论是层流还是湍流,都将严重影响管内速度剖面、摩擦压降及流体中溶质分布等;以上特性都是我们在生产操作中随时要考虑的。

管内层流向湍流的转变一般发生在雷诺数为 2100 时,不过该值会因管壁粗糙度、入口条件及其他因素而稍有变化(Govier 和 Aziz,1977)。为计算雷诺数,所有变量必须用一致的单位表示,以确保结果的无量纲性。

例 7.1 确定注水井中流动的雷诺数

在一口 7in、32lb/ft 套管的注水井中,注入水的相对密度为 1.03($\rho = 64.3$ lb/ft³),请绘制雷诺数与体积流量(单位:bbl/d)的关系曲线。井底条件下水的黏度为 0.6cP,请问体积流量多大时会发生层流向湍流的转变?

解:式(7.1)表示了雷诺数与平均速度、管径和流体性质的关系。平均流速为体积流量与流动横截面积之比:

$$u = \frac{q}{A} \tag{7.2}$$

对于圆管中的流动,其截面积为:

$$A = \frac{\pi}{4}D^2 \tag{7.3}$$

因此

$$u = \frac{4q}{\pi D^2} \tag{7.4}$$

将 u 带入式(7.1)得:

$$N_{Re} = \frac{4q\rho}{\pi D\mu} \tag{7.5}$$

以上必须保证单位统一。对于该问题,英制工程单位最为方便。表 1.1 中给出了变换系数。

$$N_{Re} = \frac{4(q\,\text{bbl/d}) \times (5.615\,\text{ft}^3/\text{bbl}) \times (\text{d}/86400\text{s}) \times (64.3\,\text{lb/ft}^3)}{\pi \times (6.094\,\text{in}) \times (\text{ft}/12\text{in}) \times (0.6\text{cP}) \times [6.72 \times 10^{-4}\,\text{lb}/(\text{ft} \cdot \text{s} \cdot \text{cP})]} = 26.0q \tag{7.6}$$

式中:q 的单位为 bbl/d;ρ 的单位为 lb/ft³;D 的单位为 in;μ 的单位为 cP。当然,常数 26.0 是这个例子中管径和流体性质对应的特定值。对于这些油田单位,雷诺数通常可以表示为:

$$N_{Re} = \frac{1.48q\rho}{D\mu} \tag{7.7}$$

可以看到,对于给定的管道和流体,雷诺数与体积流量呈线性关系(图 7.1)。层流向湍流的转变发生在 $N_{Re} = 2100$ 时,因此对于本例,$2100 = 26.0q$,即 $q = 81\text{bbl/d}$。低于 81bbl/d 时流动为层流,高于 81bbl/d 时流动为湍流。

例 7.1 表明,当流体为低黏度液体时,层流发生在流量较低的情况下,流量一般低于 100bbl/d。随着黏度的增加,层流的可能性也将增大。如图 7.2 所示,即雷诺数随流速、管径及黏度的变化情况。当井中产出或注入黏性流体时,层流发生在相对较高的流量下。

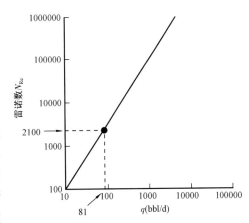

图 7.1　雷诺数随体积流量的变化

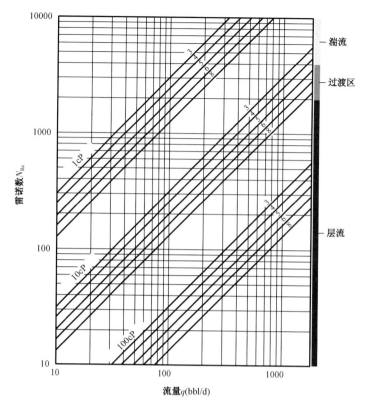

图 7.2　雷诺数随体积流量、黏度及管径的变化

7.2.2　速度剖面

当进行井筒流动分析,尤其是在生产测井时,速度剖面(速度随径向位置的变化)是需要考虑的重要问题。在层流中,圆管中的速度剖面可用解析法推导出来,即:

$$u(r) = \frac{(\Phi_0 - \Phi_L)R^2}{4\mu L}\Big[1 - \Big(\frac{r}{R}\Big)^2\Big] \tag{7.8}$$

其中

$$\Phi_0 = p_0 + \rho g z_0$$

$$\Phi_L = p_L + \rho g z_L$$

式中:p_0,p_L 为纵向上相距为 L 的两点的压力;z_0,z_L 为轴向位置上某基准面以上的高度;R 为圆管内径;r 为距圆管中心的径向距离;$u(r)$ 为速度作为径向位置的函数。

该方程表明,在层流条件下,速度剖面呈抛物线分布,圆管中心流速最大(如图 7.3 所示)。由式(7.8)可知,平均速度 $\bar{u}$ 和最大速度 u_{max}(即中心流速)的表达式为:

$$\bar{u} = \frac{1}{\pi R^2}\int_0^R 2\pi u(r)\mathrm{d}r = \frac{(\Phi_0 - \Phi_L)R^2}{8\mu L} \tag{7.9}$$

$$u_{max} = \frac{(\Phi_0 - \Phi_L)R^2}{4\mu L} \tag{7.10}$$

所以,平均速度与最大速度之比为:

$$\frac{u}{u_{\max}} = 0.5 \tag{7.11}$$

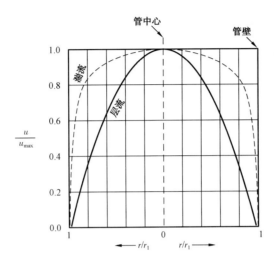

图 7.3 层流和湍流的速度剖面

式(7.9)对应圆管中层流的 Hagen – Poiseuille 方程。

由于湍流的波动性,湍流不能像层流那样进行简单的分析处理。根据实验,已建立描述湍流中速度剖面的经验表达式。在这些经验表达式中,当 $10^5 > N_{Re} > 3000$ 时,幂律模型的精确度较高,其表达式如下:

$$\frac{u(r)}{u_{\max}} = \left[1 - \left(\frac{r}{R} \right) \right]^{1/7} \tag{7.12}$$

由此可得:

$$\frac{u}{u_{\max}} \approx 0.8 \tag{7.13}$$

因此,湍流的速度剖面要比层流扁平得多,且平均速度更接近最大速度(图 7.3)。湍流的 $u/u_{\max}$ 值随雷诺数和管壁粗糙度变化,但通常在 0.75 ~ 0.86 范围内。

7.2.3 压降计算

通过求解机械能平衡方程,可得到管中单相流在距离 L 上的压力降,机械能平衡方程的微分形式为:

$$\frac{\mathrm{d}p}{\rho} + \frac{u\mathrm{d}u}{g_c} + \frac{g}{g_c}\mathrm{d}z + \frac{2f_{f}u^2\mathrm{d}L}{g_cD} + \mathrm{d}W_s = 0 \tag{7.14}$$

如果流体不可压缩(ρ = 常数),且管道中没有泵、压缩机、涡轮等设备,那么对于流体从位置 1 运动到位置 2,将该方程积分得:

$$\Delta p = p_1 - p_2 = \frac{g}{g_c}\rho\Delta z + \frac{\rho}{2g_c}\Delta u^2 + \frac{2f_{f}\rho u^2 L}{g_cD} \tag{7.15}$$

方程右端的三项分别是势能、动能和摩擦引起的压力降，即：

$$\Delta p = \Delta p_{PE} + \Delta p_{KE} + \Delta p_F \tag{7.16}$$

7.2.3.1 势能变化引起的压力降

Δp_{PE} 表征流体质量（静水压头）引起的压力变化。对于水平管中的流动，其值为零。根据式（7.15）可知，势能压力降为：

$$\Delta p = \frac{g}{g_c}\rho\Delta z \tag{7.17}$$

式中，Δz 是沿 z 方向上位置1、位置2之间的高度差。定义 θ 为水平方向与流动方向间的夹角。由此，对于直井中垂直向上的流动，θ 为 $+90°$；对于水平流动，θ 为 $0°$；对于垂直向下的流动，θ 为 $-90°$（图7.4）。对于流动方向为 θ、长度为 L 的直管流动，有：

$$\Delta z = z_2 - z_1 = L\sin\theta \tag{7.18}$$

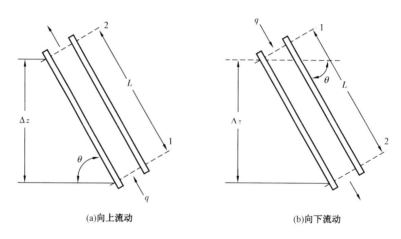

(a)向上流动   (b)向下流动

图 7.4　管流的流动几何形态

例7.2　势能压力降的计算

假设以 1000bbl/d 的速度通过 $2\frac{7}{8}$in、8.6lb/ft 的油管向井中注入 $\gamma_w = 1.05$ 的盐水，该井偏离垂直方向50°。在长1000ft的油管中，计算由势能变化引起的压力降。

解：联立式（7.17）、式（7.18）可得：

$$\Delta p_{PE} = \frac{g}{g_c}\rho L\sin\theta \tag{7.19}$$

对于偏离垂直方向50°向下流动的井，其流动方向与水平方向间的夹角为 $-40°$，所以 θ 为 $-40°$。转换为油田单位，$\rho = 1.05 \times 62.4$ lb/ft³ $= 65.5$lb/ft³。由式（7.19）可得，$\Delta p_{PE} = 292$psi。

简便方法：

对于淡水，$\gamma_w = 1(\rho = 62.4$ lb/ft³$)$，每英尺垂直距离的势能压力降为：

$$\frac{dp}{dz} = \frac{g}{g_c}\rho = 1\frac{lbf}{lb} \times 62.4\frac{lb}{ft^3} \times \frac{1ft^2}{144in^2} = 0.433psi/ft \tag{7.20}$$

对于其他任意相对密度的流体，有：

$$\frac{\mathrm{d}p}{\mathrm{d}z} = 0.433\gamma_\mathrm{w} \tag{7.21}$$

式中,γ_w 为相对密度。因此:

$$\Delta p_\mathrm{PE} = 0.433\gamma_\mathrm{w}\Delta z \tag{7.22}$$

对于本题,$\gamma_\mathrm{w} = 1.05$,且 $\Delta z = L\sin\theta$,所以 $\Delta p_\mathrm{PE} = 0.433, \gamma_\mathrm{w}L\sin\theta = -292\mathrm{psi}$。

7.2.3.2 动能变化引起的压力降

Δp_KE是位置 1、位置 2 间流体速度变化引起的压力降。对于不可压缩流体,只要两处管径相同,其压力降为零。由式(7.15)可得:

$$\Delta p_\mathrm{KE} = \frac{\rho}{2g_\mathrm{c}}(\Delta\mu^2) \tag{7.23}$$

或

$$\Delta p_\mathrm{KE} = \frac{\rho}{2g_\mathrm{c}}(\mu_2^2 - \mu_1^2) \tag{7.24}$$

如果流体不可压缩,则体积流量为常数。流速只随管道横截面积变化。因此,

$$u = \frac{q}{A} \tag{7.25}$$

且由于

$$A = \frac{\pi}{4}D^2$$

则

$$u = \frac{4q}{\pi D^2} \tag{7.26}$$

联立式(7.24)、式(7.26),对于不可压缩流体,由管径变化引起的动能压力降为:

$$\Delta p_\mathrm{KE} = \frac{8\rho q^2}{\pi^2 g_\mathrm{c}}\left(\frac{1}{D_2^4} - \frac{1}{D_1^4}\right) \tag{7.27}$$

例 7.3 动能压力降的计算

如图 7.5 所示,在管径由 4in 减为 2in 的水平管线中,以 2000bbl/d 的速度生产密度为 58lb/ft³ 的原油。计算由管径变化引起的动能压力降。

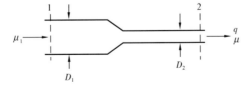

图 7.5 动能压力降计算

解:如果流体不可压缩,可采用式(7.27)计算。首先,体积流量计量单位必须转换为 ft³/s,即:

$$q = 2000\text{bbl/d} \times 5.615\text{ft}^3/\text{bbl} \times \frac{\text{d}}{86400\text{s}} = 0.130\text{ft}^3/\text{s} \tag{7.28}$$

由式(7.28)得:

$$\Delta p_{KE} = \frac{8 \times 56\text{lb/ft}^3 \times (0.130\text{ft}^3/\text{s})^2}{\pi^2 \times 32.17\text{ft} \cdot \text{lb/(lbf} \cdot \text{s}^2)} \times \left[\frac{1}{\left(\frac{2}{12}\text{ft}\right)^4} - \frac{1}{\left(\frac{4}{12}\text{ft}\right)^4} \right] \times \frac{1\text{ft}^2}{144\text{in}^2}$$

$$= 0.208\text{psi} \tag{7.29}$$

使用油田单位,流量单位为 bbl/d,密度单位为 lb/ft³,直径单位为 in,则将式(7.27)中的常量与单位转换结合起来可得:

$$\Delta p_{KE} = 1.53 \times 10^{-8} q^2 \rho \left(\frac{1}{D_2^4} - \frac{1}{D_1^4} \right) \tag{7.30}$$

式中:q 的单位为 bbl/d;ρ 的单位为 lb/ft³;D 的单位为 in。

7.2.3.3 摩擦压力降

由 Fanning 方程可得摩擦压力降为:

$$\Delta p_F = \frac{2f_f \rho u^2 L}{g_c D} \tag{7.31}$$

式中,f_f 是 Fanning 摩擦系数。在层流中,摩擦系数是雷诺数的简单函数:

$$f_f = \frac{16}{N_{Re}} \tag{7.32}$$

然而在湍流中,摩擦系数取决于雷诺数和管壁相对粗糙度 ε。相对粗糙度表征管壁表面的凹凸程度,可用管壁凹凸程度与管径之比表示:

$$\varepsilon = \frac{k}{D} \tag{7.33}$$

式中,k 是管壁向上凸起的高度。图 7.6 中给出了一些常见管材的相对粗糙度。然而需要注意,管材的相对粗糙度可能在使用过程中发生改变,所以相对粗糙度基本上是经验参数,可通过压降测量获得。

Fanning 摩擦系数通常由 Moody 摩擦系数图版获得(图 7.7)。该图版由 Colebrook – White 方程得到:

$$\frac{1}{\sqrt{f_f}} = -4\lg\left(\frac{\varepsilon}{3.7065} + \frac{1.2613}{N_{Re}\sqrt{f_f}} \right) \tag{7.34}$$

Colebrook – White 方程是 f_f 的隐式方程,需要通过迭代过程进行求解,如 Newton – Raphson 方法。Chen 方程(Chen,1979)是与 Colebrook – White 方程具有相似精确度的摩擦系数显示方程(Greory 和 Fogarasi,1985),即:

$$\frac{1}{\sqrt{f_f}} = -4\lg\left\{ \frac{\varepsilon}{3.7065} - \frac{5.0452}{N_{Re}}\lg\left[\frac{\varepsilon^{1.1098}}{2.8257} + \left(\frac{7.149}{N_{Re}} \right)^{0.8981} \right] \right\} \tag{7.35}$$

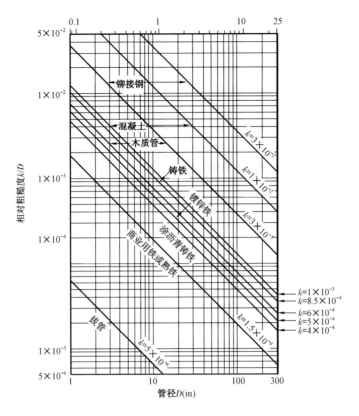

图 7.6　常见管材的相对粗糙度（据 Moody，1944）

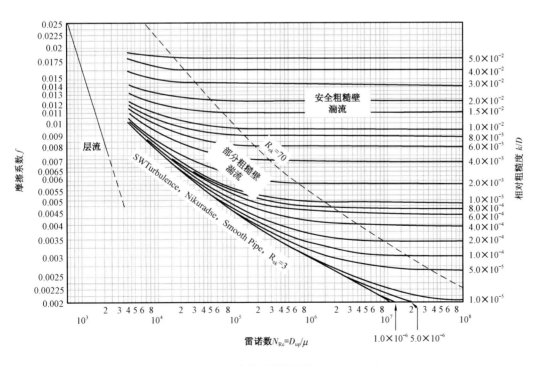

图 7.7　Moody 摩擦系数图（据 Moody，1944）

例 7.4 计算摩擦压降

计算例 7.2 中注水井的摩擦压降。注入速度为 1000bbl/d,盐水黏度为 1.2cP,管壁相对粗糙度为 0.001。

解:首先,通过计算雷诺数来确定流动是层流还是湍流。由式(7.7)可得:

$$N_{\mathrm{Re}} = \frac{1.48 \times 1000\mathrm{bbl/d} \times 65.5\mathrm{lb/ft}^3}{2.259\mathrm{in} \times 1.2\mathrm{cP}} = 35700 \qquad (7.36)$$

注意,这里使用的油田单位明显不一致,通过常数 1.48 可将单位转换一致。由于雷诺数高于 2100,流动是湍流。可用 Moody 图版(图 7.7)或 Chen 方程[式(7.35)]来确定摩擦系数。由 Chen 方程可得:

$$\frac{1}{\sqrt{f_{\mathrm{f}}}} = -4 \times \lg\left\{\frac{0.001}{3.7065} - \frac{5.0452}{3.57 \times 10^4} \times \lg\left[\frac{0.001^{1.1098}}{2.8257} + \left(\frac{7.149}{3.57 \times 10^4}\right)^{0.8981}\right]\right\} \qquad (7.37)$$

$$f_{\mathrm{f}} = \left(\frac{1}{12.57}\right)^2 = 0.0063 \qquad (7.38)$$

现由式(7.31)可得,注意 $2\frac{7}{8}$in、8.6lb/ft 的管道内径为 2.259in,有:

$$u = \frac{q}{A} = \frac{4q}{\pi D^2} = \frac{4 \times 1000\mathrm{bbl/d} \times 5.615\mathrm{ft}^3/\mathrm{bbl} \times 1\mathrm{d}/86400\mathrm{s}}{\pi \times [(2.259/12)\mathrm{ft}]^2} = 2.33\mathrm{ft/s} \qquad (7.39)$$

因此:

$$\Delta p_{\mathrm{F}} = \frac{2 \times 0.0063 \times 65.5\mathrm{lb/ft}^3 \times (2.33\mathrm{ft/s})^2 \times 1000\mathrm{ft}}{32.17\mathrm{ft} \cdot \mathrm{lb}/(\mathrm{lb} \cdot \mathrm{s}^2) \times (2.259/12)\mathrm{ft}}$$

$$= 740\mathrm{lb/ft}^2 \times 1\mathrm{ft}^2/144\mathrm{in}^2 = 5.14\mathrm{psi} \qquad (7.40)$$

注意,摩擦压降比势能压降或动能压降小得多,在例 7.2 中计算得到的势能压降为 -292psi。

7.2.4 环状流

在许多的生产操作实例中,流体在油管和套管间的环形空间流动,包括气举井中沿环形空间向下注气、沿环形空间向下注修井液及沿环形空间向上产气。环状流的摩擦压降可通过在式(7.31)及雷诺数的计算中使用等效直径计算得到,其中环状流的等效直径为大管内径减去小管外径。

7.3 可压缩牛顿流体单相流

为计算气井中的压降,必须考虑流体的可压缩性。当流体可压缩时,流体密度和流体速度沿管道发生变化,在对机械能守恒方程进行积分时必须考虑此变化。

为推导气井中的压力降方程,我们从机械能守恒方程[式(7.14)]开始。若无轴向做功设备,且忽略动能随时间的变化,方程可简化为:

$$\frac{\mathrm{d}p}{\rho} + \frac{g}{g_{\mathrm{c}}}\mathrm{d}z + \frac{2f_{\mathrm{f}}u^2\mathrm{d}L}{g_{\mathrm{c}}D} = 0 \qquad (7.41)$$

由于 $dz = \sin\theta dL$，后两项可合并为：

$$\frac{dp}{\rho} + \left(\frac{g}{g_c}\sin\theta + \frac{2f_f\mu^2}{g_cD}\right)dL = 0 \tag{7.42}$$

根据真实气体状态方程(第 4 章)，密度可表示为：

$$\rho = \frac{MWp}{ZRT} \tag{7.43}$$

或用气体相对密度表示为：

$$\rho = \frac{28.97\gamma_g p}{ZRT} \tag{7.44}$$

速度可用标准状况下的体积流量 q 表示为：

$$u = \frac{4}{\pi D^2}qZ\left(\frac{T}{T_{sc}}\right)\left(\frac{p_{sc}}{p}\right) \tag{7.45}$$

然后，将式(7.44)中的 ρ 和式(7.45)中的 u 带入式(7.42)，可得：

$$\frac{ZRT}{28.97\gamma_g p}dp + \left\{\frac{g}{g_c}\sin\theta + \frac{32f_f}{\pi^2 g_c D^5}\left[\left(\frac{T}{T_{sc}}\right)\left(\frac{p_{sc}}{p}\right)qZ\right]^2\right\}dL = 0 \tag{7.46}$$

该方程中仍包含位置函数的 3 个变量：压缩系数 Z、温度和压力。为了精确求解式(7.46)，需要提供温度剖面，并通过状态方程将压缩系数用温度和压力的函数代替，该方法可能需要用到数值积分。

另外，可假定研究的管段温度和压缩系数的平均值。如果温度在上游位置 1 与下游位置 2 之间线性变化，那么平均温度可用 $(T_1 + T_2)/2$ 或对数平均温度(Bwadley,1987)来估计，对数平均温度为：

$$T_{1m} = \frac{T_2 - T_1}{\ln(T_2/T_1)} \tag{7.47}$$

如第 4 章所述，平均压缩系数 $\overline{Z}$ 可通过作为平均温度 $\overline{T}$ 和已知压力 p_1 的函数进行计算。只要计算得出压力 p_2，可用 $\overline{T}$ 和平均压力 $(p_1 + p_2)/2$ 对 $\overline{Z}$ 进行检验。如果新的估计值变化明显，则需要用新的 $\overline{Z}$ 估计值重新计算压力。

使用 Z 和 T 的平均值，对于非水平流，将式(7.46)积分得：

$$p_2^2 = e^s p_1^2 + \frac{32f_f}{\pi^2 D^5 g_c \sin\theta}\left(\frac{\overline{Z}\,\overline{T}qp_{sc}}{T_{sc}}\right)^2(e^s - 1) \tag{7.48}$$

其中，s 定义为：

$$s = \frac{-2 \times 28.97\gamma_g(g/g_c)\sin\theta L}{\overline{Z}R\overline{T}} \tag{7.49}$$

对于水平流动的特殊情况，$\sin\theta$ 和 s 为 0；将式(7.46)进行积分可得：

$$p_1^2 - p_2^2 = \frac{64 \times 28.97\gamma_g f_f \overline{Z}\,\overline{T}}{\pi^2 g_c D^5 R}\left(\frac{p_{sc}q}{T_{sc}}\right)^2 L \tag{7.50}$$

为了完成计算,必须根据雷诺数和管壁粗糙度得到摩擦系数。对于可压缩流体的流动,由于 ρq 是一常数,因此可根据标准状况计算 N_{Re},有:

$$N_{Re} = \frac{4 \times 28.97 \gamma_g q p_{sc}}{\pi D \bar{\mu} R T_{sc}} \tag{7.51}$$

黏度的估算应该在平均温度和压力下进行。

式(7.48)至式(7.51)油田单位的转换系数和常数可综合给出,如下:

对于垂直或倾斜流动

$$p_2^2 = e^s p_1^2 + 2.685 \times 10^{-3} \frac{f_f (\bar{Z} \bar{T} q)^2}{\sin\theta D^5} (e^s - 1) \tag{7.52}$$

其中

$$s = \frac{-0.0375 \gamma_g \sin\theta L}{\bar{Z} \bar{T}} \tag{7.53}$$

对于水平流动

$$p_1^2 - p_2^2 = 1.007 \times 10^{-4} \frac{\gamma_g f_f \bar{Z} \bar{T} q^2 L}{D^5} \tag{7.54}$$

$$N_{Re} = 20.09 \frac{\gamma_g q}{D \bar{\mu}} \tag{7.55}$$

式(7.52)至式(7.55)中:p 的单位为 psi;q 的单位为 $10^3 \text{ft}^3/\text{d}$;$D$ 的单位为 in;L 的单位为 ft;μ 的单位为 cP;T 的单位为 °R;其他所有变量均无量纲。

通常在生产作业中,上游压力 p_1 是未知的。例如,在一口气井中,上游压力未知,需要通过地面压力计算井底压力。为求解 p_1,将式(7.52)重新整理得:

$$p_1^2 = e^{-s} p_2^2 - 2.685 \times 10^{-3} \frac{f_f (\bar{Z} \bar{T} q)^2}{\sin\theta D^5} (1 - e^{-s}) \tag{7.56}$$

式(7.51)至式(7.56)是计算气井中压力降的方程。注意,这些方程都是基于管段的平均温度、平均压缩系数和平均黏度而建立的。长度(井的测量深度)越长,这种近似误差会越大。如果长度太大,可将井身分成多段,计算每段的压降。尽管已知速度是沿着套管变化的,建立这些方程时忽略了动能的变化。估算压力降后可对动能压力降进行检验,必要时可进行校正。

例 7.5 计算气井的井底流压

假设一口直井中用 $2\frac{7}{8}$ in、长 2000ft 的油管生产天然气,产量为 $2 \times 10^6 \text{ft}^3/\text{d}$。地面温度为 150°F,压力为 800psi,井底温度为 200°F。天然气组分同例 4.3,油管的相对粗糙度为 0.0006(新油管的常用值)。直接由井口压力计算井底流压;将油管分成相等的两段,再次计算井底流压,并证明动能压力降可以忽略。

解:求解该问题需要使用式(7.53)、式(7.55)和式(7.56)。由例 4.3 可知,T_{pc} 是 374°R,p_{pc} 为 717psi,γ_g 为 0.709。平均温度 175°F,则拟对比温度为 $T_{pr} = (175 + 460)/374 = 1.70$;用已知地面压力近似平均压力,则拟对比压力为 $p_{pr} = 800/717 = 1.12$。由图 4.1 可得 $\bar{Z} = 0.935$。

根据例 4.4,可以估算气体黏度:

由图 4.4,$\mu_{1\text{atm}} = 0.012\text{cP}$;

由图 4.5,$\mu / \mu_{1\text{atm}} = 1.07$;

因此,$\mu = 0.012\text{cP} \times 1.07 = 0.013\text{cP}$。

由式(7.55)可得,雷诺数为:

$$N_{\text{Re}} = \frac{20.09 \times 0.709 \times 2000 \times 10^3 \text{ft}^3/\text{d}}{2.259\text{in} \times 0.013\text{cP}} = 9.70 \times 10^5 \tag{7.57}$$

且 $\varepsilon = 0.0006$,因此根据 Moody 图版(图 7.7)可得 $f_{\text{f}} = 0.0044$。由于流动方向垂直向上,所以 $\theta = +90°$。

现在,由式(7.53)得:

$$s = \frac{-0.0375 \times 0.709 \times \sin 90 \times 10000}{0.935 \times 635} = -0.448 \tag{7.58}$$

由式(7.56)计算井底压力得:

$$p_1^2 = e^{0.448} \times 800^2 - 2.685 \times 10^{-3} \times \frac{(0.0044 \times 0.935 \times 635 \times 2000)^2}{\sin 90 \times 2.259^5} \times (1 - e^{0.448}) \tag{7.59}$$

且 $p_1 = p_{\text{wf}} = 1078\text{psi}$。

接下来将井身分成相等的两段,再次计算井底流压。第一段从地面到 5000ft 深度,该段中 $\overline{T}$ 为 162.5°F,T_{pr} 为 1.66,p_{pr} 同前为 1.12。由图 4.1,得 $\overline{Z} = 0.93$。黏度基本同前,即 0.0131cP。因此,雷诺数和摩擦系数将与之前的计算相同。由式(7.53)和式(7.56)得:

$$s = \frac{-0.0375 \times 0.709 \times \sin 90 \times 50000}{0.935 \times 622.5} = -0.2296 \tag{7.60}$$

$$p_1^2 = e^{0.2296} \times 800^2 - 2.685 \times 10^{-3} \times \frac{0.0044 \times (0.935 \times 635 \times 2000)^2}{2.259^5} \times (1 - e^{0.2296}) \tag{7.61}$$

$$p_{5000} = 935\text{psi}$$

对于第二段,从深度 5000ft 到井底 10000ft,$\overline{T} = 187.5°F$,$p = 935\text{psi}$。因此 $T_{\text{pr}} = 1.73$,$p_{\text{pr}} = 1.30$。由图 4.1,得 $\overline{Z} = 0.935$。黏度仍为 0.0131cP,所以:

$$s = \frac{-0.0375 \times 0.709 \times \sin 90 \times 5000}{0.935 \times 647.5} = -0.2196 \tag{7.62}$$

$$p_1^2 = e^{0.2196} \times 935^2 - 2.685 \times 10^{-3} \times \left\{ \frac{0.0044 \times (0.935 \times 647.5 \times 2000)^2}{2.259^5} \right\} \times (1 - e^{0.2196}) \tag{7.63}$$

且 $p_1 = p_{\text{wf}} = 1078\text{psi}$。

由于温度和压力在井中的变化不大,所以对于整口井来说,使用平均 T 和 Z 引起的误差很小。由于温度和压力的变化较小,动能的变化也不会明显,但这个可以进行检验。

该井的动能压力降可用式(7.64)估计:

$$\Delta p_{KE} \approx \frac{\bar{\rho}}{2g_c}\Delta\mu^2 \approx \frac{\bar{\rho}}{2g_c}(\mu_2^2 - \mu_1^2) \tag{7.64}$$

由于使用了平均密度,所以这个计算是近似的。位置 1 和位置 2 的速度为:

$$u_1 = \frac{Z_1(p_{sc}/p_1)(T_1/T_{sc})q}{A} \tag{7.65}$$

$$u_2 = \frac{Z_2(p_{sc}/p_2)(T_2/T_{sc})q}{A} \tag{7.66}$$

且平均密度为:

$$\bar{\rho} = \frac{28.97\gamma_g\bar{p}}{\bar{Z}R\bar{T}} \tag{7.67}$$

在位置 2(地面),T 为 150 ℉,$T_{pr}=1.63$,$p=800$psi,$p_{pr}=1.12$,$Z=0.925$;而在位置 1(井底),$T=200$ ℉,$T_{pr}=1.76$,$p=1078$psi,$p_{pr}=1.50$,$Z=0.93$。对于 $2\frac{7}{8}$in、8.6lb/ft 的油管,内径为 2.259in,所以横截面积为 0.0278ft^2。为计算平均密度,使用平均压力 939psi、平均温度 175 ℉和平均压缩系数 0.93,计算得到 $\Delta p_{KE}=0.06$psi。可见,与势能压力降和摩擦压力降对整体压降的贡献相比,动能压力降可以忽略。

7.4 井筒多相流

多相流是指同时存在两相或多相流体的流动。几乎所有油井、多数气井和一些注入井中都存在多相流。在油井中,只要压力降到泡点压力以下,气体就会脱出,从那一点到地面就会出现气液两相流。因此,即使是欠饱和油藏中的生产井,除非地面压力高于泡点压力,否则在井筒及油管中都会出现两相流。许多油井也产出大量的水,结果导致油水两相流或油气水三相流的形成。

两相流的性质取决于管内各相的分布,而各相分布又取决于相对于重力方向的流动方向。本章主要讲述了垂直向上流动和倾斜流动,水平和近水平流动将在第 8 章讨论。

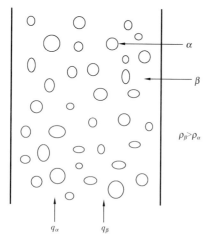

图 7.8 两相流示意图

7.4.1 滞留性

在两相流中,某相在管内所占比例经常和它在整个体积流量中所占比例不同。对于典型的两相流例子,考虑向上流的两相 α 和 β,其中 α 的密度比 β 的小,如图 7.8 所示。通常,在向上的两相流中,较轻相 α 将会比较重相 β 运动速度快。由于这一滞留现象,特定位置处较重相的体积分数将大于其输入体积分数。也就是说,相对于较轻相,较重相被滞留在套管中。

为表征这种关系,定义滞留率 y:

$$y_\beta = \frac{V_\beta}{V} \tag{7.68}$$

式中:V_β 是管段中较重相的体积;V 是管段体积。滞留率 y_β 也可以用局部滞留率 $y_{\beta l}$ 来定义,即:

$$y_\beta = \frac{1}{A}\int_0^A y_{\beta l}\,\mathrm{d}A \tag{7.69}$$

局部滞留率 $y_{\beta l}$ 是一个时间平均量,即 $y_{\beta l}$ 是给定油管位置被 $y_{\beta l}$ 所占的时间分数。

同 y_β 一样,较轻相的滞留率 y_α 定义为:

$$y_\alpha = \frac{V_\alpha}{V} \tag{7.70}$$

由于油管完全被两相占据,所以:

$$y_\alpha = 1 - y_\beta \tag{7.71}$$

在气液两相流中,气相的滞留率 y_α 有时也对应孔隙率。

另一个描述两相流的参数为各相的输入分数 λ,定义为:

$$\lambda_\beta = \frac{q_\beta}{q_\alpha + q_\beta} \tag{7.72}$$

且

$$\lambda_\alpha = 1 - \lambda_\beta \tag{7.73}$$

式中:q_α 和 q_β 是两相的体积流量。输入体积分数 λ_α 和 λ_β 也称为无滑脱滞留率。

在生产测井解释中,常用于描述滞留现象的另一个参数是"滑脱速度"u_s。滑脱速度定义为两相间平均速度之差。因此:

$$u_s = \bar{u}_\alpha - \bar{u}_\beta \tag{7.74}$$

式中,$\bar{u}_\alpha$ 和 $\bar{u}_\beta$ 分别是两相的平均就地速度。滑脱速度不是滞留现象的唯一特征值,而是表征滞留现象的另一种简单方法。为了说明滞留现象与滑脱速度之间的关系,我们引入表观速度 $u_{s\alpha}$ 或 $u_{s\beta}$,定义为:

$$u_{s\alpha} = \frac{q_\alpha}{A} \tag{7.75}$$

$$u_{s\beta} = \frac{q_\beta}{A} \tag{7.76}$$

如果单相充满整个油管,即单相流时,那么该相的表观速度即该相的平均速度。在两相流中,表观速度并非真实速度,只是简化的参数。

平均就地速度 $\bar{u}_\alpha$ 和 $\bar{u}_\beta$ 与表观速度和滞留率的关系为:

$$\bar{u}_\alpha = \frac{u_{s\alpha}}{y_\alpha} \tag{7.77}$$

$$\bar{u}_\beta = \frac{u_{s\beta}}{y_\beta} \tag{7.78}$$

将上述表达式代入滑脱速度的定义式(7.74),得:

$$u_s = \frac{1}{A}\left(\frac{q_\alpha}{1-y_\beta} - \frac{q_\beta}{y_\beta}\right) \qquad (7.79)$$

滞留率的相关式一般用于两相压力梯度的计算中;滑脱速度通常用于表征生产测井解释中的滞留特性。

例7.6 滞留率与滑脱速度之间的关系

如果气液两相流中滑脱速度为60ft/min,各相的表观速度也为60ft/min,那么各相的滞留率是多少?

解:由式(7.79),由于某相的表观速度为q/A,所以:

$$u_s = \frac{u_{sg}}{1-y_1} - \frac{u_{sl}}{y_1} \qquad (7.80)$$

为求y_1,变换得到一个二次方程:

$$u_s y_1^2 - (u_s - u_{sg} - u_{sl})y_1 - u_{sl} = 0 \qquad (7.81)$$

由于$u_s = u_{sg} = u_{sl} = 60\text{ft/min}$,解为$y_1 = 0.62$,则气相的滞留率为$y_g = 1-y_1 = 0.38$。液相滞留率大于输入分数(0.5),这正是垂直向上气液两相流的典型状况。

7.4.2 两相流的流态

两相在管内的分布方式对两相流的其他方面有明显影响,如两相间的滑脱现象和压力梯度。流态即流动形态是相分布的一种定性描述。在垂直向上的气液两相流中,一般认为有4种流型:泡状流、段塞流、涡流和环流。对于给定的液流量,这些流型随着气体流量的增加而逐次出现。图7.9(Govier 和 Aziz,1977)以小管径中空气—水两相流动表观速度的函数给出了这4种流型,以及其出现的近似区域。4种流型的简单描述如下:

(1)泡状流。连续液相中有分散气泡。

(2)段塞流。气体流量较高时,小气泡聚结成大气泡,称为泰勒泡,最终充满整个管道的横截面。在大气泡之间是含有小气泡的液体段塞。

(3)涡流。气体流量继续增加时,较大的气泡变得不稳定,最后破裂形成涡流,形成两相都是分散体的高度紊流形态。涡流的特征是流体的振荡和垂直上下的往复运动。

(4)环流。在非常高的气体流量下,气体变为连续相,液体主要在管道表面的环形涂层内流动,气相中含有一些液滴。

气液两相垂直流中的流态可以通过流态图预测,流态图将流态与各相的流量、流体性质和管道尺寸关联起来。如图7.10所示,Duns 和 Ros 制作的该图可用于一些压降关系式中流态的鉴别。Duns—Ros图将流态与两个无量纲量(液体和气体的速度系数N_{vl}和N_{vg})关联起来,N_{vl}和N_{vg}的定义为:

$$N_{vl} = u_{sl}\sqrt[4]{\frac{\rho_1}{g\sigma}} \qquad (7.82)$$

$$N_{vg} = u_{sg}\sqrt[4]{\frac{\rho_1}{g\sigma}} \qquad (7.83)$$

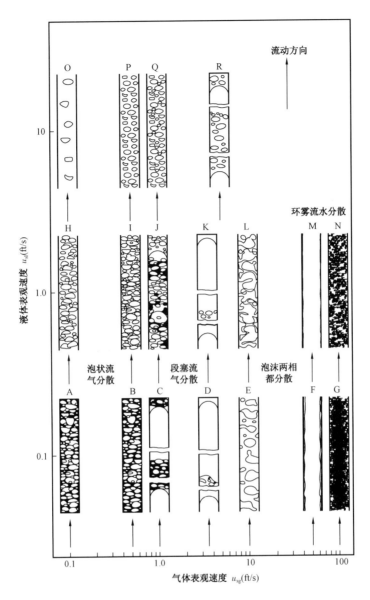

图 7.9　气液流动中的流态(据 Govier 和 Aziz,2008)

式中:ρ_1 是液体密度,g 是重力加速度;σ 是气液体系的界面张力。这个流态图说明了某些流体性质,但需注意,对于给定的气液体系,在无量纲参数中唯一的变量是各相的表观速度。

　　Duns 和 Ros 在图上定义了 3 个明确的区域,但是也包括连续液相向连续气相体系的过渡区。区域 I 包括泡状流和低速段塞流,区域 II 是高速段塞流和涡流,区域 III 是环流。

　　基于流态过渡理论分析,Taitel,Barnea 和 Dukler(1980)提出了另一种流态图。该图针对特定的气液性质和特定的油管尺寸来制定,如图 7.11 所示,即内径 2in 的管内气—水两相流动的 Taitel—Dukler 图。该图定义了 5 种可能的流动区域:泡流、分散泡流(气泡较小以致没有滑脱)、段塞流、涡流和环流。该图中,段塞流和环流的过渡区明显不同于其他流态图,其他流态图中认为涡流是进入段塞流的前期现象。D 线表示段塞流形成前,涡流出现位置在距油管入口多少倍的管径处。例如,如果流动条件落在标有 $L_E/D = 100$ 的 D 线上,预计在距油管入口 100 倍管径处会出现涡流;超过这一距离,预计流态是段塞流。

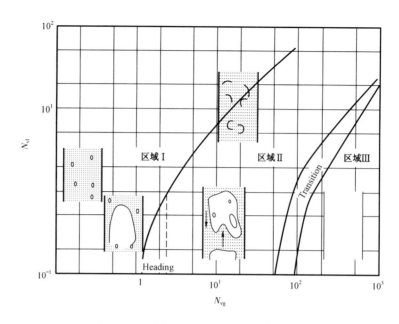

图 7.10　Duns – Ros 流态图（据 Duns 和 Ros,1963）

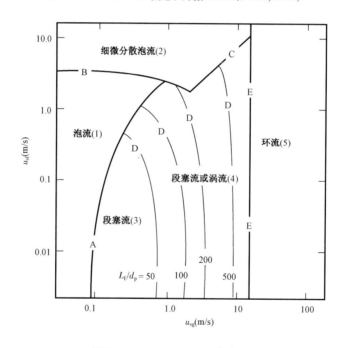

图 7.11　Taitel—Dukler 流态图

例 7.7　预测两相流流态

内径 2in 的垂直管中,水和空气的流量分别为 200bbl/d 和 10000ft³/d。水的密度为 62.4lb/ft³,表面张力为 74dyn/cm。用 Duns—Ros 流态图和 Taitel—Dukler 流态图预测将出现的流态。

解:首先,计算表观速度

$$u_{sl} = \frac{q_l}{A} = \frac{(200\,\mathrm{bbl/d}) \times (5.615\,\mathrm{ft^3/bbl}) \times (1\mathrm{d}/86400\mathrm{s})}{0.02182\,\mathrm{ft^2}} = 0.6\mathrm{ft/s} = 0.18\mathrm{m/s} \tag{7.84}$$

$$u_{sg} = \frac{q_g}{A} = \frac{(10000\,\mathrm{ft^3/d}) \times (1\mathrm{d}/86400\mathrm{s})}{0.02182\,\mathrm{ft^2}} = 5.3\mathrm{ft/s} = 1.62\mathrm{m/s} \tag{7.85}$$

对于 Duns—Ros 图,必须计算液体和气体的速度系数。由于表观黏度单位为 ft/s,密度单位为 lb/ft^3,表面张力单位为 dyn/cm,则速度系数为:

$$N_{vl} = 1.938 u_{sl} \sqrt[4]{\frac{\rho_l}{\sigma}} \tag{7.86}$$

$$N_{vg} = 1.938 u_{sg} \sqrt[4]{\frac{\rho_l}{\sigma}} \tag{7.87}$$

根据给定的物理性质和流量,可求得 $N_{vl} = 1.11$,$N_{vg} = 9.8$。参照图 7.10,流动条件落在区域 2,预测流态为高速段塞流或涡流。根据 Taitel—Dukler 流态图(图 7.11),所预测的流态也为段塞流或涡流,L_E/D 大约为 150。因此,根据 Taitel—Dukler 图预测的涡流将出现在距入口 150 倍管径的位置;超出这个位置,预测为段塞流。

7.4.3　两相压力梯度模型

在本节中,我们讨论用于计算井中气液两相流压降的关系式。同单相流一样,以式 (7.16)给出的机械能平衡方程为出发点。由于气液流动中流动性质(主要是气体密度和速度)可能会沿管道发生明显变化,我们必须计算管内指定位置的压力梯度,然后用压力传播计算方法得到整体压力降(7.4.4 节)。机械能平衡方程的微分形式为:

$$\frac{dp}{dz} = \left(\frac{dp}{dz}\right)_{PE} + \left(\frac{dp}{dz}\right)_{KE} + \left(\frac{dp}{dz}\right)_{F} \tag{7.88}$$

大多数两相流关系式中,势能压力梯度基于就地平均密度 $\bar{\rho}$ 求得:

$$\left(\frac{dp}{dz}\right)_{PE} = \frac{g}{g_c} \bar{\rho} \sin\theta \tag{7.89}$$

其中

$$\bar{\rho} = (1 - y_l)\rho_g + y_l \rho_l \tag{7.90}$$

计算动能和摩擦压力梯度的不同关系式使用了不同的两相平均速度、黏度和摩擦系数的定义。

前人已经建立了很多计算气液压力梯度的关系式,从简单的经验模型到复杂的确定性模型都有,读者可参考 Brill 和 Mukherjee(1999)对这些关系式的详细处理。虽然确定性模型有利于了解多相流动特性,但是与简单的经验模型相比,它们在预测精度上没有很大的改善。表 7.1 中使用几种数据库的组合,比较了 8 种不同的两相流关系式的相对误差。在该表中,相对性能因子越小,该关系式越精确。Hagedorn - Brown 经验式是精确度相对较高的关系式之一。

表 7.1　相对性能因子（据 Ansari 等,1994a,1994b）

情况	EDB	VW	DW	VNH	ANH	AB	AS	VS	SNH	VSNH	AAN
n	1712	1086	626	755	1381	29	1052	654	745	387	70
MODEL	0.700	1.121	1.378	0.081	0	0.143	1.295	1.461	0.112	0.142	0
HAGBR	0.585	0.600	0.919	0.876	0.774	2.029	0.386	0.485	0.457	0.939	0.546
AZIZ	1.312	1.108	2.085	0.803	1.062	0.262	1.798	1.764	1.314	1.486	0.214
DUNRS	1.719	1.678	1.678	1.711	1.792	1.128	2.056	2.028	1.852	2.296	1.213
HASKA	1.940	2.005	2.201	1.836	1.780	0.009	2.575	2.590	2.044	1.998	1.043
BEGBR	2.982	2.908	3.445	3.321	3.414	2.828	2.883	2.595	3.261	3.282	1.972
ORKIS	4.284	5.273	2.322	5.838	4.688	1.226	3.128	3.318	3.551	4.403	6.000
MUKBR	4.883	4.647	6.000	3.909	4.601	4.463	5.343	5.140	4.977	4.683	1.516

注：EBD—整个数据库；VW—直井情况；DW—偏心井情况；VNH—无 Hagedorn 和 Brown 数据的直井情况；ANH—无 Hagedorn 和 Brown 数据的所有井情况；AB—75% 泡流的所有井情况；AS—100% 段塞流的所有井情况；VS—100% 段塞流的直井情况；SNH—无 Hagedorn 和 Brown 数据的 100% 段塞流的所有井情况；VSNH—无 Hagedorn 和 Brown 数据的 100% 段塞流的直井情况；AAN—100% 环流的所有井情况；HAGBR—Hagedorn 和 Brown 关系式；AZIZ—Aziz 等的关系式；DUNRS—Duns – ROS 关系式；Haska—Haska – Kabir 机理模型；BEGBR—Beggs – Brill 关系式；ORKIS—Orkiszewski 关系式；MUKBR—Mukherjee – Brill 关系式。

这里讨论两个最常用的油井两相流关系式：改进的 Hagedorn – Brown 法（Brown,1977）和 Payne 等（1979）修正的 Beggs – Brill 法（1973）。前者为垂直向上流动模型,并建议只用于接近垂直的井；后者可用于任何倾斜角的斜井和任意流动方向的井。最后,我们将回顾 Gray 关系式（1974）,该式常用于伴有液体产出的气井。

7.4.3.1　改进的 Hagedorn – Brown 法

改进的 Hagedorn – Brown 法（mH – B）是建立在 Hagedorn 和 Brown（1965）工作基础上的两相流经验关系式。Hagedorn – Brown 法的核心是液相持液率的关系式；对原始方法的改进包括：当原始经验式预测的液相滞留率小于无滑脱滞留率时,使用无滑脱滞留率；对泡流使用 Griffith 关系式（Griffith 和 Wallis,1961）。

根据流态选择的关系式如下所示。如果 $\lambda_g < L_B$,存在泡状流,有：

$$L_B = 1.071 - 0.2218\left(\frac{\mu_m^2}{D}\right) \tag{7.91}$$

且 $L_B \geqslant 0.13$。如果 L_B 的计算值小于 0.13,则将 L_B 设定为 0.13。如果流态为泡流,则使用 Griffith 关系式；否则,使用原始 Hagedorn – Brown 关系式。

7.4.3.2　除泡流以外流态的 Hagedorn – Brown 关系式

应用于 Hagedorn – Brown 关系式的机械能平衡方程形式为：

$$\frac{dp}{dz} = \frac{g}{g_c}\bar{\rho} + \frac{2f\bar{\rho}u_m^2}{g_c D} + \rho\frac{-\Delta(u_m^2/2g_c)}{\Delta z} \tag{7.92}$$

用油田单位表达为：

$$144\frac{dp}{dz} = \bar{\rho} + \frac{fm^2}{(7.413 \times 10^{10} D^5)\bar{\rho}} + \rho\frac{-\Delta(u_m^2/2g_c)}{\Delta z} \tag{7.93}$$

式中:f 为摩擦系数;m 为总质量流量(lb/d);$\bar{\rho}$ 为就地平均密度[式(7.90)](lb/ft³);D 为直径,ft;u_m 为混合物速度,ft/s;压力梯度单位为 psi/ft。H – B 中使用的混合物速度为表观速度之和,即:

$$u_m = u_{sl} + u_{sg} \tag{7.94}$$

使用式(7.93)计算压力梯度时,液相滞留率可通过相关关系式得到,而摩擦系数基于混合物的雷诺数得到。液相滞留率和平均密度可用下面的无量纲参数通过一系列图表得到。

液体速度数 N_{vl}:

$$N_{vl} = u_{sl} \sqrt[4]{\frac{\rho_l}{g\sigma}} \tag{7.95}$$

气体速度数 N_{vg}:

$$N_{vg} = u_{sg} \sqrt[4]{\frac{\rho_l}{g\sigma}} \tag{7.96}$$

管径数 N_D:

$$N_D = D \sqrt{\frac{\rho_l g}{\sigma}} \tag{7.97}$$

液体黏度数 N_L:

$$N_L = u_l \sqrt[4]{\frac{g}{\rho_l \sigma^3}} \tag{7.98}$$

采用油田单位,它们转换为:

$$N_{vl} = 1.938 u_{sl} \sqrt[4]{\frac{\rho_l}{\sigma}} \tag{7.99}$$

$$N_{vg} = 1.938 u_{sg} \sqrt[4]{\frac{\rho_l}{\sigma}} \tag{7.100}$$

$$N_D = 120.872 D \sqrt{\frac{\rho_l}{\sigma}} \tag{7.101}$$

$$N_L = 0.1572 u_l \sqrt[4]{\frac{1}{\rho_l \sigma^3}} \tag{7.102}$$

式中:表观速度单位为 ft/s;密度单位为 lb/ft³;表面张力单位为 dyn/cm;黏度单位为 cP;直径单位为 ft。滞留率可通过图 7.12 至图 7.14 得到,或通过适用于图表(Brown,1977)中相关曲线的方程计算得到。首先,CN_L 由图 7.12 读出或由式(7.103)计算得到:

$$CN_L = \frac{0.0019 + 0.0322N_L - 0.6642N_L^2 + 4.9951N_L^3}{1 - 10.0147N_L + 33.8696N_L^2 + 277.281N_L^3} \tag{7.103}$$

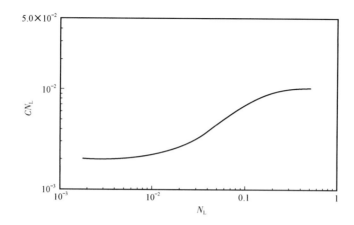

图 7.12 CN_L 的 Hagedorn – Brown 关系式(据 Hagedorn 和 Brown,1965)

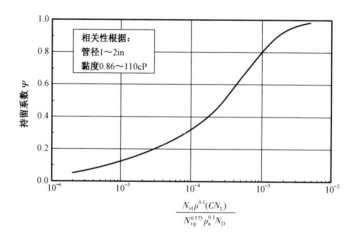

图 7.13 滞留率/ψ 的 Hagedorn 和 Brown 关系式(据 Hagedorn 和 Brown,1965)

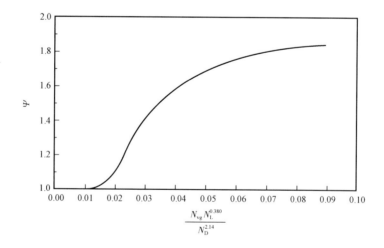

图 7.14 ψ 的 Hagedorn – Brown 关系式(据 Hagedorn 和 Brown,1965)

然后计算

$$H = \frac{N_{vl} p^{0.1} (CN_L)}{N_{vg}^{0.575} p_a^{0.1} N_D} \tag{7.104}$$

通过图 7.13 可得到 y_1/ψ，也可由式（7.105）计算得到：

$$\frac{y_1}{\psi} = \left(\frac{0.0047 + 1123.32H + 729489.64H^2}{1 + 1097.1566H + 722153.97H^2} \right)^{\frac{1}{2}} \tag{7.105}$$

这里 p 是所求压力梯度位置处的绝对压力，p_a 为大气压力。最后计算

$$B = \frac{N_{vg} N_L^{0.380}}{N_D^{2.14}} \tag{7.106}$$

并由图 7.14 读出 ψ，或由式（7.107）计算得到：

$$\psi = \frac{1.0886 - 69.9473B + 2334.3497B^2 - 12896.683B^3}{1 - 53.4401B + 1517.9369B^2 - 8419.8115B^3} \tag{7.107}$$

那么，液相滞留率为：

$$y_1 = \left(\frac{y_1}{\psi} \right) \psi \tag{7.108}$$

然后由式（7.90）计算混合物密度。

摩擦压力梯度可使用混合物的雷诺数根据 Fanning 摩擦系数得到，混合物的雷诺数定义为：

$$N_{Re} = \frac{D \mu_m \bar{\rho}}{\mu_1^{y_1} \mu_g^{(1-y_1)}} \tag{7.109}$$

或使用油田单位并用质量流量表示为：

$$N_{Re} = \frac{2.2 \times 10^{-2} m}{D \mu_1^{y_1} \mu_g^{(1-y_1)}} \tag{7.110}$$

式中：质量流量 m 单位为 lb/d；D 单位为 ft；黏度单位为 cP。然后，摩擦系数由 Moody 图版（图 7.7）得到，或由计算雷诺数和管道相对粗糙度的 Chen 方程［式（7.35）］计算得到。

大多数情况下，动能压力降可以忽略；它可以通过有限管长 Δz 的速度差计算得到。

7.4.3.3 泡流的 Griffith 关系式

Griffith 关系式使用了一个不同的滞留率关系，它基于就地平均液相速度对应的摩擦压力梯度，且忽略了动能压力梯度。对此，有：

$$\frac{dp}{dz} = \frac{g}{g_c} \bar{\rho} + \frac{2f\rho_1 \bar{u_1}^2}{g_c D} \tag{7.111}$$

式中，u_1 是就地平均液相速度，定义为：

$$\bar{u_1} = \frac{\mu_{sl}}{y_1} = \frac{q_1}{A y_1} \tag{7.112}$$

使用油田单位,式(7.111)变为:

$$144 \frac{\mathrm{d}p}{\mathrm{d}z} = \bar{\rho} + \frac{fm^2}{(7.413 \times 10^{10}) D^5 \rho_1 y_1^2} \tag{7.113}$$

式中,m_1 是液体质量流量。滞留率为:

$$y_1 = 1 - \frac{1}{2} \left[1 + \frac{\mu_m}{\mu_s} - \sqrt{\left(1 + \frac{\mu_m}{\mu_s}\right)^2 - 4\frac{\mu_{sg}}{\mu_s}} \right] \tag{7.114}$$

式中,$\mu_s = 0.8 \mathrm{ft/sec}$。用于获得摩擦系数的雷诺数基于就地平均液相速度得到:

$$N_{\mathrm{Re}} = \frac{D \bar{\mu}_1 \rho_1}{\mu_1} \tag{7.115}$$

或

$$N_{\mathrm{Re}} = \frac{2.2 \times 10^{-2} m_1}{D \mu_1} \tag{7.116}$$

例 7.8 使用改进的 Hagedorn – Brown 法计算压力梯度

假设内径 $2\frac{7}{8}$in 的油管中油($\rho = 0.8 \mathrm{g/cm}^3$,$\mu = 2\mathrm{cP}$)、气的流量分别为 2000bbl/d 和 $1 \times 10^6 \mathrm{ft}^3/\mathrm{d}$,其组成与例 7.5 中一样。油管压力为 800psi,温度为 175℉。油气界面张力为 300dyn/cm,管道相对粗糙度为 0.0006。忽略动能压降,计算油管顶部的压力梯度。

解:由例 7.5 可得,$\mu_g = 0.0131\mathrm{cP}$,$Z = 0.935$。

根据 $A = \pi/4 \times (2.259/12)^2 = 0.0278 \mathrm{ft}^2$,将体积流量转换成表观速度:

$$u_{sl} = \frac{2000\mathrm{bbl/d} \times 5.615 \mathrm{ft}^3/\mathrm{bbl} \times 1\mathrm{d}/86400\mathrm{s}}{0.0278 \mathrm{ft}^2} = 4.67\mathrm{ft/s} \tag{7.117}$$

气相表观速度可通过式(7.45)用标准状况下的体积流量计算得到:

$$u_{sg} = \frac{4}{\pi \times (2.259/12)^2} \times 10^6 \mathrm{ft}^3/\mathrm{d} \times 0.935 \times \frac{460 + 175}{460 + 60} \times \frac{14.7}{800} \times \frac{1\mathrm{d}}{86400\mathrm{s}}$$

$$= 8.72\mathrm{ft/s} \tag{7.118}$$

混合物的速度为:

$$u_m = u_{sl} + u_{sg} = 4.67 + 8.72 = 13.39\mathrm{ft/s} \tag{7.119}$$

且气体的输入分数为:

$$\lambda_g = \frac{u_{sg}}{u_m} = \frac{8.72}{13.39} = 0.65 \tag{7.120}$$

首先,判断流态是否为泡流。由式(7.91),有:

$$L_B = 1.071 - 0.2218 \times \frac{13.39^2}{2.259/12} = -210 \tag{7.121}$$

但是,L_B 必须不小于 0.13,所以 $L_B = 0.13$。因为 $\lambda_g = 0.65$,大于 L_B,所以不是泡流,再用 Hage-dorn – Brown 关系式进行检查。

接下来计算无量纲量 N_{vl}，N_{vg}，N_D 和 N_L。由式（7.99）至式（7.102），可得 $N_{vl} = 10.28$，$N_{vg} = 19.20$，$N_D = 29.35$，$N_L = 9.26 \times 10^{-3}$。现在根据图 7.12 至图 7.14 或式（7.103）至式（7.106）确定持液率 y_1。由图 7.12 或式（7.103），可得 $CN_L = 0.0022$。则：

$$H = \frac{N_{vl}}{N_{vg}^{0.575}}\left(\frac{p}{p_a}\right)^{0.1}\frac{CN_L}{N_D} = \frac{10.28}{19.2^{0.575}} \times \left(\frac{800}{14.7}\right)^{0.1} \times \frac{0.0022}{29.35} = 2.1 \times 10^{-4} \quad (7.122)$$

且由图 7.13 或式（7.10）得，$y_1/\psi = 0.46$。最后计算

$$B = \frac{N_{vg}N_L^{0.380}}{N_D^{2.14}} = \frac{19.2 \times (9.26 \times 10^{-3})^{0.38}}{29.35^{2.14}} = 2.34 \times 10^{-3} \quad (7.123)$$

由图 7.14 或式（7.107）得，$\psi = 1.0$。注意，对于低黏液体，ψ 通常为 1.0，因此滞留率为 0.46。将其与输入液体分数 λ_1 进行比较，本例中 λ_1 为 0.35。如果 y_1 小于 λ_1，则令 y_1 等于 λ_1。

接下来，根据式（7.110）计算两相雷诺数。质量流量为：

$$\dot{m} = \dot{m}_1 + \dot{m}_g = A(\mu_{sl}\rho_1 + \mu_{sg}\rho_g) \quad (7.124)$$

根据式（7.44）计算气体密度：

$$\rho_g = \frac{28.97 \times 0.709 \times 800\text{psi}}{0.935 \times 10.73\text{psi} \cdot \text{ft}^3/(\text{lb} \cdot \text{mol} \cdot {}^\circ\text{R}) \times 635{}^\circ\text{R}} = 2.6 \text{ lb}/\text{ft}^3 \quad (7.125)$$

所以

$$\dot{m} = 0.0278\text{ft}^2 \times (4.67\text{ft/s} \times 49.9\text{lb/ft}^3 + 8.72\text{ft/s} \times 2.6\text{lb/ft}^3) \times 86400\text{s/d}$$

$$= 614000\text{lb/d} \quad (7.126)$$

$$N_{Re} = \frac{2.2 \times 10^{-2} \times 6.14 \times 10^5}{2.259/12 \times 2^{0.46} \times 0.0131^{0.54}} = 5.42 \times 10^5 \quad (7.127)$$

由图 7.7 或式（7.35）得，$f = 0.0046$。就地平均密度为：

$$\bar{\rho} = y_1\rho_1 + (1 - y_1)\rho_g = 0.46 \times 49.9 + 0.54 \times 2.6 = 24.4 \text{ lb}/\text{ft}^3 \quad (7.128)$$

最后，由式（7.93），有：

$$\frac{dp}{dz} = \frac{1}{144}\left[\bar{\rho} + \frac{f\dot{m}^2}{(7.413 \times 10^{10})D^5\bar{\rho}}\right]$$

$$= \frac{1}{144} \times \left[24.4 + \frac{0.0046 \times 614000^2}{7.413 \times 10^{10} \times (2.259/12)^5 \times 24.4}\right]$$

$$= \frac{1}{144} \times (24.4 + 4.1) = 0.190\text{psi/ft} \quad (7.129)$$

7.4.3.4　Beggs - Brill 方法

Beggs - Brill 关系式（1973）与 Hagedorn - Brown 关系式有很大区别，Beggs - Brill 关系式可用于任何斜管和任意流动方向。该方法基于水平管中的流态建立，是考虑倾斜情况下滞留特性得到的关系式。必须记住，该关系式确定的流态是完全水平管道中将会出现的流态，而可能不是其他任意角度管道中的实际流态。Beggs - Brill 方法适用于任何角度的斜井。

Beggs - Brill 方法使用一般机械能平衡方程[式（7.88）]和就地平均密度[式（7.90）]来计

算压力梯度,且使用了以下参数:

$$N_{FR} = \frac{\mu_m^2}{gD} \tag{7.130}$$

$$\lambda_1 = \frac{\mu_{sl}}{\mu_m} \tag{7.131}$$

$$L_1 = 316\lambda_1^{0.302} \tag{7.132}$$

$$L_2 = 0.0009252\lambda_1^{-2.4684} \tag{7.133}$$

$$L_3 = 0.10\lambda_1^{-1.4516} \tag{7.134}$$

$$L_4 = 0.5\lambda_1^{-6.738} \tag{7.135}$$

Beggs – Brill 方法中作为相关参数使用的水平流态分为:分离流、过渡流、间歇流和分散流(见第 8 章中对水平流态的讨论)。下面给出了流态之间的转换:

如果 $\lambda_1 < 0.01$ 且 $N_{FR} < L_1$,或 $\lambda_1 \geqslant 0.01$ 且 $N_{FR} < L_2$[式(7.136)],则出现分离流;

如果 $\lambda_1 \geqslant 0.01$ 且 $L_2 < N_{FR} \leqslant L_3$[式(7.137)],则出现过渡流;

如果 $0.01 \leqslant \lambda_1 < 0.4$ 且 $L_3 < N_{FR} \leqslant L_1$,或 $\lambda_1 > 0.4$ 且 $L_3 < N_{FR} \leqslant L_4$[式(7.138)],则出现间歇流;

如果 $\lambda_1 < 0.4$ 且 $N_{FR} \geqslant L_1$,或 $\lambda_1 \geqslant 0.4$ 且 $N_{FR} > L_4$[式(7.139)],则出现分散流。

对于分离流、间歇流和分散流,计算滞留率和平均密度所用的表达式相同。它们为:

$$y_1 = y_{lo}\psi \tag{7.140}$$

$$y_{lo} = \frac{a\lambda_1^b}{N_{FR}^c} \tag{7.141}$$

约束条件为 $y_{lo} \geqslant \lambda_1$。且:

$$\psi = 1 + C[\sin(1.8\theta) - 0.333\sin^3(1.8\theta)] \tag{7.142}$$

其中

$$C = (1 - \lambda_1)\ln(d\lambda_1^e N_{vl}^f N_{FR}^g) \tag{7.143}$$

式中,a、b、c、d、e、f 和 g 取决于流态,在表 7.2 中给出。C 必须不小于 0。

表 7.2　Beggs – Brill 滞留率常数

流型	a	b	c	
分离流	0.98	0.4846	0.0868	
间歇流	0.845	0.5351	0.0173	
分散流	1.065	0.5824	0.0609	
流型	d	e	f	g
分离上坡流	0.011	−3.768	3.539	−1.614
间歇上坡流	2.96	0.305	−0.4473	0.0978
分散上坡流	无校正,$C=0$,$\psi=1$			
所有流型下坡流	4.70	−0.3692	0.1244	−0.5056

如果流态为过渡流,持液率用分离流和间歇流方程计算,并用式(7.144)进行插值:

$$y_1 = Ay_1(\text{分离}) + By_1(\text{间歇}) \tag{7.144}$$

其中

$$A = \frac{L_3 - N_{FR}}{L_3 - L_2} \tag{7.145}$$

$$B = 1 - A \tag{7.146}$$

摩擦压力梯度由式(7.147)计算:

$$\left(\frac{\mathrm{d}p}{\mathrm{d}z}\right)_F = \frac{2f_{tp}\rho_m\mu_m^2}{g_c D} \tag{7.147}$$

其中

$$\rho_m = \rho_l\lambda_l + \rho_g\lambda_g \tag{7.148}$$

且

$$f_{tp} = f_n\frac{f_{tp}}{f_n} \tag{7.149}$$

无滑脱摩擦系数 f_n 基于实际管道相对粗糙度,其雷诺数为:

$$N_{Rem} = \frac{\rho_m\mu_m D}{\mu_m} = 1488\frac{\rho_m\mu_m D}{\mu_m} \tag{7.150}$$

式中: ρ_m 单位为 $\mathrm{lb/ft^3}$; u_m 单位为 $\mathrm{ft/s}$; D 单位为 in; μ_m 单位为 cP。且其中:

$$\mu_m = \mu_l\lambda_l + \mu_g\lambda_g \tag{7.151}$$

则两相摩擦系数 f_{tp} 为:

$$f_{tp} = f_n e^s \tag{7.152}$$

其中

$$s = \frac{\ln x}{-0.0523 + 3.182\ln x - 0.8725(\ln x)^2 + 0.01853(\ln x)^4} \tag{7.153}$$

且

$$x = \frac{\lambda_l}{y_1^2} \tag{7.154}$$

由于在区间 $1 < x < 1.2$ 上, s 的值不确定。对于该区间,有:

$$s = \ln(2.2x - 1.2) \tag{7.155}$$

动能对压力梯度的贡献用参数 E_k 表示如下:

$$\frac{\mathrm{d}p}{\mathrm{d}z} = \frac{(\mathrm{d}p/\mathrm{d}z)_{PE} + (\mathrm{d}p/\mathrm{d}z)_F}{1 - E_k} \tag{7.156}$$

其中

$$E_k = \frac{\mu_m \mu_{sg} \rho_m}{g_c p} \tag{7.157}$$

与表 40 中内径 2in 的倾斜管道中气水流动的大量测量值相比较,Payne 等发现,Beggs - Brill关系式低估了摩擦系数,而高估了滞留率。为了校正这些误差,Payne 等建议计算摩擦系数时考虑管道粗糙度(原始关系式中假设为光滑管),随之采用得到的修正滞留率对原关系式进行了改进。用 y_{lo} 表示原始关系式计算得到的滞留率,修正后的持液率为:

$$y_l = 0.924 y_{lo} \quad (\theta > 0 \text{ 时}) \tag{7.158}$$

或

$$y_l = 0.685 y_{lo} \quad (\theta < 0 \text{ 时}) \tag{7.159}$$

例 7.9 用 Beggs - Brill 方法计算压力梯度

用 Beggs - Brill 方法重新计算例 7.8。

解:

首先,确定水平流动中可能出现的流态。根据式(7.130)至式(7.135),及例 7.8 中计算得到的 u_m(13.39ft/s)和 λ_l(0.35),得:

$$N_{FR} = 29.6, L_1 = 230, L_2 = 230, L_3 = 230, L_4 = 230$$

检查流态界限[式(7.136)至式(7.139)],发现:

$$0.01 \leqslant \lambda_l < 0.4 \quad \text{且} \quad L_3 < N_{FR} \leqslant L_1 \tag{7.160}$$

然后,利用式(7.142)、式(7.143)可得:

$$C = (1 - 0.35) \times \ln(29.6 \times 0.35^{0.305} \times 10.28^{-0.4473} \times 29.6^{0.0978}) = 0.0351 \tag{7.161}$$

$$\psi = 1 + 0.0351 \times [\sin(1.8 \times 90) - 0.333 \times \sin^3(1.8 \times 90)] = 1.01 \tag{7.162}$$

所以,由式(7.140),有:

$$y_l = 0.454 \times 1.01 = 0.459 \tag{7.163}$$

对于上升流,应用 Payne 修正:

$$y_l = 0.924 \times 0.459 = 0.424 \tag{7.164}$$

就地平均密度为:

$$\bar{\rho} = y_l \rho_l + y_g \rho_g = 0.424 \times 49.9 + (1 - 0.424) \times 2.6 = 22.66 \text{ lb/ft}^3 \tag{7.165}$$

势能压力梯度为:

$$\left(\frac{dp}{dz}\right)_{PE} = \frac{g}{g_c} \bar{\rho} \sin\theta = \frac{22.66 \times \sin 90}{144} = 0.157 \text{psi/ft} \tag{7.166}$$

为计算摩擦压力梯度,用式(7.148)和式(7.151)计算输入分数加权密度和黏度:

$$\rho_m = 0.35 \times 49.9 + 0.65 \times 2.6 = 19.1 \text{lb/ft}^3 \tag{7.167}$$

$$\mu_m = 0.35 \times 2 + 0.65 \times 0.0131 = 0.079 \text{cP} \tag{7.168}$$

由式(7.150)得雷诺数为

$$N_{Rem} = 1488 \times \frac{19.1 \times 13.39 \times 2.259/12}{0.709} = 101000 \tag{7.169}$$

当相对粗糙度为 0.0006 时,由 Moody 图版或 Chen 方程可得无滑脱摩擦系数 f_n 为 0.005。然后,由式(7.152)到式(7.154)得:

$$x = \frac{0.35}{0.424^2} = 1.95 \tag{7.170}$$

$$s = \frac{\ln 1.95}{-0.0523 + 3.182 \times \ln 1.95 - 0.8725 \times (\ln x)^2 + 0.01853 \times (\ln 1.95)^4}$$

$$= 0.395 \tag{7.171}$$

$$f_{tp} = 0.005 \times e^{0.395} = 0.0068 \tag{7.172}$$

由式(7.147)得,摩擦压力梯度为:

$$\left(\frac{dp}{dz}\right)_F = \frac{2 \times 0.0068 \times 19.1 \times 13.39^2}{32.17 \times 2.259/12} = 7.7 \text{ lbf/ft}^3 = 0.054 \text{psi/ft} \tag{7.173}$$

总压力梯度为

$$\frac{dp}{dz} = \left(\frac{dp}{dz}\right)_{PE} + \left(\frac{dp}{dz}\right)_F = 0.157 + 0.054 = 0.211 \text{psi/ft} \tag{7.174}$$

7.4.3.5 灰色关联法

灰色关联法专门针对湿气井建立,通常用于伴有自由水或凝析液产出的气井。该方法通过经验公式计算持液率来计算势能梯度,以及通过经验公式计算有效管壁粗糙度来确定摩擦压力梯度。

首先,计算 3 个无量纲数:

$$N_1 = \frac{\rho_m^2 \mu_m^4}{g\sigma(\rho_1 - \rho_g)} \tag{7.175}$$

$$N_2 = \frac{gD^2(\rho_1 - \rho_g)}{\sigma} \tag{7.176}$$

$$N_3 = 0.0814 \left[1 - 0.0554 \ln\left(1 + \frac{730R_v}{R_v + 1}\right) \right] \tag{7.177}$$

其中

$$R_v = \frac{\mu_{sl}}{\mu_{sg}} \tag{7.178}$$

滞留率关系式为:

$$y_1 = 1 - (1 - \lambda_1)[1 - \exp(f_1)] \tag{7.179}$$

其中

$$f_1 = -2.314 \left[N_1 \left(1 + \frac{205}{N_2} \right) \right]^{N_3} \tag{7.180}$$

然后,用就地平均密度计算势能压力梯度。

为了计算摩擦压力梯度,灰色关联法使用有效管壁粗糙度对沿管壁的液体进行描述。有效粗糙度关系式为

$$k_e = k_o \qquad R_v > 0.007 \text{ 时} \tag{7.181}$$

或

$$k_e = k + R_v \left(\frac{k_o - k}{0.007} \right) \qquad R_v < 0.007 \text{ 时} \tag{7.182}$$

其中

$$k_o = \frac{12.92738\sigma}{\rho_m u_m^2} \tag{7.183}$$

且 k 为管壁绝对粗糙度。式(7.183)中的常数是将所有变量单位进行统一所得到的系数。使用油田单位,σ 单位为 dyn/cm;ρ 单位为 lb/ft³;u_m 单位为 ft/s。则:

$$k_o = \frac{0.285\sigma}{\rho_m u_m^2} \tag{7.184}$$

有效粗糙度除以管径,即为相对粗糙度。根据相对粗糙度和雷诺数(10^7),可计算得到摩擦系数。

例 7.10 用灰色关联法计算压力梯度

对于附录 C 中的气井,产气量为 $2 \times 10^6 \text{ft}^3/\text{d}$,且每百万标准立方英尺气伴有 50bbl 的水产出。表面油管压力为 200psi,温度为 100℉。气水界面张力为 60dyn/cm,管道相对粗糙度为 0.0006。忽略动能压力梯度,试计算油管顶部的压力梯度。对应位置处的水密度为 65lb/ft³,黏度为 0.6cP。

解:

首先,需要确定该气体的系数 Z。

$p_{pr} = 0.298$(即 $p/p_{pc} = 200/671$),$T_{pr} = 1.49$(即 $T/T_{pc} = 560/375$)。由图 4.1 可得,$Z = 0.97$。

如果使用内径 $2\frac{7}{8}$in 的油管,则流动面积 $A = 0.0278 \text{ ft}^2$。

表观速度计算如下:

$$u_{sl} = \frac{q_1}{A} = \frac{100\text{bbl/d} \times 5.615 \text{ ft}^3/\text{bbl} \times 1\text{d}/86400\text{s}}{0.0278 \text{ ft}^2} = 0.2335\text{ft/s} \tag{7.185}$$

气体表观速度可根据式(7.45)用标准条件下的体积流量计算得到:

$$u_{sg} = \frac{4}{\pi \times (2.259/12)^2} \times 2 \times 10^6 \text{ ft}^3/\text{d} \times 0.97 \times \frac{460 + 100}{460 + 60} \times \frac{14.7}{200} \times \frac{1\text{d}}{86400\text{s}} = 63.9\text{ft/s}$$

$$\tag{7.186}$$

混合物速度为：

$$u_m = u_{sl} + u_{sg} = 0.2335 + 63.9 = 64.09 \text{ft/s} \qquad (7.187)$$

液体的输入分数为

$$\lambda_l = \frac{u_{sl}}{u_m} = \frac{0.2335}{63.9} = 0.0036 \qquad (7.188)$$

气体密度由式(7.44)计算得：

$$\rho_g = \frac{28.97 \times 0.65 \times 200 \text{psi}}{0.97 \times 10.73 \text{psi} \cdot \text{ft}^3/(\text{lb} \cdot \text{mol} \cdot {}^\circ\text{R}) \times 560{}^\circ\text{R}} = 0.65 \text{ lb/ft}^3 \qquad (7.189)$$

输入分数加权密度由式(7.148)计算得：

$$\rho_m = 0.0036 \times 65 + (1 - 0.0036) \times 0.65 = 0.88 \text{ lb/ft}^3 \qquad (7.190)$$

由式(7.175)和式(7.176)，计算 N_1 和 N_2 得：

$$N_1 = \frac{\rho_m^2 u_m^4}{g \sigma (\rho_l - \rho_g)}$$

$$= \frac{(0.88 \text{ lb/ft}^3)^2 \times (64.09 \text{ft/s})^4}{32.17 \text{ft} \cdot \text{lb}/(\text{lbf} \cdot \text{s}^2) \times 60 \text{dyn/cm} \times \left(6.85 \times 10^{-5} \dfrac{\text{lbf/ft}}{\text{dyn/cm}}\right) \times (65 \text{ lb/ft}^3 - 0.65 \text{ lb/ft}^3)}$$

$$= 1.537 \times 10^6 \qquad (7.191)$$

$$N_2 = \frac{g D^2 (\rho_l - \rho_g)}{\sigma} = \frac{32.17 \text{ft} \cdot \text{lb}/(\text{lbf} \cdot \text{s}^2) \times (2.259/12 \text{ft})^2 \times (65 \text{ lb/ft}^3 - 0.65 \text{ lb/ft}^3)}{60 \text{dyn/cm} \times \left(6.85 \times 10^{-5} \dfrac{\text{lbf/ft}}{\text{dyn/cm}}\right)}$$

$$= 1.785 \times 10^4 \qquad (7.192)$$

根据式(7.178)和式(7.177)，计算 R_v 和 N_3 得：

$$R_v = \frac{u_{sl}}{u_{sg}} = \frac{0.2335}{63.9} = 0.0037 \qquad (7.193)$$

$$N_3 = 0.0814 \times \left[1 - 0.0554 \times \ln\left(1 + \frac{730 \times 0.0037}{0.0037 + 1}\right)\right] = 0.0755 \qquad (7.194)$$

根据式(7.180)和式(7.179)，得 f_1 和 y_1 为：

$$f_1 = -2.314 \left[N_1\left(1 + \frac{205}{N_2}\right)\right]^{N_3} = -6.7942 \qquad (7.195)$$

$$y_1 = 1 - (1 - \lambda_l)(1 - \exp(f_1)) = 0.0048 \qquad (7.196)$$

就地平均密度为：

$$\bar{\rho} = y_1 \rho_1 + (1 - y_1)\rho_1 = 0.0048 \times 65 + (1 - 0.0048) \times 0.65 = 0.9524 \text{ lb/ft}^3$$

$$(7.197)$$

势能压力梯度为：

$$\left(\frac{\mathrm{d}p}{\mathrm{d}z}\right)_{\mathrm{PE}} = \frac{g}{g_{\mathrm{c}}}\bar{\rho}\sin\theta = \frac{0.9524 \times \sin 90°}{144} = 0.0066\,\mathrm{psi/ft} \tag{7.198}$$

管壁绝对粗糙度为 $k = \varepsilon D = 0.0006 \times 2.259/12 = 0.000113\,\mathrm{ft}$。

根据式（7.184），有：

$$k_{\mathrm{o}} = \frac{0.285 \times 60\,\mathrm{dyn/cm}}{0.88\,\mathrm{lb/ft^3} \times (64.09\,\mathrm{ft/s})^2} = 0.0047\,\mathrm{ft} \tag{7.199}$$

由于 $R_{\mathrm{v}} = 0.0037 < 0.007$，有：

$$k_{\mathrm{e}} = k + \frac{k_{\mathrm{o}} - k}{0.007}R_{\mathrm{v}} = 0.0025\,\mathrm{ft} \tag{7.200}$$

有效相对粗糙度为 $k_{\mathrm{e}}/D = 0.0134$。根据式（7.37），Fanning 摩擦系数为 0.0105。

由式（7.147），得摩擦压力梯度为：

$$\left(\frac{\mathrm{d}p}{\mathrm{d}z}\right)_{\mathrm{F}} = \frac{2 \times 0.0105 \times 0.88 \times 64.09^2}{32.17 \times 2.259/12 \times 144} = 0.087\,\mathrm{psi/ft} \tag{7.201}$$

总压力梯度为：

$$\left(\frac{\mathrm{d}p}{\mathrm{d}z}\right) = \left(\frac{\mathrm{d}p}{\mathrm{d}z}\right)_{\mathrm{PE}} + \left(\frac{\mathrm{d}p}{\mathrm{d}z}\right)_{\mathrm{F}} = 0.066 + 0.087 = 0.0936\,\mathrm{psi/ft} \tag{7.202}$$

7.4.4 压力剖面计算

我们已经检验了几种可用于计算井中任意位置压力梯度 $\mathrm{d}p/\mathrm{d}z$ 的方法。然而目标往往是计算较长距离上的总压力降 Δp，由于井下流动性质随温度和压力变化，该段距离上气液两相流的压力梯度可能会有明显变化。例如，在如图 7.15 所示的井中，油管下面部分的压力高于泡点压力，流动为单相油流。在压力降至泡点压力以下的某点，气体从溶解状态下分离出来，从而形成泡状流；当压力继续下降，油管上部可能出现其他流态。

因此，我们必须将整个距离分成足够小的分段，以使每小段的流动性质和压力梯度接近于常数。将每小段的压力梯度相加求和即可得总压降，这种分段计算方法通常称为压力剖面计算。

由于温度和压力均是变化的，压力剖面的计算通常需要进行迭代。温度剖面通常近似为地面温度和井底温度间的线性变化，如图 7.15 所示。压力剖面计算可通过两种方法进行，一种是设定长度增量计算压降；另一种是设定压降，求出这一压降对应的深度间隔（Brill 和 Beggs，1978）。当用计算机编程进行压力剖面计算时，设定长度增量的方法通常更方便；而对于人为计算，设定压降增量的方法更方便。

7.4.4.1 设定长度增量计算压力剖面

已知任意位置 L_1（通常为井口或井底）的压力 p_1 作为起点，接下来的步骤为：

（1）选择一个长度增量 ΔL，油管流动的典型值为 200ft。

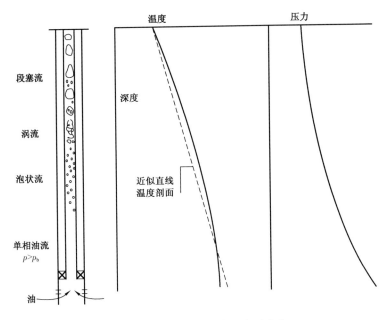

图 7.15 井中压力、温度和流型分布

（2）估计一个对应 ΔL 的压降 Δp。先计算无滑脱平均密度，由此计算势能压力降。估计的 Δp 即为势能压降乘以深度增量，通常估计值偏小。

（3）计算平均压力$(p_1 + \Delta p/2)$和平均温度$(T_1 + \Delta T/2)$下的所有流体性质；

（4）用两相流关系式计算压降 $\mathrm{d}p/\mathrm{d}z$。

（5）由式（7.203）得到新的 Δp 估计值：

$$\Delta p_{\text{new}} = \left(\frac{\mathrm{d}p}{\mathrm{d}z}\right)\Delta L \tag{7.203}$$

（6）如果在规定的误差范围内 $\Delta p_{\text{new}} \neq \Delta p_{\text{old}}$，则返回步骤（3），用新的 Δp 估计值重复这一计算过程，直到满足误差范围。

7.4.4.2　设定压力增量计算压力剖面

已知任意位置 L_1（通常为井口或井底）的压力 p_1 作为起点，接下来的步骤为：

（1）选择一个压降增量 Δp。压降增量应小于压力 p_1 的 10%，且每步间不相同。

（2）估计一个对应 Δp 的长度增量。如同设定长度增量计算压力剖面方法那样，可通过无滑脱密度估计的压降来实现长度增量的估计。

（3）计算平均压力$(p_1 + \Delta p/2)$和平均温度$(T_1 + \Delta T/2)$下的所有必要的流体性质。

（4）用两相流关系式计算压降 $\mathrm{d}p/\mathrm{d}z$。

（5）由式（7.204）估计长度增量：

$$\Delta L_{\text{new}} = \frac{\Delta p}{(\mathrm{d}p/\mathrm{d}z)} \tag{7.204}$$

（6）如果在规定的误差范围内 $\Delta L_{\text{new}} \neq \Delta L_{\text{old}}$，则回到步骤（3），用新的 Δp 估计值重复这一计算过程。在这个过程中，由于井中温度变化缓慢，而平均压力增量是设定值，所以收敛较快。对于假设井温恒定的情况，则不需要迭代。

由于压力剖面计算需要迭代,且流体性质和压力梯度计算冗长,所以使用计算机编程进行压力剖面计算是最简便的方法。

例 7.11 垂直井的压力剖面计算

使用改进的 Hagedorn – Brown 方法,垂直井中流动条件如下:$q_o = 400\text{bbl/d}$,$WOR = 1$,$p_{sep} = 100\text{psi}$,平均温度 $T = 140\,^{\circ}\text{F}$,$\gamma_g = 0.65$,$\gamma_o = 35\,^{\circ}\text{API}$,$\gamma_w = 1.074$,油管内径为 0.25in。作出从地面到 10000ft 范围内气油比 $0 \sim 4000$ 的压力—深度关系图。

解:

对于每个 GOR 都要进行压力剖面计算,所以最好用计算机编程来完成。使用改进的 Hagedorn – Brown 方法,并用第 3 章 3.2 节中给出的关系式计算流体性质,得到的结果如图 7.16 所示,此图通常称为梯度曲线图。Brown(1977)提出的相关图表也是根据改进的 Hagedorn – Brown 方法得到的。

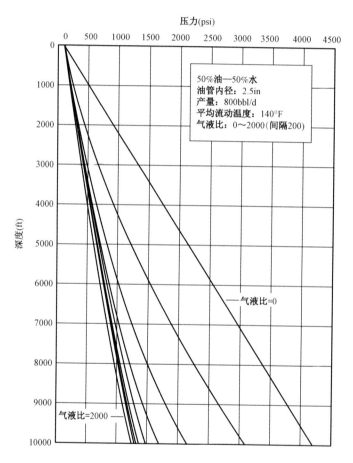

图 7.16 根据改进的 Hagedorn – Brown 关系式得到的压力梯度曲线

参 考 文 献

[1] Ansari, A. M. , et al. , "A Comprehensive Mechanistic Model for Two – Phase Flow in Well – bores," SPEPF Paper, May 1994, p. 143; Trans. AIME, p. 285.

[2] Ansari, A. M. , et al. , "Supplement to Paper SPE 20630, A Comprehensive Mechanistic Model for Two – Phase Flow in Wellbores," SPE 28671, May 1994.

[3] Beggs,H. D. ,and Brill,J. P. ,"A Study of Two – Phase Flow in Inclined Pipes ,"JPT,607 – 617(May 1973).

[4] Bradley,H. D. ,ed . ,Petroleum Engineering Handbook,Society of Petroleum Engineers,Richardson,TX,1987.

[5] Brill,J. P. ,and Beggs,H. D. ,Two – Phase Flow in Pipes,University of Tulsa,Tulsa OK,1978.

[6] Brill,J. P. ,and Mukherjee,H. ,Multiphase Flow in Wells, SPE Monograph Vol. 17,Society of Petroleum Engineers,Richardson,TX,1999.

[7] Brown,K. E. ,The Technology of Artificial Lift Methods,Vol. 1,Pennwell Books,Tulsa,OK,(1977).

[8] Chen,N. H. ,"An Explicit Equation for Friction Factor in Pipe,"Ind. Eng. Chem. Fund. ,18:296(1977).

[9] Duns,H. , Jr. , and Ros,N. C. J. , "Vertical Flow of Gas and Liquid Mixtures in Wells,"Proc. , Sixth World Petroleum Congress,Vol. 2,Paper 22,Frankfurt,1963.

[10] Govier,G. W. ,and Aziz,K. ,The Flow of Complex Mixtures in Pipes,2nd edition,Society of Petroleum Engineers, Richardson,Texas,2008.

[11] Gray,H. E. ,"Vertical Flow Correlations in Gas Wells ,"in User Manual for API 14B,Subsurface Controlled Safety Valve Sizing,Appendix B,June 1974.

[12] Gregory,G. A. ,and Fogarasi,M. ,"Alternate to Standard Friction Factor Equation ,"Oil and Gas J. ,120 – 127 (April l,1985).

[13] Griffith,P. ,and Wallis,G. B. ,"Two – Phase Slug Flow,"J. Heat Transfer,Trans. ASME,Ser. C. ,83:307 – 320(August 1961).

[14] Hagedorn,A. R. ,and Brown,K. E. ,"Experimental Study of Pressure Gradients Occurring During Continuous Two – Phase Flow in Small – Diameter Vertical Conduits,"JPT,475 – 484(April 1965).

[15] Moody,L. E. ,"Friction Factors for Pipe Flow,"Trans. ASME,66:671(1944).

[16] Payne,G. A. ,et al. ,"Evaluation of Inclined – Pipe Two – Phase Liquid Holdup snd Pressure – Loss Correlations Using Experimental Data,"JPT,1198(September1979);Trans. AIME,267:Part l,1198 – 1208.

[17] Taitel,Y. ,Barnea,D. ,and Dukler,A. E. ,"Modelling Flow Pattern Transitions for Steady Upward Gas – Liquid Flow in Vertical Tubes,"AIChE J. ,26(6):345 – 354(May 1980).

习　　题

7.1 在深 8000ft 的垂直井中,注入密度为 1.08g/cm³、黏度为 1.3cP 的盐水,注入速度为 1500bbl/d,地面压力为 200psi,计算以下油管条件下的井底压力:(1)2in、3.4lb/ft 的油管;(2)2⅞in、8.6lb/ft 的油管;(3)3½in、12.70lb/ft 的油管。

7.2 在一口深 10000ft 的井中,使用 2⅞in、8.6lb/ft 的新油管生产,其流体如附录 A 所示。井偏离垂直方向 25°,产量为 2000bbl/d。计算:

(1)将油抽至地面所引起的势能压力降;

(2)如果油管的相对粗糙度为 0.0006,计算摩擦压力降;

(3)动能变化是否可以忽略? 为什么?

(4)作出该井摩擦压降与流量的函数关系图,其中流量从 500bbl/d 变化到 10000bbl/d。

7.3 为满足管线要求,某气井必须保持井口压力为 600psi。垂直井井深 15000ft,使用 2⅞in、8.6lb/ft 的新油管生产。作出气体流量与 p_{wf} 的函数关系图。气体相对密度为 0.65,假设地面温度为 80℉,温度梯度为 0.02℉/ft。

7.4 绘制附录 C 中的气井在 $500 \times 10^3 \text{ft}^3/\text{d} < q < 10000 \times 10^3 \text{ft}^3/\text{d}$ 条件下的井底流压—流量曲线,其他数据如下:$\mu = 0.022\text{cP}$,$Z = 0.93$,$H = 10000\text{ft}$,$p_{tf} = 500\text{psi}$,$D_i = 2⅞\text{in}$,$\varepsilon = 0.0006$。

分别绘制油管内径分别为 2in 和 3in 时的曲线。

7.5 内径 6in 的油管中油流量为 5ft/s,气流量为 10ft³/s,计算滞留率为 0.8 时的滑脱速度。

7.6 内径3in 的垂直管中,油流量为 1000bbl/d,油的密度为 $0.8g/cm^3$,表面张力为 30dyn/cm。请问天然气流量为多少时会出现区域 I 向区域 II(Duns-Ros 流型图)的转变?

7.7 使用改进的 Hagedorn-Brown 方法,$GOR=100$,$WOR=1.0$,油管内径为 $2\frac{7}{8}$ in。计算附录 B 中油产量为 1200bbl/d 的垂直井在以下条件的压力梯度:(a)地面温度 $T=100$℉,$p_{tf}=100psi$;(b)井底温度 $T=180$℉,$p_{wf}=3000psi$。

7.8 使用 Beggs-Brill 关系式重新计算习题 7.7 中的井底压力梯度,不过井由垂直井变为偏离垂直方向35°的斜井,井底处 $T=180$℉,$p_{wf}=3000psi$。

7.9 结合本章提出的两种关系式,编写使用设定长度增量方法计算两相流压力剖面的计算机程序,假设地面压力已知,求井底压力。

7.10 如附录 B 中给定的井,地面温度变化范围为 30~100℉,气体相对密度为 0.71,原油相对密度为 32,假设该井使用的分离器和其他地面设备安置在离井口 2000ft 且在井口以上 200ft 的位置。该井流量应不超过 500bbl/d,GOR 应为 500~1000ft^3/bbl,井口压力为 500psi,且压降应不大于 50psi。试问从井口到分离器应该使用多大管径的管线?

第8章 水平井筒、井口及集输系统内流动

8.1 简介

本章主要讨论水平或近似水平管内的流体流动,包括水平井筒中的流动以及从井口到处理站的流动。在原油生产中,典型的处理设备为两相或三相分离器;在天然气生产中,该处理设备可能是天然气加工厂、压缩站或简单的输送管线;而对于注入井,我们所关心的地面输送是从水处理设施或泵到注水井的输送。本章不讨论长距离管线输送,因此计算中将不考虑地形或流体温度变化的影响。

如垂直井筒中的流动,我们关心的主要是流体沿管线流动时,其压力与位置的函数关系。除管线内流动外,通过接头和油嘴的流动也是地面输送需要考虑的重要事项。

8.2 水平管线内流动

8.2.1 单相液流

水平管中的单相流可用第 7 章中提出的井筒单相流公式来描述,但它是势能压力降为零时的简化形式。如果流体不可压缩且管径为常数,则动能压降也为零。机械能平衡式[式(7.15)]可简化为:

$$\Delta p = p_1 - p_2 = \frac{2f_f \rho \mu^2 L}{g_c D} \tag{8.1}$$

如第 7 章所述,摩擦系数可由 Chen 方程[式(7.35)]或 Moody 图(图 7.7)得到。

例 8.1 注水供应管线中的压降

在例 7.2 和例 7.4 中,从中心泵站通过管线以 1000bbl/d 的速度给注水井供水,供水管线长 3000ft,内径为 1½in。镀锌铁管的相对粗糙度为 0.0004。如果井口压力为 100psi,那么泵站压力为多少?忽略通过阀门或其他接头的压降,水的相对密度为 1.05,黏度为 1.2cP。

解:

应用式(8.1),并采用第 7 章中所述的方法计算雷诺数和摩擦系数。由式(7.7)计算雷诺数为 53900;由 Chen 方程[式(7.35)]计算摩擦系数为 0.0076。体积流量除以管线截面积,可得平均流速为 5.3ft/s。然后,由式(8.1)得:

$$\Delta p = p_1 - p_2 = \frac{2 \times 0.0076 \times 65.5 \times 5.3^2 \times 3000}{32.17 \times (1.5/12)}$$

$$= 20800 \text{lbf/ft}^2 = 145 \text{psi} \tag{8.2}$$

所以

$$p_1 = p_2 + 145 = 100 + 145 = 245 \text{psi} \tag{8.3}$$

即流经长 3000ft 的管线的压力损失。如果使用更粗的管线供水,压力损失可大大降低,因为摩擦压降约取决于管径的 5 次方。

8.2.2 单相气流

如果忽略动能压力降,可压缩流体(天然气)水平流动的压力降可由式(7.50)和式(7.54)计算得到,方程中使用整体管长上 Z, T 和 u 的平均值。在高速低压管线中,动能的变化可能十分明显。这种情况下,对于水平管线,机械能平衡为:

$$\frac{\mathrm{d}p}{\rho} + \frac{\mu \mathrm{d}\mu}{g_c} + \frac{2f_f \mu^2 \mathrm{d}L}{g_c D} = 0 \tag{8.4}$$

对于真实气体,ρ 和 μ 分别由式(7.44)和式(7.45)计算得到。动能项的微分形式为:

$$\mu \mathrm{d}\mu = -\left(\frac{4qZT}{\pi D^2}\frac{p_{\mathrm{sc}}}{T_{\mathrm{sc}}}\right)^2 \frac{\mathrm{d}p}{p^3} \tag{8.5}$$

将 ρ 和 $\mu \mathrm{d}\mu$ 代入式(8.4),并假设整个管线长度上 Z 和 T 的平均值,积分得:

$$p_1^2 - p_2^2 = \frac{32}{\pi}\frac{28.97\gamma_{\mathrm{g}}\overline{Z}\,\overline{T}}{Rg_c D^4}\left(\frac{p_{\mathrm{sc}}q}{T_{\mathrm{sc}}}\right)^2\left(\frac{2f_f L}{D} + \ln\frac{p_1}{p_2}\right) \tag{8.6}$$

使用油田单位,得:

$$p_1^2 - p_2^2 = (4.95 \times 10^{-6})\frac{\gamma_{\mathrm{g}}\overline{Z}\,\overline{T}q^2}{D^4}\left(\frac{24f_f L}{D} + \ln\frac{p_1}{p_2}\right) \tag{8.7}$$

式中:p_1 和 p_2 的单位为 psi;T 的单位为 °R;q 的单位为 $10^3\mathrm{ft}^3/\mathrm{d}$;$D$ 的单位为 in;L 的单位为 ft。摩擦系数由雷诺数和管壁粗糙度计算得到,式(7.55)给出了油田单位下的雷诺数。

除代表动能压降的 $\ln(p_1/p_2)$ 附加项外,式(8.7)与式(7.50)是相同的。式(8.7)是 p 的隐式方程,必须迭代求解。该方程可通过先忽略动能项求解;然后比较 $\ln(p_1/p_2)$ 与 $24f_f L/D$,若两者相差很小,则动能压力降可忽略。

例 8.2 低压天然气管线的流动能力

低压气井(井口压力为 100psi)生产的天然气通过长 1000ft、内径为 3in 的管线输送到压缩站,压缩站入口压力必须保持不低于 20psi。天然气的相对密度为 0.7,温度为 100°F,平均黏度为 0.012cP。问通过天然气管线的最大可能流量为多少?

解:

可用式(8.7)求解 q。为求得摩擦系数,先需要得到雷诺数。可通过假设流量开始,并使得出的雷诺数足够大,从而流动为完全粗糙壁湍流。所以,在较大雷诺数和相对粗糙度为 0.001 的情况下,$f_f = 0.0049$。那么:

$$q = \sqrt{\frac{(p_1^2 - p_2^2)D^4}{(4.195 \times 10^{-6})\gamma_{\mathrm{g}}\overline{Z}\,\overline{T}[24f_f L/D + \ln(p_1/p_2)]}} \tag{8.8}$$

假设在此低压力下,$Z = 1$,有:

$$q = \sqrt{\frac{(100^2 - 20^2) \times 3^4}{4.195 \times 10^{-6} \times 0.7 \times 1 \times 560 \times [24 \times 0.0049 \times 1000/3 + \ln(p_1/p_2)]}} \quad (8.9)$$

因此

$$q = \sqrt{\frac{4.738 \times 10^8}{39.2 + 1.61}} = 3404 \times 10^3 \text{ft}^3/\text{d} \quad (8.10)$$

用式(7.55)检查雷诺数,有:

$$N_{\text{Re}} = \frac{20.09 \times 0.7 \times 3404}{3 \times 0.012} = 1.4 \times 10^6 \quad (8.11)$$

结果说明,基于完全粗糙壁湍流得到的摩擦系数是正确的。

可发现,可用该管线输送 $3 \times 10^6 \text{ft}^3/\text{d}$ 以上的流量。注意,即使在这样高流量和出口端速度比入口高 5 倍的情况下,动能对整体压力降的贡献相对于摩擦压降仍然很小。

8.2.3 两相流

水平管中的两相流与垂直管中的两相流明显不同。除可用于任何流动方向的 Beggs - Brill(1973)关系式外,其他用于水平流的关系式与垂直流的关系式完全不同。在本节,我们先考虑水平气—液两相流的流型,然后讨论几个常用的压降关系式。

8.2.3.1 流型

在水平流动中,流型对压降的影响不及在垂直流中那么大,因为水平流动中没有势能压降。然而,在一些压降关系式中考虑了流型,且流型可能以其他方式影响生产。最重要的是,若出现段塞流,需要设计分离器或特殊设备(段塞节流器)来处理段塞中的大量液体。特别是在海上作业中,油气从海底经过远距离输送到平台,因此必须考虑可能出现的段塞流及其影响。

图8.1(Beggs 和 Brill,1978)绘出了常见的水平气—液两相流的流型。可分为3种典型的流型:两相大部分处于相对独立状态的分离流;气液交替的间歇流;一相分散于另一相的分散流。

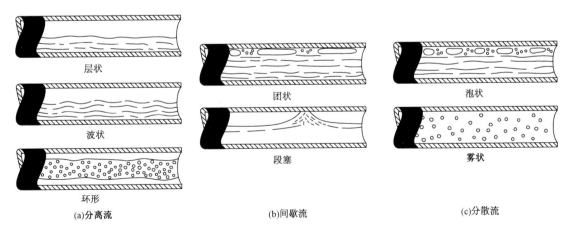

图 8.1   两相水平流中的流型(据 Beggs 和 Brill,1973)

分离流进一步分为分层流、波状流及环状流。分层流由沿管底流动的液体和沿管顶流动的气体组成,两相之间存在平滑的界面,该流型出现在两相流量相对较低的情况下。在较高气体流量的情况下,界面变成波状,从而形成波状流。环状流出现在较高气体流量和相对较高液体流量的情况下,由附在管壁上的液体环和管道中心的气流组成,且气体中携带液滴。

间歇流流型包括段塞流和团状流(也称为拉长的泡流)。段塞流由与几乎充满整个管道的高速气泡相互交替的液体段塞组成。在团状流中,大气泡沿管道顶部流动,管道下部则由液体充满。

文献中描述的分散流流型包括泡流、分散泡流、雾流和泡沫流。水平流中的泡流与垂直流中不同,气泡将集中于管道上部。雾流出现在高气流量、低液流量的条件下,由气体及其携带的液滴组成。雾流和环形流经常难以分辨,很多流型图中使用"环雾流"来描述这两种流型。一些作者也使用"泡沫流"来描述雾流或环形流。

水平流中的流型可用流型图来预测。最早且最常用的流型图由 Baker(1953)[后来由 Scott(1963)]进行了改进,如图 8.2 所示。该图的坐标轴分别为 G_g/λ 和 $G_l\lambda\phi/G_g$,这里 G_l 和 G_g 分别为液体和气体的质量流量,单位为 $lbm/(h \cdot ft^2)$,参数 λ 和 ϕ 分别为:

$$\lambda = \left[\left(\frac{\rho_g}{0.075} \right) \left(\frac{\rho_l}{62.4} \right) \right]^{1/2} \tag{8.12}$$

$$\phi = \frac{73}{\sigma_l} \left[\mu_l \left(\frac{62.4}{\rho_l} \right)^2 \right]^{1/3} \tag{8.13}$$

式中:密度单位为 lb/ft^3;μ 单位为 cP;σ_l 单位为 dyn/cm。图中的阴影区表示从一个流型到另一个流型的转变不是突然的,而是发生在这些范围内的流动条件下。

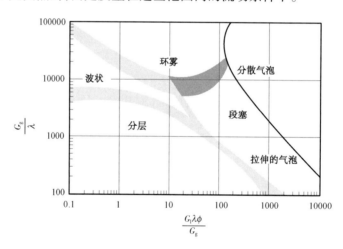

图 8.2 Baker 流型图(据 Baker,1953)

另一个常用的流型图由 Mandhane,Gregory 和 Aziz(1974)提出,如图 8.3 所示。同许多垂直流流型图一样,该流型图的坐标用气体和液体的表观速度表示。

Beggs - Brill 关系式是基于如图 8.4 所示的水平流型图建立的,该流型图把流型分成 3 种:分离流、间歇流和分散流,该图绘出了最大 Froude 数与注入液体分数 λ_l 间的关系曲线。最大 Froude 数定义为:

$$N_{Fr} = \frac{\mu_m^2}{gD} \tag{8.14}$$

最后,Taitel 和 Dukler(1976)建立了水平气—液两相流中流型转变的理论模型,该模型可用于绘制特定流体和管径的流型图。图 8.5 给出了该模型对直径 2.5cm 的管道中空气—水流动的流型图预测,并与 Mandhane 等的预测结果进行了比较。

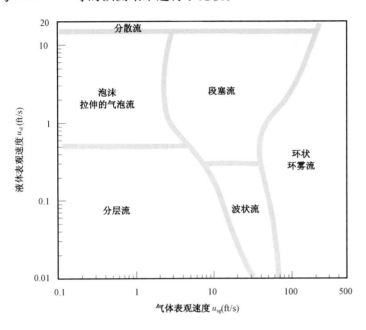

图 8.3 Mandhane 流型图(据 Mandhane 等,1974)

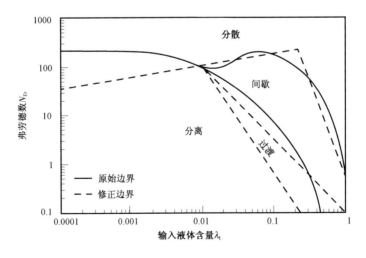

图 8.4 Beggs – Brill 流型图(据 Beggs 和 Brill,1973)

例 8.3 预测水平气—液两相流流型

使用 Baker 和 Mandhane 等以及 Beggs – Brill 流型图确定以下流动条件下的流型:管子内径为 $2\frac{1}{2}$in,压力为 800psi,温度为 175 ℉,油流量为 2000bbl/d,气流量为 $1 \times 10^6 ft^3/d$。流体与例 7.8 中所述的相同。

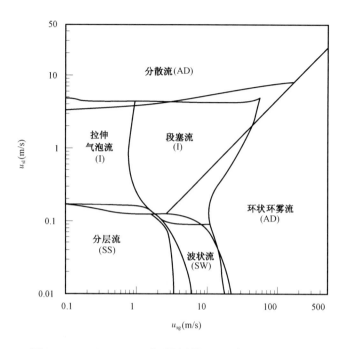

图 8.5　Taitel – Dukler 流型图(据 Taitel 和 Dukler,1976)

解:

由例 7.8,得到以下流动性质。

液体:$\rho = 49.92 \text{lb/ft}^3$;$\mu_1 = 2\text{cP}$;$\sigma = 30\text{dyn/cm}$;$q_1 = 0.130\text{ft}^3/\text{s}$。

气体:$\rho = 2.6 \text{lb/ft}^3$;$\mu_1 = 0.0131\text{cP}$;$Z = 0.935$;$q_g = 0.242\text{ft}^3/\text{s}$。

$2\frac{1}{2}$in 管道的截面积为 0.0341ft^2,由体积流量除以横截面积可得 $u_{sl} = 3.81\text{ft/s}$,$u_{sg} = 7.11\text{ft/s}$,$u_m = 10.9\text{ft/s}$。

对于 Baker 图,可计算质量流量 G_1 和 G_g、参数 λ 和 ϕ,质量流量为表观速度与密度之积,所以

$$G_1 = u_{sl}\rho_1 = 3.81 \times 49.92 \times 3600 = 6.84 \times 10^5 \text{lb/(h · ft}^2) \tag{8.15}$$

$$G_g = u_{sg}\rho_g = 7.11 \times 2.6 \times 3600 = 6.65 \times 10^4 \text{lb/(h · ft}^2) \tag{8.16}$$

由式(8.12)和式(8.13)得:

$$\lambda = \left(\frac{2.6}{0.075} \times \frac{49.92}{62.4}\right)^{1/2} = 5.27 \tag{8.17}$$

$$\phi = \frac{73}{30} \times \left[2 \times \left(\frac{62.4}{49.92}\right)^2\right]^{1/3} = 3.56 \tag{8.18}$$

Baker 图的坐标为:

$$\frac{G_g}{\lambda} = \frac{6.65 \times 10^4}{5.27} = 1.26 \times 10^4 \tag{8.19}$$

$$\frac{G_1\lambda\phi}{G_g} = \frac{6.84 \times 10^5 \times 5.27 \times 3.56}{6.65 \times 10^4} = 193 \tag{8.20}$$

由图 8.2 可得,尽管条件很接近段塞流和环雾流的边界,预测流型为分散泡流。

Mandhane 图(图 8.3)只是液体表观速度与气体表观速度的关系图。对于 $u_{sl} = 3.81 ft/s$, $u_{sg} = 7.11 ft/s$,预测流型为段塞流。

Beggs – Brill 图绘出了最大 Froude 数[由式(7.130)定义]与注入液体分数的关系。相关参数为:

$$N_{Fr} = \frac{10.9^2}{32.17 \times 2.5/12} = 17.8 \qquad (8.21)$$

$$\lambda_1 = \frac{3.81}{10.9} = 0.35 \qquad (8.22)$$

由图 8.4,预测流型为间歇流。

用 Baker 图预测的分散泡流与 Mandhane 等及 Beggs – Brill 预测的结果不同,后者预测的结果为段塞流。但是,在条件十分接近的 Baker 图上流型过渡区,流型可能是段塞流。

8.2.3.2　压力梯度关系式

近年来已经建立了很多用于水平气—液两相流的压力梯度关系式,目前在油气工业最常用的有 Beggs 和 Brill(1973)、Eaton 等(1967)以及 Dukler(1969)提出的关系式,且都包含动能对压力梯度的影响。然而,除非气流量高且压力低,否则该影响可以忽略。Yuan 和 Zhou(2009)利用大量数据将这些关系式与 Xiao 等(1990)在水平流和与垂直方向夹角 9°的向上流动条件下提出的机械模型进行了比较,得出结论是 Xiao 等的机械模型可提供最佳实际压降的整体预测。但是,Dukler 关系式及 Beggs – Brill 关系式预测精度也很高,且 Yuan 和 Zhou 没有将 Payne 等(1979)提出的修正式应用到 Beggs – Brill 关系式中。Xiao 等同时也利用管线数据库将其机械模型与其他关系式进行了比较,整体相比之下机械模型更好,但是改善程度并非很明显。因为 Xiao 等的模型较为复杂,且相对于简单关系式只有很小的优势,所以这里不作讨论,有兴趣的读者可查阅相关文章。

8.2.3.3　Beggs – Brill 关系式

第 7 章中所述的 Beggs – Brill 关系式可用于任意方向的流动(水平流及其他任意方向的流动均可)。对于水平流,角度 $\theta = 0°$,系数 $\psi = 1$,所以关系式较为简单,该关系式对应 7.4.3 节中给出的式(7.130)~式(7.159)。

例 8.4　利用 Beggs – Brill 关系式计算压力梯度

计算例 8.3 中所描述的水平流动的压力梯度,油流量为 2000bbl/d,气流量为 $1 \times 10^6 ft^3/d$。

解:

使用该关系式的第一步,即根据式(7.136)至式(7.139)确定流型;但是在例 8.3 中,我们已经根据流型图得到该流型为间歇流。注意,图 8.4 中的虚线对应式(7.136)至式(7.139)。

接下来,用式(7.141)计算水平流的持液率。由例 8.3 可得,$\lambda_1 = 0.35$,$N_{Fr} = 17.8$,所以:

$$y_{lo} = \frac{0.845 \times 0.35^{0.5351}}{17.8^{0.0173}} = 0.458 \qquad (8.23)$$

虽然水平流中势能对压降没有影响,但在摩擦压降的计算中仍需使用持液率。

为计算摩擦压力梯度,首先根据混合物雷诺数得到无滑脱摩擦系数。根据式(7.148)、式(7.150)式(7.151)得:

$$\rho_{\mathrm{m}} = 49.92 \times 0.35 + 2.6 \times 0.65 = 19.2\ \mathrm{lb/ft^3} \tag{8.24}$$

$$\mu_{\mathrm{m}} = 2 \times 0.35 + 0.0131 \times 0.65 = 0.71\mathrm{cP} \tag{8.25}$$

$$N_{\mathrm{Re_m}} = \frac{19.2 \times 10.92 \times 2.5/12}{0.71 \times 6.72 \times 10^{-4}} = 91600 \tag{8.26}$$

由 Moody 图(图7.7)或 Chen 方程[式(7.35)],得 $f_{\mathrm{n}} = 0.0046$。现在分别用式(7.152)、式(7.153)和式(7.154)计算参数 x, s 和 f_{tp}:

$$x = \frac{0.35}{0.458^2} = 1.67 \tag{8.27}$$

$$s = \frac{\ln 1.67}{-0.0523 + 3.182 \times \ln 1.67 - 0.8725 \times (\ln 1.67)^2 + 0.01853 \times (\ln 1.67)^4}$$

$$= 0.379 \tag{8.28}$$

$$f_{\mathrm{tp}} = 0.0046 \times \mathrm{e}^{0.379} = 0.0067 \tag{8.29}$$

最后,由式(7.147)得:

$$\frac{\mathrm{d}p}{\mathrm{d}x} = \frac{2 \times 0.0067 \times 19.2 \times 10.92^2}{32.17 \times 2.5/12} = 4.6\mathrm{lb/ft^3} = 0.03\mathrm{psi/ft} \tag{8.30}$$

8.2.3.4　Eaton 关系式

在直径为 2in 和 4in、长 1700ft 的管线中进行的一系列测试,建立了 Eaton 关系式(Eaton, Knowles, Silberberg 和 Brown, 1967)。Eaton 关系式由气液两相的机械能平衡相加得到,主要包括液相持液率和摩擦系数的关系式。在有限管长 Δx 上对该式进行积分,可得:

$$\frac{\Delta p}{\Delta x} = \frac{f \overline{\rho_{\mathrm{m}}} \mu_{\mathrm{m}}^2}{2g_{\mathrm{c}} D} + \frac{\lambda_{\mathrm{l}} \overline{\rho_{\mathrm{l}}} \Delta (u_{\mathrm{l}})^2 + \lambda_{\mathrm{g}} \overline{\rho_{\mathrm{g}}} \Delta (u_{\mathrm{g}})^2}{2g_{\mathrm{c}} \Delta x} \tag{8.31}$$

在该式中,带上划线的参数表示在距离 Δx 上平均压力下的性质,速度 u_{l} 和 u_{g} 为原位平均速度。如果忽略动能项,该式可应用于一点,得:

$$\left(\frac{\mathrm{d}p}{\mathrm{d}x}\right)_{\mathrm{F}} = \frac{f \rho_{\mathrm{m}} \mu_{\mathrm{m}}^2}{2g_{\mathrm{c}} D} \tag{8.32}$$

摩擦系数 f 是液体质量流量 m_{l} 和总质量流量 m_{m} 的函数,可由图8.6所示的关系式得到。由该图中给定的常数计算横坐标,质量流量单位为 lb/s,直径单位为 ft,速度单位为 lb/(ft·s)。

为计算动能压降,需要先得到液相持液率,这样各相的原位平均速度就可以计算出来。液相持持液率由图8.7的关系式给出,使用与 Hagedorn 和 Brown 关系式(见7.4.3节)相同的无量纲组。标准压力 p_{b} 为 14.65psi。

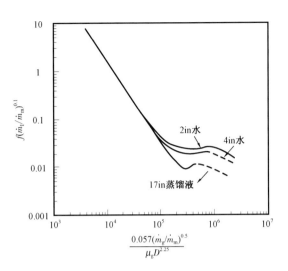

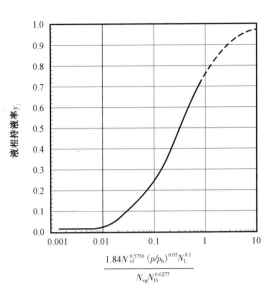

图 8.6　Eaton 摩擦系数关系式图版
（据 Eaton 等,1967）

图 8.7　Eaton 持液率关系式图版
（据 Eaton,1967）

例 8.5　利用 Eaton 关系式计算压力梯度

对于例 8.3 和例 8.4 相同的条件,用 Eaton 关系式计算压力梯度。忽略动能压降,但要确定液相持液率。

解:

首先,计算气、液和混合流体的质量流量:

$$\dot{m}_1 = q_1\rho_1 = 0.130 \times 49.92 = 6.5\mathrm{lb/s} \qquad (8.33)$$

$$\dot{m}_g = q_g\rho_g = 0.242 \times 2.6 = 0.63\mathrm{lb/s} \qquad (8.34)$$

$$\dot{m}_m = \dot{m}_1 + \dot{m}_g = 6.5 + 0.63 = 7.13\mathrm{lb/s} \qquad (8.35)$$

气体黏度为:

$$\mu_g = 0.0131\mathrm{cP} \times 6.72 \times 10^{-4}\mathrm{lb/(ft \cdot s \cdot cP)} = 8.8 \times 10^{-6}\mathrm{lb/(ft \cdot s)} \qquad (8.36)$$

为用图 8.6 求得 f,先计算

$$\frac{0.057 \times (\dot{m}_g\dot{m}_m)^{0.5}}{\mu_g{}^{2.25}} = \frac{0.057 \times (0.063 \times 7.13)^{0.5}}{8.8 \times 10^{-6} \times (2.5/12)^{2.25}} = 4.7 \times 10^5 \qquad (8.37)$$

从内径 2in 的管中水关系曲线(选择这条关系曲线是因为管道接近该尺寸)读得:

$$f\left(\frac{\dot{m}_1}{\dot{m}_m}\right)^{0.1} = 0.01 \qquad (8.38)$$

所以

$$f = \frac{0.01}{(6.5/7.13)^{0.1}} = 0.01 \qquad (8.39)$$

—— 153 ——

忽略动能项,压力梯度由式(8.32)给出

$$\left(\frac{dp}{dx}\right)_F = \frac{0.01 \times 19.16 \times 10.92^2}{2 \times 32.17 \times 2.5/12} = 1.72 \text{lbf/ft}^3 = 0.012 \text{psi/ft} \tag{8.40}$$

液相持液率可由图8.7中给定的关系式得到。所需的无量纲量由式(7.99)至式(7.82)给出:

$$N_{vl} = 1.938 \times 3.81 \times \sqrt[4]{\frac{49.92}{30}} = 8.39 \tag{8.41}$$

$$N_{vg} = 1.98 \times 7.11 \times \sqrt[4]{\frac{49.92}{30}} = 15.65 \tag{8.42}$$

$$N_D = 120.872 \times \frac{2.5}{12} \times \sqrt{\frac{49.92}{30}} = 32.48 \tag{8.43}$$

$$N_L = 0.15726 \times 2 \times \sqrt[4]{\frac{1}{49.92 \times 30^3}} = 0.00923 \tag{8.44}$$

计算横坐标值,得:

$$\frac{1.84 N_{vl}^{0.575} (p/p_b)^{0.05} N_L^{0.1}}{N_{vg} N_D^{0.0277}} = \frac{1.84 \times 8.39^{0.575} \times (800/14.65)^{0.05} \times 0.00923^{0.1}}{15.65 \times 32.48^{0.0277}}$$

$$= 0.277 \tag{8.45}$$

由图8.7得,$y_l = 0.45$。

由 Beggs – Brill 预测的液相持液率与 Eaton 关系式的预测结果非常一致,只是 Eaton 关系式预测的压力梯度略低一些。

8.2.3.5 Dukler 关系式

Dukler 关系式(1969)与 Eaton 关系式类似,也是基于摩擦系数和液相持液率建立的。压力梯度仍包括摩擦和动能对压降的影响:

$$\frac{dp}{dx} = \left(\frac{dp}{dx}\right)_F + \left(\frac{dp}{dx}\right)_{KE} \tag{8.46}$$

摩擦压降为:

$$\left(\frac{dp}{dx}\right)_F = \frac{f \rho_k \mu_m^2}{2 g_c D} \tag{8.47}$$

其中

$$\rho_k = \frac{\rho_l \lambda_l^2}{y_l} + \frac{\rho_g \lambda_g^2}{y_g} \tag{8.48}$$

注意,液相持液率通过 ρ_k 引入到了摩擦压降中。摩擦系数由无滑脱摩擦系数 f_n 得到,f_n 定义为:

$$f_n = 0.0056 + 0.5 (N_{Re_k})^{-0.32} \tag{8.49}$$

其中雷诺数为：

$$N_{\mathrm{Re}_k} = \frac{\rho_k \mu_m D}{\mu_m} \tag{8.50}$$

两相摩擦系数由如下关系式给出：

$$\frac{f}{f_n} = 1 - \frac{\ln\lambda_1}{1.281 + 0.478\ln\lambda_1 + 0.444\,(\ln\lambda_1)^2 + 0.094\,(\ln\lambda_1)^3 + 0.00843\,(\ln\lambda_1)^4} \tag{8.51}$$

图 8.8 中液相持液率为输入液体分数 λ_1 的函数，且 N_{Re_k} 是其一个参数。由于计算 N_{Re_k} 需要持液率（ρ_k 取决于 λ_1），液相持液率的计算是一个迭代过程。先假设 $y_1 = \lambda_1$，然后计算 ρ_k 和 N_{Re_k} 的估计值。根据这些估计值，由图 8.8 得到 y_1。而后重新计算 ρ_k 和 N_{Re_k} 的估计值，重复这个过程直至达到收敛。

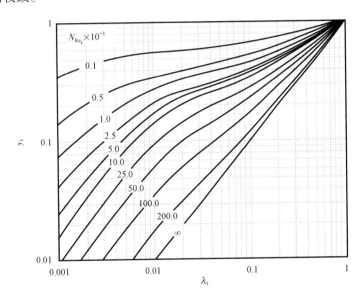

图 8.8　Dukler 持液率关系式图版（据 Brill – Beggs,1978）

动能变化引起的压力梯度由式(8.52)给出：

$$\left(\frac{\mathrm{d}p}{\mathrm{d}x}\right)_{\mathrm{KE}} = \frac{1}{g_c\Delta x}\Delta\left(\frac{\rho_g u_{sg}^2}{y_g} + \frac{\rho_1 u_{sl}^2}{y_1}\right) \tag{8.52}$$

例 8.6　利用 Dukler 关系式计算压力梯度

用 Dukler 关系式重新计算例 8.4 和例 8.5。

解：

求解液相持液率需要进行迭代。首先假设 $y_1 = \lambda_1$。在本例中 $\rho_k = \rho_m$，之前已得到 19.16lb/ft^3，且 $N_{\mathrm{Re}_k} = N_{\mathrm{Re}_m} = 91600$。由图 8.8，可估计 y_1 为 0.44。使用这个新的液相持留率，有：

$$\rho_k = \frac{49.92 \times 0.35^2}{0.44} + \frac{2.6 \times 0.65^2}{1 - 0.44} = 15.86\mathrm{lb/ft}^3 \tag{8.53}$$

且

$$N_{\text{Re}_k} = 91600 \times \frac{15.86}{19.16} = 75800 \tag{8.54}$$

重新由图 8.8 得，$y_1 = 0.46$，该值收敛。

由式(8.49)可得，无滑脱摩擦系数为：

$$f_n = 0.0056 + 0.5 \times 75800^{-0.32} = 0.019 \tag{8.55}$$

由式(8.51)得：

$$\frac{f}{f_n} = 1 - \frac{\ln 0.35}{1.281 + 0.478 \times \ln 0.35 + 0.444 \times (\ln 0.35)^2 + 0.094 \times (\ln 0.35)^3 + 0.00843 \times (\ln 0.35)^4}$$

$$= 1.90 \tag{8.56}$$

所以

$$f = 1.90 \times 0.019 = 0.036 \tag{8.57}$$

最后，由式(8.47)得到摩擦压力梯度为：

$$\left(\frac{\mathrm{d}p}{\mathrm{d}x}\right)_{\mathrm{F}} = \frac{0.036 \times 15.86 \times 10.92^2}{2 \times 32.17 \times 2.5/12} = 5.08\mathrm{lbf/ft}^3 = 0.035\mathrm{psi/ft} \tag{8.58}$$

可以看到，这 3 种关系式预测的液相持液率基本相同，但对压力梯度的预测有差别。

8.2.3.6　压力剖面的计算

上节关系式已提供一种计算管线上某点压力梯度的方法；为了确定通过有限管长的整体压降，必须考虑压力变化引起的流体性质变化对压力梯度的影响。最简单的方法是先评估管线平均压力下的流体性质，然后计算平均压力梯度。例如，在管长 L 上对 Dukler 关系式进行积分，得：

$$\Delta p = \frac{\bar{f}\bar{\rho}_k\bar{\mu}_m^2 L}{2g_c D} + \frac{1}{g_c}\Delta\left(\frac{\rho_g\mu_{sg}^2}{y_g} + \frac{\rho_1\mu_{sl}^2}{y_1}\right) \tag{8.59}$$

带横线的参数表示 f、ρ_k 和 μ_m 对应平均压力 $(p_1 + p_2)/2$ 下的值。在动能项中，Δ 表示 1、2 两点之间的动能差。如果整体压降 $(p_1 - p_2)$ 已知，可直接用该式计算出管长 L。当 L 确定时，为计算平均压力，必须估计 Δp；再由式(8.59)和这个平均压力计算 Δp，且如果需要，重复这一过程直至收敛。

由于距离 L 上的整体压降基于该管段上的平均性质计算得到，管段上的压力变化应该不大。一般而言，如果距离 L 上的 Δp 大于 p_1 的 8%，那么应该把距离 L 分成更小的段，并计算每段上的压力降，距离 L 上的压降则为各小段的压降之和。

例 8.7　整体压降的计算

2000bbl/d 的油流和 $1 \times 10^6 \mathrm{ft}^3/\mathrm{d}$ 的气流通过井口油嘴，在压力为 800psi、温度为 175℉ 的条件下进入 2.5in 的地面管线(流体同与前面 4 个例子)。如果流体通过这一流动管线输送 3000ft 到达分离器，那么在分离器处的排出压力是多少？使用 Dukler 关系式，忽略动能压力损失。

解：

在例 8.6 中已得到入口条件下的压力梯度为 0.035psi/ft。如果整个管线上都保持该值，整体压降应为 $0.035 \times 3000 = 105$psi。由于这一压降略大于入口条件下的 10%，所以将把该管线分成两段，然后计算每段的平均压力梯度。

最简便的方法是固定第一段的 Δp，然后求该段的长度。该管线余下的长度则为第二段。选择第一段 L_1 的 Δp 为 60psi，对于这段，$\bar{p} = 800 - 60/2 = 770$psi。之前已经计算了 800psi 下的流体性质，在 700psi 下唯一可能有明显变化的性质是天然气密度。

根据例 4.3，对于该气体，在 770psi 和 175℉ 条件下，$p_{pr} = 1.07$，$T_{pr} = 1.70$。由图 4.1 得，$Z = 0.935$，由式（7.67）得：

$$\bar{\rho_g} = \frac{28.97 \times 0.709 \times 770}{0.935 \times 10.73 \times 635} = 2.5 \text{lb/ft}^3 \tag{8.60}$$

则气体体积流量为：

$$\bar{q_g} = \frac{\dot{m}_g}{\bar{\rho_g}} = \frac{0.63}{2.5} = 0.252 \text{ft}^3/\text{s} \tag{8.61}$$

由于 770psi 下的液体密度与入口条件下的基本相同，因此 q_1 与之前一样，即 0.13ft^3/s；总体积流量为 $0.252 + 0.13 = 0.382$ft^3/s。

输入液体分数为 $0.13/0.382 = 0.34$，而由总体积流量除以管道横截面积，可得混合物的速度为 11.2ft/s。

现在可用 Dukler 关系式求解平均压力下的压力梯度。首先假定平均条件下的液相持液率与入口处的相同，即 $y_1 = 0.46$。那么：

$$\rho_k = \frac{49.92 \times 0.34^2}{0.46} + \frac{2.5 \times 0.66^2}{0.56} = 14.56 \text{ lb/ft}^3 \tag{8.62}$$

且

$$\mu_m = 2 \times 0.34 + 0.131 \times 0.66 = 0.689 \text{cP} \tag{8.63}$$

所以

$$N_{Re_k} = \frac{14.56 \times 11.2 \times 2.5/12}{0.689 \times 6.72 \times 10^{-4}} = 73400 \tag{8.64}$$

用图 8.8 进行检验，得到 $y_1 = 0.46$，所以不需要迭代。根据式（8.49）和式（8.51）得，$f_n = 0.019$，$f/f_n = 1.92$，所以 $f = 0.036$。由式（8.47）得，dp/dx 为 0.034psi/ft。第一段的长度为：

$$L_1 = \frac{\Delta p}{dp/dx} = \frac{60}{0.034} = 1760 \text{ft} \tag{8.65}$$

剩余管线段长度为 $3000 - 1760 = 1240$ft。如果该段上的压力梯度也为 0.034psi/ft，则压力降将为 42psi；由此可估计第二段的平均压力为 $740 - 42/2 \approx 720$psi。

根据这个平均压力，用 Dukler 关系式重复计算平均压力梯度的过程，并得到 $dp/dx = 0.036$psi/ft，得第二段的整体压降为 45psi。将两段压降相加，得到长 3000ft 管线上的总压降为 85psi。这与入口条件下估计的压力梯度相同，说明在相对较高的压力下，压力梯度没有明显变化。

8.2.4 通过管线接头的压力降

流体通过管线接头(三通、弯头等)或阀门时,由二次分流和附加湍流所造成的压降必须考虑在管网的整个压降中。计算压降时,阀门和接头的影响可通过在实际直管长度上加阀门和接头的"等效长度"来考虑。许多标准阀门和接头的等效长度已经通过实验确定(Crane,1957),见表8.1。等效长度以管径的倍数给出,该值乘以管径即得考虑通过阀门或接头的压降时应附加的实际管长。

表 8.1　阀和接头的等效长度

阀和接头	接头描述		状态	等效长度 (管径倍数)
球心阀	阀杆正交于流动方向 Y 型	带无阻塞的平面、斜面或塞形座	全开	340
		带翼型或针形导盘 (无阻塞的平面、斜面或塞形座)	全开	450
		—与管线成 60°的阀杆	全开	175
		—与管线成 45°的阀杆	全开	145
角阀		带无阻塞的平面、斜面或塞形座	全开	145
		带翼型或针形导盘	全开	200
闸阀	楔盘、双盘或塞盘 桨状舵杆		全开	13
			打开 3/4	35
			打开一半	160
			打开 1/4	900
			全开	17
			打开 3/4	50
			打开一半	260
			打开 1/4	1200
导管管线闸阀、球阀和塞阀			全开	3
单向阀	常规摆动		全开	135
	高速摆动		全开	50
	球阀举起或停;阀杆与流动方向正交或成 Y 型		全开	与球阀相同
	角阀举起或停 与角阀相同		全开	
	直线球阀		全开	150
带滤网的底阀		带提升盘	全开	420
		带皮制铰接盘	全开	75
蝶形阀 (8in 及更大的)			全开	40

阀和接头	接头描述		状态	等效长度 （管径倍数）
旋塞	直筒 三向	矩形塞孔面积等于管面积的100% 矩形塞孔面积等于管面积的80%（全开）	全开 直通流动 分支流动	18 44 140
接头	90°标准弯头 45°标准弯头 90°长半径弯头 90°带外螺纹的弯头 45°带外螺纹的弯头 方角弯头 标准三通 闭合型V型弯头	直通流动 分支流动		30 16 20 50 26 57 20 60 50

8.3 通过油嘴的流动

几乎所有自喷井的流量都受井口油嘴的控制,油嘴是放置在流动管线中的一个限流器(图8.9)。很多因素导致人们需要限制自喷井的产量,包括防止锥进和出砂,以满足当前设定的产量限制及地面设备对产量和压力的要求。

当气体或气液混合物通过油嘴时,流体速度可能在油嘴喉道增至声速,这种流动为"临界流动"。当这种情况出现时,油嘴下游的压力变化对流量没有影响,因为压力扰动向上传播不会快于声速(注意:临界流动与流体的临界点无关)。因此,为预测可压缩流体流过油嘴的流量与压降的关系,必须确定流动是否为临界流动。如图8.10所示,可见可压缩流体通过油嘴的流量与油嘴上下游压力之比的关系。当流动为临界流动时,流量与压力比无关。

在本节中,我们讨论液体、气体和气液混合物通过油嘴的流动情况。

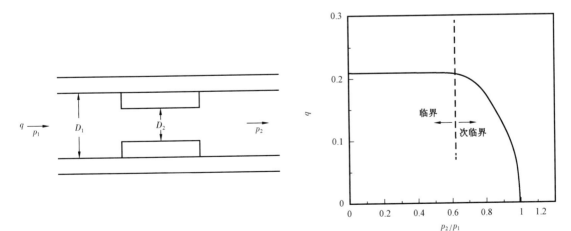

图8.9 油嘴图　　　　　图8.10 通过油嘴的流量与上下游压力之比的关系

8.3.1 单相液流

因为油管流压几乎总是低于泡点压力,通过井口油嘴的流动很少为单相液流。然而,当这种情况出现时,流量与油嘴压降的关系为:

$$q = CA\sqrt{\frac{2g_c\Delta p}{\rho}} \tag{8.66}$$

式中:C 为油嘴的流动系数;A 为油嘴的横截面积。通过喷嘴的流动系数见图 8.11(Crane,1957),它是油嘴的雷诺数及油嘴直径与管径之比的函数。通过假设通过油嘴压降与动能压降除以阻力系数的平方相等,可推导出式(8.66),该式适用于通常为单相液流的次临界流。

根据油田单位,式(8.66)变为:

$$q = 22800C(D_2)^2\sqrt{\frac{\Delta p}{p}} \tag{8.67}$$

式中:q 单位为 bbl/d;D_2 为油嘴直径,单位为 in;Δp 单位为 psi,ρ 单位为 lb/ft³。油嘴直径经常被称为"目数",因为油嘴里限制流动的装置叫作目,目数通常以 1in 的 64 分之几表示。

例 8.8　通过油嘴的液流

相对密度为 0.8、黏度为 2cP 的油流通过 20/64in 的油嘴,如果通过油嘴的压降为 20psi,且管线尺寸为 1in,那么流量为多少?

解:

图 8.11 给出了流动系数与直径之比和油嘴雷诺数的关系。由于已知流量前雷诺数未知,需假设雷诺数足够高,使流动系数与雷诺数无关。对于 $D_2/D_1 = 0.31$,C 近似为 1.00。然后由

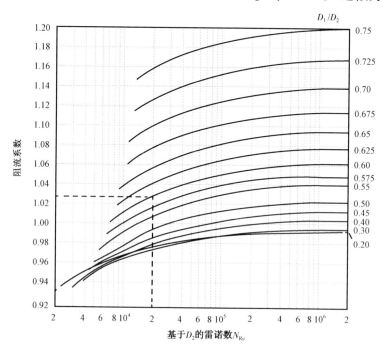

图 8.11　液流通过油嘴的流动系数(据 Crane,1957)

式(8.67)，有：

$$q = 22800 \times 1.00 \times \left(\frac{20}{64}\right)^2 \times \sqrt{\frac{20}{49.92}} = 1410\text{bbl/d} \tag{8.68}$$

检查通过油嘴的雷诺数[式(7.7)]，得 $N_{\text{Re}} = 1.67 \times 10^5$。由图8.11，查得对应该 N_{Re} 时 $C = 0.99$，由此可得流量为1400bbl/d。

8.3.2 单相气流

当可压缩流体通过限流器时，流体的膨胀是需考虑的一个重要因素。对于通过油嘴的理想气体的等熵流动，流量与压力比 p_2/p_1 的关系为(Szilas,1975)：

$$q_g = \frac{\pi}{4}D_2^2 p_1 \frac{T_{\text{sc}}}{p_{\text{sc}}}\alpha \sqrt{\left(\frac{2g_c R}{28.97\gamma_g T_1}\right)\left(\frac{\gamma}{\gamma-1}\right)\left[\left(\frac{p_2}{p_1}\right)^{2/\gamma} - \left(\frac{p_2}{p_1}\right)^{(\gamma+1)/\gamma}\right]} \tag{8.69}$$

用油田单位表示为：

$$q_g = 3.505 D_{64}^2\left(\frac{p_1}{p_{\text{sc}}}\right)\alpha \sqrt{\left(\frac{1}{\gamma_g T_1}\right)\left(\frac{\gamma}{\gamma-1}\right)\left[\left(\frac{p_2}{p_1}\right)^{2/\gamma} - \left(\frac{p_2}{p_1}\right)^{(\gamma+1)/\gamma}\right]} \tag{8.70}$$

式中：q_g 单位为 $10^3\text{ft}^3/\text{d}$；D_{64} 是油嘴直径，用1in 的 64 分之几表示(如对直径为1/4in 的油嘴，$D_2 = 16/64\text{in}, D_{64} = 16$)；$T_1$ 是油嘴上游温度，单位为°R；γ 是热容比 C_p/C_v；α 是油嘴的流动系数；γ_g 是气体相对密度；p_{sc} 为标准压力；p_1 和 p_2 分别是油嘴上下游的压力。

当压力比等于或大于临界压力比时，根据式(8.69)和式(8.70)，得：

$$\left(\frac{p_2}{p_1}\right) = \left(\frac{2}{\gamma+1}\right)^{\gamma/(\gamma-1)} \tag{8.71}$$

当压力比小于临界压力比时，p_2/p_1 应设定为 $(p_2/p_1)_c$ 并使用式(8.70)，因为当流动为临界流动时流量对下游压力不敏感。对于气体和其他双原子气体，γ 近似为1.4，且临界压力比为0.53；在石油工业中，当下游压力小于上游压力的一半时，通常假设通过油嘴的流动为临界流动。

例8.9 油嘴大小对气流量的影响

绘制不同油嘴尺寸条件下的气流量与压力比的关系图版，油嘴直径分别为8/64in,12/64in,16/64in,20/64in 和24/64in。假设油嘴流动系数为0.85，气体相对密度为0.7，γ 为1.25，井口温度和流动压力分别为100℉和600psi。

解：

由式(8.71)，得到该气体的临界压力比为0.56。用式(8.70)，有：

$$q_g = 3.505 \times D_{64}^2 \times \frac{600}{14.7} \times 0.85 \times \sqrt{\frac{1}{0.7 \times 560} \times \frac{1.25}{1.25-1} \times \left[\left(\frac{p_2}{p_1}\right)^{2/1.25} - \left(\frac{p_2}{p_1}\right)^{(1.25+1)/1.25}\right]} \tag{8.72}$$

即

$$q_g = 13.73 D_{64}^2 \sqrt{\left(\frac{p_2}{p_1}\right)^{1.6} - \left(\frac{p_2}{p_1}\right)^{1.8}} \tag{8.73}$$

最大气流量将对应临界流动,即 $p_2/p_1 = 0.56$ 时。对于低于临界值的任意压力比,其流量将是临界流量。对于每一油嘴尺寸,用 $0.56 \sim 1$ 的 p_2/p_1 值可绘制出图 8.12。

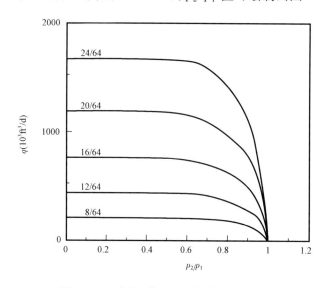

图 8.12　不同油嘴尺寸的气体流动特性

8.3.3　气—液两相流

目前油嘴两相流还没有很好的理论描述,为确定通过油嘴的两相流流量,通常使用临界流的经验关系式,其中一些关系式认为压力比高达 0.7 时仍然有效(Gilbert,1954)。估计通过油嘴临界两相流条件的一个方法是将油嘴中的流动速度与两相的声速进行比较,Wallis(1969)给出的均匀混合物两相声速为:

$$v_c = \left[(\lambda_g \rho_g + \lambda_1 \rho_1) \left(\frac{\lambda_g}{\rho_g v_{gc}^2} + \frac{\lambda_1}{\rho_1 v_{1c}^2} \right) \right]^{-1/2} \tag{8.74}$$

式中: v_c 是两相混合物的声速; v_{gc} 和 v_{1c} 分别是气体和液体的声速。

Gilbert(1954)和 Ros(1960)的经验关系式形式相同,即:

$$p_1 = \frac{A q_1 (GLR)^B}{D_{64}^C} \tag{8.75}$$

不同之处在于经验常数 A, B 和 C 的取值,见表 8.2。对于上游压力 p_1,其在 Gilbert 关系式中对应单位为 psi(表压),而在 Ros 关系式中对应单位为 psi(绝对压力)。在这些关系式中, q_1 是液体流量,单位为 bbl/d; GLR 是生产气液比,单位为 ft^3/bbl; D_{64} 是油嘴直径,用 1in 的 1/64 的倍数表示。

表 8.2　两相临界流关系式中的经验常数

关系式	A	B	C
Gilbert	10.0	0.546	1.89
Ros	17.40	0.500	2.00

在一定条件范围内,另一更可取的关系式为 Omana, Houssiere, Brown, Brill 和 Thompson (1969)提出的关系式。基于无量纲分析以及天然气和水的一系列实验,该关系式为:

$$N_{ql} = 0.263 N_{\rho}^{-3.49} N_{pl}^{3.49} \lambda_1^{0.657} N_D^{1.80} \tag{8.76}$$

其中无量纲组定义为:

$$N_{\rho} = \frac{\rho_g}{\rho_1} \tag{8.77}$$

$$N_{pl} = 1.74 \times 10^{-2} p_1 \left(\frac{1}{\rho_1 \sigma}\right)^{0.5} \tag{8.78}$$

$$N_D = 0.1574 D_{64} \sqrt{\frac{\rho_1}{\sigma}} \tag{8.79}$$

$$N_{ql} = 1.84 q_1 \left(\frac{\rho_1}{\sigma}\right)^{1.25} \tag{8.80}$$

对于给定的常数,根据油田单位,q 单位为 bbl/d;ρ 单位为 lb/ft^3,σ 单位为 dyn/cm,D_{64} 对应 1in 的 1/64 的倍数,p_1 单位为 psi。Omana 关系式仅限用于临界流,要求 $q_g/q_1 > 1.0$ 且 $p_2/p_1 < 0.546$,最适用于低黏度流体(接近水的黏度)和管径为 14/64in 或更小的油嘴。其中,流体性质用上游条件下的值。

例 8.10 求解气液流动的油嘴尺寸

对于如例 8.3 中所描述的气液两相流,油流量为 2000bbl/d,气流量为 1×10^6 ft^3/d,油管流压为 800psi,请分别用 Gilbert,Ros 和 Omana 关系式求出合适的油嘴尺寸。

解:

对于 Gilbert 和 Ros 关系式,解式(8.75)得油嘴直径为:

$$D_{64} = \left[\frac{A q_1 (GLR)^B}{p_1}\right]^{1/C} \tag{8.81}$$

对于给定的流量 2000bbl/d,GLR 为 500ft^3/bbl,油嘴上游绝对压力 800psi,由 Gilbert 关系式得:

$$D_{64} = \left(\frac{10 \times 2000 \times 500^{0.546}}{800 - 14.7}\right)^{1/1.89} = 33/64 \text{in} \tag{8.82}$$

而由 Ros 关系式得:

$$D_{64} = \left(\frac{17.4 \times 2000 \times 500^{0.5}}{800}\right)^{0.5} = 31/64 \text{in} \tag{8.83}$$

用 Omana 关系式,求解式(8.76)得 N_D:

$$N_D = \left(\frac{1}{0.263} N_{ql} N_p^{3.49} N_{pl}^{-3.49} \lambda_1^{-0.657}\right)^{1/1.8} \tag{8.84}$$

由例 8.3 可知,$\lambda_1 = 0.35$,$\rho_1 = 49.92$ lb/ft^3,$\rho_g = 2.6$ lb/ft^3,$\sigma = 30$dyn/cm。

由式(8.77)、式(8.78)和式(8.80)得:

$$N_{\mathrm{p}} = \frac{2.6}{49.92} = 0.0521 \tag{8.85}$$

$$N_{\mathrm{pl}} = (1.74 \times 10^{-2}) \times 800 \times \left(\frac{1}{49.92 \times 30}\right)^{0.5} = 0.36 \tag{8.86}$$

$$N_{\mathrm{ql}} = 1.84 \times 2000 \times \left(\frac{49.92}{30}\right)^{1.25} = 6.95 \times 10^{3} \tag{8.87}$$

则

$$N_{\mathrm{D}} = \left(\frac{1}{0.263} \times 6.95 \times 10^{3} \times 0.0521^{3.49} \times 0.36^{-3.19} \times 0.35^{-0.657}\right)^{1/1.8} = 8.35 \tag{8.88}$$

用式(8.79)求解油嘴直径,得:

$$D_{64} = \frac{N_{\mathrm{D}}}{0.1574 \sqrt{\dfrac{\rho_{\mathrm{l}}}{\sigma}}} \tag{8.89}$$

所以

$$D_{64} = \frac{8.35}{0.1574 \times \sqrt{49.92/30}} = 41/64\,\mathrm{in} \tag{8.90}$$

Gilbert 和 Ros 关系式预测的油嘴尺寸约为 1/2in(32/64in),然而 Omana 关系式预测的油嘴尺寸稍大,为 41/64in。由于 Omana 关系式是基于 800bbl/d 或更小的液体流量建立的,所以在本例的条件下 Gilbert 和 Ros 关系式可能更准确些。

当一口井生产以临界流通过油嘴时,井口压力与流量之间的关系受油嘴控制,因为下游压力扰动(比如分离器压力的变化)不影响通过油嘴的流动特性。因此,对于给定油嘴,一口井所能达到的流量可通过油嘴特性与油井特性的匹配来确定,如结合油井 IPR 与举升特性来确定。油嘴特性曲线是油管流压与液流量的关系曲线,并可通过假设流动为临界流,由两相油嘴流动关系式得到。

例 8.11 油嘴特性曲线

对 GLR 为 500 的油井,利用 Gilbert 关系式,绘制 16/64in,24/64in 和 32/64in 的油嘴特性曲线。

解:

由 Gilbert 关系式预测可知,油管流压是液体流量的线性函数,且该线性函数过原点。由式(8.75)得:

对于 16/64in 的油嘴

$$p_{\mathrm{tf}} = 1.57 q_{\mathrm{l}} \tag{8.91}$$

对于 24/64in 的油嘴

$$p_{\mathrm{tf}} = 0.73 q_{\mathrm{l}} \tag{8.92}$$

对于 32/64in 的油嘴

$$p_{\mathrm{tf}} = 0.43 q_{\mathrm{l}} \tag{8.93}$$

以上对应的关系曲线及油井特性曲线如图 8.13 所示。油嘴特性曲线与油井特性曲线的交点是使用这些油嘴时对应的流量。此处应注意,油嘴关系式仅在通过油嘴的流动为临界流时有效;每个油嘴都存在一个特定流量,当低于此特定流量时,通过油嘴的流动为次临界流。这个区域由油嘴特性曲线的虚线部分来表示,表明该条件下的预测无效。

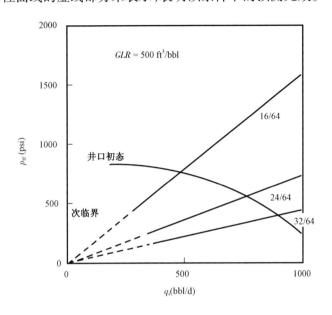

图 8.13　油嘴特性曲线(例 8.11)

8.4　地面集输系统

在大多数油气生产装置中,都将来自多口井的油气流汇集到中心处理站或公共管线。图 8.14 为目前集输系统的两种常见类型。当各井的流量受油嘴临界流的控制时,各井间基本不存在相互影响。然而当流动为次临界流时,下游压力可能影响油井特性,因此通过整个管网的流动可能必须当作一个系统进行处理。

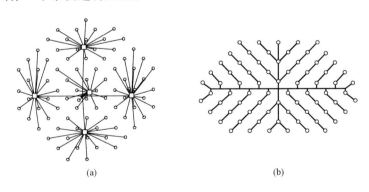

(a)　　　　　　　　　　(b)

图 8.14　油气生产集输系统(据 Szilas,1975)

当各流动管线相交于一个公共点时[图 8.14(a)],所有管线在公共点的压力相同,在原油生产系统中公共点通常是分离器。单井 i 的油管流压与分离器压力的关系为:

$$p_{\text{tf}i} = p_{\text{sep}} + \Delta p_{\text{L}i} + \Delta p_{\text{C}i} + \Delta p_{\text{f}i} \tag{8.94}$$

式中:$\Delta p_{\text{L}i}$ 是通过流动管线的压力降;$\Delta p_{\text{C}i}$ 是通过油嘴的压力降(如果存在);$\Delta p_{\text{f}i}$ 是通过接头的压力降。

如图 8.14(b)所示,在集输系统中各井汇集至公共管线,所以公共管线中的流量是上游各油井流量的总和,每口井对其邻井有更直接的影响。在该系统中,各井井口压力可由分离器和上游工作压力进行计算得到。

根据油井的举升机理,各井的流量可能与油管流压有关,因此预测井网动态时必须同时考虑各井的 IPR、垂直举升动态特性及地面集输系统。

例 8.12 地面集输系统的分析

如图 8.15 所示,3 口有杆泵井生产的液体汇集于 2in 的公共管线中。每口井与集输管线间用 1in 的管线连接,且每口井的管线中都包括一个球形阀和一个常规单向阀。井 1 与集输管线间用一个标准 90°弯头连接,而井 2 和井 3 与集输管线间用标准三通连接。原油密度为 0.85g/cm^3(53.04lb/ft^3),黏度为 5cP,分离器压力为 100psi。假设所有管线的相对粗糙度为 0.001,计算这 3 口井的油管压力。

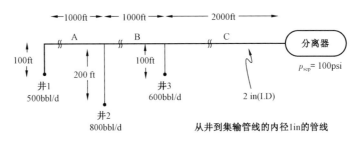

图 8.15 地面集输系统(例 8.12)

解:

由于井的流量都是已知的(假设它们与井口压力无关),每个管段的压力降可用式(8.1)单独计算。摩擦系数可由 Chen 方程[式(7.35)]或 Moody 图(图 7.7)得到。通过将接头和阀门的等效长度附加到出油管线长度上,从而考虑出油管线中的压降。例如,对于井 2 的出油管线,球形阀加 3 倍管径长,单向阀加 135 倍管径长,三通(带有分支流动)加 60 倍管径长。这样流动管线的等效长度即为(3 + 135 + 60)×(1/2ft)+200ft =216.5ft,计算结果汇总见表 8.3。

表 8.3 压降计算结果

集输管线				
区段	$q(\text{bbl/d})$	N_{Re}	f	$u(\text{ft/s})$	$\Delta p(\text{psi})$
A	500	3930	0.0103	1.49	3
B	1300	10200	0.0081	3.88	17
C	1900	14900	0.0077	5.66	68

油井流动管线					
井号	N_{Re}	f	$u(\text{ft/s})$	$(L/D)_{\text{fittings}}$	$L(\text{ft})$	$\Delta p(\text{psi})$
1	7850	0.0086	5.96	168	114	10
2	12600	0.0077	9.54	198	216.5	42
3	9420	0.0082	7.16	198	116.5	13

管网中每一点的压力可通过已知的分离器压力加上适当的压降得到,系统的压力计算结果如图 8.16 所示。如果这 3 口井的 IPR 和举升高度相同,那么这些井油管压力的差异会引起环形空间中液面高度的差异。

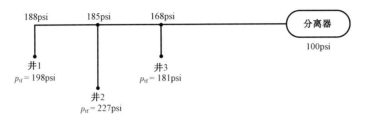

图 8.16　集输系统中的压力分布(例 8.12)

8.5　水平井筒内流动

在水平井的流入分析模型中(如第 5 章所述),通常假设沿水平井井筒压力相同(即沿井筒没有明显的压降)。然而,在一些高产油藏或较长水平段内,这种假设不成立,考虑水平井内的压降非常必要。在本节中,我们列举了水平井压力显著下降的条件,回顾了包括同步流入在内的井筒压力降关系式,并讨论了非完全水平井内的多相流动效应。

8.5.1　井筒压降的重要性

前人的研究(Dikken,1990;Folefac,Archer 和 Issa,1991;Novy,1995;Ozkan,Sarica 和 Haciis-lamogly,1995;Penmatcha 等,1999;Ankalm 和 Wiggins,2005)已经讨论了井筒压降对研究水平井整体性能的重要性,均表明只有井筒压降相对于储层压降较为显著时,井筒压降才起重要影响,而水平井压降是否重要取决于横向压降相对于储层压降的量级。Hill 和 Zhu(2008)提出了一个可确定水平井压降与储层压降相比是否重要的简单方法。对于油藏内和井筒内的单相液流,井筒摩擦压降与油藏压降之比为:

$$\frac{\Delta p_{\mathrm{f}}}{\Delta p_{\mathrm{r}}} = 4f_{\mathrm{f}}N_{\mathrm{Re}}N_{\mathrm{H}} \tag{8.95}$$

式中:N_{Re} 是管流的雷诺数,使用油井的总产量计算;f_{f} 是在该雷诺数下的摩擦系数;N_{H} 是水平井的无量纲数,其定义为:

$$N_{\mathrm{H}} = \frac{KL_{\mathrm{w}}^{2}}{D^{4}F_{\mathrm{g}}} \tag{8.96}$$

其中,F_{g} 代表油藏流入方程中的几何项。例如,对于 Furui 方程[式(5.20)],有:

$$F_{\mathrm{g}} = \ln\left[\frac{hI_{\mathrm{ani}}}{r_{\mathrm{w}}(I_{\mathrm{ani}} + 1)}\right] + \frac{\pi y_{\mathrm{b}}}{hI_{\mathrm{ani}}} - 1.224 + S \tag{8.97}$$

当 $\Delta p_{\mathrm{f}}/\Delta p_{\mathrm{r}}$ 值较小时,横向压降的影响可以忽略。

例 8.13 相对压降

某油藏内一口长 4000ft、直径为 4in 的水平井,油藏条件如下:原油黏度为 1cP,密度为 60lb/ft³,地层体积系数为 1.1,储层有效厚度为 50ft,水平—垂直渗透率各向异性系数为 10,到垂直于井的泄油边界的距离(y_b)为 2000ft,管壁的相对粗糙度为 0.001,假设表皮系数为 0,泄油区域外边界压力为 4000psi。对于一定范围内的水平渗透率和储层压降,请找出井筒压降大于储层压降的 10% 的条件。

解:

首先,用式(5.20)计算各井筒压力(而后储层压降)和水平渗透率组合下的流量;然后,根据式(8.95)求解井筒压降与储层压降之比。相应渗透率值与压降组合条件下的结果汇总于表 8.4。

表 8.4 井筒压降与储层压降的对比

K_x	Δp_r	q	Δp_{ratio}
50	500	4633	0.01
50	1000	9266	0.02
100	500	9266	0.04
100	1000	18533	0.08
1000	50	9266	0.41
1000	100	18533	0.78
500	50	4633	0.11
500	100	9266	0.21
500	200	18533	0.39

表 8.4 表明,对于 4000ft 的水平井,渗透率值为 100mD 或更小时,井筒压降相对较小。例如,水平渗透率为 100mD,储层压降为 1000psi 时,井筒压降约为储层压降的 8%。更低渗透率或更小储层压降的任意组合都会得到一个相对于储层压降更小的井筒压降。然而,在高渗透油藏中,井筒压降变得很重要。水平渗透率为 500mD、储层压降仅为 50psi 时,井筒压降为储层压降的 11%。渗透率为 1000mD、储层压降为 100psi 时,井筒压降为储层压降的 78%。该井筒压降是油井产能非必要的限制因素,更大直径的井筒或更短的分支会更高效地开发该油藏。

8.5.2 单相流的井筒压降

计算水平井单相流井筒压降较为严格的方法是,将井筒分成若干段,用每段的平均流量来计算该段的摩擦压降。而最简单的方法是在计算中用油井总流量的 1/2 计算整个水平井筒的压降。根据此方法,可建立管流中压降的标准方程[式(8.1)适用于液体,式(8.6)或式(8.7)适用于气体]。

正如 Yuan,Sarica 和 Brill(1996,1998)、Ouyang 等(1998)及其他人所述,沿水平井的流入对井筒内压降有一定的影响,但通常很小(Hill 等,2008)。同时,这些研究也得到了计算井筒压降的经验方法。

8.5.3 两相流的井筒压降

同时生产两相或多相流体的水平井的压降特性可用之前提出的两相水平管流关系式计算,其将井筒分成若干小段,以确保每小段稳态流(特别是各相的流量恒定)的假设合理。

例 8.14 计算高流速水平井中的压降

一饱和油藏中有一口长 3000ft 的水平井,井筒内径为 5in,流速为 15000bbl/d,气油比为 1000。5000bbl/d 的大流量流入发生在距水平井跟端 1000ft 处,另一个流量为 6000bbl/d 的大流量流入发生在 2000ft 处,剩下的 4000bbl/d 发生在接近趾端的 3000ft 处。水平段起点的压力为 3000psi。请估计沿水平井的压力分布。

解:

因为 Beggs – Brill 方法适用于水平流动,所以可采用该方法计算各流体入口位置间的压降。由于计算中没有考虑流体入口处可能的额外扰动,这可能使总压降的估计值偏低。

从位置 1 的已知压力开始,该点的总液体流量为 15000bbl/d,温度为 180℉(假设沿井筒的温度为常数,且等于油藏温度)。首先计算井底流动条件,由第 3.2 节和 4.2 节中的关系式和例 3.3、例 4.2 及例 4.4,可得:$R_s = 562 \text{ ft}^3/\text{bbl}$,$B_o = 1.29$,$B_g = 5.071 \times 10^{-3}$,$B_g = 5.071 \times 10^{-3}$,$\rho_g = 10.7 \text{ lb/ft}^3$,$\mu_o = 0.69\text{cP}$,$\mu_g = 0.02\text{cP}$,$q_1 = 19350\text{bbl/d} = 1.26\text{ft}^3/\text{s}$,$q_g = 3.33 \times 10^4\text{ft}^3/\text{d} = 0.39\text{ft}^3/\text{s}$。

由井底体积流量和油井横截面积,计算得:$\lambda_1 = 0.766$,$\lambda_g = 0.234$,$u_m = 12.05\text{ft/s}$。

由式(7.125)至式(7.130),得 $N_{FR} = 10.8$,$L_1 = 292$,$L_2 = 1.79 \times 10^{-3}$,$L_3 = 0.147$,$L_4 = 3.01$。由于 $\lambda_1 \geq 0.4$ 且 $N_{FR} \geq L_4$,所以流型为分散流。

由于该井是水平井,则势能压降为 0。但是,仍须计算持液率 y_1,以求得摩擦压降。使用分散流的常数,由式(7.136)得:

$$y_{lo} = \frac{1.065 \times 0.766^{0.5824}}{10.8^{0.0609}} = 0.788 \tag{8.98}$$

由于该井是水平井,则 $\psi = 1$,$y_1 = y_{lo}$。接下来,用式(7.143)和式(7.146)计算混合物密度和黏度:

$$\rho_m = 0.766 \times 46.8 + 0.234 \times 10.7 = 38.4 \text{ lb/ft}^3 \tag{8.99}$$

$$\mu_m = 0.766 \times 0.69 + 0.234 \times 0.02 = 0.533\text{cP} \tag{8.100}$$

混合物雷诺数为[由式(7.145)]:

$$N_{Re_m} = \frac{38.4 \times 12.05 \times 5/12 \times 1488}{0.533} = 538000 \tag{8.101}$$

由 Moody 图可得,无滑脱摩擦系数 $f_n = 0.0032$。由式(7.147)至式(7.149)计算两相摩擦系数 f_{tp} 为 0.0046。最后,有:

$$\frac{dp}{dz} = \left(\frac{dp}{dz}\right)_F = \frac{2f\rho_m u_m^2}{g_c D}$$

$$= \frac{2 \times 0.0046 \times 38.4 \times 12.05^2}{32.17/(5/12)}$$

$$= 382\text{lbf/ft}^3 = 0.0265\text{psi/ft} \tag{8.102}$$

井筒前 1000ft 的压降为:

$$\Delta p = \left(\frac{dp}{dz}\right)L = 0.0265 \times 1000 = 26.5\text{psi} \tag{8.103}$$

对于接下来的 1000ft 井筒,原油流量为 10000bbl/d。由于压力几乎没有变化,可以用和之前一样的井底流体性质。这样,气液流量的比例不变,唯一的明显变化为现在 u_m 等于 8.03ft/s。重复上述计算过程,点 2 与点 3 间的流型也是分散流,压降为 11psi。

在最后的 1000ft 井筒中,油流量为 4000bbl/d,所以 $u_m = 3.21$ft/s。可预测这一段的流型为间歇流,整体压降为 1.7psi,整个水平段的总压降预测仅为 39psi。要使这些计算有效,要保证该井必须完全水平,轻微的倾斜将会导致势能对压降造成影响,可能会明显改变"水平"井内的压力分布。

许多名义上的水平井并非真正水平,轻微的倾斜可能会对多相流造成重大影响。一些"水平"井从跟端到趾端向上倾斜("趾端向上"井);一些从跟端到趾端向下倾斜("趾端向下"井);而其他"水平"井可能同时具有向上和向下倾斜段(即波状井)。有时候这些井眼轨迹是为了某些特殊目的而设计的,比如为了加强液体从气井的人工举升。其他情况下,不完全水平的井眼轨迹则是定向钻井过程形成或储层倾斜导致的。对于具有恒定倾斜度但接近水平的油井,这里所提出的任意两相水平管流的关系式都适用。

对于波状水平井,向上和向下的区段必须分开。对于向上流动(即流动方向有一个向上的斜度),由于液体有向井中回流的倾向,持液率会比完全水平井筒高。在向下流动的区段,各相更容易分层,且与完全水平的井眼轨迹相比,持液率较低。由于这些影响,波状井的势能压降通常不为零,所以在压降计算中应该加以考虑。

在波状井眼轨迹中,密度较大的相通常聚集在低处(集液槽),密度较小的相聚集在高处(顶部)。如果没有足够的吞吐量将聚集的流体携带出井,那么这些聚集的流体将基本停滞不前。

如图 8.17 所示,即一波状井的持水率剖面图(Chandran 等,2005)。使用较小尺寸的油嘴装置进行生产,由此总流量较低,尽管产水率低至 7% ~ 10%,测井曲线显示沿水平井的较低举升高度处持水率较高。这些曲线的中间轨迹代表速度剖面,表明集液槽中水的速度接近于零,油在其上方流动。此剖面对应井眼轨迹略有起伏的水平井的特征。

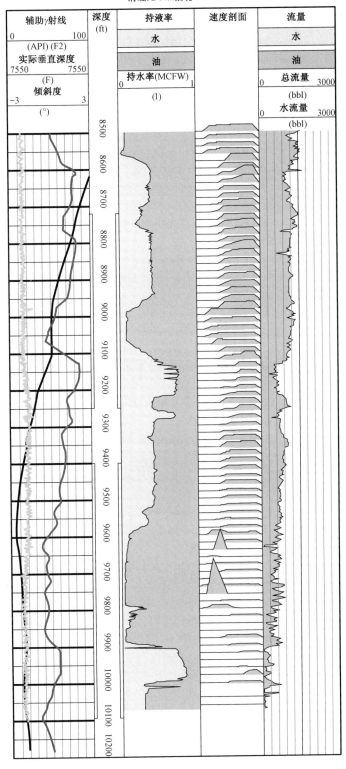

图 8.17　使用小尺寸油嘴的水平井流动剖面

参 考 文 献

[1] Ankalm,E. G. ,and Wiggins,M. L. ,"A Review of Horizontal Wellbore Pressure Equations,"SPE Paper 94314 presented at the Production Operations Symposium,Oklahoma City,OK,April 17 – 19,2005.

[2] Baker,O. ,"Design of Pipelines for the Simultaneous Flow of Oil and Gas,"Oil and Gas J. ,53:185 (1953).

[3] Beggs,H. D. ,and Brill,J. P. ,"A Study of Two – Phase Flow in Inclined Pipes,"JPT,607 – 617(May 1973).

[4] Brill,J. P. ,and Beggs,H. D. ,Two – Phase Flow in Pipes,Univesity of Tulsa,Tulsa,OK,1978.

[5] Chandran,T. ,Talabani,S. ,Jehad,A. , Al – Anzi,E. , Clark,Jr. , R. , and Wells,J. C. , "Solutions to Challenges in Production Logging of Horizontal Wells Using New Tool,"SPE Paper 10248 presented at the Internationl Petroleum Technology Conference,Doha,Qatar,November 21 – 23,2005.

[6] Crane Co. ,"Flow of Fluids through Valves,Fittings,and Pipe,"Technical Paper No. 48,Chicago,1957.

[7] Dikken,B. J. ,"Pressure Drop in Horizontal Wells and Its Effects on Production Performance,"JPT,1426(November 1990);Trans. AIME,289.

[8] Dukler, A. E. , "Gas – Liquid Flow in Pipelines," American Gas Association, American Petroleum Institute, Vol. 1,Research Results,May 1969.

[9] Eaton,B. A. ,Andrews,D. E. ,Knowles,C. E. ,Silberberg,I. H. ,and Brown,K. E. ,"The Prediction of Flow Patterns,Liquid Holdup,and Pressure Losses Occurring during Continuous Two – Phase Flow in Horizontal Pipelines,"Trans. AIME,240:815 – 828 (1967).

[10] Folefac, A. N. ,Archer,J. S. ,and Issa,R. I. :"Effect of Pressure Drop Along Horizontal Wellbores on Well Performance,"SPE Paper 23094 presented at the Offshore Europe Conference,Aberdeen,September 3 – 6,1991.

[11] Gibert,W. E. ,"Flowing and Gas – Lift Well Performance,"API Drilling and Production Practice,143, (1954).

[12] Hill,A. D. ,Zhu,D. ,and Economides, M. J. ,Multilateral Wells,Society of Petroleum Engineers,Richardson, TX,2008.

[13] Mandhane,J. M. ,Gregory,G. A. ,and Aziz,K. ,"A Flow Pattern Map for Gas – Liquid Flow in Horizontal Pipes,"Int. J. Multiphase Flow,1:537 – 553(1974).

[14] Novy,R. A. ,"Pressure Drop in Horizontal Wells:When Can They Be Ignored?"SPERE,29(February 1995); Trans. AIME,299.

[15] Omana, R. ,Houssiere,C. ,Jr. , Brown, K. E. ,Brill,J. P. ,and Thompson,R. E. ,"Multiphase Flow through Chokes,"SPE Paper 2682,1969.

[16] Ouyang,L. – B. ,and Aziz,K. ,"A Simplified Approach to Couple Wellbore Flow and Reservoir Inflow for Arbitrary Well Configurations,"SPE Paper 48936 presented at the SPE Annual Technical Conference and Exhibition,New Orleans,LA. ,September 27 – 30,1998.

[17] Ozkan,E. ,Sarica,C. ,and Haciislamoglu, M. :"Effect of Coductivity on Horizontal – Well Pressure – Behavior,"SPE Advanced Technology Series,p. 85 (March 1995).

[18] Penmatcha,V. R. ,Arbabi,S. ,and Aziz. K. ,"Effects of Pressure Drop in Horizontal Wells and Optimum Well Length,"SPE Journal,4(3):215 – 223(September 1999).

[19] Ros,N. C. J. ,"An Analysis of Critical Simultaneous Gas/Liquid Flow through a Restriction and Its Application to Flowmetering,"Appl. Sci. Res. ,9,Sec. A,374(1960).

[20] Scott,D. S. ,"Properties of Concurrent Gas – Liquid Flow," Advances in Chemical Engineering,Volume 4, Dres,T. B. ,Hoopes,J. W. ,Jr. ,and Vermeulen,T. ,eds. ,Academic Press,New York,pp. 200 – 278,1963.

[21] Szilas,A. P. ,Prouduction and Transport of Oil and Gas,Elsevier,Amsterdam,1975.

[22] Taitel,Y. ,and Dukler,A. E. ,"A Model for Predicting Flow Regime Transitions in Horizontal and Near Horizontal Gas – Liquid Flow,"AICHE J. , 22(1):47 – 55(January 1976).

[23] Wallis,G. B. ,One Dimensional Two – Phase Flow,McGran – Hill,New York,1969.

[24] Xiao,J. J. ,Shoham,O. ,and Brill,J. P. ,"A Comprehensive Mechanistic Model of Two – Phase Flow in Pipes," SPE Paper 20631 presented at the SPE ATCE,New Orleans,LA,September 23 – 26,1990.

[25] Yuan,H.,and Zhou,D.,"Evaluation of Two Phase Flow Correlations and Mechanistic Models for Pipelines at Horizontal and Inclined Upward Flow," SPE Paper 120281 presented at the SPE Production and Operations Symposium,Oklahoma City,OK,April 4 – 8,2009.

[26] Yuan,H.,Sarica,C.,and Brill,J.P.,"Effect of Perforation Density on Single Phase Liquid Flow Behavior in Horizontal Wells," SPE Paper 37109 presented at the SPE International Conference on Horizontal Well Technology,Calgary,Canada,1996.

[27] Yuan,H.,Sarica,C.,and Brill,J,P.,"Effect of Completion Geometry and Phasing on Single Phase Liquid Flow Behavior in Horizontal Wells," SPE Paper 48937 presented at the 1998 SPE Annual Technical Conference and Exhibition,New Orleans,LA,September 27 – 30,1998.

习　题

8.1 假设从距井 2000ft 的中心泵站以 3000bbl/d 的速度给注水井供水,中心泵站的压力为 400psi。水的相对密度为 1.02,黏度为 1cP。如果管道的相对粗糙度为 0.001,为保持井口压力至少为 300psi,可用流动管线的最小直径为多少(尽可能接近 1/2in)?

8.2 绘制附录 A 中所给流体的压降与管线中流量的关系曲线。管长 4000ft,内径为 2in,相对粗糙度为 0.006。流量的变化范围为 500 ~ 10000bbl/d。

8.3 假设一口气井的产量为 $20 \times 10^6 \text{ft}^3/\text{d}$,天然气的相对密度为 0.7,将其接到长 4000ft、直径为 2in 的流动管线上。管线压力为 200psi,天然气温度为 150℉。计算下列条件下的井口压力:(1)平滑管;(2)$\varepsilon = 0.001$;(3)平滑管的流动管线上加一个 20/64in 的油嘴($\alpha = 0.9$)。

8.4 使用 Baker,Mandhane 等和 Beggs – Brill 流型图,确定内径 2in 的流动管线中油流量为 500bbl/d、伴生气流量为 800ft³/bbl 的流型。油和气的性质如附录 B 中所述,$\sigma_1 = 20\text{dyn/cm}$,温度为 120℉,压力为 800psi。

8.5 根据 Beggs – Brill,Eaton 和 Dukler 关系式,绘制附录 B 中所给流体的压力梯度与油流量关系曲线。油气在内径为 3in、粗糙度为 0.001 的管线中流动。$T = 150℉$,$p = 200\text{psi}$,$\sigma_1 = 20\text{dyn/cm}$,忽略动能压降。假设没有水存在,气油比 GOR 为 600ft³/bbl。

8.6 对于习题 8.5 中所描述的流动,假设给定的压力是井口压力,试问该流动管线的最大可能长度是多少?

8.7 对附录 A 中的井,油管流压达到 800psi,请绘制内径分别为 8/64in,12/64in 和 16/64in 的油嘴特性曲线。

8.8 对附录 B 中的井,油管压力达到 800psi,请绘制内径分别为 8/64in,12/64in 和 16/64in 的油嘴特性曲线。

8.9 对附录 C 中的井,油管压力达到 800psi,请绘制内径分别为 8/64in,12/64in 和 16/64in 的油嘴特性曲线。

8.10 在附录 A 的油藏中有几口有杆泵井产液,将其用如图 8.18 所示的管网连接到分离器。所有管道的相对粗糙度均为 0.001,分离器压力为 150psi,并假设整个系统的温度接近 80℉,求各井的井口压力。

8.11 请重新设计习题 8.10 的管网,改变尽可能少的管段直径,使井口压力都不高于 225psi。

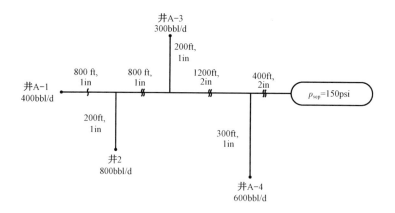

图 8.18　地面集输系统(习题 8.10)

8.12 波状井筒可以简化为一系列上下倾斜的管道,假设附录 B 中 *GOR* 为 500ft³/bbl 的流体沿图 8.19 所示的井均匀分布,每段初始油流量为 1000bbl/d,且每段管长 1000ft。如果管道内经为 3in,$\varepsilon = 0.0006$,请计算并绘制该井每个低位置点的压力。

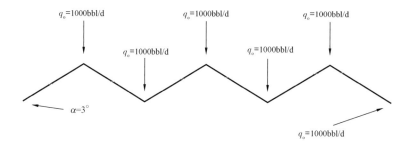

图 8.19　习题 8.12 中的井眼轨迹

第9章 油气井产能

9.1 简介

第2章至第5章分别描述了油藏、两相油气藏和气藏中直井、斜井和复杂结构井的流入动态。其中流入动态关系(IPR)按照传统的标准方式给出,纵坐标为井底流压,横坐标为对应的产量。该IPR曲线可全面描述在特定时间内油气藏向油气井的供给情况。除了稳态流的情况,油气井的IPR随时间而变化,往往出现在无限大流动和拟稳态流动条件下,其中油气藏压力随时间逐渐降低。

油气藏流入动态情况必须与油气井的垂直流动动态(VFP)相结合,井筒流动已在第7章、第8章进行介绍。对于井口流压为p_{tf},对应的井底流压为p_{wf},其为管柱中的静水压力和摩擦压降的函数,而密度变化以及相态变化均会影响静水压力和摩擦压降。对于两相流,由于气体的再次溶解,井筒中液体的密度会相应增加,因而增加井口压力通常会造成对应的井底压力有更大的增加。对于大多数的油藏,井筒中出现两相流很常见,因为即使井底流压高于泡点压力,井口压力也很可能远低于泡点压力。另外,很多气井存在自由液相,即凝析油或水或二者均在管柱中流动。因此,通常需要将单相油流或者单相气流的IPR与两相VFP结合起来。

增加流动气液比(GLR)可使井底流压下降,这正是气举的目的。然而,流动气液比存在一定限制,因为静水压力的下降将会被逐渐摩擦压降的增加抵消。气举将在第11章中进行大致的介绍,而深井泵举升将在第12章中进行讨论。

在本章中,采用自然垂直流动动态结合IPR来估算井的产能。本章主要由大量例子构成,每个例子都可用于证明一个重要的论点。

9.2 流入动态(IPR)与垂直流动动态(VFP)

如图9.1所示为解决该问题的传统方式。IPR曲线由p_{wf}与q关系曲线表示。对于给定的井口压力p_{tf},可在各特定流动速率下应用机械能平衡计算井底流压p_{wf}(见第7章,特别是7.2.3节)。由此可得VFP曲线,即图9.1,图中两条曲线的交点对应期望的产量和井底流压。通常,VFP曲线很大程度上是线性的,并且斜率相对较小。对于低气液比的液体,静水压力占据井内绝大部分的压力梯度。因此,摩擦压降将会相对较小,由于压力分量主要受流速影响,相应的VFP曲线显得更为平坦。对于高气液比值的情况或气井,VFP曲线不再呈线性。当管内出现气液两相流时,在VFP曲线上通常存在一个最小的p_{wf}。因此静水压力随着流速增加而降低,这个最小值在低液体流速和持液率条件下产生。最小值出现在某较高流速对应的摩擦压力降增量大于静水压力减少量时,在该特定流速下摩擦压力降的变化量等于净水压力降的变化量。

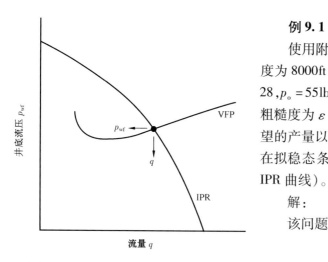

图 9.1 油气井产能:结合流入动态关系
（IPR）和垂直流动动态（VFP）

例 9.1 计算单向流的 VFP,并结合单相 IPR 使用附录 A 中井距为 160acre 的井。既定深度为 8000ft,原油 API 重度为 $0.88°API$（$API° = 28, p_o = 55lb/ft^3$）,管柱尺寸为 $2\frac{3}{8}in$（I. D. $\approx 2in$）,粗糙度为 $\varepsilon = 0.0006$。如果井口压力为 0,那么期望的产量以及相应的井底流压为多少? 假设油藏在拟稳态条件下生产（使用例 2.8 中 $s = 0$ 时的 IPR 曲线）。

解:

该问题中的 IPR 曲线为[由式（2.9）]:

$$p_{wf} = 5651 - 5.58q \qquad (9.1)$$

忽略动能压降,如例 7.3 所述,必须对每个流速计算势能以及摩擦压降。

由于本例中考虑的是单相流体,并且很大程度上不可压缩,在不考虑井口压力和流速时,势能压降（静水压力）将会是相同的。因此,由式（7.22）,有:

$$\Delta p_{PE} = 0.433 \times 0.88 \times 8000 = 3048psi \qquad (9.2)$$

然后必须计算每个流速下的摩擦压降。例如,如果 $q_o = 200bbl/d$,雷诺数为[由式（7.7）并使用附录 A 中的相关参数]

$$N_{Re} = \frac{1.48 \times 200 \times 55}{2 \times 1.72} = 4732 \qquad (9.3)$$

对应流动状态为湍流。

由式（7.35）以及 $\varepsilon = 0.0006$,得范宁摩擦系数 f_f 为 0.0096。速度 u 为:

$$u = \frac{4 \times 200 \times 5.615 \times 1/86400}{\pi \times (2/12)^2} = 0.6ft/s \qquad (9.4)$$

由式（7.31）,有:

$$\Delta p_F = \frac{2 \times 0.0096 \times 55 \times 0.6^2 \times 8000}{32.17 \times 2/12}$$

$$= 568lbf/ft^2 = 3.9psi \qquad (9.5)$$

相比于静水压力降要小得多。

总压降为式（9.2）和式（9.5）的加和,即 3052psi。由于 $p_{tf} = 0$,则 p_{wf} 等于压降。图 9.2 给出了针对此问题的 IPR 和 VFP 组合,其交点为 $p_{wf} = 2281psi$, $q = 608bbl/d$。

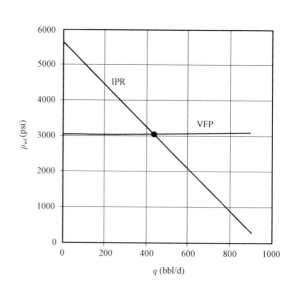

图 9.2 单相流油井产能（例 9.1）

例 9.2 气液比（GLR）对垂直流动动态（VFP）的影响

假设附录 A 中的油藏（$R_s = 250ft^3/bbl$），一口井用直径 $2\frac{3}{8}$in（I. D. 为 2in）的管柱完井，平均流动温度为 130℉。如果井口流压 p_{tf} 为 100psi，试得到 $q = 500bbl/d$ 以及 GLR 值为 $100 \sim 800ft^3/bbl$ 的梯度曲线。注意，所有 GLR 大于 250 的情况必须配备气举装置。对于 GLR 为 $300 \sim 800ft^3/bbl$ 的情况，井底流压和流压梯度（5000~8000ft）分别为多少？

解：

使用修正的 Hagedorn 和 Brown 方法（见 7.4.3 节和例 7.11），易得到图 9.3。GLR 值为 $300ft^3/bbl$ 和 $800ft^3/bbl$ 时分别对应井底流压 1976psi 和 1270psi。相应的流动梯度（5000ft 和 8000ft 之间）分别为 0.30psi/ft 和 0.16psi/ft。

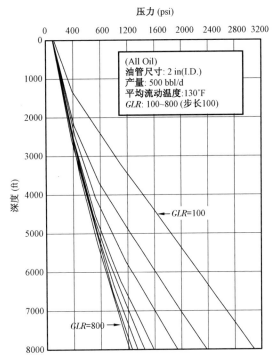

图 9.3　不同 GLR 值对应的梯度曲线（例 9.2）

例 9.3 增加井口流压

对于附录 A 中的井（$GLR = 250ft^3/bbl$ 和油管尺寸 I. D. 为 2in），在同样的深度 8000ft，分别对 p_{tf} 为 0,100psi 和 500psi 建立 VFP 曲线。并试问例 9.1 中使用拟稳态 IPR 的产量为多少？

解：

表 9.1 中列出了使用修正 Hagedorn 和 Brown 方法计算的一系列产量对应的井底流压。这些结果证明，相变的影响伴随着井中流体压力变化。当流量为 100bbl/d 时，井口流压增加 100psi（0 ~ 100），井底流压大约增加 500psi，反映了总压降中静水压降的影响。类似地，井口流压增加到 500psi 时，井底流压增加 1400psi。

表 9.1　例 9.3 不同产量对应的井底流压

$q(bbl/d)$	$p_{wf}(psi)$	$p_{wf}(psi)$	$p_{wf}(psi)$
100	1631. 0	2077. 0	3182. 0
300	1668. 0	2011. 0	3018. 0
500	1827. 0	2099. 0	3025. 0
700	1976. 0	2175. 0	3040. 0
900	2118. 0	2251. 0	3064. 0

如图 9.4 所示，IPR 曲线与 3 条 VFP 曲线相交分别对应井口压力为 0,100psi 和 500psi 下的流量 608bbl/d,577bbl/d 和 444bbl/d。

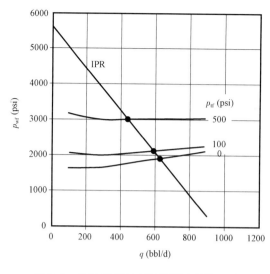

图9.4 井口流压对产能的影响(例9.3)

此问题证明,井口与地面设备的设计和井的产能存在内在联系。

例9.4 IPR 的变化

井的产能同时受到井的流入动态和油藏流入动态的影响。前两个例子验证了 *GLR* 以及入口压力对井的动态和产能的影响。油藏流入动态主要受近井地带(伤害或者增产措施)以及油藏平均压力变化的影响。

在本例中,使用例2.8中(不同表皮系数)IPR 曲线以及例2.9(降低油藏压力)p_{tf} = 100psi 的 VFP 曲线,得到例9.3,说明表皮系数以及油藏压力下降对井产能的影响。

解:

图9.5 是表皮效应影响 IPR 并导致井产能变化的图解。当表皮系数为 0 时,产量为 577bbl/d;当表皮系数分别为 10 和 50 时,产量将分别减少到 273bbl/d 和低于 73bbl/d。然而,由于 VFP 值是根据左侧最小压力计算的,而这些压力值通常不稳定,因此产量 73bbl/d 并不精确。

如图9.6 所示为油藏压力下降对井产能的影响(IPR 曲线使用的是由式(2.50)给出的拟稳态关系),压力 $\bar{p}$ = 5651psi,5000psi 和 4000psi 对应的产量分别为 614bbl/d,496bbl/d 和 319bbl/d。

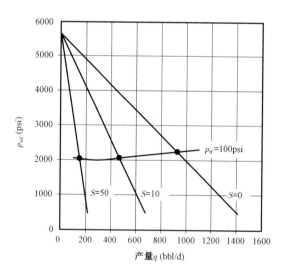

图9.5 表皮系数与井的产能关系(例9.4)

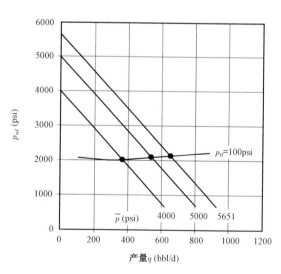

图9.6 油藏压力下降对应的井产能(例9.4)

一般通过降低井口压力(通常不太可行)或通过人工举升来降低井底压力,将会使 VFP 曲线下移,其结果是保持原始产量或减缓井底压力降低。

9.3 两相流油藏中的 IPR 和 VFP

单相流和两相流油藏的主要区别在于,由于油藏压力下降,后者的生产气液比(GLR)随时间变化。气体从溶解状态脱出逐渐形成气顶,从而形成自由流动气,其与井筒中油流混合,使油流含有一定量的溶解气。其结果是 VFP 曲线随时间变化,并逐渐下移。在较低油藏压力下将对应一个新的 IPR 曲线。这种复合效应造成井的产量下降,但相比于单相流油藏,其下降速率较低,如图 9.7 所示。其中,井口流压恒定。考虑油藏递减动态预测油气井动态的综合例子将在第 10 章中给出。

图 9.7 中描述的动态可在自然流动条件下观测到,在原始压力较高和流体溶解气油比较高的油藏生产早期更明显。在油藏生产晚期,生产气液比随时间增加,对应的 VFP 曲线变化减小,最终将达到重合。

例 9.5 两相油藏的井产能

使用附录 B 中的井,泄流半径为 1490ft,表皮系数为 0,绘制平均地层压力为 4336psi 时的 IPR 曲线。对于内径为 4in 的油管,分别在 $p_{tf} = 100$psi 和 300psi 下给出井口压力的影响。

解:

两相流油藏的 IPR 表达式在 3.4 节中已给出[式(3.55)],使用附录 B 以及本例中的变量,表达式为:

$$q_o = 5317\left[1 - 0.2\frac{p_{wf}}{\bar{p}} - 0.8\left(\frac{p_{wf}}{\bar{p}}\right)^2\right] \tag{9.6}$$

图 9.8 中绘制了 IPR 曲线以及地层体积系数的平均值 B_o。图 9.8 中有两个不同井口压力(100psi 和 300psi)下的 VFP 曲线,对应的产量分别为 4180bbl/d 和 4493bbl/d,井底流压分别约为 1549psi 和 1177psi,相差 372psi,反映了在更高的井口压力下有更多的液相?

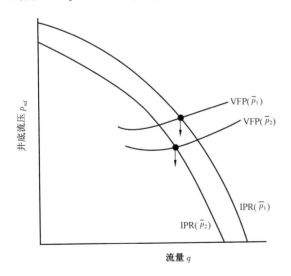

图 9.7　两个不同平均油藏压力($p_2 < p_1$)
下的 IPR 和 VFP 曲线(井口流压恒定)

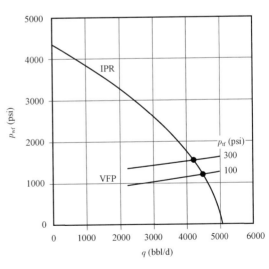

图 9.8　两相流油藏中两个不同井口流压
下的 IPR 和 VFP 曲线(例 9.5)

9.4 气藏的 IPR 和 VFP

第 4 章中的式(4.56)和式(4.62)分别描述了在拟稳态和非稳态下的气井流入动态,该表达式使用了真实气体拟压力函数 $m(p)$,它们是气体 IPR 的最常用形式。

将真实气体拟压力用气体压力平方差除以黏度和气体压缩因子的结果替换,可得到近似表达式。例如,拟稳态 IPR 由式(4.32)给出。相同的表达式含有非达西系数 D,考虑了高速气井中的紊流效应。

气井的垂直流动动态与其他井一样,包括静水压降和摩擦压降分量。然而,相比于大多数液相油藏,摩擦压力分布似乎更广。因此,油管直径及其选择对气井十分重要。当然,这对于所有的高速油气藏也是如此。

第 7.3 节和例 7.5 给出了计算气井井底流压的方法,井底流压与气体速率的关系曲线即这口井的 VFP 曲线。

例 9.6 气井产能

用附录 C 中气井的数据,$r_e = 1490$ft,$\bar{\mu} = 0.0249$cP,$\bar{Z} = 0.96$,$c_t = 8.6 \times 10^{-5}$psi^{-1},$S = 0$ 和 $D = 1.5 \times 10^{-4} (10^3ft^3/d)^{-1}$,使用式(4.50)和式(4.51)(假设井的生产处于稳定状态)。

如果井口流压为 500psi,其产能是多少?井的深度为 10000ft,油管内径为 2.259in,相对粗糙度为 0.0006。假设井口温度为 140℉。

解:

式(4.51)的系数 a 和 b 为:

$$a = \frac{1424 \times 0.0249 \times 0.96 \times 640}{0.17 \times 78} \left(\ln \frac{0.472 \times 1490}{0.328} \right) = 1.3 \times 10^4 \qquad (9.7)$$

$$b = \frac{1424 \times 0.0249 \times 0.96 \times 640 \times 1.5 \times 10^{-4}}{0.17 \times 78} = 0.25 \qquad (9.8)$$

得到 IPR 表达式为:

$$\bar{p}^2 - p_{wf}^2 = 1.3 \times 10^4 q + 0.25 q^2 \qquad (9.9)$$

IPR 曲线绘制如图 9.9($\bar{p} = 4613$psi),绝对无阻流量($p_{wf} = 0$)为 1588×10^3ft^3/d。对这样小的 D 值,非达西效应处于最小的状态。忽略式(9.9)中的第二项,得到的绝对无阻流量为 1640×10^3ft^3/d。

如图 7.5 所示,由 VFP 曲线的交点计算气体的产量为 1550×10^3ft^3/d。

例 9.7 高速气井:油管尺寸的影响

对于 $\bar{p} = 4613$psi 的气藏中一口气井,其 IPR 为:

$$\bar{p}^2 - p_{wf}^2 = 25.8 q + 0.115 q^2 \qquad (9.10)$$

假设气井所有的物理参数如附录 C 所示,用 IPR 结合 VFP 阐述油管尺寸的影响。

解:

该井的绝对无阻流量为 13.6×10^6ft^3/d。该问题的 IPR 曲线如图 9.10,同时给出 4 个常规油管尺寸($2\frac{3}{8}$in,$2\frac{7}{8}$in,$3\frac{1}{2}$in 和 4in 对应的内径为 2in,2.44in,3in 和 3.48in) 对应的 VFP 曲线。从图9.10 易得到 4 种油管尺寸下井的产量分别为 10.7×10^6ft^3/d,12.3×10^6ft^3/d,13×10^6ft^3/d 和 13.2×10^6ft^3/d。这体现了选择合适油管尺寸对气井的重要性。

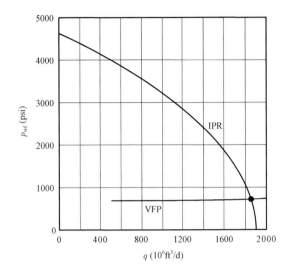

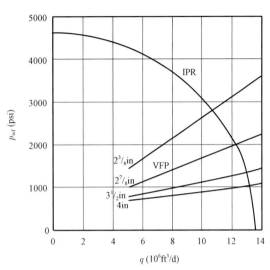

图 9.9　例 9.6 的气井产能　　　　图 9.10　高速气井不同油管直径对应的产能(例9.7)

　　这一点对气井尤其重要,因为其可能是水力压裂的备选井(如附录 C 中渗透率 $K = 0.17$mD 的井)。根据改进的 IPR,进行成功的压裂措施之后,如果油管尺寸没有依据预期的处理后流入情况或处理前流入情况进行选择,预期的收益可能较低。

　　这个例子说明了井的产能与油藏流入动态和垂直流动动态之间的一般关系。当 VFP 曲线与 IPR 曲线中较陡的部分相交时,如 $3\frac{1}{2}$in 和 4in 对应的 VFP 曲线,产量对油管尺寸并不敏感。在这种情况下,为了显著提高产量,井必须采取增产措施,而且产量受油藏限制。另一方面,如果 VFP 曲线与 IPR 曲线平缓的部分相交,或者 VFP 曲线有明显的正斜率,如 $2\frac{3}{8}$in 和 $2\frac{7}{8}$in的 VFP 曲线,改变油管条件(或者采用人工举升)能够显著增加产量,而增产措施带来的收益相对较低,此类井通常受油管限制。一般而言,如果可能的话应该尽可能避免油管限制的情况。

<h1 style="text-align:center">习　　题</h1>

　　9.1 针对以下条件绘制 IPR 曲线,并作清楚标明。详细绘制出曲线的正确形态(直线,曲线向上凸,曲线向下四等),并且注意每条曲线的起始点和末端点。在每种情况下,除了提到的变量,假设所有的参数都保持恒定。

　　(1)油藏中稳态单相油流;有和没有地层伤害;

　　(2)两油藏中的不稳定单相油流,两油藏的原始压力分别为 p_{re1} 和 p_{re2},其中 p_{re1} 大于 p_{re2};

　　(3)油藏中拟稳态两相流,在时间点 t_1 和 t_2 处,t_2 在 t_1 两年以后;

　　(4)拟稳态单相油流流向水平井,井完全的打开,井的长度为油藏长度一半。

　　9.2 对于附录 A 中的井,深度为 8000ft,井口流压为 100psi,估算摩擦压力降为总量的 20% 时的油管直径。假设有关流动均为单相。

9.3 假设某井的 IPR 曲线为：

$$q_o = 10000 \left[1 - 0.2 \frac{p_{wf}}{\bar{p}} - 0.8 \left(\frac{p_{wf}}{\bar{p}} \right)^2 \right] \tag{9.11}$$

$\bar{p} = 500\text{psi}$(使用平均 B_o)。如果 $GOR = 300\text{ft}^3/\text{bbl}$,$\bar{T} = 150\,^\circ\text{F}$,$p_{tf} = 100\text{psi}$,油管内径为 3in,分别计算井在深度 4000ft,6000ft 和 8000ft 的产能。其他所有的性质参数参见附录 B。

9.4 习题 9.3 中油管半径能否为 2in? 如果可以,深度为 6000ft 的产能为多少?

9.5 假设长度 $L = 2000\text{ft}$,$I_{ani} = 3$ 的水平井投产于习题 9.3 中的油藏中,井的产能为多少?(假设井眼轨迹的平均倾斜角为 45°,并且井的水平段压降可以忽略。)

9.6 对附录 C 中的气井进行水力压裂,压裂后表皮系数为 -6,井口流压为 500psi,试使用附录 C 和例 9.6 中的数据建立气井的 IPR。相比于例 9.6 中井处理前且油管内径等于 1 的结果,其生产动态如何? 油管内径为 2in 时的生产动态又如何?

9.7 假设 $L = 2500\text{ft}$ 的水平井投产于附录 C 以及例 9.6 中的井中。如果水平井 $r_w = 0.328\text{ft}$,直井段油管内径为 3in,井的产能是多少? 并计算水平段的压降。

第10章 油气井产能预测

10.1 简介

在前一章中,结合井的流入动态和垂直举升特性(IPR 和 VFP)可确定油气井的产能。对于油藏和油气井系统两部分,流量与井底流压关系曲线的交点即为预期的油气井产能。此交点对应了油气井工作寿命中的一个特定瞬间,主要取决于控制油气井动态的流动形态类型。

对于无限作用系统,瞬时 IPR 曲线可以由 p_{wf} 轴上的单一压力值(即初始油藏压力)画出。其与 VFP 曲线在不同时刻的交点即为预期的产量(和对应的 p_{wf} 值)。

根据定义,稳态流的单一 IPR 曲线与 VFP 曲线相交。对于拟稳态流,由于平均油藏压力随时间变化,情况相对复杂。给定平均油藏压力 $\bar{p}$,可画出一组 IPR 曲线,每条曲线都在各自的油藏压力下与 p_{wf} 轴相交。这种情况下,还需要知道时间因素。根据地下采出量和油藏压力递减进行物质平衡计算,可得出压力与时间的重要关系。因此,与之相关的油气井产能即为对油气井产量的预测。

在所有情况下,通过产量对时间的积分即可得到累计产量,其为制定所有采油工程项目可行性经济决策的一个基本因素。

10.2 非稳态流产量预测

在一个无限作用的油藏中,井的 IPR 曲线可通过求解扩散方程得到。第 2 章[式(2.23)]和第 4 章[式(4.62)]分别给出了对油、气井流量的经典近似。对于两相流油藏,如第 3.5 节所示,式(2.23)可作进一步的调整。由这些表达式可画出对应每一个生产时刻的瞬时 IPR 曲线。例 2.7 及其相关的图 2.5 即描述了瞬时 IPR 曲线的计算和表征方法。

如果井口压力不变,那么该井将只有一条 VFP 曲线,其与 IPR 曲线的交点即为该井的产量。任何流动形态下的累计产量均可简单地表示为:

$$N_p = \int_0^t q(t)\,\mathrm{d}t \tag{10.1}$$

例 10.1 利用瞬时 IPR 曲线预测井产量

用例 2.7 中得到附录 A 中井的瞬时 IPR 曲线,与例 9.1 中的 VFP 曲线结合,计算并绘制预期的油井产量和累计产量与时间的关系曲线。

解:

式(2.25)是该井瞬时 IPR 曲线的关系式。如果 $t = 1$ 个月(在该式计算中 t 必须转换为小时),式(2.25)变为:

$$q = 0.304(5651 - p_{wf}) \tag{10.2}$$

在放大的尺度上,图10.1表示(所有IPR曲线都汇合在 $p_{wf} = p_i = 5651\text{psi}$ 处)1个月、6个月、12个月的IPR曲线与VFP曲线的交点。其对应的产量(和流压)分别为1020bbl/d(2284psi),933bbl/d(2233psi)和901bbl/d(2216psi)。

图10.2为井产量与时间的关系图。相应的累计产量也在同一图上。

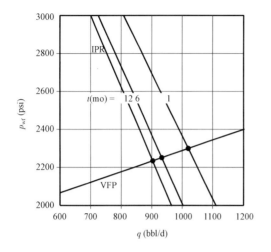

图 10.1 例 10.1 的瞬时 IPR 和 VFP 曲线

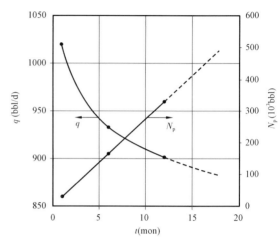

图 10.2 例 10.1 的产量与累计产量预测

10.3 未饱和油藏物质平衡及拟稳态下产量预测

未饱和油藏中流体的产量完全取决于采出及相应压力降导致的流体膨胀。我们可以通过等温压缩系数的关系式对其进行评估。

等温压缩系数定义为:

$$c = -\frac{1}{V}\frac{\partial V}{\partial p} \tag{10.3}$$

式中 V 是流体的体积。通过分离变量,假设 c 很小且对于油藏可视为是常数,则:

$$\int_{p_i}^{\bar{p}} c\,\mathrm{d}p = \int_{V_i}^{V}\left(-\frac{\mathrm{d}V}{V}\right) \tag{10.4}$$

因此

$$c(\bar{p} - p_i) = \ln\frac{V_i}{V} \tag{10.5}$$

重新整理式(10.5)得:

$$\frac{V}{V_i} = \mathrm{e}^{c(\bar{p} - p_i)} \tag{10.6}$$

体积 V 等于 $V_i + V_p$,即原始体积加上较低压力下新生产的体积。对于欠饱和油藏,总压缩系数 $c_t = c_o S_o + c_w S_w + c_f$,其中 c_o,c_w 和 c_f 分别是油、水和岩石的压缩系数,而 S_o 和 S_w 分别是油和水

的饱和度。最后,采收率 r 为:

$$r = \frac{V_p}{V_i} = e^{c_i(p_i - \bar{p})} - 1 \tag{10.7}$$

如果已知原始储量 N,那么累计采收率 N_p 即为 rN。

在拟稳态条件下,预测井动态的一般方法如下:

假设平均油藏压力为 $\bar{p}$,由式(10.7)可计算采收率(和相应的累计采出量),并计算每一个平均油藏压力区间累计产量的增量 ΔN_p。

拟稳态 IPR 关系式可以与平均油藏压力(可视为压力区间的平均值)使用。式(2.33)适用于欠饱和油藏。

时间则为 $t = \Delta N_p/q$,式中 q 是区段内计算的平均流量。

通过以上步骤,就可得到井产量和累计采出量与时间的关系。

例 10.2 拟稳态条件下油井的生产

假设附录 A 中的井在拟稳态条件下生产,泄油面积为 40acre。试计算油井产量和累计产量与时间的关系。如果当 $\bar{p} = 4000$psi 时,需要人工举升,请计算开始举升的时间。

当 $\bar{p} = p_b = 1697$psi 时,该泄油面积的最大累计产量可为多少? 使用例 9.1 中的 VFP 曲线。

解:

式(2.33)给出了欠饱和油藏的拟稳态 IPR 曲线。根据附录 A 中的变量、40acre 的泄油面积($r_e = 745$ft)、$S = 0$ 且允许平均油藏压力变化,则式(2.33)变为:

$$q = 0.357(\bar{p} - p_{wf}) \tag{10.8}$$

图 10.3 是不同油藏压力 $\bar{p}$ 下的 IPR 曲线,与油井 VFP 曲线的组合。当 $\bar{p} = 5651$psi、5000psi、4500psi 和 4000psi 时,相应的油井产量分别近似为 1135bbl/d、935bbl/d、788bbl/d 和 635bbl/d。

接下来计算每一压力区间的累计产量。首先,必须估算原始原油储量。根据附录 A 中的变量,40acre 的原始原油储量为:

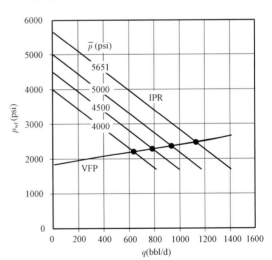

图 10.3 拟稳态条件下油井的 IPR 和 VFP 曲线(例 10.2)

$$N = \frac{7758 \times 40 \times 53 \times 0.19 \times (1 - 0.34)}{1.17}$$

$$= 1.76 \times 10^6 \text{bbl} \tag{10.9}$$

然后按照 10.3 节中描述的方法,给出以下计算示例。

如果 $\bar{p} = 5000$psi,由式(10.7)可得采收率为:

$$r = e^{1.29 \times 10^{-5}(5651 - 5000)} - 1 = 8.43 \times 10^{-3} \tag{10.10}$$

因而

$$N_p = (1.76 \times 10^6)(8.43 \times 10^{-3}) = 14840 \text{bbl} \qquad (10.11)$$

如果该区间(图 9.3)的平均产量为 1035bbl/d,对应式(10.11)中累计产量的所需时间为 (14840/1035) ≈ 14 天。

表 10.1 列出了该例子的产量、增量和总的累计采出量。

表 10.1 例 10.2 中油井的产量和累计采收率预测

$\bar{p}(\text{psi})$	$q(\text{bbl/d})$	$N_p(\text{bbl})$	$\Delta N_p(\text{bbl})$	$\Delta t(\text{d})$	$t(\text{d})$
5651	1135				
			1.48×10^4	14	
5000	935	1.48×10^4			14
			1.15×10^4	13	
4500	788	2.63×10^4			28
			1.16×10^4	16	
4000	635	3.79×10^4			44

生产 44 天后,油藏压力将下降到 1650psi,产量将由 1135bbl/d 降到 635bbl/d,而总采收率将仅为原始原油储量的 2.15%。这一计算表明,高度欠饱和油藏的开发效果较差。也就是说,44 天后必须开始人工举升,因为这个时间与 $\bar{p} = 4000$psi 相一致。

最后,如果 $\bar{p} = p_b$,最大采收率[式(10.7)]则为:

$$r = e^{1.29 \times 10^{-5}(5651-1697)} - 1 = 0.052 \qquad (10.12)$$

10.4 油藏广义物质平衡方程

Havlena 和 Odeh(1963,1964)介绍了物质平衡在原始原油储量为 N、气顶初始烃体积与油区初始烃体积之比为 m 的油藏中的应用。

10.4.1 一般表达式

Dake(1978)提出的一般表达式(忽略水的注入和产出)为:

$$N_p[B_o + (R_p - R_s)B_g]$$

$$= NB_{oi}\left[\frac{(B_o - B_{oi}) + (R_{si} - R_s)B_g}{B_{oi}} + m\left(\frac{B_g}{B_{gi}} - 1\right) + (1 + m)\left(\frac{c_w S_{wc} + c_f}{1 - S_{wc}}\right)\Delta p\right] \quad (10.13)$$

式中:N_p 是累计产油量;R_p 是生产气油比;S_{wc} 是束缚水饱和度。

其他所有变量是两相系统中常用的热力学和物理学性质。下面定义的变量对应于重要的产量组成。

地下采出量:

$$F = N_p[B_o + (R_p - R_s)B_g] \qquad (10.14)$$

油和原始溶解气的膨胀系数：

$$E_o = (B_o - B_{oi}) + (R_{si} - R_s)B_g \qquad (10.15)$$

气顶的膨胀系数：

$$E_g = B_{oi}\left(\frac{B_g}{B_{gi}} - 1\right) \qquad (10.16)$$

原生水的膨胀系数和孔隙体积的压缩系数：

$$E_{f,w} = (1 + m)B_{oi}\left(\frac{c_w S_{wc} + c_f}{1 - S_{wc}}\right)\Delta p \qquad (10.17)$$

最后，由式(10.13)至式(10.17)得：

$$F = N(E_o + mE_g + E_{f,w}) \qquad (10.18)$$

10.4.2 重要油藏变量的计算

正如 Havlena 和 Oden(1963)，通过观察油井动态及根据产出流体的性质，式(10.18)可以以线性形式用于重要油藏变量的计算中。

10.4.2.1 饱和油藏

对于饱和油藏，有：

$$E_{f,w} \approx 0 \qquad (10.19)$$

由于可压缩项可忽略，因此：

$$F = NE_o + NmE_g \qquad (10.20)$$

对无原始气顶的油藏($m = 0$)，有：

$$F = NE_o \qquad (10.21)$$

F 与 E_o 的关系曲线是斜率为 N(原始原油储量)的直线。

对于有原始气顶的油藏(N 和 m 未知)，有：

$$F = NE_o + NmE_g \qquad (10.22)$$

或

$$\frac{F}{E_o} = N + Nm\left(\frac{E_g}{E_o}\right) \qquad (10.23)$$

F/E_o 与 E_g/E_o 的关系曲线是一条截距为 N、斜率为 Nm 的直线。

10.4.2.2 欠饱和油藏

在欠饱和油藏中，由于 $m = 0$，$R_p = R_s$，式(10.13)变为：

$$N_p B_o = N B_{oi}\left[\frac{B_o - B_{oi}}{B_{oi}} + \left(\frac{c_w S_{wc} + c_f}{1 - S_{wc}}\right)\Delta p\right] \qquad (10.24)$$

式(10.6)可以写成地层体积系数的形式，并通过省略泰勒级数中所有不小于 2 次幂的项进行简化：

$$B_o = B_{oi}e^{c_o\Delta p} \backsimeq B_{oi}(1 + c_o\Delta p) \qquad (10.25)$$

因此：

$$\frac{B_o - B_{oi}}{B_{oi}} = c_o\Delta p \qquad (10.26)$$

用 S_o 乘除式(10.26)得：

$$\frac{B_o - B_{oi}}{B_{oi}} = \frac{c_o S_o \Delta p}{S_o} \qquad (10.27)$$

因为 $S_o = 1 - S_{wc}$，有：

$$\frac{B_o - B_{oi}}{B_{oi}} = \frac{c_o S_o \Delta p}{1 - S_{wc}} \qquad (10.28)$$

因此式(10.24)变为：

$$N_p B_o = N B_{oi}\left[\frac{c_o S_o \Delta p}{1 - S_{wc}} + \frac{c_w S_{wc} + c_f}{1 - S_{wc}}\Delta p\right] \qquad (10.29)$$

由总压缩系数的定义 $c_t = c_o S_o + c_w S_w + c_f$，有：

$$N_p B_o = \frac{N B_{oi} c_i \Delta p}{1 - S_{wc}} \qquad (10.30)$$

$N_p B_o$ 与 $B_{oi}c_i\Delta p/(1 - S_{wc})$ 的关系曲线为斜率为 N 的直线。

式(10.21)、式(10.23)和式(10.30)描述的都是直线，由其斜率或截距可得出原始原油储量和气顶大小(如果是带气顶的油藏)。要绘制的变量组包括生产历史、油藏压力和相关的流体性质。因此，油井动态历史可用来计算这些重要的油藏变量。

例 10.3　饱和油藏的物质平衡

一油田按照表10.2中所列数据进行生产，表10.2同时给出了流体性质。由于油、气带的油藏压力略有变化，因此也给出了这两个区域中同步压力下的流体性质。试计算原始原油储量(单位:bbl)和原始天然气储量(单位:10^6ft^3)。

表 10.2　例 10.3 的生产数据和流体数据

时间	N_p(bbl)		G_p(10^3ft^3)
2009.5.1			
2011.1.1	492500		751300
2012.1.1	1015700		2409600
2013.1.1	1322500		3901600

时间	$\bar{p}_o$(psi)	$\bar{p}_g$(psi)	B_t at $\bar{p}_o$[bbl(油藏)/bbl]	B_{gt} at $\bar{p}_g$[bbl(油藏)/ft^3]
2009.5.1	4415	4245	1.6291	0.00431
2011.1.1	3875	4025	1.6839	0.00445
2012.1.1	3315	3505	1.7835	0.00490
2013.1.1	2845	2985	1.9110	0.00556

注: $p_b = 4290$psi; $R_{si} = 975$ft^3/bbl; $B_{ob} = 1.6330$bbl(油藏)/bbl; $B_{oi} = 1.6291$bbl(油藏)/bbl。

油层厚度为 21ft,孔隙度为 0.17,水的饱和度为 0.31。试计算原始气顶的面积范围和油藏的孔隙体积。

油藏模拟表明,水驱开始的最佳时间是采出原始原油储量 16% 对应的时刻。如果进行定产量开采,那么应何时开始注水?

由于该例中给出了 B_t,那么已经建立的 F、E_o 和 E_g 的关系式可以用 B_t 来建立。

因为:

$$B_t = B_o + (R_{si} - R_s)B_g \tag{10.31}$$

所以

$$B_o = B_t - (R_{si} - R_s)B_g \tag{10.32}$$

因此

$$F = N_p[B_t + (R_{si} - R_s)B_g] \tag{10.33}$$

$$E_o = B_t - B_{oi} \tag{10.34}$$

$$E_g = B_{oi}\left(\frac{B_g}{B_{gi}} - 1\right) \tag{10.35}$$

解:

表 10.3 中列出了计算得到的 $R_p(=G_p/N_p)$,以及由式(10.33)至式(10.35)得出的 F、E_o 和 E_g。同时,按照式(10.23),也可得出变量 F/E_o 和 E_g/E_o。

表 10.3　例 10.3 物质平衡直线的计算变量

时间	$R_p(ft^3/bbl)$	F	E_o	E_g	F/E_o	E_g/E_o
2011.1.1	1525	2.04×10^6	5.48×10^{-2}	5.29×10^{-2}	3.72×10^7	0.96
2012.1.1	2372	8.77×10^6	1.54×10^{-1}	2.22×10^{-1}	5.69×10^7	1.44
2013.1.1	2950	17.05×10^6	2.82×10^{-1}	4.72×10^{-1}	6.0×10^7	1.67

图 10.4 的截距为 9×10^6 bbl(即 N,原始原油储量),斜率为 3.1×10^7(即 Nm),由此可得 $m = 3.44$[如果没有原始气顶,斜率应为零。一般而言,建议用式(10.23)代替式(10.21),因为后者包含在前者中]。

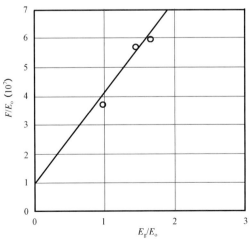

图 10.4　两相油藏的物质平衡图(例 10.3)

然后,计算原油孔隙体积:

$$V_{po} = NB_{oi} = (9 \times 10^6) \times 1.6291 = 1.47 \times 10^7 \text{bbl(油藏)} \tag{10.36}$$

气顶的孔隙体积为:

$$V_{pg} = mV_{po} = 3.44 \times (1.47 \times 10^7) = 5.04 \times 10^7 \text{bbl(油藏)} \tag{10.37}$$

油区的泄油面积为(单位:acre):

$$A = \frac{V_{po}}{7758\phi h(1 - S_w)} \tag{10.38}$$

因此

$$A = \frac{1.47 \times 10^7}{7758 \times 0.17 \times 21 \times (1 - 0.31)} = 770\text{acre} \tag{10.39}$$

如果要采出原始储量的 16%,那么:

$$N_p = 0.16 \times (9 \times 10^6) = 1.44 \times 10^6 \text{bbl} \tag{10.40}$$

由表 10.2 可知,2012 年 1 月 1 日至 2013 年 1 月 1 日的产量接近 840bbl。从 2013 年 1 月 1 日到要求的注水日期,还需要再产出 1.12×10^5bbl。以同样的生产速度生产,再产出这些油需要 140 天。因此,开始注水时间应约为 2013 年 5 月 13 日。

10.5 两相流油藏产量预测:溶解气驱

如果假设油藏没有原始气顶,但生产开始后,压力迅速降到泡点压力以下,那么物质平衡方程[式(10.13)]可进一步简化。该假设涵盖了大量的油藏,这种开采模式称为溶解气驱。下面介绍的计算方法称为 Tarner(1944)方法。Craft 和 Haekins(1991)对该方法作了进一步的阐述。

假设 $m = 0$,且气体能立即从溶解状态下逸出(即水和岩石的压缩项可以忽略),式(10.13)变为:

$$N_p[B_o + (R_p - R_s)B_g] = N[(B_o - B_{oi}) + (R_{si} - R_s)B_g] \tag{10.41}$$

因为气产量 $G_p = N_pR_p$,那么:

$$N_p(B_o - R_sB_g) + G_pB_g = N[(B_o - B_{oi}) + (R_{si} - R_s)B_g] \tag{10.42}$$

因此

$$N = \frac{N_p(B_o - R_sB_g) + G_pB_g}{(B_o - B_{oi}) + (R_{si} - R_s)B_g} \tag{10.43}$$

式(10.43)有两个截然不同的分量,即累计产油量 N_p 和累计产气量 G_p。将它们乘以如下定义的热力学变量:

$$\phi_n = \frac{B_o - R_s B_g}{(B_o - B_{oi}) + (R_{si} - R_s)B_g} \qquad (10.44)$$

和

$$\phi_g = \frac{B_g}{(B_o - B_{oi}) + (R_{si} - R_s)B_g} \qquad (10.45)$$

式(10.43)变为:

$$N = N_p \phi_n + G_p \phi_g \qquad (10.46)$$

对于瞬时生产气油比,有:

$$R_p = \frac{\Delta G_p}{\Delta N_p} \qquad (10.47)$$

如果 $N = 1\mathrm{bbl}$,以产量增量形式表示的式(10.46)变为:

$$1 = (N_p + \Delta N_p)\phi_n + (G_p + \Delta G_p)\phi_g = (N_p + \Delta N_p)\phi_n + (G_p + R_p \Delta N_p)\phi_g \qquad (10.48)$$

R_p 的瞬时值为累计产量增量为 ΔN_p 的生产时间段内的平均生产气油比 $R_{p,av}$。因此,在 i 与 $i+1$ 区间以逐级方式得:

$$1 = (N_{pi} + \Delta N_{pi \to i+1})\phi_{n,av} + (G_{pi} + R_{p,av} \Delta N_{pi \to i+1})\phi_{g,av} \qquad (10.49)$$

对 $\Delta N_{pi \to i+1}$ 求解得:

$$\Delta N_{pi \to i+1} = \frac{1 - N_{pi}\phi_{n,av} - G_{pi}\phi_{g,av}}{\phi_{n,av} + R_{p,av}\phi_{g,av}} \qquad (10.50)$$

此重要方法可预测油藏压力衰减期间产量的增量,其与10.3节中给出的欠饱和油藏方法相同。该方法需要如下步骤:

(1)定义计算的 Δp;

(2)用压力区间平均压力下的性质计算 ϕ_n 和 ϕ_g;

(3)假设区间内 $R_{p,av} = R_{p,guess}$;

(4)由式(10.50)计算 $\Delta N_{pi \to i+1}$;

(5)计算 $G_{pi \to i+1}$($\Delta G_{pi \to i+1} = \Delta N_{pi \to i+1} R_{p,guess}$);

(6)计算含油饱和度:

$$S_o = \left(1 - \frac{N_p}{N}\right)\frac{B_o}{B_{oi}}(1 - S_w) \qquad (10.51)$$

(7)由有关 S_o 的曲线(通常为相对渗透率曲线)求得相对渗透率之比 K_g/K_o;

(8)计算 $R_{p,calc}$:

$$R_{p,calc} = R_s + \frac{K_g \mu_o B_o}{K_o \mu_g B_g} \qquad (10.52)$$

(9)比较 $R_{p,guess}$ 和 $R_{p,calc}$。如果它们相等,则为该区间的 $R_{p,av}$。如果不相等,则用一个新的 $R_{p,guess}$ 值,重复步骤(3)~步骤(10)。

已知区间内的平均压力,可利用 Vogel 关系式[式(3.53)]计算油井的 IPR 曲线,结合 VFP 曲线可得油井产量。最后,用上面介绍的物质平衡,即可得到产量和累计产量与时间的关系曲线。

例 10.4 两相油藏的油井动态预测

附录 B 中所描述的油井,井深为 8000ft,用内径为 3in 的油管完井,且井口流压为 100psi。如果泄油面积为 40acre,要求建立平均油藏压力降低至 3350psi(即 $\Delta \bar{p} = 1000$psi)时产油量和累计油气产量与时间关系的预测式。

解:

由于 $p_i = p_b = 4336$psi,可用溶解气驱物质平衡和 10.5 节中所讲述的 Tarner 方法。用附录 B 中图 B.1 里的性质,可以计算油藏压力范围内的变量 ϕ_n 和 ϕ_g。

由例 10.2 可知,泄油区域内原油原始储量为 1.76×10^6bbl。

下面是 4350psi 和 4150psi 之间的 200psi 压力区间的计算示例。B_o, B_g 和 R_s 的平均值分别为 1.45bbl(油藏)/bbl,7.6×10^{-4}bbl(油藏)/ft³ 和 778ft³/bbl。注意,B_{oi} 和 R_{si}(压力为 p_i 时)分别对应 1.46bbl(油藏)/bbl 和 800ft³/bbl。由式(10.44)得(以区间 4236psi 内平均压力下的性质为基础):

$$\phi_n = \frac{1.451 - (778.2) \times (7.607 \times 10^{-4})}{(1.451 - 1.462) + (800 - 778.2) \times (7.607 \times 10^{-4})} = 154 \tag{10.53}$$

由式(10.45),得:

$$\phi_g = \frac{7.607 \times 10^{-4}}{(1.451 - 1.462) + (800 - 778.2)(7.607 \times 10^{-4})} = 0.136 \tag{10.54}$$

同样,对另外 4 个 200psi 区间的变量进行计算,结果如表 10.4 所示。

表 10.4　附录 B 中井的 Tarner 计算的物理性质(例 10.4)

$\bar{p}$(psi)	B_o[bbl(油藏)/bbl]	B_g[bbl(油藏)/ft³]	R_s(ft³/bbl)	ϕ_n	ϕ_g
4336	1.462	7.84×10^{-4}	800		
	1.451	7.607×10^{-4}	779.6	154	0.136
4136					
	1.431	7.874×10^{-4}	734.7	42.5	0.0393
3936					
	1.410	8.170×10^{-4}	691.7	22.4	0.0232
3736					
	1.390	8.520×10^{-4}	649.1	14.9	0.0152
3536					
	1.370	8.935×10^{-4}	607.0	10.3	0.0112
3336					

对于第一个压力区间,假设生产 $R_{p,guess} = 820$ft³/bbl。那么,由式(10.50)得:

$$\Delta N_{pi \to i+1} = \frac{1}{154 + 820 \times 0.136} = 3.77 \times 10^{-3} \text{bbl} \tag{10.55}$$

对于第一个区间,其结果与 $\Delta N_{pi \to i+1}$ 相同。天然气的累计产量增量为 $820 \times (3.77 \times 10^{-3})$ = 3.09ft³,也与 G_p 一致。

由式(10.51),得:

$$S_o = (1 - 3.77 \times 10^{-3}) \left(\frac{1.451}{1.462}\right)(1 - 0.3) = 0.692 \qquad (10.56)$$

由附录 B 中的相对渗透率曲线得,$S_g = 0.008$,$K_{rg} = 0.000018$,$K_{ro} = 0.46$。由式(10.52),用 μ_o = 0.45cP 和 $\mu_g = 0.0246$cP 得:

$$R_{p,calc} = 778.2 + \frac{0.000018}{0.46} \frac{0.45}{0.0246} \frac{1.451}{(7.607 \times 10^{-4})} = 779.6 \text{ft}^3/\text{bbl} \qquad (10.57)$$

这与假设值不相等。但是,根据 $R_{p,guess}$ = 779.6ft³/bbl,用式(10.55)、式(10.56)和式(10.57)重新计算得到相同的 $R_{p,calc}$ 值。因此,对于平均油藏压力的第一个 200psi 的变化区间,计算结果为 $\Delta N_p = 3.68 \times 10^{-3}$bbl,$\Delta G_p = 3.18$ft³ 和 $R_p = 779.6$ft³/bbl。值得注意的是,在这个压力区间内生产气油比下降,这种现象经常出现。通常存在一个临界气体饱和度,低于这个临界值时气体无法流动。

对所有区间作重复计算,计算结果汇总于表 10.5。表 10.5 中的结果与未饱和油藏的结果(表 10.1)可形成对比。后者中油藏压力降低约 1000psi(5651 ~ 4500psi)后,采收率将低于 1.5%(即 2.8×10^4bbl/1.87×10^6bbl)。对于同样的压力降,本例中两相油藏的采收率约为它的 7 倍多,这证明溶解气驱油藏得到了有效开采。

表 10.5 例 10.4 中的油井(N = 1bbl)随压力衰减的累计产量

$\bar{p}$(psi)	ΔN_p(bbl)	N_p(bbl)	R_p(ft³/bbl)	ΔG_p(ft³)	G_p(ft³)
4336					
	3.85×10^{-3}		780	3.0	
4136		3.85×10^{-3}			3.0
	1.37×10^{-2}		775	10.6	
3936		1.75×10^{-2}			13.6
	2.38×10^{-2}		839	20.0	
3736		4.14×10^{-2}			33.6
	3.36×10^{-2}		982	32.9	
3536		7.49×10^{-2}			66.5
	4.17×10^{-2}		1226	51.1	
3336		11.7×10^{-2}			118

对于 A = 40acre,原始原油储量(用附录 B 中的变量)为:

$$N = \frac{7758 \times 40 \times 115 \times 0.21 \times (1 - 0.3)}{1.46} = 3.59 \times 10^6 \text{bbl} \qquad (10.58)$$

此两相油藏的 IPR 曲线表达式可由 Vogel 关系式［式(3.53)］得到。根据 $K_o = 8.2 \text{mD}$，$h = 115 \text{ft}$，$r_e = 1490 \text{ft}$，$r_w = 0.328 \text{ft}$，$\mu_o = 1.7 \text{cP}$，$S = 0$，且允许 B_o 随压力变化，式(3.53)变为:

$$q_o = q_{o,max} \left[1 - 0.2 \frac{p_{wf}}{\bar{p}} - 0.8 \left(\frac{p_{wf}}{\bar{p}} \right)^2 \right] \tag{10.59}$$

其中 $q_{o,max} = 2632 \text{bbl/d}$，该值由 $\bar{p}$ 下的 B_o 和 μ_o 与用于 Tarner 计算的有效渗透率 K_o 进行计算而得。将 6 个平均油藏压力下(从 4350psi 到 3350psi，增量为 200psi)的 IPR 曲线绘于图 10.5。当 $q_o = 0$ 时，每条曲线都与 p_{wf} 轴相交于对应 $\bar{p}$ 处。

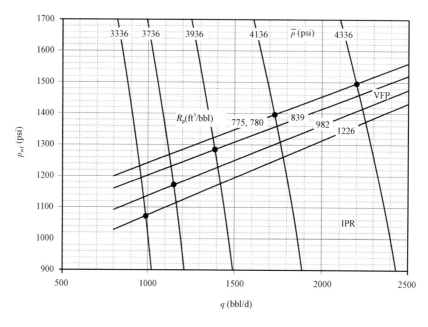

图 10.5 溶解气驱油藏的 IPR 和 VFP 曲线(例 10.4)

图 10.5 同样也画出了这口井的 5 条 VFP 曲线，每条对应于压力区间内的平均生产气液比。

现在具备了计算每个区间对应时间所必需的所有变量。例如，4350psi 和 4250psi 区间内的采收率(等于 $N = 1 \text{bbl}$ 时 ΔN_p 的值)为 3.77×10^{-3}，且由于 $N = 3.7 \times 10^6 \text{bbl}$，有:

$$\Delta N_p = (3.84 \times 10^{-3}) \times (3.59 \times 10^6) = 1.38 \times 10^4 \text{bbl} \tag{10.60}$$

同样，有:

$$\Delta G_p = (1.38 \times 10^4) \times 779.6 = 10.8 \times 10^6 \text{ft}^3 \tag{10.61}$$

区间的平均产量为 2200bbl/d(由图 10.5 得到)，因此:

$$t = \frac{1.38 \times 10^4}{2200} = 6 \text{d} \tag{10.62}$$

所有区间的计算结果汇总于表 10.6。图 10.6 绘出了油气产量动态和生产气油比与压力降 $(\Delta p = p_i - \bar{p})$ 的关系。

表 10.6　例 10.4 油井的产量和油气累计采出量预测

$\bar{p}(\text{psi})$	$q_o(\text{bbl}/\text{d})$	$\Delta N_p(10^3\text{bbl})$	$N_p(10^3\text{bbl})$	$\Delta G_p(10^6\text{ft}^3)$	$G_p(10^6\text{ft}^3)$	$\Delta t(\text{d})$	$t(\text{d})$
4336							
	2200	13.8		10.8		6	
4136			13.8		10.8		6
	1730	49.1		38.1		28	
3936			62.9		48.9		35
	1380	85.5		71.7		62	
3736			148		121		97
	1150	120		118		104	
3536			269		239		201
	980	149		183		152	
3336			418		422		353

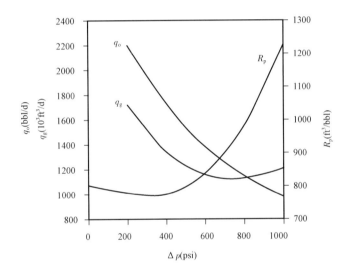

图 10.6　油气产量及气油比与压力降的关系曲线

注意:该例与例 10.2 中未饱和油藏的采出量和时间形成了对比。这两个例子的泄油面积都是 40acre。通常情况下,例 10.5 中的井应该具有更大的泄油面积(例如 640acre)。在这种情况下,虽然其对产量的影响并不明显[由于它反比于供油半径的对数($\ln r_e$)],但表 10.6 中的时间值将变为 16 倍以上。

10.6　气藏物质平衡及气井动态预测

如果 G_i 和 G 分别为某一供气面积中的原始天然气储量和当前天然气储量,考虑流体的膨胀,该气藏的累计产量为:

$$G_p = G_i - G = G_i - G_i \frac{B_{gi}}{B_g} \tag{10.63}$$

式中, B_{gi} 和 B_g 是对应的地层体积系数。

第 4 章中, 式 (4.27) 给出了压力、温度和气体偏差因子对 B_g 的影响。代入式 (10.63) 并假设全部是等温过程, 则:

$$G_p = G_i\left(1 - \frac{\bar{p}/Z}{p_i/Z_i}\right) \tag{10.64}$$

这一表达式说明, 针对累计产量 G_p 与 $\bar{p}/Z$ 作图, 得到的应该是一条直线。通常, 变量 $\bar{p}/Z$ 为纵坐标, 累计产量为横坐标。当 $G_p = 0$ 时, $\bar{p}/Z = p_i/Z_i$; 而当 $\bar{p}/Z = 0$ 时, $G_p = G_i$。对任一储层压力值 (以及相关的 Z 值), 存在一个对应的 G_p 值。结合拟稳态流动的气井 IPR 表达式 [式 (4.50)] 或非达西流的表达式 [式 (4.50)] 或更精确的表达式 [式 (4.74)], 即可进行气井动态与时间关系的预测。

例 10.5 气井动态的预测

假设附录 C 中井的供气面积为 40acre。$p_i = 4613$psi 时原始天然气储量的计算已在例 4.5 中给出 (对应 1900acre 的供气面积)。试建立直到平均气藏压力降到 3600psi 时该气井动态与时间关系的预测。使用 5 个压力区间, 每个间隔为 200psi。井底流压为 1500psi。用近似式 (2.42), 试估计达到拟稳态流所需要的时间。总压缩系数 c_t 为 9.08×10^{-5}psi^{-1}。为了求解该问题, 假设全部过程都为拟稳态, 并忽略非达西效应对产量的影响。

解:

由式 (2.42) 和 $r_e = 745$ft ($A = 40$acre), 有:

$$t_{pss} = 1200 \times \frac{0.14 \times 0.0249 \times (9.08 \times 10^{-5}) \times 745^2}{0.17} = 1240\text{h} \tag{10.65}$$

约 52 天后, 该井将波及到非流动边界。

与例 4.5 类似, 40acre 中的原始气储量 (并用计算的 B_{gi}) 为:

$$G_i = \frac{43560 \times 40 \times 78 \times 0.14 \times 0.73}{3.76 \times 10^{-3}} = 3.69 \times 10^9\text{ft}^3 \tag{10.66}$$

由 $Z_i = 0.96$ 得:

$$\frac{p_i}{Z_i} = \frac{4613}{0.96} = 4805\text{psi} \tag{10.67}$$

由式 (10.64) 可得出在任一储层压力下的累计气产量为:

$$G_p = 3.69 \times 10^9\left(1 - \frac{\bar{p}/Z}{4805}\right) \tag{10.68}$$

表 10.7 列出了平均储层压力、计算的气体偏差因子 (表 4.5) 和对应的累计产量。

表 10.7 例 10.5 气井的产量和累计产量的预测

$\bar{p}$(psi)	Z	$G_p(10^9\text{ft}^3)$	$\Delta G_p(10^9\text{ft}^3)$	$q(10^6\text{ft}^3/\text{d})$	Δt(d)	t(d)
4613	0.96	0				
			0.0956	2.16	44	
4400	0.94	0.0956				44

$\bar{p}$(psi)	Z	G_p(10^9ft^3)	ΔG_p(10^9ft^3)	q($10^6 \text{ft}^3/\text{d}$)	Δt(d)	t(d)
			0.127	2.0	63	
4200	0.93	0.222				108
			0.129	1.83	71	
4000	0.92	0.352				178
			0.132	1.66	80	
3800	0.91	0.484				258
			0.135	1.5	90	
3600	0.90	0.619				348

根据真实气体拟压力以及每个区间的平均 $\bar{p}$,产量可由式(4.71)计算得到。假设表皮因子 $S = 0$,式(4.42)则可变为:

$$q = \frac{m(\bar{p}) - 1.82 \times 10^8}{4.8 \times 10^5} \tag{10.69}$$

其中 $m(p_{wf}) = 1.821 \times 10^8 \text{psi}^2/\text{cP}$。

$m(\bar{p})$ 值可由式(4.71)计算得到。

参 考 文 献

[1] Craft,B,C.,and Hawkins,M.(revised by Terry,R. E.),Applied Petroleum Reservoir Engineering,2nd ed.,Prentice Hall,Englewood Cliffs,NJ,1991.

[2] Dake,L. P.,Fundamentals of Reservoir Engineering,Elsevier,Amsterdam,1978.

[3] Havlena,D.,and Odeh,A. S.,"The Material Balance as an Equation of a Straight Line,"JPT,896 – 900(August 1963).

[4] Havlena,D.,and Odeh,A. S.,"The Material Balance as an Equation of a Straight Line. Part Ⅱ—Field Cases,"JPT,815 – 822(July 1964).

[5] Tamer,J.,"How Different Size Gas Caps and Pressure Maintenance Programs Affect Amount of Recoverable Oil,"Oil Weekly,144:32 – 34(June 12,1944).

习　题

10.1 估计附录 A 中油井的无限作用时间,对泄油面积为 40acre,80acre,160acre 和 640acre 的情况分别进行计算。

10.2 用例 9.1 中的 VFP 曲线和泄油面积为 640acre 的两条瞬时 IPR 曲线(第一次到达边界时的曲线及该时间一半时的曲线)进行油井动态预测。使用附录 A 中的数据。

10.3 计算附录 A 中的油井生产两年后的平均油藏压力。利用例9.1中的 VFP 曲线,绘制对于 40acre 和 640acre 的产量及累计产量与时间的关系曲线。

10.4 假设附录 B 中油井的泄油面积为 640acre,井底流压保持 1500psi 不变,计算 3 年后的平均油藏压力。画出油产量和累计油气产量与时间的关系图。

10.5 假设一口气井在过去的 470 天中以 $3.1 \times 10^6 \text{ft}^3/\text{d}$ 的产量进行生产,且保持不变。该

气藏温度为 $624°R$,天然气相对密度为 0.7。假设 $h = 31ft$,$S_g = 0.75$,且 $\phi = 0.21$,计算该气藏的面积范围。原始气藏压力 p_i 为 3650psi。连续的压力恢复分析得到的平均气藏压力与生产时间对应为:3424psi(209 天)、3310psi(336 天)及 3185psi(470 天)。

10.6 假设习题 10.5 中气井的产量在 470 天后由 $3.1 \times 10^6 ft^3/d$ 降低至 $2.1 \times 10^6 ft^3/d$。那么从开始生产算起,600 天后的平均气藏压力为多少?

10.7 重复计算例 10.5,但使用例 4.8 中计算的非达西系数进行计算[$D = 3.6 \times 10^{-4}$ $(10^3 ft^3/d)^{-1}$]。试计算多少天之后该井的累计产量可以与例 10.5 和表 10.7 中所列的 345 天后的累计产量相近?

第11章 气 举

11.1 简介

在第9章中,通过油管和流入动态的关系可确定油井供液能力。如果一定流量下的井底流压低于一定流动压力梯度下的油管压差,则需采用气举方式开采。

气举是一种人工举升方法,另一种机械举升方法将在第12章中进行讨论。对于气举,气体通过生产管线连续或间歇地注入到选定位置,使油管中混合物的密度降低,因此减少了从井底到井口的压力差中的静水压力的分量。其目的在于,在保持较低井底压力为油藏提供较高的驱动压差的同时,在所要求的井口压力下使流体流到井口。该过程生产压差必须控制在防止出砂及引起水锥或气锥的限度以内。

气举只适用于井筒流动的静压力降问题,不适用于摩擦压降。设计时还必须考虑另外两方面问题:第一,注入到井中的大量气体会影响地面的分离设备;第二,存在极限气液比(GLR),若超过该值井中的压差将会增加,因为摩擦力的增加会抵消静水压力的降低。

11.2 气举井结构

图11.1是典型油井气举系统的示意图,即放大的气举阀和相关的地面处理设备。

图11.2(Brown,Day,Byrd和Mach,1980)给出了气举系统的典型完井类型。图11.2(a)中,环形空间中的液面将注入气与地层隔离;图11.2(b)中,安装分离器进行隔离;图11.2(c)中,分离器用在环形空间中,球形阀安装在生产套管中防止注入气进入地层。

气举阀的位置及其个数是井筒水动力优化需要考虑的问题。对于连续气举,在要求的油压下,往往通过操作阀将适量的气体从注入点注入。其他阀可能置于注入点之下,且在油井生产期间油藏压力下降或水油比增加时投入使用。

有两种类型的气举:间歇气举和连续气举。对于间歇气举,可采用单点注入和多点注入。首先,必须在底阀以上的油管中形成液体段塞。然后,开启阀门,向上推动液体段塞,直至段塞到达顶部后再关闭阀门。当井底形成一个新的液体段塞时,阀门再次开启。图11.2中类型C即间歇气举所对应的完井方式。

对于多点注入,底阀的开启与单点注入过程相似,但是随着段塞向上移动,段塞下面的阀门打开;而当段塞到达顶部,阀门关闭。间歇气举的阀门可以通过计时装置或压力来控制。

可通过套管或油管的压力来控制阀门的开关。阀门在一定的预设压力下工作,预设压力由带有振动膜和弹簧的压球或压球和弹簧的组合提供。当套管或油管的压力高于阀门的预设压力时,阀门开启,否则阀门保持关闭,其工作原理见图11.3。关于这些阀门操作的详细讨论可参阅 Brown 等的文章(1980)。

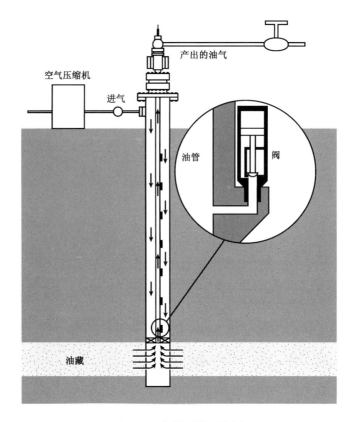

图 11.1　气举系统示意图

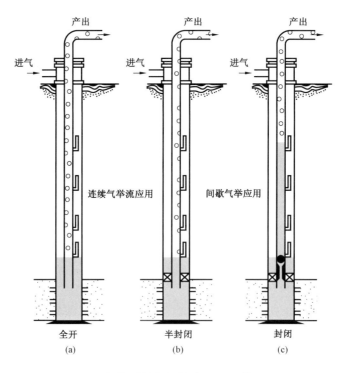

图 11.2　气举系统的完井(据 Brown 等,1980)

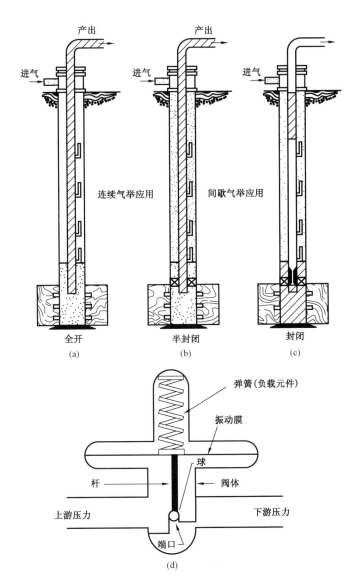

图 11.3 压力调节阀(据 Brown 等,1980)

11.3 连续气举设计

11.3.1 自然流动梯度与人工流动梯度

第 7 章介绍了许多适用于两相和三相油井的压力分布计算关系式,给定产量条件下可计算得到一系列气液比(GLR)梯度曲线,从而画出对应不同深度的压差图。对于给定井口流压的情况,可计算所需的井底压力。因此,可有:

$$p_{tf} + \Delta p_{trav} = p_{wf} \tag{11.1}$$

式中,Δp_{trav} 是横向压差,它是流量、气液比、深度和流体组成及性质的函数。这种方法在第 7 章中已作介绍,且 7.4.4 节中例 7.11(及相关的图 7.16)即典型的计算示例。

式(11.1)可用井中的平均压力梯度改写为：

$$p_{tf} + \frac{dp}{dz}H = p_{wf} \qquad (11.2)$$

式中,视 dp/dz 为常数。但如图7.16所见,沿整个井深度,此梯度并非常数。如果气液比值相对较小(<100)或相对较大(>1500),对于一般井深(10000ft),该梯度通常可认为大致恒定。对于气液比取值居中的情况, dp/dz 不是常数,而是深度的函数。

假设自然 GLR_1 导致了横向压力分布需要过大的 p_{wf}。那么,对于更合乎要求的 p_{wf},流量为 q_g 的注入气将使 GLR_2 更高。如果液流量为 q_1,那么：

$$q_1(GLR_2 - GLR_1) = q_g \qquad (11.3)$$

例 11.1 计算所需的气液比(GLR)和气举产量

假设例7.11中描述的井($q_o = 400bbl/d$, $q_w = 400bbl/d$),位于 $H = 8000ft$、$GLR = 300ft^3/bbl$ 的油藏中。如果要求的井底压力为1500psi,那么 GLR 应为多少? 需向井底注入多少气? 是否可能在4000ft处注入且仍生产同样的液量? 此注入点之上的 GLR 为多少?

解：

在8000ft处且 $GLR = 300ft^3/bbl$ (图7.16)时,所需的井底流压应为1900psi。由于要求的井底压力为1500psi,那么需要的 GLR 应为400ft^3/bbl(再次根据图7.16)。因此,由式(11.3),有：

$$q_g = 800 \times (400 - 300) = 8 \times 10^4 ft^3/d \qquad (11.4)$$

现在有另一种方法,由式(11.2)可写出：

$$100 + \left(\frac{dp}{dz}\right)_a \times 4000 + 4000 \times 0.3 = 1500 \qquad (11.5)$$

式中,0.3是深度4000~8000ft的 $GLR = 300ft^3/bbl$ 曲线(由图7.16)对应的压力梯度,(dp/dz)$_a$ 应为注入点以上的压力梯度。求解式(11.5)可得(dp/dz)$_a = 0.05psi/ft$。但如图7.16所示,这是不可能的,此井中的流体不可能产生这么低的流动梯度。除考虑人工 GLR 外,还必须考虑其他两个变量——可能的注气压力和所需的压缩机功率,后者是注气速度和压力的函数,下面将作详细阐述。

11.3.2 注气压力

气举井中加入到油管中的气体沿油套的环形空间向下注入。根据环形空间的等效水力直径和适当的流动横截面积,用式(7.52)可计算从地面到注气点的压力变化。同样,也用该等效直径计算雷诺数,即用套管内径减去油管外径值代替管径。因此,对环流使用式(7.52)时,D^5 用($D_c^2 - D_t^2$)^2($D_c - D_t$)代替,在计算雷诺数[式(7.55)]时,D 应该用 $D_c + D_t$ 代替,其中 D_c 是套管内径,D_t 是油管内径。

许多情况下,摩擦压降很小,所以根据机械能平衡[式(7.15)],忽略动能变化及套管中的摩擦压降(即气体流量相对较小),并转换为油田单位得：

$$\int_{surf}^{inj} \frac{dp}{\rho} + \frac{1}{144}\int_0^H dH = 0 \qquad (11.6)$$

由真实气体状态方程,有：

$$p = \frac{28.97\gamma p}{ZRT} \tag{11.7}$$

式中:γ 为气体对于空气的相对密度;28.97 为空气的摩尔质量,单位为 g/mol。气体常数 R 等于 10.73psi·ft^3/(lb·mol·°R)。温度单位采用°R。

将式(11.7)带入式(11.6),并积分(用 $\overline{Z}$ 和 $\overline{T}$ 的平均值)得:

$$p_{\text{inj,ann}} = p_{\text{surf}} e^{0.01875\gamma H_{\text{inj}}/\overline{ZT}} \tag{11.8}$$

例 11.2 注入点压力

如果将 $\gamma = 0.7$(相对于空气)的气体在 8000ft 处注入油套环空,且 $p_{\text{surf}} = 900$psi,$T_{\text{surf}} = 80$℉,$T_{\text{inj}} = 160$℉,计算环形空间中注入点的压力 $p_{\text{inj,ann}}$。

解:

该计算需要采用试算法。假设 $p_{\text{inj}} = 1100$psi,且由第 4 章(图 4.2)可得 $p_{\text{pc}} = 668$psi,$T_{\text{pc}} = 390$°R。因此,有:

$$p_{\text{pr}} = \frac{(900 + 1100)/2}{668} = 1.5 \tag{11.9}$$

和

$$T_{\text{pr}} = \frac{(80 + 160)/2 + 460}{390} = 1.49 \tag{11.10}$$

由图 4.1 可得,$\overline{Z} = 0.86$。因此,有:

$$p_{\text{inj,ann}} = 900 \times e^{0.01875 \times 0.7 \times 8000/(0.86 \times 580)} = 1100\text{psi} \tag{11.11}$$

与假设值吻合。

11.3.3 注气点

将式(11.8)按泰勒级数展开,油藏和天然气具有典型条件和流体性质,比如 $\gamma = 0.7$,$\overline{Z} = 0.9$,$\overline{T} = 600$°R,那么:

$$p_{\text{inj,ann}} = p_{\text{surf}}\left(1 + \frac{H_{\text{inj}}}{40000}\right) \tag{11.12}$$

此关系式由 Gilbert(1954)首先提出,式中,压力单位用 psi,H_{inj} 单位用 ft。在目前实际应用中,这种近似通常并不常用,因为用简单的计算机程序就可以很容易地计算实际井底的注入压力。该计算机程序可将实际环形的几何形状考虑进去,并计算摩擦力和静水压力。但对首次设计来说式(11.12)还是有用的。

由于气举阀处存在压力降,油管中的 p_{inj} 比环形压力低 100~150psi,此压力降值由厂商直接提供。

注气点 H_{inj} 将井筒分为两个区段:下面一段的平均流动压力梯度为(dp/dz)$_\text{b}$,上面一段的平均流动压力梯度为(dp/dz)$_\text{a}$。因此:

$$p_{\text{wf}} = p_{\text{tf}} + H_{\text{inj}}\left(\frac{\text{d}p}{\text{d}z}\right)_\text{a} + (H - H_{\text{inj}})\left(\frac{\text{d}p}{\text{d}z}\right)_\text{b} \tag{11.13}$$

很显然,若气体在注气点进入油管,环形中井下注气压力 $p_{\text{inj,ann}}$ 一定不能高于油管压力。

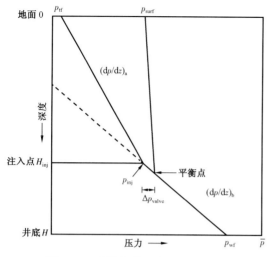

图 11.4 连续气举压力和压力梯度
与深度的关系曲线

图 11.4 用压力值、压力梯度、井深及注入深度阐述了连续气举的概念。在有效的井底流压和自然流动梯度（dp/dz）$_b$ 下，油藏流体只能上升到井中压力剖面投影图中所指位置，意味着只能使井眼部分充满。注入点气体的注入会使压力梯度 [（dp/dz）$_a$] 发生明显变化，从而把流体举升到地面。要求的井口压力越高，流动梯度将越低。

图 11.4 中还标出了平衡点，即油管中注入气体处的压力等于油管压力的位置，此压力与地面压力的关系如式（11.8）或其近似式 [式（11.12）] 所示。考虑到通过阀的压力降 Δp_{valve}，实际注入点应位于该点以上几百英尺处。

例 11.3 气体注入压力、注入点和油井流量

假设井深为 8000ft，$GLR = 300ft^3/bbl$（如例 11.1），油藏的 IPR 由式（11.14）给出：

$$q_1 = 0.39(\bar{p} - p_{wf}) \tag{11.14}$$

如果气举阀位于井底，且 $p_{inj} - \Delta p_{valve} = p_{wf} = 1000psi$，那么地面注气压力应为多少？[对于 $q_1 = 800bbl/d$，由式（11.14）容易算出平均油藏压力 $\bar{p}$ 为 3050psi]。

如果产量为 500bbl/d，那么注气点应在什么位置？图 11.5 是 $q_1 = 500bbl$、含水 50%、含油 50% 的油管动态曲线。注意，由图 11.5 可知，在 $H = 5000 \sim 8000ft$、$GLR = 300ft^3/bbl$ 的情况下，（dp/dz）$_b = 0.33psi/ft$。用 $\Delta p_{valve} = p_{inj,ann} - p_{inj} = 100psi$。

解：

由式（11.12）且 $p_{inj,ann} = 1100psi$ 可得：

$$p_{surf} = 1000 \Big/ \left(1 + \frac{8000}{40000}\right) = 915psi \tag{11.15}$$

由 $q_1 = 500bbl/d$，则由 IPR 关系式 [式（11.14）] 可得：

$$p_{wf} = 3050 - \frac{500}{0.39} = 1770psi \tag{11.16}$$

注入点必须位于注入气压力与生产管柱压力相平衡的位置。因此，井眼中的注入压力 p_{inj} 与套管中压力梯度的关系如式（11.12）所示，而与注入点以下井眼压力梯度的关系如下：

$$p_{inj} = p_{surf}\left(1 + \frac{H_{inj}}{40000}\right) - \Delta p_{valve} = p_{wf} - \left(\frac{dp}{dz}\right)_b (8000 - H_{inj})$$

$$= 915\left(1 + \frac{H_{inj}}{40000}\right) - 100 = 1770 - 0.33(8000 - H_{inj}) \tag{11.17}$$

求解得 $H_{inj} = 5490ft$。

最后,由式(11.12)可得,在H_{inj}处的$p_{inj,ann}$为:

$$p_{inj,ann} = 915 \times \left(1 + \frac{5490}{40000}\right) \approx 1040 \text{psi} \tag{11.18}$$

油管压力为940psi,在$GLR = 340\text{ft}^3/\text{bbl}$处$H_{inj} = 5490\text{ft}$(图11.6)。

因此,由式(11.3)可得,注气量为$q_g = 2 \times 10^4\text{ft}^3/\text{d}$。

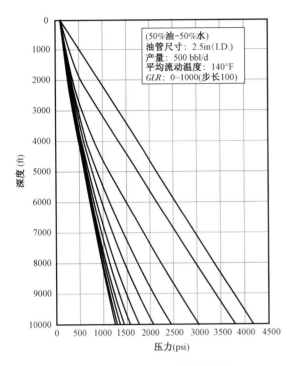

图11.5 $q_l = 500\text{bbl}/\text{d}$的油管动态曲线(例11.3)

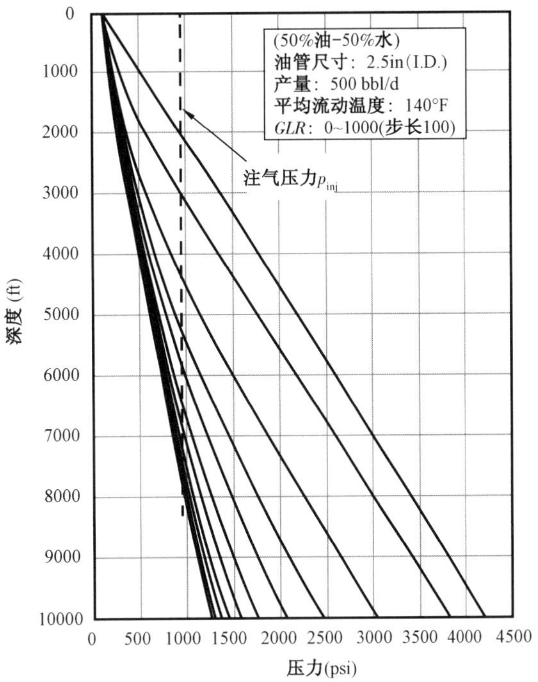

图11.6 注气点即注气压力与梯度曲线的交点(例11.3)

11.3.4 所需气体压缩机功率

所需气体压缩机功率可由式(11.19)估算:

$$HHP = 2.23 \times 10^{-4} q_g \left[\left(\frac{p_{surf}}{p_{in}}\right)^{0.2} - 1\right] \tag{11.19}$$

式中,p_{in}是压缩机入口压力。因此,对于给定气体注入速度及地面压力的井,计算所得的功率将是气举优化设计中的一个重要参数。

例11.4 气举压缩机功率的计算

假设气体注入速度为$1.2 \times 10^5\text{ft}^3/\text{d}$,$p_{surf}$为1330psi,且压缩机入口压力$p_{in}$为100psi。计算所需的功率。

解:

由式(11.19)可得:

$$HHP = 2.23 \times 10^{-4} \times (1.2 \times 10^5) \times \left[\left(\frac{1330}{100}\right)^{0.2} - 1\right] = 18.4 \text{hhp} \tag{11.20}$$

11.4　多气举阀井的卸载

大多数新井中都充满了压井液或完井液,其密度比油藏流体高。当井准备投产时,通常利用气举卸载井筒中的压井液或完井液,从而开始生产。由于静水压力很高,举升液柱较难。在这种情况下,可使用多个气举阀对该井进行卸载。根据被卸载的液柱长度及地面气体压缩机的排出压力,可决定气举阀的个数和位置。

卸载过程从最顶部的阀开始,通过第一个阀注入的气体将液柱从阀门位置举升到地面,从而减少井筒内的总静水压力。然后,关闭第一个阀,打开下一个阀,将液柱从第二个阀的位置向上举升。重复该过程直至整个井筒完成卸载,卸载过程如图 11.7 所示。

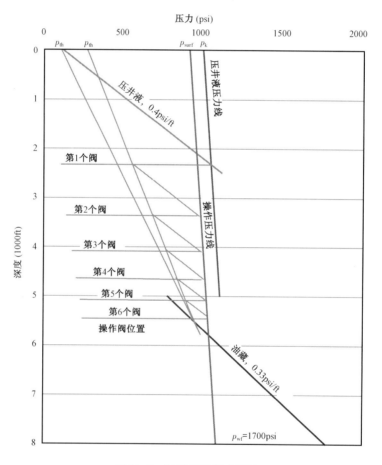

图 11.7　气举阀的深度设计

通常,为了开始上述卸载过程,在环形空间需要更高的地面压力,称为启动压力。环形空间中的压力梯度是注入气体的压力梯度,可由式(11.12)近似得到。油管中的压力梯度是井筒流体的压力梯度,该压力梯度更高,这是因为井筒中流体密度更大(图 11.7 中以 0.4psi/ft 为例)。基于油管中流体的密度及压缩机的出口压力,第一个阀的下入深度可通过两条梯度曲线(环形空间和油管)的截距确定。此截距表明,在第一个阀的位置,注入气需要足够高的压力来举升液柱。可简单地表示为:

$$H_1 = \frac{p_k - p_{th}}{g_k - g_g} \qquad (11.21)$$

式中,p_{th} 为油管压力;g_k 和 g_g 为压井液和注入气体的压力梯度。只要第一段液柱被举升,地面的注入压力就可降低至一个较小的值,这个值即为环空的地面注入压力,如图 11.7 所示。这种情况下,油管内的压力梯度在第一个阀的位置处分为两部分:阀以上是大部分为气体。但带有一些液体的两相流体形成的新压力梯度,阀以下是原始压井液梯度。油管流体梯度曲线与环空气体压力梯度曲线的截距限制了第二个阀的位置。注意,第一段液柱被举升后,为了保证一定的安全系数,计算其余阀的位置时需要使用更高的油管压力。实际上,在卸载的设计中会增加 100 ~ 200psi 的安全系数,图 11.7 对应 200psi 的安全系数。对于第一个阀下面的每一个附加阀,其位置可以由式(11.22)计算:

$$H_i = \frac{p_{surf} - p_{dt} + (g_g - g_{dt})H_{i-1}}{(g_k - g_g)} + H_{i-1} \qquad (11.22)$$

式中:g_t 为 H_i 以上油管中的压力梯度;p_{dt} 为卸载过程中地面处的设计油管压力。一旦井卸载完成,只需开启最下面的操作阀以进行连续气举生产。

例 11.5 多气举阀井的卸载

用例 11.3 中的信息,操作阀的位置在 5490ft 处,假设环空中的操作压力梯度 g_g 为常数 0.022psi/ft,且环空的地面注入压力 p_{surf} 为 915psi。如果压井液的压力梯度 g_k 为 0.4psi/ft,请设计该井的卸载过程以便投产。

解:

根据启动压力 p_k 为 1000psi、油管压力 p_{th} 为 120psi,由式(11.21)容易得到第一个阀的位置为:

$$H_1 = \frac{1000 - 120}{0.4 - 0.22} = 2328ft \qquad (11.23)$$

第一段液柱被卸载后,环空压力降为 p_{surf}(915psi),油管设计压力增加至 320psi。根据直井段假设,卸载压力梯度 g_{dt} 为 0.113psi/ft。第二个阀的位置可由式(11.22)计算得:

$$H_2 = \frac{915 - 320 + 2328 \times (0.022 - 0.113)}{0.4 - 0.22} + 2328 = 3342ft \qquad (11.24)$$

同理可得,剩下的第 3 个阀、第 4 个阀、第 5 个阀、第 6 个阀的位置分别为 4111ft,4696ft,5139ft 和 5476ft,第 6 个阀在生产过程中可用作操作阀。此卸载阀的设计过程如图 11.7 所示。

11.5 气举的优化设计

11.5.1 注气速度对稳产效果的影响

图 11.6 可用于研究注气速度增加及其引起的井筒气液比增加所带来的影响。首先,在不增加注入压力的条件下可增加注气速度,可在油管中的较低点注入。

由式(11.13)可知,因为在较小的 $H - H_{inj}$ 范围内 $(dp/dz)_b$ 基本保持恒定,当 H_{inj} 增加[相关的 $(dp/dz)_a$ 较小]p_{wf} 必然会降低。因此,在较高气液比和较低注入点的情况下可获得较大的原油产量。

同样,当油藏压力减小时,要想维持产量不变,必须降低井底流压,这可通过降低注入点和增加注气速度来实现。初始操作阀可能并非位置最深的阀,且更下面的阀可用于油井后期生产。此情况存在一定的限制条件,将在下节中予以讨论。

例 11.6 注气速度和注入点对井底流压的影响

假设图 11.6 中给出了油管流动特性,计算气液比分别为 500ft³/bbl,600ft³/bbl 和 700ft³/bbl,且以注气曲线和压力横向分布曲线的交点作为注气点时,8000ft 处的井底流压。注入点以下的流动梯度为 0.33psi/ft($GLR = 300$ft³/bbl)。

解:

由图 11.6 可得,井口压力为 100psi。此外,由气体和压力横向分布曲线可构成下表:

GLR	注入点(ft)	注入点压力(psi)
500	6700	968
600	7050	976
700	7500	987

根据 $p_{surf} = 915$psi,减去通过气举阀的 100psi,由式(11.12)可得上述注入点的压力。因此,井底压力可由式(11.25)求得:

$$p_{wf} = p_{inj} + (H - H_{inj}) \left(\frac{dp}{dz}\right)_b \qquad (11.25)$$

式中,p_{inj}是注入点的压力。

代入 p_{inj} 值及对应的 H_{inj} 值,可得 GLR 分别为 500ft³/bbl,600ft³/bbl 和 700ft³/bbl 时的 p_{wf} 分别为 1358psi,1261psi 和 1137psi。假设图 11.6 可近似描述流量大于 500bbl/d 时的压力横向分布,这些较低的井底压力将对应较高的产量。如果例 11.3 中可利用式(11.14)描述该井的 IPR 关系,那么由这些较低的井底压力(如例 11.3,令 $\overline{p} = 3050$psi)得到的 q_1 分别为 660bbl/d,680bbl/d 和 746bbl/d。

例 11.7 油藏压力衰减过程中产量的保持

利用方程(11.14)描述的 IPR 重新计算例 11.3。当油藏压力降低 500psi 时,注入点应在什么位置? 为了维持 500bbl/d 的产液量,注气速度应为多少? 用图 11.6 和例 11.3 中的数据进行分析。

解:

令 $\overline{p} = 2550$psi(比原始的 3050psi 低 500psi),由式(11.14)可得:

$$p_{wf} = 2500 - \frac{500}{0.39} = 1268\text{psi} \qquad (11.26)$$

则注入点可由式(11.27)求解得到:

$$915\left(1 + \frac{H_{inj}}{40000}\right) - 100 = 1268 - 0.33(8000 - H_{inj}) \qquad (11.27)$$

解得 $H_{inj} = 7120$ft,$p_{in} = 980$psi,这时 GLR 等于 650ft³/bbl。

最后，注气速度为：

$$q_g = (650 - 300) \times 500 = 1.75 \times 10^5 \text{ft}^3/\text{d} \qquad (11.28)$$

这一注气速度大约是例 11.3 中油藏压力为 3050psi 时计算所得注气速度的 9 倍。对应的注入点也更深，由 5490ft 变为 7120ft。

11.5.2 气举的最大产量

正如本章简介所述，存在一个气液比的极限值，使流动压力梯度最小，这里称为极限 GLR（Golan 和 Whiston,1991）。GLR 大于此值时，流动梯度开始增加。如前面已述内容，油井流动压力梯度由静水压头和摩擦压降组成。随着 GLR 从小变大，流体密度逐渐降低，刚开始摩擦力适中，但随着 GLR 继续增加，摩擦力会急剧增加。因此，极限 GLR 即为摩擦力增加恰好能抵消静水压力减小时对应的 GLR 值。

图 11.8 给出了特定尺寸油管中特定产液量（$q_1 = 800\text{bbl}/\text{d}$）的压力横向分布。选择足够大的 GLR 值，可观察到极限 GLR 处曲线的转折。该例中极限 GLR 近似为 4000ft^3/bbl。

随着产量的减少，极限 GLR 逐渐增加。图 11.9 对应相同尺寸井中较小产量（$q_1 = 500\text{bbl}/\text{d}$）的情况，本例中极限 GLR 近似为 7000ft^3/bbl。通过此极限 GLR 可得到最小 p_{wf}，同时该 GLR 也极少为油藏流体的自喷生产 GLR。因此，只有通过人工气举才能达到这一点。以上主要针对已完井的井而言，而对一个合格的采油工程师来说，在完井之前就应该考虑这些内容。较大的油管尺寸将导致较大的极限 GLR，当然注气速度也会变大。此设计中效益与成本的平衡问题将在 11.8 节中讨论。

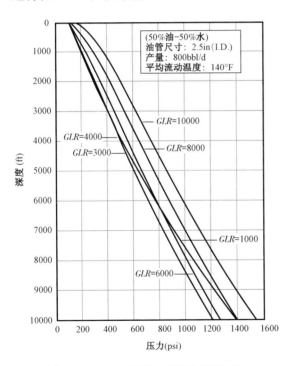

图 11.8 $q_1 = 800\text{bbl}/\text{d}$ 时较大的气液比与极限气液比

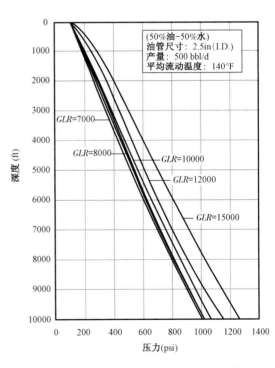

图 11.9 $q_1 = 500\text{bbl}/\text{d}$ 时较大的气液比值与极限气液比

11.6 气举动态曲线

在气举系统的设计过程中,Poettmann 与 Carpenter(1952)及 Bertuzzi,Welchon 与 Poettman(1953)引入了"气举动态曲线",在石油工业中得到了广泛的应用。

最优气举动态与自喷油井动态有明显的区别。根据上一节内容可知,每一个产液量都存在一个极限 GLR,对应的 p_{wf} 最小。因此,可绘出一个与图 11.10 类似的图。其中,IPR 曲线通常表征油井产量和井底流压的关系;与 IPR 曲线相交的是最小井底流压下的最优气举动态曲线(最小入口压力曲线),且每个产量对应一个极限 GLR。若高于或低于此极限 GLR,则得到的产量较小。图 11.11 说明了这点,最大产量附近的每一条气举动态曲线都对应较大的入口压力和较低的产量。综上所述,IPR 曲线与给定油管中不同 GLR 的入口曲线的交点可在图中画出,如图 11.12 所示。

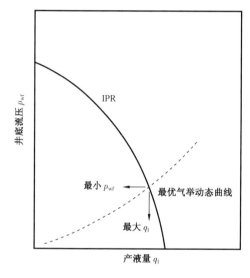

图 11.10　IPR 和最优气举动态曲线
(在极限 GLR 下)

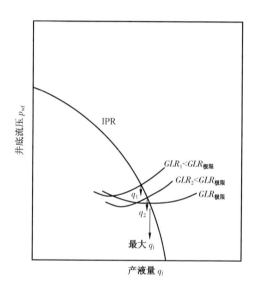

图 11.11　极限 GLR 下的最大产量
(较大与较小的 GLR 对应较小产量)

气举 GLR 与生产 GLR 之差乘以产液量即为所需的注气速度,如式(11.3)所示。注气速度与产量的关系曲线是另一个气举动态曲线,如图 11.13 所示,其中最大产量与极限 GLR 的注气速度相对应。该图对应于油藏工作寿命期间的某一具体时间,对于之后的时间将有新的气举动态曲线。

例 11.8　气举动态曲线的绘制

IPR 曲线如式(11.14)(例 11.3)所描述,井深为 8000ft,压力梯度分别为 800bbl/d 和 500bbl/d 时对应的曲线如图 11.8 和图 11.9 所示,假设注气阀位于井底,请作出气举动态曲线。平均油藏压力为 3050psi,生产 GLR 为 300ft³/bbl。

解:

图 11.14 是 IPR 曲线和最优气举动态曲线的交点图,即对应各产量下极限 GLR 点的轨迹。最大产量为 825bbl/d 时,对应的极限 GLR 为 380ft³/bbl(此产量下的梯度曲线未给出)。

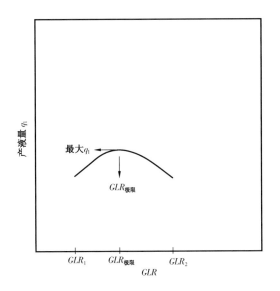

图 11.12　产液量与 *GLR* 的关系曲线

（极限 *GLR* 对应最大产量）

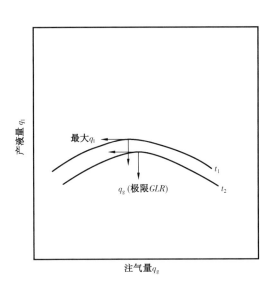

图 11.13　气举动态曲线

（与时间有关）

由式（11.3）可得，在最大产量为 825bbl/d，极限 *GLR* = 380ft³/bbl 的情况下，注气速度为：

$$q_g = 825 \times (3800 - 300) = 2.89 \times 10^6 \text{ft}^3/\text{d} \tag{11.29}$$

图 11.15 是该井的气举动态曲线。对于除最大产量以外的其他产量，对应的注气速度可能较大或较小。该动态曲线将随时间变化，如例 11.13 所述。

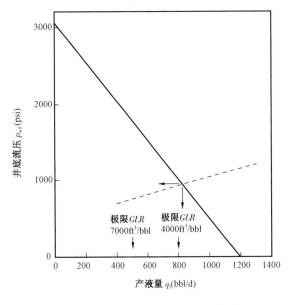

图 11.14　IPR 曲线和最优气举曲线

（例 11.8）

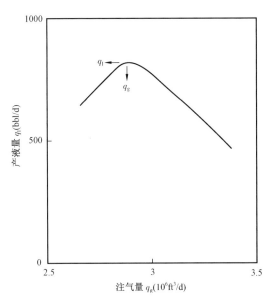

图 11.15　气举动态曲线

（例 11.8）

例 **11.9** 近井伤害和气举

假设井筒伤害$(S \approx +9)$将把例 11.3 和例 11.8 中的 IPR 曲线降为：

$$q_1 = 0.22(\bar{p} - p_{\mathrm{wf}}) \tag{11.30}$$

那么这时最大产量和相应的气举量为多少？

解：

图 11.16 给出了新的 IPR 曲线，以及它与最优气举曲线的交点，交点在$q_1 = 500\mathrm{bbl/d}$处。由图 11.5（例 11.8 的图）可知，在$q_1 = 500\mathrm{bbl/d}$处，注气速度q_{g}为$3.35 \times 10^6 \mathrm{ft}^3/\mathrm{d}$。如果$q_1 = 500\mathrm{bbl/d}$，那么由式（11.30）可得：

$$p_{\mathrm{wf}} = 3050 - \frac{500}{0.22} = 780\mathrm{psi} \tag{11.31}$$

但如果仍保持未伤害井的注气速度（对于$q_1 = 825\mathrm{bbl/d}$时$q_{\mathrm{g}} = 2.89 \times 10^6 \mathrm{ft}^3/\mathrm{d}$，见例 11.8），那么 GLR 将为：

$$GLR = \frac{q_{\mathrm{g}}}{q_1} + (GLR)_{\mathrm{natural}} \tag{11.32}$$

因此

$$GLR = \frac{2.89 \times 10^6}{500} + 300 = 6100\mathrm{ft}^3/\mathrm{bbl} \tag{11.33}$$

易得，当$GLR = 6100\mathrm{ft}^3/\mathrm{bbl}$，$H = 8000\mathrm{ft}$时，井底流压将为 810psi，而不是 780psi，这导致产量进一步减少。注意，对于某给定产量，总有一个特定的极限 GLR。这个例子还表明，优化的气举不能抵消井筒伤害，但需要更大的注气速度（更大的 GLR）来举升可能的更大产液量。很显然，对地层实行增产措施是采油工程师必须随时关注的问题，且应定期解除生产中的伤害以保证最佳的生产动态。

例 **11.10** 有限的天然气供应：气举的经济效益

在例 11.9 中，得到最大产量所需的注气速度对应极限 GLR，即意味着无限供气。由于此情况通常不存在，则分别对$0.5\mathrm{ft}^3/\mathrm{d}$，$1\mathrm{ft}^3/\mathrm{d}$和$5 \times 10^5 \mathrm{ft}^3/\mathrm{d}$的注气速度重新计算油井产能。如果注气费用为 0.5 美元/(hhp·h)，分离费用为 1 美元/($10^3 \mathrm{ft}^3$·d)，油价为 50 美元/bbl，请对现有注气速度进行经济分析（收益减去成本）。利用例 11.3 中的 IPR 曲线，$\bar{p} = 3050\mathrm{psi}$，生产$GLR = 300\mathrm{ft}^3/\mathrm{bbl}$。

解：

如果只可采用$5 \times 10^4 \mathrm{ft}^3/\mathrm{d}$的注气速度，$q_1 = 500\mathrm{bbl/d}$，那么 GLR 将为[由式（11.8）]：

$$GLR = \frac{5 \times 10^4}{500} + 300 = 400\mathrm{ft}^3/\mathrm{bbl} \tag{11.34}$$

由图 11.5，在$GLR = 400\mathrm{ft}^3/\mathrm{bbl}$处，井底流压（$p_{\mathrm{tf}} = 100\mathrm{psi}$时）为 1500psi。对其他产量用梯度曲线也能进行类似的计算，所得到的气举动态曲线如图 11.17 所示。除了$q_{\mathrm{g}} = 5 \times 10^4 \mathrm{ft}^3/\mathrm{d}$，图中还画出了$q_{\mathrm{g}}$对应$1\mathrm{ft}^3/\mathrm{d}$和$5 \times 10^5 \mathrm{ft}^3/\mathrm{d}$的两条曲线，它们与 IPR 曲线的交点即期望的产量和井底流压。利用式（11.12）可求出地面压力（设通过阀的压降为 100psi），最后由式（11.19）可求得所需的气体压缩机功率（令$p_{\mathrm{in}} = 100\mathrm{psi}$），结果如表 11.1 所示。

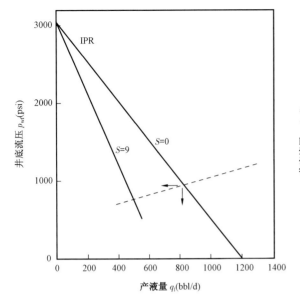

图 11.16　井筒伤害及其对气举动态
的影响（例 11.9）

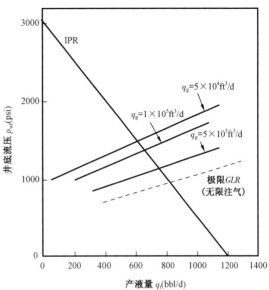

图 11.17　有限与无限注气速度下
的气举产量（例 11.10）

表 11.1　无限和有限注气速度下的油井动态参数

q_g（ft³/d）	q_l（bbl/d）	p_{wf}（psi）	p_{surf}（psi）	HHP
5×10^4	615	1475	1310	7.5
1×10^5	660	1360	1220	14.5
5×10^5	750	1130	1025	66
2.89×10^6	825	935	865	348

下面以 5×10^4 ft³/d 的注气速度为例，对各种选择作相关经济对比。与 1×10^5 ft³/d 的注气速度相比，增加的收入为 $\Delta q \times$（美元/bbl）$=$（660 − 615）$\times 50 = 2250$ 美元/d。增加的费用为 $\Delta HHP \times 24 \times$［美元/(hhp · h)］$=$（14.5 − 7.5）$\times 24 \times 0.5 = 84$ 美元/d 和 $\Delta q_g \times 1$ 美元/10^3ft³ $=$［（1×10^5）$-$（5×10^4）］$\times$（1/1000）$= 50$ 美元/d。因此增加的效益为 2250 − 134 = 2016 美元/d。

类似地，当 $q_g = 5 \times 10^5$ ft³/d 时，增加的效益为 5600 美元/d。最后，对于极限 GLR（$q_g = 2.89 \times 10^6$ ft³/d），增加的效益为 3480 美元/d。也就是说，与较低注入速度 5×10^5 ft³/d 相比，增加的收入不能补偿增加的压缩和分离费用。

当然，这类计算还具有一定必要性。与采油工程中的其他情况一样，它既取决于当地的成本，更依赖于油价。

例 11.11　油管尺寸与气举需求的关系

生产水油比等于 1 的高产油藏的 IPR 关系为：

$$q = 1.03(\bar{p} - p_{wf}) \tag{11.35}$$

如果平均油藏压力 $\bar{p}$ 为 3550psi，生产 GLR 为 300ft³/bbl，为保持 2000bbl/d 的产量，针对 3 种不同的油管尺寸（分别为 2.5in，3.5in 和 4.5in），分别计算需要向井底（H = 8000ft）注入气体的速度。井口压力为 100psi。

解：

如果 q = 2000bbl/d，由式（11.31）可得 p_{wf} 为 1610psi。图 11.18、图 11.19 和图 11.20 分别为 q_1 = 2000bbl/d（50% 油，50% 水）时 3 种油管尺寸的梯度曲线。

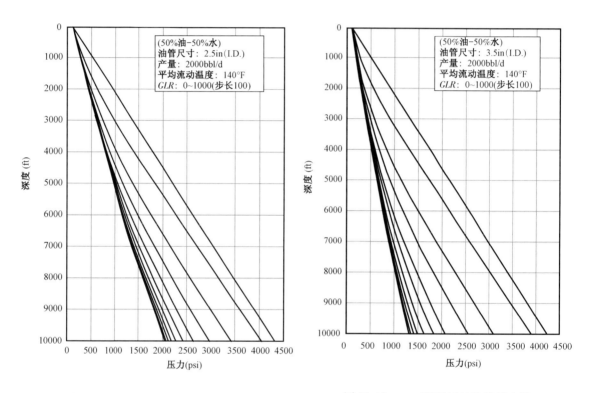

图 11.18　q_1 = 2000bbl/d 和油管内径
为 2.5in 的梯度曲线（例 11.11）

图 11.19　q_1 = 2000bbl/d 和油管内径
为 3.5in 的梯度曲线（例 11.11）

由图 11.18 可知，当 H = 8000ft 和 p_{wf} = 1610psi 时，GLR 应为 800ft³/bbl。由于生产 GLR 为 300ft³/bbl，所需的注气速度 q_g 应为 2000 × (800 − 300) = 1 × 10⁶ft³/d。

由图 11.19 可知，对于 3.5in 的井，相同的 H 和 p_{wf} 所需的 GLR 仅为 350ft³/bbl，因此注气速度应为 2000 × (350 − 300) = 1 × 10⁵ft³/d，比前者小一个数量级。最后，由图 11.20 可知，如果油管直径为 4.5in，则生产 GLR 足以举升此产液量。

此计算说明了油管尺寸选择（及相关的完井成本）与气举需求（即气体体积、压缩和分离费用）关系的重要性。

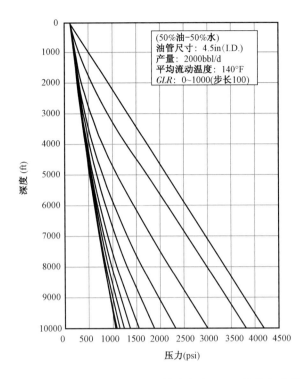

(50%油-50%水)
油管尺寸：4.5in(I.D.)
产量：2000bbl/d
平均流动温度：140°F
GLR：0~1000(步长100)

图 11.20 $q_1 = 2000 \text{bbl/d}$ 和油管内径为 4.5in 的梯度曲线

11.7 气举需求与时间关系

随着油藏压力的递减,油藏的生产能力下降。因此,为了维持一定的产量,井底流压必须相应降低,这在 11.5 节中已作讨论,并以例 11.6 加以说明。该例的结论是,随着油藏压力的递减,要维持产量则需要增加注气速度。该例中的产量并非给定油藏压力下的最大产量(500bbl/d 而不是 825bbl/d,见例 11.7,这里计算的是最优气举动态)。

在给定的油管尺寸下,较小产量对应的极限 GLR 较大,所以气举得到最大产液量需要增加注气速度。此外,气举与时间的设计必定是经济评价的一个重要课题。

气举需求与时间关系的合理预测方法如下:

(1)根据给定的油管及油藏流体,建立最优的气举动态曲线;

(2)针对每个平均油藏压力,作新的 IPR 曲线;

(3)IPR 曲线与最优气举动态曲线的交点即最大产量;

(4)此最大产量在极限 GLR 下得到,它也与最小 p_{wf} 相关;

(5)如第 10 章所述,可利用物质平衡计算油藏压力递减 $\Delta \bar{p}$ 时的油藏累计产量;

(6)通过此压降下的产量和累计产量,可计算此压力递减所需的时间;

(7)预测油井动态及注气速度与时间的关系。

例 11.12 压力递减油藏的最大气举产量

在最大产量为 500bbl/d 的条件下,平均油藏压力应为多少?利用式(11.14)描述的 IPR 曲线(如例 11.3 和例 11.8),计算井底流压。

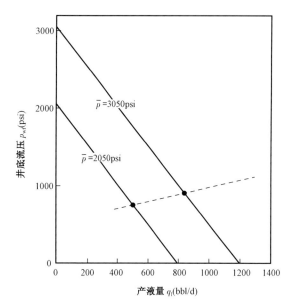

图 11.21　当油藏压力递减时最优气举
的 IPR 曲线（例 11.12）

解:此问题最简单的方法是根据图 11.14 采用图解法进行求解。最大产量在新的 IPR 曲线(斜率 0.39)与最优气举曲线的交点处。因此,作 IPR 曲线的一条平行线(图 11.21),使其与纵轴交于平均油藏压力 $\bar{p}$ = 2050psi 处。根据该图或 IPR 方程可得,对应的井底流压 p_{wf} 为 770psi。

例 11.13　油井生产的气举开始时间及气举需求

针对附录 A 中描述的油井,设井深为 8000ft,泄油面积为 160acre。如果要维持产量为 300bbl/d 不变,是否需要采用气举方式? 如果需要,什么时候开始? 假设此井用 $2\frac{7}{8}$in 的油管完井(内径约为 2.259in),井口压力为 300psi。

解:

由附录 A 中的数据,根据式(2 – 34),油藏压力由 5651psi 递减至 3000psi,可得该井的 IPR 曲线,如图 11.22 所示。

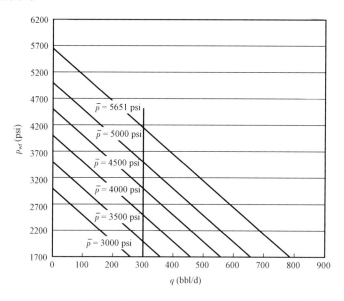

图 11.22　例 11 – 13 中不同油藏压力下的 IPR 曲线

针对初始值(5651psi)至 3000psi 范围内的平均油藏压力,图 11.22 给出了该问题的一系列 IPR 曲线,q = 300bbl/d 对应的井底流压可由此图得到。

图 11.23 是该井不同 GLR 值下的流动梯度图,该井生产 GLR 为 250ft³/bbl。

在生产 GLR(250ft³/bbl)条件下,得到 300bbl/d 的产量所需要的井底流压为 2640psi,这一压力低于平均油藏压力为 4500psi、产量为 300bbl/d 条件下(图 11.22)对应的井底流压(3000psi)。

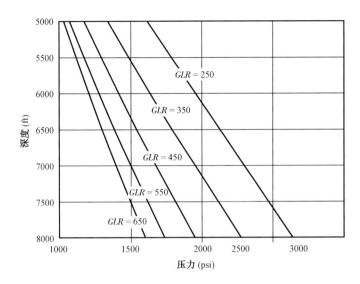

图 11.23 例 11-13 中井不同流动梯度曲线放大图

IPR 曲线表明,当油藏压力降至 3500psi 时,维持产量 300bbl/d 所需要的井底流压应为 2000psi。由图 11.23 可得,如果 GLR 为 450ft³/bbl,压力为 2000psi 是可能的。由式(11.3),这相当于将 q_g 为 60000ft³/d 的额外气体用于气举。当油藏压力降为 3000psi 时,为维持产量,流压应约为 1500psi(这种情况下仍受泡点压力的影响)。由图 11.23 可得,气举 GLR 应为 750ft³/bbl,从而可得 q_g 为 150000ft³/d。

参 考 文 献

[1] Bertuzzi, A. F. , Welchon, J. K, and Pocttman, F. H. , "Description and Analysis of an Efficient Continuous Flow Gas – Lift Installation," JPT, 271 – 278 (November 1953).

[2] Brown, K. E. , Day, J. J. , Byrd, J. P. , and Mach, J. , The Technology of Artificianl Lift Methods, Petroleum Publishing, Tulsa, OK, 1980.

[3] Gilbert, W. E. , "Flowing and Gas – Lift Well Performance," Drill and Prod. Prac, 143 (1954).

[4] Golan, M. , and Whiston, C. H. , Well Perfomance, 2nd. ed. , Prentice Hall, Englowood Cliffs, NJ, 1991.

[5] Pocttman, F. H. , and Carpenter, P. G. , "Multiphase Flow of Gas, Oil and Water through Vertical Flow Strings with Application to the Design of Gas – Lift Installations," Drill and Prod. Prac. , 257 – 317 (1952).

习 题

11.1 某油井井深为 8000ft,产量为 500bbl/d,梯度曲线如图 11.5 所示。生产 GLR 为 200ft³/bbl,平均油藏压力为 3750psi,且该井 IPR 为:

$$q_o = 0.25(\bar{p} - p_{wf})$$

通过阀的压降为 100psi,在 8000ft 处注气,求:

(1)油管中注气点以上的 GLR 为多少?

(2)p_{surf} 为多少?

(3)q_g 为多少?

假设将最大地面压力限制在比上述问题(2)计算所得压力值低100psi的水平，油管中注气点以下的压力梯度为0.33psi/ft，为使这一较低气体压力条件下产量仍保持不变：

(1)H_{inj}应为多少？

(2)油管中注气点以上的GLR应为多少？

(3)p_{inj}应为多少？

(4)q_g为多少？

11.2 如图11.5，地面注气压力为1000psi。如果注入点分别在GLR为400ft³/bbl，600ft³/bbl和800ft³/bbl的曲线上，且注入点以下的压力梯度为0.37psi/ft，计算10000ft处的井底压力。为维持产量为500bbl/d，平均油藏压力应为多少？用习题11.1中的IPR关系。

11.3 某井在如下的流动性质下进行气举：

$D=8000\text{ft}$，$p_r=2900\text{psi}$，油管尺寸为$2\frac{3}{8}\text{in}(\text{ID}=1.995\text{in})$，$p_{th}=100\text{psi}$，$T_{bh}=210\text{℉}$，$T_s=150\text{℉}$，有效地面操作压力为900psi，气举启动压力为950psi，压井液梯度为0.5psi/ft，压井液的压力梯度为0.2psi/ft，$\Delta p_{val}=100\text{psi}$，油井加载至顶部，第一个阀只对零表面压力卸载，注入点在3280ft处。

请选择该井卸载阀的位置。

11.4 设表11.2的极限GLR和井底压力(在$H=10000\text{ft}$处)与下面所列出的3个产量一一对应。

如果IPR关系式的乘数为0.6，$\bar{p}=3500\text{psi}$，那么最大产量为多少？当油藏压力分别降至3000psi和2500psi后，最大产量为多少？

表11.2 生产数据

q_l(bbl/d)	GLR(ft³/bbl)	p_{wf}(psi)
500	7000	1020
1000	2500	1200
2000	1000	2000

11.5 求习题11.4对应的气体注入速度、注入压力和所需的气体压缩机功率。假设生产GLR为300ft³/bbl。

11.6 某气举直井的流体及油藏性质见附录A。相关参数如下：

$\bar{p}=3000\text{psi}$；最大供气量为$2\times10^6\text{ft}^3/\text{d}$；$d=8000\text{ft}$；油管内径为2.44in；

油管相对粗糙度为0.0006；井眼半径为0.328ft；泄油半径为2000ft；表皮系数为10；油管压力为125psi；地面温度为140℉；压缩机入口压力为100psi，最大供气量为$1\times10^6\text{ft}^3/\text{d}$；通过气举阀的压降为100psi。

(1)基于上述条件，气举阀位于8000ft处，试计算可举升的最大产液量。并绘制q_l—q_{inj}曲线，产液量的范围为250bbl/d到可举升的最大产液量；

(2)令表皮系数为0，重新计算可以举升的最大液量；

(3)通过增加最大注气量是否可以增加最大产液量？注气速度增加时净扬程会如何变化？为什么？

第12章　泵　举　升

12.1　简介

深井泵举升是通过降低井底流压,以提高油气井产量的一种常用方法。该方法不同于气举,气举通过降低油管中的压力梯度以减小井底压力,而深井泵使油管鞋处的压力增加至一定值,从而将液流举升到地面。事实上,由于随液体产出的大多数气体通过油套环空排出,深井泵举升井的油管中压力梯度高于自喷井。另外,在更高的泵出口压力下,大量的自由气在井底将会重新溶解到油中,从而降低了液体的密度和压力梯度。深井泵井的典型结构和井筒压力剖面如图12.1所示。

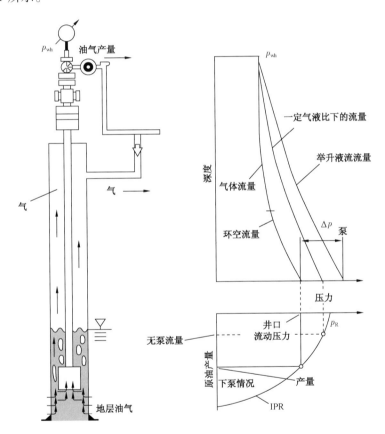

图 12.1　油井结构与压力剖面(据 Golan 和 Whitson,1991)

使用两种类型的泵:正排量泵,包括有杆抽油泵和螺杆泵(PCPs);动态位移泵,最常用的是电潜泵(ESP)。另一种类似于正排量泵的人工举升方式是柱塞气举,常用于气井中卸载液体。

对于深井泵举升井,由机械能平衡方程可将泵所作的功与泵增压联系在一起,对于不可压缩流体,有:

$$W_s = \frac{p_2 - p_1}{\rho} + \frac{u_2^2 - u_1^2}{2g_c} + F \tag{12.1}$$

对于液体,通常动能项小于其他项,因此方程可以简化为:

$$W_s = \frac{p_2 - p_1}{\rho} + F \tag{12.2}$$

其中,W_s 是泵所做的功,p_2 是泵上油管压力,p_1 是泵下油管压力,而 F 是泵内的摩擦损失。

为了确定深井泵的尺寸和电功率需求,泵两侧的压力通过泵下气液流压力梯度与井底流压有关,通过油管中的单相液体压力梯度与地面压力有关。设计过程如下:对于给定的产量,由 IPR 关系所需的 p_{wf} 可通过两相流计算确定,泵下压力 p_1 由 p_{wf} 同上计算(当泵在产层附近,$p_1 \approx p_{wf}$);由地面油管压力开始,根据所需产量下单向流计算确定泵上压力 p_2。若需要的泵增压已知,泵所需做的功通常根据泵中摩擦损失(泵效)的经验值确定。利用第 7 章的流动关系,可计算井筒中泵下和油管中的压力剖面。

例 12.1 深井泵所需的泵增压

对于附录 A 中描述的井,若在油藏平均压力降至 3500psi 时要达到 500bbl/d 的产量,计算深井泵所需的泵增压。假设下泵深度为 9800ft,刚好在产层之上,地面油管压力为 100psi。井的油管为 $2\frac{7}{8}$in,8.6lb/ft(I. D. = 2.259in.),相对粗糙度为 0.001。

解:

该井在不同油藏压力下的 IPR 曲线如图 2.7。由图可知,当油藏平均压力为 3500psi 时,产量为 500bbl/d,p_{wf} 为 1820psi。由于泵处于产层附近,$p_1 = 1820$psi。由式(7.15)根据单相流计算 p_2。由附录 A,原油的 API 重度为 28°API,然后使用第 3 章中的关系式计算液体的物性参数,在该压力和油藏温度 220°F 下,原油密度为 47lb/ft³,黏度为 1.04cP。忽略原油密度随压力变化而引起的细微影响,由式(7.22),可计算势能压降为 3196psi。假设原油不可压缩,动能压降为 0。为确定摩擦压降,由式(7.7)得雷诺数为 14804,而由 Moody 图(图 7.7)或者 Chen 方程[式(7.35)]计算摩擦系数得 0.0075,平均速率为 1.165ft/s。利用式(7.31),

$$\Delta p_F = \frac{2 \times 0.0075 \times 47 \times 1.165^2 \times 9800}{32.17 \times 2.259/12} = 1548\text{lbf/ft}^2 = 10.7\text{psi} \tag{12.3}$$

因此

$$\Delta p = \Delta p_{PE} + \Delta p_F = 3196 + 10.7 = 3207\text{psi} \tag{12.4}$$

$$p_2 = p_{surf} + \Delta p = 100 + 14.7 + 3207 = 3322\text{psi} \tag{12.5}$$

由 $p_2 - p_1$,泵需要提供的压力增量为 3322 - 1820 = 1502psi。

12.2 容积泵

12.2.1 有杆抽油泵

12.2.1.1 有杆抽油泵设备

有杆泵的地面设备和井底设备如图 12.2 所示,曲柄的旋转运动通过连杆和游梁转换为光杆的往复运动,而柱塞将光杆的往复运动传递给深井泵。泵(图 12.3)由工作筒、底部的球—

座单流阀(固定阀)以及另一含有球—座单流阀(游动阀)的柱塞组成。上冲程中,固定阀开启,游动阀关闭,流体进入工作筒内。下冲程中,游动阀开启,固定阀关闭,工作筒内的流体排出至油管中。对于有杆泵设备的详细内容,可参见 Brown(1980)。

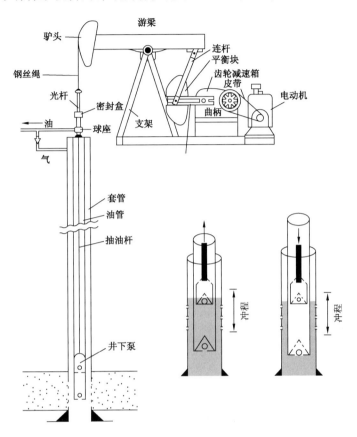

图 12.2　有杆泵抽油井(据 Golan 和 Whitson,1991)

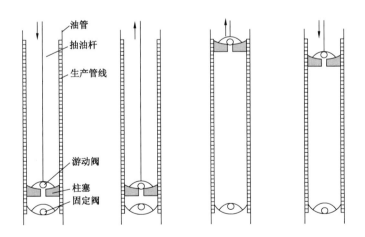

图 12.3　柱塞有杆泵(据 Brown,1980a)

12.2.1.2　活塞有杆泵的排出体积

正排量泵的工作动态是根据其排出的液体体积,而不是泵所产生的压力增量来评价的,这

是因为井筒液体在泵内压缩产生的压力足以排出油管中的液体。有杆泵排出的体积流量为

$$q = 0.1484NE_vA_pS_p \qquad (12.6)$$

式中:q 为井底体积流量,bbl/d;N 为泵速,冲/min;E_v 为体积效率;A_p 为柱塞截面积,in^2;S_p 为柱塞有效冲程,in。地面产量等于井底产量除以地层体积系数。

由于柱塞周围的液体漏失,体积效率往往小于1,正常工作的有杆泵体积效率通常为 0.7 ~ 0.8。

例 12.2 所需泵速的计算

使用柱塞直径为2in,柱塞有效冲程为50in,体积效率为0.8的有杆泵,确定实现地面产量为250bbl/d所需的泵速(冲/min)。地层原油体积系数为1.2。

解:

井底体积流量通过将地面产量乘以地层体积系数计算得到。直径为2in的柱塞横截面积为 π in^2。使用式(12.6),有:

$$N = \frac{qB_o}{0.1484E_vA_pS_p} = \frac{250\text{bbl/d} \times 1.2}{0.1484 \times 0.8 \times \pi\,\text{in}^2 \times 50\text{in}} = 16 \text{ 冲/min} \qquad (12.7)$$

所需的泵速为16冲/min。活塞有杆泵的典型工作速率为6~12冲/min。由于需要避免抽油杆共振引起过度振动,且需要保证抽油杆的疲劳寿命,最高速率受到一定的极限。对于钢化抽油杆,使抽油杆在其自然频率下振动的最低泵速为(Craft,Holden 和 Graves,1962):

$$N = \frac{237000}{L} \qquad (12.8)$$

其中,L 是抽油杆柱长度,ft。泵速应该保持低于该极限值,事实上通常保证泵速低于此速度以降低抽油杆的疲劳。

12.2.1.3 有效柱塞冲程

由于油管以及抽油杆柱的拉伸,以及抽油杆柱加速引起的超冲程,有效冲程不同于且通常小于光杆冲程。即:

$$S_p = S + e_p - (e_t + e_r) \qquad (12.9)$$

式中:S 是光杆冲程;e_p 是柱塞超冲程;e_t 是抽油杆柱拉伸长度。注意,如果油管锚定,油管拉伸长度为零。在假设的光杆的简谐运动和抽油杆柱及油管的弹性情况下,有效柱塞冲程长度为:

$$S_p = S + \frac{(5.79 \times 10^{-4})SL^2N^2}{E} - \frac{5.20\gamma_1HA_pL}{E}\left(\frac{1}{A_t} + \frac{1}{A_r}\right) \qquad (12.10)$$

式中:E 为杨氏模量(对于钢,约为 30×10^6psi);γ_1 为液体的相对密度;H 为环空中液面深度(如果液面在泵处,$H = L$);A_t 为油管的横截面积;A_r 为抽油杆的横截面积;其他的所有变量定义同前。常用的抽油杆柱规格、油管规格以及常用的抽油杆柱组合见表12.1。

表 12.1 钢质抽油杆与油管参数

钢质抽油杆尺寸规格		
抽油杆直径(in)	空气中线密度(lb/ft)	面积(in^2)
5/8	1.135	0.307
3/4	1.63	0.442
7/8	2.224	0.601
1	2.904	0.785
$1\frac{1}{8}$	3.676	0.994

钢质油管规格				
公称直径(in)	线密度(lb/ft)	外径(in)	内径(in)	面积(in^2)
2	2.90	1.900	1.610	0.800
$2\frac{3}{8}$	4.70	2.375	1.995	1.304
$2\frac{7}{8}$	6.50	2.875	2.441	1.812
$3\frac{1}{2}$	9.30	3.500	2.992	2.590
4	11.00	4.000	6.476	3.077
$4\frac{1}{2}$	12.75	4.500	3.958	3.601

钢质抽油杆强度		
API 抽油杆等级	AISI 等级	T_m 最小抗拉强度(psi)
C	C－1536M	60000
K	A－4621M	60000
D	A－4320M	90000
E	A－4330M1	140000

钢质抽油杆组合					
API 码	设计柱塞直径(in)	组合抽油杆空气中线密度(lb/ft)	1in	每种抽油杆尺寸7/8in 的百分比	3/4in
76	1.25	1.814		30.6	69.4
76	1.5	1.833		33.8	66.2
76	1.75	1.855		37.5	62.5
76	2	1.88		41.7	58.3
86	1.25	2.087	24.3	24.5	51.2
86	1.5	2.133	26.8	27	46.2
86	1.75	2.185	29.4	30	40.6
86	2	2.247	32.9	33.2	33.9
86	2.25	2.315	36.9	36	27.1

例 12.3 有效柱塞冲程

对于下泵深度为 3600ft 的井,计算有效柱塞冲程。井的抽油杆杆径为 3/4in,油管直径为 $2\frac{7}{8}$in,产出液体的相对密度为 0.9,泵速为 12 冲/min,柱塞直径为 2in,光杆冲程为 64in。井已停泵,因此液面在下泵深度。

解：

由表 12.1，抽油杆和油管的横截面积分别为 0.442in² 和 1.812in²。由于液面在泵处，$H = L = 3600\text{ft}$。应用式（12.10），有：

$$S_p = 64 + \frac{5.79 \times 10^{-4} \times 64 \times 3600^2 \times 29^2}{30 \times 10^6} -$$

$$\frac{5.20 \times 0.9 \times 3600 \times 3.14 \times 3600}{30 \times 10^6} \times \left(\frac{1}{1.812} + \frac{1}{0.442}\right) \quad (12.11)$$

$$= 64 + 6.4 - 17.9 = 52.5\text{in}$$

12.2.1.4　电机功率要求

设计活塞有杆泵的下一步是确定电机功率，电机必须供应足够的能量，以满足举升液体所需的有效功，以克服泵内、光杆以及抽油杆柱的摩擦损失以及弥补电机和地面机械系统消耗的无效功。所需的电机功率为：

$$P_{pm} = F_s(P_h + P_f) \quad (12.12)$$

其中，P_{pm} 是电机功率，P_h 是举升液体所需的水力功率，P_f 是泵内摩擦引起的损失功率，F_s 是考虑电机无效的安全系数。安全系数估计为 1.25~1.5（Craft 等，1962）；对于确定该系数的经验方法，读者可以参见 Brown（1980 年）。

水力功率通常用净扬程 L_N 表示：

$$P_h = (7.36 \times 10^{-6}) q \gamma_l L_N \quad (12.13)$$

其中，流速单位为 bbl/d，净扬程单位为 ft。净扬程为泵单独做功时可将产出液体举升的高度。如果地面油管和套管压力为零，且环空中液面在下泵处，净扬程仅为下泵深度。一般而言，环空中泵上部分液体的重力作用有利于举升油管中的液体，而油管压力是泵必须克服的附加力。在这种情况下，净扬程为：

$$L_N = H + \frac{P_{tf}}{0.433\gamma_l} \quad (12.14)$$

式中：H 是环空中的液面深度；p_{tf} 是地面油管压力，单位为 psi。为了得到式（12.14），假设环空中液体表面的压力为大气压力（即地面套管压力为大气压力，环空中气柱压力可以忽略），并且环空中液体的平均密度等于油管中液体的平均密度（忽略环空中液体中的气泡）。

克服摩擦损失所需的功率通过经验公式得：

$$P_f = 6.31 \times 10^{-7} W_r S N \quad (12.15)$$

式中：W_r 是抽油杆柱的重量，lbf；S 是光杆冲程，in；N 是泵速，冲/min。

例 12.4　电机功率需求

对于例 12.3 所描述的井，如果地面油管压力是 100psi，环空中液面在泵上 200ft 处，计算电机所需功率。

解：

由于液面在泵以上 200ft 处，液面 H 为 3600 - 200 = 3400ft，由式（12.14），净扬程为：

$$L_N = 3400 + \frac{100}{0.433 \times 0.9} = 3657\text{ft} \tag{12.16}$$

使用体积效率0.8以及例12.3的结果,流量可通过式(12.6)计算为:

$$q = 0.1484 \times 20 \times 0.8 \times 3.14 \times 52.5 = 391\text{bbl/d} \tag{12.17}$$

水力功率可通过式(12.13)计算为:

$$P_h = 7.36 \times 10^{-6} \times 391 \times 0.9 \times 3657 = 9.5\text{hp} \tag{12.18}$$

使用表12.1中的数据,3/4in的抽油杆重量为5868lb。摩擦功率由式(12.15)计算为:

$$P_f = 6.31 \times 10^{-7} \times 5868 \times 64 \times 20 = 4.7\text{hp} \tag{12.19}$$

最后,在式(12.12)中使用安全系数1.25,所需的电机功率为:

$$P_{pm} = 1.25 \times (9.5 + 4.7) = 18\text{hp} \tag{12.20}$$

12.2.1.5　游梁式抽油机的选择

有杆泵机组的标准分类有3种:第一种是齿轮箱扭矩;第二种是游梁最大载荷;第三种是最大冲程。一些常用的泵机组规格见表12.2。

表 12.2　可选用的常规泵机组规格

尺寸代号	齿轮箱扭矩(1000in·lbf)	最大游梁载荷(100lbf)	最大冲程(in)
160 – 173 – 86	160	173	86
228 – 246 – 86	228	246	86
320 – 256 – 100	320	256	100
456 – 305 – 144	456	305	144
640 – 365 – 144	640	365	144
912 – 365 – 168	912	365	138
1280 – 427 – 192	1280	427	192
1840 – 305 – 240	1840	305	240

12.2.1.6　抽油杆和游梁载荷

抽油杆顶部、泵机组及游梁的最大载荷出现在上冲程中,此时抽油杆在液体中的重力、液体重力以及上冲程动载荷均需考虑,即:

$$W_{max} = W_{rb} + F_1 + W_D \tag{12.21}$$

式中,W_{max}是抽油杆和游梁的最大载荷;W_{rb}是抽油杆浮重;F_1是液体载荷;W_D是上冲程动载荷。液体载荷F_1是油管中液体重量减去环空中液体重量,因此

$$F_1 = 0.433\gamma L_N A_p \tag{12.22}$$

抽油杆浮重为:

$$W_{rb} = W_r(1 - 0.127\gamma) \tag{12.23}$$

其中W_r是抽油杆重量。

抽油杆和游梁所承载的最小载荷在下冲程中,当抽油杆向下运动进入油管时,下冲程中动

载荷做负功。

$$W_{\min} = W_{rb} - W_D \tag{12.24}$$

动载荷需尽量通过模拟抽油杆的运动来计算。但如果假设抽油杆柱进行简谐运动,那么动载荷可以估算为:

$$W_D = \alpha W_{rb} \tag{12.25}$$

其中

$$\alpha = \frac{SN^2}{70542} \tag{12.26}$$

参数 α 为加速度常数。

在每个冲程中,抽油杆所承受的载荷周期性变化,最大载荷出现在上冲程,最小载荷出现在下冲程,周期性的载荷变化易使抽油杆发生疲劳破坏。为保证抽油杆合理的寿命,API(美国石油学会,1988)建立了修正古德曼图,用于计算给定最小载荷下允许的最大载荷。允许的最大载荷公式为:

$$W_{\max} = (0.25T_m A + 0.5625W_{\min})SF \tag{12.27}$$

式中:T_m 是抽油杆的最小抗拉强度,psi;A 是抽油杆横截面积,in^2;$W_{\min}$ 是最小载荷,lbf;SF 是使用系数。使用系数由表 12.3 给出。

表 12.3　抽油杆使用系数

使用介绍	API 抽油杆杆级			
	C	K	D	高强度
无腐蚀性	1.00	1.00	1.00	1.00
矿物水	0.65	0.90	0.90	0.70
含硫化氢	0.45	0.70	0.65	0.5[①]

① 无足够化学抑制时不推荐。

泵机组的齿轮箱净扭矩不同于上下冲程中油井载荷引起的扭矩和抵消的平衡扭矩。这些载荷在上下冲程中随时变化,最好通过模拟抽油杆载荷和泵机组来估算。最大扭矩可以估算为:

$$T_m = \left[W_{\max} - 0.95\left(\frac{W_{\max} + W_{\min}}{2} \right) \right]\frac{S}{2} \tag{12.28}$$

式中,0.95 是使用系数,实际上目的在于保持单位严格一致。

12.2.1.7　由示功图分析有杆泵工作状态

抽油杆的工况通常通过测定光杆上的载荷进行监测。记录一个完整泵循环过程中的光杆载荷,即为"示功图",其将光杆载荷作为抽油杆位置的函数绘制成曲线。

弹性抽油杆的理想示功图如图 12.4 所示。上冲程由 a 点开始,随着抽油杆的拉伸,光杆载荷逐渐增加,直到 b 点,光杆承受抽油杆在液体中的重量以及液体的重量。此后载荷保持为常数直到 c 点,下冲程开始。此时,固定阀关闭,固定阀承受液体的重量;光杆载荷随着抽油杆的收缩而降低,直到 d 点,光杆仅承受抽油杆在液体中的重量。然后载荷保持不变,直到下一个循环从 a 点开始。

诸多因素会影响实际额定示功图,使其不同于理想情况——正常工作的抽油泵示功图如图 12.5 所示。抽油杆柱存在加速与减速过程,导致大多数情况下正常工作的有杆泵井的光杆理想载荷与实际载荷不同。

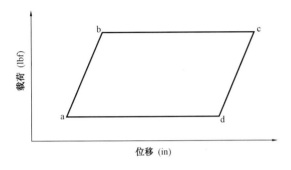

图 12.4　弹性抽油杆的理想示功图

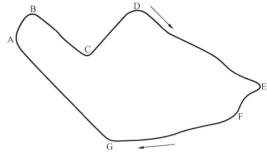

图 12.5　实际示功图(据 Craft 等,1962)

示功图有时用于诊断泵或油井工作的异常情况。

图 12.6 说明了在不同异常情况下有杆抽油泵示功图的形态特征(Craft 等,1962)。油井在同步泵速下生产时,所得到的示功图将略有不同,如图 12.6(a)所示,可注意到上冲程中载荷的降低以及上冲程结尾处的环状。油井故障会导致上冲程中的载荷增加,并且泵的工作范围较小,如载荷曲线所封闭的区域所示[图 12.6(b)]。

泵系统的过度摩擦可导致无规则的示功图,如图 12.6(c)所示(柱塞卡住)或图 12.6(d)。液击发生在上冲程中泵筒没有完全充满时,其特征为在下冲程末端,载荷突然降低,如图 12.6(e)。气击在泵内含气时发生,其特征类似于液击,但其载荷的突然降低没有下冲程中那样明显,如图 12.6(f)。当泵几乎被气充满时,发生气锁,导致示功图如图 12.6(g)所示,该图表示上冲程中载荷降低,并且泵的工作范围较小。最后,柱塞位移过小和位移过大的示功图分别如图 12.6(h)和图 12.6(i)。柱塞位移过小,上冲程载荷增加;而位移过大时,下冲程载荷减小。

12.2.1.8　气体对泵效的影响

任何深井泵都会受到泵送液体中自由气的不利影响。对于有杆抽油泵,自由气影响尤其严重。当泵筒中有气体时,泵所做的大部分功用于压缩气体,而不是举升液体,其影响见图 12.7。当泵中存在气体时,在下冲程中,气体先被压缩,直到泵筒中压力等于泵上油管压力后,游动阀开始打开并使液体进入油管;在上冲程中,气体先膨胀,直到压力低于泵下套压后,固定阀开始打开并使井筒液体进入泵筒。在极端的情况下,泵内气体处于反复压缩与膨胀状态,而无任何液体进泵,这种情况称之为“气锁”。

由于以上不利影响,必须通过相关途径以防止自由气进入泵筒。因此,可将泵下到射孔段以下,使气体能够从进泵的液流中脱出,或通过各种机械手段将气体从液流中分离(在抽油杆上安装可将气体从液体中分离的井底装置,即“气锚”)。

12.2.2　螺杆泵

螺杆泵(PCP)是越来越多地替代传统有杆泵投入使用的正排量泵,该泵包括一个螺旋转子和一个弹性材料制造的双螺旋定子(图 12.8)。旋转时螺杆泵内形成密封腔,随着转子的转

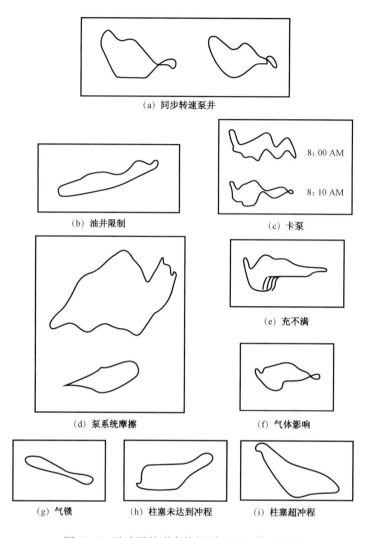

图 12.6　示功图的形态特征(据 Craft 等,1962)

动,密封腔从泵的入口向出口运动,即在腔体中驱替液体。

螺杆泵通常由旋转抽油杆柱驱动,如图 12.9 所示。另外,PCP 也可以通过电潜马达带动,使 PCP 适用于有杆泵不宜使用的斜井或深井中(图 12.10)。

相比于有杆泵,螺杆泵更适于处理携砂或高黏度的液体。若要对螺杆泵进行全面的了解,读者可参见 Cholet(2008)。

12.3　变容积泵

12.3.1　电动潜油泵

电动潜油泵(简称电潜泵,英文缩写为 ESP)是灵活性很强的多级离心泵。相比于有杆抽油泵,ESP 能够保持非常高的液体排量,能够有效应用于深井,并且能够处理泵送液体中的

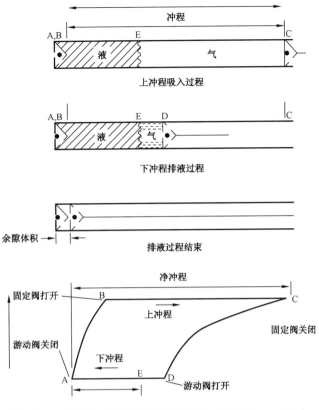

图 12.7　气体对抽油泵的影响（据 Golan 和 Whitson，1991）

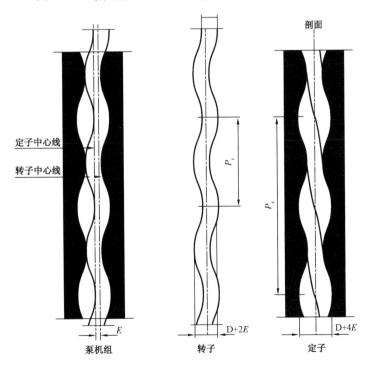

图 12.8　螺杆泵几何形态（据 Cholet，2008）

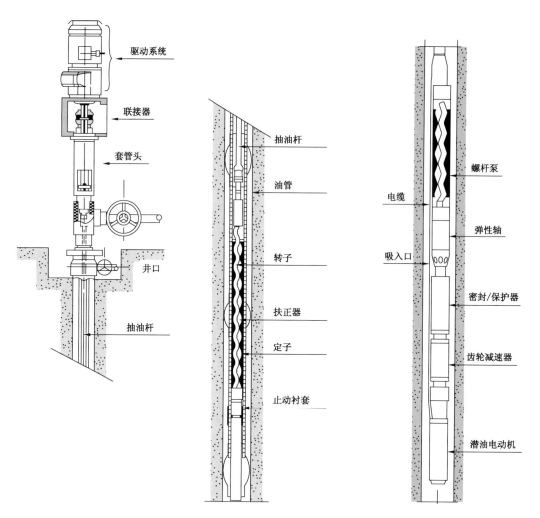

图 12.9　杆柱驱动 PCP 完井(据 Cholet,2008)　　　　图 12.10　电潜马达驱动的 PCP 完井

部分自由气,典型的 ESP 完井如图 12.11 所示。泵由潜油电动机,该电机通过电缆与地面的三相电源相连。在美国,ESP 典型的工作转速为 3500r/min,由 60Hz 交流电驱动;而在欧洲,通常工作转速为 2815r/min,由 50Hz 交流电驱动选择适当的电机位置可使产出液能绕其流动,从而冷却电机。因此,往往将泵安装在产层之上,或给泵安装一个护罩引导流体,使流体在进入泵筒之前从电动机经过。

离心泵和正排量泵一样,并不能排送定量的液体,但可以为液流提供相对稳定的压力增量。因此,通过泵后的流速可发生变化,这取决于系统的回压。离心泵增压通常通过泵的扬程来表示,泵提供的压力增量 Δp 可使产出液体上升高度为:

$$h = \frac{\Delta p}{\rho} \frac{g_c}{g} \tag{12.29}$$

其用油田单位可以表示为:

$$h = \frac{\Delta p}{0.433 \gamma_l} \tag{12.30}$$

泵的扬程与液体密度无关。对于多级泵,总扬程等于各级泵的扬程之和,即:

$$h = N_s h_s \qquad (12.31)$$

离心泵的扬程随着产量的增加而降低;然而,对于特定的泵,泵效在某流速下存在最大值,泵效定义为转换为液体($q\Delta p$)的水力做功与电机做功的比值。离心泵的扬程以及泵效取决于泵的特殊设计,并且必须测定。泵的特征参数由生产商通过泵的特性图表提供,如图12.12所示,这些特性参数往往通过淡水测定。

对于黏度相同的其他液体,泵的扬程相同,但电量需求不同,这是由于Δp会随液体相对密度的不同而不同,根据式(12.30)可知。因此,对于不同密度的流体,有:

$$P_h = P_{h,water} \gamma_l \qquad (12.32)$$

对于ESP,泵的特性图通常针对100级泵,因此每一级的扬程需用图中的总扬程除以100。

为了设计安装电潜泵,产出特定体积流量所需的Δp(泵的扬程)必须通过油井的IPR曲线以及从泵到地面的压降来确定。选择合适的ESP以达到生产要求,步骤如下:

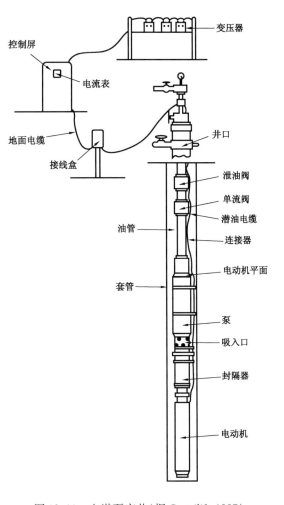

图12.11 电潜泵完井(据 Centrilift,1987)

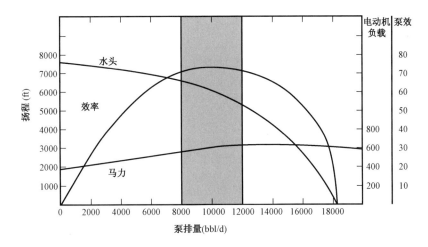

图12.12 泵的特性参数图

（1）依据生产商提供的规格确定合适的泵尺寸。ESP 的有效产量并非取决于泵的 Δp，而取决于泵的尺寸，且该尺寸可依据流速以及下入的套管尺寸确定。

（2）由油井的 IPR 曲线，确定设定产量的 p_{wf}。

（3）依据 p_{wf} 计算最小的下泵深度以及所需的泵吸入压力。ESP 通常需要 150～300psi 的吸入压力。对于套压为零以及可忽略环空中气柱静水压力的情况，下泵深度为：

$$H_{pump} = H\left(\frac{P_{wf} - P_{suction}}{0.433\gamma_1}\right) \tag{12.33}$$

式中：H 是产层深度；H_{pump} 是下泵深度；$p_{suction}$ 是泵所需的吸入压力。泵能安放在此最小深度以下任何位置，且通常安装在产层附近。对于任何下泵深度，泵的吸入压力能够通过式（12.33）计算得到。

（4）使用第 7 章中给出的方程，依据油管中流动的横向压力分布确定所需的泵出口压力。

（5）泵所需的 Δp 为：

$$\Delta P_{pump} = P_{discharge} - p_{suction} \tag{12.34}$$

（6）由泵的特性曲线读出每一级泵的扬程，所需级数可通过式（12.31）计算。

（7）依据泵的特性图查出每级泵所需的电量，再乘以泵的级数，从而确定泵的总电量需求。

例 12.5　电潜泵设计

在附录 B 的油藏中，有一口 10000ft 深的井，在油藏平均压力为 4336psi 的条件下使用 ESP 以 3000bbl/d 的速率生产。油井的油管直径为 $3\frac{1}{2}$in（$\varepsilon = 0.001$，I. D. ＝ 2.992in），地面油管压力为 100psi，油井的套管直径为 7in，泵的最小吸入压力为 120psi。试确定所需的电潜泵的规格。

解：

首先选择排量与设定产量相匹配的泵。假设所有自由气都从泵中排出，通过泵的流量是原油的地下体积。为确定饱和油的地层体积系数，必须知道压力。

由 Vogel 方程［式（3.53）］或图 3.6，产量为 3000bbl/d 时的 p_{wf} 为 2600psi。使用第 3 章的关系式，在 p_{wf} 为 2600psi 时，原油密度为 43lb/ft³，黏度为 0.63cP，地层体积系数为 1.29。很多计算均需要使用这些值，尽管它们会随着油管或者环空中压力与温度的变化而变化。B_o 为 1.29 时，通过泵的流速为 3000bbl/d × 1.29 ＝ 3870bbl/d。选择适合于 7in 套管并且有合适排量的泵，图 12.13 是该泵的特性图。

下面计算最小下泵深度，使用式（12.33），有：

$$H_{pump} = 1000 - \frac{2600 - 200}{\dfrac{43}{144}} = 1963ft \tag{12.35}$$

泵能够下入该点以下的任何深度。假设泵下至 9800ft 处，泵的吸入压力为：

$$P_{suction} = 2600 - \left(\frac{43}{144}\right) \times (10000 - 9800) = 2540psi \tag{12.36}$$

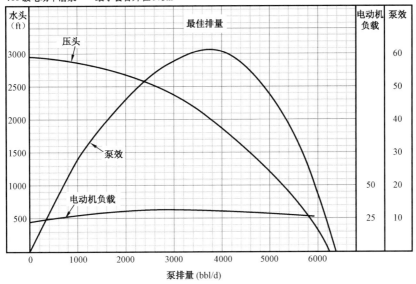

图 12.13 例 12.5 的泵特性图

现计算油管中的压力降,从而确定泵的出口压力。依据例 12.1,有:

$$\Delta P_{\mathrm{PE}} = \left(\frac{43}{144}\right) \times 9800 = 2926\mathrm{psi} \qquad (12.37)$$

雷诺数为 130600,摩擦系数为 0.0054,平均速度为 5.15ft/s,则:

$$\Delta P_{\mathrm{F}} = \frac{2 \times 0.0054 \times 43 \times 5.15^2 \times 9800}{32.17 \times 2.992/12 \times 144} = 78\mathrm{psi} \qquad (12.38)$$

因此,总的 Δp 为 2926 + 78 = 3004psi。排出压力为:

$$P_{\mathrm{discharge}} = P_{\mathrm{surf}} + \Delta P = 100\mathrm{psi}(地表压力) + 14\mathrm{psi}(绝对压力) + 3004\mathrm{psi}(绝对压力) = 3119\mathrm{psi}$$

$$(12.39)$$

泵增压由式(12.34)得:

$$\Delta P_{\mathrm{pump}} = 3119 - 2540 = 579\mathrm{psi} \qquad (12.40)$$

泵增压可以使用式(12.30)用扬程表示:

$$h = \frac{579}{43/144} = 1939\mathrm{ft} \qquad (12.41)$$

由图 12.11,对于 3870bbl/d 的流速,100 级泵的扬程约为 2000ft 或 20ft/级。则所需的级数为:

$$N_{\mathrm{s}} = \frac{1939}{20} = 97 级 \qquad (12.42)$$

因此选择 100 级泵。最后,在 3870bbl/d 的流速下,由图 12.13 可知 100 级泵所需的功率,即为 26hp。本例中的油井可使用更多级的泵以降低液面以及井底流压,从而使其在较高的速率下生产。

本例说明了使油井在给定油藏平均压力下以特定产量生产时泵的优选方法。随着油藏压力下降,IPR 曲线将会变化,因此最优设计会逐渐变化。为设计油井整个生命周期中的最优ESP 设计,需考虑权衡井早期与油藏生命后期的泵送要求,这是一个经济问题。尤其在水驱油藏中,产水率在油井的生命周期中将会急剧上升,泵送要求可能会随之急剧变化。

ESP 生产商给出的泵特性数据主要针对水而言,因此如果泵送的液体黏度较高,则需要进行修正。流体较高的黏度将降低离心泵的效率,并且可能影响扬程。因此,需要泵的生产商提供修正图表来考虑高黏流体的情况。

12.4 气井的液体举升——活塞气举

很多气井在生产过程中有液体随着气体一同产出,液流往往为凝析液或水,或二者混合物。如果油管中气体的速率不足以将液体带到地面,液体将在井中积累,从而增加了井底压力。在产量相对较低的气井中,积液将严重影响气体的产量,或造成压井(阻止流动)。因此,很多产液的气井需要采用人工举升的方式将井中的液体排出。采用与油井中相同的泵,如有杆泵或者电潜泵,均可用于将气井中的液体泵送出来。此外,另一种相对廉价并且不需要能量供应的举升方法即柱塞举升。柱塞举升是间歇循环的举升方式,通过管柱利用油藏能量将井中的积液举升至地面。

柱塞气举的原理如图 12.14 所示(维基百科,2011)。柱塞是紧密贴合在油管柱中的空心管,与之相连的是一个能够在油管底部或者柱塞本身固定阀上坐封的球。图 12.14 左侧的图显示了柱塞和球在管柱中下落,直到球在固定阀上坐封。在这一过程中,气井处于关井状态。柱塞穿过气体继续下落,然后立在油管内的液柱上,直到达到固定阀上球的位置。一旦球在固定阀上坐封,阀以下的压力随着液体从油藏进入井底而升高。只要套管中柱塞下部的压力超过柱塞上部的压力,柱塞将沿油管向上移动,推动其上的液柱。当柱塞到达井口时,球自动离开柱塞,气井关闭,球与柱塞落回油管中,开始新的举升循环。柱塞举升循环,包括地面阀的自动开启与关闭,在图 12.15(Lea,Nickens 和 Well,2008)中进行了说明。典型的柱塞气举完井如图 12.16(Lea 等,2008)。

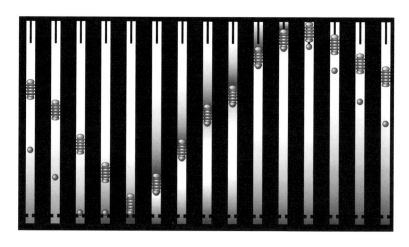

图 12.14　柱塞举升过程(据维基百科,2011)

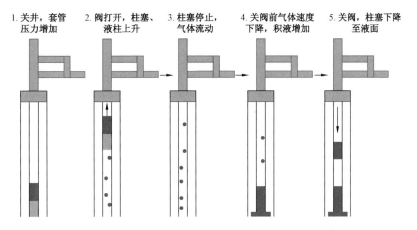

图 12.15　柱塞循环过程(据 Lea 等,2008)

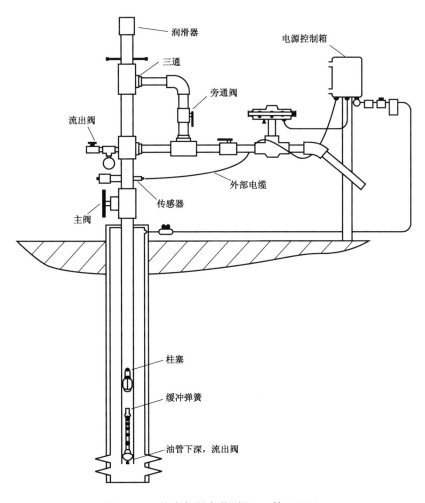

图 12.16　柱塞气举完井(据 Lea 等,2008)

参 考 文 献

[1] American Petroleum Institute,"Recommended Practice for Design Calculations for Sucker Rod Pumping Systems (Conventional Units)," API RP 11L,4th ed. ,Dallas,Texas,June 1988.

[2] Brown,K. E. ,The Technology of Artificial Lift Methods,Vol. 2a,Petroleum Publishing Co. ,Tulsa,OK,1980a.

[3] Brown,K. E. ,The Technology of Artificial Lift Methods,Vol 2b,Petroleum Publishing Co. ,Tulsa,OK,1980b.

[4] Centrilift,Submersible Pump Handbook,4th ed. ,Centrilift,1987.

[5] Cholet,H. ,Well Production Practical Handbook,Editions Technip,2008.

[6] Craft,B. C. ,Holden,W. R. ,and Graves,E. D. ,Jr. ,Well Design：Drilling and Production,Prentice Hall,Englewood Cliffs,NJ,1962.

[7] Golan,M. ,and Whitson,C. H. ,Well Performance,2nd ed. ,Prentice Hall,Englewood Cliffs,NJ,1991.

[8] Lea,J. F. ,Nickens,H. V. ,Wells,M. R. ,Gas Well Deliquification,2nd ed. ,Elsevier,Amsterdam,2008.

[9] Wikipedia,Plunger lift,http://en. wikipedia. org/wiki/Plunger_lift,2011.

习　题

12.1 对于例 12.1 中描述的井,如果除产油 500bbl/d 之外还产水 500bbl/d,计算深井泵所需的压力增量。水的相对密度为 1.05,黏度为 2cP。假设油藏流动有同样的 IPR 曲线。

12.2 如果泵机组在推荐的最大泵速下工作,泵的冲程为多少?

12.3 绘出该井的地面产量与泵速的函数关系,泵速变化范围为 2~10 冲/min。

12.4 如果在最大泵速下工作,分别计算 7/8in 抽油杆和 3/4in 抽油杆顶端的最大和最小载荷。

12.5 使用习题 12.4 的结果,计算 7/8in 抽油杆和 3/4in 抽油杆顶端的最大和最小应力,如果使用系数针对抑制盐水而言,使用美国石油学会的修正古德曼图判断应力是否满足要求。

习题 12.1~习题 12.5 的有杆泵数据见表 12.4。

12.6 针对例 12.5 中所描述的井,使用图 12.13 所描述的泵,在产量 300bbl/d 下工作,下泵深度为 9800ft。确定泵的级数、泵所需功率以及泵上的液面高度。

表 12.4　习题 12.1~习题 12.5 的有杆泵数据

下泵深度:7000ft
动液面深度:6800ft(距地面)
地面泵机组冲程:144in
最大推荐泵速:10 冲/min
抽油杆组合:顶部 7/8in,下部 3/4in,均为 D 级杆;各部分比例见表 12.1
泵柱塞直径:1.5in
泵体积效率:80%
油管:外径 2$\frac{7}{8}$in × 内径 2.441in,油管锚定,所需的油管压力为 50psi
液体:相对密度 1.00,产出混合液的地层体积系数为 1.05bbl/bbl

第13章　油气井动态评价

13.1　简介

在钻井过程中、完井前、完井后、修井或进行增产措施以后都能进行产层评价。本章将简要介绍油气井动态评价以及完井与修井设计相关重要参数的计算方法。本书主要侧重于使用各种参数模拟油气井的动态或者设计油气井处理措施,本章的学习目的首先在于这些参数的确定方法。

原来的静态地层评价依靠测井,根据各种测井对地层孔隙度、流体饱和度、流体流动性、温度、压力,以及岩石力学性质相联系的物理或者电学性质的敏感性,对测井类型进行选择。在钻井过程中或完钻后从地层中也能够收集岩心和地层流体样本。本章将首先简要介绍在钻井过程中根据裸眼井测井进行储层评价。

一旦下入套管并完井,套管测井则可用于固井质量情况、饱和度变化、下套管后流体运动情况,以及沿井筒的流体分布的评价。

不稳定分析包括传统的压力不稳定试井分析和生产数据分析。而稳定压力和产量测试能够提供井的流入动态关系,对渗透率和表皮进行定量描述则需要分析不稳定试井数据。不稳定试井分析的重点是如何从不稳定数据的特征趋势识别重要的流动几何形态,即流态。本章中对于流态的概述着重于使用双对数诊断曲线,对流动状态进行识别并估计那些对于生产工程师应用比较重要的参数。

本章的最后一节提出用裂缝注入测试诊断作为确定超低渗非常规油气藏渗透率的一种方法,而在这些油气藏中,常规的评价方法不再适用。

13.2　裸眼井地层评价

在钻井完成后泥浆仍然滞留在井筒时进行裸眼井电缆测井。当生产层位于套管完井段以上时,相应的井段必须在下套管前进行测试。

例 13.1　裸眼井测井确定孔隙度和流体饱和度

图 13.1 是一组在不同的流体饱和度(气、油和水)下对应不同的岩性(石灰岩、页岩和砂岩)的典型测井曲线。第一个岩性剖面图由地质学家给出。仔细研究这些岩性剖面,然后回答以下问题:(1)哪个或者哪些测井对岩性敏感? 表现形式如何? (2)哪个或者哪些测井对流体饱和度敏感? 表现形式如何?

解:

(1)仔细观察这 6 条测井曲线可见,自然伽马测井清楚地指示了页岩层段。而光电测井在石灰岩层段值最高,页岩层段次之,白云岩再次,砂岩最低。其他 4 条测井曲线显示了与流体饱和度相关的其他变化情况。

(2)电阻率测井曲线向右偏斜(高电阻)对应淡水、气和油,而记录的最低值对应了页岩层

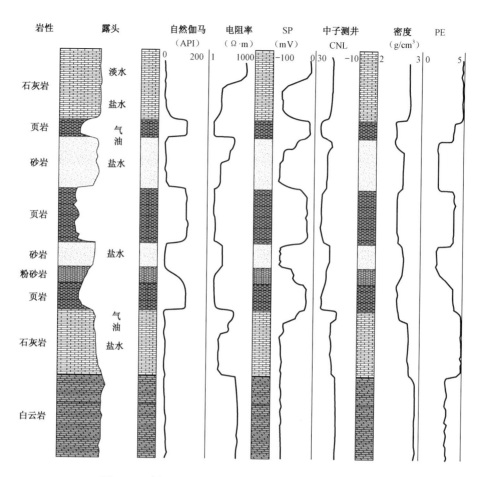

岩性	露头	自然伽马 （API）	电阻率 （Ω·m）	SP （mV）	中子测井 CNL	密度 （g/cm³）	PE

图 13.1　例 13.1 中的裸眼井测井（据 Evnick，2008）

段。在这个测井的基础上,电阻率曲线右移显示了石灰岩和白云岩之间的区别。自然电位测井在页岩层段处向右偏斜,在对气、油、水对应的层段曲线表现与电阻率测井类,但无法区分石灰岩和白云岩。补偿中子测井和密度测井对于流体饱和度变化以及对应的页岩层段也有着相似的响应。

实际的裸眼井测井还包括一个深度和典型的井径测井来测定井眼直径。测井解释表达式可根据一整套各种测井的组合来估计岩性、矿物、孔隙度以及流体饱和度。

13.3.1 节中提到的电缆地层测试工具可用于确定地层压力以及温度,并获取油藏流体样品以及水平井和直井在特定深度的渗透率。井场装备可能允许现场确定流体性质,承压流体也能够收集起来,并在 PVT 实验室进行分析以获取更多信息。

电缆工具也可用于进行微裂缝测试,以提供第 17 章 17.4 节中提到的裂缝原始压力。同时,声波测井和偶极子声波测井也可用于估计岩石力学性质随深度的变化,包括杨氏模量和泊松比。通过自然伽马曲线可确定岩性变化,尤其可将砂岩或者碳酸盐岩与页岩区分开来,有利于估计水力压裂的缝高。

岩心样品有很多用处,对于采油工程十分重要。例如黏土矿物分析可用于基质酸化设计。更高级的测试可以确定的内容包括孔隙度与渗透率之间的关系,以及碳酸盐岩中酸液穿透距离与酸液流速以及注酸体积之间的关系。这些变量可用于酸化过程的设计,以及模拟这些过程的效果,此部分在第 14、第 15 和第 16 章中讨论。

岩石应力的大小和方向最好是收集各方向的岩心样品,通过微差应变曲线分析(DSCA)或者在三轴小室中进行滞弹性应变恢复(ASR)分析来确定。这些措施可用于确定水力压裂裂缝取向和方位,以及间接地确定油藏渗透率各向异性的方向,最大渗透率通常是在最大水平应力的方向,最小渗透率在最小应力方向上。另外这些措施有利于钻水平井时选取最佳方向以及圈定水力压裂裂缝范围。对于更深入的研究,可参见 Economides 和 Nolte(2004)的相关文献。

由于各方面因素对于生产预测,认为用孔隙度测井和岩心确定的渗透率是不可靠的。而高级的电缆地层测试工具可以估计近井地带极小区域的渗透率,下一节中提到的压力不稳定试井提供了一种确定距离较远区域的渗透率的方法。裸眼井测井无法确定的完井后增产措施以及修井效果,而压力不稳定试井为其定量描述提供了一种新方法。

13.3 套管井测井

套管井测井包括在关井条件下进行的静态测井和测定井筒流体性质的生产测井。后者将在下一节中讨论。

相比于裸眼井测井,套管井测井中地层信号将随测井工具与地层之间的井筒流体、套管以及水泥所占据的距离增大而减小。在测井工具与地层之间的所有物体均会影响感应器所探测到的信号,因此这些影响必将不利于地层的定量评价。不均匀的水泥环或者水泥中气或水形成的间隙均会严重影响地层分析。

前面两个小部分简要回顾了套管井测井对于固井与地层的评价,接下来第三部分将由生产测井回顾重点的井评价方法。

13.3.1 固井评价

钻井和修井操作通常对水泥封隔套管与地层的密封性高度敏感。图 13.2 给出了两个不同的固井测井曲线样本。固井评价工具(CET),通过左侧的 3 种测井曲线组合给出,将第一条曲线中的自然伽马、井径、流体运动时间、相对方位与第二条曲线中的最小最大抗压强度和角平均声阻抗以及第 3 条曲线中的水泥环影像结合,与左侧曲线轨迹相对应显示天然气标识与反射标识。在 CET 中最容易寻找的测井曲线轨迹是圆周水泥环影像。图像中的空白对应水泥环没有完全封隔住,同时有着更低的抗压强度、更高的天然气和反射标识倾角。

水泥环工具(CBT)由中间 3 条测井曲线显示,其测试原理是基于声信号穿过沿井眼以不同的环状路径套管、水泥以及地层岩石的时间和振幅大小。CBT 包括第一条曲线中的平均声音传播时间,第二条曲线中的振幅,以及最右边曲线中密度变化图像。另外,最右边的曲线能形象表征不同处置外的水泥环固结好坏,但是密度变化图像无法像新 CET 测井中给出的水泥环图像那样能够直接进行解释。

最后的水泥扫描测井可对测井响应进行定量分析。值得指出的是,最右边的曲线显示了固态水泥(黑色部分)、液态泥浆(白色部分)、气体(点状区域)以及气侵水泥(灰色部分)各自所占的比例。

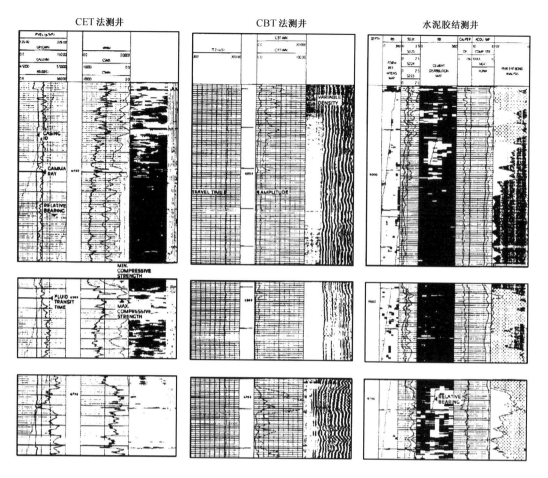

图13.2 水泥环测井案例

13.3.2 套管井地层评价

由于套管井测井能够在完井之后以及生产或者注入过程中的任何时间进行许多次,它们可以对许多参数提供丰富的信息,而这些参数对于采油工程以及油藏工程非常重要。例如,一系列的套管井测井都能记录井筒周围饱和度的变化,而这可以用于识别在注水或注气过程中未波及的油气或识别由于气顶或水侵引起的流体界面的变化特征。

和裸眼井测井一样,套管井测井也有大量的工具提供各种可能的测试,了解各种测井工具的功能,保证测井工作设计能达到所需的分析目的是非常重要的。图13.3中的套管井测井案例给出了补偿中子测井在10年中所进行的3次测井,并与原来已有的裸眼井测井进行对比。作为参考,也给出了自然伽马测井。测井解释中将补偿中子测井中孔隙度的变化归因于这段时间生产中出砂。

13.3.3 生产测井评价

采油工程师非常普遍地将生产测井作为应急手段来诊断低产能井的动态。因为生产测井通常能指示提高井生产能力所需进行的调整措施。例如,如果一口井与邻井相比已经开始出现含水率过高的情况,那么含水率上升可能是因为其他层位出现窜流、水锥,或者油水前缘在高渗区域过早突破。通过进行一套生产测井能够确定水窜的位置以及该井的吸水剖面,工程师们可以分辨这些原因,更能够适当地制定一个修井操作,如进行挤水泥处理。另外一个经常出现的问题就是实际产量低于递减曲线计算得到的产量,这可能是由于多层合采时其中某一层受到破坏。生产测井对识别问题区域以及选择性地实施增产措施方面有重要作用。

生产测井对井的诊断并不是万能的,而且不能盲目地应用;生产测井应当作为从油气井产量以及压力历史数据和其他测试中获取信息的补充。在这一节中我们将说明生产测井结果是如何基于对油气井动态的其他认识诊断生产问题以及辅助制订调整计划的。

此处不讨论如何进行生产测井解释;此处将首先从生产测井的结果(例如,油气井的流动剖面)来说明应用生产测井进行油气井诊断。工程师在使用生产测井时要常常谨记测井结果的解释有时存在不确定性。如需全面回顾生产测井的操作以及解释,读者可参见 Hill(1990)相关文献。

本节内容是根据对油气井低产问题的最初迹象或应用生产测井的目的来展开的。首先,给出了使用生产测井来诊断低产,随后给出了对过高的产气量与产水率的评价。后面又给出了应用生产测井进行井处理措施设计与评价。本章节最后给出了对注入井问题诊断的讨论。

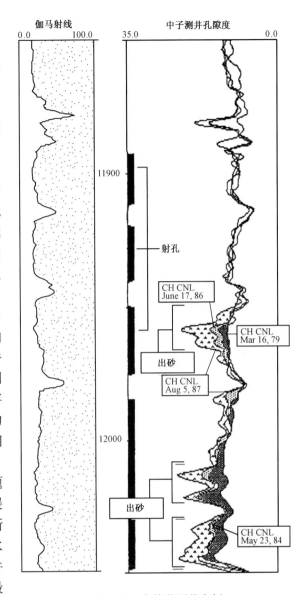

图 13.3　套管井测井案例

13.3.3.1　产能异常低

油气井产能低的原因可以是基本的油藏问题,也可以是井筒周围附近或井筒本身产生的流动阻力。可能的原因包括油藏 Kh 值低于预期,油气相对渗透率低,地层伤害,射孔穿透性差或者射孔孔眼堵塞(或者完井中其他的限制,如砾石填充完井部分被堵塞)以及井筒的限制。这里,我们定义井的产能低是因为存在一个异常低的产能指数(J);这区别于井的产量低,因为产量低可能是错误的举升方式导致压降不足或者生产管柱内的压降过大而引起。

评价低产能井的第一步就是测定产能指数。如果发现产能指数异常低(比如说与该井的早期生产情况或者附近类似的井相比),然后必须要区分地层流动能力低和井筒附近或者完井对流动的限制。这一过程最好是按照本章后面讲的那样,用压力不稳定试井去测定油藏的 Kh 值和表皮系数。

如果产能低已经排除了油藏本身的原因,这时生产测井可以用于更为清楚地确定产能损失的位置和深度。如果考虑存在井筒结垢堵塞井筒或者套管损毁的可能性,那么应该进行井径测井以确定井筒阻力的来源。除去井筒中的一切堵塞物,生产测井就能够测定流动剖面以确定地层中是否有某部分产出很少或者不产出,或是各部分产能都低。在这种情况下,生产测井可以用于优化调整措施。

例 13.2 使用流动剖面来评价一口损坏的井

Alpha 油藏中的 A-1 井产量迅速降落至最初 6 个月产量的一半。通过估算油藏压力以及测定井底流压可知,该井的产能指数与周围的井相比要低 50%。进行了一次压力恢复试井,可知表皮因子为 20,而 Kh 值接近预期值。

13.3.3.2 生产测井的策略与分析

由于产量迅速降低以及表皮系数很高,近井地带的储层伤害很可能是导致井产能低的最大原因。为了辅助设计一个基质酸化措施来消除地层伤害,需要进行温度测井以及转子流量计测井来测定流动剖面。解释结果在图 13.4 中给出。

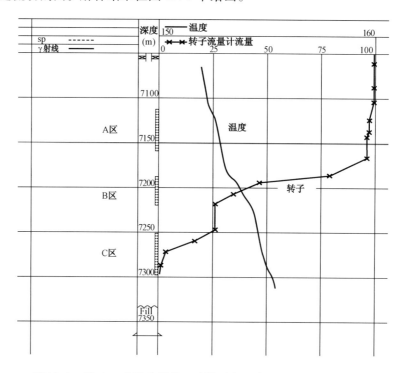

图 13.4 例 13.2 中温度测井以及转子流量计测井测得的流动剖面

由转子流量计测井给出的井的流动剖面显示,A 区域的产量占不超过总产量的 10%,B 区产量占总产量约 70%,而 C 区对产量的贡献约有 25%。温度测井定性地验证了转子流量计测井的解释结果。

显然,A 区已经在生产过程中受到地层伤害,可能是井筒周围的微粒运移所致。生产测井显示需要进行的措施是对 A 区进行选择性的增产措施,也许还需要对 C 区进行少量的增产措施。B 区不需要采取任何措施;事实上流动剖面显示需要有好的分流使增产措施过程中 B 区的注入量达到最小。

对该井进行基质酸化的增产措施需要从分流阶段开始(球形封隔器或者颗粒分流装置),以防止酸液注入到 B 区中。后续措施中所需的注入体积与流量需要根据只对 A 区和 C 区进行处理来选择。在这个例子中,生产测井提供的信息说明,高产的 B 区不应该与工作液接触(按照油田的说法,"没有坏就别修"),同时允许设计比计划更小规模的处理措施。

13.3.3.3　过高的气油比或含水率

过量地产气或产水是油井所遇到的最普遍问题,它可以由套管破漏、套管外窜流、油藏中高渗区域的优势流动或者锥进引起。生产测井可以用于确定产气或产水的来源,并确定产水或产气的原因。

13.3.3.4　**窜流**

若水泥固结不良导致套管与地层之间发生窜流(图 13.5 和图 13.6),有时会引起大量产水或产气。水泥环测井或者超声脉冲反射波测井通过测定套管后水泥的机械性能,可以指示产生窜流的可能性。为了主动地发现窜流,需要能够识别套管后流体流动响应的生产测井。在所有的测井中能够实现这一目的的有温度测井、放射性示踪剂测井以及噪声测井。挤水泥是通常用于消除窜流的调整措施;为了设计挤水泥措施,窜流发生的位置,需清楚所有产水或产气的来源。

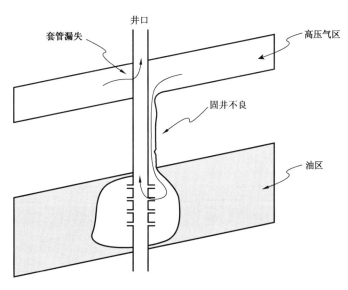

图 13.5　气窜(据 Clark 和 Schultz,1956)

例 13.3　运用温度测井和噪声测井确定气窜发生位置

图 13.7 中给出的是一口气油比过高生产油井的温度测井和噪声测井。两种测井都清楚地显示,气体从上部的气砂中产出,然后向下窜流到油区上部射孔。两种测井都对气体克服阻力膨胀产生响应;温度测井显示,由于焦耳—汤姆逊冷却效应在气体膨胀的区域出现异常低温;而噪声测井显示,在相同的位置噪声增大了。因此两种测井都在气源处,套管窜流有阻碍处,以及气体进入井筒的地方对气体流动产生响应。

为了消除过高的产气量,可以采用挤水泥来封堵窜流。最好是同时在气源附近射孔,然后通过窜流通道进行水泥循环(Nelson,1990)。

需要注意的是,对于确定高产气量的原因或者制定调整措施,测定油气井的流动剖面不是特别有用。流动剖面显示气体由油层上部进入井筒,这可能是由于窜流(案例中是这样的)或者是由于次生气顶的扩张而导致油层上部的气相饱和度很高。只有通过应用测井清楚地确定窜流,才能制定合适的修井措施。

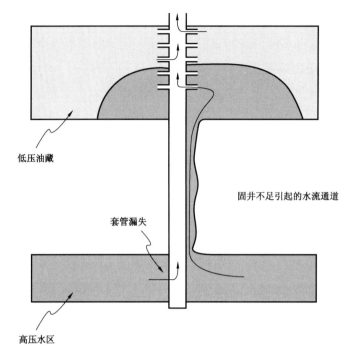

图 13.6 水窜(据 Clark 和 Schultz,1956)

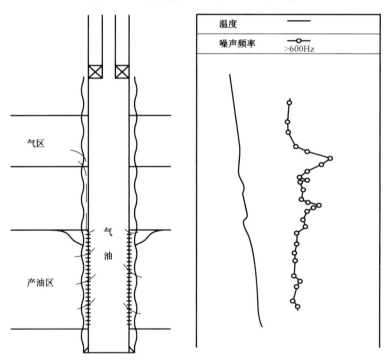

图 13.7 温度测井和噪声测井识别例 13.3 中的气窜

13.3.3.5 高渗层中的气水优势流动

气水通过高渗层(即常说的漏失层)的优势流动,如图 13.8 和图 13.9 所示(Clark 和 Schultz,1956),常常导致油井气、水产量过高。附加气和水流入的这种性质有时可用生产测井来定位。

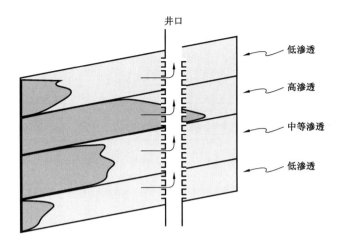

图 13.8　高渗层中早期的水突破（据 Clark 和 Schultz,1956）

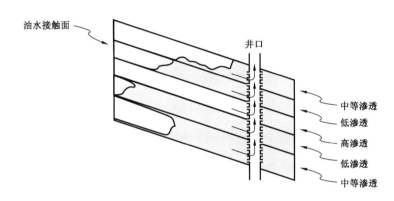

图 13.9　高渗层中早期的气体突破（据 Clark 和 Schultz,1956）

过高的产水量可能来源于水驱中的注入水或含水层中的水侵。准确的生产井流动剖面可以用于识别高渗区域或者对过高产量有贡献的区域。然而,确定见水的位置并不足以确定产水是否由于有贼层引起。特别当进水的地方在完井段的底部时,水的来源可能是来自底部的窜流或者水锥。区分这些可能的情况还需要另外的测井或测试(见 13.3.3 节)。由于多相流生产井的测井和解释通常并没有单相流的那么准确(而且成本更高),在水驱过程中,水在油藏中的分布通常是通过测定注入井的吸水剖面和假设注入井和生产井之间油藏各层之间的连通性来监控。

过高的产气量可能是由于注入气流动或气顶导致的。测定生产井的流动剖面也能识别引起问题的位置,或者当气体被注入到油藏中时由剖面轮廓推断过高的产气量是由高渗区域引起的。然而,与底水产出类似,如果产出的气来源于油层上部,则可能是由气锥或窜流引起,而完整的诊断需要流动剖面之外的其他信息。

例 13.4　漏失层导致的产气量过高

Beta 油藏的一口井与油田内类似的井相比有异常高的产气量和较低的产油量。应使用哪种生产测井或测试来确定气顶中的气是否通过贼层产出?

一种比较谨慎的办法就是先进行温度测井和流体密度测井。这两种测井都可以定性地确定气体进入的位置;另外,温度测井还有助于区分来源于漏失层的产量和来源于窜流的产量。

图 13.10 所示的温度测井和压差密度计(流体密度)测井清楚地显示,该井中气体来源于漏失层。基于温度测井中的异常低温和流体密度下降,可以认定 B 区就是漏失层。由于原油是从该区之上的 A 区产出的,而横穿 A 区的流体密度有轻微的上升,B 区产出的气不是由于窜流或者锥进而进入该层。温度测井也没有显示有窜流发生。

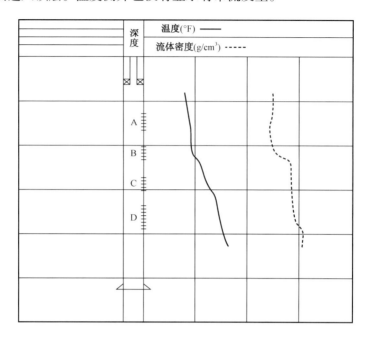

图 13.10 温度测井和流体密度测井确定例 13.4 中的产出气体的位置

13.3.3.6 气锥或水锥

如图 13.11 和图 13.12 所示(Clark 和 Schultz,1956),气锥或水锥是过高产气量和产水量的另一个可能来源。当一口井在靠近油气界面处完井,同时垂向渗透率较大,足以使气体在井周围出现压降时使气体向下流动进入井筒,气锥就会出现。类似地,如果垂向渗透率足够大,底水能够往上锥进。从油藏工程角度对锥进的讨论可参考 Frick 和 Taylor(1962)以及 Timmerman(1982)相关文献。

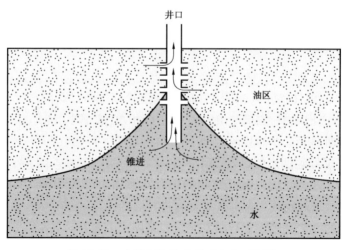

图 13.11 水锥(据 Clark 和 Schultz,1956)

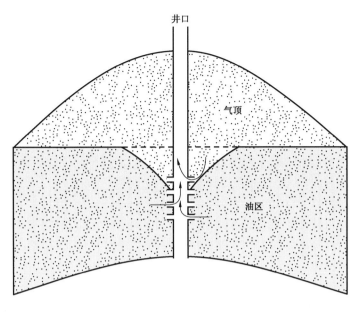

图 13.12 气锥（据 Clark 和 Schultz，1956）

这里的水可以来源于射孔段之下层段并流经该层段下部的高渗区域的窜流或锥进。如噪声测井之类的测井会对套管外的流动产生响应，可能会将窜流从水的来源中排除（注意温度测井对锥进和窜流会产生类似的响应而导致其不能区分二者）。这一技术需要能从最深的射孔段以下足够大的距离进行测井。单独使用生产测井难以区分锥进和高渗层的流动。对于锥进最有说服力的测试就是让井在几个不同的产量或压降下生产，因为锥进本身是一种对产量很敏感的现象（Muskat，1949）。

究竟是否需要主动地识别锥进和高渗层的流动，这取决于要调整过高产气量或产水量所采取的措施。在任一种情况下，如果产气或产水的射孔段被挤压胶结或封堵，确认是否发生了锥进可能并不重要。然而，未来的油藏管理实践将有所改进，因为它需要对过高的产气量和产水量的产生机制有清楚的认识。

例 13.5 确定底水过量产出的原因

一组生产测井（温度测井、篮式流量计测井以及流体密度测井）在一口产水过高的油井进行测试，结果显示水从底部 20ft 的射孔段产出。油田以五点法井网进行水驱，最近的注水井位于约 800ft 以外。

对这口井设计调整措施及改善水驱操作管理还需要哪些信息（试井、生产测井等）？

所需的主要信息为过量产水只是这一口井的个别问题（水窜或锥进），还是因为在油藏的低部位注水。首先，对问题井的生产测井应该要重新检查，以寻找所有关于水窜或锥进的证据。特别地，温度测井可能指示流动是否发生在射孔段之下；第二，周围注水井的动态需进行检查。如果注入剖面不是最近测定的，那么注入剖面要重新测定。如果一口或者多口井的注水井网显示大量的水进入了下部区域，通过高渗层的优势流动可能就是大量产水的原因。最后，生产井的总产量要降低——如果发现在某个产量下发现停止产水，那就可以认为锥进是过量产水的原因。

13.3.3.7 使用生产测井对油井作业进行评价

如前所见，生产测井能够为设计修井措施提供有用的信息，主要提供流入井的各相流体的流动分布。生产测井能以类似的方式协助评价油井作业措施的有效性(或无效)。后续的生产测井中有利的修井措施包括补水泥、补孔、酸化、压裂以及堵水或调剖措施。

将生产测井应用到油井作业评价中,最直接的方式就是测定处理前后的流动剖面。例如,低产井进行了补孔,比较补孔前后的流动剖面要能直接显示补孔口层段的产能。正常情况下这些评价只有在当修井后的效果低于预期时才进行。

因此,在评价油井作业效果时,对生产测井的使用类似于在设计处理措施时对生产测井的使用:生产测井指示了井的哪一部分受修井措施的影响以及影响程度。除了在处理之后测定流动剖面,有些生产测井能够用于更为直接地评价处理措施本身。这种应用最常见的例子就是使用温度测井或放射性示踪剂测井来测定井筒附近裂缝的高度。

例 13.6 测量缝高

D-2 井是 D 油田最开始水力压裂井之一。为了辅助设计油田中未来的压裂措施,在压裂前后进行了温度测井,最后的 10000 桶支撑剂进行了放射性标记以测定缝高。由温度测井以及压裂后伽马射线检测,确定了缝高。

13.3.3.8 温度测井解释缝高

在正常注入流量下,由于注入的压裂液通常比所压裂的地层温度明显要低,压裂液离开井筒处温度则接近地面温度。由于压裂过程中,对于任何压裂井,井筒周围未压裂的地层由于径向热传导而降温,低温的液体则滞留在裂缝之中。关井后,井筒相对于未压裂的地层通过非稳态径向热传导开始恢复到地层温度,而压裂区域的井筒温度受到从地层到裂缝的线性热传导影响。由于未压裂区域的径向热传导比裂缝中的线性热传导要快,压裂区域的温度增长得更为缓慢,在温度测井中产生了一个异常低温区。因此,可通过压裂后短暂关井进行的温度测井可确定的异常低温位置,从而确定缝高。

然而,大量的因素有时会使直接的解释变得复杂。特别的,异常高温经常出现在可能压裂的区域;这可能是由于地层热扩散系数的变化,压裂液以大流量注入,通过射孔孔眼或者在裂缝中摩擦生热,关井后裂缝中的流体流动(Dobkins,1981),或者是裂缝没有按照设计与井筒交叉。在井筒内循环了冷却液后,在压裂前关井进行温度测井,由于地层传热性质变化引起的异常高温,能够与由流体运动引起的异常高温区别开。压裂后温度测井得到的异常高温与压裂前温度测井得到的由热性质变化引起的异常高温相对应;这些区域不应该包括在解释的压裂区域中。当压裂后温度测井出现一个异常高温,而在压裂前温度测井中找不到对应的异常高温,那么异常高温显然是在关井裂缝延伸并未与井筒交叉之后流体流动引起的。这种高温异常应该要包括在所解释的压裂区域中。

D-2 井在压裂前进行了冷却液循环之后的温度测井和在压裂后短暂关井阶段进行的温度测井,如图 13.13 所示。裂缝的纵深由两条测井曲线相偏离的区域确定,这个例子中裂缝位于 10100 ~ 10300ft 的地方。压裂后测井中显示在离井更远处存在温度异常,这显然是由地层热扩散变化引起。

13.3.3.9 放射性标支撑剂测定缝高

用支撑剂支撑起的缝高可以通过对最后部分支撑剂进行放射性示踪剂标记,然后进行压裂后的伽马射线测井确定有示踪剂的支撑剂所在位置。但是如果示踪剂标记过的支撑剂没有完全从井筒中顶替出去或者被顶替到离井筒太远的地方(有示踪剂的支撑剂的放射性只能在离井筒 1ft 距离内被探测到),用这种办法解释缝高可能产生误导。至于温度测井,如果断裂面并不是在整个缝高范围内都与井筒一致,那么这种办法就失效了。

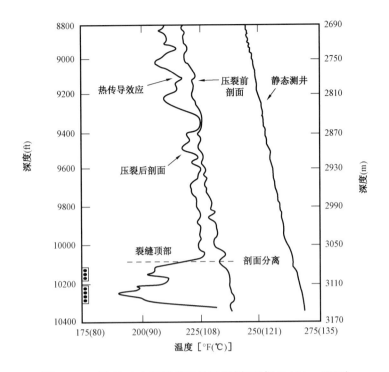

图 13.13　例 13.6 中压裂前后的温度剖面(据 Dobkins,1981)

图 13.14 是 D－2 井在注入 10000lb 示踪剂标记过的支撑剂以后进行压裂后伽马射线检测的结果。测井显示,示踪剂标记过的支撑剂在深度为 10130～10340ft 的位置。与温度测井的标记相比,支撑裂缝的顶部在所造缝顶部之下约 30ft 处。探测支撑剂延伸至温度测井所确定的裂缝底部之下约 40ft 处。然而,探测到在 10300ft 之下的支撑剂很可能是井筒中残余的支撑剂。

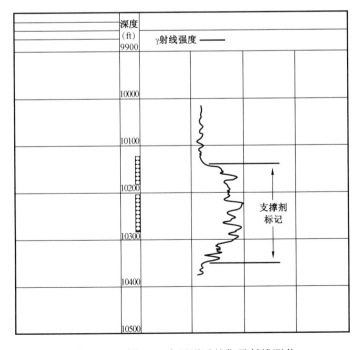

图 13.14　例 13.6 中压裂后的伽马射线测井

13.3.3.10 注入井诊断

生产测井应用于注入井,以监测油藏动态或评价观测到的个别注入井或油藏的问题。可能存在的问题包括注入能力高低异常、压力异常或者环空中液面异常以及偏置生产井低产能或高产水率。注入井测井以与前述生产井相似的办法评价注入井的这些问题,也就是测定流入油藏每个储层层段的流量,或检查储层之间的隔层,或找出油气井设备的漏洞。

流动剖面是注入井测井在注入井寻求的基本信息,即注入到每个层段中的液量。注入井的流动剖面通过温度测井、放射性示踪剂测井和旋转流量计测井测定。温度测井将会定性地指示地层中的注入层段,而旋转流量计或放射性示踪剂测井在确定井筒中的流动分布时则会更为精确。

流动剖面显示了流体从井筒哪个位置流出,但是不能保证流体在同样的位置进入地层,因为流体可能通过套管后的窜流通道进入别的区域。完井的作用就是将注入区域与其他对油藏管理很重要的地层隔离开,因而是生产测井进行评价的一个重要方面。为了主动发现窜流,需要一个能够对套管后的流动产生响应的生产测井。在各种测井中能实现这一目的的有温度测井、放射性示踪剂测井以及噪声测井。

流量和井口压力的异常变化通常说明井或油藏存在严重问题。注入能力异常低或注入量显著下降可能是由于井筒周围地层伤害,射孔孔眼堵塞,套管或油管阻力或结垢。注入量异常高则可能是由于油管,套管或者封隔器泄漏,通过窜流通道或者油藏裂缝进入其他区域。组合了生产测井和不稳定试井的技术,如生产测井试井、选择性流入动态以及多层不稳定试井能够为异常的注入能力提供最完备的信息。

如果在一口井的生命周期中定期进行生产测井,则油气井流量变化的原因通常能早些发现。例如,在一口注水井的整个生命周期中流动剖面会因为油藏中饱和度分布的变化而渐渐改变。在井的生命周期中定期进行的测井将会显示这一水驱过程中的自然过程。如果不了解这一渐变过程,开始注入几年之后的流动剖面轮廓可能会与最初的流动剖面轮廓相差很大,从而得到形成了窜流或者发生了其他大变化等错误结论。

例 13.7 异常高的注入量

在 A 油藏的水驱过程中,水从共同的注入系统分配到多个注水井;那么,水以差不多相同的井口压力注入到所有的井。单井注入量的常规测量显示,有一口井得到的水比邻井多出近 40%。所有注入井的 Kh 值之和差不多相等,也都在差不多相等的深度完井。这口井注入流量异常高的原因是什么? 要采取何种生产测井或其他的测试来诊断问题以及如何制定调整措施?

引起注入量异常高的原因最可能是油管、套管或者封隔器泄漏或者是窜流到别的区域。裂缝不太可能是其原因,因为周围的注入井完井条件相近,有着相同的井口压力,但没有出现异常高的注入量。另外一个可能性不大的原因就是所有周围的注入井都有了相近程度的损坏,而高注入量的井相对没有损坏。

在这种情况下,要采用能够探测泄漏或窜流的生产测井对高注入量的注入井进行测试。为确定可能的泄漏或窜流的位置,温度测井和噪声测井相结合是一个好的选择。

例 13.8 异常高的注入量

图 13.15 所示的温度测井和噪声测井曲线是从例 13.7 中的注入井取得的。引起这口井注入量异常高的原因是什么,应该采取什么调整措施?

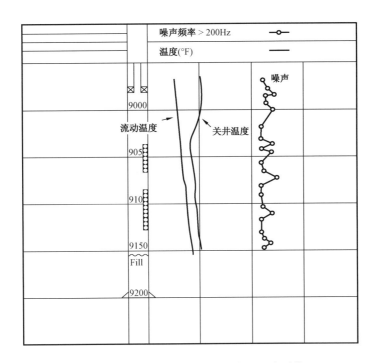

图 13.15　例 13.8 中的噪声测井和温度测井

在一口注水井,注水的最低点(即温度(在流动和关井测井中)急剧增加趋向地层温度所对应的深度)应该清楚地在温度测井上显示出来。如果这样一个端点没有出现,那么水向下流动超过了测井的最深处。

图 13.12 所示的温度测井显示,在油井的低部位没有出现骤增,说明注入水至少向下流动到 9150ft 的地方。因此过量的注入水出现在井筒,通过最深的射孔段之下的套管泄漏出去或者从最深的射孔段向下窜流。测定流动剖面的测井方式(转子流量计测井或放射性示踪剂测井)可区别这两种可能性。噪声测井对这口井的诊断性不强,噪声大小在 9140ft 处有小幅增加,可能是因为注入水克服窜流通道阻力流动或流经套管泄漏处。

为了消除附加的注入水,这口井应该堵塞至约 9120ft。这将堵住这一深度之下的所有套管泄漏,而且将可能消除最深射孔段处的窜流。

13.4　不稳定试井分析

本节将广泛采用不稳定试井分析的观点,分析一段时间内测定的压力和流量数据,这些数据包括用电缆地层测试在几分钟内获取的数据,压力恢复试井在几天内获取的数据,乃至数月或几年内的生产数据。第一节将简要介绍主要用于估算油气井预计最终采收率(EUR)的产量不稳定分析。随后将简单介绍为测定地层压力与深度关系以及井底流体取样的设计的电缆地层测试。

本节重点为压力和产量不稳定分析,该分析原理基于几何流态,能够用于估算生产工程有关的重要参数,包括:地层孔隙压力、水平和垂直方向的渗透率、地层伤害表皮、水力压裂裂缝导流能力和裂缝半长以及油气井泄流孔隙体积。流体流态可用于分析传统的压力恢复试井以及长期的生产数据。样板曲线则不需要用于这种处理。我们将展示通过数据处理得到双对数指数曲线,通过有特征斜率的直线趋势,很容易识别流体流态,而不是使用样板曲线。而文献中出现过大量的样板曲线,只有5种流态对于生产工程重要:径向流、球形流、线性流、双线性流以及压缩/膨胀流。

本章最后一节将介绍裂缝标定测试中的流态分析,这种测试能够估算沿着最小应力方向的油藏渗透率,以及水力压裂措施设计所需的流体漏失系数和流体效率。这将另外引入一个与裂缝闭合度有关的流体流态。

13.4.1 产量不稳定分析

美国大多数的油气生产商都要求定期报告油、气、水的产量,这些数据是公开资料。产量不稳定分析(RTA)方法的目的就是在产量数据中找经验趋势,因为这种分析是主要针对产量递减期的生产井,故而也称为递减曲线分析。

表13.1中总结了传统的 Arps(1945)递减曲线分析方程。当生产后期递减规律遵循这些方程之一,另将数据在坐标轴中绘制出来,显示出直线趋势。沿这一直线趋势很容易外推得到达到经济极限产量的时间,即若产量低于经济极限产量,则不足以维持油气井继续生产。如果油气井在产量低于经济极限情况下继续生产,则作业者将要亏本。

表13.1　Arps 递减曲线方程

曲线类型	指数递减	调和递减	双曲线递减
在 t 时刻的瞬时产量	$q(t) = q_i \mathrm{e}^{-at}$	$q(t) = \dfrac{q_i}{1 + a_i t}$	$q(t) = \dfrac{q_i}{\left(1 + \dfrac{a_i t}{n}\right)^n}$
瞬时递减指数	$a = $ 常数	$a = a_i \dfrac{q_i}{q}$	$a = a_i \left(\dfrac{q_i}{q}\right)^{1/n}$
直线段产量曲线	$\ln q(t) = \ln q_i - at$	$\dfrac{1}{q(t)} = \dfrac{1}{q_i} - \dfrac{a_i}{q_i} t$	$\left(\dfrac{q_i}{q_i}\right)^{1/n} = 1 + \dfrac{a_i}{n} t$
直线段累计产量曲线	$q(t) = q_i - aQ(t)$	$\ln q(t) = \ln q_i - \dfrac{a_i}{q_i} Q(t)$	无直线段

产量方程可以对时间积分以确定生产至经济极限时的累计产量,累计产量计算结果就叫作预计最终采收率,或 EUR。

例13.9　由产量递减数据得到预计最终采收率

油井8年的生产数据如图13.16(顶图)所示,在图13.16(底图)绘制了产量 q 与时间 t 关系曲线,可以观察到直线趋势。这里给出的是哪一种递减规律? 当经济极限产量为1bbl/d时的最终采收率为多少?

解:

图13.16(底图)显示 $\ln q$ 与时间之间呈直线趋势,有方程如下:

$$q = y = 40.09 \mathrm{e}^{-0.000362t} \tag{13.1}$$

对数据点进行最小二乘拟合,趋势线相关系数为0.777。由表13.1,这代表指数递减,初始产量为40bbl/d,瞬时递减指数为 $-0.0003624t$ 或 $0.000362 \times 365 = 13.2\%$ 每年。将趋势线外推至废弃产量,$q_a = 1$ bbl/d 对应时间为:

$$t = \frac{\ln\left(\dfrac{q_i}{q_a}\right)}{a} = \frac{\ln\left(\dfrac{40.09}{1}\right)}{0.000362} = 10200\mathrm{d} \tag{13.2}$$

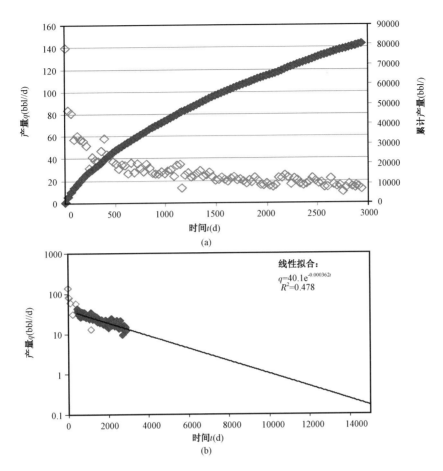

图 13.16　油井的递减数据绘制在直角坐标(顶图),以及 $\ln q$ 与 t 关系曲线(底图)

在初始产量开始指数递减 443 天,累计产量是 24300bbl。求解 $Q(t)$,有:

$$Q_a = \frac{q_i - q_a}{a} = \frac{40.09 - 1}{0.000362} = 108000\text{bbl} \qquad (13.3)$$

总的累计产量为 24300 + 108000 = 132300bbl,即到这个极限产量的最终采出量。实际产量 1.63bbl/d 出现在 11830 天以后,累计产量达到 129000bbl。在这个例子中估算的最终采收率比实际观测到的略微高一点。

而 Arps 递减趋势是纯经验的,事实上指数递减是油气井达到拟稳态后以定井底压力单相生产时预期的产量变化情况。因为定井底压力生产是常见的生产情况,经常在常规的油气井生产中观察到指数递减。调和递减和双曲递减似乎可能出现在低于泡点或露点时的流动。

Arps 递减现象在非常规的油气井中没那么常见甚至不常见,对于这些非常规油气井,通常由低渗导致流度低,可能使得到达拟稳态时间延迟,这一延迟往往不确定。式(2.35)很容易地证明了其原因。如果我们设想一口井泄流面积为 40acre,那么有效泄流面积为 745ft。考虑是黏度为 1cP 的轻质油,地层总压缩系数为 10^{-5}psi^{-1},孔隙度为 10%,渗透率为 10mD,拟稳态流动在 t_{pss} = 130h,约 5.5 天时开始出现。而相比之下,渗透率为 0.01mD 时,这一时间为 5500 天,或 15 年。

我们必须考虑到完井对拟稳态出现之前产量递减的影响。一般而言,在采取了增产措施的井中,产量递减得更快,但也会从一个更高的初始产量开始。

13.4.2　电缆地层测试和地层流体取样

地层测试（Moran 和 Finklea,1962）不属于试井。如图 13.17(a)所示,典型的电缆地层测试在充满泥浆的裸眼井中进行。液压操纵臂压住井筒的一侧,将测试设备压在井筒的另一侧。环形橡胶封隔器进行密封,其中的探头被压入地层。当遇到低压,油藏流体流入到工具中。当阀门关闭,流动停止,压力开始恢复。因为只流动了几秒或几分钟,在很短时间内压力便恢复到油藏压力。测试的调查半径最多只有几英尺,但是不像大多数的试井那样,压力扰动以球形向外传播,而不是径向。这一测试在连续的位置上重复,测定了油藏压力随深度的变化。因为这种测试通常在新井中进行,对于和井在水平方向上连通的区域,测定的压力代表了静态压力随深度变化剖面。

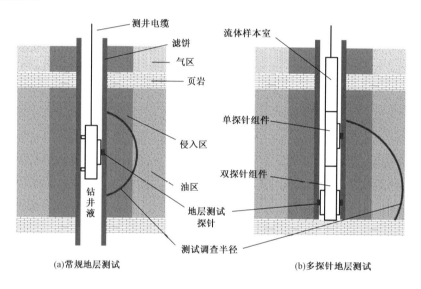

(a)常规地层测试　　　　　　　　　　(b)多探针地层测试

图 13.17　地层测试(a)和多探头地层测试(b)

在电缆地层测试工具方面,近阶段的改进为在活动探头另一侧增添了观测探头,并在另一个深度进行补偿,如图 13.17(b)所示。观测探头能够较为准确地确定起点与工具所处位置之间的垂直与水平渗透率,而且还能确定垂直流动部分的阻力特征。另外,工具串提供了一个封隔器,其有更大的流动腔,允许更长时间的流动。这个工具类似于一个小的钻杆测试,扩大了测试半径,因此获取的渗透率值更具有代表性。这个设备也能够用于向地层内注入液体。该工具的一个应用就是通过制造一个微裂缝来测定地层最小应力,重复进行测试能够得到目的层段以及其上下层段的应力剖面,此测试对于预测水力压裂裂缝缝高变化与保持非常有用。

地层测试工具还包括另一个设备,该设备能观测油藏中流出流体的相态,以获取有代表性的油藏流体样品,其多个腔室还能够在测井过程中的不同深度收集保压流体样品。地层流体性质有时能够在井场确定,也能够将样品送到 PVT 实验室进行更为严格的分析。

流体样品和地层压力测试还能帮助确定流动阻力的位置。从一个深度到另一个深度或从一个井到另一个井的流体组成总的变化可说明烃类样品有不同的来源,或者至少在近地质时期中是不连通的。如图 13.18 所示,地层压力测试随深度变化出现了一个突变,说明对垂直流动存在阻力区。当油藏地质模型中相互连通的区域内不同井之间压力出现突变时,同样如图

13.18 所示,说明井间流动受损或受阻。地层压力测试能够更为清晰地显示在油田投产后以及差异衰竭影响在压力方面变得更严重后所钻井的垂直或水平障碍。

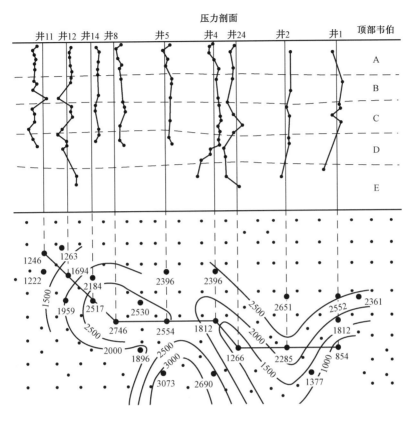

图 13.18　地层测试与油藏描述

在当井中混合有两个或更多的渗透率差异大的层段时,出现差异衰竭。在井筒中,高渗层段与其他层段相比以更小的压力降生产,压力要高得多。无论何时有混合单元并出现差异衰竭的井被关闭,流体从高压层段流入到低压层段,其结果是井筒内出现窜流,也称为倒灌。在这种情况下,为了使低渗区域的储量采出,最后可能必须要封堵衰竭的区域。

如图 13.19,沿水平井筒的地层压力测试,通常显示地层压力在侧向上出现显著的波动。这些测试常常让人大开眼界,另外,这些信号提示要注意在一口水平井生命周期中,不要过早计划进行压力恢复测试。由于这种测试会受到水平井筒内油藏流体回到压力平衡造成的回流影响,因此压降试井将更有可能成功。否则,一个再好的方案也需要井在测试前生产一段时间。

现在可以在钻进过程中进行地层测压和流体取样操作(Villareal 等,2010)。而这些操作可以节省相当多的时间,当井壁稳定性出问题或井眼高度倾斜使得后续的电缆测井存在风险或不能进行,该操作的价值就体现出来了。在那种情况下,钻进过程中测试仅仅能确定地层和流体性质。

确定了渗透率和压力以及井底流体样品,可使电缆测试能够实现一度只有钻杆测试才能实现的功能。更严格地控制燃烧探井测试过程中产出的天然气,将进一步提升电缆地层测试的重要性和价值。

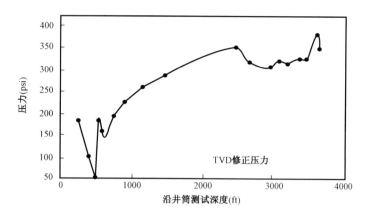

图 13.19　沿水平井筒的地层测试

13.4.3　油气井产量和压力不稳定分析

产量不稳定分析能够通过外推产量和时间数据来估计油气井的最终采收率。类似地,电缆地层测试能够通过外推压力和时间数据来测定地层压力。相反,本章将着重于分析油气井产量和压力随时间的变化。

最常见的压力不稳定试井方式就是压力恢复测试。如图 13.20 所示,当生产井关井时,井底压力回升。无论是为了测试还是其他操作上的原因,只要有压力表能够感应压力随时间的变化,并且能够实时传输压力数据或者在存储器中记录下来以后再恢复,压力恢复数据能够在井中的流动停止后任何时间获取。很多的井都配备了永久的井底压力表,能够提供很长时间包括几年内的连续的压力数据。否则,当计划进行压力不稳定试井时,压力表只能暂时通过电缆或钢丝绳下入井中。

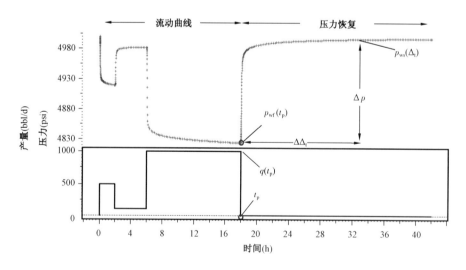

图 13.20　压力恢复数据在直角坐标中的图像回放曲线

第 2～第 4 章描述不稳定、稳定、拟稳定生产状态,并说明了油气井流入动态关系对于渗透率和表皮的敏感性。在稳定流测试中,稳态的井底流压是通过一系列的地面流量测定的。而常常稳定流动测试是错误的,因为一口井必须在稳态生产条件下达到在定产量生产时真正的定井底流压。一口井在不稳定或拟稳定状态生产时,可能会在压力随时间微小变化的情况下,下达到表观的压力稳定。另外,渗透率和表皮都无法通过稳定流动测试得到的产能指数定量获得,除非通过一些其他的测量得到其他的参数。

在第 2 章我们知道,在不稳态生产情况下,压力是时间取自然对数的函数,即:

$$p_{wf} = p_i - \frac{q\mu}{4\pi Kh}\left(\ln\frac{4Kt}{\gamma\phi\mu c_t r_w^2} + 2S\right) = p_i - \frac{\alpha_p q\mu}{2Kh}\left(\ln\frac{\alpha_t Kt}{\phi\mu c_t r_w^2} 0.80907 + 2S\right) \quad (2.23)$$

系数 α_p 和 α_t 取决于单位制[式(2.5)已经简单修正,将表皮系数 S 包含在其中]。对于油田单位制, $\alpha_p = 141.2$, $\alpha_t = 0.00026375$ 。这个方程显示在井以定产量生产时测定压力,井底流压 p_{wf} 和时间的自然对数关系曲线斜率为 $-\alpha_p q\mu/2Kh$ 。由于斜率中所有其他的参数都是已知的,斜率的值可以用于计算渗透率。而且,一旦渗透率已知,表皮系数 S 也可以确定。

由于流动过程中流量的微小波动会导致的压力波动,从而会影响结果解释,因此大多数的压力不稳定数据都是在井既不处于生产井压力恢复也不处于注入井压力降落时进行解释的。

不稳定井分析中最直接的方法就是将数据绘制成双对数诊断曲线。这种曲线有效地说明了可能直接与油藏中流线流动几何形态相关的特定时间点的趋势。随着时间的增加,不稳定数据中所说明的流动状态对应距离井越来越远的位置。流动状态趋势为计算采油工程师所需的参数提供了相应的途径。

在图 13.21 中给出了图 13.20 中的压力恢复数据所绘制成的双对数诊断曲线,图 13.21 中的压力变化, $\Delta p_{ws}(\Delta t)$,在图 13.21 中给出了在每个时间间隔 $\Delta t = t - t_p$ 都进行了计算:

$$\Delta p_{ws}(\Delta t) = p(t) - p_{wf}(t_p) \quad (13.4)$$

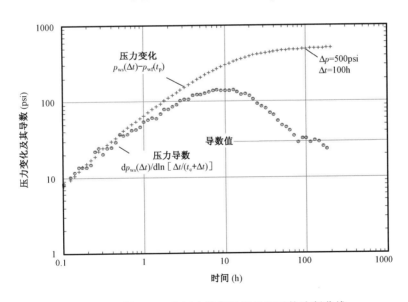

图 13.21　例 13.11 中压力恢复数据的双对数诊断曲线

其中 t_p 是关井时刻。图 13.21 中下面的曲线是压力变化的导数曲线,按照式(13.5)计算:

$$\Delta p' = \frac{dp}{d\ln\tau} = \frac{dp}{d\tau}\tau \quad (13.5)$$

其中叠加时间 τ 定义为:

$$\ln \tau = \ln \left(\frac{\Delta t}{t_e + \Delta t} \right) \qquad (13.6)$$

而物质平衡时间 t_e，按照式(13.7)计算：

$$t_e = \frac{24Q}{q} \qquad (13.7)$$

在双对数诊断曲线中，上面的曲线是压力变化曲线，下面的曲线是压力变化导数曲线。对于气井，诊断曲线应该按照真实气体的拟压力势以及其对时间的导数进行构建。其中：q_g 是关井前气体流量，$10^3 \mathrm{ft}^3/\mathrm{d}$；$T_R$ 是油藏温度。而真实气体的拟压力势为：

$$m(p) = 2 \int_0^p \frac{p \mathrm{d}p}{\mu Z} \qquad (4.71)$$

其单位为压力单位的平方/cP。

由于数据是在关井后获取的，典型的压力恢复数据要持续几小时乃至几天。对于没有进行水力压裂的直井，在不稳定生产状态下，压力信号穿透地层半径为：

$$r_i = \sqrt{\frac{Kt}{948 \phi \mu c_t}} \qquad (13.8)$$

其中：r_i 是在渗透率 K，孔隙度 ϕ，流体黏度 μ，地层综合压缩系数 c_t，在以小时计的时间 t 内的压力调查半径。压力恢复的时间越长，在不稳定信号中能观察到离井越远处的特点。

例 13.10 压力调查半径

对于附录 A 中的流体，2min，24h 以及 1 个月以后压力调查半径分别为多少？如果井的泄流半径为 1000ft，那么开始拟稳态生产的时间是多少？

对附录 C 的气体重复上述计算。

解：

使用式(13.8)，2min(0.0333h)之后的压力调查半径为

$$r_i \sqrt{\frac{Kt}{948 \phi \mu c_t}} = \sqrt{\frac{8.2 \times 0.0333}{948 \times 0.19 \times 1.72 \times (12.9 \times 10^{-6})}} = 8\mathrm{ft} \qquad (13.9)$$

24h 后，$r_i = 223\mathrm{ft}$，而 1 个月(720h)后，$r_i = 1223\mathrm{ft}$，假定这小于井的有效泄流半径 r_e。

如果井的泄流半径是 1000ft，由式(2.41)知泄流面积 $A = 3141593\mathrm{ft}^2$，

$$t_{pss} = \frac{\phi \mu c_t A}{0.0002637 K} t_{DA} = \frac{0.19 \times 1.72 \times (1.29 \times 10^{-6}) \times 3141593}{0.0002637 \times 8.2} \times 0.1 \qquad (13.10)$$

$$= 605\mathrm{h} = 25\mathrm{d}$$

一旦压力扰动传播到离井最近的泄流范围边界，式(13.1)不再适用。

对于附录 B 中的气体，估计原始压力下的黏度和压缩系数分别为 $\mu = 0.024\mathrm{cP}$，$c_t = 0.000162\mathrm{psi}^{-1}$。在此条件下，2min 后的压力调查半径为 24ft，1 天以后的压力调查半径为 635ft。对于 1000ft 的泄流半径，将在生产满 5 天之前达到拟稳态。

例 13.10 说明了时间对于不稳定井分析的重要性。双对数诊断曲线后期的连续性与后期的特征与距井较远位置的流动状态相对应。对于水力压裂井或水平井，压力波穿透延伸的井

筒,可能传播几千英尺远。因此对于很长的时间段,特别是当渗透率特别低时,压力恢复试井可能由与井相联系的非稳态主导,而不是油藏。在这种情况下,压力恢复试井不能用于估计渗透率、表皮以及地层压力。

如前所述,至少在美国,生产数据总是记录下来并且常常是公开的。当井生产时,产量和压力有可能随时间变化,并且同时考虑到,产量和压力数据如不遵循本节开头所介绍的简单经验关系便难以解释。当压力定时记录,那么可能需要以更为严格的方法来分析长期生产数据。

产量规一化压力(产能指数的倒数)和压力规一化产量(产能指数)是用于估算油气井和油藏参数的两种常见生产数据分析方法。尽管较少使用,但产量规一化压力(RNP)实际上是油气井和油藏特征描述最直接的方法。RNP 按照式(13.11)计算:

$$RNP = \frac{p_i - p(t)}{q(t)} q_{ref} \tag{13.11}$$

并将其与用式(13.7)计算的物质平衡时间 t_e 绘图。用于 q_{ref} 以保持 RNP 为压力单位的产量是习惯问题。

RNP 是作为定产条件下的虚拟压力降落来解释的。对于压力不稳定数据,RNP 对时间对数求导得到与定产生产下压力降落相同的流态趋势。RNP 应对时间求导(不是物质平衡时间)。如果对其结果与物质平衡时间绘图,导数曲线中明显的噪声将会更少,重要的趋势将更为明显。RNP 的积分(IRNP)按照式(13.12)计算:

$$IRNP = \frac{q_{ref}}{t_e} \int \frac{p_i - p(t)}{q(t)} d\tau \tag{13.12}$$

IRNP 及其导数常常比 RNP 看起来更光滑,但是有时它们会严重扭曲,因而导致难以准确判断数据趋势。在这种情况下,RNP 及其导数可能用起来更好。将图 13.22 中的数据绘制 IRNP 及其导数曲线,如图 13.23 所示。

与压力恢复数据相比,生产数据的优势在于,它是在比压力恢复数据更长的时间里收集的,而压力恢复数据只在关井时才能获取。图 13.22 所示的产量和压力数据是例 13.9 中井在超过 34 年的时间内记录的。生产数据是按月记录的,而这口井没有压力恢复数据。

虽然井有时配备了永久的井底压力表和连续流量计,典型的生产数据记录频率也不会超过每天一次,并且也不会超过每月一次。当完井时装入了一个永久的井底压力表,这将连续记录井底瞬时压力。特别对于干气井,即使是永久的地面压力表也能提供有意义的长期生产数据。

然而,当生产数据在一个公共的收集系统中记录了多口井的数据时,每口井各自的产量可能很少测定,通过产量劈分技术来估计将引入不确定性。尽管如此,若井的压力和产量数据连续记录,数据中可能包含可解释的趋势,并且数据记录得越频繁越好。下一部分将介绍如何识别压力恢复数据和长期生产数据中可解释的趋势。

13.4.4 流态分析

本节将给出如何针对实际井的几何形态计算新井设计,增产措施或修井措施设计,或完井后或措施效果评价所需参数的例子。为分析压力恢复和生产数据,重点将集中在双对数诊断曲线的导数曲线。

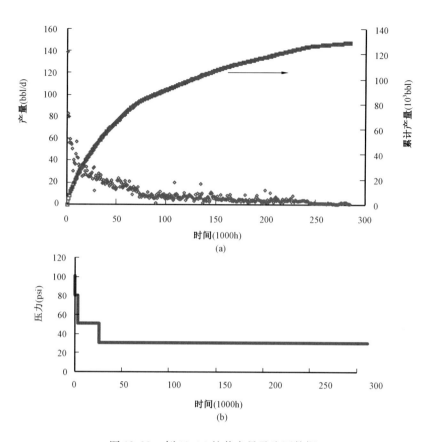

图 13.22　例 13.14 的井产量及流压数据

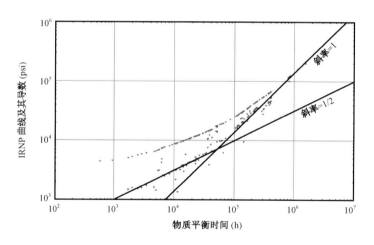

图 13.23　图 13.22 中数据的 IRNP 及其导数曲线

由于方法上的原因,压力对时间的自然对数求导或者对压力恢复试井中的叠加时间求导。由式(2.23)关于时间自然对数的差分方程有:

$$\frac{\mathrm{d}\Delta p}{\mathrm{d}\ln t} = \frac{\alpha_{\mathrm{p}}qB}{2Kh} \qquad (13.13)$$

对于 $\Delta p = p_{\mathrm{i}} - p_{\mathrm{wf}}(t)$,由式(13.13)可知,当压力不稳定响应由径向流控制时,压力的导数将是常数。

注意任何时候压力变化是时间间隔 a 次幂的线性函数,压力对时间间隔对数的导数则是时间间隔与压力相同次幂的倍数,即:

$$\Delta p = m_a(\Delta t)^a + b, \frac{\mathrm{d}p}{\mathrm{d}\ln(t)} = \Delta p' = m_a a(\Delta t)^a \tag{13.14}$$

压力对时间自然对数的导数简记作 $\Delta p'$。而且当绘制在对数坐标中有:

$$\lg\Delta p = \lg[m_a(\Delta t)^a + b] \tag{13.15}$$

和

$$\lg\Delta p' = \lg m_a a(\Delta t)^a = \lg m_a a + a\lg\Delta t \tag{13.16}$$

式(13.16)说明任何时候压力是时间间隔 a 次幂的线性函数,压力变化对时间间隔对数的导数在双对数坐标中会出现一段斜率为 a 的直线段。而且,若时间间隔足够长,压力变化曲线将会与导数曲线平行,而导数曲线与压力变化曲线偏离了指数 a。

对于通常的不稳定流几何形态,压力是时间几次幂的线性方程。流动几何形态又称为流态。当压力的变化情况受某个特定的流态主导时,计算流动方向上的渗透率和流动几何形态的维数是可行的。表 13.2 总结了本部分描述的流态方程。由于压力导数曲线中有一系列的直线段,一系列的流态可以通过双对数诊断曲线识别出来。由于压力信号传播时间由式(13.8)确定,随着时间增加,流动几何形态是越来越远离井的位置的。在表 13.2 中,单位转换系数的符号是带下标的 α。表 13.3 给出了 4 种常用单位制的 α 值。

表 13.2　流态方程

流态	方程[①]	参数计算
无限大径向流 (径向流)[②]	$\Delta p = mt_{\sup} + p_{1hr}$ $\Delta p = p_i - p_{wf}(\Delta t)$ (for flowing well) $\Delta p = p_{ws}(\Delta t) - p_{wf}(t_p)$ (for shut-in well) $m = \frac{1.151\alpha_p qB\mu}{Kh}$ $p_{1hr} = m\left(\lg\frac{\alpha_t K}{\phi\mu c_t r_w^2} + 0.351 + 0.87S\right)$	$K = \frac{1.151\alpha_p qB\mu}{mh}$ $S = 1.151\left(\frac{\Delta p_{1hr}}{m} - \lg\frac{\alpha_t K}{\phi\mu c_t r_w^2} - 0.351\right)$ $\Delta p_{1hr} = p_i - p_{1hr}$ (for flowing well) $\Delta p_{1hr} = p_{wf} - p_{1hr}$ (for shut-in well)
井筒储存 (流体膨胀/压缩)[②]	$\Delta p = m_c \Delta t, m_c = \frac{qB}{\alpha_c mC}$	$C = \frac{qB}{\alpha_c m_c}$
打开程度不完善 (球形流)[④]	$\Delta p = \frac{\alpha_p qB\mu}{2K_{sph} r_w} - \frac{m_{pp}}{\sqrt{\Delta t}}$ $m_{pp} = \frac{\alpha_p qB\mu}{2K_{sph}}\left(\frac{\phi\mu c_t}{\pi \alpha_t K_{sph}}\right)^{1/2}$	$K_{sph} = \left(\frac{\alpha_{pp} qB\mu}{m_{pp}}\sqrt{\phi\mu c_t}\right)^{2/3}$
有限导流能力垂直裂缝 (双线性流)[③]	$\Delta p = m_{bf}\sqrt[4]{\Delta t}$ $m_{bf} = \frac{2.45\alpha_p qB\mu}{Kh\sqrt{K_f w/Kx_f}}\left(\frac{\alpha_t K}{\phi\mu c_t x_f^2}\right)^{1/4}$	$K_f w\sqrt{K} = \left(\frac{\alpha_{bf} qB\mu}{m_{bf} h}\right)^2\left(\frac{1}{\phi\mu c_t}\right)^{1/2}$

流态	方程①	参数计算
无限导流能力垂直裂缝（线性流）③	$\Delta p = m_{lf}\sqrt{\Delta t} + \left(\dfrac{\pi}{3}\right)\left(\dfrac{m}{1.151}\right)\dfrac{Kx_f}{K_f w}$ $m_{lf} = \dfrac{\alpha_p qB\mu}{Kh}\left(\dfrac{\pi\,\alpha_t K}{\phi\mu c_t x_f^2}\right)^{1/2}$	$x_f\sqrt{K} = \left(\dfrac{\alpha_{lf} qB}{m_{lf}h}\right)\left(\dfrac{\mu}{\phi c_t}\right)^{1/2}$ $\dfrac{K_f w}{Kx_f} = \left(\dfrac{\pi}{3}\right)\left(\dfrac{m}{1.151}\right)\left(\dfrac{1}{\Delta p_{int}}\right)$
拟稳态（流体膨胀/压缩）	$\Delta p = m_{pss}\Delta t + p_{int}$	$\phi hA = \dfrac{\alpha_{pps} qB}{c_t m_{pss}\Delta t}$

① 对于单纯压力降落试井，广义的叠加时间方程，t_{sup}，简化为 $\lg\Delta t$，对于在单纯的压力降落试井之后的压力恢复流动阶段，则简化为 Horner 时间方程 $(t_p + \Delta t)/\Delta t$，其中 t_p 为关井前的流动时间。

② Earlougher(1977)。

③ Economides and Nolte(1989)。

④ Chatas(1966)。

表 13.3　表 13.2 中方程的单位转换系数

变量	油田单位	SI	API	cgs
产量 q	bbl/d	m^3/s	dm^3/s	cm^3/s
地层厚度 h	ft	m	m	cm
渗透率 K	mD	m^2	μm^2	D
压差 Δp	psi	Pa	kPa	atm
压力 p				
半径 r	ft	m	m	cm
裂缝半长 x_f				
缝宽 w				
水平井有效长度 L_p				
时间 t	h	s	h	s
孔隙度 ϕ	无量纲	无量纲	无量纲	无量纲
系统总压缩系数 c_t	psi^{-1}	Pa^{-1}	kPa^{-1}	atm^{-1}
井筒储集系数 C	bbl/psi	$m^3/(Pa\cdot s)$	$dm^3/(kPa\cdot s)$	$cm^3/(atm\cdot s)$
表皮系数 S	无量纲	无量纲	无量纲	无量纲
水平井早期拟径向表皮 S_{epr}				
水平井伤害表皮 S_m				
转换系数				
α_p	141.2	$1/(2\pi)$	$1/(2\pi)$	$1/(2\pi)$
α_t	0.0002637	1	3.610^{-6}	1
α_c	24	1	1/3600	1
α_{lf}	4.064	$1/(2\sqrt{\pi})$	1.016×10^{-6}	$1/(2\sqrt{\pi})$
α_{bf}	44.1	0.3896	0.01697	0.3896
α_{pp} *	2453	0.00449	2.366	0.00449
α_f	0.000148	0.7493	2.698×10^{-6}	0.7493
α_{pss}	0.234	1	3.6×10^{-6}	1
α_{CA}	5.456	5.456	5.456	5.456

13.4.4.1　由径向流确定渗透率、表皮系数和压力

径向流是所有流态中应用最多的流态,因为它能用于估算平行于层理面的渗透率。这种流态也可以被称为圆筒流,因为它实际上表现为流向圆筒的流动。图 13.24 给出了直井中常见的径向流图示。如图 13.24(a)所示,部分径向流存在于很早的阶段,而且可能被井筒储存效应所掩盖,井筒储存效应将在下一节介绍。部分径向流的高度与生产层段的高度相对应。如图 13.24(b)所示,完整径向流的高度是整个层段的厚度。第 17 章介绍的带有垂直裂缝的拟径向流如图 13.24(c)所示,近井地带的流动几何形态受到裂缝控制。离压裂井足够远时,拟径向流以更大的半径流入到井中。如果井靠近一个类似于断层的二维封闭边界,就会有半径向流产生,如图 13.24(d)所示。离井足够远时,半径向流存在镜像断层的流到井中。

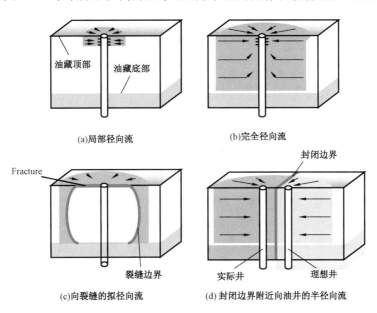

图 13.24　直井径向流几何形态

渗透率实际上具有方向性,垂直于层理面方向上的渗透率值常常明显低于平行于层理面方向的渗透率值。油藏渗透率则指的是平行于层理面方向上的渗透率,并且常常被称作水平渗透率,即使层理面可能倾斜。同样地,垂直于层理面方向的渗透率称为垂直渗透率。当不同方向上的渗透率有着明显的差异时,则称之为渗透率各向异性。我们已经在第 5 章阐述了渗透率各向异性对水平井产能的重要性。

在双对数诊断曲线上,径向流对应导数曲线上的一段水平段(即导数为常数)。油藏渗透率,以 mD 为单位,能够通过双对数诊断曲线中压力导数曲线的常数 m' 估算得到:

$$\left.\begin{array}{l} K = \dfrac{\alpha_{\mathrm{p}} q B \mu}{2.303 m' h} = \dfrac{70.6 q B \mu}{m' h} \quad （油） \\[4mm] K = \dfrac{10.1 \alpha_{\mathrm{p}} q_{\mathrm{g}} T_{\mathrm{R}}}{2.303 m' h} = \dfrac{711 q_{\mathrm{g}} T_{\mathrm{R}}}{m' h} \quad （气） \end{array}\right\} \qquad (13.17)$$

式中:q 是关井前的产量,bbl/d;B 是流体地层体积系数,bbl(油藏)/bbl;μ 是流体黏度,cP;h 是地层有效厚度,ft。

表皮系数可以根据诊断曲线由式(13.18)估算：

$$
\left.\begin{array}{l}
S = 1.151\left[\dfrac{\Delta p_{\text{IARF}}}{2.303 m'} - \lg\dfrac{K t_e}{1688 \phi \mu c_t r_w^2} + \lg\left(\dfrac{t_e + \Delta t}{\Delta t}\right)\right] \quad （油） \\[3mm]
S = 1.151\left[\dfrac{\Delta m(p)_{\text{IARF}}}{2.303 m'} - \lg\dfrac{K t_e}{1688 \phi \overline{\mu c_t} r_w^2} + \lg\left(\dfrac{t_e + \Delta t}{\Delta t}\right)\right] \quad （气）
\end{array}\right\} \tag{13.18}
$$

式中：Δp_{IARF} 是在当导数为常数时在时间间隔 Δt_{IARF} 内的压力变化；ϕ 是孔隙度；r_w 是井半径；t_e 是关井后的物质平衡时间。

最后，油藏压力由外推压力 p^* 确定，如下：

$$
p^* = m'\ln\left(\frac{t_e + \Delta t}{\Delta t}\right) + \Delta p_{\text{IARF}} + p_{\text{wf}}(t_p) \tag{13.19}
$$

其中 $p_{\text{wf}}(t_p)$ 是关井前的井底流压。当生产时间较短时，原始油藏压力和 p^* 大致相等。当关井前已经达到拟稳态生产时，泄流体积内的平均压力能够由 p^* 估算。关于估算开发井的平均压力，读者可参见 Lee，Rollins 和 Spivey(2003)或其他文献。

例 13.11 压力恢复分析

由图 13.21 给出的数据估算渗透率、表皮系数、外推压力以及试井的调查半径。对这些数据，$B = 1.01$，$\mu = 80.7\text{cP}$，$h = 79\text{ft}$，$\phi = 0.11$，$c_t = 1.56 \times 10^{-5}$，$r_w = 0.3\text{ft}$。在进行压力恢复试井前的生产时间为 2542h，关井时的产量和井底流压分别为 277bbl/d 和 7893.5psi。

解：

从式(13.21)可得，在 80～150h 的时间间隔内压力导数的近似值为 30psi。由式(13.17)，渗透率按式(13.20)估算：

$$
K = \frac{70.6 q B \mu}{m' h} = \frac{70.6 \times 277 \times 1.01 \times 80.7}{30 \times 79} = 637\text{mD} \tag{13.20}
$$

在时间间隔 $\Delta t = 100\text{h}$，压力导数近似是常数，压力变化为 $\Delta p_{\text{IARF}} = 500\text{psi}$。由式(13.7)可知压力恢复试井之前的物质平衡时间为：

$$
t_e = t_p = 2542\text{h} \tag{13.21}
$$

由式(13.18)，表皮系数为：

$$
S = 1.151\left[\frac{\Delta p_{\text{IARF}}}{2.303 m'} - \lg\frac{K t_e}{1688 \phi \mu c_t r_w^2} + \lg\left(\frac{t_e + \Delta t}{\Delta t}\right)\right]
$$

$$
= 1.151\left[\begin{array}{l}
\dfrac{500}{2.303(30)} - \lg\dfrac{637 \times 2542}{1688 \times 0.11 \times 80.7 \times (1.56 \times 10^{-5}) \times 0.3^2} \\[3mm]
+ \lg\left(\dfrac{2542 + 100}{100}\right)
\end{array}\right] = 0.86 \tag{13.22}
$$

使用相同的时间间隔和压力变化量，由式(13.19)可以确定外推压力 p^*：

$$
p^* = m'\ln\left(\frac{t_e + \Delta t}{\Delta t}\right) + \Delta p_{\text{IARF}} + p_{\text{wf}}(t_p) \tag{13.23}
$$

$$
= 30\ln\left(\frac{2542 + 100}{100}\right) + 500 + 7893.5 = 8492\text{psi}
$$

在这种情况下,外推压力可能近似等于原始油藏压力,因为井还没有生产太长时间。

最后,利用式(13.8)计算在压力恢复持续200h后的试井调查半径为:

$$r_i = \sqrt{\frac{Kt}{948\phi\mu c_t}} = \sqrt{\frac{673 \times 200}{948 \times 0.11 \times 80.7 \times (15.6 \times 10^{-5})}} \cong 1000\text{ft} \qquad (13.24)$$

13.4.4.2　井筒储集效应

例13.10中,图13.21所示压力及其导数曲线在 $\Delta t = 80\text{h}$ 之前的形态是井筒储集效应的特征,之所以这样称呼是因为对大多数压力不稳定试井早期,曲线形态受到井筒内流体膨胀或流体重新分布主导。在井筒储集的初期,压力及其导数曲线都呈现有单位斜率的直线趋势。导数曲线的单位斜率趋势表征压力变化与时间间隔成正比,压力变化及其导数曲线有着相同的趋势。在这个时间段内,井筒和地面之间的流量没有大的变化。随着压力变化,曲线与其导数曲线分离,穿过砂层的流量将从变化前的地面流量值改变为变化后的地面流量值。根据压力恢复试井,这一时间段内砂层的流量从压力恢复之前的流量变为零。当砂层的流量为零以后,所观察到的压力变化及其导数曲线形态受油藏中压力不稳定情况主导。

导数曲线从早期井筒储集效应的单位斜率趋势变化为油藏不稳定流动主导的峰形,最后发展为可识别的油藏流动单位趋势。定井筒储集效应持续时间由式(13.25)估算:

$$t_{\text{ewbs}} = \alpha_w(60 + 3.5S)\frac{\mu C}{Kh} \qquad (13.25)$$

其中定井筒储集系数 C 近似为:

$$C = V_w c_w \qquad （对单相井筒流体）$$

$$C = \frac{\alpha_l V_u}{\rho_l(g/g_c)} \qquad （对于液面变化的情况） \qquad (13.26)$$

式中: V_w 是井筒体积; V_u 是每单位长度的井筒体积; c_w 是井筒流体压缩系数; ρ_l 是井筒流体密度; g 是重力加速度; g_c 是对重力单位的修正; α_l 是单位转换系数。在油田单位制中, V_w 单位是 bbl, V_u 单位是 bbl/ft, c_w 单位是 psi^{-1}, ρ_l 单位是 lb/ft^2, $g_c = 32.17$, $\alpha_w = 3387$, $\alpha_l = 144$。当流动受产层附近的井下关井阀门控制,而不受地面的井口阀门控制时,井筒储存效应的持续时间将达到最短。

井筒储存效应可能会很复杂,而且由于井筒内流体相的重新分布可能会出现变井筒储存效应。对于油井,由于气泡在井筒内向上运动,井筒内流体的平均压缩系数增大,引起有效井筒储存系数增大。在气井中,凝析液滴滴落在井筒中引起有效井筒储存系数降低。区分井筒储存效应与油藏动态是非常重要的。关于井筒储存效应更多的文献可参阅Lee等(2003)第4章。

当压力恢复诊断曲线中压力变化及其导数曲线开端是单位斜率的重合直线时,井筒储存系数可以估算为:

$$C = \frac{qB}{24\frac{\Delta p}{\Delta t}} \qquad (13.27)$$

其中 Δp 和 Δt 是单位斜率直线段上一点。

例 13.12 估算井筒储集效应

用例 13.11 中的数据估算井筒储集系数。对于一口井深度为 10000ft，油管鞋深度为 9900ft，油管内径 2.5in，套管内径 3.5in，井筒内原油压缩系数为 $10^{-5}psi^{-1}$，井筒储集系数 C 为多少？估算井筒储集效应的结束时间。

解：

使用图 13.21 中的 $\Delta p = 8psi$ 和 $\Delta t = 0.1h$ 的点，井筒储集系数按照式 (13.27) 估算：

$$C = \frac{qB}{24 \dfrac{\Delta p}{\Delta t}} = \frac{277 \times 1.01}{24 \left(\dfrac{8}{0.1}\right)} = 0.15 \tag{13.28}$$

假设井筒中是单相原油，井筒体积为：

$$V_w = \frac{9900 \, \pi \left(\dfrac{2.5}{12}\right)^2 + 100 \, \pi \left(\dfrac{3.5}{12}\right)^2}{5.615} = 245bbl \tag{13.29}$$

由式 (13.26)，根据井筒内单向流体估算 C 为：

$$C = V_w c_w = 245 \times 10^{-5} = 0.00245 \tag{13.30}$$

该计算结果明显低于压力不稳定试井数据计算的结果。对于变化的液面，由式 (13.26) 计算得到与根据压力恢复数据计算的井筒储集系数对应的有效流体密度为 $57lb/ft^3$，与黏度为 80.7cP 的原油很一致。

由式 (13.25)，井筒储集结束时间大约为：

$$t_{ewbs} = \alpha_w (60 + 3.5S) \frac{\mu C}{Kh} = 3387(60 + 3.5 \times 0.87) \frac{80.7 \times 0.15}{637 \times 79} = 49h \tag{13.31}$$

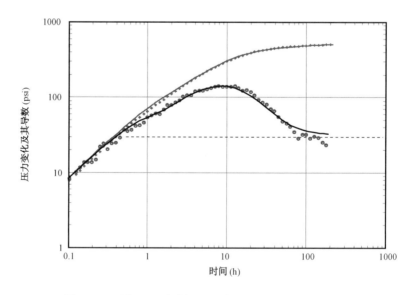

图 13.25　例 13.11 与例 13.12 中所分析数据的模型拟合

图 13.21 所示径向流在约 80h 以后开始。使用整体模型进行的详细拟合如图 13.22 所示。这个拟合是使用变井筒储集系数来实现的。式 (13.28) 确定的值为初始的井筒储集系

数。模型中初始井筒储存系数为0.13，最后的值为0.21，即为在约70h井筒储集效应结束时的井筒储集系数。用变井筒储集系数来拟合数据解释了用变液面代入式(13.26)估算井筒储集系数的合理性。用于拟合的渗透率可和表皮系数分别为682mD和0.86，与根据流态估算的值非常接近。

采用考虑所有参数的整体模型进行压力不稳定数据拟合，可得到的参数比单独的流态分析得到的参数更为精确。一般整体模型使用最小二乘回归计算，这种模型在压力不稳定试井分析的商业软件中将会提供。然而，流态分析估算得到的结果有时很接近，且可以作为最小二乘回归计算的初值。

13.4.4.3 有限流入的直井

图13.26给出了有限流入井的压力恢复不稳定过程中可能观察到的连续的流态。部分以及完整径向流态之前在图13.24(a)和图13.24(b)中分别给出。图13.26(a)中间的部分径向流理论上与图13.24(a)给出的一致。图13.26(b)中给出的半球形流和图13.26(b)中给出的球形流是新的流态。半球形流和球形流代表了向一个点的有效流动，这些流态在当流动层段比整个地层厚度小很多时发生。

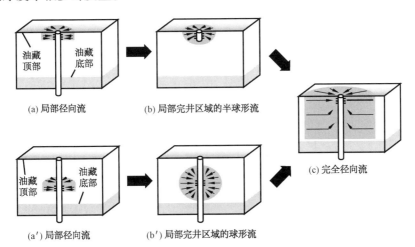

图13.26 有限流入井的流态

这种情况常常是意料之内的，但在地层或射孔严重伤害阻碍了部分产层内流体向井筒流动时，这些情况也偶然发生。在只有部分下套管注水泥完井层段射开时，有限流入也称为部分完井。这种完井方式用在当油层下面直接是水的情况；只有井的顶部部分射开，是为了试图延迟或避免水锥。当油层上面是天然气时，部分完井将靠近产层底部；或者当油层夹在气层和水之间时，射孔将靠近产层的中部。当井筒只进入了一部分地层，比如油藏温度过高阻碍钻穿高温岩石能力的地热井，此时有限流入的几何形态称为部分打开。

由于径向流中压力是时间对数的函数，只要是这种流态起主导作用，压力导数曲线就会变得平坦。一般而言，有：

$$\frac{Kh_{\mathrm{eff}}}{\mu} = \frac{\alpha_{\mathrm{p}}qB}{2m'} \tag{13.32}$$

其中h_{eff}是径向流动圆筒状范围的有效长度。

相比之下，球形流和半球形流流动范围内的流线基本上都汇集到一点。不稳定球形流流动过程内的压力变化方程为：

$$\Delta p \ = \ \frac{\alpha_{p}qB\mu}{2K_{sph}}\Big[\frac{1}{r_{w}} - \Big(\frac{\phi\mu c_{t}}{\pi\ \alpha_{t}K_{sph}\Delta t}\Big)^{1/2}\Big] \quad （油）$$

$$\Delta m(p) \ = \ \frac{10.\ 1\alpha_{p}qT_{R}}{2K_{sph}}\Big[\frac{1}{r_{w}} - \Big(\frac{\phi c_{t}}{\pi\ \alpha_{t}K_{sph}\mu\Delta t}\Big)^{1/2}\Big]$$

（13. 33）

对 $\ln\Delta t$ 求导可得：

$$\Delta p' \ = \ -\frac{1}{2}\frac{\alpha_{p}qB\mu}{2K_{sph}}\Big[-\Big(\frac{\phi\mu c_{t}}{\pi\ \alpha_{t}K_{sph}\Delta t}\Big)^{1/2}\Big] = \frac{1}{2}\frac{\alpha_{p}qB\mu}{2K_{sph}}\Big(\frac{\phi\mu c_{t}}{\pi\ \alpha_{t}K_{sph}\Delta t}\Big)^{1/2} \ = \ \frac{1}{2}\frac{m_{pp}}{\sqrt{\Delta t}} \quad （13. 34）$$

求解球形渗透率 K_{sph}，有：

$$K_{sph} \ = \ \sqrt[3]{K_{r}^{2}K_{z}} \ = \ \sqrt[3]{K_{x}K_{y}K_{z}} \ = \ \Big(\frac{\alpha_{pp}qB\mu}{m_{pp}}\ \sqrt{\phi\mu c_{t}}\Big)^{2/3} \quad （油）\quad (13. 35)$$

$$= \ \Big(\frac{10.\ 1\alpha_{pp}qT_{R}}{m_{pp}}\ \sqrt{\frac{\phi c_{t}}{\mu}}\Big)^{2/3} \quad （气）$$

其中，K_{x}，K_{y}，K_{z} 是渗透率张量中的渗透率主值。一般地，K_{x} 和 K_{y} 平行于层理，K_{z} 垂直于层理。而且，水平渗透率 K_{r} 是 K_{x} 和 K_{y} 的几何平均数，由 $K_{r} \ = \ \sqrt{K_{x}K_{y}}$ 确定，对于球形流，K_{sph} 是 K_{x}，K_{y} 和 K_{z} 的几何平均数。转换系数 α_{pp} 对球形流是 2453，半球形流是 867. 3（油田单位制）。

如果取压力与时间平方根的倒数绘图，曲线的斜率为 m_{pp}。然而，m_{pp} 可以根据双对数诊断曲线中导数曲线斜率为 $-1/2$ 的范围内任一点（Δt_{pp}，$\Delta p'_{pp}$），通过式（13. 18）计算 m_{pp} 得到：

$$m_{pp} \ = \ 2\ \sqrt{\Delta t_{pp}}\Delta p'_{pp} \quad (13. 36)$$

压力恢复数据显示了有限流入不稳定响应，如图 13. 27 所示。

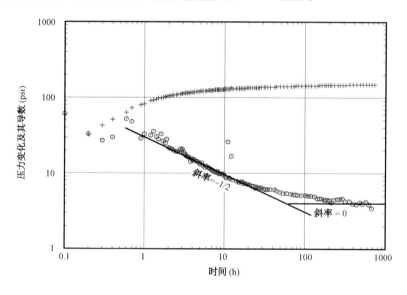

图 13. 27 有限流入井压力恢复数据绘制的双对数诊断曲线

例 13.13 有限流入井压力恢复分析

图 13.25 中的压力恢复数据来源于一口产油井,其参数为 $B = 1.08$, $\mu = 2.7\text{cP}$, $c_t = 2.1 \times 10^{-5}\text{psi}^{-1}$,从厚度 $h = 138\text{ft}$ 的地层顶部 50ft 生产,$\phi = 0.213$, $r_w = 0.29\text{ft}$。确定水平渗透率、垂向渗透率以及总表皮系数。由依据式(6.20)估算的有限流入总表皮系数,确定流动层段另一侧的地层伤害表皮系数。压力恢复前的累计产量为 77069bbl,关井前的流量和井底流压分别为 921bbl/d 和 1670.24psi。

解:

29～70h 的时间间隔内的压力导数为常数,其值为 4psi。由式(13.17),层理面(水平方向)渗透率为:

$$K = \frac{70.6qB\mu}{m'h} = \frac{70.6 \times 921 \times 1.08 \times 2.7}{4 \times 138} = 343\text{mD} \tag{13.37}$$

在时间间隔 $\Delta t = 70\text{h}$,图 13.22 中导数曲线约为常数,压力变化量 $\Delta p_{\text{IARF}} = 150\text{psi}$。由式(13.7),压力恢复之前的物质平衡时间由式(13.38)确定:

$$t_e = \frac{24Q}{q} = \frac{24 \times 77069}{921} = 2008\text{h} \tag{13.38}$$

使用式(13.18),总表皮为:

$$S = 1.151\left[\frac{\Delta p_{\text{IARF}}}{2.303m'} - \lg\frac{Kt_e}{1688\phi\mu c_t r_w^2} + \lg\left(\frac{t_e + \Delta t_{\text{IARF}}}{\Delta t_{\text{IARF}}}\right)\right]$$

$$= 1.151\left[\begin{array}{l}\dfrac{150}{2.303(4)} - \lg\dfrac{343 \times 2008}{1688 \times 0.213 \times 2.7 \times (2.1 \times 10^{-5}) \times 0.29^2} \\ + \lg\left(\dfrac{2008 + 70}{70}\right)\end{array}\right] = 10.5$$

$$\tag{13.39}$$

由 $\Delta t = 1 \sim 10\text{h}$,导数曲线近似为一直线,斜率小于 1/2。流动层段为 50ft,没有足够小到看起来是严格的球形流。但是,对于时间 $\Delta t_{\text{pp}} = 3\text{h}$, $\Delta p'_{\text{pp}} = 6.4\text{psi}$,由式(13.36),$m_{\text{pp}}$ 的值为:

$$m_{\text{pp}} = 2\sqrt{\Delta t_{\text{pp}}}\Delta p'_{\text{pp}} = 2\sqrt{3} \times 6.4 = 22 \tag{13.40}$$

由式(13.35),有:

$$K_{\text{sph}} = \left(\frac{2453qB\mu}{m_{\text{pp}}}\sqrt{\phi\mu c_t}\right)^{2/3}$$

$$= \left[\frac{2453 \times 921 \times 1.08 \times 2.7}{22}\sqrt{0.213 \times 2.7 \times (2.1 \times 10^{-5})}\right]^{2/3} = 103\text{mD}$$

$$\tag{13.41}$$

由于水平渗透率由式(13.37)确定,故垂向渗透率为:

$$K_z = \frac{K_{\text{sph}}^3}{K_r^2} = 9.3\text{mD} \tag{13.42}$$

由式(6.20),对$h_w = 50$ft 总的部分打开表皮系数10.6(见例6.4)。该值与总表皮系数之间差别非常小,说明打开层段另一侧的伤害表皮系数约为0。图13.28 中光滑曲线给出的对数据进行的整体模型拟合与径向和球形流中例子计算结果非常接近。

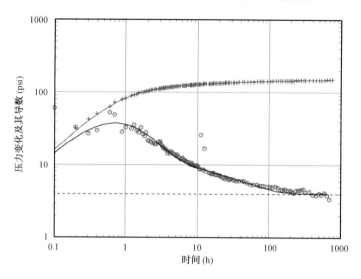

图 13.28　例 13.12 中恢复数据的模型拟合

前面的例子从根本上说明了用简单和深刻的方法来确定对采油工程师需要的参数。更为重要的是,这个例子说明了如何用常规压力恢复试井确定垂向渗透率。因为垂向渗透率对预测水平井动态非常重要,如图13.29 所示,测试能够设计用于钻水平井之前在产层内钻定位孔确定水平和垂向渗透率。由于球形流发生在压力不稳定早期,进行这种测试时要进行井下关井。在定位孔中继续进行裸眼测井,也能够提供地层孔隙度、厚度以及束缚水饱和度等参数。

估计垂向渗透率的另一种可供选择的方法是多探头地层测试。

随着越来越多的井安装了永久井下压力表,压力恢复试井开始变得越来越普遍。知道如何根据双对数诊断曲线估算参数是一门值得掌握的技能。

13.4.4.4　有在垂直裂缝的直井

在有垂直裂缝的直井中可能观察到图13.30 所示的连续流态图。裂缝可以是天然裂缝,或者是水力压裂裂缝。水力压裂将在第17 章中介绍。

图 13.30(b)给出了流向裂缝的拟线性流。这种流态也称为地层线性流。这种流态称作拟线性流,这是因为真正的线性流只在流线严格垂直于一个平面源时产生,而这种流态只在垂直裂缝半长等于井的泄流面积宽度时产生。在拟线性流动过程中,油藏中流线严格平行,不稳定拟线性流方程为:

$$\Delta p = \frac{\alpha_p q B \mu}{Kh}\Big[\Big(\frac{\pi \alpha_t K \Delta t}{\phi \mu c_t x_f^2}\Big)^{1/2} + \Big(\frac{\pi}{3}\Big)\frac{Kx_f}{K_f w}\Big] \qquad (\text{油}) \qquad (13.43)$$

$$\Delta m(p) = \frac{10.1 \alpha_p q T_R}{Kh}\Big[\Big(\frac{\pi \alpha_t K \Delta t}{\phi \mu c_t x_f^2}\Big)^{1/2} + \Big(\frac{\pi}{3}\Big)\frac{Kx_f}{K_f w}\Big] \qquad (\text{气})$$

式(13.43)中括号里第二项是$\pi/3$ 除以无量纲裂缝导流能力,即:

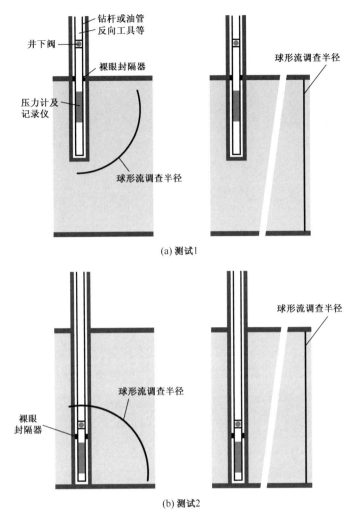

图 13.29　有限流入测试设计

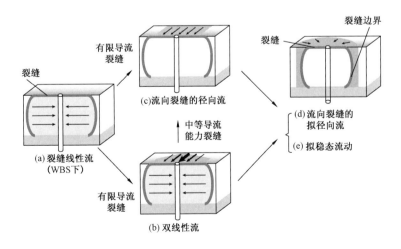

图 13.30　水力压裂后直井的流态

$$C_{\text{fD}} = \frac{K_{\text{f}}w}{Kx_{\text{f}}} \tag{13.44}$$

其中 K_{f} 是裂缝的渗透率,w 是缝宽,x_{f} 是裂缝半长。对于 $C_{\text{fD}} > 100$ 的有效无限导流能力裂缝,这一项可以忽略。在任何情况下,线性流动过程中压力导数由式(13.45)确定:

$$\Delta p' = \frac{\alpha_{\text{p}}qB\mu}{2Kh}\left(\frac{\pi\,\alpha_{\text{t}}K\Delta t}{\phi\mu c_{\text{t}}x_{\text{f}}^2}\right)^{1/2} = \frac{m_{\text{lf}}}{2}\sqrt{\Delta t} \tag{13.45}$$

以及

$$\left.\begin{array}{l} x_{\text{f}}\sqrt{K} = \dfrac{\alpha_{\text{lf}}qB}{m_{\text{lf}}h}\left(\dfrac{\mu}{\phi c_{\text{t}}}\right)^{1/2} \quad (\text{油}) \\[4mm] x_{\text{f}}\sqrt{K} = \dfrac{10.1\alpha_{\text{lf}}qT_{\text{R}}}{m_{\text{lf}}h}\left(\dfrac{1}{\phi\mu c_{\text{g}}}\right)^{1/2} \quad (\text{气}) \end{array}\right\} \tag{13.46}$$

在油田单位制中 α_{lf} 等于 4.064。

而且,在假设忽略表皮系数的情况下,由式(13.43)可得到另一个解析关系式,包含裂缝导流能力 $K_{\text{f}}w$。

图 13.30(a)是双线性流图示。这种流态产生在有限导流能力裂缝中,其中裂缝面的压力梯度与油藏和裂缝面之间的压力梯度相比不可忽略。在双线性流过程中,有:

$$\Delta p = \frac{2.45\alpha_{\text{p}}qB\mu}{Kh\,\sqrt{K_{\text{f}}w/Kx_{\text{f}}}}\left(\frac{\alpha_{\text{t}}K\Delta t}{\phi\mu c_{\text{t}}x_{\text{f}}^2}\right)^{1/4} \tag{13.47}$$

压力导数曲线为

$$\Delta p' = \frac{2.45\alpha_{\text{p}}qB\mu}{4Kh\,\sqrt{K_{\text{f}}w/Kx_{\text{f}}}}\left(\frac{\alpha_{\text{t}}K\Delta t}{\phi\mu c_{\text{t}}x_{\text{f}}^2}\right)^{1/4} = \frac{m_{\text{bf}}}{4}\sqrt[4]{\Delta t} \tag{13.48}$$

以及

$$\left.\begin{array}{l} K_{\text{f}}w\sqrt{K} = \left(\dfrac{\alpha_{\text{bf}}qB}{m_{\text{bf}}h}\right)^2\left(\dfrac{\mu^3}{\phi c_{\text{t}}}\right)^{1/2} \quad (\text{油}) \\[4mm] K_{\text{f}}w\sqrt{K} = \left(\dfrac{10.1\alpha_{\text{bf}}qT_{\text{R}}}{m_{\text{bf}}h}\right)^2\left(\dfrac{1}{\phi\,\mu c_{\text{g}}}\right)^{1/2} \quad (\text{气}) \end{array}\right\} \tag{13.49}$$

在油田单位制中 $\alpha_{\text{bf}} = 44.1$。对于中等导流能力裂缝,双线性流可能在线性流之前出现(但从不在之后)。

在双线性流或拟线性流之后,可能出现拟径向流,如图 13.30(c)所示。在本书中,拟径向流是流向有效井筒半径的圆筒状流动,有效井筒半径由式(13.50)确定:

$$r_{\text{w}}'' = r_{\text{w}}e^{-S_{\text{f}}} \tag{13.50}$$

其中 r_{w}'' 是仅考虑裂缝几何表皮的有效半径。对于有效的无限导流裂缝,$r_{\text{w}}'' = x_{\text{f}}/2$。对于没有堵塞或裂缝面表皮的未损害裂缝,$r_{\text{w}}'' = r_{\text{w}}''$。

当 $x_{\text{f}} < r_{\text{e}}/10$ 时,流向有效无限导流能力裂缝的拟线性流结束时间为:

$$t_{\text{eplf-d}} = \frac{0.016\phi\mu c_t x_f^2}{\alpha_t K} \tag{13.51}$$

式(13.51)适用于当导数曲线从斜率为 1/2 直线段向下弯曲时,且只能用于压力降落数据或拟压力降落(如 *RNP* 数据),因为压力恢复数据在后期因叠加效应会出现扭曲。

时间 t_{spr},即拟径向流开始的时间,大约为:

$$t_{\text{spr}} = \frac{25\phi\mu c_t r_w''^2}{\alpha_t K} \tag{13.52}$$

只有当有效井筒半径小于井有效泄流半径的 1/10 时,拟径向流才会出现。式(13.17)适用于拟径向流;而当该流态在不稳定响应中显示出来时,渗透率、表皮系数以及油藏压力能够被确定。对于水力压裂井,典型的表皮系数小于零,有效井筒半径大于实际井半径。对于有效无限导流能力裂缝,有效井筒半径达到裂缝半长的一半。

在生产足够长时间之后,井会达到稳态或拟稳态流动。对于渗透率非常低的非常规油气藏,达到拟径向流、拟稳态或稳态流动所需的时间可能会非常长。如果井距较大,井可能在其整个生命周期中都处在裂缝控制的拟线性流或双线性流态。对低渗油藏中的压裂井,拟线性流或双线性流将持续数月甚至几十年。

在定产的压力降落数据或 *RNP* 数据中,如果导数曲线从拟线性流斜率为 1/2 直线段或双线性流斜率为 1/4 直线段开始向上弯曲,这标志着压力波已经传播到最近的泄流范围边界了。这种变化将会发生在约

$$t_{\text{eplf-u}} = \frac{\phi\mu c_t x_{\text{el}}^2}{4\alpha_t K} \tag{13.53}$$

在式(13.53)中,x_{el} 是矩形泄流范围内,垂直于裂缝面方向上从位于中心的裂缝到最近的两个平行边界的距离。

在拟稳态流动过程中,*RNP* 和 *IRNP* 在定产生产时所遵循压力降落规律为:

$$\Delta p = \frac{2\pi\alpha_p\alpha_t qB}{\phi c_t hA}t + p_{\text{int}} \tag{13.54}$$

当 $q = q_{\text{norm}}$ 时,p_{int} 是直角坐标中压力(*RNP* 或 *IRNP*)随时间变化曲线的交点。压力导数由式(13.55)确定:

$$\left. \begin{aligned} \Delta p' &= \frac{\alpha_{\text{pps}}qB}{\phi c_t hA}t = m_{\text{pss}}t \qquad (\text{油}) \\ \Delta p' &= \frac{10.1\alpha_{\text{pps}}qT_R}{\phi\mu c_t hA}t = m_{\text{pss}}t \qquad (\text{气}) \end{aligned} \right\} \tag{13.55}$$

在油田单位制中系数 $\alpha_{\text{pps}} = 0.234$。

图 13.22 给出了一口水力压裂油井的生产数据,图 13.23 给出了生产数据的 *IRNP* 曲线。

例 13.14 存在高导流能力裂缝的油井生产数据分析

图 13.23 为一口水力压裂 *IRNP* 积分的诊断曲线及其导数曲线,其参数 $B = 1.16$,$\mu = 0.8\text{cP}$,$c_t = 1.57 \times 10^{-5}\text{psi}^{-1}$,$h = 120\text{ft}$,$\phi = 0.12$,$r_w = 0.32\text{ft}$。诊断曲线的参考流量为 $0.001\text{m}^3/\text{s} = 542\text{bbl/d}$。从这些数据中观察到的流态能计算出哪些量?

解：

两种流态主导这些数据。在晚期曲线中，从 160000h 开始，*IRNP* 导数曲线出现单位斜率的直线段，说明是拟稳态生产。在早期曲线中，直到约 25000h 时，*IRNP* 导数曲线斜率为 1/2。在导数曲线中没有水平段迹象来说明拟径向流的出现。

没有出现拟径向流，说明渗透率不能以例 13.11 和例 13.13 的方法来确定；相反，我们可以通过拟稳态流动确定泄流范围，用水力裂缝完全穿透来解释没有拟径向流。然后渗透率可以通过拟线性流直线段来估计。

从图 13.21 中 *IRNP* 曲线选择点 *IRNP*′ = 36000、*t* = 280000h，重新整理式（13.55）有：

$$m_{\mathrm{pss}} = \frac{\Delta p'}{\Delta t} = \frac{IRNP'}{t_e} = \frac{36000}{280000} = 0.129\mathrm{psi/h} \qquad (13.56)$$

解式（13.55）得到 *A*：

$$A = \frac{\alpha_{\mathrm{pps}}qB}{\phi c_t h m_{\mathrm{pss}}} = \frac{0.234 \times 542 \times 1.16}{0.12 \times (1.57 \times 10^{-5}) \times 120 \times 0.129} = 5.0 \times 10^6 \mathrm{ft}^2 \qquad (13.57)$$

假设裂缝处在正方形泄流范围的正中间，正方形的每一边长度为 5.0×10^6 的平方根，即 2236ft。全部穿透水力压裂裂缝半长为：

$$x_f 2236/2 = 1118\mathrm{ft} \qquad (13.58)$$

已找到一种方法对水力压裂裂缝半长进行估算，求解式（13.46）得到 *K* 可用于估算裂缝半长。选择 $t_e = 10000\mathrm{h}$ 处 *IRNP*′ = 3100psi，式（13.45）有：

$$m_{\mathrm{lf}} = \frac{2IRNP'}{\sqrt{t}} = \frac{2(3100)}{\sqrt{10000}} = 62 \qquad (13.59)$$

以及

$$K = \left(\frac{\alpha_{\mathrm{lf}}qB}{m_{\mathrm{lf}}hx_f}\right)^2 \left(\frac{\mu}{\phi c_t}\right) = \left(\frac{4.064 \times 542 \times 1.16}{62 \times 120 \times 1118}\right)^2 \left[\frac{0.8}{0.12 \times (1.57 \times 10^{-5})}\right]$$

$$= 0.0401\mathrm{mD} \qquad (13.60)$$

正方形泄流范围以及如上计算渗透率和裂缝半长所描述的整体模型如图 13.31（a）所示。引入一个正表皮来改进与观察累计产量拟合的情况。但是没有明显的区别，我们希望 *IRNP* 及其导数曲线与实际数据能有更好的拟合。

对表观表皮的解释就是裂缝的导流能力有限。注意到 $t_e = 10000\mathrm{h}$ 时的 *IRNP* 值 8722，式（13.43）能用于求解裂缝导流能力，如下：

$$K_f w = \frac{\frac{\alpha_p qB\mu}{h}\left(\frac{\pi}{3}\right)x_f}{IRNP - m_{\mathrm{lf}}\sqrt{t_e}} = \frac{\frac{141.2 \times 542 \times 1.16 \times 0.8}{120}\left(\frac{\pi}{3}\right) \times 1118}{8722 - 62 \times 100} = 275\mathrm{mD} \cdot \mathrm{ft}$$

$$\qquad (13.61)$$

然而，如果渗透率为 0.0401mD，式（13.53）估算到平行于裂缝的最近的边界距离为：

$$x_{\mathrm{el}} = \left(\frac{Kt_{\mathrm{eplf-u}}}{948\phi\mu c_t}\right)^{1/2} = \left[\frac{0.0401 \times 25000}{948 \times 0.12 \times 0.8 \times (1.57 \times 10^{-5})}\right]^{1/2} = 838\mathrm{ft} \qquad (13.62)$$

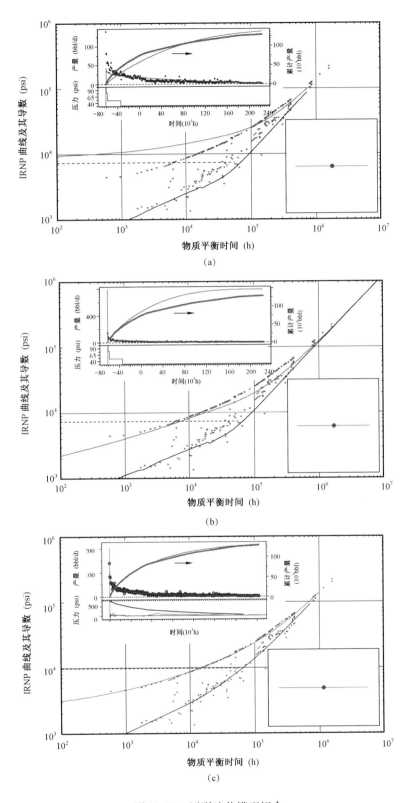

图 13.31　压裂油井模型拟合

如果裂缝在边界的正中间，离两边界距离分别为838ft，那么泄流范围的宽度为 $2 \times 838 = 1676$ft，其长度则为 $5.0 \times 10^{6}/1676 = 2983$ft。这种情况下的整体模型如图13.31(b)所示。第二种拟合使用的是有限导流能力裂缝及零表皮。这一拟合比 *IRNP* 要好，但是对于累计产量的拟合较差。

最后的整体模型拟合如图13.31(c)，其中渗透率为 0.03mD，裂缝半长为 1250ft，导流能力为 275mD·ft(无量纲导流能力约为20)，裂缝在一个拉长的泄流范围正中间,泄流范围长边长度为 $x_e = 2720$ft，是短边长度 $y_e = 1840$ft 的 1.4 倍，裂缝平行于长边排列。这说明压裂措施非常有效。第17章中介绍的整套裂缝设计方法能用于说明这条裂缝基本上能使井达到最大产量。

这个例子说明，没有拟径向流时进行分析是具一定难度的，若没有额外的信息如井的泄流范围形状，最后的整体模型拟合将不是唯一的。但是渗透率、裂缝半长、泄流面积维数可能的组合也不会对数据提供一个很好的拟合。表13.4 总结了 3 个整体模型拟合参数。

表13.4　例13.14 中模型拟合参数

参数	(a)	(b)	(c)
渗透率 K(mD)	0.0401	0.0401	0.03
裂缝半长 x_f(ft)	1120	1120	1250
裂缝导流能力 $K_f w$(mD·ft)	44000	275	275
裂缝表皮系数	0.6	0	0
无量纲导流能力 C_{fD}	2720	6.14	7.33
泄流长度(ft)	2240	2980	2720
泄流宽度(ft)	2240	1676	1844
原油储量(10^6bbl)	11.1	11.1	111.1

前面的例子说明，从扩展的生产数据中可以了解到很多信息。该井整个生产历史中没有压力恢复试井的记录。图13.32 为一口水力压裂气井的生产数据，包括几个压力恢复流动期。图13.33 给出了生产数据的 *IRNP* 及其导数曲线，并有标明可能的流态趋势的线段。最长的压力恢复期的双对数诊断曲线如图13.34 所示。后面的例子显示，即使这口井进行324h 的压力恢复，也完全受到裂缝主导，不能提供唯一的油藏渗透率值。

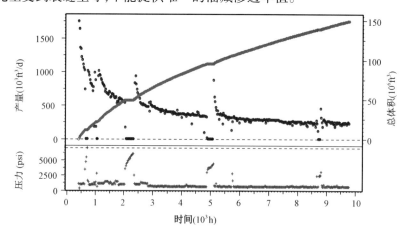

图 13.32　例 13.15 和例 13.16 中的产量和压力数据

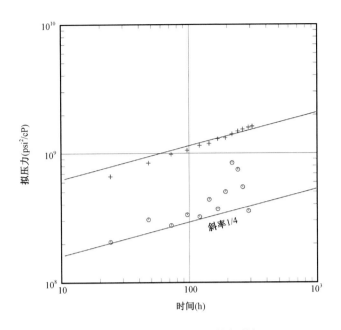

图 13.33　例 13.15 的压力恢复数据

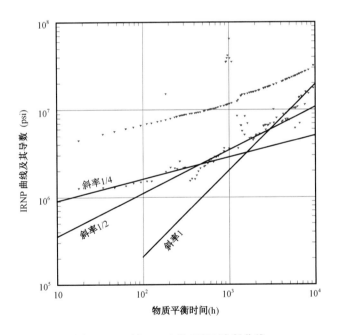

图 13.34　例 13.16 的 IRNP 诊断曲线

例 13.15　存在低导流能力裂缝的气井压力恢复分析

图 13.33 中的压力恢复试井数据来源于一口进行过水力压裂的气井,其原始油藏压力为 9590psi,油藏温度为 300℉, $h = 25\text{ft}$, $\phi = 0.09$, $S_w = 0.12$, $r_w = 0.333$。在这些条件下 $\mu = 0.036\text{cP}$, $c_g = 4.5 \times 10^{-5}\text{psi}^{-1}$, $Z = 1.39$。压力恢复试井前的累计产量为 $40 \times 10^9\text{ft}^3$,关井前的流量与井底流压分别为 $548 \times 10^3\text{ft}^3/\text{d}$ 和 975.6psi。由这些数据可以计算出哪些量?

解:

如例 13.14,图 13.33 所示,数据没有任何拟径向流的迹象。事实上,对于整个压力恢复过程,压力导数曲线存在斜率为 1/4 的直线段与双线性流相对应。对于时间 $\Delta t_{bf} = 100h$,拟压力变化量为 $\Delta p_{bf} = 3.5 \times 10^8 \text{psi}^2$。由式(13.48),$m_{bf}$ 的值由式(13.63)确定:

$$m_{bf} = \frac{4\Delta p'}{\sqrt[4]{\Delta t}} = \frac{4(3.5 \times 10^8)}{\sqrt[4]{100}} = 4.43 \times 10^8 \qquad (13.63)$$

由式(13.49),有:

$$K_f w \sqrt{K} = \left(\frac{10.1\alpha_{bf} q T_R}{m_{bf} h}\right)^2 \left(\frac{1}{\phi \mu c_g}\right)^{1/2}$$

$$= \left[\frac{10.1 \times 44.1 \times 548 \times 760}{(4.43 \times 10^8) \times 25}\right]^2 \left[\frac{1}{0.09 \times 0.036 \times (4.5 \times 10^{-5})}\right]^{1/2} \qquad (13.64)$$

$$= 0.736 \text{mD}^{3/2} \text{ft}$$

由于没有出现拟径向流,没有单独的参数可以确定。如果渗透率可以通过预处理测试确定,那么裂缝导流能力也能够确定。

由于数据中导数的最大值是水平线处的值 m',约 $4 \times 10^8 \text{psi}^2$,对于拟径向流则不可能低于此值。因此,油藏渗透率为:

$$K < \frac{711 q T_R}{m' h} = \frac{711 \times 548 \times 760}{(4 \times 10^8) \times 25} = 0.03 \text{mD} \qquad (13.65)$$

反过来,有:

$$K_f w > \frac{0.736}{\sqrt{0.03}} = 4.2 \text{mD} \cdot \text{ft} \qquad (13.66)$$

在例 13.15 中,即使是持续 324h(超过一周)的压力恢复,也只出现井筒和裂缝主导的变化。对于这些井,使用长期的生产数据能够比其他压力恢复试井提供更多的信息。下一个例子将说明对于与例 13.15 同样的井,从长期生产数据中能得到哪些信息。

例 13.16 带有低导流能力裂缝的井生产数据分析

将例 13.15 中的井长期的生产数据(井底压力和地面流量)绘制成图 13.34 中的 *IRNP* 曲线。此分析的参考流量为 $0.001\text{m}^3/\text{s} = 3.05 \times 10^3 \text{ft}^3/\text{d}$。数据是在近一年的生产过程中记录下来的。能够从这些数据得到哪些信息?

解:

IRNP 和导数曲线形态与例 13.15 压力恢复数据分析中观察到的 1/4 斜率曲线很相似。

选择 $t_e = 100h$ 时 $IRNP' = 1.85 \times 10^6 \text{psi}^2/\text{cP}$,根据式(13.48)有:

$$m_{bf} = \frac{4IRNP'}{\sqrt[4]{t_e}} = \frac{4 \times (1.85 \times 10^6)}{\sqrt[4]{100}} = 2.34 \times 10^6 \qquad (13.67)$$

由式(13.49)有:

$$K_f w \sqrt{K} = \left(\frac{10.1\alpha_{bf} q T_R}{m_{bf} h}\right)^2 \left(\frac{1}{\phi \mu c_g}\right)^{1/2} \qquad (13.68)$$

$$= \left[\frac{10.1 \times 44.1 \times 3.05 \times 760}{(2.34 \times 10^6) \times 25}\right]^2 \times \left[\frac{1}{0.09 \times 0.036 \times (4.5 \times 10^{-5})}\right]^{1/2}$$

$$= 0.816 \text{mD}^{3/2} \cdot \text{ft}$$

此结果与压力恢复试井分析得到的结果相近。其后，$IRNP$ 及其导数曲线出现线性流曲线斜率为 1/2 的特征。斜率为 1/2 的线段能够代表流向中等导流能力水力压裂裂缝或封闭边界的拟线性流。对于中等导流能力水力压裂裂缝，选择 $t_e = 1000\text{h}$ 时，$IRNP' = 3.4 \times 10^6 \text{psi}^2/\text{cP}$，由式（13.45）有：

$$m_{\text{lf}} = \frac{2IRNP'}{\sqrt{t_e}} = \sqrt{\frac{2 \times (3.4 \times 10^6)}{1000}} = 2.15 \times 10^5 \qquad (13.69)$$

反过来，由式（13.46）有：

$$x_f \sqrt{K} = \frac{10.1\alpha_{\text{lf}}qT_R}{m_{\text{lf}}h}\left(\frac{1}{\phi\mu c_g}\right)^{1/2} \qquad (13.70)$$

$$= \frac{10.1 \times 4.034 \times 3.05 \times 760}{(2.15 \times 10^5) \times 25}\left[\frac{1}{0.09 \times 0.036 \times (4.5 \times 10^{-5})}\right]^{1/2} = 46\text{mD}^{1/2} \cdot \text{ft}$$

由于数据中导数的最大值是水平线处的值 m'，约 $2 \times 10^7 \text{psi}^2/\text{cP}$，对于拟径向流则不可能低于此值。因此，油藏渗透率为：

$$K < \frac{711qT_R}{m'h} = \frac{711 \times 548 \times 760}{(4 \times 10^8) \times 25} = 0.03\text{mD} \qquad (13.71)$$

反过来，由式（13.64）有：

$$K_f w > 0.816/\sqrt{0.0033} = 14.2\text{mD} \cdot \text{ft}$$

以及

$$x_f > 46/\sqrt{0.0033} = 801\text{ft}$$

而且，如果图 13.34 中的单位斜率直线段代表拟稳态流动，那么由式（13.53）以及使用时间 5000h 时的 $IRNP = 7 \times 10^7 \text{psi}^2/\text{cP}$，泄流面积至少为：

$$A = \frac{10.1\alpha_{\text{pps}}qT_R}{\phi\mu c_t h m_{\text{pss}}} = \frac{10.1 \times 0.234 \times 3.05 \times 760}{0.09 \times 0.036 \times (4.5 \times 10^{-5}) \times 25 \times (7 \times 10^7/5000)} \qquad (13.72)$$

$$= 1.07 \times 10^5 \text{ft}^2$$

图 13.35 所示的整体模型拟合对产量和未包括泄流边界的累计产量拟合得很好。这一拟合的参数已在表 13.5 中给出。

这个例子可解决的更多工作将在本章结尾处给出。

13.4.4.5 水平井

水平井中可能出现很多种流态。图 13.36 所示的一系列流态都可能在水平井中观察到。水平井分析中的未知参数包括水平渗透率值 K_x 和 K_y，垂向渗透率 K_z，井的有效流动长度，井偏距（如果井下有水，则是到水面之间的距离；如果井上有气顶的话，则是到气顶之间的距离），地层厚度（因为通常钻井时没有事先钻一个穿透整个地层厚度的导眼），以及到泄流边界的距离。

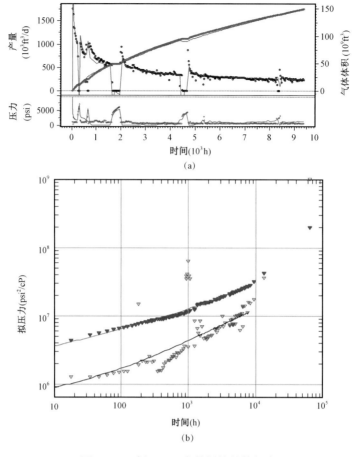

(a)

(b)

图 13.35　例 13.16 中数据的整体拟合

表 13.5　例 13.16 中模型拟合参数

参数	数值
渗透率 $K(\text{mD})$	0.000974
裂缝半长 $x_f(\text{ft})$	1300
裂缝导流能力 $K_f w(\text{mD} \cdot \text{ft})$	35
裂缝表皮系数	0
无量纲导流能力 C_{fD}	28

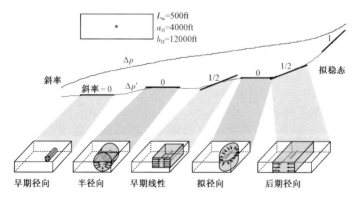

图 13.36　水平井中的流态

与水力压裂井类似,在压力恢复试井分析中水平井能长时间主导压力不稳定变化情况,而生产数据能够确定更多所需参数。另外,如图 13.29 所示的测试或多探头地层测试能够确定垂直和水平方向的几何平均渗透率以及地层厚度,并且能够更可靠和完整地分析水平井的生产数据或后续压力恢复试井数据。

Lee 等(2003)的专著中有一整章是关于水平井不稳定试井解释的,并且提供了流态方程,能够用于进行类似本章所给出的分析。由于水平井试井解释理论技术要求很高,我们将它留给读者查阅这些参考文献,以便获取更多信息。

13.4.4.6 裂缝标定注入衰减

在低渗地层,通常不可能通过常规预处理压力恢复试井确定渗透率,因为如果没有水力压裂增产措施,油藏流体不能流向井筒。然而,第 17 章证明了渗透率对于水力压裂设计的重要性。另外,前面部分中的例子说明了在水力压裂处理之后确定渗透率的难点根据生产数据确定渗透率的所需时间。压裂标定注入衰减测试,商业上叫作微型压裂或诊断压裂注入测试(DFIT),该方法在主要的水力压裂措施之前确定地层渗透率和压力,在渗透率非常低的地层中也适用。

注入压裂液是为了在主要的压裂措施中憋起足够高的压力在地层中造缝,它可以产生一条未加支撑剂的裂缝。当注入停止时,未加支撑剂的裂缝闭合。在注入结束后的压力降低过程中,观察到的压力不稳定动态能够用于确定以下 3 个参数:

(1)地层闭合应力,与沿岩石剖面的最小主应力平均值相对应;

(2)压裂液漏失系数 C_L;

(3)压裂液效率 η。

第 17 章将阐述如何使用这些参数来设计主要水力压裂措施。这些参数根据所观测的压力降低直到裂缝闭合的动态过程而确定。如果裂缝闭合后观察到压力长时间持续变短,那么也可以确定地层渗透率和压力。分析裂缝闭合后观察到的压力降低动态情况称为闭合后分析(ACA)。

Barree,Barree 和 Craig(2009)根据其他不同的作者研究总结了进行 ACA 的方法。然而Mohamed,Nasralla,Sayed,Marongiu - Porcu 以及 Ehlig - Economides(2011)建议使用前述的压力及其导数的双对数诊断曲线进行该分析,而且 Marongiu - Porcu,Ehlig - Economides 以及Economides(2011)给出了用于直接根据诊断曲线估算参数并建立整个压力降低响应过程的整体模型的方程。

图 13.37 给出了裂缝标定测试的一般作业顺序示意图。注入与用于主要压裂措施同样类型的液体对地层加压直到出现岩石破裂,破岩之后裂缝继续延伸直到停泵,在这时压力开始下降。由于摩擦损失,压力瞬时降低到标示为 ISIP(瞬时关井压力)的值。如果压力在井口记录,那么瞬时压力降一般很大,但是当记录的是井底压力时,瞬时压力降主要是由于近井地带的压力损失造成的。

为了绘制双对数诊断曲线,压力变化量按照 $\Delta p = ISIP - p_{ws}(\Delta t)$ 计算。压力导数用 Horner时间方程计算以表示叠加时间,用物质平衡时间代表注入时间。图 13.36 所示的是 CottonValley 砂岩地层一口井进行裂缝标定测试的双对数诊断曲线。

裂缝闭合前的主要流态是由 Nolte(1979)的 g – 方程,$g(\Delta t_D, \alpha)$ 所描述的动态主导的。Valko 和 Economides(1995)对 Nolte 著名的幂律裂缝面增长假设的无量纲 g – 方程,$g(\Delta t_D, \alpha)$ 提出了一个解析式。而实际的解析式非常复杂,Nolte 对流体效率约等于 100% 时提出一个上

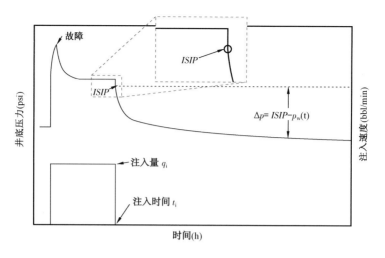

图 13.37 裂缝标定测试观察到的作业顺序图示

界限制形式为：

$$g(\Delta t_{\mathrm{D}}, \alpha = 1) = \frac{4}{3}\left[(1 + \Delta t_{\mathrm{D}})^{\frac{3}{2}} - \Delta t_{\mathrm{D}}^{\frac{3}{2}}\right] \tag{13.73}$$

除了压裂早期，直到裂缝闭合时，压力都由式（13.74）表示：

$$p_{\mathrm{w}} = b_{\mathrm{N}} + m_{\mathrm{N}} g(\Delta t_{\mathrm{D}}, \alpha) \tag{13.74}$$

其中 b_{N} 和 m_{N} 是常数，由式（13.75）确定：

$$b_{\mathrm{N}} = p_{\mathrm{c}} + S_{\mathrm{f}} V_{\mathrm{i}}/A_{\mathrm{e}} \tag{13.75}$$

及

$$m_{\mathrm{N}} = -2 S_{\mathrm{f}} C_{\mathrm{L}} \sqrt{t_{\mathrm{e}}} \tag{13.76}$$

式中：p_{c} 是裂缝闭合压力，psi；S_{f} 是裂缝刚度，psi；V_{i} 是注入总体积，ft^3；A_{e} 是最终的造缝面积；C_{L} 是漏失系数；t_{e} 是停泵时间，h；Δt_{D} 是注入结束后的时间间隔除以停泵时间 t_{e}；α 是裂缝延伸模型的幂指数。因此在式（13.73）中出现时间的指数 3/2，说明压力对叠加时间的自然对数求导得到的导数曲线斜率将为 3/2。因此，裂缝闭合前的动态将很容易地从双对数诊断曲线中识别出来，对裂缝闭合时间 t_{c}，裂缝闭合压力根据从在斜率为 3/2 直线段的末端观察到的压力变化量计算如下：

$$p_{\mathrm{c}}(t_{\mathrm{c}}) = ISIP - \Delta p(t_{\mathrm{c}}) \tag{13.77}$$

常数 b_{N} 和 m_{N} 根据导数曲线上闭合时间处的点计算为：

$$m_{\mathrm{N}} = \frac{\Delta p'}{2\Delta t_{\mathrm{D_c}}^{5/2} \tau_{\mathrm{c}}(1 - \tau_{\mathrm{c}}^{1/2})} \tag{13.78}$$

$$b_{\mathrm{N}} = p_{\mathrm{c}} - m_{\mathrm{N}} \frac{4}{3}\Delta t_{\mathrm{D_c}}^{\frac{3}{2}}\left(\tau_{\mathrm{c}}^{\frac{3}{2}} - 1\right) \tag{13.79}$$

其中 $\Delta t_{\mathrm{D_c}} = \Delta t_{\mathrm{c}}/t_{\mathrm{e}}$，$\tau_{\mathrm{c}} = \Delta t_{\mathrm{c}}/(\Delta t_{\mathrm{c}} + t_{\mathrm{e,adj}})$。表 13.6 基于 Shlyapobersky 等（1998）初滤失可以忽略不计的假设，给出 $b_{\mathrm{N}}, m_{\mathrm{N}}$ 和漏失系数 C_{L}，裂缝高度 h_{f}，平均裂缝最大宽度 $\overline{w_{\mathrm{e}}}$ 以及流体效率 η

之间的关系。分析有利于裂缝标定测试的两种裂缝模型为 KGD 和径向模型。其中,径向裂缝发生在延伸的裂缝高度小于地层厚度时。对于裂缝延伸模型更多的内容,读者可参见第 17 章。

表 13.6　裂缝标定分析模型

裂缝模型	径向	PKN	KGD
α	8/9	4/5	2/3
缝高	$R_f = \sqrt[3]{\dfrac{3E'V_i}{8(b_N - p_c)}}$	$h_f = \sqrt{\dfrac{2E'V_i}{\pi x_f(b_N - p_c)}}$	$h_f = \dfrac{E'V_i}{\pi x_f^2(b_N - p_c)}$
漏失系数	$C_L = 3\,\pi\dfrac{8R_f}{4}\dfrac{}{\sqrt{t_e E'}}(-m_N)$	$C_L = \dfrac{\pi}{4}\dfrac{h_f}{\sqrt{t_e E'}}(-m_N)$	$C_L = 2\dfrac{\pi}{4}\dfrac{h_f}{\sqrt{t_e E'}}(-m_N)$
缝宽	$\overline{w}_e = \dfrac{V_i}{R_f^2\dfrac{\pi}{2}}$ $-2.754C_L\sqrt{t_e}$	$\overline{w}_e = \dfrac{V_i}{R_f^2\dfrac{\pi}{2}}$ $-2.830C_L\sqrt{t_e}$	$\overline{w}_e = \dfrac{V_i}{R_f^2\dfrac{\pi}{2}}$ $-2.956C_L\sqrt{t_e}$
流体效率	$\eta_e = \dfrac{\overline{w}_e R_f^2\dfrac{\pi}{2}}{V_i}$	$\eta_e = \dfrac{\overline{w}_e x_f h_f}{V_i}$	$\eta_e = \dfrac{\overline{w}_e x_f h_f}{V_i}$

裂缝闭合后,压力继续降低,但是其后压力降低过程受通过延伸裂缝面的压裂液漏失相对应的压力扩散不稳定过程影响越来越大。因为在延伸过程中裂缝中的压力梯度可以忽略不计,延伸的裂缝为有效的无限导流能力。因此压力降低过程仅仅受到拟线性流和拟径向流主导。在某些情况下,拟线性流可能会因裂缝闭合前的动态而忽视。如果压力降低数据收集的时间足够长,那么最后的拟径向流能用于估算地层渗透率和压力。而如果拟线性流可以在导数曲线中作为斜率为 1/2 的线段可见,可渗透地层岩石另一侧的压裂区域面积 A_f 可以通过重新整理的式(13.46)估算得到:

$$\left.\begin{aligned} A_f &= \frac{\alpha_{lf}qB}{m_{lf}}\left(\frac{\mu}{K\phi c_t}\right)^{1/2} \quad\text{(油)}\\ A_f &= \frac{10.1\alpha_{lf}qT_R}{m_{lf}}\left(\frac{1}{K\phi\mu c_g}\right)^{1/2} \quad\text{(气)} \end{aligned}\right\} \tag{13.80}$$

反过来,裂缝半长为:

$$x_f = \sqrt{A_f} = \frac{h_f}{2} \quad\text{或}\quad x_f = \frac{A_f}{2h}(若 A_f < h^2) \tag{13.81}$$

式(13.81)考虑了两种可能性。当可渗透地层岩石另一侧压裂范围小于边长等于地层厚度的正方形时,径向裂缝延伸模型符合要求。当可渗透地层岩石另一侧压裂范围大于 h^2,$x_f > h_f$,则 PKN 裂缝延伸模型符合要求。

例 13.17　根据裂缝标定测试进行裂缝闭合后分析

图 13.38 所示的压力降低情况是来源于在 Cotton Valley 砂岩中进行的裂缝标定测试,其参数为 $B_g = 0.0043$,$\mu_g = 0.0223$cP,$c_t = 9.1 \times 10^{-5}$psi^{-1},$h = 15$ft,$\phi = 0.065$,$r_w = 0.354$ft,以及 $T_R = 270$℉。这个测试是按照"阶梯式流量测试"进行的,从 0.5bbl/min 开始,到 2.5bbl/min 结束,总体积为 36.25bbl 3% 的 KCl 盐水注入了 19min,对应的校正注入时间为 36.25/2.5 = 14.5min(0.242h)。

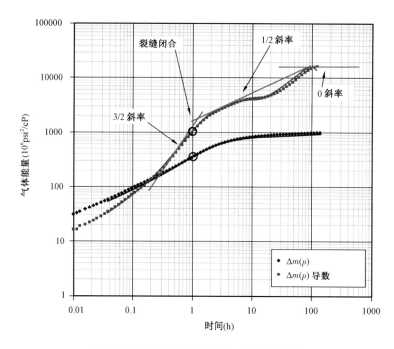

图 13.38　裂缝标定测试的双对数诊断曲线

最终的注入压力为 7287psi，或 $m(p) = 2.42 \times 10^9 \mathrm{psi}^2/\mathrm{cP}$。估算地层渗透率和压力以及裂缝半长。

解：

在图 13.38 中，压力降低结尾处导数曲线出现水平段，其值 $m' = 1.8 \times 10^{10} \mathrm{psi}^2/\mathrm{cP}$。注意盐水 2.5bbl/min 的注入量在井筒条件下产生的体积替换等于 $4700 \times 10^3 \mathrm{ft}^3/\mathrm{d}$ 的产量，由式 (13.17) 有：

$$K = \frac{711 q_\mathrm{g} T_\mathrm{R}}{m' h} = \frac{711 \times 4700 \times 730}{1.8 \times 10^{10} \times 15} = 0.0090 \mathrm{mD} \tag{13.82}$$

而对于校正注入时间 $t_{\mathrm{e,adj}} = 0.242\mathrm{h}$，由式 (13.19) 有：

$$
\begin{aligned}
m(p^*) &= m' \ln\left(\frac{t_{\mathrm{e,adj}} + \Delta t}{\Delta t}\right) + \Delta m(p_{\mathrm{IARF}}) + m[p_{\mathrm{wf}}(t_\mathrm{p})] \\
&= -1.8 \times 10^{10} \ln\left(\frac{0.242 + 105}{105}\right) - 1.06 \times 10^9 + 2.42 \times 10^9 \\
&= 1.32 \times 10^9 \mathrm{psi}^2/\mathrm{cP}
\end{aligned}
\tag{13.83}
$$

$1.32 \times 10^9 \mathrm{psi}^2/\mathrm{cP}$ 对应于压力 4813psi。

已经找到一种方法估算渗透率，式 (13.46) 能够用于估算裂缝半长。选择 $\Delta t = 4\mathrm{h}$ 时的 $\Delta m(p)' = 3.25 \times 10^9 \mathrm{psi}^2/\mathrm{cP}$，由式 (13.45) 有：

$$m_{\mathrm{lf}} = \frac{2 \Delta m(p')}{\sqrt{t}} = \frac{2 \times (3.25 \times 10^9)}{\sqrt{4}} = 3.25 \times 10^9 \tag{13.84}$$

而由式 (13.80) 有：

$$A_f = 2x_fh = \frac{10.1\alpha_{lf}qT_R}{m_{lf}}\left(\frac{1}{K\phi\mu c_g}\right)^{1/2}$$

$$= \frac{10.1 \times 4.064 \times 4700 \times 730}{3.25 \times 10^9} \times \left[\frac{1}{0.065 \times 0.0223 \times (9.1 \times 10^{-5}) \times 0.009}\right]^{1/2}$$

$$= 1257ft^2 \tag{13.85}$$

在此处，$\sqrt{A_f} = 35ft$ 大于地层厚度。因此由式（13.81），裂缝半长估计为 42ft。

尽管这些不是从标准的压力不稳定试井分析得到的，裂缝闭合应力、漏失系数、压裂液系数是进行主要水力压裂措施设计的重要参数。下一个例子将阐述根据图 13.38 中诊断曲线估算这些参数。

例 13.17 根据裂缝标定测试进行裂缝闭合前分析

再次使用图 13.38 中的压力降低动态数据，$ISIP = 7287psi$，估算闭合应力，漏失系数以及压裂液效率。平面弹性模量为 $E' = 6 \times 10^6 psi$。

解：

在图 13.38 中，裂缝闭合时间 1h 是在裂缝闭合过程中观察到导数曲线开始偏离 3/2 斜率处确定的。在注入停止后 1h，记录下来的压力为 6371psi，压力导数为：

$$\Delta p' = \frac{dp}{d\ln \tau} = \frac{dp}{dm(p)}RNP' = (2.211 \times 10^{-6}) \times (1.35 \times 10^9) = 2985psi/cycle \tag{13.86}$$

对注入时间 $14.5/60 = 0.242h$，无量纲时间间隔 $\Delta t_{D_c} = \Delta t_c/t_e = 1/0.242 = 4.138$，叠加时间为 $\tau_c = (\Delta t_c + t_e)/\Delta t_c = (14.5 + 60)/60 = 1.242$。在裂缝单翼中注入的体积为 $V_i = 36.25 \times 5.615/2 = 102ft^3$。

由式（13.78）有：

$$m_N = \frac{\Delta p'}{2\Delta t_{D_c}^{5/2}\tau_c(1 - \tau_c^{1/2})} = \frac{2985}{2(4.138)^{5/2} \times 1.242 \times (1 - 1.242^{1/2})} = -301.5 \tag{13.87}$$

而由式（13.79）有：

$$b_N = p_c - m_N\frac{4}{3}\Delta t_{D_c}^{\frac{3}{2}}\left(\tau_c^{\frac{3}{2}} - 1\right) \tag{13.88}$$

$$= 6371 + 301.5 \times \left(\frac{4}{3}\right) \times \left[4.138^{3/2} \times (1.242^{3/2} - 1)\right] = 7671psi$$

由表 13.6 中 PKN 模型缝高公式，并使用平面弹性模量 $E' = 6 \times 10^6 psi$，有：

$$h_f = \sqrt{\frac{2E'V_i}{\pi x_f(b_N - p_c)}} = \sqrt{\frac{2 \times (6 \times 10^6) \times 102}{\pi \times 42 \times (7671 - 6371)}} = 84.5ft \tag{13.89}$$

漏失系数

$$C_L = \frac{\pi h_f}{4\sqrt{t_e}E'}(-m_N) = \frac{\pi(84.5)}{4\sqrt{14.5 \times (6 \times 10^6)}} \times 301.5 = 0.00088\text{ft/ min}^{1/2} \quad (13.90)$$

缝宽

$$\overline{w_e} = \frac{V_i}{R_f^2 \frac{\pi}{2}} - 2.830 C_L \sqrt{t_e}$$

$$\qquad\qquad\qquad\qquad (13.91)$$

$$= \frac{102}{42 \times 84.5} - 2.830 \times 0.00088 \sqrt{14.5} = 0.0138\text{ft} = 0.232\text{in}$$

压裂液效率

$$\eta_e = \frac{\overline{w_e}x_f h_f}{V_i} = \frac{0.0138 \times 42 \times 84.5}{102} = 67\% \quad (13.92)$$

根据例 13.17 和例 13.18 估算的参数对测试数据进行整体拟合,如图 13.39 所示。

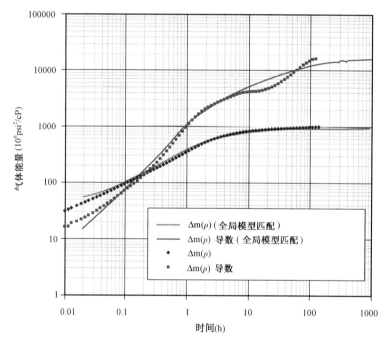

图 13.39　对例 13.16 和例 13.17 进行的整体压力拟合

参 考 文 献

［1］Arps,J. J. ,"Analysis of Decline Curves,"Trans. AIME,160:228 – 247(1945).

［2］Barree,R. D. ,Barree,V. L. ,and Craig,D. P. ,"Holistic Fracture Diagnostics:Consistent Interpretation of Prefrac Injection Test Using Multiple Analysis Methods,"SPE Production & Operations,396 – 406 (August 2009).

［3］Chatas,A. T. ,"Unsteady Spherical Flow in Petroleum Reservoirs," SPEJ,102 – 114 (June 1966).

［4］Clark,N. J. ,and Schultz,W. P. ,"The Analysis of Problem Wells," The Petroleum Engineer 28:B30 – B38 (September 1956).

［5］Dobkins,T. A. ,"Improved Methods to Determine Hydraulic Fracture Height,"JPT,719 – 726 (April 1981).

［6］Dupree,J. H. ,"Cased – Hole Nuclear Logging Interpretation,Prudhoe Bay,Alaska," The Log Analyst,162 –

177（May – June 1989）.

［7］ Earlougher,Robert C. ,Jr. ,Advances in Well Test Analysis,Society of Petroleum Engineers,Dallas,TX,1977.

［8］ Economides,M. J. ,and Nolte,K. G. ,Reservoir Stimulation,2nd ed. ,Prentice Hall,Englewood Cliffs,NJ,1989.

［9］ Economides,M. J. ,and Nolte,K. G. ,Reservoir Stimulation,third ed. ,Wiley,Hoboken,NJ,2000.

［10］ Evenick,J. C. ,Introduction to Well Logs and Subsurface Maps,PennWell Corporation,2008.

［11］ Frick,T. C. ,and Taylor,R. W. ,eds. ,Petroleum Production Handbook,Volume Ⅱ—Reservoir Engineering, 43 – 46,Society of Petroleum Engineers,Richardson,TX,1962.

［12］ Hill,A. D. ,Production Logging：Theoretical and Interpretive Elements,Society of Petroleum Engineers,Richardson,TX,1990.

［13］ Lee,J. ,Rollins,J. B. ,and Spivey,J. P. ,Pressure Transient Testing,SPE Textbook Series Vol. 9,Society of Petroleum Engineers,Richardson,TX,2003.

［14］ Mohamed,I. M. ,Nasralla,R. A. ,Sayed,M. A. ,Marongiu – Porcu,M. ,and Ehlig – Economides,C. A. ,"Evaluation of After – Closure Analysis Techniques for Tight and Shale Gas Formations,"SPE Paper 140136,2011.

［15］ Moran,J. H. ,and Finklea,E. E. ,"Theoretical Analysis of Pressure Phenomena Associated with the Wireline Formation Tester,"JPT,899 – 908（August 1962）.

［16］ Morangiu – Porcu,M. ,Ehlig – Economides,C. A. ,and Economides,M. J. ,"Global Model for Fracture Falloff Analysis,"SPE Paper 144028,2011.

［17］ Muskat,Morris,Physical Principles of Oil Production,McGraw – Hill,New York,1949.

［18］ Nelson,E. B. ,ed. ,Well Cementing,Elsevier,Amsterdam,1990.

［19］ Nolte,K. G. ,"Determination of Fracture Parameters from Fracturing Pressure Decline."SPE Paper 8341,1979.

［20］ Schlumberger,"Schlumberger's Cement – Scan Log – A Major Advancement in Determining Cement Integrity," SMP Paper 5058,Houston,TX,1990.

［21］ Shlyapobersky,J. ,Walhaug,W. W. ,Sheffield,R. E. ,Huckabee,P. T. ,"Field Determination of Fracturing Parameters for Overpressure Calibrated Design of Hydraulic Fracturing,"SPE Paper 18195,1998.

［22］ Timmerman,E. H. ,Practical Reservoir Engineering,Volume Ⅱ,PennWell Books,Tulsa,OK,1982.

［23］ Valkó,P. P. ,and Economides,M. J. ,Hydraulic Fracture Mechanics,John Wiley & Sons,Chichester,England,1995.

［24］ Villareal,S. ,Pop,J. ,Bernard,F. ,Harms,K. ,Hoefel,H. ,Kamiya,A. ,Swinburne,P. ,and Ramshaw,S. , "Characterization of Sampling While Drilling Operations,"IADC/SPE Paper 128249,2010.

习　　题

13.1 油藏 B 中一口注水井对新层段(层段 A)射孔。在对新层段射孔之前,当地面油管压力为 250psi 时,注入到井中的流量为 4500bbl/d;射孔后,250psi 时的流量为 4700bbl/d。预计新层段至少吸收了此压力下 2000bbl/d 的注入水。此井中的老层段(层段 B)位于新层段之下20ft 处,已经注水了 8 年。

了解为什么射孔新层段没有按照设想的数目增加总的注入量。首先,列出层段 A 表观注入量低的原因;针对这个问题然后描述你会推荐进行的生产测井或其他的测试,给出推荐的测井或测试的优先次序。

13.2 油藏 A 中一口生产井连续产水(含水率 50%)。为了确定连续产水的来源,获取了温度测井,篮式流量计测井以及流体密度测井结果(图 13.13)。对这口井,$B_o = 1.3$,$B_w = 1.0$,在井底条件下 $\rho_o = 0.85 \mathrm{g/cm^3}$ 和 $\rho_w = 1.05 \mathrm{g/cm^3}$。哪个层段看起来产出了大多数的水量? 根据这些测井结果能够确定大量产水的原因吗? 对你的回答进行解释。

13.3 一口油井因为气顶出现气锥而连续产气,该井不产水。假设对两个层段进行射孔,请用简图表示你认为从这口井获取的温度测井、噪声测井、流体密度测井的可能结果。

13.4 水驱过程中一口注水井注入能力异常高(图13.40)。描述一下诊断注入能力异常高你准备采取的生产测井或其他测试。

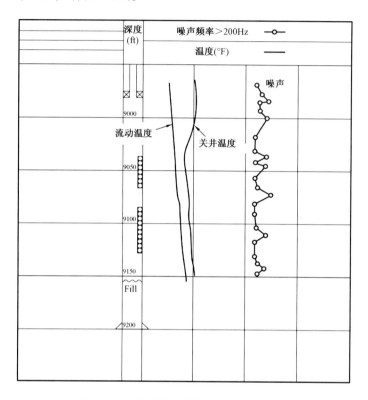

图13.40 某井噪声测井和温度测井曲线

13.5 对例13.13中的井估算外推压力 p^*,计算油藏的 I_{ani}。这个地层适合钻水平井吗?为什么?

13.6 例13.13中分析得到水平和垂直渗透率分别为343mD和9.3mD,表皮系数为10.3,鉴于厚度为138ft的地层只有顶部50ft射孔了。用Papazakos方程[式(6.20)]求有限流入表皮以估算流动层段另一侧的伤害表皮。

13.7 根据图13.31(c)所示的井,确定其产能指数,然后估计这口井的表皮(提示:通过物质平衡确定平均压力;然后用提供的数据确定当井达到拟稳态时的 q 和 p_{wf} 值)。

13.8 图17.2设计裂缝半长,导流能力和表皮系数。根据图13.31中最后的井特征估算表皮系数,然后与前面问题的结果对比。哪个表皮是正确的?为什么?

13.9 用式(13.72)计算井最小的泄流半径。这个结果与其他估算的参数相矛盾吗?图13.35中的模型拟合也具有图13.34中标出的单位斜率直线段吗?这能为你提供关于图13.34中标出单位斜率线段的什么信息?根据表13.15中所示的模型拟合结果,这口井的最小泄流半径是多少?

13.10 对于在钻水平井之前钻的导眼中进行的有限流入测试,其诊断曲线如图13.41所示。DST封隔器在地层的基础上已经打开流动了5ft。油藏、流体以及井的特性参数如下: $\phi = 16\%$, $h = 85$ft, $B_o = 1.3$bbl(油藏)/bbl, $\mu_o = 0.6$cP, $c_t = 13 \times 10^{-6}$psi^{-1}, $r_w = 0.33$ft, $q = 50$bbl/d,

$t_p = 6\mathrm{h}, p_{wf}(t_p) = 3345.87\mathrm{psi}$。估算井筒储集系数,总表皮系数,水平和垂直渗透率,以及外推压力。估算流动层另一侧的伤害表皮。

13.11 在一口水力压裂油井中进行的后处理压力恢复试井如图13.42所示。井、油藏、流体参数如下:$t_p = 1000\mathrm{h}, q = 1500\mathrm{bpd}, p_{wf}(t_p) = 3345.87\mathrm{psi}, \phi = 17\%, h = 100\mathrm{ft}, B_o = 1.2\mathrm{bbl}($油藏$)/\mathrm{bbl}, \mu_o = 0.8\mathrm{cP}, c_t = 1.2 \times 10^{-6}\mathrm{psi}^{-1}, r_w = 0.328\mathrm{ft}$。估算井筒储集系数、水平渗透率、裂缝半长以及导流能力;使用图17.2来估算裂缝表皮;对40acre的井距计算井的产能。

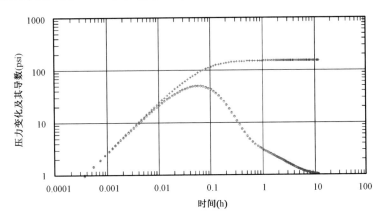

图 13.41 习题 13.10 的诊断曲线

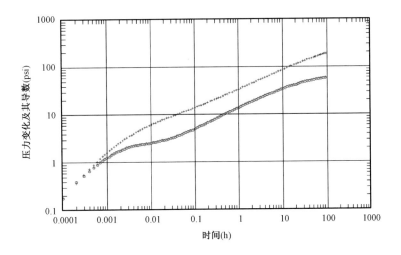

图 13.42 习题 13.11 的压力恢复数据

第14章 基质酸化:酸/岩反应

14.1 简介

基质酸化是将酸溶液注入到地层中以溶解某些矿物,恢复或增加近井地带渗透率的油气井增产措施。最常用的酸为盐酸,主要用于溶解碳酸盐类的矿物,氢氟酸和盐酸(HF/HCl)的混合物则用于溶解硅酸盐类的矿物,如黏土和长石。由于传统的钻井液(钻井"泥浆")是膨润土的悬浮液,HF—HCl的混合液(也就是俗称的土酸)能有效溶解膨润土颗粒。其他酸液,尤其是一些有机弱酸,有着特殊的用途。基质酸化是一种近井处理措施,在砂岩地层中酸反应的影响范围约为井筒周围1ft,在碳酸盐岩地层中少数可能能深入到井筒周围10~20ft的范围。

酸处理措施称为基质酸化,是因为注酸压力小于地层破裂压力,因而没有造缝。其目的是为了大幅度提高或恢复近井地带的渗透率,而无法影响大部分的油藏。

尽管基质酸化和酸化压裂都能用于碳酸盐岩地层,且都使用酸液,但不应将它们混为一谈,因为它们所应用的油藏往往不同。酸化压裂的注酸压力高于地层破裂压力,通过对裂缝壁面的不均匀溶蚀以形成高导流能力的通道。因此,相比于基质酸化,酸化压裂与普通的加支撑剂压裂有更多共同之处。酸化压裂有时用于渗透率相对高的地层中解除地层伤害。但是,渗透率相对低的碳酸盐岩油藏可能也会使用酸化压裂。对这些油藏,必然要与加支撑剂的普通压裂进行对比,考虑处理后的预计产量和成本。酸化压裂将在第16章中介绍。

基质酸化能显著提高地层受到伤害的油井产能,而对那些无地层伤害的井效果并不明显。在砂岩油藏中,基质酸化一般只用在当一口井有着很高的表皮系数的情况下,而高表皮系数又不是由于射孔打开程度不完善、射孔效率或完井的其他机械方面的因素造成时。碳酸盐岩地层中酸化处理产生的酸蚀孔洞可在伤害井径向上实现足够的穿透距离,从而获得很大的增产效果。因此,在碳酸盐岩油藏中,基质酸化通常在没有地层伤害时使用。

例14.1 酸化处理伤害和未伤害油气井可能带来的好处

假设附录A中提到的井周边1ft的区域受到地层伤害($r_w = 0.328ft$)。井的泄流面积为40acre,即泄流半径为745ft($r_e = 745ft$)。计算酸处理消除伤害后的产能指数与消除伤害前的产能指数之比,伤害区域内渗透率为未伤害渗透率的5%~100%。然后,假设该井原来没有受到地层伤害,使用酸化处理使井筒周围1ft范围内的渗透率增加为原始渗透率的20倍(酸液穿透1ft距离是砂岩酸化处理中的典型情况)。计算实施该措施后产能指数与未伤害井的产能指数之比。在这两种情况下,均假设稳态流动,并且没有机械表皮影响。按照碳酸盐岩地层中的情况,重复上述计算,假设酸液提高了井筒周围20ft范围内的渗透率。

解:

未饱和油藏中井的产能由式(2.13)确定。计算采取增产措施之后的产能指数与伤害井的产能指数之比,注意,当伤害消除后$S = 0$,则有:

$$\frac{J_s}{J_d} = \frac{\ln(r_e/r_w) + S}{\ln(r_e/r_w)} \qquad (14.1)$$

表皮效应通过 Hawkins 公式[式(5.4)]将渗透率和伤害区域相联系。把 S 带入到式(14.1)中有:

$$\frac{J_s}{J_d} = 1 + \left(\frac{1}{X_d} - 1\right)\frac{\ln(r_e/r_w)}{\ln(r_e/r_w)} \qquad (14.2)$$

其中 X_d 是式(5.4)中伤害渗透率与未伤害渗透率之比 K_s/K。对 X_d 从 0.05 变化到 1,由式(14.2)所得的结果如图 14.1。对于严重伤害的情况,伤害区域的渗透率是原始渗透率的 5%,伤害井的表皮系数为 26,而酸处理消除伤害后,井的产能指数增加为原来的 4.5 倍。伤害渗透率为原始渗透率的 20%(由钻井导致伤害的典型情况),原始的表皮系数是 5.6,消除伤害后产能指数增加了 79%。

对于在未伤害井中进行酸化增产措施的情况,增产井产能指数与原始的产能指数之比为:

$$\frac{J_s}{J_o} = \frac{1}{1 + [(1/X_s) - 1][\ln(r_s/r_w)/\ln(r_e/r_w)]} \qquad (14.3)$$

其中 X_s 是采取增产措施后的渗透率与原始渗透率之比。图 14.2 是利用式(14.3)计算的 X_s 从 1 变化到 20 的图像。对于未伤害井,在井筒周围 1ft 范围内提高渗透率可使 X_s 增大为 20,然而所带来产能指数增长却只有 21%。事实上,如果在这 1ft 区域内渗透率是无限大的(没有流动阻力),产能也只会增加 22%。然而,如果像在碳酸盐岩地层中那样,用酸液对井周围 20ft 范围内的地层进行处理改造,井的产能将会加倍。

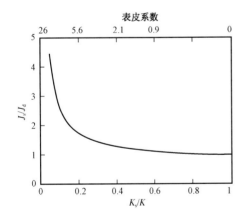

图 14.1 酸化处理消除伤害之后产能增加情况

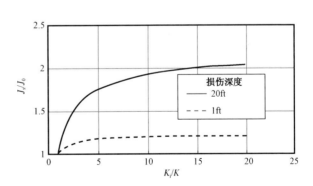

图 14.2 对未伤害井进行酸化处理后产能增加情况

该例子说明,当酸的穿透距离较小的情况下,基质酸化对消除地层伤害起主要作用。对于低渗透砂岩油藏,水力压裂是唯一可能使得未伤害井产能明显提高的增产措施。在碳酸盐岩油藏中酸液穿透距离可足够深,即使是没有伤害的情况下,对该类油藏进行基质酸化也特别有利。

14.2 酸液—矿物反应的化学计算法

化学计量法可确定溶解定量矿物所需的酸量。化学计算法可给出反应中每种物质的所需摩尔数。例如，盐酸（HCl）与碳酸钙（$CaCO_3$）之间的简单反应为：

$$2HCl + CaCO_3 \longrightarrow CaCl_2 + CO_2 + H_2O \tag{14.4}$$

该式显示，溶解 1mol 的 $CaCO_3$ 需要 2mol 的 HCl。HCl 和 $CaCO_3$ 前面所乘的 2 和 1 是其计量系数，对 HCl 和 $CaCO_3$ 分别为 v_{HCl} 和 v_{CaCO_3}。

当盐酸和硅酸盐矿物反应时，可能会发生大量的二次反应从而影响反应的整个化学计量。例如，当 HF 与石英（SiO_2）反应时，主反应为：

$$4HF + SiO_2 \Longleftrightarrow SiF_4 + 2H_2O \tag{14.5}$$

生成四氟化硅（SiF_4）和水。该反应的化学计量显示消耗 1mol 的 SiO_2 需要 4mol 的 HF。然而生成的 SiF_4 也可能与 HF 反应形成氟硅酸（H_2SiF_6）：

$$SiF_4 + 2HF \Longleftrightarrow H_2SiF_6 \tag{14.6}$$

如果二次反应进行完全，溶解 1mol 的石英则需要用 6mol 的 HF，而非 4mol。更为复杂的是氟硅酸的存在有多种形式（Bryant，1991），因此溶解给定量的石英所需的 HF 总量取决于该溶液浓度。

表 14.1 为酸化处理措施中涉及的常见反应。对于 HF 和硅酸盐矿物的反应，只列出了其主反应；发生的二次反应通常改变了化学计量。对于 HF 和长石之间的反应，比如，主反应显示消耗 1mol 的长石需要 14mol 的 HF。然而 Schechter（1992）指出，在典型的酸化处理条件下，消耗每 1mol 的长石需要约 20mol 的 HF。

表 14.1　酸处理过程中主要的化学反应

HCl
碳酸钙：$2HCl + CaCO_3 \longrightarrow CaCl_2 + CO_2 + H_2O$
白云石：$4HCl + CaMg(CO_3)_2 \longrightarrow CaCl_2 + MgCl_2 + 2CO_2 + 2H_2O$
菱铁矿：$2HCl + FeCO_3 \longrightarrow FeCl_2 + CO_2 + H_2O$
HF—HCl
石英：$4HF + SiO_2 \Longleftrightarrow SiF_4$（四氟化硅）$+ 2H_2O$ 　　　$SiF_4 + 2HF \Longleftrightarrow H_2SiF_6$（氟硅酸）
钠长石：$NaAlSi_3O_8 + 14HF + 2H^+ \Longleftrightarrow Na^+ + AlF_2^+ + 18H_2O$
正长石（钾长石）：$KAlSi_3O_8 + 14HF + 2H^+ \Longleftrightarrow K^+ + AlF_2^+ + 3SiF_4 + 18H_2O$
高岭石：$Al_4Si_4O_{10}(OH)_8 + 24HF + 4H^+ \Longleftrightarrow 4AlF_2^+ + 18H_2O$
蒙脱石：$Al_4Si_8O_{20}(OH)_4 + 40HF + 4H^+ \Longleftrightarrow 4AlF_2^+ + 8SiF_4 + 24H_2O$

HF—HCl 溶液与硅铝酸盐矿物（主要是黏土和长石）的二次反应以及最终反应在砂岩酸化处理过程中起着重要的作用（Gdanski，1997a，1997b，1998；Gdanski 和 Shuchart，1996；Ziauddin 等，2005；Hartman，Lecerf，Frenier，Ziauddin 和 Fogler，2006）。这些反应改变了 HF 反应整个

的化学过程,并且导致反应产生沉淀,主要沉淀物为无定形二氧化硅。

下面由高岭石与氢氟酸的反应来说明典型的二次反应。HF 与高岭石的主反应为(Hartman 等,2006):

$$32HF + Al_4Si_4O_{10}(OH)_8 \longrightarrow 4AlF_2^+ + 4SiF_6^{-2} + 18H_2O + 4H^+ \tag{14.7}$$

这个反应生成了一种新的活性物质氟硅酸,其中大量的黏土和长石也参加了二次反应:

$$2SiF_6^{-2} + 16H_2O + Al_4Si_4O_{10}(OH)_8 \longrightarrow 6HF + 3AlF_2^+ + 10(OH)^- + Al^{+3} + 6SiO_2 \cdot 2H_2O \tag{14.8}$$

二次反应生成可沉淀的无定形二氧化硅,同时也生成了一定量的 HF,其能够继续与其他矿物进行反应。如果只有主反应发生,则溶解 1mol 的高岭石需要消耗 32mol 的 HF。然而,如果二次反应进行完全,那么每摩尔高岭石对 HF 的净消耗量只有 20/3,这是因为主反应中生成的氟硅酸将会继续消耗 2mol 的高岭石,并生成 12mol 的 HF。

砂岩酸化处理中的三次反应涉及 AlF_2^+ 向其他铝氟化物的转化。该类反应对于整个反应过程的影响是通过动力学反应速率(Gdanski,1998)或者通过平衡关系(Hartman,2006)来表征的。

溶解能力是描述化学计量的一种更为方便的办法,该方法由 Williams,Gidley 和 Schechter (1979)提出。溶解能力是指给定质量或体积的的酸液所能消耗的矿物量。首先,质量溶解力 β,即给定质量的酸所消耗矿物的质量,定义为:

$$\beta = \frac{v_{mineral}MW_{mineral}}{v_{acid}MW_{acid}} \tag{14.9}$$

因此,对于 100% HCl 与 $CaCO_3$ 之间的反应,有:

$$\beta_{100} = \frac{1 \times 100.1}{2 \times 36.5} = 1.37 \frac{lbCaCO_3}{lbHCl} \tag{14.10}$$

其中下标 100 表示 100% HCl。任何其他浓度的酸液溶解能力均是 β_{100} 乘以酸在酸溶液中的质量分数。对于常用的质量分数为 15% 的 HCl,$\beta_{15} = 0.15(\beta_{100}) = 0.21lbCaCO_3/lbHCl$。常见的酸化处理反应的化学计量系数可从表 14.1 中的反应方程式中找到,其中大多数物质的相对分子质量见表 14.2。

表 14.2 酸处理中物质的相对分子质量

物质	相对原子质量或相对分子质量
元素	
氢(H)	1
碳(C)	12
氧(O)	16
氟(F)	19
钠(Na)	23
镁(Mg)	24.3
铝(Al)	27

物质	相对原子质量或相对分子质量
元素	
硅(Si)	28.1
氯(Cl)	35.5
钾(K)	39.1
钙(Ca)	40.1
铁(Fe)	55.8
分子	
盐酸(HCl)	36.5
氢氟酸(HF)	20
碳酸钙(CaCO$_3$)	100.1
白云石[CaMg(CO$_3$)$_2$]	184.4
菱铁矿(FeCO$_3$)	115.8
石英(SiO$_2$)	60.1
钠长石(NaAlSi$_3$O$_8$)	262.3
钾长石(KAlSi$_3$O$_8$)	278.4
高岭石[Al$_4$Si$_4$O$_{10}$(OH)$_8$]	516.4
蒙脱石[Al$_4$Si$_8$O$_{20}$(OH)$_4$]	720.8

体积溶解能力χ,类似地定义为给定体积酸溶液所溶解的矿物体积,其与质量溶解能力的关系为:

$$\chi = \beta \frac{\rho_{\text{acidsolution}}}{\rho_{\text{min eral}}} \qquad (14.11)$$

质量分数为15%的HCl溶液相对密度约为1.07,CaCO$_3$密度为169lb/ft^3。对于这两种物质的反应,其体积溶解力为:

$$\chi_{15} = 0.21\left(\frac{\text{lb}(\text{CaCO}_3)}{\text{lb}(15\% \text{ HCl})}\right)\left(\frac{(1.07 \times 62.4)\,\text{lb}(15\% \text{ HCl}) \cdot \text{ft}^3(15\% \text{ HCl})}{169\text{lb}(\text{CaCO}_3)/\text{ft}^3(\text{CaCO}_3)}\right)$$

$$(14.12)$$

$$= 0.082\,\frac{\text{ft}^3(\text{CaCO}_3)}{\text{ft}^3(15\% \text{ HCl})}$$

表14.3和表14.4(Schechter,1992)给出各种酸对于石灰石和白云石,以及HF对于石英和钠长石的溶解力。这些溶解能力建立在假设酸与溶解矿物完全反应的情况下。然而,弱酸与碳酸盐矿物之间的反应常常受到反应物与反应产物之间平衡作用的限制。例如,甲酸与方解石之间的反应,溶液的平衡由式(14.13)决定:

表 14.3 各种酸的溶解能力

表达式	酸	β_{100}	χ			
			5%	10%	15%	30%
石灰石	盐酸(HCl)	1.37	0.026	0.053	0.082	0.175
CaCO$_3$	甲酸(HCOOH)	1.09	0.020	0.041	0.062	0.129
$\rho_{CaCO_3}=2.71g/cm^3$	乙酸(CH$_3$COOH)	0.83	0.016	0.031	0.047	0.096
白云石	盐酸	1.27	0.023	0.046	0.071	0.152
CaMg(CO$_3$)$_2$	甲酸	1.00	0.018	0.036	0.054	0.112
$\rho_{CaMg(CO_3)_2}=2.87g/cm^3$	乙酸	0.77	0.014	0.027	0.041	0.083

资料来源:Schechter(1992)。

表 14.4 氢氟酸的溶解能力[①]

酸浓度(质量分数)(%)	石英(SiO$_2$)		钠长石(NaAlSi$_3$O$_8$)	
	β	χ	β	χ
2	0.015	0.006	0.019	0.008
3	0.023	0.010	0.028	0.011
4	0.030	0.018	0.037	0.015
6	0.045	0.019	0.056	0.023
8	0.060	0.025	0.075	0.030

[①] β—溶解的岩石的质量/反应的酸的质量;χ—溶解的岩石的体积/反应的酸的体积。

资料来源:Schechter(1992)。

$$K_d = \frac{[H^+][HCOO^-]}{[HCOOH]} \qquad (14.13)$$

其中,括号里的数值是溶液中各种酸的活性,K_d 是解离常数。当弱酸溶解碳酸盐矿物时,由于 CO_2 的缓冲作用,式(14.13)中平衡氢离子浓度导致大量的弱酸没有解离。这种平衡限制降低了弱酸的溶解力。据 Buijse,de Boer,Breukel 和 Burgos(2004),表 14.5 给出了几种常见的混合酸与碳酸盐矿物反应完全时,乙酸或甲酸消耗的百分数。

表 14.5 混合酸中消耗的酸成分以及等效的 HCl 浓度

混合酸	酸成分消耗的量(%)			等效盐酸(%)
	HCl	甲酸	乙酸	
10%甲酸	—	54	—	3.4
10%乙酸	—	—	85	6.8
13/9%甲酸/乙酸	—	31	82	8.5
7/11% HCl/乙酸	100	—	78	14.1
15/10% HCl/甲酸	100	24	—	16.5

例 14.2 计算 HCl 前置液体积

在砂岩酸化处理过程中,HCl 被用作前置液,常常在 HF—HCl 混合液之前注入以溶解碳酸盐矿物并形成一个低 pH 环境。孔隙度为 0.2 的砂岩含有 10%(体积)的碳酸钙(CaCO$_3$)需要进行酸化处理。如果 15% 的 HCl 前置液在 HF—HCl 段塞注入地层之前能清除井筒 1ft 范围内的所有碳酸盐矿物,那么需要的前置液体积最少为多少(每英尺厚地层所需的酸溶液加仓数)？井筒半径为 0.328ft。

解：

假设 HCl—碳酸盐反应非常迅速，在此情况下 HCl 前置液前缘是尖状的（将在第 15 章中讨论）。我们可根据上述条件来确定需要的最少前置液。前置液体积即为溶解半径为 1.328ft 范围内所有碳酸盐所需的酸液体积加上滞留在这个区域孔隙空间中的酸液体积。消耗碳酸钙所需要的酸体积为碳酸钙体积除以体积溶解能力。

$$
\begin{aligned}
V_{CaCO_3} &= \pi(r_{HCl}^2 - r_w^2)(1 - \phi)x_{CaCO_3} \\
&= \pi \times (1.328^2 - 0.328^2) \times (1 - 0.2 \times 0.1) = 0.42ft^3/ft(CaCO_3)
\end{aligned} \tag{14.14}
$$

$$
V_{HCl} = \frac{V_{CaCO_3}}{\chi_{15}} = \frac{0.42}{0.082} = 5.12ft^3 \times 15wt\% \ HCl \ solution/ft \tag{14.15}
$$

消耗掉碳酸钙以后井筒周围 1ft 范围内的孔隙体积为：

$$
\begin{aligned}
V_p &= \pi(r_{HCl}^2 - r_w^2)[\phi + (x_{CaCO_3})(1 - \phi)] \\
&= \pi \times (1.328^2 - 0.328^2) \times (0.2 + 0.1) \times (1 - 0.2) = 1.46ft^3/ft
\end{aligned} \tag{14.16}
$$

因此 HCl 前置液总体积为：

$$
V_{HCl} = V_{HCl,1} + V_p = [(5.12 + 1.46)ft^3/ft] \times (7.48gal/ft^3) = 49gal/ft \tag{14.17}
$$

这是砂岩酸化处理中 HCl 前置液的典型用量。

在第 15 章中，对于任意的注入体积，HCl 前置液所处的位置可由一简单的方程计算得出，既适用于本例中的径向流，也适用于流出射孔孔眼的流动。

14.3 酸—矿物反应动力学

由于酸岩之间的反应发生在不同相态的物质表面，即液相的酸和固相的矿物，因而该反应称为非均质反应。反应动力学可用来描述一旦反应物相互接触时化学反应发生的速率。当酸通过扩散或对流从本体溶液到达矿物表面时，酸与矿物之间即开始发生反应。酸消耗或矿物溶解的整体速率将取决于两种不同的现象：酸通过扩散或对流运移到矿物表面的速率，及在矿物表面反应的实际速率。通常这两个过程的速率不同。在这种情况下，由于与较慢过程相比快速过程可视为极短时间里发生，因此该过程可以被忽略。例如，HCl—CaCO$_3$ 反应的速率非常快，因此这个反应的整体速率常常受到两个过程中较慢的过程（即酸运移到矿物表面的速率）控制；另一方面，相比于酸的运移速度，很多 HF—矿物之间的表面反应速率非常慢，那么酸消耗或矿物溶解的整体速率就受到反应速率的控制。表面反应速率（反应动力学）将在本节进行讨论，而酸运移的细节将在 14.4 节中进行讨论。

反应速率通常定义为反应物在溶液中的生成速率，单位为 mol/s。表面反应速率取决于暴露于反应中的表面大小，所以这些反应都可用单位表面积来表述。一般而言，液相 A 与矿物 B 反应的表面反应速率为：

$$
R_A = r_A S_B \tag{14.18}
$$

式中：R_A 是液相 A 的生成速率，mol/s；r_A 是液相 A 的表面积—比反应速率，mol/(s·m^2)；S_B

是矿物 B 的表面积。当液相 A 被消耗时,反应速率 r_A 和 R_A 为负数。

反应速率 r_A 通常取决于反应物质的浓度。然而,对于液相物质与固体的反应,由于固相的浓度将保持不变,其浓度可忽略。例如,每单位体积的石英晶体对应一定摩尔数的石英,即使有反应在石英晶体表面进行。将反应速率与浓度的依赖关系合并到速率表达式中,得到:

$$-R_A = E_f C_A^\alpha S_B \qquad (14.19)$$

式中: E_f 是反应速率常数,mol(A)/[$m^2 \cdot s \cdot$ [mol(A)/m^3]$^\alpha$]; C_A 是物质 A 在反应表面的浓度; α 是反应的阶数,表征反应速率对于液相 A 浓度的依赖程度。反应速率常数取决于温度,有时还取决于 A 物质以外的其他化学物质的浓度。式(14.19)的表达形式是按照物质在溶液中的消耗给出的,在 R_A 前面加一个负号使得 E_f 为一个正数。

14.3.1 实验室对反应动力学的研究

为了测定酸岩反应的表面反应速率,需要保持恒定的矿物表面积或在反应过程中测定其变化,并保证酸运移到矿物表面的速率要相对地高于反应速率。达到这一条件通常有两种途径,一是通过一个带搅拌的反应器使矿物颗粒泥浆充分悬浮于酸溶液中;二是通过一个带有旋转盘的设备(Fogler,Lund 和 McCune,1976;Taylor 和 Nasr – El – Din,2009)。在旋转盘设备中一盘矿物放置于装有酸溶液的较大容器中。旋转盘快速转动,使酸液的质量运移速率高于表面反应速率。更为间接的方法就是通过将岩心驱替对酸化处理的响应与流动—反应模型进行拟合。这种方法常用于砂岩,将在第 15 章中讨论。

14.3.2 HCl 和弱酸与碳酸盐矿物的反应

盐酸是一种强酸,这意味着当 HCl 溶解在水中时,分子几乎完全电离成氢离子 H^+ 和氯离子 Cl^-。HCl 与碳酸盐矿物之间的反应实际上是 H^+ 和矿物之间的反应。而对于弱酸,如甲酸和乙酸,反应也是 H^+ 和矿物之间的反应,只是酸没有完全电离,即限制了反应中 H^+ 的供应。由于 H^+ 是反应物质,在考虑酸的解离平衡的前提下,HCl 反应的动力学也适用于弱酸。

Lund 等(Lund,Fogler 和 McCune,1973;Lund,Fogler,McCune 和 Ault,1975)分别研究了 HCl—碳酸钙和 HCl—白云石反应的反应动力学。他们的结果由 Schechter(1992)总结如下:

$$-r_{HCl} = E_f C_{HCl}^\alpha \qquad (14.20)$$

$$E_f = E_f^0 \exp\left(-\frac{\Delta E}{RT}\right) \qquad (14.21)$$

常数 α, E_f^0 以及 $\Delta E/R$ 在表 14.6 中给出。各表达式中都使用 SI 单位制,因此 C_{HCl} 的单位为 $kg \cdot mol/m^3$,温度的单位为 K。

表 14.6　HCl—矿物反应动力学模型中的常数

矿物	α	$E_f^0 \left[\dfrac{kg \cdot mol(HCl)}{m^2 \cdot s \cdot [kg \cdot mol(HCl)/m^3(酸溶液)]^\alpha} \right]$	$\dfrac{\Delta E}{R}$(K)
碳酸钙($CaCO_3$)	0.63	7.55×10^3	7.314×10^7
白云石[$CaMg(CO_3)_2$]	$\dfrac{6.32 \times 10^{-4} T}{1 - 1.92 \times 10^{-3} T}$	7.9×10^3	4.88×10^5

弱酸与碳酸盐矿物反应的反应动力学可依据 HCl 反应的反应动力学得出(Schechter, 1992):

$$-r_{\text{weakacid}} = E_f K_d^{\alpha/2} C_{\text{weakacid}}^{\alpha/2} \tag{14.22}$$

其中:K_d 是弱酸的电离系数;E_f 是 HCl—矿物反应的反应速率常数。Buijse 等给出了对弱酸与碳酸盐矿物反应整体反应速率的一种更为复杂的表达方法,其中考虑了传质的影响。

14.3.3 HF 与砂岩矿物的反应

事实上氢氟酸能与砂岩中所有的矿物成分反应。HF 与石英的反应动力学已经见诸于文献(Bergman,1963;Hill,Lindsay,Silberberg 以及 Schechter,1981),其与长石的参考文献为(Fogler,Lund 和 McCune,1975),与黏土的参考文献为(Kline 和 Fogler,1981)。所有的反应动力学表达式都可表示为:

$$-r_{\text{mineral}} = E_f \left[1 + K(C_{\text{HCl}})^\beta \right] C_{\text{HF}}^\alpha \tag{14.23}$$

$$E_f = E_f^0 \exp\left(-\frac{\Delta E}{RT} \right) \tag{14.24}$$

常数 α, β, E_f^0 以及 $\Delta E/R$ 在表 14.7 中给出。

表 14.7 HF—矿物反应动力学模型中的常数

矿物	α	β	$K\left[(\text{kg} \cdot \text{mol(HCl)}/\text{m}^3)^{-\beta} \right]$	$E_f^0\left[\dfrac{\text{kg} \cdot \text{mol(矿物)}}{\text{m}^2 \cdot \text{s} \cdot \left[\text{kg} \cdot \text{mol(HF)}/\text{m}^3(酸) \right]^\alpha} \right]$	$\dfrac{\Delta E}{R}$(K)
石英(SiO$_2$)[①]	1.0	—	0	2.32×10^{-8}	1150
正长石,K - 长石 (KAlSi$_3$O$_8$)	1.2	0.4	$5.66 \times 10^{-2} \exp(956/T)$	1.27×10^{-1}	4680
钠长石,Na - 长石 (NaAlSi$_3$O$_8$)	1.0	1.0	$6.24 \times 10^{-2} \exp(554/T)$	9.50×10^{-3}	3930
高岭石 [Al$_4$Si$_4$O$_{10}$(OH)$_8$]	1.0	—	0	0.33	6540[②]
钠蒙脱石 [Al$_4$Si$_8$O$_{20}$(OH)$_4$ - nH$_2$O]	1.0	—	0	0.88	6540[②]
伊利石 [K$_{0-2}$Al$_4$(Al,Si)$_8$O$_{20}$(OH)$_4$]	1.0	—	0	2.75×10^{-2}	6540[②]
白云母 [KAl$_2$Si$_3$O$_{10}$(OH)$_2$]	1.0	—	0	0.49	6540[②]

① 基于每摩尔 SiO$_2$ 消耗 6mol HF。
② Schechter(1992)文献中的近似值。

以上表达式显示,反应速率对 HF 浓度的依赖约为一阶($\alpha = 1$)。对于与长石的反应,反应速率随着 HCl 浓度的增加而增加,即使 HCl 在反应中没有消耗。因此可以说,HCl 起到促进 HF—长石反应的催化作用。此外,各种黏土矿物与 HF 反应的反应速率大小非常接近,除了与伊利石的反应外,其反应速率比其他的约慢两个数量级。

例 14.3 长石旋转盘的溶解速率

直径 2cm 的长石圆盘浸在质量分数分别为 3% 的 HF 和 12% 的 HCl 溶液中,在 50℃ 的温度下快速旋转 1h。酸溶液的密度为 $1.075g/cm^3$,长石的密度为 $2.63g/cm^3$。如果在反应过程中酸浓度近似保持不变,圆盘的厚度将会溶解多少? HF 的质量会消耗多少?

解:

以摩尔为单位,长石的变化量 M_f,等于反应速率 R_f 或:

$$\frac{dM_f}{dt} = R_f = r_f S_f \tag{14.25}$$

由于酸浓度近似为常数,并忽略在圆盘边角处的反应以及任何对表面粗糙度的影响,且圆盘表面积为常数,因此比反应速率 r_f 是恒定的。则式(14.25)很容易积分得到:

$$M_f = r_f S_f \Delta t \tag{14.26}$$

圆盘表面积为 $\pi \ cm^2$ 或 $\pi \times 10^{-4} m^2$。使用表 14.7 中的数据,比反应速率由式(14.23)和式(14.24)得到。首先,溶液中的酸浓度采用单位为 $kg \cdot mol/m^3$ 的形式:

$$C_{HF} = \frac{0.03kg(HF)}{kg(溶液)} \frac{1075kg(溶液)}{m^3(溶液)} \frac{1kg \cdot mol(HF)}{20kg(HF)}$$

$$= 1.61kg \cdot mol(HF)/m^3(溶液) \tag{14.27}$$

$$C_{HCl} = \frac{0.12kg(HCl)}{kg(溶液)} \frac{1075kg(溶液)}{m^3(溶液)} \frac{1kg \cdot mol(HCl)}{20kg(HCl)}$$

$$= 3.53kg \cdot mol(HCl)/m^3(溶液) \tag{14.28}$$

然后

$$K = 6.24 \times 10^{-2} \exp\left(\frac{554}{273 + 50}\right) = 0.347 \left[\frac{kg \cdot mol(HCl)}{m^3(溶液)}\right]^{-1} \tag{14.29}$$

$$E_f = 9.5 \times 10^{-3} \exp\left(-\frac{3930}{273 + 50}\right) \tag{14.30}$$

$$= 4.94 \times 10^{-8} \frac{kg \cdot mol(长石)}{m^2 \cdot s \cdot [kg \cdot mol(HF)/m^3(溶液)]}$$

$$r_f = -4.94 \times 10^{-8}(1 + 0.347 \times 3.53) \times 1.61 \tag{14.31}$$

$$= -1.77 \times 10^{-7} kg \cdot mol(长石)/(m^2 \cdot s)$$

1h 内溶解的长石物质的量为:

$$\Delta M_f = (-1.77 \times 10^{-7}) \times (\pi \times 10^{-4}) \times 3600 = 2 \times 10^{-7} kg \cdot mol(长石) \tag{14.32}$$

圆盘厚度的变化等于溶解的体积除以表面积:

$$[-2 \times 10^{-7} kg \cdot mol(长石)]\{262kg(长石)/[kg \cdot mol(长石)]\}$$

$$\Delta h = \frac{m^3(长石)/2630kg(长石)}{\pi \times 10^{-4} m^2} \tag{14.33}$$

$$= -6.3 \times 10^{-5} = -0.063mm$$

负号表示表面厚度在减少。

酸的消耗量可通过化学计量与溶解的长石的质量联系起来。假设每摩尔长石消耗20molHF,那么酸的消耗量为:

$$\Delta W_{HF} = \left[2 \times 10^{-7} kg \cdot mol(长石) \right] \left(\frac{20 kg \cdot mol(HF)}{kg \cdot mol(长石)} \right) \left[\frac{20 kg(HF)}{kg \cdot mol(HF)} \right]$$

$$= 8 \times 10^{-5} kg(HF) = 0.08 g(HF)$$
(14.34)

1小时内只有0.063mm厚的长石表面被溶解。由于长石是砂岩中快速反应的成分,这说明砂岩酸化反应速率非常小。然而,在这个例子中,假定长石表面光滑,使得参与反应的表面较小。在砂岩中存在小颗粒的矿物,小颗粒的比表面积(单位体积的表面积)较大,使得整体反应速率相对较快。

例14.4 砂岩矿物的相对反应速率

从质量上来讲砂岩含有85%的石英,10%的钠长石,以及5%的高岭石。对石英和长石而言矿物的比表面积约为20m²/kg,其对于黏土为8000m²/kg(黏土的反应表面积小于总表面积;Schechter,1992)。如果岩石在50℃条件下与质量分数分别为3%的HF、12%的HCl接触,那么对3种矿物而言,分别最终有多少HF将被消耗?

解:

单位质量的岩石中,每种矿物的比表面积都等于岩石的比表面积乘以砂岩中每种矿物的质量分数。例如,单位质量砂岩中石英的比表面积S_q^*为(20m²/kg)×0.85 = 17m²/kg。同理,长石和高岭石的比表面积分别为2m²/kg和400m²/kg。各种矿物与HF反应的整体反应速率为:

$$- R_{HF,q} = \gamma_q r_q S_q^*$$
(14.35)

$$- R_{HF,f} = \gamma_f r_f S_f^*$$
(14.36)

$$- R_{HF,q=k} = \gamma_k r_k S_k^*$$
(14.37)

其中γ_i为HF与矿物i化学计量系数之比($v_{HF}/v_{mineral\,i}$)。由式(14.23)和式(14.24)、表14.7中给出的数据,使用γ_i[6mol(HF)/mol(石英),20mol(HF)/mol(长石),以及24mol(HF)/mol(高岭石)],可获得比反应速率。

$$- R_{HF,q} = 9.4 \times 10^{-8} C_{HF}$$
(14.38)

$$- R_{HF,f} = \gamma_f r_f S_f^*$$
(14.39)

$$- R_{HF,q=k} = \gamma_k r_k S_k^*$$
(14.40)

特定反应中消耗的HF等于对该矿物的整体反应速率除以反应速率之和。由此可得到1%的HF与石英发生反应,46%的HF与长石发生反应,53%的HF与高岭石发生反应。这一典型结果说明,HF与黏土和长石的反应速率大约比HF与石英反应速率大两个数量级。由于黏土和长石反应速率相对大,且它们通常只占岩石质量很小的一部分,因此在砂岩酸化中它们将首先被消耗。在大部分黏土和长石反应的区域,与石英的反应所占比例较大。

14.3.4 氟硅酸与砂岩矿物的反应

如 14.2 节中的讨论, HF 溶解硅酸盐矿物时产生氟硅酸, 即 H_2SiF_6, 而氟硅酸本身又能与硅铝酸盐反应。由岩心驱替模型实验, Bryant(1991)和 Motta(1992)总结认为在室温下氟硅酸与黏土和长石之间的反应很缓慢, 但当温度在 50℃ 之上时, 其反应速率与 HF 和这些矿物的反应速率在同一数量级。更深入的砂岩酸化过程模型包括了氟硅酸与硅铝酸盐矿物的反应。

14.4 酸运移至矿物表面

当砂岩反应速率很高时, 消耗酸液和溶解矿物的整体速率将受到酸运移到矿物表面的速率影响。该现象在 HCl 与碳酸盐矿物的反应中很常见, 但是在其他酸化反应中也有可能出现, 尤其是在高温情况下。酸通过扩散和对流作用运移到矿物表面, 酸的扩散通量由 Fick 定律给出:

$$J_y^A = - D_A \frac{\partial C_A}{\partial y} \qquad (14.41)$$

式中: J_y^A 是酸的通量, mol 或 $g/(cm^2 \cdot s)$; D_A 是酸扩散系数, 而 y 则表示扩散方向。式(14.41)显示溶液和矿物表面之间的浓度梯度驱使酸扩散到反应表面。HCl 的有效扩散系数已由 Roberts 和 Guin (1975)确定, 并在图 14.3 中给出。

油藏岩石通常是由岩石颗粒和形状不规则、相互连通的孔隙空间所组成的多孔介质, 酸运移到矿物表面一般依靠扩散和对流作用。除了一些理想情况模拟这一过程需要考虑孔隙结构的水动力学模型, 目前这样的模型是很难处理的。酸液向反应表面的对流运移可更为简单地用裂缝或通道中的液体漏失概念来处理, 如同在水力压裂模型中应用的一样。此类应用将在第 16 章中给出。

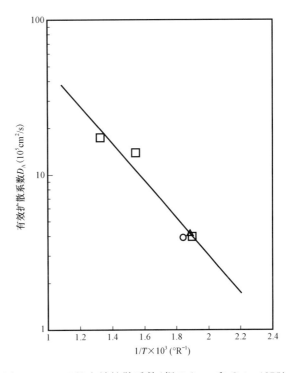

图 14.3　HCl 的有效扩散系数(据 Roberts 和 Guin, 1975)

14.5 酸反应产物的沉淀

酸化中的一个主要问题, 尤其在砂岩的酸化中, 是酸岩反应沉淀所引起的地层伤害。在用 HF 酸化砂岩时, 形成一些沉淀可能不可避免。然而, 它们对油气井产能的伤害程度取决于沉淀的多少及沉淀的位置。由该种沉淀引起的伤害可通过适当的酸化设计来进行一定的控制。

在砂岩酸化中, 引起伤害的最常见沉淀可能是氟化钙 CaF_2、胶态氧化硅 $Si(OH)_4$、氢氧化

铁 $Fe(OH)_3$ 以及沥青质油泥。

根据式(14.42),氟化钙通常是碳酸钙与 HF 的反应产物:

$$CaCO_3 + 2HF \Longleftrightarrow CaF_2 + H_2O + CO_2 \qquad (14.42)$$

氟化钙是非常难溶的。如果碳酸钙与 HF 接触,即可能产生 CaF_2 沉淀。在 HF—HCl 段塞之前注入含有大量 HCl 的前置液就是为了防止形成 CaF_2 沉淀。

在砂岩酸化过程中生成一些胶态氧化硅沉淀是不可避免的。Walsh,Lake 和 Schechter(1982)的平衡计算显示,消耗酸溶液的区域有形成胶态氧化硅沉淀的趋势。然而,实验室岩心驱替显示,沉淀不是瞬时发生的,事实上其产生速率可能相当缓慢(Shaughnessy 和 Kunze,1981)。为了使胶态氧化硅引起的伤害最小化,最有效的方法可能是以相对高的速率注酸,这样,可能沉淀的区域就快速地从井筒驱替出去。而且,即使在关井很短的时间内也可能在近井地带形成大量的二氧化硅沉淀,因此在完成注入后要立即返排使用过的酸液。

当存在铁离子(Fe^{3+}),且 pH 值大于 2 时,铁离子会在酸液中形成 $Fe(OH)_3$ 沉淀。铁离子的存在可能是由于在氧化环境中含铁矿物的溶解或者油管中铁锈在酸液中的溶解。当酸液中可能存在高价态的铁离子时,可以向其中加入螯合剂以防止 $Fe(OH)_3$ 沉淀。然而,Smith,Crowe 和 Nolan(1969)提出使用这些螯合剂时要谨慎,它们的沉淀可能将引起比铁离子更严重的伤害。

最后,在某些油藏中,酸液与原油接触能形成沥青油泥。简单的实验测试能够说明原油与酸接触时是否有形成油泥的趋势。当有可能形成这种沥青油泥时,利用酸在芳香烃溶剂中形成的乳状液或表面活性剂能够防止沥青油泥沉淀的生成(Moore,Crowe 和 Hendrickson,1965)。

例 14.5 沉淀区域对油气井产能的影响

一口井的泄流半径为 745ft,井半径为 0.328ft。假设对该井进行了酸化处理并清除了所有的伤害。然而,单位厚度(即 1ft)油藏消耗酸液 1ft³ 时形成的沉淀将使渗透率降低到原始渗透率的 10%。通过设计酸化顶替液,消耗的酸液可能留在井筒之外的附近或者被驱替到储层深处。试确定这个区域的沉淀对井产能影响有多大?岩石孔隙度为 0.15。

解:

当从井筒向外围驱替沉淀时,井周围将有 3 个区域:井筒和沉淀区之间的区域,该区域可以假设渗透率等于原始油藏渗透率(酸清除了所有的伤害);沉淀区,其渗透率为原始渗透率的 10%;沉淀区之外的区域,其渗透率等于油藏原始渗透率。对于 3 个区域的稳态径向流,产能指数为:

$$J_p = \frac{h}{141.2B\mu\{[\ln(r_1/r_w)/K] + [\ln(r_2/r_1)/K_p] + [\ln(r_e/r_2)/K]\}} \qquad (14.43)$$

式中:r_1 是沉淀区的内径;r_2 是沉淀区的外径;K_p 是沉淀区的渗透率;K 是油藏原始渗透率。

[注意:式(14.43)是使用式(6.7)简单推导得出的。]此式除以描述未损伤井产能指数的方程,并定义 X_p 为 K_p/K,有:

$$\frac{J_p}{J} = \frac{\ln(r_e/r_w)}{\ln(r_1/r_w) + (1/X_p)\ln(r_2/r_1) + \ln(r_e/r_2)} \qquad (14.44)$$

最后,由于消耗酸液所形成的沉淀区是确定的,故:

$$r_2 = \sqrt{r_1^2 + \frac{V_{\text{spentacid}}}{\pi \phi}} \qquad (14.45)$$

将 r_1 的值从 r_e 变为到 2.5ft,其结果如图 14.4 所示。当沉淀出现在井筒周围时,井的产能指数小于其最大产能的 40%;当沉淀发生在井筒 2ft 以外的地方时,井的产能指数恢复到未伤害时的 80% 。

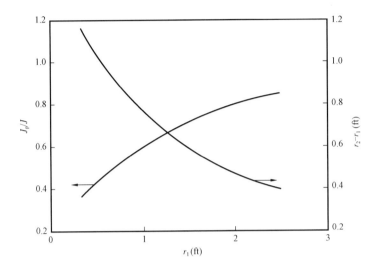

图 14.4 消耗酸液沉淀对油气井产能的影响

参 考 文 献

[1] Bergman,I. ,"Silica Powders of Respirable Sizes Ⅳ. The Long‐Term Dissolution of Silica Powders in Dilute Hydrofluoric Acid:An Anisotropic Mechanism of Dissolution for the Courser Quartz Powders,"J. Appl. Chem. ,3:356-361(August 1963).

[2] Bryant,S. L. ,"An Improved Model of Mud Acid/Sandstone Chemistry," SPE Paper 22855,1991.

[3] Buijse,M. ,de Boer,P. ,Breukel,B. ,and Burgos,G. ,"Organic Acids in Carbonate Acidizing,"SPE Production and Facilities,128-134 (August 2004).

[4] da Motta,E. P. ,Plavnik,B. ,Schechter,R. S. ,and Hill,A. D. ,"The Relationship between Reservoir Mineralogy and Optimum Sandstone Acid Treatment," SPE Paper 23802,1992.

[5] Fogler,H. S. ,Lund,K. ,and McCune,C. C. ,"Acidization. Part 3. The Kinetics of the Dissolution of Sodium and Potassium Feldspar in HF/HCl Acid Mixtures," Chem. Eng. Sci. ,30(11):1425-1432,1975.

[6] Fogler,H. S. ,Lund,K. ,and McCune,C. C. ,"Predicting the Flow and Reaction of HCl/HF Mixtures in Porous Sandstone Cores,"SPEJ,248-260 (October 1976),Trans. AIME,234.

[7] Furui,K. ,Zhu,D. ,and Hill,A. D. ,"A Rigorous Formation Damage Skin Factor and Reservoir Inflow Model for a Horizontal Well,"SPE Production and Facilities 151-157,August 2003.

[8] Gdanski,R. ,"Kinetics of the Primary Reaction of HF on Alumino‐Silicates," SPE Paper 37459,1997a.

[9] Gdanski,R. ,"Kinetics of the Secondary Reaction of HF on Alumino‐Silicates," SPE Paper 37214,1997b.

[10] Gdanski,R. ,"Kinetics of Tertiary Reactions of Hydrofluoric Acid on Alumino‐Silicates,"SPE Production and Facilities,75-80 (May 1998).

[11] Gdanski,R. D. ,and Shuchart,C. E. ,"Newly Discovered Equilibrium Controls HF Stoichiometry,"JPT,145-149 (February 1996).

[12] Hartman,R. L. ,Lecerf,B. ,Frenier,W. ,Ziauddin,M. ,and Fogler,H. S. ," Acid‐Sensitive Aluminosilicates:

Dissolution Kinetics and Fluid Selection for Matrix – Stimulation Treatments,"SPEPO,194 – 204（May 2006）.

［13］Hill,A. D. ,Lindsay,D. M. ,Silberberg,I. H. ,and Schechter,R. S. ,"Theoretical and Experimental Studies of Sandstone Acidizing,"SPEJ,21:30 – 42（February 1981）.

［14］Kline,W. E. ,and Fogler,H. S. ,"Dissolution Kinetics:The Nature of the Particle Attack of Layered Silicates in HF,"Chem. Eng. Sci. ,36:871 – 884（1981）.

［15］Lund,K. ,Fogler,H. S. ,and McCune,C. C. ,"Acidization I:The Dissolution of Dolomite in Hydrochloric Acid,"Chem. Eng. Sci. ,28:691（1973）.

［16］Lund,K. ,Fogler,H. S. ,McCune,C. C. ,and Ault,J. W. ,"Acidization Ⅱ—The Dissolution of Calcite in Hydrochloric Acid,"Chem. Eng. Sci. ,30:825（1975）.

［17］Moore,E. W. ,Crowe,C. W. ,and Hendrickson,A. R. ,"Formation,Effect,and Prevention of Asphaltene Sludges during Stimulation Treatments,"JPT,1023 – 1028（September 1965）.

［18］Roberts,L. D. ,and Guin,J. A. ,"A New Method for Predicting Acid Penetration Distance,"SPEJ,277 – 286（August 1975）.

［19］Schechter,R. S. ,Oil Well Stimulation,Prentice Hall,Englewood Cliffs,NJ,1992.

［20］Shaughnessy,C. M. ,and Kunze,K. R. ,"Understanding Sandstone Acidizing Leads to Improved Field Practices,"JPT,1196 – 1202（July 1981）.

［21］Smith,C. F. ,Crowe,C. W. ,and Nolan,T. J. ,Ⅲ,"Secondary Deposition of Iron Compounds Following Acidizing Treatments,JPT,1121 – 1129（September 1969）.

［22］Taylor,K. C. ,and Nasr – El – Din,H. A. ,"Measurement of Acid Reaction Rates with the Rotating Disk Apparatus,"JCPT,48（6）:66 – 70（June 2009）.

［23］Walsh,M. P. ,Lake,L. W. ,and Schechter,R. S. ,"A Description of Chemical Precipitation Mechanisms and Their Role in Formation Damage during Stimulation by Hydrofluoric Acid,"JPT,2097 – 2112（September 1982）.

［24］Williams,B. B. ,Gidley,J. L. ,and Schechter,R. S. ,Acidizing Fundamentals,Society of Petroleum Engineers,Richardson,TX,1979. 25. Ziauddin,M. ,Gillard,M. ,Lecerf,B. ,Frenier,W. ,Archibald,I. ,and Healey,D. ,"Method for Characterizing Secondary and Tertiary Reactions Using Short Reservoir Cores,"SPE Production and Facilities,106 – 114（May 2005）.

习　　题

14. 1 一口井,井筒半径为0. 328ft,泄流半径为745ft,射孔表皮系数为3。另外在井筒外有延伸9in 的伤害区域,其渗透率为原始渗透率的10%。计算清除伤害后产能提高的程度以及伤害清除前后的表皮系数。

14. 2 油藏中一口直井,该油藏性质如附录A所示,但其渗透率为附录A 中所对应值的10倍(即$K_H = 82mD$,$K_V = 9mD$),产层深度为8000ft。在井底流压为4000psi 和油管流压为100psi条件下,以1000bbl/d 生产。井的泄流面积为80acre,并假设在稳态条件下生产,泄流边界压力等于原始压力5651psi。现在为了使井的产量加倍,通过对井进行酸化处理或者安装气举设备。现场工程师已经确定通过酸化处理降低单位表皮系数需要5000 美元(例如为了将表皮系数降低5,需要花费25000 美元)。安装气举阀以及压缩机需要800 美元/hp。对于气举设计,假设操作阀安装在深度为8000ft 处(即$H = H_{inj} = 8000ft$)。

(1)井的原始表皮系数为多少?

(2)如果通过气举阀的压降是100psi,那么气体的地面注入压力为多少?

(3)气体的压缩需求是多少(hhp)?

(4)不考虑操作成本,仅考虑初始的成本,要使这口井产量加倍,酸化处理或人工举升哪种方式更为经济?

14.3 一口 2000ft 长的水平井使用割缝衬管完井,完井表皮系数为 1.5,假设没有损伤(非达西效应可以忽略,衬管没有堵塞)。地层厚度为 50ft,未伤害的渗透率为 20mD,伤害区域向地层内延伸 12in。伤害区域的渗透率为未伤害区域渗透率的 10%。在这个均质地层中垂直渗透率等于水平渗透率。对于所有计算都可以假设为稳态流,油藏边界压力为 300psi,在 x 方向上井是完全穿透的,因此 Furui 等(2003)流入动态模型适用于此处的稳态计算。井筒半径为 0.25ft,在 y 方向上距离泄流边界的距离为 2000ft。

(1)这口井初始的总表皮系数为多少?

(2)如果对井进行酸处理,以恒定的速率 5bbl/min 注酸,那么井底注入压力是多少? 假设所有液体的黏度都为 1cP。

(3)如果地层为砂岩,孔隙度为 0.25,有体积分数为 5% 的固体物质是 $CaCO_3$,那么要溶解井筒外 6in 范围内的所有碳酸盐岩需要注入多少质量分数为 5% 的甲酸?

(4)假设在注酸结束时,出现了以下情况:之前伤害区域的渗透率变为 200mD;沉淀区域从井筒外 9in 延伸至井筒外 12in,该区域,渗透率为 50mD。计算处理结束时的总表皮系数。

(5)这口井采取措施后的增产比 J_a/J_d 为多少?

14.4 根据表 14.1 中的主反应,计算质量分数为 3% 的 HF 与以下岩石反应的体积和质量溶解能力:(1)正长石;(2)高岭石;(3)蒙脱石。

14.5 计算质量分数为 3% 的 HF 与正长石在温度为 120℉下反应的比反应速率。

14.6 在 100℉下,确定下列哪个反应的整体反应速率更高:质量分数为 3% 的 HF 与比表面积为 4000m^2/kg 伊利石反应,质量分数为 3% 的 HF 与比表面积为 20m^2/kg 钠长石反应。

14.7 没有 HCl 前置液的一个质量分数 3%HF/12%HCl 段塞被注入到含有 10% 的 $CaCO_3$ 的油藏中。如果有半数的 HF 与 $CaCO_3$ 反应形成了 CaF_2,同时考虑 $CaCO_3$ 的溶解与 CaF_2 的沉淀,那么孔隙度的净变化量为多少? 假设所有的 $CaCO_3$ 都溶解在与酸接触的区域,CaF_2 的密度为 2.5g/cm^3。

第 15 章　砂岩酸化设计

15.1　简介

如第 14 章所述,基质酸化主要针对砂岩地层实现增产,当井筒附近出现伤害时,用酸液将伤害消除。因此,在对砂岩地层实行基质酸化措施前,需要仔细分析油气井受伤害的原因,该分析应该从测定井的表皮系数开始。对于大斜度井,由于与油藏接触面积较大,其表皮系数为负值。若试井得到的正表皮很小或零表皮,则都应该进行检查,恢复到负表皮将极大地提高井的产能。如第 6 章所述,当表皮系数为较大的正数时,机械表皮的来源(打开程度不完善、射孔不完善等)也要进行检查。如果机械方面的影响不能解释流动能力降低,那就说明存在地层伤害,则应该研究井的生产历史,以确定是否有伤害存在并且能否用酸液来清除;一般而言,钻井液侵入或颗粒运移导致的伤害都能成功地进行酸处理。

若地层伤害是油气井产能下降的原因,且该损伤可进行酸处理,则可以开始酸化措施设计。典型的砂岩酸处理措施为先注入 HCl 前置液,前置液常用体积为每英尺地层 50gal,随后注入 50~200gal/ft 的 HF—HCl 混合液,最后用柴油、乙醇或 HCl 溶液的顶替液将 HF—HCl 混合液从油管或井筒中顶替出去。酸处理完成后,使用过的酸液应该立即返排,以使反应生成沉淀产物带来的伤害最小化。

砂岩酸化措施设计从选择使用酸的类型和浓度开始,然后考虑需要的前置液、HF—HCl 混合液、顶替液体积以及需要的注入速度。事实上在所有的酸处理措施中,酸液的注入是一个重要的问题——要仔细地设计一个段塞,确保酸液有足够的体积以便接触地层中所有的产层,合理的措施对酸化的成败起重要作用,因此酸处理措施的管理应详细计划好,包括引导酸液进入地层的机械安排以及对酸处理措施的监测。最后,为达到相关目的,大量的添加剂需添加到酸溶液中,添加剂种类与数量应该根据完井情况、地层条件以及油藏流体性质来确定。本章将考虑所有的这些设计因素。

15.2　酸的选择

在砂岩或碳酸盐岩中使用的酸的类型和浓度主要根据油田经验和特定的地层条件来选择。多年以来,标准的酸处理措施中,对碳酸盐岩使用质量分数为 15% 的 HCl 溶液,对砂岩使用质量分数分别为 3% 的 HF 和 12% 的 HCl 混合液,前面再加上质量分数为 15% 的 HCl 前置液。事实上,以比例 3/12 的 HF—HCl 混合液已经使用得非常普遍,通常被认为是"高浓度土酸"。然而近年来,出现使用低浓度 HF 溶液的趋势(Brannon,Netters 和 Grimmer,1987),其好处在于能减小残酸沉淀所带来的伤害,并减小井筒周围地层松散的危险。

根据大量的油田经验,McLeod(1984,1989)提出了酸液选择的指导标准,后来 McLeod 和 Norman(2000)又对这一指导标准进行了修正。对砂岩油藏,指导标准见表 15.1,此指导标准不可为视为严格的标准,而应该当作酸处理设计的参考。

表 15.1　砂岩酸化液选择的指导标准

酸化液选择	矿物组成	不同渗透率下的酸液配方		
		> 100mD	20 ~ 100mD	< 20mD
前置液	< 10% 粉砂和 < 10% 黏土	15% HCl	10% HCl	7.5% HCl
	> 10% 粉砂和 > 10% 黏土	10% HCl	7.5% HCl	5% HCl
	> 10% 粉砂和 < 10% 黏土	10% HCl	7.5% HCl	5% HCl
	< 10% 粉砂和 > 10% 黏土	10% HCl	7.5% HCl	5% HCl
主体酸液	< 10% 粉砂和 < 10% 黏土	12% HCl – 3% HF	8% HCl – 2% HF	6% HCl – 1.5% HF
	> 10% 粉砂和 > 10% 黏土	13.5% HCl – 1.5% HF	9% HCl – 1% HF	4.5% HCl – 0.5% HF
	> 10% 粉砂和 < 10% 黏土	12% HCl – 2% HF	9% HCl – 1.5% HF	6% HCl – 1% HF
	< 10% 粉砂和 > 10% 黏土	12% HCl – 2% HF	9% HCl – 1.5% HF	6% HCl – 1% HF

　　为选择最优酸液配方,尤其在特定地层中有多口井要进行处理时,需要在实验室测定岩心与不同浓度酸液的反应效果。此测试通常让酸液流过小岩心(典型的尺寸为直径 1 ~ 1.5in,长度 1 ~ 3in),同时通过测定酸液流过岩心的压力降来检测岩心的渗透率变化。岩心渗透率是酸液在孔隙体积中消耗量的函数,其曲线称为"酸液反应曲线",也是比较不同酸化效果的常用方法。图 15.1 给出了 Berea 砂岩中 3 种不同 HF 浓度的酸液反应曲线。曲线表明,在注入早期,低浓度溶液 HF 对地层伤害较小,因此较保守的酸化设计往往选择低浓度的 HF 酸液作为测试的最佳选择。

　　在小岩心中的测试结果无法准确反映油气井中的酸化反应,但可以用作油田酸处理措施的指导原则或者为全面的酸化模型提供相关信息。如 Cheung 和 Van Arsdale(1992)文献中描述,录井岩心的实验结果能够更为准确地反映油田情况,但该实验昂贵而且难以进行。

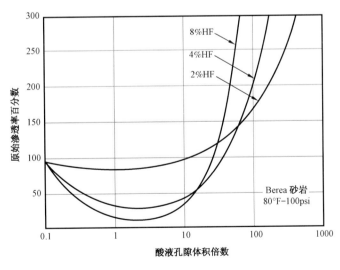

图 15.1　不同质量分数酸液反应曲线(据 Smith 和 Hendrickson,1965)

15.3 酸液体积与注入速率

15.3.1 酸化设计的多重因素影响

砂岩酸化处理的目的是为了清除井筒附近的地层伤害,还有另一个不明显但同样重要的目的,即使酸化过程中酸化本身引起的伤害降到最小,有时这两个目的可能会有所矛盾。例如,如果在射孔孔眼周围有浅层的伤害区域(如2in或更小的伤害区域),可以以很低的注入速率注入最少量的酸,使酸液只在这2in的伤害区域内参与反应来消除地层伤害。然而,低注入速率可能会导致残酸在近射孔孔眼处形成沉淀,削弱了酸液的酸化效果。因此,当考虑整个酸化过程时,若只考虑伤害区域中矿物溶解,所得到的最优注入速率可能会偏小。

类似地,由于多重因素的存在,最优酸液体积的选择比较复杂。首先,需要的酸液体积高度依赖于伤害区域的深度,而此深度难以准确获取。对伤害区域深度进行假设,则可以依据实验室酸液反应曲线或酸化模型来选择井中特定位置的最优酸液体积。这样分析可以得到一个最小的推荐酸液体积,如每个射孔孔眼25gal或单位厚度地层50gal。然而,一般情况下酸液不会均匀地分配到地层中,为了确保有足够的酸液能与大部分地层接触,则可能需要大量的酸液,因此需要合理选择酸处理所使用的技术手段。

因此,砂岩酸化设计难以精确。这里推荐的方法是根据酸化过程模型选择酸液的体积,然后酸处理措施应该按照使酸液迅速流向特定的井来进行。

15.3.2 砂岩酸化模型

15.3.2.1 双矿物模型

多年以来已经有多次尝试,试图建立全面的砂岩酸化过程模型,然后用于辅助设计。现在常用的模型是双矿物模型(Hill,Lindsay,Silberg 和 Schechter,1981;Hekim,Fogler,和 McCune,1982;Taha,Hill 和 Sepehrnoori,1989),该模型将所有矿物归结为一种或两种类型,即快速反应物质和慢速反应物质。Schechter(1992)将长石、自生黏土矿物以及无定形二氧化硅归为快速反应物质,同时将碎屑黏土颗粒和适应性颗粒归为慢速反应矿物。针对岩心驱替中的线性流,依据 HF 和反应矿物的物质平衡,模型可以写成:

$$\frac{\partial(\phi C_{HF})}{\partial t} + u\frac{\partial C_{HF}}{\partial x} = -(S_F^* V_F E_{f,F} + S_S^* V_S E_{f,S})(1-\phi)C_{HF} \tag{15.1}$$

$$\frac{\partial}{\partial t}[(1-\phi)V_F] = \frac{-MW_{HF}S_F^* V_F\beta_F E_{f,F}C_{HF}}{\rho_F} \tag{15.2}$$

$$\frac{\partial}{\partial t}[(1-\phi)V_S] = \frac{-MW_{HF}S_S^* V_S\beta_S E_{f,S}C_{Hs}}{\rho_S} \tag{15.3}$$

式中:C_{HF}是 HF 在溶液中的浓度;u 是酸的通量;x 是距离;S_F^* 和 S_S^* 是比表面积;V_F 和 V_S 是体积分数;$E_{f,F}$ 和 $E_{f,S}$ 是反应速率常数(基于 HF 的消耗速率);MW_F 和 MW_S 是相对分子质量;β_F 和 β_S 是100% HF 的溶解力;ρ_F 和 ρ_S 分别是快速反应矿物和慢速反应矿物的密度。假设孔隙度为定值,转换为无量纲形式,这些方程变为:

$$\frac{\partial \psi}{\partial \theta} + u \frac{\partial \psi}{\partial \varepsilon} + (N_{\mathrm{Da,F}} \varLambda_{\mathrm{F}} + N_{\mathrm{Da,S}} \varLambda_{\mathrm{S}}) \psi = 0 \tag{15.4}$$

$$\frac{\partial \varLambda_{\mathrm{F}}}{\partial \theta} = - N_{\mathrm{Da,F}} N_{\mathrm{Ac,F}} \psi \varLambda_{\mathrm{F}} \tag{15.5}$$

$$\frac{\partial \varLambda_{\mathrm{S}}}{\partial \theta} = - N_{\mathrm{Da,S}} N_{\mathrm{Ac,S}} \psi \varLambda_{\mathrm{S}} \tag{15.6}$$

其中,无量纲变量定义为:

$$\psi = \frac{C_{\mathrm{HF}}}{C_{\mathrm{HF}}^{0}} \tag{15.7}$$

$$\varLambda_{\mathrm{F}} = \frac{V_{\mathrm{F}}}{V_{\mathrm{F}}^{0}} \tag{15.8}$$

$$\varLambda_{\mathrm{S}} = \frac{V_{\mathrm{S}}}{V_{\mathrm{S}}^{0}} \tag{15.9}$$

$$\varepsilon = \frac{x}{L} \tag{15.10}$$

$$\theta = \frac{ut}{\phi L} \tag{15.11}$$

式中:ψ 是无量纲 HF 浓度;$\varLambda$ 是无量纲矿物组成;ε 是无量纲距离;θ 是无量纲时间(孔隙体积)。对于岩心驱替,L 是岩心长度。在式(15.4)至式(15.6)中,两个无量纲组合都给出了每种矿物的 N_{Da}、Damkohler 数、N_{Ac} 以及酸容量数,描述了 HF—矿物反应的反应动力学以及化学计量。Damkohler 数是酸液的消耗速率与酸液的对流速率之比,对于快速反应矿物,有:

$$N_{\mathrm{Da,F}} = \frac{(1 - \phi_{0}) V_{\mathrm{F}}^{0} E_{\mathrm{f,F}} S_{\mathrm{F}}^{*} L}{u} \tag{15.12}$$

酸容量数是单位体积岩石孔隙中酸所溶解的矿物量与单位体积岩石中矿物量之比,对于快速反应矿物为:

$$N_{\mathrm{Ac,F}} = \frac{\phi_{0} \beta_{\mathrm{F}} C_{\mathrm{HF}}^{0} \rho_{\mathrm{acid}}}{(1 - \phi_{0}) V_{\mathrm{F}}^{0} \rho_{\mathrm{F}}} \tag{15.13}$$

对于慢速反应矿物,其 Damkohler 数和酸容量数也是类似定义的。在酸容量数的表达式中,酸浓度是质量分数,不是摩尔/体积。

随着酸液注入到砂岩中,反应前缘由 HF 溶液和快速反应矿物之间的反应确定。前缘的形状取决于 $N_{\mathrm{Da,F}}$。对于较低的 Damkohler 数,对流速率高于反应速率,前缘将会发散。对于较高的 Damkohler 数,反应速率高于对流速率,反应前缘会相对尖锐。图 15.2(da Motta,Plavnik 和 Schechter,1992a)给出了 Damkohler 数较高和较低时典型的浓度剖面。

式(15.4)至式(15.6)能够在其一般形式下进行数值求解。然而,对于相对高的 Damkohler 数($N_{\mathrm{Da,F}} > 10$),求解析解也是有效的,而且对设计也有帮助。这个解近似认为

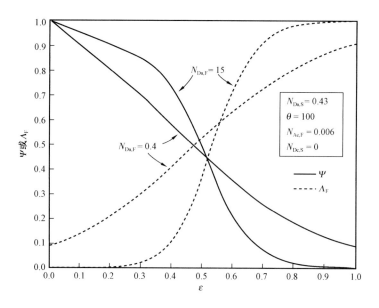

图 15.2　酸液与快速反应矿物的反应浓度剖面(据 da Motta 等,1992a)

HF—快速反应矿物的反应前缘是尖锐的,因此前缘之后所有的快速反应矿物都被清除;相反,在前缘之前,没有溶解发生。慢速反应矿物与前缘之后 HF 溶液的反应旨在防止 HF 的浓度达到前缘的水平。前缘位置由式(15.14)确定:

$$\theta = \frac{\exp(N_{Da,S}\varepsilon_f) - 1}{N_{Ac,F}N_{Da,S}} + \varepsilon_f \qquad (15.14)$$

该式将无量纲时间(或等效酸液体积)与无量纲前缘位置 ε_f 联系在一起,针对线性流定义为前缘位置除以岩心长度。前缘之后的无量纲酸液浓度为:

$$\psi = \exp(-N_{Da,S}\varepsilon) \qquad (15.15)$$

此近似方法适用于合理定义了无量纲变量和变量组合的线性、径向、椭球体流动范围。径向流代表了裸眼完井时的酸液流动,而且也可能近似代表射孔密度较大的射孔井流动。椭球形流是对射孔孔眼附近流动的几何近似,已在图 15.3 中予以说明。对于射孔几何形态,前缘位置 ε_f 取决于沿射孔段所处的位置。在表 15.2 中,给出了酸液位置直接从射孔段顶部延伸以及酸液沿着井筒壁穿过的表达式,这两个位置足以达到设计目的。对于这种几何形态下酸液穿透剖面的完整的计算方法,读者可以参见 Schechter(1992)的相关文献。

需要注意,慢速反应矿物的 Damkohler 数和快速反应矿物的酸容量数都只是在求解结果里面出现的无量纲组合,可通过 $N_{Da,S}$ 调节到达前缘的活性 HF 溶液量。如果慢速反应矿物反应速率比对流速率快,那么少量的酸能扩散到快速反应矿物前缘。对于慢速反应矿物,酸容量数并不重要,因为前缘之后慢速反应矿物的供应基本是恒定的。$N_{Ac,F}$ 直接影响前缘扩散速率:快速反应矿物越多,前缘移动越慢。$N_{Da,F}$ 并不出现,因为前缘假设是尖锐的,也就暗示 $N_{Da,F}$ 无限大。求解结果能用于估算清除井筒或射孔孔眼周围给定区域的快速反应矿物所需的酸液体积。

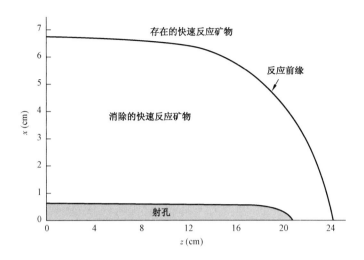

图 15.3　射孔孔眼周围的椭球形流(据 Schechter,1992)

表 15.2　砂岩酸化模型中的无量纲组合

流动几何形态	ε	θ	$N_{Da,S}$
线性	$\dfrac{x}{L}$	$\dfrac{ut}{\phi L}$	$\dfrac{(1-\phi)V_S^0 E_{f,S} S_S^* L}{u}$
径向	$\dfrac{r^2}{r_w^2}-1$	$\dfrac{q_i t}{\pi r_w^2 h \phi}$	$\dfrac{(1-\phi)V_S^0 E_{f,S} S_S^* \pi r_w^2 h}{q_i}$
椭球形	从射孔段顶部穿过 $\dfrac{1}{3}\bar{z}^3 - \bar{z} + \dfrac{2}{3}; \bar{z}=\dfrac{z}{l_{perf}}$	$\dfrac{q_{perf} t}{2\pi l_{perf}^3 \phi}$	$\dfrac{2\pi(1-\phi)l_{perf}^3 S_S^* E_{f,S} V_S^0}{q_{perf}}$
	从井筒附近穿过 $\dfrac{1}{3}\left(\bar{x}+\dfrac{1}{\bar{x}+\sqrt{\bar{x}^2+1}}\right)^3 - \dfrac{1}{3}$ $\bar{x}=\dfrac{x}{l_{perf}}$		

注意:ψ,Λ 和 $N_{Ac,F}$ 对所有的几何形态都是相同的。

无量纲组合 $N_{Ac,F}$ 和 $N_{Da,S}$ 能够通过式(15.13)以及表 15.2 基于岩石矿物学计算得到,或者通过实验获取,下面的例子将对此进行说明。

例 15.1　根据实验室数据确定 $N_{Ac,F}$ 和 $N_{Da,S}$

图 15.4 中所示的是 Motta 等(1992)测定岩心驱替实验中流出酸液浓度的实验,使用的岩心是直径 0.87in,长度 1.57in 的 Devonian 砂岩岩心,酸液由质量分数 1.5% 的 HF 溶液和质量分数 13.5% 的 HCl 溶液混合而成,酸液通量为 0.346cm/min(0.0115ft/min)。根据以上数据确定 $N_{Da,S}$ 和 $N_{Ac,F}$。

解:

在典型的岩心酸液驱替中,流出酸液的浓度一开始比较低,随后会由于快速反应矿物从岩心中清除而逐渐升高。快速反应矿物的反应前缘越尖锐,流出酸液浓度增长越迅速。实际上,当所有的快速反应矿物都被溶解时,酸液浓度将趋于较高的稳定值,该值反映了岩心中剩余的石英含量和其他慢速反应矿物消耗的 HF 量。流出酸液的浓度是时间的函数,对应 $\varepsilon=1$ 时的值。因此,根据式(15.15),在所有的快速反应矿物溶解后,有:

$$N_{Da,S} = -\ln(\psi_e) \qquad (15.16)$$

根据图 15.4,在最后 50 倍孔隙体积的驱替中,无量纲流出酸液浓度 ψ_e 逐渐从 0.61 增加到 0.65(轻微增加是由于少量快速反应矿物被溶解或者慢速反应矿物表面积减少)。在式(15.16)中使用平均值 0.63,$N_{Da,S} = 0.46$。

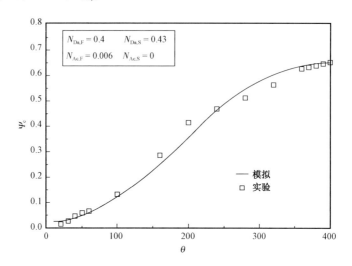

图 15.4 岩心驱替中流出酸液的浓度(据 da Motta 等,1992a)

根据反应前缘突破的时间快速反应矿物的酸容量数能够使用式(15.15)估算得到。前缘位置能够近似认为是酸浓度等于供应到前缘的酸浓度一半所对应的位置。使用 0.63 作为供应到前缘的无量纲酸浓度,当流出酸液浓度为 0.315 时,前缘在岩心中出现,这发生在驱替量约 180 倍孔隙体积时。根据式(15.15)求解 $N_{Ac,F}$,当 $\varepsilon_f = 1$ 时有:

$$N_{Ac,F} = \frac{e^{N_{Da,S}} - 1}{(\theta_{bt} - 1) N'_{Da,S}} \qquad (15.17)$$

于是

$$N_{Ac,F} = \frac{e^{0.46} - 1}{(180 - 1) \times 0.46} = 0.0071 \qquad (15.18)$$

da Motta 等(1992)使用的模型更为复杂,所确定的 $N_{Da,S} = 0.43$ 和 $N_{Ac,F} = 0.006$,但相比之下以上结果更满足要求。

例 15.2 设计径向流时的酸液体积

使用例 15.1 中的酸容量数、Damkohler 数以及其他实验室数据,确定清除距离井筒 3ft 和 6ft 范围内所有快速反应矿物所需的酸液体积(单位:gal/ft),假设酸液径向流入地层,如裸眼完井对应的情况。注入速率为每英尺厚度 0.1bbl/min,孔隙度为 0.2,井筒半径为 0.328ft。

解:

由表 15.2,径向流与线性流的 Damkohler 数通过式(15.19)联系起来:

$$(N_{Da,S})_{radial} = (N_{Da,S})_{linear} \left(\frac{\pi r_w^2 h}{q_i}\right)_{well} \left(\frac{u}{L}\right)_{core} \qquad (15.19)$$

于是

$$(N_{Da,S})_{radial} = 0.46 \times \frac{\pi \times (0.328\text{ft})^2}{0.1\text{bbl}/(\text{min} \cdot \text{ft}) \times 5.615\text{ft}^3/\text{bbl}} \times \frac{0.0114\text{ft}/\text{min}}{(1.57/12)\text{ft}}$$

$$= 0.024 \tag{15.20}$$

径向流反应前缘的无量纲位置与径向穿透距离的关系,如表 15.2 所示,有:

$$\varepsilon_f = \left(\frac{0.328\text{ft} + (3/12)\text{ft}}{0.328\text{ft}}\right)^2 - 1 = 2.1 \tag{15.21}$$

使用式(15.14),有:

$$\theta = \frac{e^{0.024 \times 2.1} - 1}{0.007 \times 0.024} + 2.1 = 310 \tag{15.22}$$

根据表 15.2 中对径向流 θ 的定义,并且认定 $q_i t/h$ 仅仅是每单位厚度的注入体积,有:

$$\frac{q_i t}{h} = \theta \pi_w^2 \phi_o \tag{15.23}$$

$$\frac{q_i t}{h} = 310 \pi \times 0.328\text{ft}^2 \times 0.2 \times 7.48\text{gal}/\text{ft}^3 = 160\text{gal}/\text{ft} \tag{15.24}$$

穿透井筒附近 6in 时,其无量纲前缘位置为 5.37。重复计算得到酸液体积为 420gal/ft,此结果不太合理。这个特定地层高含快速反应矿物(低 $N_{Ac,F}$),相对高含慢速矿物反应速率(高 $N_{Da,S}$),使得在地层中 HF 溶液难以远距离扩散。对于同样体积的酸液,若想获得更深的穿透距离,则需要更高的酸液浓度和更高的注入速率。

例 15.3 射孔孔眼周围椭球形流的酸液体积设计

根据例 15.3 中的实验室数据,清除井中距离射孔段顶部 3in 范围内所有快速反应矿物,计算所需的酸液体积(单位:gal/ft)。射孔密度为 4 孔/ft,射孔段长度为 6in,孔隙度为 0.2,注入速率为每单位厚度 0.1bbl/min。同时计算同样酸液注入体积下紧邻井筒的酸液反应前缘位置。

解:

由表 15.2,椭球形流与线性流的的 Damkohler 数通过式(15.25)联系起来,有:

$$(N_{Da,S})_{ellipsoidal} = (N_{Da,S})_{linear} \left(\frac{2 \pi l_{perf}^3}{q_{perf}}\right)\left(\frac{u}{L}\right) \tag{15.25}$$

由于射孔密度为 4 孔/ft,q_{perf} 为 $q_i/4$。则有:

$$(N_{Da,S})_{ellipsoidal} = 0.46 \times \frac{2 \pi \times (0.5\text{ft})^3}{0.025\text{bbl}/\text{min} \times 5.615\text{ft}^3/\text{bbl}} \times \frac{0.0114\text{ft}/\text{min}}{(1.57/12)\text{ft}} \tag{15.26}$$

$$= 0.224$$

使用表 15.2 中的表达式将无量纲前缘位置与酸从射孔段顶部开始的穿透距离联系在一起,注意 z 是从井筒测量的(开始射孔),有:

$$\bar{z} = \frac{z}{l_{perf}} = \frac{6\text{in} + 3\text{in}}{6\text{in}} = 1.5 \tag{15.27}$$

$$\varepsilon_f = \frac{1}{3} \times 1.5^3 - 1.5 + \frac{2}{3} = 0.292 \qquad (15.28)$$

然后

$$\theta = \frac{e^{0.224 \times 0.292} - 1}{0.007 \times 0.224} + 0.292 = 43.4 \qquad (15.29)$$

注入到每个射孔孔眼中的体积为 $q_{perf}t$，因此，由表 15.2，有：

$$q_{perf}t = 2\pi l_{perf}^3 \phi\theta \qquad (15.30)$$

$$q_{perf}t = 2\pi \times (0.5ft)^3 \times 43.4 \times 7.48 gal/ft^3 = 51 gal/perf \qquad (15.31)$$

由于射孔密度为 4 孔/ft，每英尺层段总的酸液体积为 204gal/ft。

在射孔孔眼周围任意位置，无量纲酸液穿透距离 ε_f 都是一样的。井筒处酸液穿透距离由表 15.2 的第二个表达式计算，使用 0.292 作为 ε_f 的值，通过试算求解 x 计算得穿透距离紧邻井筒射孔底部周围 4.3in。

例 15.4 消除钻井液伤害所需的酸液体积

砂岩酸化常用于消除钻井液侵入地层而引起的伤害。若造成伤害的沉淀可溶于 HF 溶液，如膨润土所引起的伤害，如果伤害不是特别深，酸化措施是增加油井产能非常有效的方法。所需的酸液量取决于膨润土引起伤害的深度。

假设例 15.3 中的 Damkohler 数和酸容量数描述的是受膨润土泥浆伤害的砂岩地层，膨润土泥浆将伤害区域的孔隙度降低至 0.1，其渗透率急剧下降，表皮系数为 20。按照例 15.3 进行射孔完井。对于伤害深度为 6in(0.5ft) 的地层，计算消除伤害且将表皮系数降至 0 所需的酸液体积。

解：

对于伤害深度高达 6ft 的地层，重复例 15.3 中的计算（孔隙度改为 0.1），得到图 15.5。随着伤害深度增加，消除伤害所需的酸液体积也急剧增加。消除射孔孔眼后 6in 伤害所需酸液为 350gal/ft，该值是典型泵入量的 2 倍。处理非常浅但伤害严重的砂岩地层，酸化措施通常比较顺利。

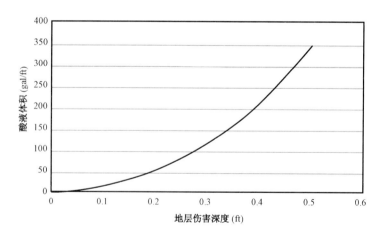

图 15.5 穿透浅层伤害区域所需的酸液体积

15.3.2.2　两酸三矿模型

前面给出的双矿物模型极大地简化了砂岩酸化的化学过程,能够对砂岩酸化过程中反应前缘的运动进行解析计算。然而,如第14章中回顾的那样,在砂岩酸化中有着大量的二次反应和三次反应,对酸化过程有一定的影响。如 Bryant(1991)以及 da Motta,Plavnik,Schechter 和 Hill(1992b)的文献中所述,对双矿物模型最简单的延伸,就是考虑氟硅酸与快速反应矿物之间的反应,同时考虑无定形二氧化硅的沉淀。将这些考虑因素添加到双矿物模型中:

$$H_2SiF_6 + fast - reacting\ mineral \longrightarrow \nu Si(OH)_4 + Alfluorides \tag{15.32}$$

该反应有重要的实际意义,即在给定酸液体积条件下,消耗快速反应矿物所需更少的 HF 溶液,因为氟硅酸也能与这些矿物反应,而且反应产物 Si(OH)$_4$(即硅胶)是一种沉淀。这个反应使活性 HF 溶液能够更为深入地穿透地层,但地层可能出现沉淀。

两酸三矿模型则认为,用双矿物模型来预测所需的酸液体积相对保守,尤其是在高温的情况下。

15.3.2.3　沉淀模型

在酸化过程的描述中,两酸三矿模型考虑了硅胶沉淀的影响。同时,还有其他的反应产物也可能沉淀。反应产物沉淀的趋势已经通过地球化学模型进行了全面的研究,考虑了砂岩酸化过程中大量可能发生的反应。

局部平衡模型是用于研究砂岩酸化的最常见化学模型,如 Walsh,Lake 和 Schechter (1982)在文献中对其进行的描述。这类模型假设所有的反应都是局部平衡的(即所有的反应速率都无限大)。从这个模型中得出的典型结果如图 15.6 所示,将质量分数为4% 的 HF 和质量分数为11% 的 HCl 溶液注入含有碳酸钙盐岩、高岭石以及石英的地层中,得到时间—距离关系图,图中显示了无定形硅和氟化铝趋于形成沉淀的区域。图中的垂直线表示所有反应都局部平衡时,矿物种类是距离的函数。

Sevougian,Lake 以及 Schechter(1995)给出了一个化学模型,考虑了溶解和沉淀反应的化学动力学因素。模型表明,如果溶解或沉淀反应不是立即发生的,则沉淀对地层的

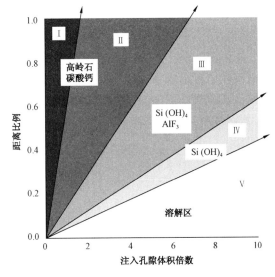

图 15.6　时间—距离关系图中可能沉淀的区域
(据 Schechter,1992)

伤害将会轻一些。如图 15.7 所示,在 4 个不同的沉淀反应速率下,对沉淀区域和浓度进行了预测(矿物 AC 和 DB 是沉淀)。随着反应速率降低,引起伤害的沉淀形成量也减少。针对其他结合了大量固态和液态物质的全面模型,在相关文献中也给出了描述(Ziauddin,Kotlar,Vikane,Frenier 和 Poitrenaud,2002;Ziauddin 等,2002)。

15.3.2.4　渗透率模型

为了预测地层中的酸化反应,需要研究酸液对地层内部矿物以及其他矿物沉淀的溶解,从

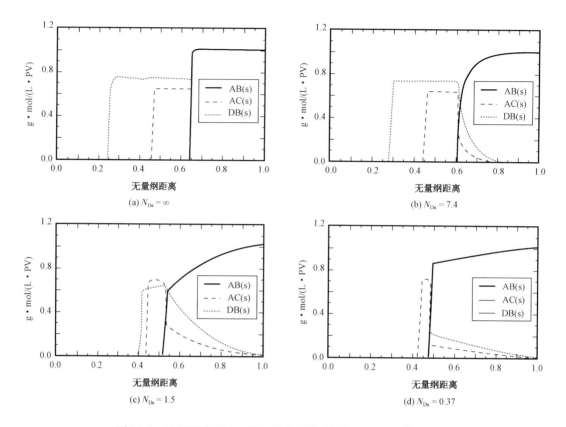

图 15.7　地层沉淀区域中沉淀反应的影响(据 Sevougian 等,1995)

而预测酸化所带来的渗透率变化。渗透率变化是一个极其复杂的过程,因为它受到多孔介质中不同或甚至相互抵触的多种现象影响。矿物的溶解导致孔隙和喉道扩大,从而渗透率增加;同时,固结物质溶解会释放出小颗粒,而部分小颗粒会堵塞在孔隙喉道中,从而降低渗透率。形成的任何沉淀都有可能降低渗透率,碳酸盐矿物溶解形成的 CO_2 也可能会引起液相相对渗透率的降低。这些因素相互作用的结果是,岩心驱替中渗透率刚开始降低,继续注入酸液后,渗透率会增加,直到远高于原始渗透率。

尽管已经在很多理想化系统中,如烧结滤饼(Guin,Schechter 和 Silberberg,1971),预测渗透率变化取得了成功。但由于渗透率变化的复杂性,针对实际砂岩进行理论预测是不现实的。将渗透率增加与酸化过程中孔隙度变化联系起来,最常用的经验关系式由 Labrid(1975),Lund 和 Fogler(1976)以及 Lambert(1981)提出,关系式为:

Labriad

$$\frac{K_i}{K} = M\left(\frac{\phi_i}{\phi}\right)^n \tag{15.33}$$

式中:K 和 ϕ 是初始渗透率和孔隙度,K_i 和 ϕ_i 为酸化后的渗透率和孔隙度。M 和 n 为经验常数,对于 Fontainbleau 砂岩分别为 1 和 3。

Lund 和 Fogler

$$\frac{K_i}{K} = \exp\left[M\left(\frac{\phi_i - \phi}{\Delta\phi_{max}}\right)^n\right] \tag{15.34}$$

其中,$M = 7.5$ 和 $\Delta\phi_{max} = 0.08$ 是 Phacoides 砂岩最合适的值。

Lambert

$$\frac{K_i}{K} = \exp\left[45.7\left(\phi_i - \phi\right)\right] \qquad (15.35)$$

当 $M/\Delta\phi_{max} = 45.7$ 时,Lambert 的表达式和 Lund 与 Fogler 的表达式是一致的。

使用建议的常数值,Labrid 关系式预测得到的渗透率增加值最小,随后是 Lambert 的渗透率预测值,Lund 和 Fogler 的渗透率预测值最大。如果可能的话,使用这些关系式最好根据岩心驱替响应选择适当的经验常数。如果缺乏特定地层的数据,Labrid 的方程可给出最保守的设计。同时需要注意的是,这些模型中渗透率变化仅仅取决于体积孔隙度变化以及酸溶解导致的孔隙度变化,快速反应矿物溶解引起的渗透率增加值非常小。以上有效地为模型预测的最大渗透率提供了界限值。

例 15.5 预测酸化引起的渗透率变化

某一砂岩地层原始孔隙度为 0.2,原始渗透率为 20mD,伤害区含有总体积分数为 10% 的碳酸钙和快速反应矿物。使用各个渗透率关系式,计算溶解所有这些矿物之后的渗透率。

解:

由于酸化导致的孔隙度变化等于原始固体的总体积分数 $(1 - \phi)$ 乘以溶解的固体体积分数,即:

$$\Delta\phi = \left(1 - 0.2\right) \times 0.1 = 0.08 \qquad (15.36)$$

因此,酸化后的孔隙度为 0.28。预测酸化后的渗透率如下:

Labriad

$$K_i = 20\text{mD} \times \left(\frac{0.28}{0.2}\right)^3 = 55\text{mD} \qquad (15.37)$$

Lund 和 Fogler

$$K_i = 20\text{mD} \times e^{\frac{7.5 \times 0.08}{0.08}} = 3.6 \times 10^4\text{mD} \qquad (15.38)$$

Lambert

$$K_i = 20\text{mD} \times e^{45.7 \times 0.08} = 770\text{mD} \qquad (15.39)$$

使用 3 个关系式所预测的渗透率大小有数量级的差别,说明试图预测砂岩中酸化引起的渗透率变化具有不确定性。每个关系式都基于实验和特定的砂岩,并且地层孔隙结构对于酸液的反应也有很大区别。表 15.3 为例 15.5 的结果。

表 15.3　例 15.5 的结果

q_i(bbl/min)	N_{Re}	f	Δp_F(psi)	$p_{ti,max}$(psi)
0.5	50800	0.0061	48	2370
1.0	102000	0.0056	175	2500
2.0	203000	0.0053	660	2980
4.0	406000	0.0051	2550	4870

15.3.3　酸化过程的监控与最优注入速率

砂岩酸化设计中选择最优注入速率比较困难,这是因为伤害区域和矿物溶解影响因素以及反应产物沉淀存在不确定性。仅依据矿物溶解,对于给定深度的伤害区域,最优注入速率能够通过双矿物模型得到,最优速率即使得 HF 溶液在伤害区域消耗最快的速率,这种方法已经由 Motta 等(1992a)给出。然而,伤害深度难以准确预测,但可以通过增加注入速率以致高于仅考虑矿物溶解的最优注入速率,来减轻反应产物沉淀的不利影响。事实上,两酸三矿模型的结果表明,酸化效率对注入速率相对敏感,最高的注入速率可能产生最好的效果。如图 15.8 (da Motta,1993)所示,对于浅层伤害,当注入速率超过100gal/ft 时,注入速率对表皮系数有很小的影响;对于深层伤害,注入速率越高,酸化后表皮系数越低。

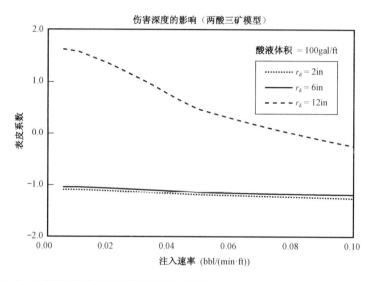

图15.8　注入速率对改善表皮系数的影响(据 da Motta,1993;courtesy of E. P. da Motta.)

油田经验与砂岩酸化最优注入速率是相互矛盾的。Mcleod(1984)建议采用相对较低的注入速率,其根据是观察到酸液与地层接触时间为 2～4h 时效果较好。另一方面,Paccaloni, Tambini 和 Galopini(1988)以及 Paccaloni 和 Tambini(1993)指出,在很多油田的酸处理措施中,使用尽可能高的注入速率,其成功率也相对较高。Paccaloni"最大 Δp,最大速率"之所以成立,是因为提高了酸液的覆盖范围(将在下一节中讨论),并且使沉淀伤害最小。除非有特定区域的经验建议,否则推荐 Paccaloni 的"最大 Δp,最大速率"理论,描述如下。

由于注入速率存在上限值,为了确保基质酸化,注入速率必须保持在引起地层水力压裂的速率以下。造缝时的井底压力(即破裂压力)就是简单地将裂缝梯度 FG 乘以深度,即

$$p_{bd} = FG \cdot H \tag{15.40}$$

详情参见第 18 章对于破裂压力的全面讨论。假设是拟稳态流动,对于注入过程破裂压力与注入速率的关系如式(2.34):

$$p_{bd} - \bar{p} = \frac{141.2 q_{i,max} \mu}{Kh} \left(\ln \frac{0.472 r_e}{r_w} + S \right) \tag{15.41}$$

在酸处理中只监测地面速率和油管压力最为常见,因此有必要将地面压力与井底压力通

过式(15.42)建立关系:

$$p_{ti,max} = p_{wf} - \Delta p_{PE} + \Delta p_F \tag{15.42}$$

其中,势能和摩擦压力降都是正数。对于牛顿流体,这些可以通过第7章中描述的方法计算。当使用泡沫流或其他非牛顿流体时,井底压力要持续监测(例如通过监测环空压力的方式),或泵送要偶尔短时间停止以确定摩擦压力降。在基质酸化措施开始之前,要计算最大速率与油管压力之间的关系,确保压力不会超过破裂压力。对于注入速率变化范围较大的情况也是如此,因为在不造缝时地层能够承受的最大注入速率将会随着酸液降低表皮系数而升高。

例 15.6 最大注入速率与压力

油藏 A 中一口井,深度为 9822ft,使用相对密度 1.07,黏度 0.7cP 的酸溶液通过内径 2in,相对粗糙度 0.001 的连续油管进行酸化。地层破裂压力梯度为 0.7psi/ft,绘制最大油管注入压力与酸液注入速率关系曲线。如果该井的初始表皮系数为 10,那么酸化开始时允许的最大注入速率是多少? 假设 $r_e = 1000ft$, $\bar{p} = 4500psi$。

解:

由式(15.40),破裂压力为:

$$p_{bd} = 0.7psi/ft \times 9822ft = 6875psi \tag{15.43}$$

油管最大注入压力由式(15.42)给出。使用式(7.22),与流速无关的势能压力降为:

$$\Delta p_{PE} = 0.433psi/ft \times 1.07 \times 9822ft = 4551psi \tag{15.44}$$

摩擦压力降由式(7.31)给出,q_i 单位为 bbl/min,其他所有量都是常用油田单位,有:

$$\Delta p_F = \frac{1.525 \rho q_i^2 f L}{D^5} \tag{15.45}$$

摩擦系数由 Reynolds 数得到,相对粗糙度使用式(7.35)或图 7.7 得到。对于流速从 0.5bbl/min 变化到 10bbl/min,其结果在表 15.3 中给出,并绘制在图 15.9 中。增加注入速率,而地面油管压力保持定值,井底压力会相应增加,因为此过程中摩擦压力降增加了。

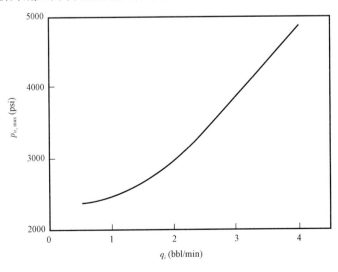

图 15.9 最大油管注入压力(例 15.6)

酸化措施开始时的最大注入速率可通过式(15.41)得到,求解 $q_{i,\max}$ 有:

$$q_{i,\max} = \frac{(6875 - 4500) \times 8.2 \times 53}{141.2 \times 1.7 \times \left[\ln(0.472 \times 1000/0.328) + 10\right]} \tag{15.46}$$
$$= 250\text{bbl/d} = 0.17\text{bbl/min}$$

这样,初始的注入速率应该要低于 0.2bbl/min,而地面油管压力要低于 2330psi。该计算中考虑了油藏原油黏度,这是因为油藏中几乎所有的压力降都是在原油流动过程中产生的,即使是注水也如此。

由于在酸化过程中表皮系数减小,在不压裂的地层条件下达到更高注入速率是可行的。为了确保不出现压裂,通常推荐地面压力保持在比初始破裂压力低 10% 的水平。对这口井,设计以 0.1bbl/min 的注入速率开始,在保持地面压力低于 2000psi 时可以增加。如果速率高于 1bbl/min,油管压力将会增至 2000psi 以上。但是对于任何速率,油管压力都应该低于图 15.9 所示压力的 10%。

15.3.3.1　Paccaloni 的“最大 Δp,最大速率”理论

Paccaloni 的“最大 Δp,最大速率”理论有两个主要的部分:(1)酸液应该在最大的速率下注入,并且达到不至地层压裂的最大 p_{wf};(2)酸化过程应该实时监测以确保达到最大速率,并保证向地层中注入了足够酸液的时间。

为了监测酸化增产措施的过程,Paccaloni 计算了稳态表皮系数:

$$S = \frac{0.00708Kh\Delta p}{\mu q_i} - \ln\frac{r_{\text{b}}}{r_{\text{w}}} \tag{15.47}$$

其中,所有的变量都是标准油田单位。在式(15.47)中,r_{b} 是注入酸的影响半径,Paccaloni 建议其值取 4ft,式(15.47)涉及 q_i,p_{wf}(通过 Δp 可求)和 S。为了监测酸化增产措施,Paccaloni 构造了 p_{ti} 与 q_i 关系图,将 S 作为一个参数,其中 p_{ti} 与 p_{wf} 通过式(15.42)相联系。随着酸化的进行,井口压力与注入速率绘制在一起,而变化的表皮系数可以从图中读出,压裂压力与注入速率的关系也绘制在图中。图 15.10 给出了基质酸化增产的设计表。

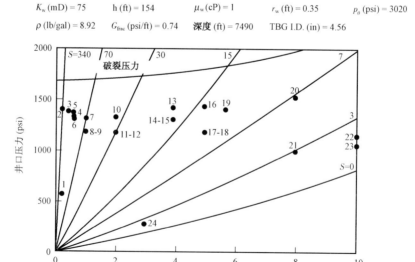

图 15.10　Paccaloni 为监测酸化所设计的图表(据 Paccaloni 和 Tambini,1993)

Paccaloni 方法的缺点之一是倾向于高估表皮系数,正如 Prouvost 和 Economides(1988)指出并由 Paccaloni 和 Tambini(1993)确认的那样,因为它忽略了不稳定流动影响。当速率发生突变时,这一误差将很严重;然而,在大多数的酸化中,此问题并不严重,因为该误差将保持基本恒定,而表皮系数的相对变化比其绝对值影响更大。Prouvost 和 Economides 给出了更为精确计算基质酸化中表皮系数变化的方法,当酸化的注入速率已知时,该技术更适用于酸化后的分析。

15.3.3.2 酸化过程中表皮系数变化的计算

Zhu 和 Hill(1998)提出了一种考虑瞬时效应以及直接处理速率变化的实时监测方法,这种方法从注入的不稳定流方程开始:

$$p_{wi} - p_i = \frac{162.6qB\mu}{Kh}\left[\lg(t) + \lg\left(\frac{K}{\phi\mu c_t r_w^2}\right) - 3.23 + 0.87S\right] \tag{15.48}$$

其中,p_{wi} 是井底注入压力,其他所有变量和式(2.26)中定义的一样。

重新整理式(15.48),有:

$$\frac{p_{wi} - p_i}{q} = m\lg(t) + b \tag{15.49}$$

其中

$$m = \frac{162.6B\mu}{Kh} \tag{15.50}$$

以及

$$b = m\left[\lg\left(\frac{K}{\phi\mu c_t r_w^2}\right) - 3.23 + 0.87S\right] \tag{15.51}$$

在式(15.49)中,左侧项称为逆向注入能力,其中包含措施过程中所测定的数据以及原始油藏压力。式(15.49)说明,逆向注入能力与时间的对数呈线性关系,由式(15.50)和式(15.51)定义,其斜率为 m,截距为 b。对于变化的注入量,由以上各式根据叠加原理得到:

$$\frac{p_i - p_{wf}}{q} = m\Delta t_{sup} + b \tag{15.52}$$

其中,叠加时间方程 Δt_{sup} 为:

$$\Delta t_{sup} = \sum_{j=1}^{N}\frac{q_j - q_{j-1}}{q_N}\lg(t_N - t_{j-i}) \tag{15.53}$$

确定表皮变化的方法是使用以上各式将表皮系数作为时间的函数来计算。在任何时间,叠加时间函数都能根据当前时间的流动速率由式(15.53)计算得到,然后参数 b(逆向注入能力与叠加时间函数关系曲线的截距)能够通过式(15.51)得到。一旦 b 已知,当前的表皮系数可以通过式(15.51)计算得到。注意,在注入过程中参数 m(逆向注入能力与叠加时间函数关系曲线的斜率)是不变的,它能在酸化进行之前通过对油藏进行评价得到。

例 15.7 酸化过程中表皮系数的变化

根据表 15.4 中提供的数据,将表皮系数作为时间的函数,对此酸化措施进行计算。这口井其他数据为:$p_i = 2250\text{psi}$, $B_o = 1.2$, $\phi = 0.2$, $c_t = 9 \times 10^{-5}\text{psi}^{-1}$, $h = 253\text{ft}$, $K = 80\text{mD}$, $S = 40$, $r_w = 0.51\text{ft}$, $\mu = 2.4\text{cP}$。

表 15.4　酸处理数据

射孔孔眼处流体	时间(h)	q(bbl/min)	p_{wf}(psi)
水	0.15	2	4500
水	0.30	2	4489
水	0.45	2	4400
芳香烃溶剂	0.60	2	4390
芳香烃溶剂	0.75	2.5	4350
芳香烃溶剂	0.90	2.4	4270
芳香烃溶剂	1.05	2.7	4250
15% HCl	1.20	2.5	4200
15% HCl	1.35	3.2	3970
3% HF/12% HCl	1.50	3.7	3800
3% HF/12% HCl	1.65	4.1	3750
3% HF/12% HCl	1.80	4.4	3670
3% HF/12% HCl	2.10	3.9	3400
3% HF/12% HCl	2.25	5.6	3730
3% HF/12% HCl	2.40	5.6	3750
3% HF/12% HCl	2.55	5.6	3650
3% HF/12% HCl	2.70	5.7	3600
3% HF/12% HCl	2.85	5.8	3400

解:

根据给出的数据,首先计算:

$$m = \frac{162.6B\mu}{Kh} = \frac{162.6 \times 1.2 \times 2.4\text{cP}}{80\text{mD} \times 253\text{ft}} = 0.023 \frac{\text{psi}}{\text{bbl}} \tag{15.54}$$

然后使用式(15.53)和每一时间点的 b 计算 Δt_{sup},其中:

$$b = \frac{p_{wf} - p_i}{q} - m\Delta t_{sup} \tag{15.55}$$

表皮系数 S 由式(15.56)计算:

$$S = \frac{1}{0.87}\left[\frac{b}{m} - \lg\left(\frac{K}{\phi\mu c_t r_w^2}\right) + 3.23\right] \tag{15.56}$$

计算结果见表 15.5,表皮系数与时间的关系曲线在图 15.11 中绘出。总的来说,只要能将表皮系数由约 40 降低到 2,基质酸化措施是有效的。此处砂岩含有相当数量的碳酸盐,因为注入 15% HCl 前置液,表皮系数由 24 降低到 11。实际的主酸(3% HF/12% HCl 溶液)将表皮系数从 11 减小到 2,几乎已完全消除地层伤害。

表 15.5　表皮变化例子的计算结果

输入参数				计算结果		
射孔孔眼处流体	时间(h)	q_i(bpm)	p_{wf}(psi)	Δt_{sup}	b	S
水	0.15	2	4500	−0.824	0.799	38
水	0.30	2	4480	−0.532	0.786	37
水	0.45	2	4400	−0.347	0.754	36
芳香烃溶剂	0.60	2	4390	−0.222	0.748	35
芳香烃溶剂	0.75	2.5	4350	−0.265	0.589	27
芳香烃溶剂	0.90	2.4	4270	−0.113	0.587	27
芳香烃溶剂	1.05	2.7	4250	−0.121	0.517	23
15% HCl	1.20	2.5	4200	0.036	0.541	24
15% HCl	1.35	3.2	3970	−0.111	0.376	15
3% HF/12% HCl	1.50	3.7	3800	−0.117	0.293	11
3% HF/12% HCl	1.65	4.1	3750	−0.092	0.256	9
3% HF/12% HCl	1.80	4.4	3670	−0.051	0.225	7
3% HF/12% HCl	2.10	3.9	3400	−0.041	0.206	6
3% HF/12% HCl	2.25	5.6	3730	−0.186	0.187	5
3% HF/12% HCl	2.40	5.6	3750	0.207	0.182	5
3% HF/12% HCl	2.55	5.6	3650	0.292	0.167	4
3% HF/12% HCl	2.70	5.7	3600	0.348	0.157	3
3% HF/12% HCl	2.85	5.8	3400	0.404	0.129	2

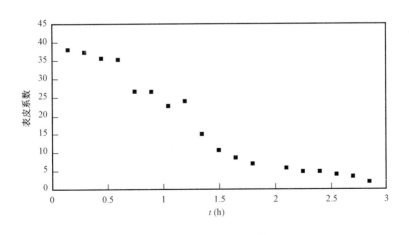

图 15.11　表皮系数的变化(例 15.7)

15.3.3.3　气藏注酸

对于气井的酸化处理,单相流体流动的假设不再适用于前面的推导。对于油藏中气体的流动,我们需要适当形式的不稳定流动方程(逆向注入能力 $\Delta p/q$ 与时间方程之间的线性关系）。当气藏压力足够高时,气体黏度 μ 和压缩因子 Z 都直接与压力成比例,流速恒定的压力不稳定流动方程可以简化为:

$$p_{wf} = p_i - 50300 \frac{z_i \mu_{gi}}{2p_i} \frac{p_{sc}}{T_{sc}} \frac{qT}{Kh} \left[\lg\left(\frac{Kt}{\phi \mu c r_w^2}\right) + 0.87S - 3.23 \right] \tag{15.57}$$

式(15.57)可以按照式(15.49)给出精确计算形式,但是 m 的定义不同:

$$m = 50300 \frac{z_i \mu_{gi}}{2p_i} \frac{p_{sc}}{T_{sc}} \frac{T}{Kh} \tag{15.58}$$

对于气井表皮系数,可以按照确定油井表皮系数的方法进行。用于计算表皮系数的方程式为:

$$S = \frac{1}{0.868} \left[\frac{b}{m} - \lg\left(\frac{Kt}{\phi \mu c r_w^2}\right) + 3.23 \right] \tag{15.59}$$

若注入液体的黏度与油藏流体黏度不同,黏度差异会影响注入后的压力变化。对于一种黏度的流体驱替另一种黏度的流体,其影响可以通过表观黏度表皮系数 S_{vis} 来考虑,

$$S_{vis} = \left(\frac{\mu_{acid}}{\mu_g} - 1 \right) \ln \frac{r_{acid}}{r_w} \tag{15.60}$$

该式是对 Hawkins 公式的精确近似,其中给出了井周围渗透率变化区域的表皮系数。假设酸液均匀穿透厚度为 h 的地层,忽略酸液反应前缘后被驱替液体的残余饱和度,酸液的径向位置与注入酸液的体积存在如下关系,如式(15.61):

$$r_{acid} = \sqrt{r_w^2 + \frac{V_{acid}}{\pi \phi h}} \tag{15.61}$$

组合式(15.60 和式(15.61),表观黏度表皮由式(15.62)给出:

$$S_{vis} = \frac{1}{2} \left(\frac{\mu_{acid}}{\mu_g} - 1 \right) \ln\left(1 + \frac{V_{acid}}{\pi \phi h r_w^2} \right) \tag{15.62}$$

酸化过程中的伤害表皮系数通过总表皮减去黏性表皮系数来获得:

$$S_d = S_{app} - S_{vis} \tag{15.63}$$

由于注入酸液黏度比被驱替气体黏度大很多倍,表观黏度表皮系数将会相当大。例如黏度为 1cP 的酸液驱替黏度为 0.02cP 的气体,从半径为 0.25ft 的井筒将酸液以 100gal/ft 注入到孔隙度为 0.2,厚度为 100ft 的地层中,使用式(15.62)计算黏性表皮系数为 32。根据式(15.62)中的对数关系,在开始注入时黏性表皮系数为零,在注入的早期阶段迅速增长,在后期则增长速度减缓。

气井中的黏性表皮效应能够掩盖酸化处理对气井的影响,这一点在图 15.12 中给予了说明(Zhu,Hill 和 da Motta,1998)。图中,上部的曲线是根据酸化过程中速率—压力记录计算得到的总表观表皮系数。由于黏性影响,总表皮系数迅速增长。中间的曲线是用式(15.62)计算得到的黏性表皮系数。当它脱离表观表皮系数曲线时,伤害表皮的真正变化就显示出来了(低部位的曲线)。

另一方面,当酸化油井时,由于原油黏度通常接近或略大于酸液黏度,黏性表皮系数比较

小;当原油黏度大于酸液黏度时,黏性表皮系数将可能为负数。以 100gal/ft 的速率注入黏度为原油一半的酸液,表观黏性表皮系数为 −1.4,这可用于对假设酸液与被驱替液黏度一样所得的表皮系数进行微小修正。

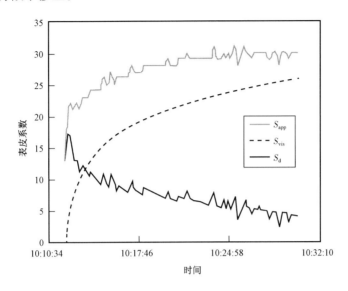

图 15.12　在气井酸化处理中考虑黏性表皮系数(据 Zhu 等,1998)

15.4　酸液充填与转向

基质酸化措施成功的关键在于对酸液合适的分配,使所有产层都能与足够体积的酸液接触。如果油藏渗透率有着显著的变化,则酸液倾向于沿渗透率最高的区域流动,使得低渗区域实际上没有得到处理。即使在相对均质的地层,地层伤害也不可能均匀分布;若不改善酸液驱替技术,大部分地层伤害将得不到处理。因此,在基质酸化中酸液在地层中的分配非常重要,酸化设计中应该包括酸液驱替方案。当允许酸液自选流动路径时,无法让酸液充分覆盖地层,因此酸液应该通过使用球形封隔器、颗粒分流剂或使用凝胶或泡沫等手段分流。

15.4.1　酸液机械分配

使酸液均匀分配最可靠的方法是用机械手段将每个区域封隔开,然后连续地处理所有的区域。机械封隔可以通过皮碗封隔器(射孔清洗工具)、挤压式封隔器与可取回桥塞组合或膨胀跨隔封隔器来实现,这些方法由 Mcleod(1984)给出。机械分配技术需要取出井中管具,因此显著地增加了措施成本。然而,改善酸液分配的经济效益常常能弥补这部分成本,尤其在水平井中。

15.4.2　球形封隔器

球形封隔器是有橡胶涂层的球,设计中用于在套管中封隔射孔段,从而将注入的酸液分流到其他的射孔段中。在注入处理液时分阶段使用球形封隔器,在酸液进入一定数量的射孔段之后,它们封隔起来,将酸液分流到其他的射孔段。通常,由于球形封隔器比处理液密度更大,在处理后球形封隔器能落入鼠洞。然而,Erbstoesser(1980)指出能够在处理液中轻微悬浮的球形封隔器比大密度球形封隔器坐封效果更好,悬浮球形封隔器在处理完成后可取出,因此管线中必须添加球网。对于球形封隔器,一般的指导原则是大密度球形封隔器数目应该是射孔数目的 2 倍;若没有悬浮球形封隔器,则推荐使用数目上多 50% 的封隔器。随着注入速率的增加球形封隔器的坐封效果越好,通常不推荐在低速率(<1bbl/min)处理中使用。球形封隔器不推荐在斜井或水平井中使用,除非射孔孔眼都沿着井筒上侧或下侧。大密度球形封隔器更可能坐封在下部射孔孔眼,而悬浮球形封隔器更可能坐封在上部射孔孔眼。

15.4.3 颗粒分流剂

在基质酸化处理中,改善驱替的常用方法是使用颗粒分流剂,其在地层中可形成相对低渗滤饼的小颗粒。通过滤饼的压力降增加了流动阻力,将酸液分流到分流剂沉积更少的其他层位。分流剂应在处理液中持续添加,或者分批加到酸液段塞中。

颗粒分流剂必须能形成低渗滤饼,并且在处理之后容易除去。为了形成低渗滤饼,需要小粒径以及大范围尺寸的颗粒。为了确保能清除彻底,颗粒分流剂必须可溶于选定的油、气或水。常用的颗粒分流剂以及其推荐浓度已在表 15.6 中给出(Mcleod,1984)。

表 15.6　颗粒分流剂与推荐浓度总结

分流剂	浓度
油溶树脂或聚合物	0.5 ~ 5gal/1000gal
苯甲酸	1 lb/ft(射孔段)
岩盐	0.5 ~ 2 lb/ft(不与 HF 同用)
蜡珠	1 ~ 2 lb/ft
焦磷酸钾片或樟脑球	0.25 ~ 1 lb/ft(不在注水井中使用)

分流剂的存在使酸处理的诊断变得更为复杂,因为分流剂会持续增加井筒中的压力降。同时,酸液可消除伤害,降低井筒附近的流动阻力。这两种影响能够用一种全面的酸化模型进行研究,如 Taha 等(1989)所指出的模型。在设计分流以及解释酸化措施中分流对实时速率—压力变化的影响时,对全过程的近似模型非常有用。

Hill 和 Gallway(1984)给出了油溶树脂分流剂动态模型,后由 Doerler 和 Prouvost(1987)、Taha 和 Sepehrnoori(1989)以及 Schechter(1992)改进。这些模型全部假设分流剂形成不可压缩滤饼,因此可以应用于任何具有此特性的分流剂。

通过不可压缩滤饼的压力降可以通过达西公式表示为:

$$\Delta p_{\text{cake}} = \frac{\mu u l}{g_c K_{\text{cake}}} \tag{15.64}$$

式中:u 是通过滤饼的通量(q/A);l 是滤饼厚度;μ 是携带分流剂液体的黏度,K_{cake} 是滤饼渗透率。随着分流剂的沉积,滤饼的厚度持续增加,并且直接与注入的分流剂溶液累积体积有关。将此式代入到式(15.64)中得到:

$$\Delta p_{\text{cake}} = \frac{\mu u C_{\text{da}} V}{g_c (1 - \phi_{\text{cake}}) K_{\text{cake}} A} \tag{15.65}$$

式中:C_{da} 是携带溶液中分流剂的浓度(颗粒体积/溶液体积);V 是注入溶液的累积体积,A 是滤饼的界面面积,ϕ_{cake} 是滤饼孔隙度。该表达式包含滤饼内在性质,对于不可压缩滤饼 ϕ_{cake} 和

K_{cake} 均为常数。然而，这些性质很难单独测定。相反，通过滤饼的压力降能够用比滤饼阻力 α 来表示，定义为：

$$\alpha = \frac{1}{\rho_{da}(1 - \phi_{cake})K_{cake}} \qquad (15.66)$$

其中，ρ_{da} 是分流剂颗粒密度，因此：

$$\Delta p_{cake} = \frac{\alpha \mu u C_{da} \rho_{da} V}{Ag_c} \qquad (15.67)$$

Taha 等（1989）指出，α 容易通过一系列常规实验室测试得到。例如，如果一种分流剂溶液以恒定的速率注入到岩心中，然后测定穿过滤饼的压力降，式（15.67）表明 α 能够根据 Δp_{cake} 与累积体积曲线的斜率得到。Taha 等给出了油溶树脂分流剂从 10^{13} ft/lb 变化到 10^{15} ft/lb 的 α 值。

为了研究酸处理过程中分流剂的影响，通过滤饼的压力降可表示为一种表皮系数（Doerler 和 Prouvost，1987），即：

$$S_{cake} = \frac{2\pi Kh}{q\mu}\Delta p_{cake} \qquad (15.68)$$

用式（15.67）代替 Δp_{cake} 并统一各单位，则有：

$$S_{cake} = \frac{2.26 \times 10^{-16} \alpha C_{da} \rho_{da} K \overline{V}}{r_w^2} \qquad (15.69)$$

式中：α 单位为 ft/lb；C_{da} 是每立方英尺溶液中分流剂颗粒体积；ρ_{da} 单位为 lb/ft^3；K 是地层渗透率，mD；$\overline{V}$ 是注入的比累积体积，gal/ft；r_w 是井筒半径，ft。此 S_{cake} 表达式可以代入到特定油藏区域 j 的流动方程中，假设在油藏流动为稳态流，则有：

$$\left(\frac{q_i}{h}\right)_j = \frac{(4.92 \times 10^{-6})(p_{wf} - p_e)K_j}{\mu[\ln(r_e/r_w) + S_j + S_{cake,j}]} \qquad (15.70)$$

其中，$(q_i/h)_j$ 单位为 bbl/（min·ft），其他所有量都是标准油田单位。注意，$(q_i/h)_j$ 是比累积体积随时间的变化量，代入 $S_{cake,j}$ 的表达式，式（15.70）变为：

$$\frac{d\overline{V}_j}{dt} = \frac{(2.066 \times 10^{-4})(p_{wf} - p_e)K_j}{\mu[\ln(r_e/r_w) + S_j + c_{1,j}\overline{V}_j]} \qquad (15.71)$$

其中

$$c_{1,j} = \frac{2.066 \times 10^{-16} \alpha c_{da} \rho_{da} K_j}{r_w^2} \qquad (15.72)$$

式（15.71）是 $\overline{V}$ 和 t 的常微分方程。如果 $p_{wf} - p_e$ 保持恒定，如在"最大 Δp，最大速率"方法中那样，若不考虑变化损伤表皮系数 S_j，式（15.70）和式（15.71）能够直接求解得到注入速率，以及作为时间函数的每一层累计注入量。换言之，如果总注入速率保持恒定，系统 j 与常微分方程的结果是相匹配的。Doerler 和 Prouvost（1987）给出了这种类型的方程以及某些情况下的解，忽略了变化伤害表皮系数。

为了更为准确地模拟酸化过程中分流剂的影响,如 Taha 等所指出,可将式(15.70)和式(15.71)与全面的酸化过程模型结合。然而,这样得到的数学模型比较复杂。因此,可以假设伤害表皮系数的变化关系,并将此关系代入式(15.70)和式(15.71),从而得到一个简化的模型。

随着酸化的继续进行,表皮系数逐渐降低,直到伤害完全消除,此后表皮系数变化将非常缓慢并且近似于零。根据酸化模型、实验室结果或油田经验,可估算表皮系数降低到零所需的酸液体积。最简单的办法是假设表皮系数随着累计注入的酸液线性递减直到为零,然后保持不变,即:

$$S_j = S_{0,j} - c_{2,j} \bar{V}_j \qquad (\bar{V}_j < \bar{V}_c) \tag{15.73}$$

$$S_j = 0 \qquad (\bar{V}_j > \bar{V}_c) \tag{15.74}$$

式中:$S_{0,j}$ 是第 j 层的初始表皮系数;$c_{2,j}$ 是酸液注入后表皮系数变化的速率;$\bar{V}_{c,j}$ 是将表皮系数减小到零所需的酸液体积。例如,如果初始的表皮系数为 10,需要 50gal/ft 的酸液将表皮系数降低到零,$S_{0,j} = 10$,$c_2 = 0.2$,$\bar{V}_{c,j} = 50$。将式(15.73)代入式(15.70)和式(15.71)得:

$$\left(\frac{q_i}{h}\right)_j = \frac{(4.92 \times 10^{-6})(p_{wf} - p_e)K_j}{\mu[\ln(r_e/r_w) + S_{0,j} + (c_1 + c_2)_j \bar{V}_j]} \tag{15.75}$$

$$\frac{\mathrm{d}\bar{V}_j}{\mathrm{d}t} = \frac{(2.066 \times 10^{-4})(p_{wf} - p_e)K_j}{\mu[\ln(r_e/r_w) + S_{0,j} + (c_1 + c_2)_j \bar{V}_j]} \tag{15.76}$$

为方便起见,式(15.75)和式(15.76)可写作:

$$\left(\frac{q_i}{h}\right)_j = \frac{a_{3,j}}{42(a_{1,j} + a_{2,j} \bar{V}_j)} \tag{15.77}$$

$$\frac{\mathrm{d}\bar{V}_j}{\mathrm{d}t} = \frac{a_{3,j}}{a_{1,j} + a_{2,j} \bar{V}_j} \tag{15.78}$$

其中

$$a_{1,j} = \ln\left(\frac{r_e}{r_w}\right) + S_{0,j} \tag{15.79}$$

$$a_{2,j} = (c_1 - c_2)_j \tag{15.80}$$

$$a_{3,j} = \frac{2.066 \times 10^{-4}(p_{wf} - p_e)K_j}{\mu} \tag{15.81}$$

当整合到一起,式(15.78)得到:

$$t_j = \frac{a_{1,j} \bar{V}_j + (a_{2,j}/2) \bar{V}_j^2}{a_{3,j}} \tag{15.82}$$

$$\bar{V}_j = \frac{-a_{2,j} + \sqrt{a_{1,j}^2 + 2a_{2,j}a_{3,j}t}}{a_{2,j}} \tag{15.83}$$

式(15.75)至式(15.83)适用于 $\bar{V}_j$ 小于 $\bar{V}_{c,j}$ 的层段。对于 $\bar{V}_j$ 等于 $\bar{V}_{c,j}$ 的层段,设定 $\bar{V}_j$ 等于 $\bar{V}_{c,j}$ 可通

过式(15.82)计算得到注入时间 $t_{s,j}$。对于 $\bar{V}_j$ 大于 $\bar{V}_{c,j}$ 的层段，$S_j = 0$，并且下列方程有：

$$a_{1,j} = \ln\left(\frac{r_e}{r_w}\right) \tag{15.84}$$

$$a_{2,j} = c_{1,j} \tag{15.85}$$

$$a_{4,j} = -\left[a_{3,j}(t - t_{c,j}) + a_{1,j}\bar{V}_{c,j} + \frac{a_{2,j}}{2}\bar{V}_{c,j}^2 \right] \tag{15.86}$$

$$t_j = t_{c,j} + \frac{a_{1,j}(\bar{V}_j - \bar{V}_{c,j}) + (a_{2,j}/2)(\bar{V}_j^2 - \bar{V}_{c,j}^2)}{a_{3,j}} \tag{15.87}$$

$$\bar{V}_j = \frac{-a_{1,j} + \sqrt{(a_{1,j})^2 - 2a_{2,j}a_{4,j}}}{a_{2,j}} \tag{15.88}$$

常数 $a_{3,j}$ 与注入体积无关，只要使用合适的常数，式(15.77)可应用于先于或后于 $\bar{V}_j$ 等于 $\bar{V}_{c,j}$ 的情况。

在注入过程中的任何时刻，总的注入速率和总的注入体积分别为：

$$\left(\frac{q_i}{h}\right)_t = \frac{\sum_{j=1}^{J}(q_i/h)_j h_j}{\sum_{j=1}^{J} h_j} \tag{15.89}$$

$$\bar{V}_t = \frac{\sum_{j=1}^{J}\bar{V}_j h_j}{\sum_{j=1}^{J} h_j} \tag{15.90}$$

流动速率和每一层的累计注入体积作为注入时间或总的累积体积的函数，可以由式(15.77)至式(15.90)按照如下方法得到。渗透率最高的层段记作层段1，可以作为参考层段，因为在任意给定的时间点，其累积酸液体积都是最高的。首先，注入速率和注入时间作为注入渗透率最高层段的累积体积的函数，可以通过式(15.77)和式(15.85)在 $\bar{V}_1$ 小于 $\bar{V}_{c,1}$ 的情况下进行计算，或通过式(15.77)和式(15.87)在 $\bar{V}_1$ 大于 $\bar{V}_{c,1}$ 的情况下进行计算。然后，在已知的累积体积注入到渗透率最高层段的同时，注入到任意其他层段 j 的累积体积可根据 $\bar{V}_j$ 小于或大于 $\bar{V}_{c,j}$ 使用式(15.83)或式(15.88)计算。该注入速率则使用式(15.77)进行计算。最后，通过对分布在所有层段的注入量求和，特定时间点的总注入速率和累积注入体积可根据式(15.89)和式(15.90)计算得到。

例 15.8 使用分流剂酸化过程中的流动分布

对于两个厚度相等，渗透率分别为 100mD 和 10mD 的油藏区域，用含油溶树脂分流剂的酸液进行酸化。分流剂连续加入到酸溶液中，使得分流剂的浓度为 0.1%（体积分数）。分流剂相对密度 1.2，比滤饼阻力为 10^{13}ft/lb，酸溶液在井底条件下黏度为 0.7cP。

两地层的伤害表皮系数初始值都是 10，50gal/ft 的酸液可消除所有的伤害。井筒半径为 0.328ft，油藏的泄流半径为 1980ft，处理过程中的注入速率将会调整以保持 $p_{wi} - p_e = 2000$psi。

计算各层的注入速率和累积注入体积，以及总注入体积至少达到 100gal/ft 时的总注入速率。

解：

首先,计算式(15.77)至式(15.90)所需的相关常数。根据给定的酸化反应,每层 $\overline{V}_{c,j} = 50\text{gal/ft}$,$c_{2,j} = 0.2$。将渗透率最高的层段标为层段1,由式(15.60),有:

$$c_{1,1} = \frac{2.066 \times 10^{-16} \times 10^{13} \times 0.001 \times 1.2 \times 62.4 \times 100}{0.328^2} = 0.157 \qquad (15.91)$$

同样可计算,$c_{1,2} = 0.0157$。然后对 $\overline{V}_j$ 小于 $\overline{V}_{c,j}$ 的情况使用式(15.79)至式(15.81),以及对 $\overline{V}_j$ 大于 $\overline{V}_{c,j}$ 的情况使用式(15.84)至式(15.86),计算常数 $a_{i,j}$,计算结果在表15.7中给出。在这个例子中常数 $a_{4,j}$ 不需要考虑,因为注入到低渗层段的体积从没有超过50gal/ft。

表15.7 例15.7中的常数

层段 j	$\overline{V}_j$ 小于 $\overline{V}_{c,j}$			$\overline{V}_j$ 大于 $\overline{V}_{c,j}$		
	$a_{1,j}$	$a_{2,j}$	$a_{3,j}$	$a_{1,j}$	$a_{2,j}$	$a_{3,j}$
1	18.7	−0.043	59.0	8.7	0.157	59.0
2	18.7	−0.1843	5.90	8.7	0.0157	5.90

然后在给定注入体积高达50gal/ft下,层段1的注入速率以及达到给定注入量的时间可使用式(15.77)和式(15.82)计算。例如,在 $\overline{V}_{c,1} = 50\text{gal/ft}$ 的情况下,有:

$$\left(\frac{q_i}{h}\right)_1 = \frac{59.0}{42 \times (18.7 - 0.043 \times 50)} = 0.085\text{bbl/(min · ft)} \qquad (15.92)$$

以及

$$t_{c,1} = \frac{18.7 \times 50 + (-0.043/2) \times 50^2}{59.0} = 14.9\text{min} \qquad (15.93)$$

对于更大的注入体积,速率还是用式(15.77)计算,但是使用对应 $\overline{V}_j$ 大于 $\overline{V}_{c,j}$ 的常数;而对应单位注入体积的时间,使用式(15.87)。

对于前面计算的所有注入时间,层段2的流动速率和累积注入体积使用式(15.77)和式(15.83)计算。最后,每个时间点的总注入速率以及累积体积使用式(15.89)和式(15.90)计算。结果在表15.8中给出。

表15.8 例15.7结果

时间(min)	q_1[bbl/(min · ft)]	q_2[bbl/(min · ft)]	q_1[bbl/(min · ft)]	$\overline{V}_1$(gal/ft)	$\overline{V}_2$(gal/ft)	$\overline{V}_t$(gal/ft)
0.00	0.075	0.0075	0.041	0.0	0.0	0.0
3.13	0.077	0.0076	0.042	1.0	1.0	5.5
6.20	0.079	0.0077	0.043	20.0	2.0	16.5
9.19	0.081	0.0077	0.044	30.0	2.9	21.9
12.10	0.083	0.0078	0.045	40.0	3.9	27.4
14.94	0.085	0.0079	0.046	50.0	4.8	32.9
18.15	0.077	0.0080	0.043	60.0	5.9	38.5
21.40	0.071	0.0081	0.040	70.0	7.0	44.1
24.71	0.066	0.0082	0.037	80.0	8.1	49.6

时间 (min)	$q_1[\text{bbl}/(\text{min}\cdot\text{ft})]$	$q_2[\text{bbl}/(\text{min}\cdot\text{ft})]$	$q_t[\text{bbl}/(\text{min}\cdot\text{ft})]$	$\overline{V}_1$ (gal/ft)	$\overline{V}_2$ (gal/ft)	$\overline{V}_t$ (gal/ft)
28.06	0.061	0.0083	0.035	90.0	9.3	55.2
31.47	0.058	0.0084	0.033	100.0	10.5	60.8
34.93	0.054	0.0085	0.031	110.0	11.7	66.5
38.45	0.051	0.0086	0.030	120.0	13.0	72.1
42.01	0.048	0.0087	0.028	130.0	14.3	77.8
45.63	0.046	0.0089	0.027	140.0	15.6	
49.30	0.044	0.0090	0.026	150.0	17.0	83.5
53.03	0.042	0.0092	0.025	160.0	18.4	89.2
56.80	0.040	0.0093	0.025	170.0	19.9	94.9
60.63	0.038	0.0095	0.024	180.0	21.4	100.7
64.51	0.036	0.0097	0.023	190.0	22.9	106.5
68.44	0.035	0.0099	0.022	200.0	24.6	112.3

　　每层的注入速率以及累计体积如图 15.13 和图 15.14。层段 1 的注入速率增加直到达到 50gal/ft，此后速率下降。这种变化是由于伤害表皮系数的降低快于分流剂表皮系数的增加，直到伤害从层段内清除。此后，注入速率降低是因为分流剂在砂层表面继续堆积。该处理中分流剂效果并不显著，这是因为高渗层所注入的酸液远高于所需的量，而低渗层没有注入足够的酸来清除地层伤害。提高分流剂浓度或换用比滤饼阻力更高的分流剂能达到更好的酸液分配效果。

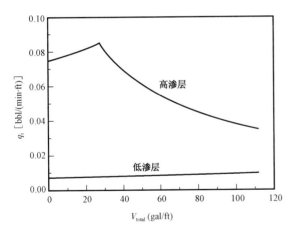

图 15.13　两层段的注入速率(例 15.8)　　　图 15.14　注入到两层中的累计体积(例 15.8)

　　总注入速率如图 15.15 所示。总注入速率因高渗层与酸液的反应而增加，然后下降，此下降是因为分流剂对流动产生阻力大于酸提高注入能力。

　　例 15.9　比滤饼阻力对酸液分配的影响

　　重复例 15.8 中的计算，但是分别考虑不加分流剂和加比滤饼阻力为 10^{15}ft/lb 分流剂的情况。比较 3 种情况下的结果。

解:

解按照例 15.8 的方法可得到不加分流剂和加比滤饼阻力为 $10^{15}\,\mathrm{ft/lb}$ 分流剂的结果。不加分流剂时，$S_{\mathrm{cake}}=0$，因此所有相同的方程都能使用，对每个层，在式（15.72）中使用 $c_{1,j}=0$。对于 $\alpha=10^{15}$ 的情况，在总注入量达到 $100\,\mathrm{gal/ft}$ 之前，低渗层的注入量就已经超过 $50\,\mathrm{gal/ft}$。当 $\overline{V}_2$ 大于 $50\,\mathrm{gal/ft}$ 时，$\overline{V}_2$ 用式（15.88）计算，再根据式（15.86）得到 $a_{4,2}$。

结果如图 15.16 至图 15.18。分流剂减小渗透率最高层段注入量的效果在图 15.16 中清晰可见。值得注意的是，在没有使用分流剂时，当酸液的注入量超过 $100\,\mathrm{gal/ft}$ 后，注入到渗透率最低层段的注入量是最高的（图 15.17），但是反常的是，这种情况下注入到低渗层的酸液累计量最小。这是由于在没有分流剂时，总注入量相对较大（回顾井底压力为定值的情况）。在较高的总注入速率下，注入时间较短，其结果体现为低渗层中的累计注入体积小。

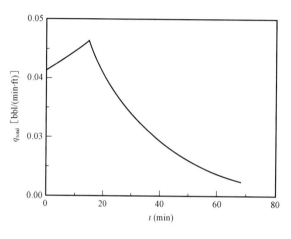

图 15.15　总注入速率历史（例 15.8）

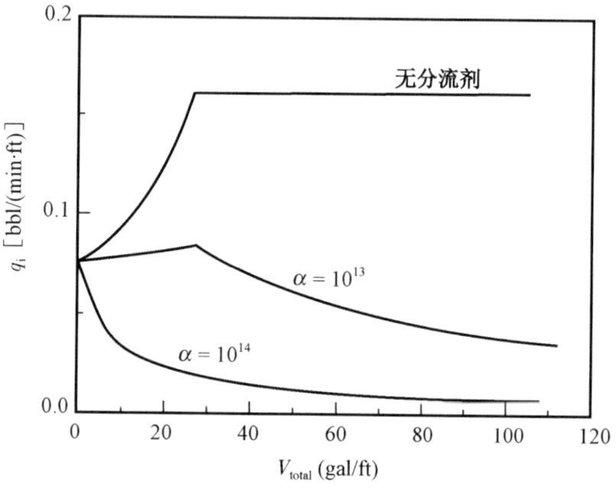

图 15.16　高渗层的注入速率（例 15.9）

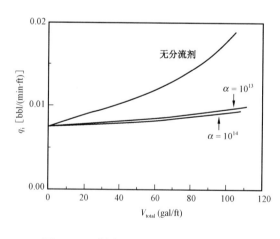

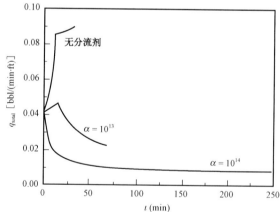

图 15.17　低渗层的注入速率（例 15.9）

图 15.18　总注入速率历史（例 15.9）

此处给出的方法基于酸液对于清除损伤效果的特定假设。例如，假设损伤表皮系数随着注入累积体积线性降低。然而，对于特定的地层，如果信息更完善，相同的方法也可以用于研究损伤表皮与注入酸液量的其他关系。

此处给出的方法还建立在使用井筒截面积代表分流剂沉积面积的基础上。对于射孔完井的情况，Doerler 和 Prouvost(1987)建议将射孔孔眼近似为圆筒，因此分流剂沉积的截面积为：

$$A = 2\pi r_{perf} l_{perf}(SPF)h \tag{15.94}$$

对射孔完井使用此关系式，式(15.69)和式(15.72)中的 r_w 用 $N_{perf} r_{perf} l_{perf}$ 替换，其中 N_{perf} 单位为孔/ft，r_{perf} 和 l_{perf} 单位为 ft。Lea，Hill 和 Schechter(1991)已经指出，射孔段的分流对酸化效果并无太大影响，因此这种方法要针对从一组射孔孔眼到另一组射孔孔眼所给出合理模型。

15.4.4 黏性分流

凝胶、泡沫酸以及黏弹性表面活性剂溶液越来越多地用于改善酸液分配。这些溶液的分流机理属于黏性分流，由于黏性液体的存在，高渗区域的流动阻力较大。此处可以用前面给出的与颗粒分流剂类似的方法建模，定义黏性表皮系数：

$$S_{vis} = \left(\frac{\mu_{gel}}{\mu} - 1\right)\ln\frac{r_{gel}}{r_w} \tag{15.95}$$

式中：μ_{gel} 是稠化酸的黏度；μ 是被驱替的地层流体黏度；r_{gel} 是凝胶穿透的半径。式(15.95)是对 Hawkins 公式的近似，用黏度替代了近井地带渗透率。凝胶穿透的半径与注入体积有关，处理方法同前面含有分流剂的酸溶液。

泡沫分流比黏性分流更为复杂，因为产生的流动阻力大小取决于地层局部渗透率，而泡沫运移速率又不同于本体溶液的运移。泡沫分流最简单的模拟方法是由于泡沫的存在，假设渗透率等于有效渗透率 K_f，则泡沫产生的阻力用 Hawkins 公式计算为(Hill 和 Rosen，1994)：

$$S_{vis} = \left(\frac{K}{K_f} - 1\right)\ln\frac{r_f}{r_w} \tag{15.96}$$

其中，K_f 是泡沫侵入区域的有效渗透率，而 r_f 是泡沫段塞的半径。Cheng，Kam，Delshad 和 Rossen(2002)以及 Rossen 和 Wang(1999)已研究出了泡沫分流更为复杂的模型。

15.5 前置液及顶替液设计

15.5.1 HCl 前置液

砂岩酸化处理中，在注入 HF—HCl 混合液之前，通常注入盐酸前置液，最常见的是浓度为质量分数15%的前置液，其主要目的是为了防止 HF 溶液与地层接触时产生沉淀(如氟化钙等物质)。HCl 前置液通过溶解碳酸盐矿物，驱替井筒附近的钙镁离子，并在井筒周围形成低 pH 环境，从而避免沉淀的形成。

某些情况下，注入能力不能通过 HCl 来建立，则 HF—HCl 混合液可以不用前置液。在这种情况下，目的不是获得最优的酸化效果，而是消除足够的伤害以建立与地层之间的连通，从而达到测试的目的。Paccaloni 和 Tambini(1990)给出了几个不注 HCl 前置液的成功例子，这些井有着非常高的表皮系数，常规的注前置液措施无法取得较好的效果，其射孔孔眼往往被钻井液或其他不溶于 HCl 的碎屑堵塞。

HCl 溶液进入地层时，可迅速溶解碳酸盐矿物，但很大程度上不与其他矿物反应。HCl 从黏土矿物中分离出铝离子，但不溶解整个黏土分子结构(Hartman，Lecerf，Frenier，Ziauddin 和

Fogler, 2006）。如第 14 章所述, HCl 与碳酸盐矿物之间的反应速率很高, 因此 HCl 进入地层的运动可以近似为激波前缘。前缘之后, 所有的碳酸盐矿物都已溶解, HCl 浓度等于注入浓度。前缘之前, 没有反应发生, 残余 HCl 溶液段塞逐渐形成。使用与表 15.2 中描述 HF 前缘运动相同的无量纲变量, HCl 前缘位置为:

$$\varepsilon_{HCl} = \frac{\theta}{1 + [(1-\phi)/\phi]V_{CO_3}^0 + (1/N_{Ac,HCl})} \quad (15.97)$$

其中, ϕ 是与 HCl 溶液接触区域的初始孔隙度, $V_{CO_3}^0$ 是岩石中初始的碳酸盐矿物体积分数, HCl 的酸容量数与 HF 的定义类似, 为:

$$N_{Ac,HCl} = \frac{\phi\beta_{HCl}C_{HCl}^0\rho_{acid}}{(1-\phi)V_{CO_3}^0\rho_{CO_3}} \quad (15.98)$$

式(15.97)和式(15.98)能够用于计算消除给定区域内所有碳酸盐所需的酸液量, 主要针对井筒周围的径向流或射孔孔眼周围的椭球形流。先假设一个距离, 在保证该距离内所有的碳酸盐均可被清除来选择前置液, 然后计算所需的酸液体积。通常的方法是设计前置液消除距离为 1ft 范围内的碳酸盐, 因为活性 HF 很难穿透这么远。

例 15.10 射孔完井的前置液体积设计

为清除长度为 6in, 直径为 0.25in, 射孔密度为 4 孔/ft 的射孔段前端 1ft 距离内的所有碳酸盐, 计算所需质量分数为 15% 的 HCl 前置液体积。酸溶液密度为 1.07g/cm³。地层含有体积分数为 5% 的 CaCO₃, 没有其他溶于 HCl 的矿物, 原始孔隙度为 0.2。

解:

定义的射孔段前端的无量纲穿透距离见表 15.2。对于穿透长 6in 的射孔段前端 1in, $\bar{z} = 1.5\text{ft}/0.5\text{ft} = 3$, 则:

$$\varepsilon_{HCl} = \frac{1}{3} \times 3^3 - 3 + \frac{2}{3} = 6\frac{2}{3} \quad (15.99)$$

由表 13.3, $\beta_{100,HCl} = 1.37$, $\rho_{CaCO_3} = 2.71\text{g/cm}^3$。使用式(15.98), 酸容量数为:

$$N_{Ac,HCl} = \frac{0.2 \times 1.37 \times 0.15 \times 1.07}{(1-0.2) \times 0.05 \times 2.71} = 0.406 \quad (15.100)$$

对无量纲酸液体积求解式(15.97), 得:

$$\theta = \varepsilon_{HCl}\left(1 + \frac{1-\phi}{\phi}V_{CO_3}^0 + \frac{1}{N_{Ac,HCl}}\right) \quad (15.101)$$

然后代入已知值, 有:

$$\theta = 6.67 \times \left(1 + \frac{1-0.2}{0.2} \times 0.05 + \frac{1}{0.406}\right) = 24.4 \quad (15.102)$$

由表 15.2, 每个射孔孔眼处总酸液体积为:

$$V_{HCl} = q_{i,perf}t = 2\pi \times 0.5^3 \times 24.4 \times 0.2 = 3.8\text{ft}^3/\text{ft} = 29\text{gal/ft} \quad (15.103)$$

由于射孔密度为 4 孔/ft, 则需要约 120gal/ft HCl 前置液。

在 HF/HCl 注入前利用 HCl 前置液清除地层 1ft 范围内的所有碳酸盐, 这是一个较为保守的设计,因为土酸中的 HCl 会继续溶解活性 HF 之前的碳酸盐。Sepehrnoori 和 Wu(1991)指出,即使在非均质地层中,前置液注入量小到 25gal/ft 才能保证活性 HF 不会接触高 pH 的区域。然而,Gdanski 和 Peavy(1986)指出,部分 HCl 由于与黏土反应而消耗,因此溶解碳酸盐所需的 HCl 体积稍微过量可能更合适。

15.5.2 顶替液

注入足量的 HF—HCl 溶液后,需要用顶替液将其从油管和井筒中顶替出去。各种液体都可用作顶替液,包括柴油、氯化铵(NH$_4$Cl)溶液以及 HCl 溶液。顶替液将残酸顶替到远离井筒的地方,使可能形成的沉淀造成的伤害最小化。在顶替液使用最少的情况下,顶替液的体积也应当为油管体积加上油管以下井筒体积的 2 倍。由于重力分异作用(Hong 和 Millhonge,1977),至少需要这个体积的顶替液来将所有酸液顶替到井筒以外。

15.6 酸液添加剂

除了分流剂,酸处理中还常常向酸溶液中加入大量的其他化学剂,常用的有缓蚀剂、铁离子隔离剂、表面活性剂以及互溶剂。酸液添加剂需要仔细测试,以确保与酸溶液中其他化学剂以及地层流体相配伍,只有那些能提供明确效用的酸液添加剂才能加到处理液中。

实际上,所有的酸液处理都需要添加缓蚀剂,以便防止酸化过程对管线及套管的腐蚀。在不作特殊处理时,尤其在高温情况下 HCl 溶液对于钢的腐蚀非常严重。缓蚀剂是含有极性基团的有机化合物,极性基团能吸附在金属表面。缓蚀剂常常是专利配方,因此对于特定的酸处理,缓蚀剂的类型及浓度由供应酸的服务公司推荐。

铁离子隔离剂通常使用 EDTA,当认为井筒附近有铁离子(Fe^{3+})并需要防止残酸溶液中形成 Fe(OH)$_3$ 沉淀时,铁离子隔离剂需加入到酸溶液中。当然,这种情况很少,而且隔离剂本身也可能伤害地层(见第 14 章)。一般而言,在酸化中明确地显示有 Fe(OH)$_3$ 沉淀时,此类化学剂才会使用。

为了防止形成乳化液,可向酸液中加入表面活性剂,加速清除残酸并防止形成淤渣。与隔离剂一样,表面活性剂也可能对地层造成不利影响,对地层流体和岩心样品进行适应性测试后才能使用。

互溶剂是一些砂岩酸化应用中有突出作用的添加剂,通常是乙二醇一丁醚(EGMBE)(Gidley,1971)。互溶剂加入到顶替液中,可以通过清除吸附在地层表面的缓蚀剂来提高产能(Crowe 和 Minor,1985)以及保持地层亲水状态。

15.7 酸化处理操作

酸化处理应当遵循 3 条指导原则:(1)所有用于注入的溶液都要进行测试,以确保它们遵循设计配方;(2)所有需要的步骤都要使酸化过程本身导致的地层伤害最小化;(3)酸化过程应当通过测定速率以及压力(地面和井底)来监控。Mcleod(1984)、Brannon 等(1987)、Paccaloni 和 Tambini(1988)以及很多其他的学者都明确指出了这几条指导原则的重要性。

如前所述,在砂岩地层进行酸处理之前,应该明确油井的低产能是否是由于酸溶性地层伤害引起。这可以通过测定表皮系数的预处理压力不稳定测试来确定,分析表皮系数的其他来源,如第 6 章所示,然后评价地层伤害的来源。在某些情况下,预刺激生产测井对酸化处理也是很有利的,同时可作为处理后分析的基准。

处理之前应采集酸溶液样品,在最低限度下,HCl 的浓度要在井场通过简单的滴定来检测。一些公司已经开发出能够用于快速检测酸液浓度的酸液质量控制套件(Watkins 和 Roberts,1983)。

酸化处理重要的一步是清理所有的地面储罐、地面流动管线以及用于注酸的管材。盐酸可溶解管道壁锈、管道涂层以及其他伤害物,因此需要在酸液注入地层之前清除此类物质。在送到指定位置之前地面设备就应该接受清理,或在井场用酸液本身来清理。如果生产管线用于注酸,应当在向地层注酸开始之前将 HCl 溶液或其他清洁液循环到管线中并返回地面,此过程称为酸洗油管。用 HCl 酸洗油管所需体积的指导原则已由 Al – Mutairi,Hill 以及 Nasr – El – Din(2007)给出。换言之,只有干净的连续油管能用于注酸。

在处理过程中,应监控注入速率以及地面压力或井底压力,本章中讨论的实时监控能应用于优化酸化措施。同时,应定期对注入溶液进行采样,如果处理过程中出现问题,注入溶液的样品非常有利于辅助诊断。

当注酸完成后,油井应当立即实行返排,使反应沉淀产物导致的地层伤害最小化。在观察到稳定的速率之后,需迅速进行处理后压力不稳定测试,这是评价酸处理效果最好的方式。在某些井中,生产测井对诊断酸化措施效果也很有利。

参 考 文 献

[1] Al – Mutairi, S. H. , Hill, A. D. , and Nasr – El – Din, H. A. , "Pickling Well Tubulars Using Coiled Tubing: Mathematical Modeling and Field Application," SPE Production and Operations, 22(3): 326 – 334 (August 2007).

[2] Brannon, D. H. , Netters, C. K. , and Grimmer, P. J. , "Matrix Acidizing Design and Quality – Control Techniques Prove Successful in Main Pass Area Sandstone," JPT, 931 – 942 (August 1987).

[3] Bryant, S. L. , "An Improved Model of Mud Acid/Sandstone Chemistry," SPE Paper 22855, 1991.

[4] Cheng, L. , Kam, S. I. , Delshad, M. , and Rossen, W. R. , "Simulation of Dynamic Foam – Acid Diversion Processes," SPE Journal (September 2002).

[5] Cheung, S. K. , and Van Arsdale, H. , "Matrix Acid Stimulation Studies Yield New Results Using a Multi – Tap, Long – Core Permeameter," JPT, 98 – 102 (January 1992).

[6] Crowe, C. W. , and Minor, S. S. , "Effect of Corrosion Inhibitors on Matrix Stimulation Results," JPT, 1853 – 1860 (October 1985).

[7] da Motta, E. P. , "Matrix Acidizing of Horizontal Wells," Ph. D. dissertation, University of Texas at Austin, TX, 1993.

[8] da Motta, E. P. , Plavnik, B. , and Schechter, R. S. , "Optimizing Sandstone Acidizing," SPERE, 159 – 153 (February 1992a).

[9] da Motta, E. P. , Plavnik, B. , Schechter, R. S. , and Hill, A. D. , "The Relationship between Reservoir Mineralogy and Optimum Sandstone Acid Treatment," SPE Paper 23802, 1992b.

[10] Doerler, N. , and Prouvost, L. P. , "Diverting Agents: Laboratory Study and Modeling of Resultant Zone Injectivities," SPE Paper 16250, 1987.

[11] Erbstoesser, S. R. , "Improved Ball Sealer Diversion," JPT, 1903 – 1910 (November 1980).

[12] Gdanski, R. D. , and Peavy, M. A. , "Well Return Analysis Causes Re – evaluation of HCl Theories," SPE Paper 15825, 1986.

[13] Gidley, J. L. , "Stimulation of Sandstone Formations with the Acid – Mutual Solvent Method," JPT, 551 – 558 (May 1971).

[14] Guin, J. A. , Schechter, R. S. , and Silberberg, I. H. , "Chemically Induced Changes in Porous Media," Ind. Eng. Chem. Fund. , 10(1) : 50 – 54 (February 1971).

[15] Hartman, R. L. , Lecerf, B. , Frenier, W. , Ziauddin, M. , and Fogler, H. S. , "Acid – Sensitive Aluminosilicates : Dissolution Kinetics and Fluid Selection for Matrix – Stimulation Treatments," SPEPO, 194 – 204 (May 2006).

[16] Hekim, Y. , Fogler, H. S. , and McCune, C. C. , "The Radial Movement of Permeability Fronts and Multiple Reaction Zones in Porous Media," SPEJ, 99 – 107 (February 1982).

[17] Hill, A. D. , and Galloway, P. J. , "Laboratory and Theoretical Modeling of Diverting Agent Behavior," JPT, 1157 – 1163 (July 1984).

[18] Hill, A. D. , Lindsay, D. M. , Silberberg, I. H. , and Schechter, R. S. , "Theoretical and Experimental Studies of Sandstone Acidizing," SPEJ, 30 – 42 (February 1981).

[19] Hill, A. D. and Rossen, W. R. , "Fluid Placement and Diversion in Matrix Acidizing," SPE Paper 27982 presented at the Tulsa/SPE Centennial Petroleum Engineering Symposium, Tulsa, OK, August 29 – 31, 1994.

[20] Hill, A. D. , Sepehrnoori, K. , and Wu, P. Y. , "Design of the HCl Preflush in Sandstone Acidizing," SPE Paper 21720, 1991.

[21] Hong, K. C. , and Millhone, R. S. , "Injection Profile Effects Caused by Gravity Segregation in the Wellbore," JPT, 1657 – 1663 (December 1977).

[22] Labrid, J. C. , "Thermodynamic and Kinetic Aspects of Argillaceous Sandstone Acidizing," SPEJ, 117 – 128 (April 1975).

[23] Lambert, M. E. , "A Statistical Study of Reservoir Heterogeneity," MS thesis, University of Texas at Austin, TX, 1981.

[24] Lea, C. M. , Hill, A. D. , and Sepehrnoori, K. , "The Effect of Fluid Diversion on the Acid Stimulation of a Perforation," SPE Paper 22852, 1991.

[25] Lund, K. , and Fogler, H. S. , "Acidization V. The Prediction of the Movement of Acid and Permeability Fronts in Sandstone," Chem. Eng. Sci. , 31(5) : 381 – 392 (1976).

[26] McLeod, H. O. , Jr. , "Matrix Acidizing," JPT, 36 : 2055 – 2069 (1984).

[27] McLeod, H. O. , "Significant Factors for Successful Matrix Acidizing," Paper presented at the SPE Centennial Symposium at New Mexico Tech, Socorro, New Mexico, 1989.

[28] McLeod, H. O. , Jr. and Norman, W. D. , "Sandstone Acidizing," Ch. 18 in Reservoir Stimulation, 3rd edition, Economides, M. J. , and Nolte, K. G. , eds. , John Wiley and Sons, Chichester, UK, 2000.

[29] Paccaloni, G. , and Tambini, M. , "Advances in Matrix Stimulation Technology," JPT, 256 – 263 (March, 1993).

[30] Paccaloni, G. , Tambini, M. , and Galoppini, M. , "Key Factors for Enhanced Results of Matrix Stimulation Treatments," SPE Paper 17154, 1988.

[31] Prouvost, L. P. , and Economides, M. J. , "Applications of Real – Time Matrix Acidizing Evaluation Method," SPE Paper 17156, 1988.

[32] Rossen, W. R. , and Wang, M. W. , "Modeling Foams for Acid Diversion," SPE Journal, 4(2) : 92 – 100 (June 1999).

[33] Schechter, R. S. , Oil Well Stimulation, Prentice Hall, Englewood Cliffs, NJ, 1992.

[34] Sevougian, S. D. , Lake, L. W. , and Schechter, R. S. , "KGEOFLOW : A New Reactive Transport Simulator for Sandstone Matrix Acidizing," SPE Production and Facilities, 13 – 19 (February 1995).

[35] Smith, C. F. , and Hendrickson, A. R. , "Hydrofluoric Acid Stimulation of Sandstone Reservoirs," JPT, 215 – 222 (February 1965) ; Trans. AIME, 234.

[36] Taha, R. , Hill, A. D. , and Sepehrnoori, K. , "Sandstone Acidizing Design Using a Generalized Model," SPE Production Engineering, 4, No. 1, pp. 49 – 55, February 1989.

[37] Walsh, M. P. , Lake, L. W. , and Schechter, R. S. , "A Description of Chemical Precipitation Mechanisms and Their Role in Formation Damage during Stimulation by Hydrofluoric Acid," JPT, 2097 – 2112 (September 1982).

[38] Watkins, D. R. , and Roberts, G. E. , "On – Site Acidizing Fluid Analysis Shows HCl and HF Contents Often Vary Substantially from Specified Amounts," JPT, 865 – 871 (May 1983).

[39] Ziauddin, M. , Kotlar, H. K. , Vikane, O. , Frenier, W. , and Poitrenaud, H. , "The Use of a Virtual Chemistry Laboratory for the Design of Matrix – Stimulation Treatments in the Heidrun Field," SPE Paper 78314, 2002a.

[40] Ziauddin, M. , et al. , "Evaluation of Kaolinite Clay Dissolution by Various Mud Acid Systems (Regular, Organic and Retarded)," Paper presented at the 5th International Conference and Exhibition on Chemistry in Industry, Manama, Bahrain, 2002b.

[41] Zhu, D. , and Hill, A. D. , "Field Results Demonstrate Enhanced Matrix Acidizing Through Real – Time Monitoring," SPE Production and Facilities (November 1998).

[42] Zhu, D. , Hill, A. D. , and da Motta, E. P. , "On – site Evaluation of Acidizing Treatment of a Gas Reservoir," Paper SPE 39421 presented at the SPE International Symposium on Formation Damage Control, Lafayette, LA, February 18 – 19, 1998.

习　题

15.1 选择用于以下地层的酸液或酸液配方:

(1) $K = 200\text{mD}, \phi = 0.2, 5\%$ 碳酸盐,5% 长石,10% 高岭石,80% 石英;

(2) $K = 5\text{mD}, \phi = 0.15, 10\%$ 碳酸盐,5% 长石,5% 高岭石,80% 石英;

(3) $K = 30\text{mD}, \phi = 0.25, 20\%$ 碳酸盐,5% 绿泥石,75% 石英。

15.2 岩心驱替中,$N_{\text{Ac,F}} = 0.024, N_{\text{Da,S}} = 0.6$。若快速反应前缘在岩心末端突破,需要注入多少倍孔隙体积的酸液?

15.3 对长 12in 的岩心进行驱替,当前缘在岩心中运动 3in 时,快速反应矿物前缘无量纲酸液浓度为 0.7。当前缘在岩心中分别运动 6in、9in 时,快速反应矿物前缘无量纲酸液浓度分别为多少?

15.4 对长 6in 的岩心进行驱替,将 50 倍孔隙体积的酸液注入岩心后,快速反应矿物在岩心末端突破,突破之后的无量纲酸液浓度为 0.8。计算 $N_{\text{Ac,F}}$ 和 $N_{\text{Da,S}}$。

15.5 对直径 1in,长 6in 的岩心进行驱替,酸液通量为 0.04ft/min,$N_{\text{Da,S}} = 0.9$,$N_{\text{Ac,F}} = 0.024$。在 0.1bbl/(min·ft) 的注入速率下,假设为径向流,将酸液体积作为到井筒距离的函数,井筒外 6in 范围内快速反应矿物全部被消除时,计算并绘制相应曲线。

15.6 重复习题 15.5,但从射孔段顶端穿透前缘。

15.7 对于特定的砂岩,所有的碳酸盐被溶解之后,渗透率为 10mD,孔隙度为 0.15。剩余矿物为体积分数 5% 的黏土,能够与 HF 快速反应。使用 Labrid,Lund 和 Fogler 以及 Lambert 关系式,计算所有黏土都被清除之后的砂岩渗透率。

15.8 油井参数如下,设计基质酸化措施。设计中要给出推荐的酸液类型、浓度以及前置液和主体酸液段塞的体积,推荐注入流程(速率和压力),并预测增产比(J_s/J_d)。

油藏流体数据:$\gamma_o = 30°\text{API}, \gamma_g = 0.68, p_i = 4000\text{psi}, p_b = 4000\text{psi}, T = 160°\text{F}, \phi = 0.2, K_h = 20\text{mD}, K_v = 2\text{mD}, h = 100\text{ft}, \mu_o = 1\text{cP}$。

完井数据:$r_w = 0.35\text{ft}, r_e = 1490\text{ft}$。

油井为直井,地层顶部深度为 8000ft。

射孔:40ft 射孔段(沿井测量)在垂直深度为 8000ft 开始,4 次/ft,90° 相位角,6in 长射孔孔眼。

地层伤害: $K_s = 2\text{mD}$,伤害深度为井筒外 0.5ft。

地层:5% 高岭石,5% 钠长石,5% 碳酸钙,85% 石英。

15.9 利用以下基质酸化措施数据,计算表皮系数的变化(表 15.9)。从中你能得到什么结论?

表 15.9 酸处理数据(习题 15.9)

油藏和井数据		
$p_i = 4200\text{psi}, B_o = 1.0, \phi = 0.25, c_t = 5 \times 10^5 \text{psi}^{-1}, h = 56.5\text{ft}, K = 150\text{mD}, S = 45, r_w = 3.14\text{in}, \mu = 0.8\text{cP}$		
时间(min)	速率(bbl/min)	p_{wf}(psi)
1	2.92	5138
3	3.5	5809
5	2.9	5920
7	3.5	6341
9	3.9	6040
11	4.12	5736
13	4.12	5696
15	4.19	5658
17	4.21	5605
19	4.37	5540
21	4.6	5321
23	4.49	5440
25	4.51	5406
27	4.6	5307
29	4.1	5931
31	4.1	5927
33	4.18	5832
35	4.07	5931
37	4.34	5611
39	4.04	5594
41	4.04	5554
43	4.18	5481
45	4.23	5340
47	4.3	5259
49	4.29	5257
51	4.39	5115
53	4.42	5050
55	4.75	4924

15.10 将含有油溶树脂分流剂的酸溶液注入到两层段的油藏中,酸液中分流剂浓度为体积分数 0.1%,分流剂颗粒密度为 1.2g/cm³,比滤饼阻力为 $5 \times 10^{13}\text{ft/lb}$,井底酸液黏度为 0.6cP。每层 50gal/ft 的酸液能消除所有的损伤,井筒半径为 0.328ft,泄流半径为 1590ft,酸液

在压差 $p_{wf} - p_e$ 为 3000psi 下注入。层段 1 渗透率为 75mD，初始表皮系数为 20，层段 2 渗透率为 25mD，初始表皮系数为 10。将 $(q/h)_j$ 和 $\overline{V}_j$ 作为每英尺累积注入体积的函数，绘制对每层的曲线。

15.11 重复习题 15.10，但酸液中不使用分流剂。

15.12 针对使用凝胶的黏性分流，推导 $(q/h)_j$ 方程[类似于式(15.63)]，将表达式用 μ_{gel}，μ，$\overline{V}_j$ 以及其他常数表示。

15.13 如想在径向流中消除井筒周围 6in 范围内所有碳酸盐，计算所需的 HCl 前置液体积。酸液质量分数为 10%，相对密度为 1.05，地层中含有体积分数为 7% 的碳酸钙，孔隙度为 0.19。

第 16 章　碳酸盐岩酸化设计

16.1　简介

碳酸盐岩地层的酸化过程在根本上与砂岩地层的酸化过程不同。在碎屑岩地层中表面反应速率缓慢,且在多孔介质中酸液运动时有相对均匀的酸液前缘。而在碳酸盐岩地层中,表面反应速率非常快,因此传质常常影响整体反应速率,导致其对岩石的溶蚀程度高度不均匀。如图 16.1 所示,在大岩块实验中(McDuff,Jackson,Schuchart 和 Postl,2010)HCl 溶液对石灰岩的不均匀溶解会形成少量大通道(称为蚯蚓洞)。这些蚯蚓洞的结构类型取决于很多因素,包括(但不限于)流动形态、注入速率、反应动力学因素以及传质速率。在同样来源于 McDuff 等(2010)实验的岩心驱替所形成的蚯蚓洞 CT 扫描成像,如图 16.2,说明了在注入速率从低到高时蚯蚓洞所呈的形态变化过程,在较低注入速率下呈圆锥状的大管型通道,在中等注入速率下蚯蚓洞出现少量窄小的分支,在高注入速率下出现高度分支结构。此实验说明,对于所有特定的碳酸盐岩和酸液系统,注入速率存在最优值,使在给定酸液体积条件下形成最长的蚯蚓洞。

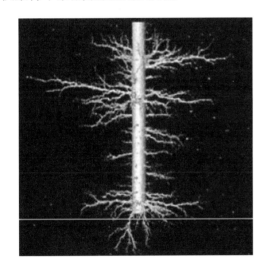

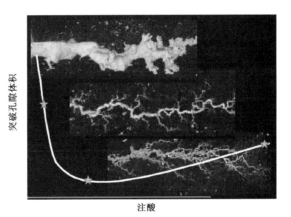

突破孔隙体积

注酸

图 16.1　在大岩块实验中所形成的蚯蚓洞
（据 McDuff 等,2010）

图 16.2　不同注入速率下的蚯蚓洞形态
（据 McDuff 等,2010）

由于在非孔洞型碳酸盐岩中蚯蚓洞远大于孔隙,蚯蚓洞穿透区域所形成的压降很小,常常忽略。因此在基质酸化中,蚯蚓洞穿透深度的大小能够用于预测酸化对于表皮效应的影响。碳酸盐岩酸化措施的目的是绕过所有伤害区域造出穿透得足够深的蚯蚓洞,从而达到一个明显的负表皮系数(图 16.3)。由实验结果外推,以及油田酸化结果显示,蚯蚓洞通常的穿透距离大约为井筒外 20ft,相应的表皮系数约为 -4。如图 16.4,对于 400 多口井,酸处理后表皮系数平均约为 -4。因此,不同于砂岩酸化消除地层伤害的目的,碳酸盐岩的基质酸化增产目的是大幅度提高产能,即使在有地层伤害的情况下,此方法也具有一定的吸引力。同时由于其简单且相对廉价,碳酸盐岩地层中大多数井都采取酸处理。

图 16.3　酸液注入到射孔完井中形成的蚯蚓洞

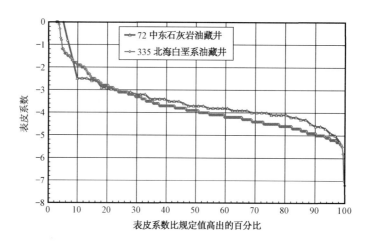

图 16.4　碳酸盐岩基质酸化后经油田处理得到的压力恢复测试数据(据 Furui 等,2010)

酸化压裂是用强酸溶液进行的一种增产措施,通常通过加入聚合物或形成乳状液来增黏,并在高于地层破裂压力情况下注入。酸液注入到水力裂缝中并溶蚀裂缝壁面,若溶蚀形成的表面凹凸不平,且停泵后在闭合压力下通道仍然保持开启,那么此过程形成了无支撑剂情况下具有导流能力的裂缝。地层中酸化压裂效果主要取决于岩石特性,酸化压裂是形成具有导流能力裂缝的一种经济有效的办法。

16.2 酸蚀孔洞的形成与延伸

酸蚀孔洞在溶解过程中形成,当大孔隙延伸速率大于小孔隙延伸速率时,大孔隙接触到的酸液比例较高,最终形成了"蚯蚓洞"。在反应中传质受限而混合动力学因素占主导地位,即传质速率和表面反应速率大小相近时,此过程才发生。酸液在圆形孔隙中流动并参与反应,传质速率与表面反应速率的相互影响能够用动力学参数 P 描述,它是 Theile 模逆元,定义为扩散通量与表面反应中所消耗分子通量的比值(Dacord,1989),即:

$$P = \frac{u_d}{u_s} \tag{16.1}$$

或

$$P = \frac{D}{E_f r C^{n-1}} \tag{16.2}$$

式中: D 是分子扩散系数; E_f 是表面反应速率常数; r 是孔隙半径; C 是酸液浓度。由于整体的反应动力受到最慢的过程控制, $P \to 0$ 对应于传质受限的反应,而 $P \to \infty$ 对应于表面反应受限的反应。当 P 接近于 1 时,则对应混合的反应动力,表面反应速率和传质速率同样重要。

Schechterhe 和 Gidley(1969)使用孔隙延伸和抵触模型从理论上证明,当反应中传质受限时,有形成蚯蚓洞的趋势。该模型中,孔隙截面积的变化可以表示为:

$$\frac{dA}{dt} = \psi A^{1-n} \tag{16.3}$$

式中: A 是孔隙截面积; t 是时间; ψ 是取决于时间的孔隙延伸函数。式(16.3)表明,当 $n > 0$ 时,小孔隙比大孔隙延伸得快,且不会形成蚯蚓洞;当 $n < 0$ 时,大孔隙比小孔隙延伸得快,且会形成蚯蚓洞。根据对单个孔隙中扩散流动以及表面反应的分析,Schechterhe 和 Gidley 发现,当表面反应主导整体反应速率时, $n = 1/2$;当扩散主导整体反应速率时, $n = -1$ 。

通过管状孔隙束中的流动与反应模型能够预测蚯蚓洞的形成趋势,但无法给出蚯蚓洞形成过程的完整图像,因为没有考虑孔隙中流体漏失的影响。由于酸液通过大孔隙或通道流动,酸液通过分子扩散运动到反应表面,而在酸液流到与大孔隙相连的小孔隙时也存在对流运移。随着大孔隙延伸,漏失的酸液量占流到蚯蚓洞壁面酸液量的比例越来越大,最后成为蚯蚓洞延伸的限制因素。流体通过蚯蚓洞壁面的漏失导致蚯蚓洞形成分支(图 16.1 和图 16.2)。

因此,蚯蚓洞形成与否以及所形成蚯蚓洞的结构,取决于表面反应、扩散以及液体漏失的相对速率,而这些又取决于酸液的对流速率。对于给定的岩石、酸液系统、温度以及溶解模式随着注入速率的增加而变化。如图 16.5 所示的岩心驱替所形成的蚯蚓洞 X 光照片,说明 HCl 溶液注入到石灰石中所形成的典型溶解模式。在非常低的注入速率下,入口岩石由于酸液扩散到其表面而缓慢溶蚀,在岩石入口表面产生压实或表面溶解。显然,酸液溶蚀的这种模式需要大多数酸液扩散到溶解前缘,并且在油田应用中需尽可能避免。在第 2 张 X 光照片中,随着注入速率的增加,直径较大的蚯蚓洞(称作圆锥形蚯蚓洞)形成,并且延伸到多孔介质中。此蚯蚓洞形成效率也不高,蚯蚓洞向基质中延伸任何较长的距离均需要大量的酸液。随着注入速率继续增加,所形成的蚯蚓洞越来越窄,如中间两张照片所示。这才是碳酸盐岩酸化中最需要的主要蚯蚓洞结构,因为在这种情况下用最少的酸液形成了在地层中穿透最深的蚯蚓洞。当注入速率继续增加时,蚯蚓洞的分支越来越多(如最后两张照片),因而要使蚯蚓洞向地层延伸需要更多的酸液。在足够高的注入速率下,溶解情况变得像在砂岩中一样均匀,整个孔隙系统最后都得到扩大。这种均匀的溶解模式在许多的碳酸盐岩酸液系统中很难发生,因为在基质中达到此注入速率之前,岩石已产生裂缝。因此,要实现最有效的酸化增产,其核心就在于设计一个酸液系统,使其能够在流动速率下注入到井中,并形成占主导地位的蚯蚓洞。

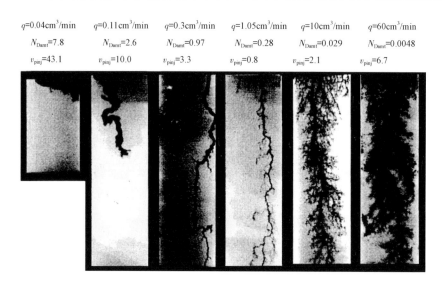

图 16.5　不同注入速率下所形成的蚯蚓洞结构(据 Fredd 和 Fogler,1998)

此过程取决于扩散速率和表面反应速率的相对大小,同时也取决于受到蚯蚓洞中液体漏失影响的流动形态。因此,基于线性流的预测(如标准的岩心驱替),对于其他诸如井筒周围的径向流或射孔孔眼处的流动形态该过程则可能无效。

大量的研究表明,对于给定的岩石/酸液系统以及温度,在基质中蚯蚓洞延伸所需的最小酸液量截然不同,且为流速的函数(Wang,Hill 和 Schechter,1993;Fredd 和 Fogler,1998;Hoefner 和 Fogler,1989)。图 16.6 给出了在 HCl 溶液注入石灰岩过程中典型蚯蚓洞的形成动态。当流速低于最优值时,将蚯蚓洞延伸一定距离所需的酸液体积随着注入速率增加而迅速减小。而当蚯蚓洞延伸速度高于最优值时,所需的酸液体积随着注入速率增加而逐步增加。这意味着相对于使用过低的注入速率,以高于最优值的速率注入效果更好。

HCl 溶液与白云岩的反应速率明显比 HCl 溶液与石灰岩的反应速率小。对于低速率反应,使蚯蚓洞延伸一定距离实际上需要更多的酸液,如图 16.7 所示。

16.3　酸蚀孔洞延伸模型

目前已建立了许多蚯蚓洞形成模型,包括单个蚯蚓洞或蚯蚓洞簇的形成机理模型(Hung,Hill 和 Sepehrnoori,1989;Schechter,1992)、网络模型(Hoefner 和 Fogler,1988;Touboul 和 Lenormand,1989)、分形或随机模型(Daccord 等,1989;Frick,Economides 和 Nittmann,1992)以及预测井周围蚯蚓洞延伸速率的整体模型(Economides,Hill 和 Ehlig - Economides,1994;Buijse 和 Glasbergen,2005;Furui 等,2010)。这些模型均是在对蚯蚓洞的形成过程有全面理解的基础上

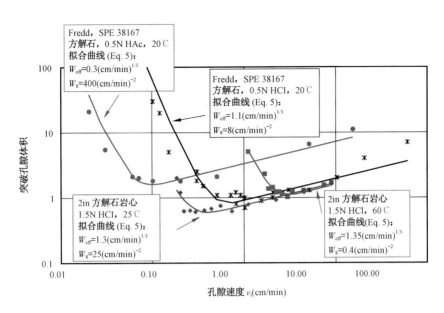

图 16.6　实验测定的蚯蚓洞延伸效率(据 Buijse 和 Glasbergen,2005)

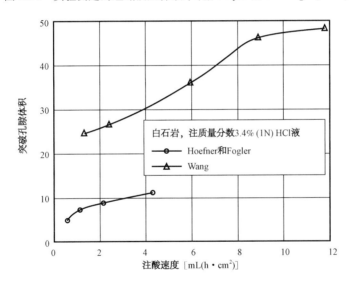

图 16.7　条状 San Andres 白云石岩心中蚯蚓洞延伸所需的酸液体积(据 Wang 等,1993)

形成的。当然,对于设计和解释碳酸盐岩酸化过程,整体模型最为有用,将在此回顾一下。

蚯蚓洞延伸整体模型将蚯蚓洞沿着井筒延伸的径向距离作为注入酸液体积的函数,从而进行预测。这些模型在本质上属于经验模型,并且对于特定的酸液系统需要建立在一定的实验结果或油田经验基础之上。

16.3.1　体积模型

预测将蚯蚓洞延伸一定距离所需的酸液体积,最简单的办法是假设酸液将溶解其所穿透的岩石,而溶解的比例是恒定的。这一方法首先由 Economides 等(1994)提出,称之为体积模型。但只形成了少数蚯蚓洞时,很小比例的岩石被溶解;蚯蚓洞的分支结构越多,溶解的基质比例越大。定义 η 为酸液穿透区域所溶解的岩石比例,对于径向流,则有:

$$r_{wh} = \sqrt{r_w^2 + \frac{N_{Ac}V}{\eta \pi \phi h}} \qquad (16.4)$$

蚯蚓洞效率 η 可以通过柱状岩心驱替数据估计为:

$$\eta = N_{Ac}PV_{bt} \qquad (16.5)$$

式中,PV_{bt} 是蚯蚓洞突破岩心末端时注入的酸液孔隙体积倍数。将式(16.5)代入式(16.4)中,替换 η,蚯蚓洞延伸半径为:

$$r_{wh} = \sqrt{r_w^2 + \frac{V}{PV_{bt} \pi \phi h}} \qquad (16.6)$$

式(16.6)表明,用该模型考虑蚯蚓洞延伸所需要的唯一参数为突破时的孔隙体积倍数,可以通过岩心驱替实验得到。该模型没有考虑突破时的孔隙体积倍数与酸液通量存有一定的关系,此关系见图16.6。在蚯蚓洞区域酸液通量变化范围内,PV_{bt} 的合理平均值应该用于该模型来正确预测蚯蚓洞延伸距离。如果通量高于最优值,此平均值易于估计,因为孔隙体积倍数在高于最优值时变化缓慢。如果通量低于最优值,则需要使用更为精确的模型。体积模型的主要用途是作为估算蚯蚓洞延伸距离的一种简单途径。

例16.1　蚯蚓洞延伸的体积模型

如图16.8(Furui 等,2010),将质量分数为15%的 HCl 溶液在150℉注入到直径为1in 的碳酸钙岩心中,孔隙中速度从 1cm/min 变化到 3cm/min 时的突破时平均孔隙体积倍数约为 0.7。根据由数据拟合的曲线,在最优的孔隙通量 1.5cm/min 下最优突破时孔隙体积倍数为 0.5。使用体积模型,将蚯蚓洞穿透的区域半径作为注入酸液体积的函数进行计算,酸液体积最高为 100gal/ft。

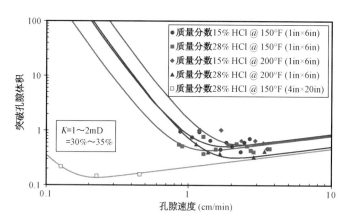

图16.8　强酸在碳酸盐岩心样品中的蚯蚓洞延伸效率(据 Furui 等,2010)

最近的研究显示,用于计算的突破时孔隙体积倍数值应该要远小于实验室中用小直径岩性测定的数值。假设突破时的平均孔隙体积倍数为 0.05,重复上述计算。

最后,对于厚度为 100ft 的油藏,计算在井筒中形成的孔隙通量等于最优通量 1.5cm/min 时所需的注入速率(单位:bbl/min)。对于所有计算,假设孔隙度为 0.3,井眼半径为 0.328ft。

解:

对于单位厚度油藏(V/h)逐渐增加的酸液体积,蚯蚓洞延伸半径通过式(16.6)进行计算。对于10gal/ft的酸液注入量,有:

$$r_{wh} = \sqrt{(0.328ft)^2 + \frac{(10gal/ft) \times (1ft^3/7.48gal)}{\pi(0.7 \times 0.3)}} = 1.46ft \qquad (16.7)$$

计算酸液体积为100gal/ft时的蚯蚓洞穿透区域半径,得到图16.9。

对于更为有效的蚯蚓洞延伸,如突破时平均孔隙体积倍数为0.05时,蚯蚓洞区域明显更大,如图16.10所示。

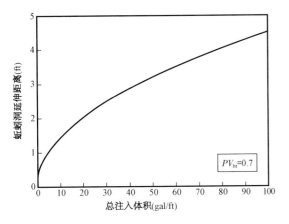

图16.9　$PV_{bt} = 0.7$ 对应的蚯蚓洞延伸距离
（例16.1）

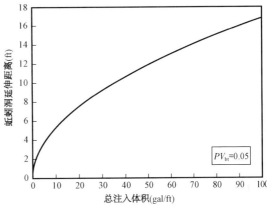

图16.10　$PV_{bt} = 0.05$ 对应的蚯蚓洞延伸距离
（例16.1）

孔隙速度即体积流量除以流动截面积乘以孔隙度,即:

$$v_i = \frac{q}{2\pi r_w h\phi} \qquad (16.8)$$

因此,在井筒半径下形成需要的孔隙通量所需的注入速率为:

$$q_i = 2\pi v_i r_w h\phi \qquad (16.9)$$

为了使在厚度为100ft的油藏中孔隙通量为1.5cm/min,注入速率为:

$$q_i = 2\pi \times (1.5cm/min) \times \left(\frac{1ft}{30.48cm}\right) \times (0.328ft) \times (100ft) \times (0.3) \times \left(\frac{1bbl}{5.615ft^3}\right)$$

$$= 0.54bbl/min \qquad (16.10)$$

在渗透率大于1mD且没有严重地层伤害的油藏中,此注入速率很容易实现。

16.3.2　Buijse – Glasbergen 模型

Buijse 和 Glasbergen(2005)考虑到岩心驱替中突破时的酸液孔隙体积倍数受孔隙流速的影响,提出了蚯蚓洞延伸的一个经验模型。他们认识到蚯蚓洞的延伸速率反过来与突破时的孔隙体积倍数相联系,对不同岩石和不同酸液系统的反应速度有着一致的函数关系。基于这一推测,他们导出了表示此关系的函数。该模型为:

$$v_{wh} = \frac{dr_w}{dt} = \left(\frac{v_i}{PV_{bt,opt}}\right) \times \left(\frac{v_i}{v_{i,opt}}\right)^{-\gamma} \times \left\{1 - \exp\left[-4\left(\frac{v_i}{v_{i,opt}}\right)^2\right]\right\}^2 \qquad (16.11)$$

通常,突破时的孔隙体积倍数—孔隙流速关系能够简单地通过指明最优条件进行定义,即最优的孔隙速度值对应突破时最小的孔隙体积倍数,此最优值是校准所有酸—岩系统唯一需要的数据。

在该模型中,蚯蚓洞延伸速度取决于蚯蚓洞前缘的孔隙位置 r_{wh},并且这一速度随着蚯蚓洞区域远离井筒而降低。使用 Buijse – Glasbergen 模型最简单的办法是取一系列的时间步长,假设每个时间步长的孔隙速度以及蚯蚓洞延伸速度恒定。在每个时间步长,蚯蚓洞区域前缘的新位置为:

$$(r_{wh})_{n+1} = (r_{wh})_n + v_{wh}\Delta t \qquad (16.12)$$

例 16.2 蚯蚓洞延伸的 Buijse – Glasbergen 模型

使用图 16.8 中酸液质量分数为 15% 以及温度为 150°F 的数据,用 Buijse – Glasbergen 模型计算酸液体积达到 100gal/ft 时蚯蚓洞穿透区域的半径。假设向厚度为 100ft 的油藏以 1bbl/min 的速率进行注入,其他所有数据与例 16.1 相同。

解:

在 Buijse – Glasbergen 模型中,蚯蚓洞的延伸速度取决于蚯蚓洞在径向上已经穿透距离 (r_{wh}) 的孔隙速度。为了求解这一问题,取一系列的时间步长,假设每个时间步长的孔隙速度恒定。

当 $t = 0, r_{wh}^0 = r_w = 0.328$ft 时,在 r_{wh}^0 的原始孔隙速度由式(16.8)计算:

$$v_i^0 = \frac{1\text{bbl/min}}{2\pi \times (0.328\text{ft}) \times (100\text{ft}) \times (0.3)} \times \left(\frac{5.615\text{ft}^3}{1\text{bbl}}\right) \times \left(\frac{30.48\text{cm}}{1\text{ft}}\right) = 2.77\text{cm/min}$$

$$(16.13)$$

同理,在给定的时间 $t = n\Delta t$,在 r_{wh}^n 的孔隙速度 v_i^n 为:

$$v_i^n = \frac{1\text{bbl/min}}{2\pi \times (r_{wh}^n\text{ft}) \times (100\text{ft}) \times (0.3)} \times \left(\frac{5.615\text{ft}^3}{1\text{bbl}}\right) \times \left(\frac{30.48\text{cm}}{1\text{ft}}\right) = \frac{0.91}{r_{wh}^n}\text{cm/min}$$

$$(16.14)$$

然后在 $t = n\Delta t$ 时的蚯蚓洞延伸速度由式(16.11)计算为:

$$v_{wh}^n = \frac{(0.91/r_{wh}^n\text{cm/min})}{0.5}\left(\frac{0.91/r_{wh}^n\text{cm/min}}{1.5\text{cm/min}}\right)^{-\frac{1}{3}}$$

$$\left\{1 - \exp\left[-4\left(\frac{0.91/r_{wh}^n\text{cm/min}}{1.5\text{cm/min}}\right)^2\right]\right\}^2\left(\frac{1\text{ft}}{30.48\text{cm}}\right)$$

$$= \frac{1.82}{r_{wh}^n}\left(\frac{0.607}{r_{wh}^n}\right)^{-\frac{1}{3}}\left\{1 - \exp\left[\frac{-1.472}{(r_{wh}^n)^2}\right]\right\}^2(\text{ft/min}) \qquad (16.15)$$

最后,$t = (n+1)\Delta t$ 时蚯蚓洞的位置为:

$$r_{wh}^{n+1} = r_{wh}^n + v_{wh}^n\Delta t \qquad (16.16)$$

计算酸液体积为 100gal/ft 时蚯蚓洞穿透区域半径的方法同上,得到图 16.11。

16.3.3 Furui 等的模型

根据小直径岩心驱替得到的最优速率和突破时的孔隙体积倍数数据,对比 Buijse – Glasbergen 模型预测的蚯蚓洞长度与油田数据,Furui, Burton, Abdelmalek, Hill, Zhu 和 Nozaki(2010)认为,在这个模型中使用平均孔隙速度 v 时低估了蚯蚓洞的延伸速度。这是因为蚯蚓洞前缘的延伸速度影响蚯蚓洞的延伸速度,而这一速度比孔隙速度大得多。

根据这一观察结果,他们得出修正的蚯蚓洞延伸模型为:

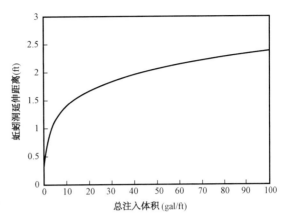

图 16.11　Furui 模型计算结果(例 16.3)

$$v_{\mathrm{wh}} = v_{\mathrm{i,tip}} N_{\mathrm{Ac}} \times \left(\frac{v_{\mathrm{i,tip}} PV_{\mathrm{bt,opt}} N_{\mathrm{Ac}}}{v_{\mathrm{i,opt}}} \right)^{-\gamma} \times \left\{ 1 - \exp\left[-4 \left(\frac{v_{\mathrm{i,tip}} PV_{\mathrm{bt,opt}} N_{\mathrm{Ac}} L_{\mathrm{core}}}{v_{\mathrm{i,opt}} r_{\mathrm{wh}}} \right)^2 \right] \right\}^2 \quad (16.17)$$

对于径向流,前缘速度近似为:

$$v_{\mathrm{i,tip}} = \frac{q}{\phi h \sqrt{\pi \, m_{\mathrm{wh}}}} \left[(1 - \alpha_z) \frac{1}{\sqrt{d_{\mathrm{e,wh}} r_{\mathrm{wh}}}} + \alpha_z \left(\frac{1}{d_{\mathrm{e,wh}}} \right) \right] \quad (16.18)$$

其中,m_{wh} 和 α_z 表示沿角方向的主要蚯蚓洞数目以及蚯蚓洞比例从 0 变化到 1 的轴向距离。当 $\alpha_z = 0$ 时,主要的蚯蚓洞紧密地沿着轴向分布(二维径向流动形态)。对于这种情况,蚯蚓洞前缘的速度相应地降低到 $1/r_{\mathrm{wh}}^{0.5}$。这种极端情况说明地层纵向渗透率明显低于径向渗透率。当 $\alpha_z = 1$ 时,主要的蚯蚓洞稀疏地沿着轴向分布,并对低长/失速的蚯蚓洞有很小的影响。在这种情况下,蚯蚓洞前缘的注入速度不随着 r_{wh} 增加而降低。对于典型的酸化增产设计,建议直井($K_\alpha < K_r$)取 $\alpha_z = 0.25 \sim 0.5$,水平井($K_\alpha \approx K_r$)取 $\alpha_z = 0.5 \sim 0.75$。并且需将 $m_{\mathrm{wh}} = 4\pi$, $d_{\mathrm{e,wh}} = r_{\mathrm{wh}}$ 以及 $\alpha_z = 0$ 代入式(16.18)常规的径向流方程:

$$v_{\mathrm{i,tip}} = \frac{q}{2\pi \phi h r_{\mathrm{wh}}} \quad (16.19)$$

在式(16.18),蚯蚓洞簇的直径 $d_{\mathrm{e,wh}}$ 是考虑主要蚯蚓洞周围存在分支的经验参数。这个有效直径可以估算为:

$$d_{\mathrm{e,wh}} = d_{\mathrm{core}} N_{\mathrm{ac}} PV_{\mathrm{bt,opt}} \quad (16.20)$$

例 16.3　蚯蚓洞延伸的 Furui 模型

使用 Furui 模型重复例 16.2 的计算。将得到的结果与用 Buijse – Glasbergen 模型得到的结果进行比较。

解:

从图 16.8 中读出酸液的质量分数为 15% ,温度为 150 ℉, $PV_{\mathrm{bt,opt}} = 0.5$, $v_{\mathrm{i,opt}} = 1.5\,\mathrm{cm/min}$,

而 $L_{core} = 6in$。质量分数为 15% 的 HCl 密度以及碳酸岩的密度分别为 $1.07g/cm^3$ 和 $2.71g/cm^3$。

质量分数为 15% 的 HCl 溶液的溶解力 β_{15} 为 $0.21g(CaCO_3)/g(15\%\ HCl)$（第 14 章）。

由式（15.13），酸容量数为：

$$N_{ac} = \frac{0.3 \times 0.21 \times 1.07g/cm^3}{(1 - 0.3) \times 2.71g/cm^3} = 0.035 \tag{16.21}$$

类似于例 16.2，取一系列的时间步长。在某个时间 $t = n\Delta t$，蚯蚓洞前缘的孔隙速度 $v_{i,tip}^n$ 由式（16.18）计算为：

$$v_{i,tip}^n = \frac{1bbl/min}{0.3 \times 100ft \times \sqrt{\pi\ m_{wh}}} \times \left(\frac{5.615ft^3}{1bbl}\right) \times$$

$$\left[(1 - \alpha_z)\frac{1}{\sqrt{d_{e,wh}r_{wh}^n}} + \alpha_z\left(\frac{1}{d_{e,wh}}\right)\right] \times \left(\frac{30.48cm}{1ft}\right)(cm/min) \tag{16.22}$$

其中

$$d_{e,wh} = d_{core}N_{ac}PV_{bt,opt} = \frac{1in}{12\frac{in}{ft}} \times 0.035 \times 0.5 = 0.00145ft \tag{16.23}$$

对于各向同性地层，有：

$$\alpha_z = 0.75 \times \left(\frac{1}{I_{ani}}\right)^{0.7} = 0.75 \tag{16.24}$$

然后在 $t = n\Delta t$ 时的蚯蚓洞延伸速度由式（16.17）计算为：

$$v_{wh}^n = v_{i,tip}^n \times 0.035 \times \left(\frac{v_{i,tip}^n \times 0.5 \times 0.035}{1.5cm/min}\right)^{-\gamma}$$

$$\left\{1 - \exp\left[-4\left(\frac{v_{i,tip}^n \times 0.5 \times 0.035 \times 6in \times 2.54in/cm}{(1.5in/cm)r_{wh}^n}\right)^2\right]\right\}^2 \times \left(\frac{1ft}{30.48cm}\right)(ft/min)$$

$$\tag{16.25}$$

因此，蚯蚓洞前缘在 $t = (n+1)\Delta t$ 时的位置为：

$$r_{wh}^{n+1} = r_{wh}^n + v_{wh}^n\Delta t \tag{16.26}$$

将 $m_{wh} = 6, \gamma = 1/3$ 代入以上各式，在酸液注入量达到 100gal/ft 时，计算得到蚯蚓洞穿透距离与总注入体积的关系（图 16.11），蚯蚓洞穿透距离是 Buijse - Glasbergen 模型预测结果的 6 倍。

前面所给例子表明，对给定的岩石/酸液系统，突破时的孔隙体积倍数是预测蚯蚓洞在地层中穿透深度的一个重要参数。对于非均质性较强的碳酸盐岩，尤其是具有天然裂缝或孔洞的石灰岩，这一参数比均质岩石要低得多。图 16.12（Izgec，Keys，Zhu 和 Hill，2008）给出了实验室使用直径为 4in 且带有孔洞的石灰石岩心测定的突破时孔隙体积倍数，该值低达 0.04。

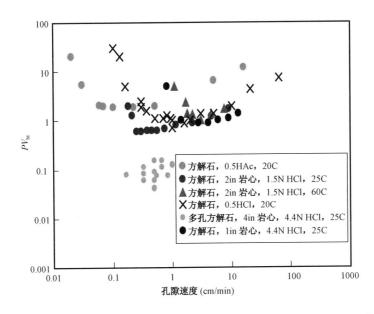

图 16.12 石灰岩中的蚯蚓洞穿透效率(据 Izgec, Keys, Zhu 和 Hill, 2010)

16.4 碳酸盐岩酸化设计

16.4.1 酸的种类与浓度

到目前为止,盐酸是碳酸盐岩酸化中最常用的酸。表 16.1 给出了 Mcleod(1984)对碳酸盐岩地层各种酸处理措施所建议使用的酸液。弱酸建议作为射孔孔眼清洁剂和射孔液,否则推荐使用 HCl 的浓溶液。对于基质酸化,除了在考虑腐蚀时使用弱酸(这仅仅是在深的高温井中)之外,其他都使用 HCl 溶液。酸液浓度越高,所有模型预测的蚯蚓洞延伸穿透距离越深,因此优先使用高浓度的 HCl 溶液。在碳酸盐岩中,通常没有像砂岩中的沉淀反应限制酸的使用浓度。而如果用富含硫的水(如海水)混合酸溶液,或作为隔离液或前置液和酸连续注入,则可能形成 CaSO$_4$ 沉淀,从而导致地层伤害(He, Mohamed 和 Nasr – El – Din, 2011)。

表 16.1 酸液指导原则:碳酸盐岩酸化

射孔液	损伤的射孔孔眼	深井损伤
5% 醋酸	9% 甲酸 10% 醋酸 15% HCl 溶液	15% HCl 溶液 28% HCl 溶液 乳化 HCl 溶液

资料来源:Mcleod(1984)。

除了简单的拇指法则,酸液的类型和浓度可根据蚯蚓洞延伸的最优注入条件来选择。例如,在同样温度下图 16.6 给出的醋酸最优注入通量与 1.5N HCl 溶液在同一数量级但稍低。类似地,25℃时 1.5N HCl 溶液的最优通量与 60℃时 1.5N HCl 溶液的最优通量在同一数量级但稍低。对于强酸溶液,如果井的注入能力不允许通量接近或超过最优值,则使用弱酸更为有利,如醋酸,这是因为弱酸的最优通量较低。

最优蚯蚓洞的理论模型由反应与对流条件关系得到,Huang,Hill 和 Schechter(2000)建立了根据预计的处理温度,指导酸液系统选择的设计图版。图 16.13 即石灰岩使用盐酸与醋酸处理的图版。如果处理温度约为 85℃(358K;$1/T = 0.0028$),对于假定具有一定注入能力以及破裂压力的裸眼井,使用甲酸或醋酸的最优通量可能接近于最大通量。然而,对于 15% 的 HCl 溶液,其最优通量要高得多,并且在保持机制注入条件时可能不能达到。在这口井中,弱酸延伸蚯蚓洞的效率可能高于强 HCl 溶液。Glasbergen,Kalia 和 Talbot(2009)还回顾了其他的预测模型。

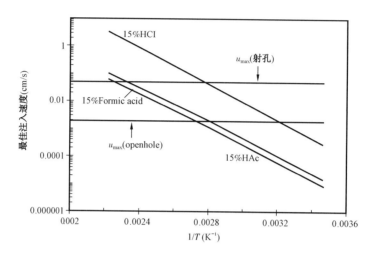

图 16.13　酸液选择设计图版(据 Huang 等,2000)

16.4.2　酸液体积与注入速率

碳酸盐岩酸化中需要注入的酸液体积取决于其所希望达到的增产效果。注入的酸液越多,蚯蚓洞的延伸速度随着其穿透得越深而减缓,因此对于一定的酸液体积,延伸速率不再足以证明需要继续注入。蚯蚓洞长度作为注入酸液体积的函数,可以使用蚯蚓洞延伸模型来预测,如例 16.1 至例 16.3 所述。将这些预测与表皮系数模型结合(16.3.3 节),可以对最优酸液体积进行简单的经济分析。而对于砂岩,此方法可以通过评价实际处理中表皮系数的变化来校正。

对于碳酸盐岩酸化处理,注入速率是一个非常重要的设计变量,因为蚯蚓洞延伸过程受进入溶解前缘前未处理岩石的酸液通量影响。而酸液系统一旦选定,最优速率即在不压裂地层的前提下尽可能高的注入速率。此结论 Paccaloni 和 Tambini(1993)以及 Economides 等之前提到过,Glasbergen 等(2009)又再次证实。

选择尽可能高的注入速率,可以通过蚯蚓洞延伸过程利用速率的性质来解释。注入速率低于最优速率时,蚯蚓洞延伸过程非常低效,而当注入速率高于最优值时,随着注入速率的增加,效率缓慢降低。例如,在图 16.6 中,考虑 0.5N HCl 溶液在 20℃ 时的效果曲线。用这种酸对石灰岩进行增产处理,最优的孔隙通量小于 1cm/min,而突破时最小孔隙体积倍数为 0.9。如果酸液以小于最优值 10 倍的通量注入,突破时的孔隙体积倍数超过 100,理论上需要 100 倍的酸液对给定距离进行增产处理。这是因为在这样低的注入速率下,溶解过程接近表面溶解情况。另一方面,如果注入速率使得通量是最优值的 10 倍,则只需要 2 倍的酸液即可。注入速率越高,导致蚓蚓洞的分支越多,而蚓蚓洞继续延伸。由于这一趋势,以及在油田中沿井的注入能力变化和其他不确定因素,最优的注入条件难以准确达到,最好的办法是以尽可能高的注入速率进行注入。这也意味着随着酸化处理的进行,注入能力增加,注入速率也不断增加。

16.4.3 酸化过程监控

和砂岩酸化处理的监控一样(见15.3.3节),碳酸盐岩油藏的基质酸化处理需要测定注入过程中的注入速率以及压力。由于在碳酸盐岩中形成的蚓蚓洞是大通道,一般假设通过蚓蚓洞区域的压力降可忽略,因而蚓蚓洞对油井表皮的影响等同于扩大了井径。在这种假设下,碳酸盐岩基质酸化中的表皮变化情况可以通过蚓蚓洞延伸模型进行预测。

对于一口井,其伤害区域渗透率为K,延伸半径为r_s,酸化过程中的表皮系数作为蚓蚓洞穿透距离的函数为:

$$S = \frac{K}{K_s}\ln\frac{r_s}{r_{wh}} - \ln\frac{r_s}{r_w} \tag{16.27}$$

直到蚓蚓洞穿透半径超过地层伤害半径,式(16.27)都是适用的。如果井本身没有伤害或者蚓蚓洞半径大于岩石的伤害半径,酸化过程中的表皮系数可以通过假设K_s无限大,然后根据Hawkins公式得到[或者由式(16.27),设$K_s = \infty$以及$r_s = r_{wh}$],则有:

$$S = -\ln\frac{r_{wh}}{r_w} \tag{16.28}$$

使用式(16.27)和式(16.28),如果注入速率在处理过程中保持恒定,注入过程中的表皮系数通过体积模型预测为(有伤害区域):

$$S = -\frac{K}{K_s}\ln\left[\left(\frac{r_w}{r_s}\right)^2 + \frac{V}{PV_{bt}\,\pi\,r_s^2\phi h}\right] - \ln\frac{r_s}{r_w} \tag{16.29}$$

而没有伤害区域或者蚓蚓洞穿透超过伤害区域时,有:

$$S = -\frac{1}{2}\ln\left(1 + \frac{V}{PV_{bt}\,\pi\,r_w^2\phi h}\right) \tag{16.30}$$

当使用Buijse - Glasbergen或Furui等的蚓蚓洞延伸模型时,蚓蚓洞区域的半径r_{wh}由注入时间的离散值计算得到。对于用这些模型计算的r_{wh},表皮系数通过式(16.27)式(16.28)计算。

例16.4 碳酸岩基质酸化过程中的表皮变化

使用例16.1至例16.3中的蚓蚓洞延伸结果(图16.9、图16.11以及图16.12),将表皮系数作为注入体积的函数进行计算并绘制曲线。假设地层渗透率为2mD,并且有一个延伸到地层中1ft且渗透率为0.2mD的地层伤害区域。

解:

在体积模型中,对V/h求解式(16.6)得:

$$\frac{V}{h} = \pi\,\phi(r_{wh}^2 - r_w^2)PV_{bt} \tag{16.31}$$

对于例16.1,蚓蚓洞在地层中延伸1.328ft所需注入的体积计算为:

$$\frac{V}{h} = \pi \times 0.3 \times \left[(1.328\text{ft})^2 - (0.328\text{ft})^2 \right] = 1.09\text{ft}^3/\text{ft} = 8.17\text{gal/ft} \quad (16.32)$$

因而,达到这一累积注入体积,式(16.29)适用,

$$S = -\frac{2}{2 \times 0.2} \times \ln\left[\left(\frac{0.328\text{ft}}{1.328\text{ft}}\right)^2 + \frac{(V/h)(\text{gal/ft}) \times (1\text{ft}^3/7.48\text{gal})}{\pi \times 1.328\text{ft}^2 \times 0.3 \times 0.7} \right] - \ln\left(\frac{1.328\text{ft}}{0.328\text{ft}}\right)$$

$$(16.33)$$

或

$$S = -5\ln\left[0.061 + 0.1149\left(\frac{V}{h}\right) \right] - 1.398 \quad (16.34)$$

当 V/h 大于 8.17gal/ft 时,由式(16.30),有:

$$S = -\frac{1}{2}\ln\left[1 + \frac{(V/h) \times (1/7.48)}{\pi \times 0.328^2 \times 0.3 \times 0.7} \right] \quad (16.35)$$

或

$$S = -\frac{1}{2}\ln\left[1 + 1.884\left(\frac{V}{h}\right) \right] \quad (16.36)$$

当使用 Buijse – Glasbergen 或 Furui 等的模型时,要取一系列的时间步长,在每个离散的注入时间点计算蚓蚓洞的延伸半径 r_{wh}^n。当蚓蚓洞半径 r_{wh}^n 小于损伤半径时,式(16.27)适用;而当蚓蚓洞半径大于地层伤害半径时,式(16.28)适用。

对于体积模型,使用例 16.1 中的蚓蚓洞延伸结果计算表皮系数与注入体积达到 100gal/ft 的关系,由例 16.2 的 Buijse – Glasbergen 模型以及例 16.3 的 Furui 模型,得到图 16.14。这些结果主要针对注入速率为 1bbl/min 时的情况。这口伤害井用小于 10gal/ft 的酸液进行了有效的酸化处理,由于这一体积足以将蚓蚓洞延伸穿过损伤区域。预测继续注入酸液,随着蚓蚓洞向地层深处延伸,表皮系数减小。以更高的注入速率进行注入时,能够得到更为有效的深部增产效果。

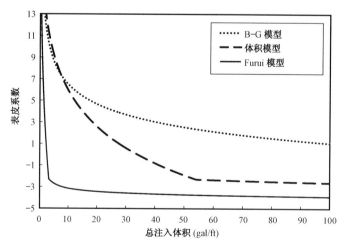

图 16.14　3 种蚓蚓洞模型预测的表皮系数(例 16.4)

16.4.4 流体在碳酸盐岩中的分配

如砂岩处理一样,在碳酸盐岩中适当地将酸液分配到所有的处理区域中是非常重要的,而同样的流体分配技术也是适用的。然而,由于蚯蚓洞的形成,而且在清除时可能存在困难,颗粒使用时要谨慎。在碳酸盐岩酸化中,黏性分流较为常用,稠化酸系统包括泡沫酸、乳化酸以及聚合物—稠化酸。碳酸盐岩酸化中一种极好的分流物质是添加到酸液中的黏弹性表面活性剂。除了 VES 酸液系统,其他稠化酸对于酸液分配的效果可以通过黏性表皮系数进行计算,如 15.4.4 节中砂岩酸化中所述。Nozaki 和 Hill(2010)描述了如何将黏性分流引入到蚯蚓洞延伸模型中,并预测碳酸盐岩酸化过程中的酸液分配。

黏弹性表面活性剂酸液系统之所以是极好的分流物质,是因为这些流体保持低黏度直到酸液消耗,然后在钙离子浓度和 pH 都大幅升高的残酸中,黏度急剧增高。黏度升高是因为随着酸溶液的化学组成发生变化,形成了长杆状的胶束,如图 16.15 所示(Nasr – EI – Din,Al – Ghamdi,Al – Qahtani 和 Samuel,2008)。当烃类与 VES 残酸接触时,长胶束断裂,黏度再次降低,允许残酸排出。黏性液体在残酸区域形成,而残酸区域处于延伸的蚯蚓洞之前和周围,VES 分流系统的效果不能通过假设酸液变化类似黏性液体进行预测。

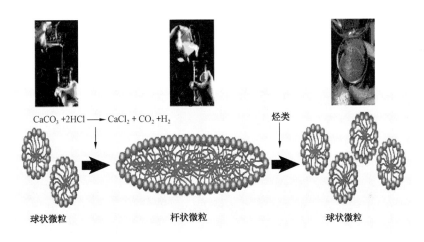

图 16.15　黏弹性表面活性剂提高黏度的机理(据 Nasr – EI – Din 等,2008)

16.5　酸化压裂

酸化压裂作为一种增产措施,酸液在高于地层破裂压力的条件下注入,从而形成水力压裂裂缝。通常,黏性的前置液在酸液之前注入到地层中进行造缝,然后注入普通酸、胶化酸、泡沫酸或者含酸的乳化液。裂缝的导流能力是通过酸液对裂缝壁面的不均匀溶蚀形成的,即酸液与裂缝壁面不均匀地反应,使得在停泵泄压之后裂缝能撑开,相对未溶解的区域作为支柱,而溶解得较多的区域作为张开的通道。因此,酸化压裂是在停泵泄压之后使用支撑剂来形成裂缝导流能力的另一种选择。压裂过程本身与使用支撑剂的压裂是相同的。读者可以参考第 17 章和第 18 章来了解关于水力压裂的大致过程。

在设计酸化压裂措施时,需要注意的主要问题是活性酸进入裂缝后的穿透距离、酸液形成的裂缝导流能力(以及其沿裂缝的分布),以及酸化压裂井的产能。由于酸化压裂被视为在碳酸盐岩地层中形成裂缝导流能力的一种替代性方式,计划进行酸化压裂措施前通常应与支撑剂压裂进行比较。

16.5.1 裂缝中酸液的穿透距离

为了预测酸液形成的裂缝导流能力以及导流能力的最终分布,需要了解沿裂缝的岩石溶解分布情况。这反过来需要预测沿裂缝的酸液浓度,通过酸液平衡方程以及适当的边界条件可获得沿裂缝的酸液浓度。对于裂缝中的线性流,考虑裂缝壁面流体滤失以及酸液的扩散,有:

$$\frac{\partial C}{\partial t} + \frac{\partial (u_x C)}{\partial x} - \frac{\partial (u_y C)}{\partial y} - \frac{\partial}{\partial y}\left(D_{\text{eff}} \frac{\partial C}{\partial y}\right) = 0 \tag{16.37}$$

$$C(x, y, t = 0) = 0 \tag{16.38}$$

$$C(x = 0, y, t) = C_i(t) \tag{16.39}$$

$$Cu_y - C_L q_L - D_{\text{eff}} \frac{\partial C}{\partial y} = E_f C^n (1 - \phi) \tag{16.40}$$

式中:C 是酸液浓度;u_x 是沿着裂缝的酸液通量;u_y 是由于流体漏失的横向通量;D_{eff} 是有效扩散系数;C_i 是注入的酸液浓度;E_f 是反应速率常数;n 是反应阶数,ϕ 是孔隙度。为了求解式(16.37),需要连续性方程、运动方程以及流体漏失模型。对于这些方程,考虑更多应用,如沿裂缝的温度分布、低黏度酸液通过黏性前置液的黏性指进、酸液对于漏失情况的影响以及不同裂缝几何形态的数值解,由 Ben - Naceur 和 Economides(1988)、Lo 和 Dean(1989)以及 Settari(1991)给出。

假设平行板间牛顿流体为稳态层流以及裂缝中流体漏失量保持恒定,Nierode 和 Williams(1972)对 Terrill(1965)针对平行板间热传导所得解进行变形,给出了裂缝中酸液流动平衡方程的解。该解中的浓度剖面作为漏失的 Paclet 数的函数,在图 16.16 中给出,定义为:

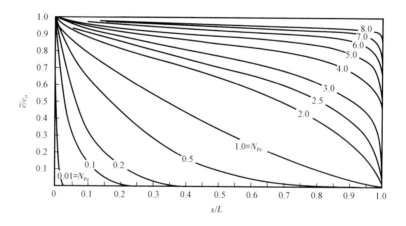

图 16.16　沿裂缝的酸液浓度剖面(据 Schechter,1992)

$$N_{\text{Pe}} = \frac{\bar{u}_y w}{2 D_{\text{eff}}} \tag{16.41}$$

式中:$\bar{u}_y$ 是平均漏失量;w 是缝宽。由于密度梯度导致的额外混合,有效扩散系数 D_{eff} 通常大于分子扩散系数。Roberts 和 Guin(1974)给出的有效扩散系数如图 16.17 所示,基于裂缝中的 Reynolds 数($wu_x\rho/\mu$)。

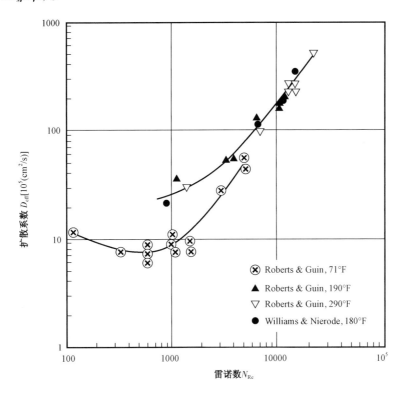

图 16.17　酸液有效扩散系数(据 Roberts 和 Guin,1974;版权属 SPE)

如图 16.16 所示,在 Peclet 数较低时,达到裂缝末端时酸液浓度非常低;在 Peclet 数较高时,流体漏失是决定性因素。为了完成对酸液穿透能力的预测,需要应用裂缝延伸模型,因为实际的酸液穿透距离取决于裂缝长度。

例 16.5　酸液穿透距离

对于例 18.4 和例 18.6 中所描述的 $\eta\to0$ 的压裂条件,假设压裂液是胶化酸,酸液注入 16min 后,酸液浓度为注入浓度 50% 所对应位置离井筒的距离为多少？浓度为 10% 呢？假设有效扩散系数为 $10^{-4}\mathrm{cm^2/s}$。

解:

为了回答这一问题,需要流体的漏失 Peclet 数。当 $\eta\to0$ 时,流体漏失速率等于注入速率,并且平均流体漏失通量等于注入速率除以裂缝表面积:

$$\bar{u}_y = \frac{q_i}{4hx_f} \tag{16.42}$$

由例 18.6,在 16min 的注入后,$x_f=286\mathrm{ft}$。则:

$$\bar{u}_y = \frac{40\times5.615\mathrm{ft^3/bbl}}{4\times100\mathrm{ft}\times286\mathrm{ft}} = 1.96\times10^{-3}\mathrm{ft/min} \tag{16.43}$$

依例 18.4,对于长度为 286ft 的裂缝,平均裂缝宽度为 0.14in(0.01167ft)。当单位转换为 ft^2/min 后,有效扩散系数为 6.46×10^{-6}。由式(16.41),流体漏失 Peclet 数为:

$$N_{Pe} = \frac{(0.01167ft) \times (1.96 \times 10^{-3}ft/min)}{2 \times 6.46 \times 10^{-6}ft^2/min} = 1.8 \tag{16.44}$$

由图 16.16 得 Peclet 数大约为 2,酸浓度为注入值 50% 的无量纲距离为 0.69,或者 $0.69 \times 286 = 197ft$。类似地,浓度为注入浓度 10% 的无量纲穿透距离为 0.98 或实际距离为 280ft。

16.5.2 酸蚀裂缝导流能力

酸蚀裂缝导流能力($K_f w$)难于预测,这是由于其内在取决于一个随机过程。如果裂缝壁面没有非均匀溶蚀,停泵泄压后的裂缝导流能力非常小。那么,用于预测酸蚀裂缝导流能力的方法即一个经验法则。首先,根据酸液在裂缝中的分布,将岩石溶解量作为沿裂缝位置的函数。然后,根据岩石溶解量,用经验关系式对裂缝导流能力进行计算。最后,由于沿裂缝的导流能力常常有非常明显的变化,使用平均方法获取整个裂缝的平均导流能力。预测酸蚀裂缝导流能力的方法很难精确,油田中使用压力不稳定测试测定酸蚀裂缝的有效导流能力,该技术即“油田校正”。

酸蚀裂缝中岩石的溶解量由理想宽度 w_i 定义,其定义为裂缝闭合前由酸液溶解所形成的裂缝宽度。如果所有注入到裂缝中的酸液都溶解裂缝壁面的岩石(即没有活性酸穿透到基质中或者裂缝壁面的蚓蚓洞中),平均理想宽度即溶解岩石体积除以裂缝面积,或由式(16.45)计算:

$$\overline{w_i} = \frac{\chi V}{2(1 - \phi)h_f x_f} \tag{16.45}$$

式中:χ 是酸液的体积溶解能力;V 是注入酸液的总体积;h_f 是缝高;x_f 是裂缝半长。对于 Peclet 数大于 5 的情况,沿裂缝大多数位置处的酸液浓度基本等于注入浓度,实际的理想宽度约等于平均理想宽度。对于低 Peclet 数的情况,沿裂缝酸液在近井地带的消耗大于远井地带,而且在计算理想宽度分布时必须考虑浓度分布。Schechter(1992)根据图 16.16 浓度剖面给出了相应的解(图 16.18)。

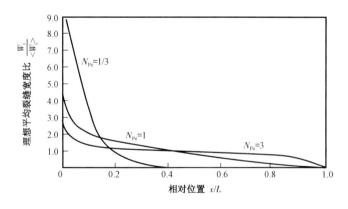

图 16.18　沿裂缝的理想裂缝宽度(据 Schechter,1992)

考虑理想裂缝宽度,酸蚀裂缝的导流能力常常通过 Nierode 和 Kruk(1973)关系式得到。此关系式基于对酸蚀裂缝导流能力的大量实验测试,并用理想宽度、闭合应力 σ_c 以及岩石嵌入强度对导流能力进行修正。Nierode 和 Kruk 关系式为:

$$K_f w = C_1 e^{-C_2 \sigma_c} \tag{16.46}$$

其中

$$C_1 = 1.47 \times 10^7 w_i^{2.47} \tag{16.47}$$

而

$$C_2 = (13.9 - 1.3 \ln S_{rock}) \times 10^{-3} \tag{16.48} ❶$$

对应 $S_{rock} < 20000\text{psi}$;

$$C_2 = (3.8 - 0.28 \ln S_{rock}) \times 10^{-3} \tag{16.49}$$

对应 $S_{rock} > 20000\text{psi}$。

式(16.46)~式(16.49)中:$K_f w$ 单位为 mD·ft;w_i 单位为 in;σ_c 和 S_{rock} 的单位为 psi。岩石嵌入强度是将金属球压入岩石样品一定距离所需的力。Nierode 和 Kruk(1973)文献中描述了常见碳酸盐岩地层的实验测定嵌入强度和酸蚀裂缝导流能力值,如表16.2。

表16.2 对于已知油藏作为岩石嵌入强度和闭合应力函数的裂缝导流能力

			导流能力(mD·in)与闭合应力的关系(psi)				
油藏	最大导流能力	S_{rock}	0	1000	3000	5000	7000
San Andres 白云石	2.7×10^6	76600	1.1×10^4	5.3×10^3	1.2×10^3	2.7×10^2	6.0×10^0
San Andres 白云石	5.1×10^8	63800	1.2×10^6	7.5×10^5	3.0×10^5	1.2×10^5	4.7×10^4
San Andres 白云石	1.9×10^7	62700	2.1×10^5	9.4×10^4	1.9×10^4	3.7×10^3	7.2×10^2
Canyon 石灰石	1.3×10^8	88100	1.3×10^6	7.6×10^5	3.1×10^5	4.8×10^4	6.8×10^3
Canyon 石灰石	4.6×10^7	3070	8.0×10^5	3.9×10^5	9.4×10^4	2.3×10^4	5.4×10^3
Canyon 石灰石	2.7×10^8	46400	1.6×10^6	6.8×10^5	1.3×20^5	2.3×10^4	4.4×10^3
Cisco 石灰石	1.2×10^5	67100	2.5×10^3	1.3×10^3	3.4×10^2	8.8×10^1	2.3×10^1
Cisco 石灰石	3.0×10^5	48100	7.0×10^3	3.4×10^3	8.0×10^2	1.9×10^2	4.4×10^3
Cisco 石灰石	2.0×10^6	25300	1.4×10^5	6.2×10^4	1.3×10^4	2.7×10^3	5.4×10^2
Capps 石灰石	3.2×10^5	13000	9.7×10^3	4.2×10^3	7.6×10^2	1.4×10^2	2.5×10^1
Capps 石灰石	2.9×10^6	30100	1.8×10^4	6.8×10^3	9.4×10^2	1.3×10^2	1.8×10^1
Indiana 石灰石	4.5×10^6	22700	4.6×10^5	1.5×10^5	1.5×10^4	1.5×10^3	1.5×10^2
Indiana 石灰石	2.8×10^7	21500	7.9×10^5	3.0×10^5	4.3×10^4	6.3×10^3	9.0×10^2
Indiana 石灰石	3.1×10^8	14300	7.4×10^6	2.0×10^6	1.4×10^5	1.0×10^4	7.0×10^2

---

❶ 译者注:在外文原著中,此处给出的式(16.48)中有一个印刷错误(该式中常数为19.9),此处给出的13.9是改正后的值。

导流能力(mD·in)与闭合应力的关系(psi)							
油藏	最大导流能力	S_{rock}	0	1000	3000	5000	7000
Austin 碳酸岩	3.9×10^6	11100	5.6×10^4	1.6×10^3	1.3×10^0	—	—
Austin 碳酸岩	2.4×10^6	5600	3.9×10^4	1.2×10^3	1.2×10^0	—	—
Austin 碳酸岩	4.8×10^5	13200	1.0×10^4	1.7×10^3	4.9×10^1	1.4×10^0	—
Clearfork 白云石	3.6×10^4	35000	3.4×10^3	1.7×10^3	4.1×10^2	1.0×10^2	2.4×10^1
Clearfork 白云石	3.3×10^4	11800	9.3×10^3	1.6×10^3	4.5×10^1	1.3×10^0	—
Greyburg 白云石	8.3×10^6	14400	2.5×10^5	4.0×10^3	1.0×10^3	2.5×10^1	—
Greyburg 白云石	3.9×10^6	12200	2.1×10^5	7.9×10^4	1.0×10^4	1.5×10^3	2.0×10^2
Greyburg 白云石	3.2×10^6	16600	8.0×10^4	1.5×10^4	4.8×10^2	1.6×10^1	—
San Andres 白云石	1.0×10^6	46500	8.3×10^4	4.0×10^4	9.5×10^3	2.2×10^3	5.2×10^2
San Andres 白云石	2.4×10^6	76500	1.9×10^4	6.8×10^4	8.5×10^2	1.0×10^2	1.3×10^1
San Andres 白云石	3.4×10^6	17300	9.4×10^3	2.8×10^4	2.5×10^2	2.3×10^1	—

资料来源:Nierode 和 Kruk(1973)。

与油田测定的酸蚀裂缝导流能力相比,Nierode - Kruk 关系式有时高估了导流能力,有时低估了导流能力,且误差较大(Settari,Sullivan 和 Hansen,2001;Bale,Smith 和 Klein,2010)。这是因为此结果是使用小岩心段进行实验测定得到,无法预测油田规模的裂缝导流能力,且 Nierode - Kruk 关系式没有考虑地层的非均质性以及有效酸蚀裂缝导流能力等必要参数。

近期 Deng,Mou,Hill 和 Zhu(2011)提出了直接基于地层性质统计变化得到的酸蚀裂缝导流能力计算式。对于地层渗透率变化以及酸液漏失分布引起的不均匀溶蚀,计算方法如下。

首先,对渗透率分布占主导地位的地层,在零闭合应力下裂缝导流能力为(Mou,Zhu 和 Hill):

$$(wK_f)_0 = 4.48 \times 10^9 \overline{w}^3$$

$$[1 + (a_1 \text{erf}(a_2(\lambda_{D,x} + a_3)) - a_4 \text{erf}(a_5(\lambda_{D,z} + a_6))) \sqrt{(e^{\sigma_{D-1}})}] \quad (16.50)$$

其中:$a_1 = 1.82, a_2 = 3.25, a_3 = 0.12, a_4 = 1.31, a_5 = 6.71, a_6 = 0.03$。

而 $\overline{w}$ 是单位为 in 的平均裂缝宽度。此关系式中,裂缝导流能力取决于描述地层渗透率的统计参数。这些参数包括 $\lambda_{D,x}$,水平方向上(沿裂缝)无量纲修正长度;$\lambda_{D,z}$,垂直方向上的无量纲修正长度;σ_D,渗透率的无量纲标准分布;以及 $\overline{w}$,在零闭合应力下的裂缝平均宽度。实际应用中,理想裂缝宽度 w_i 定义为溶解的岩石体积除以裂缝表面积,比平均裂缝宽度更容易得到。对于较高的漏失系数[$>0.004\text{ft}/(\text{min})^{0.5}$],有:

$$\overline{w} = 0.56 \text{erf}(0.8\sigma_D) w_i^{0.83} \quad (16.51)$$

对于中等漏失系数[约 $0.001\text{ ft}/(\text{min})^{0.5}$]和均匀的矿物分布,有:

$$\overline{w} = 0.2 \text{erf}(0.78\sigma_D) w_i^{0.81} \quad (16.52)$$

然后,整体裂缝导流能力为:

$$wK_f = \alpha \exp(-\beta\sigma_c) \quad (16.53)$$

其中

$$\alpha = (wK_f)_0 \left\{ 0.22 (\lambda_{D,x} \sigma_D)^{0.28} + 0.01 \left[(1 - \lambda_{D,z}) \sigma_D)^{0.4} \right] \right\}^{0.52} \quad (16.54)$$

而

$$\beta = \left[14.9 - 3.78\ln(\sigma_D) - 6.81\ln(E) \right] \times 10^{-4} \quad (16.55)$$

式(16.53)至式(16.55)中，σ_c 是单位为 psi 的闭合应力，σ_D 是正规化的标准偏差，而 E 是单位为 10^6psi(million psi)的杨氏模量。另外，杨氏模量需要大于 1×10^6psi。一般地，杨氏模量小于 2×10^6psi 的软岩石不宜进行酸化压裂。

通常，渗透率垂直连续分布区域较短，这是因为沉积的碳酸盐岩是层状的。当无量纲垂直连续分布足够长时，例如 $\lambda_{D,z} < 0.02$，式(16.54)和式(16.55)可以简化为：

$$\alpha = 0.12 (wK_f)_0 (\lambda_{D,x} \sigma_D)^{0.1} \quad (16.56)$$

$$\beta = \left[15.6 - 4.5\ln(\sigma_D) - 7.8\ln(E) \right] \times 10^{-4} \quad (16.57)$$

至于讨论如何获取此关系式中所需的统计参数以及查看其应用的范例，读者可以参见 Beatty，Hill，Zhu 和 Sullivan(2011)的相关文献。

只要获得沿裂缝的导流能力变化情况，整个裂缝的平均导流能力可以计算出来，从而可估算酸化压裂井的产能。如果导流能力的变化不太大，Bennett(1982)已经给出简单的平均导流能力计算公式，用于预测井在生产初期后的产能。该平均导流能力为：

$$\overline{K_f w} = \frac{1}{x_f} \int_0^{x_f} K_f w \, dx \quad (16.58)$$

此平均值在液体漏失 Peclet 数大于 3 时仍然使用。对于 Peclet 数值较低的情况，此平均值将会高估井的产能，因为它受到近井地带高导流能力的严重影响。可能在某些酸化压裂中，距离某位置处导流能力达到最大值(例如酸液升温使得扩散加快或反应速率增加时)。针对此问题，采用调和平均能更好地近似压裂井的动态(Ben - Naceur 和 Economides，1989)：

$$\overline{K_f w} = \frac{x_f}{\int_0^{x_f} dx/K_f x} \quad (16.59)$$

例 16.6 酸蚀裂缝平均导流能力

例 16.5 中所述压裂措施中用质量分数为 15% 的 HCl 溶液对孔隙度为 15% 的石灰岩地层进行酸压。该地层的嵌入强度为 60000psi，闭合应力为 4000psi，总的酸液注入时间为 15min。用 Nierode - Kruk 关系式计算压裂后的裂缝平均导流能力。

解：

首先，用式(16.45)计算平均理想宽度。向 100ft 高，286ft 长的裂缝以 600bbl 的总注入量 [(40bbl/min) × (16min)] 注入，平均理想宽度为：

$$w_i = \frac{0.082 \times 600\text{bbl} \times 5.615\text{ft}^3/\text{bbl}}{2 \times (1 - 0.15) \times 100\text{ft} \times 286\text{ft}} \times \left(\frac{12\text{in}}{1\text{ft}} \right) = 0.068\text{in} \quad (16.60)$$

在例 16.5 中,流体漏失的 Peclet 数为 2。在图 16.19 中 $N_{Pe} = 1$ 和 $N_{Pe} = 3$ 的曲线之间插值,读出 $\overline{w}_i/w_i$ 的值,此结果见表 16.3。

表 16.3 例 16.6 结果

x/x_f	$w_i/\overline{w}_i$	w_i(in)	$K_f w$(mD·ft)
0.05	2.6	0.183	12500
0.15	1.55	0.109	3500
0.25	1.3	0.092	2300
0.35	1.15	0.081	1700
0.45	1.0	0.070	1200
0.55	0.85	0.060	800
0.65	0.75	0.053	600
0.75	0.65	0.046	400
0.85	0.45	0.032	200
0.95	0.15	0.011	10

使用 Nierode - Kruk 关系式,C_2 由式(16.49)得到:

$$C_2 = [3.8 - 0.28 \times \ln(60000)] \times 10^{-3} = 7.194 \times 10^{-4} \tag{16.61}$$

然后结果将式(16.46)和式(16.47),有:

$$K_f w = (1.47 \times 10^7) w_i^2 e^{-(7.194 \times 10^{-4}) \times 4000} = (8.27 \times 10^5) w_i^{2.47}$$

$$K_f \overline{w} = 2300 \text{mD·ft} \tag{16.62}$$

表 16.3 中给出了沿裂缝的导流能力按照 10 等量增加的情况。使用简单平均,平均导流能力为 2300mD·ft。该值较高,是因为近井地带的导流能力高。相反,使用调和平均得到的额定平均导流能力值为 95mD·ft。

16.5.3 酸化压裂井的产能

如果裂缝平均导流能力能够描述井的流动情况,酸化压裂井的产能可以采用与支撑剂压裂井同样的方法进行预测(见第 17 章支撑剂压裂的相关内容)。值得注意的是,酸蚀裂缝的导流能力取决于闭合应力,在井的生产周期中闭合应力随着井底流压的降低而增加。在给定流量的情况下,p_{wf} 取决于裂缝导流能力,而裂缝导流能力取决于闭合应力,因此需要通过迭代来确定酸化压裂井的产能。Ben - Naceur 和 Economides(1989)通过 Nierode - Kruk 导流能力关系式计算得出了酸化压裂井在定井底流压 500psi 下生产时的一系列动态典型曲线,如图 16.19。在该图中,无量纲累计产量 Q_D 和无量纲时间 t_{Dxf} 定义为:

$$Q_D = \frac{3.73 \times 10^{-2} N_p B_o}{\phi h c_t x_f^2 (p_i - p_{wf})} \quad (\text{油}) \tag{16.63}$$

$$Q_D = \frac{0.376 G_p Z T}{\phi h c_t x_f^2 (p_i - p_{wf})} \quad (\text{气}) \tag{16.64}$$

$$t_{Dxf} = \frac{0.000264 K t}{\phi h c_t x_f^2} \tag{16.65}$$

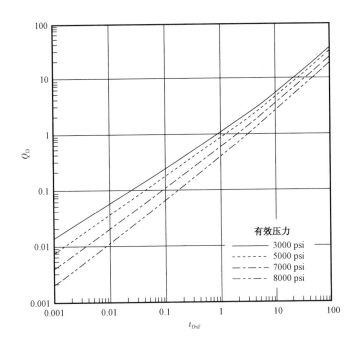

图 16.19　对于嵌入强度为 30000psi 的地层,作为闭合压力函数的产能动态曲线
（据 Ben – Naceur 和 Economides,1988）

其中,N_p 和 G_p 分别是油(单位:bbl)和气(单位:$10^3 ft^3$)的累计产量,其他变量的单位与第 17 章中定义的相同。

16.5.4　支撑剂压裂和酸化压裂动态比较

在碳酸盐岩地层中,采用支撑剂压裂而不采用酸化压裂,主要取决于所期望的处理效果以及处理成本。事实上,针对使用酸化压裂的碳酸盐岩地层,即使能够进行酸化压裂且具备经济效益,也不应该排除使用支撑剂压裂的可能。

酸化压裂的裂缝相对较短,且无法具备无限导流能力,尤其是在高闭合应力的情况下。另一方面,支撑剂压裂的裂缝相对较长,但由于滤失,往往不能在具有天然裂缝的碳酸盐岩地层中进行。对于酸化压裂和支撑剂压裂的井,存在最优裂缝长度(因此有最优压裂措施设计)。为了在酸化压裂和支撑剂压裂中进行选择,需要比较最优措施的净现值。一般而言,酸化压裂得到的裂缝较短,适用于高渗地层;支撑剂压裂随着缝长的增加适应性增强,其适宜于低渗地层。

16.6　水平井酸化

如果仅仅考虑酸化区域的适用性,水平井给基质酸化提出了新的挑战。在水平井中(例如长度为 2000ft)获得同样的酸液覆盖范围,往往所需的酸液体积和处理时间要远多于直井。除了较多的成本,在较长时间的酸液注入过程中,防止腐蚀也可能限制基质酸化在水平井中的适用程度。

由于水平井酸处理中需要处理的井段较长,酸液分配成为关键问题。水平井酸化中通常用连续油管或者钻杆来输送酸液,而使用喷射工具将酸液喷射在地层表面也常见。图 16.21

说明了在水平井中注入酸液影响酸液分配的诸多因素,其中包括地层的注入能力、井的完井类型、蚯蚓洞延伸、驱替地层中残余液体的处理液黏性影响以及井筒流动条件。Mishra,Zhu 和 Hill(2007);Sasongko,Zhu 和 Hill(2011)以及 Furui 等(2011)对水平井酸化模型进行了描述,且分析了与油田产量—压力数据的对比情况。如 Glasbergen,Gualteri,Van Domelen 以及 Sierra(2009)所述,现使用温度分布测试(DTS)可诊断水平井基质酸化中酸液的分布。

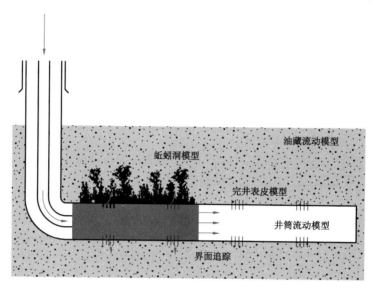

图 16. 20　酸液注入到水平井中

参 考 文 献

[1] Al – Ghamdi, A. H. , Mahmoud, M. A. , Hill, A. D. and Nasr – El – Din, H. A. , " When Do Surfactant – Based Acids Work as Diverting Agents?", SPE Paper 128074, presented at the 2010 SPE International Symposium and Exhibition on Formation Damage Control, Lafayette, LA, February 10 – 12, 2010.

[2] Bale, A. , Smith, M. B. , and Klein, H. H. , "Stimulation of Carbonates Combining Acid Fracturing with Proppant (CAPF): A Revolutionary Approach for Enhancement of Sustained Fracture Conductivity and Effective Fracture Half – Length," SPE Paper 134307, presented at the SPE ATCE, Florence, Italy, September 19 – 22, 2010.

[3] Beatty, C. V. , Hill, A. D. , Zhu, D. , and Sullivan, R. B. , "Characterization of Small Scale Heterogeneity to Predict Acid Fracture Performance," SPE Paper 140336, presented at the SPE Hydraulic Fracturing Technology Conference, The Woodlands, TX, January 24 – 26, 2011.

[4] Ben – Naceur, K. , and Economides, M. J. , "The Effectiveness of Acid Fractures and Their Production Behavior," SPE Paper 18536, 1988.

[5] Ben – Naceur, K. , and Economides, M. J. , "Acid Fracture Propagation and Production" in Reservoir Stimulation, M. J. Economides, and K. G. Nolte, eds. , Prentice Hall, Englewood Cliffs, NJ, Chap. 18, 1989.

[6] Bennett, C. O. , "Analysis of Fractured Wells," Ph. D. thesis, University of Tulsa, Tulsa, OK, 1982.

[7] Buijse, M. A. and Glasbergen, G. , "A Semiempirical Model to Calculate Wormhole Growth in Carbonate Acidizing," SPE Paper 96892, presented at the SPE Annual Technical Conference and Exhibition, Dallas, TX, October 9 – 12, 2005.

[8] Daccord, G. , "Acidizing Physics," in Reservoir Stimulation, M. J. Economides and K. G. Nolte, eds. , Prentice Hall, Englewood Cliffs, NJ, Chap. 13, 1989.

[9] Daccord, G. , Touboul, E. , and Lenormand, R. , "Carbonate Acidizing: Toward a Quantitative Model of the Wormholing Phenomenon," SPEPE, 63 – 68 (February 1989).

[10] Deng, J. , Mou, J. , Hill, A. D. , and Zhu, D. , "A New Correlation of Acid Fracture Conductivity Subject to Closure Stress," SPE Production and Operations, 158 – 169 (May 2012).

[11] Economides, M. J. , Hill, A. D. , and Ehlig – Economides, C. E. , Petroleum Production Systems, Prentice – Hall, Upper Saddle River, NJ, 1994.

[12] Elbel, J. , "Field Evaluation of Acid Fracturing Treatments Using Geometry Simulation, Buildup, and Production Data," SPE Paper 19773, 1989.

[13] Fredd, C. N. , and Fogler, H. S. , "Alternative Stimulation Fluids and Their Impact on Carbonate Acidizing," SPEJ, 34 – 41 (March 1998).

[14] Furui, K. , Burton, R. C. , Burkhead, D. W. , Abdelmalek, N. A. , Hill, A. D. , Zhu, D. , and Nozaki, M. "A Comprehensive Model of High – Rate Matrix Acid Stimulation for Long Horizontal Well in Carbonate Reservoirs: Part 1—Scaling Up Core – Level Acid Wormholing to Field Treatments," SPEJ, 17(1): 271 – 279 (March 2012).

[15] Glasbergen, G. , Kalia, N. , and Talbot, M. , "The Optimum Injection Rate for Wormhole Propagation: Myth or Reality?", SPE Paper 121464, presented at the SPE European Formation Damage Conference, Scheveningen, TheNetherlands, May 27 – 29, 2009.

[16] Glasbergen, G. , Gualteri, D. , van Domelen, M. , and Sierra, J. , "Real – Time Distribution Determination in Matrix Treatments Using DTS," SPEPO, 135 – 146 (February 2009).

[17] He. , J, Mohamed, I. M. , and Nasr – El – Din, H. , "Mixing Hydrochloric Acid and Seawater for Matrix Acidizing: Is It a Good Practice?", SPE Paper 143855, presented at the SPE European Formation Damage Conference, Noordwijk, TheNetherlands, June 7 – 10, 2011.

[18] Hoefner, M. L. , and Fogler, H. S. , "Pore Evolution and Channel Formation during Flow and Reaction in Porous Media," AICHE J. , 34: 45 – 54 (January 1988).

[19] Hoefner, M. L. , and Fogler, H. S. , "Fluid Velocity and Reaction – Rate Effects during Carbonate Acidizing: Application of Network Model," SPEPE, 56 – 62 (February 1989).

[20] Huang, T. , Hill, A. D. , and Schechter, R. S. , "Reaction Rate and Fluid Loss: The Keys to Wormhole Initiation and Propagation in Carbonate Acidizing," SPE Journal, 5(3), 287 – 292 (September 2000).

[21] Hung, K. M. , Hill, A. D. , and Sepehrnoori, K. , "A Mechanistic Model of Wormhole Growth in the Carbonate Matrix Acidizing and Acid Fracturing," JPT, 41(1): 59 – 66 (January 1989).

[22] Izgec, O. , Keys, R. , Zhu, D. , Hill, A. D. , "An Integrated Theoretical and Experimental Study on the Effects of Multiscale Heterogeneities in Matrix Acidizing of Carbonates," SPE Paper 115143, presented at the SPE Annual Technical Conference and Exhibition, Denver, CO, September 21 – 24, 2008.

[23] Izgec, O. , Zhu, D. , Hill, A. D. , Numerical and experimental investigation of acid wormholing during acidization of vuggy carbonate rocks, J. Pet. Science and Engr. , 74: 51 – 66 (2010).

[24] Lo, K. K. , and Dean, R. H. , "Modeling of Acid Fracturing," SPEPE, 194 – 200 (May 1989).

[25] McDuff, D. , Jackson, S. , Schuchart, C. , and Postl, D. , "Understanding Wormholes in Carbonates: Unprecedented Experimental Scale and 3D Visualization," JPT, 62(10): 78 – 81 (2010).

[26] McLeod, H. O. , Jr. , "Matrix Acidizing," JPT, 36: 2055 – 2069 (1984).

[27] Mishra, V. , Zhu, D. , Hill, A. D. , "An Acid – Placement Model for Long Horizontal Wells in Carbonate Reservoirs," SPE Paper 107780, presented at the European Formation Damage Conference, Scheveningen, TheNetherlands, May 30 – June 1, 2007.

[28] Mou, J. , Zhu, D. , and Hill, A. D. , "New Correlations of Acid – Fracture Conductivity at Low Closure Stress Based on the Spatial Distributions of Formation Properties," SPE Production and Operations, 26(21): 195 – 202 (May 2011).

[29] Nasr – El – Din, H. A. , Al – Ghamdi, A. H. , Al – Qahtani A. A. , and Samuel, M. M. , "Impact of Acid Additives on the Rheological Properties of Viscoelastic Surfactants," SPEJ, 13(1): 35 – 47 (2008).

[30] Nierode, D. E. , and Kruk, K. F. , "An Evaluation of Acid Fluid Loss Additives, Retarded Acids, and Acidized

Fracture Conductivity," SPE Paper 4549,1973.

[31] Nierode,D. E. ,and Williams,B. B. ,"Characteristics of Acid Reactions in Limestone Formations,"SPEJ,306 – 314,1972.

[32] Nozaki,M. ,and Hill,A. D. ,"A Placement Model for Matrix Acidizing of Vertically Extensive,Heterogeneous Gas Reservoirs,"SPE Production and Operations,25(2):388 – 397(August 2010).

[33] Paccaloni,G. ,and Tambini,M. ,"Advances in Matrix Stimulation Technology," JPT,256 – 263(March 1993).

[34] Pichler,T. ,Frick,T. P. ,Economides,M. J. ,and Nittmann,J. ,"Stochastic Modeling of Wormhole Growth with Biased Randomness," SPE Paper 25004,1992.

[35] Roberts,L. D. ,and Guin,J. A. ,"The Effect of Surface Kinetics in Fracture Acidizing,"SPEJ,385 – 396(August 1974); Trans. AIME,257.

[36] Sasongko,H. ,Zhu,D. ,and Hill,A. D. ,"Simulation of Acid Jetting Treatments in Long Horizontal Wells," SPE Paper 144200,presented at the SPE 2011 European Formation Damage Conference,Noordwijk,TheNetherlands,June 7 – 10,2011.

[37] Schechter,R. S. ,Oil Well Stimulation,Prentice Hall,Englewood Cliffs,NJ,1992.

[38] Schechter,R. S. ,and Gidley,J. L. ,"The Change in Pore Size Distribution from Surface Reactions in Porous Media,"AICHE J. ,16:339 – 350(1969).

[39] Settari,A. ,"Modelling of Acid Fracturing Treatment," SPE Paper 21870,1991.

[40] Settari,A. ,Sullivan,R. B. ,and Hansen,C. ,"A New Two – Dimensional Model for Acid – Fracturing Design," SPEPF,200 – 209(November 2001).

[41] Tardy,P. M. J. ,Lecerf,B. ,and Christianti,Y. ,"An Experimentally Validated Wormhole Model for Sel – Diverting and Conventional Acids in Carbonate Rocks Under Radial Flow Conditions," SPE Paper 107854,2007.

[42] Terrill,R. M. ,"Heat Transfer in Laminar Flow between Parallel Porous Plates," Int. J. Heat Mass Transfer,8: 1491 – 1497(1965).

[43] Wang,Y. ,"The Optimum Injection Rate for Wormhole Propagation in Carbonate Acidizing,"Ph. D. dissertation,University of Texas at Austin,TX,1993.

[44] Wang,Y. ,Hill,A. D. ,and Schechter,R. S. ,"The Optimum Injection Rate for Matrix Acidizing of Carbonate Formations," SPE Paper 26578,presented at the 68th Society of Petroleum Engineers Annual Technical Conference and Exhibition,Houston,TX,October 3 – 6,1993.

习　　题

16.1 使用体积模型计算井周围蚯蚓洞延伸的半径,注入酸液为 28% 的 HCl 溶液,以 0.05bbl/(min·ft)向碳酸盐岩地层中注入,酸液体积最大为 100gal/ft。使用图 16.8 中的岩心驱替结果,处理温度为 150℉,地层孔隙度为 0.3,井半径为 0.25ft。

16.2 使用 Buijse – Glasbergen 模型重复习题 16.1 中的计算。

16.3 使用 Furui 等的模型重复习题 16.1 中的计算。

16.4 针对孔隙度为 10% 的白云岩地层,重复习题 16.1 至习题 16.3 的计算,在 0.02cm/min 的最优孔隙速度下最优的突破时孔隙体积倍数(PV_{bt})为 10。对于体积模型,假设平均 PV_{bt} 是最优值的 2 倍。

16.5 对于习题 16.3,改变注入速率以得到在总注入体积为 100gal/ft 时产生最深蚯蚓洞对应的恒定注入速率。在对地层处理时改变注入速率有助于处理吗? 如果是,在处理过程中是应该增加还是减少速率?

16.6 使用例 16.1 中的结果,假设酸液注入之前,井筒周围 1ft 范围内有伤害区域,其渗透率为未伤害地层渗透率的10%,计算表皮系数的变化情况。

16.7 使用例16.2中的结果,假设酸液注入之前,井筒周围1ft范围内存在伤害区域,其渗透率为未伤害地层渗透率的10%,计算表皮系数的变化情况。

16.8 使用例16.3中的结果,假设酸液注入之前,井筒周围1ft范围内存在伤害区域,其渗透率为未伤害地层渗透率的10%,计算表皮系数的变化情况。

16.9 在孔隙度为10%的白云岩地层中进行酸化压裂,注入400bbl的15%胶化HCl溶液,得到的裂缝高100ft和长400ft。如果裂缝效率$\eta \rightarrow 0$,酸液浓度为注入浓度一半的位置距离井筒多少? $Deff = 10^{-4} \mathrm{cm^2/s}$。

16.10 对于习题16.8中描述的压裂措施,假设沿整个裂缝岩石均匀溶解。使用 Nierode – Kruk 关系式,如果 $S_{rock} = 40000 \mathrm{psi}$,平均裂缝导流能力为多少?

第17章 油气井水力压裂

17.1 简介

在足够高的压力下向油藏注入流体,储层岩石会裂开,若持续注入流体,裂缝将会传播进入油藏。通过向裂缝中泵入泥浆形成的高渗透率平面区域,称为水力裂缝,如图 17.1。

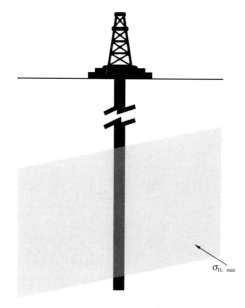

水力压裂早已被认为是石油行业首屈一指的增产措施,2012 年石油行业在水力压裂技术上的花费已达 200 亿美元/年,仅次于钻井费用。压裂在低渗透油藏开采中一直占有绝对优势,且在北美页岩气的开发中有一定的作用,可以说是石油工业的最重要的新动态之一。

水力压裂的设计取决于储层渗透率。如图 17.2 所示,在中渗油藏中(油、气两相渗透率分别高达 50mD 和 1mD),压裂可加速生产,而不影响油井储量,其压裂方法通常依赖于净现值经济学。然而,图 17.3 表明,在低渗透油藏中(原油渗透率低于 1mD、气体渗透率低于 0.01mD),水力压裂可大大提高油井产能和油井储量。如果不进行水力压裂,这类油藏中的油井可能达不到经济产量。

特低渗或特高渗储层给水力压裂带来了额外挑战。如图 17.4 所示,在特低渗储层中,如致密气和页岩气,油井的泄油区域基本上对应水平井多级

图 17.1 垂直水力裂缝图

横向水力压裂形成的储层改造体积。在高渗储层,水力压裂有双重目的,即增产和防砂,后者将在第 19 章予以讨论。

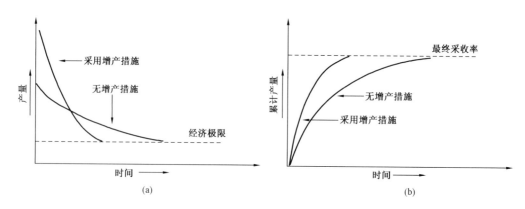

图 17.2 高渗油藏的水力压裂增产(据 Holditch,2006)

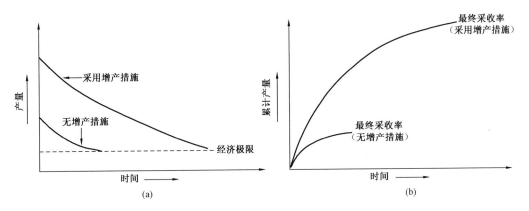

图 17.3　低渗油藏的水力压裂增产（据 Holditch,2006）

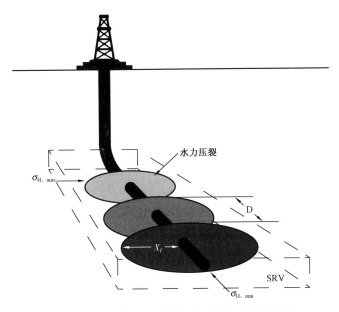

图 17.4　多级横向压裂的储层改造体积(SRV)图

　　压裂的作用是改变流体进入井眼的方式,由近井地带的径向流变为线性或双线性流。如第 13 章所述,双线性流是指流动由储层进入裂缝,然后沿着裂缝进入井筒。注意,水力压裂应绕开近井的伤害区域。因此,预处理表皮效应对压裂后的等效表皮效应值影响很小,甚至基本没有影响。

　　对于水力压裂中理想的裂缝长度、宽度和渗透率,本章后面几节将予以探讨,同时进行概念性的类比也具有启发意义。

　　假设我们把油藏看成一个乡村,裂缝是连接两个远距离点的道路。对于具有宽阔且密集的完整道路系统的乡村(类似于高渗油藏),若其交通流量相对提高,则需要更宽和更快的高速公路,相当于高渗透率且较宽的裂缝系统。因此,在中高渗油藏中,较大的裂缝宽度非常必要,而裂缝长度是次要的。

　　相反地,在一个道路系统稀疏且糟糕的乡村中(类似于低渗油藏),则需要一条连接尽可能多村庄的道路,这样可大大改善交通流量。事实上,现有道路系统越差,对新道路的要求越低。类似地,在低渗油藏中裂缝长度是优先考虑的,而裂缝渗透率和宽度次之。因此,在水力压裂措施的设计中,裂缝长度、宽度和支撑剂充填层的渗透率必须与地层性质(尤其是地层渗透率)相匹配。

17.2　裂缝长度、导流能力和等效表皮效应

水力裂缝性质可以用其长度、导流能力和相关的等效表皮效应来表征。某些情况下,水力裂缝长度和具有导流能力的裂缝长度是有区别的,水力裂缝长度与水力压裂实施过程中裂缝传播的距离相关,而具有导流能力的裂缝长度是指油井生产时仍然打开且有利于流体流入井底的裂缝长度。在压裂设计和油井产能计算中,假设具有导流能力的裂缝长度由油井两侧两相等的半长 x_f 组成。在本章接下来及下一章中,以 x_f 表示的裂缝长度都是指具有导流能力的裂缝半长。

裂缝的导流能力等于裂缝渗透率 K_f 和裂缝宽度 w 的乘积。1961 年,Prats 以裂缝半长和相对容量 a 的函数形式,提出了压裂油藏的压力剖面,其中 a 的定义为:

$$a = \frac{\pi K x_f}{2 K_f w} \tag{17.1}$$

式中,K 为油藏渗透率。

若 a 值较小,意味着裂缝渗透率与宽度乘积较大,或油藏渗透率与裂缝长度乘积较小。因此,a 值所对应的裂缝具有高导流能力。在随后的研究中,Agarawal,Gardner,Kleinsteiber 和 Fussell(1979)及 Cinco – Ley 和 Samaniego(1981)引入了裂缝无量纲导流能力 C_{fD},可精确表示为:

$$C_{fD} = \frac{K_f w}{K x_f} \tag{17.2}$$

并由式(17.3)与 Prats 的 a 关联起来:

$$C_{fD} = \frac{\pi}{2a} \tag{17.3}$$

Prats(1961)在水力压裂井中还引入了无量纲有效井筒半径的概念,即:

$$r'_{wD} = \frac{r'_w}{x_f} \tag{17.4}$$

其中

$$r'_w = r_w e^{-S_f} \tag{17.5}$$

具有一定长度和导流能力的水力裂缝引起的等效表皮效应 S_f 可以用常见的方式引入到油井流入方程中。很明显,由式(2.34)可得,对于水力压裂的油井,其拟稳态流动方程应为:

$$q = \frac{Kh(\bar{p} - p_{wf})}{141.2 Bu[\ln(0.472 r_e / r_w) + S_f]} = \frac{Kh(\bar{p} - p_{wf})}{141.2 Bu[\ln(r_e / r_w) - 0.75 + S_f]} \tag{17.6}$$

同样地,一旦油藏中形成拟径向流,可将表皮效应添加到稳态条件和瞬态条件的方程中。

对于水平井,当距离油井足够远的流线主要是径向时,可应用压裂直井的拟径向流。只有在拟径向流形成后,裂缝的等效表皮系数和式(17.5)中的有效井筒半径才能应用。当裂缝半长接近油井泄油面积的有效半径时,等效表皮系数和有效油井半径的概念不适用。如第13章中提到的,径向和拟径向流动也可以称为无限作用径向流,且只在生产引起的压力扰动半径小于距油井泄油区最近边界的距离时出现。

如图17.5所示,Prats(1961)把相对容量参数 a 和无量纲有效井筒半径建立了联系。由图17.5可得,对于较小的 a 值或高导流能力的裂缝,r'_{wD} 等于 0.5,由此得:

$$r'_w = \frac{x_f}{2} \tag{17.7}$$

这些高导流能力的裂缝可视为具有有效的无限导流能力。式(17.7)表明,在这种情况下,油藏向有效井筒半径等于裂缝半长一半的油井泄油。

图17.5可用图17.6(Cinco–Ley 和 Samaniego,1981)替代,它将 C_{fD} 与 S_f 直接关联起来。图17.5和图17.6呈现的关系可简单地由式(17.8)计算(Meyer 和 Jacot,2005):

$$r'_w = \frac{x_f}{\frac{\pi}{C_{fD}} + 2} \tag{17.8}$$

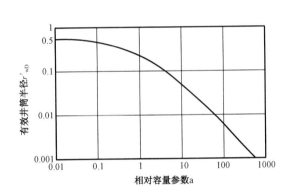

图17.5 有效井筒半径(据 Prats,1961)

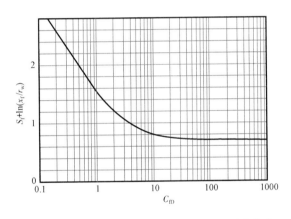

图17.6 等效裂缝表皮系数、裂缝长度和导流能力
(据 Cinco–Ley 和 Samaniego,1981)

例17.1 水力裂缝等效表皮系数的计算

假设 $K_fw = 2000\mathrm{mD} \cdot \mathrm{ft}$,$K = 1\mathrm{mD}$,$x_f = 1000\mathrm{ft}$,$r_w = 0.328\mathrm{ft}$,油藏供油半径为 $r_e = 1490\mathrm{ft}$(160acre)且没有井筒伤害时,计算油藏的等效表皮系数和油井产能增加倍数(稳态流情况下)。

如果 $K = 0.1\mathrm{mD}$ 和 $K = 10\mathrm{mD}$,对于相同的裂缝长度和 K_fw,增产倍数为多少?

解:

由式(17.2),有:

$$C_{fD} = \frac{K_fw}{Kx_f} = \frac{2000}{1 \times 1000} = 2 \tag{17.9}$$

因此,由式(17.8),有:

$$r'_{\mathrm{w}} = \frac{x_{\mathrm{f}}}{\dfrac{\pi}{C_{\mathrm{fD}}} + 2} = \frac{1000}{\dfrac{\pi}{2} + 2} = 280\mathrm{ft} \tag{17.10}$$

且

$$S = -\ln\frac{280}{0.328} = -6.75 \tag{17.11}$$

稳态条件下的增产倍数用 J/J_0 表示,其中 J 和 J_0 分别是压裂前后的采油指数,可用式(17.12)计算:

$$\frac{J}{J_0} = \frac{\ln(r_{\mathrm{e}}/r_{\mathrm{w}})}{\ln(r_{\mathrm{e}}/r_{\mathrm{w}}) + S_{\mathrm{f}}} = \frac{\ln(1490/0.328)}{\ln(1490/0.328) - 6.75} = 5.0 \tag{17.12}$$

即压裂改造措施使导流能力增加了5倍。

对于 $K = 0.1\mathrm{mD}$,则 $C_{\mathrm{fD}} = 20$,$r'_{\mathrm{w}} = 464\mathrm{ft}$。因此,$S_{\mathrm{f}} = -7.3$,$J/J_0 = 7.5$。

对于 $K = 10\mathrm{mD}$,则 $C_{\mathrm{fD}} = 0.2$,$r'_{\mathrm{w}} = 56.5\mathrm{ft}$。因此,$S_{\mathrm{f}} = -5.1$,$J/J_0 = 2.5$。

这些结果体现了低渗油藏中裂缝长度对生产的影响,并强调了水力压裂设计前确定地层渗透率的重要性。

17.3 压裂井产能最大化的最优裂缝几何形态

讨论压裂实施过程之前,考虑裂缝渗透率、宽度和裂缝半长等特性有利于优化油井产能。式(2.9)(适用于稳态)和式(2.34)(适用于拟稳态)将径向流直井的无量纲采油指数与表皮效应关联起来。图17.6针对拟径向流(或无限作用径向流)建立,其最初用于验证压裂井的试井结果。裂缝双线性流或线性流之后出现拟径向流时,压力恢复测试确定的表皮系数即图17.6中所示的等效表皮系数。

由式(2.34)计算拟稳态的采油指数,从中可得到重要结论。首先,在式(2.34)的分母中加上或减去 $\ln x_{\mathrm{f}}$,将表皮系数变为裂缝等效表皮系数,进行简单的代数计算可得:

$$J_{\mathrm{Dpss}} = \frac{1}{\ln\dfrac{r_{\mathrm{e}}}{x_{\mathrm{f}}} - 0.75 + \ln\dfrac{x_{\mathrm{f}}}{r_{\mathrm{w}}} + S_{\mathrm{f}}} \tag{17.13}$$

第二步,对于给定的支撑裂缝体积 V_{f},裂缝尺寸与裂缝体积的关系可简单表示为:

$$V_{\mathrm{f}} = 2x_{\mathrm{f}}wh_{\mathrm{f}} \tag{17.14}$$

式中,h_{f} 是裂缝高度。当裂缝高度大于油藏厚度 h 时,必须区分生产裂缝高度 h(等于油藏厚度)和支撑裂缝高度 h_{f}。

接下来,联立式(17.2)和式(17.14),消去裂缝宽度,可得裂缝半长的表达式:

$$x_{\mathrm{f}} = \left(\frac{K_{\mathrm{f}}V_{\mathrm{f}}}{2C_{\mathrm{fD}}Kh_{\mathrm{f}}}\right)^{0.5} \tag{17.15}$$

最后,将式(17.15)中的 x_{f} 带入式(17.13)的第一项中,并进行简单的代数计算可得:

$$J_{\text{Dpss}} = \cfrac{1}{\ln r_e - 0.75 - 0.5\ln\cfrac{K_f V_f}{2Kh_f} + 0.5\ln C_{fD} + \ln\cfrac{x_f}{r_w} + S_f}$$ (17.16)

为使压裂后采油指数最大化,式(17.16)中的分母必须取最小值。对于给定的供油半径 (r_e)、渗透率 K 和高度 h(这里假设净高度 h 和裂缝高度 h_f 相等)及给定的裂缝体积(注入特定的支撑剂、渗透率为 K_f),式(17.16)中分母的前 3 项为常数,这意味着剩下的 3 项应该取最小值。

由 $\ln(x_f/r_w) + S_f$ 与 C_{fD} 的关系图——图 17.6 易得到这 3 项的关系曲线,如图 17.7 所示。其最小值出现在 $C_{Fd} = 1.6$ 处。这意味着导流能力高于或低于该值时,压裂裂缝的生产效果都会变差。因此,存在最佳的导流能力值可使采油指数达到最大,此导流能力对应特定的裂缝宽度和裂缝长度,更窄的裂缝宽度或更短的裂缝长度将形成压裂生产的瓶颈。当裂缝半长与油井泄油面积相比足够小,以至出现拟径向流时,适用图 17.7。由于已经给定具有特定渗透率的支撑剂体积,支撑剂的成本已确定,因此不仅要使产能最大化,还要在一定的支撑剂经费条件下优化产能。

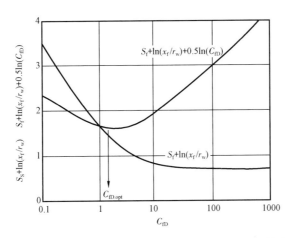

图 17.7　引自 Cinco – Ley 和 Samaniego(1981)的裂缝导流能力的优化
(考虑拟径向流的等价表皮效应,最大采油指数出现在 $C_{Fd} = 1.6$ 处)

统一压裂设计。

由 Economides,Oligney 和 Valko(2002)提出的统一压裂设计方法将上述方法进行了扩展,并考虑了拟稳态开始前未达到拟径向流时的裂缝尺寸和油井泄油面积。此方法认为,对于给定支撑剂体积与油井泄油面积及形状,存在可使油井产能最大化的裂缝半长、宽度和导流能力。

对于给定的支撑剂体积、方形泄油区域及支撑剂和油藏的渗透率,无量纲支撑剂数 N_p 的定义为:

$$N_p = I_x^2 C_{fD} = \cfrac{4x_f K_f w}{K x_e^2} = \cfrac{4x_f K_f w h}{K x_e^2 h} = \cfrac{2K_f V_f}{K V_r}$$ (17.17)

式中:x_e 是方形泄油区域(油井位于其中心)的长度;I_x 是穿透比($I_x = 2x_f/x_e$);C_{fD} 是无量纲裂缝导流能力;V_r 是油藏泄油体积;V_f 是支撑裂缝的体积(即注入总体积与净地层高度和裂缝高

度之比的乘积);K_f 是支撑剂充填层的渗透率;K 是油藏渗透率。

图 17.8(适用于 $N_p < 0.1$)和图 17.9(适用于 $N_p > 0.1$)是无量纲裂缝导流能力与无量纲采用指数的关系图,支撑剂数是其中一个参数。

支撑剂数较低时(图 17.8),最佳导流能力为 $C_{fD} = 1.6$。该值与图 17.7 得到的一致,因为较小的支撑剂数意味着小规模压裂或大泄油区域,裂缝将在拟稳态流开始前出现拟径向流。

然而,随着支撑剂数的增加(图 17.9),裂缝逐渐向泄油边界穿透($I_x = 1$ 对应完全穿透裂缝),且垂直于裂缝的边界,使流动保持线性或双线性流(两者都比径向流效率高),直到最后形成拟稳态流动。

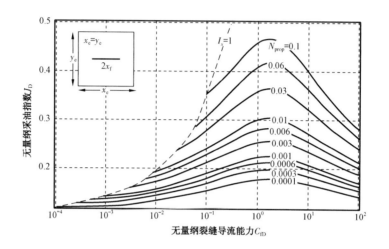

图 17.8　$N_p < 0.1$ 时最佳 C_{fD} 对应的最大 J_D

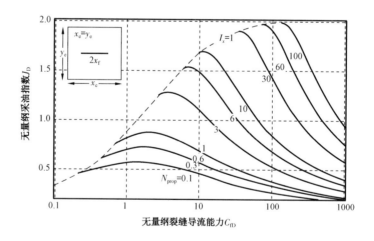

图 17.9　$N_p > 0.1$ 时最佳 C_{fD} 对应的最大 J_D

对于方形泄油区域,拟稳态无量纲采油指数的最大绝对值 J_D 为 $6/\pi = 1.909$。当支撑剂数增加时,由于支撑体积增加或油藏渗透率降低,最佳无量纲裂缝导流能力也增加。

拟稳态最大无量纲采油指数为支撑剂数的函数,可表示为:

$$
J_{\text{Dmaxpss}}(N_p) = \begin{cases} \dfrac{1}{0.990 - 0.5\ln N_p} & (N_p \leqslant 0.1) \\[3mm] \dfrac{6}{\pi} - \exp\left[\dfrac{0.432 - 0.311 N_p - 0.089 (N_p)^2}{1 + 0.667 N_p + 0.015 (N_p)^2}\right] & (N_p > 0.1) \\[3mm] \dfrac{6}{\pi} & (N_p \geqslant \sim 100) \end{cases} \quad (17.18)
$$

类似地,整个支撑剂数范围内的最佳无因次裂缝导流能力可表示为:

$$
C_{\text{fDopt}}(N_p) = \begin{cases} 1.6 & (N_p \leqslant 0.1) \\[2mm] 1.6 + \exp\left[\dfrac{-0.583 + 1.48\ln N_p}{1 + 0.142\ln N_p}\right] & (0.1 \leqslant N_p \leqslant 10) \\[2mm] N_p & (N_p > 10) \end{cases} \quad (17.19)
$$

若已知最佳无量纲裂缝导流能力,就可确定最佳裂缝长度和最佳裂缝宽度:

$$
x_{\text{fopt}} = \left(\frac{K_f V_f}{2 C_{\text{fDopt}} K h}\right)^{0.5}
$$

$$
w_{\text{opt}} = \left(\frac{C_{\text{fDopt}} K V_f}{2 K_f h}\right)^{0.5} \quad (17.20)
$$

例 17.2 计算最佳裂缝尺寸和最大拟稳态 PI 值

生产数据及油藏数据如下所示,计算油井压裂的最佳裂缝尺寸和最大拟稳态采油指数,单位为 bbl/(d·psi)。假设油藏渗透率减小 15 倍,请重新计算该问题。如果未压裂井的 J_D 为 0.12,那么压裂后增加多少倍?

泄油面积为 $4 \times 10^6 \text{ft}^2$,$K = 15\text{mD}$,$B_o = 1.1$,$\mu = 1\text{cP}$,支撑剂质量为 150000lb,支撑剂相对密度为 2.65,支撑剂孔隙度为 0.38,$K_f = 60000\text{mD}$(20/40 砂目),$h = 50\text{ft}$,$h_f = 100\text{ft}$。

解:

地层中支撑剂体积(V_f)和油藏体积(V_r)分别为:

$$
V_f = \frac{\dfrac{h}{h_f} M_p}{62.4 \rho_p (1 - \phi_p)} = \frac{\dfrac{50}{100} \times 150000}{2.65 \times 62.4 \times (1 - 0.38)} = 732 \text{ ft}^3 \quad (17.21)
$$

$$
V_r = Ah = 4 \times 10^6 \times 50 = 20 \times 10^7 \text{ ft}^3 \quad (17.22)
$$

然后用式(17.17)可计算支撑剂数:

$$
N_p = \frac{2K_f}{K} \frac{V_f}{V_{\text{res}}} = \frac{2 \times 60000}{15} \frac{732}{20 \times 10^7} = 0.0293 \quad (17.23)
$$

对于 $N_p < 0.1$ 的情况,可得最大裂缝导流能力为 1.6[由式(17.19)],且由式(17.18)可得拟稳态最大无量纲采油指数为:

$$
J_{\text{Dmax pss}}(N_p) = \frac{1}{0.990 - 0.5\ln N_p} = \frac{1}{0.990 - 0.5\ln(0.0293)} = 0.36 \quad (17.24)
$$

由式(17.20),有:

$$x_{fopt} = \left(\frac{K_f V_f}{2 C_{fDopt} K h} \right)^{0.5} = \left(\frac{60000 \times 732}{2 \times 1.6 \times 15 \times 50} \right)^{0.5} = 135 \text{ft} \qquad (17.25)$$

且

$$w_{opt} = \left(\frac{C_{fDopt} K V_f}{2 K_f h} \right)^{0.5} = \left(\frac{1.6 \times 15 \times 732}{2 \times 60000 \times 50} \right)^{0.5} = 0.054 \text{ft} = 0.65 \text{in} \qquad (17.26)$$

因此,最大拟稳态采油指数应为:

$$J = \frac{Kh}{141.2 Bu} J_{Dmax\,pss} = \frac{15 \times 50}{141.2 \times 1.1 \times 1} \times 0.36 = 1.75 \text{STB/d/psi} \qquad (17.27)$$

压裂增产倍数为 0.36/0.12 = 3。

$K = 1 \text{mD}$ 时支撑剂数为 0.44。由式(17.7)或式(17.18)及式(17.19)可得,$C_{fDopt} = 1.73$;由式(17.20)可得 $J_D = 0.68$。因此,$x_{fopt} = 504 \text{ft}$,$w_{opt} = 0.17 \text{in}$。最后,尽管这种情况下 J 仅为 $0.22 \text{bbl}/(\text{d} \cdot \text{psi})$,但压裂增产倍数为 0.68/0.12 = 5.7。

Daal 和 Economides(2006)提出了非方形泄油区域内的产能优化方法,该方法可用于钻井应用中泄油区域的分区,以及与水平井横向多级水力压裂的实施。该方法的最初模型为方形泄油区域且其中心有一口水力压裂井。假设 x 方向为裂缝延伸方向。

然后,将其他压裂井添加到这一泄油区域,并置于通过沿 y 方向分割得到的长方形区域内。因此,泄油区域的长宽比将越来越偏离 1,这取决于压裂井的数量。长方形油藏的支撑剂数可归纳如下:

$$N_p = \frac{2 K_f V_f}{K V_r} = \frac{4 K_f w h x_f}{K x_e y_e h} \times \frac{x_f x_e}{x_f x_e} = I_x^2 C_{fD} \frac{x_e}{y_e} \qquad (17.28)$$

即方形泄油面积与矩形长宽比之积。

当支撑剂数小于 0.1 时,C_{fD} 的最优值仍为 1.6。因此,17.3 节中给出的 J_D 和 C_{fD} 的关系计算式仍然适用,不过要用等效支撑剂数 N_{pe}:

$$N_{pe} = N_p \frac{C_A}{30.88} \qquad (17.29)$$

当 $0.1 < N_p < 100$ 时,对于给定的支撑剂质量,最大采油指数由式(17.30)给出:

$$J_{D,max} = \frac{1}{-0.63 - 0.5\ln(N_p) + F_{opt}} \qquad (17.30)$$

且 F_{opt} 为

$$F_{opt} = \begin{cases} \dfrac{9.33 y_{eD}^2 + 3.9 y_{eD} + 4.7}{10 y_{eD}} & (N_p < 0.1 \text{ 且 } 0.25 \geqslant y_{eD} \geqslant 0.1) \\[4mm] \dfrac{a + b u_{opt} + c u_{opt}^2 + d u_{opt}^3}{a' + b' u_{opt} + c' u_{opt}^2} & (N_p \geqslant 0.1) \end{cases} \qquad (17.31)$$

其中

$$u_{opt} = \ln(C_{fD,opt}) \qquad (17.32)$$

$$C_{fD,opt} = \frac{100y_{eD} - C_{fD,0.1}}{100} \times (N_p - 0.1) + C_{fD,0.1} \qquad (17.33)$$

$$y_{eD} = \frac{y_e}{x_e} \qquad (17.34)$$

且

$$C_{fD,0.1} = \begin{cases} 1.6 & (1 \geqslant y_{eD} > 0.25) \\ 4.5y_{eD} + 0.25 & (0.1 \leqslant y_{eD} \leqslant 0.25) \end{cases} \qquad (17.35)$$

$N_p \geqslant 0.1$ 时，F 函数的常量见表 17.1 和表 17.2。至于方形泄油区域，当 $N_p > 100$ 时没有效果。

表 17.1 F 函数的常量

y_e/x_e	1	0.7	0.5	0.25	0.2	0.1
a	17.2	17.4	21.4	38.3	35	30.6
b	54.5	55.5	54.3	46	59	89.6
c	52.5	53.3	56.3	71.1	70	70.2
d	16.9	16.9	16.9	15.84	16.3	17.8

表 17.2 F 函数的主要常量（针对所有形状）

a'	10
b'	35
c'	33

17.4 常规低渗油藏的压裂井动态

对于低渗油藏中的水力压裂井，达到前面所描述的拟稳态流动所需的时间会很长，有时甚至大于油井的生产寿命。油井产能可用瞬时流动模型或描述瞬时流动阶段的数值型典型曲线进行预测，常用的模型一般基于双线性流、线性流或拟径向流（如第 13 章所描述）等理想流型。这些模型在压力瞬态测试分析中非常有用，但是由于每个模型适用情况的差异性和过渡的不一致性，其对产量预测用处不大。压裂井瞬时流动模型中都采用如下的无量纲变量：

无量纲时间

$$t_{Dxf} = \frac{0.0002637Kt}{\phi u c_t x_f^2} \qquad (17.36)$$

无量纲油流量

$$\frac{1}{q_D} = \frac{Kh(p_i - p_{wf})}{1424q_g T} \qquad (17.37)$$

无量纲气流量

$$\frac{1}{q_D} = \frac{Kh[m(p_i) - m(p_{wf})]}{1424q_g T} \qquad (17.38)$$

低渗储层通常在保持井底流压为常数的条件下进行生产,这也是油井生产模型的边界条件。

17.4.1 裂缝无限导流能力

如果裂缝的导流能力远大于油藏向裂缝供给流体的能力,那么裂缝内的压降可以忽略,且认为裂缝具有无限导流能力。通常认为,当 $C_{fD} > 300$ 时这一条件适用,而在实践中 $C_{fD} > 50$ 时即有效(Poe 和 Economides,2000)。对于无限导流裂缝,且压裂井位于矩形边界油藏中心时,Wattenbarger,El - Banbi,Villegas 和 Maggard(1998)提出了无量纲产量的一般方程:

$$\frac{1}{q_D} = \frac{\frac{\pi}{4}\left(\frac{y_e}{x_f}\right)}{\sum_{n=1}^{\infty} \exp\left[-\frac{(2n-1)^2 \pi^2}{4} t_{Dye}\right]} \qquad (17.39)$$

式中,y_e 为裂缝距垂直裂缝方向泄油边界的距离,且无量纲时间 t_{Dye} 为:

$$t_{Dye} = \frac{0.0002637Kt}{\phi u c_t y_e^2} = \left(\frac{x_f}{y_e}\right)^2 t_{Dxf} \qquad (17.40)$$

式(17.39)可用两个方程代替:一个是早期(瞬态)方程,一个是后期(递减)方程。若 $t_{Dye} < 0.25$,用早期(瞬态)方程:

$$\frac{1}{q_D} = \frac{\pi}{2}\sqrt{\pi t_{Dxf}} \qquad (17.41)$$

注意,该方程不同于压力瞬时分析中定产生产时地层线性流方程,而增加了系数 $\pi/2$(Wattenbarger 等,1998)。

当 $t_{Dye} > 1.25$ 时,使用指数递减方程:

$$\frac{1}{q_D} = \frac{\pi}{2}\left(\frac{y_e}{x_f}\right)\exp\left[\frac{\pi^2}{4}t_{Dye}\right] \qquad (17.42)$$

当 $0.25 > t_{Dye} > 1.25$ 时,必须使用式(17.39)。

例 17.3 水力压裂井的长期生产动态

考虑附录 C 中所给的气井,油藏渗透率为 0.02mD,水力裂缝半长 x_f 为 1000ft。垂直于裂缝水平方向的油藏边界在 2000ft 处。假设压降保持 1000psi 不变,计算该压裂井前 3 年的预期产量。当裂缝半长为 500ft 时,重新计算该问题。假设裂缝具有无限导流能力。

解:

由附录 C 可得:$\phi = 0.14$,$h = 78$ft,$\mu = 0.0249$cP,$T = 180\,°F$(640 °R),且 $p_i = 4613$psi。当 $c_t = 1.25 \times 10^{-5}$ psi^{-1},$p_{wf} = 3613$psi 时,真实气体拟压力:$m(p_i) = 1.29 \times 10^9$ psi^2/cP,$m(p_{wf}) = 8.6 \times 10^8$ psi^2/cP。进行产量预测的简要步骤为:

(1)选择计算流量的一系列时间,如投产后的每个月;

(2)计算每个计算时间的无量纲时间 t_{Dye},并确定 $t_{Dye} < 0.25$ 还是 $t_{Dye} > 0.25$;

（3）根据 t_{Dye} 值，用式（17.41）或式（17.42）计算无量纲产量的倒数；

（4）通过求解式（17.38）得实际流量 q_{g}。

下面以油井投产后 6 个月时间为例说明这一步骤。

首先，无量纲时间 t_{Dxf} 为：

$$t_{\text{Dxf}} = \frac{0.0002637Kt}{\phi uc_{\text{t}}x_{\text{f}}^2} = \frac{0.0002637 \times 0.02 \times 6 \times 30 \times 24}{0.14 \times 0.0249 \times 1.25 \times 10^{-5} \times 1000^2} = 0.523 \quad （17.43）$$

且

$$t_{\text{Dye}} = \left(\frac{x_{\text{f}}}{y_{\text{e}}}\right)^2 t_{\text{Dxf}} = \left(\frac{1000}{2000}\right)^2 \times 0.523 = 0.131 \quad （17.44）$$

由于 $t_{\text{Dye}} < 0.25$，选用式（17.41）。那么无量纲产量的倒数为：

$$\frac{1}{q_{\text{D}}} = \frac{\pi}{2}\sqrt{\pi t_{\text{Dxf}}} = \frac{\pi}{2}\sqrt{0.523\,\pi} = 2.017 \quad （17.45）$$

整理式（17.38），求解气流量得：

$$q_{\text{g}} = \frac{Kh[m(p_{\text{i}}) - m(p_{\text{wf}})]}{1424T\left(\dfrac{1}{q_{\text{D}}}\right)} \quad （17.46）$$

带入各参数值得：

$$q_{\text{g}} = \frac{0.02 \times 78 \times (1.29 \times 10^9 - 8.6 \times 10^8)}{1424 \times 640 \times 2.017} = 366 \times 10^3\,\text{ft}^3/\text{d} \quad （17.47）$$

对生产阶段（3 年）的每个月进行相似的计算，可得如图 17.10 所示的产量预测。注意，当 $t_{\text{Dye}} > 0.25$ 时必须使用式（17.42）。对于裂缝半长为 500ft，重复该步骤可得图 17.10 中位于下方的曲线。若低渗气藏中裂缝变短，将会使产气量大幅度降低。

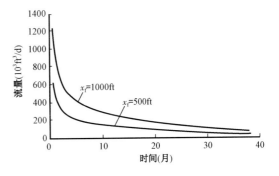

图 17.10　无限导流能力裂缝的气井产量预测

（例 17.3）

例 17.4　地层线性流计算

对于例 17.3 中描述的井，计算早期（瞬时）线性流结束的时间，并计算生产 20 个月时的产量。

解：

早期（瞬时）线性流结束出现在 $t_{\text{Dye}} = 0.25$ 时。所以由式（17.40）可得，其发生在（以月为单位）：

$$t_{\text{Dye}} = \frac{0.0002637Kt}{\phi uc_{\text{t}}y_{\text{e}}^2} = \frac{0.0002637 \times 0.02 \times t_{\text{months}} \times 30 \times 24}{0.14 \times 0.0249 \times 1.25 \times 10^{-5} \times 2000^2} = 0.25 \quad （17.48）$$

求解该方程可得早期（瞬时）流动结束的时间 $t_{\text{months}} = 11.47$（个月）。所以当时间超过 11.47 个月时，必须使用式（17.42）。这称为边界控制流动或指数递减。

对于本例，$t = 20$ 个月，所以：

$$t_{\mathrm{Dye}} = \frac{0.0002637Kt}{\phi uc_{\mathrm{t}}y_{\mathrm{e}}^2} = \frac{0.0002637 \times 0.02 \times 20 \times 30 \times 24}{0.14 \times 0.0249 \times 1.25 \times 10^{-5} \times 2000^2} = 0.436 \quad (17.49)$$

用式(17.42)求解$1/q_{\mathrm{D}}$,有:

$$\frac{1}{q_{\mathrm{D}}} = \frac{\pi}{4}\left(\frac{y_{\mathrm{e}}}{x_{\mathrm{f}}}\right)\exp(\pi^2 t_{\mathrm{Dye}}) = \frac{\pi}{4} \times \frac{2000}{1000} \times \mathrm{e}^{0.436\pi^2} = 4.60 \quad (17.50)$$

根据式(17.46)计算流量,可得:

$$q_{\mathrm{g}} = \frac{0.02 \times 78 \times (1.29 \times 10^9 - 8.6 \times 10^8)}{1424 \times 640 \times 4.60} = 160\mathrm{Mscf/d} \quad (17.51)$$

17.4.2 裂缝有限导流能力

当裂缝的导流能力太低以至于无法应用无限导流求解时,可用典型曲线进行产量预测。常用于分析的典型曲线为 Agarwal – Gardner 典型曲线(Agarwal,Gardner,Kleinsteiber 和 Fussell,1999),如图 17.11 所示。该典型曲线的无量纲压力倒数为$1/q_{\mathrm{D}}$的倒数,对于气井而言:

$$\frac{1}{p_{\mathrm{D}}} = \frac{1424q_{\mathrm{g}}T}{Kh[m(p_{\mathrm{i}}) - m(p_{\mathrm{wf}})]} \quad (17.52)$$

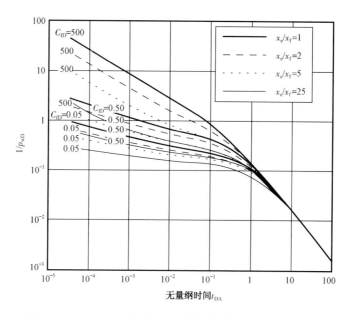

图 17.11　Agarwal – Gardner 典型曲线(据 Agarwal 等,1999)

应用该典型曲线预测气产量时,无量纲时间t_{DA}基于等效时间t_{a}计算得到:

$$t_{\mathrm{DA}} = \frac{0.0002637Kt_{\mathrm{a}}}{\phi uc_{\mathrm{t}}A} \quad (17.53)$$

式中,A 为压裂井的泄油面积。且:

$$t_{\mathrm{a}} = \frac{1}{q(t)}(uc_{\mathrm{g}})_i\int_0^t \frac{q(t')\mathrm{d}t'}{u(\bar{p})c_{\mathrm{g}}(\bar{p})} = \frac{1}{q(t)}(uc_{\mathrm{g}})_i[m(p_{\mathrm{i}}) - m(\bar{p})] \quad (17.54)$$

若要了解应用该典型曲线计算等效时间的更多资料,读者可参阅 Agarwal 等或 Palacio 和 Blasingame(1993)的相关文献。

17.5 非达西流动对压裂井动态的影响

在很多水力压裂的气井中,裂缝中非达西流动会引起附加压降,导致其导流能力低于达西流动。从最早 Cook(1993)的支撑裂缝导流能力实验开始,认为裂缝中的非达西效应影响很大。非达西效应随流速的增大而增加,且在高渗地层中最大,但在致密气井中也较为明显(Miskimins,Lopez-Hernandez 和 Barree,2005)。

如 Holditch 和 Morse(1976)最先提出的,裂缝中的非达西流动可通过将裂缝渗透率调整为一个有效的非达西渗透率 K_{nD} 表示:

$$\frac{K_{nD}}{K_f} = \frac{1}{1 + N_{Re,nD}} \tag{17.55}$$

其中,非达西流动的雷诺数为:

$$N_{Re,nD} = \frac{\beta \rho v K_f}{\mu} \tag{17.56}$$

式中:β 为裂缝的非达西流动系数;ρ 为流体密度;u 为裂缝中的流速;μ 为流体黏度;K_f 为裂缝渗透率。同任何无量纲参数一样,该雷诺数里的参数单位必须一致。在井筒(此处流速最大)附近的裂缝中,非达西流动效应影响最大。对于高流量气井,如 Gidley(1991)建议,简单传统的方法是用井筒的流速估计非达西流动对井产能的影响。

由于非达西流动效应与流速相关,确定产能前必须知道流速,且该问题是一个迭代求解过程。对于可用图 17.6[式(17.8)]计算井产能的条件,迭代步骤如下:

(1)对于达西流动 C_{fD},根据图 17.6 确定 S_f 和 J;

(2)对于给定的井底流压,计算井筒处裂缝中的流速;

(3)根据式(17.55)计算裂缝中非达西流动的有效渗透率;

(4)计算 $C_{fD,nD}$:

$$C_{fD,nD} = \frac{K_{nD}}{K_f} C_{fD} \tag{17.57}$$

(5)用新的 $C_{fD,nD}$ 值重新计算产能,如果新的产能明显不同,那么重复该计算过程。

当裂缝导流能力较低时,说明裂缝中非达西流动效应影响很大。Nolte 和 Economides (1991)指出,对于 C_{fD} 小于 0.2 的情况,有效井筒半径只与裂缝导流能力和油藏渗透率有关:

$$r'_w = \frac{0.28 K_f w}{K} \tag{17.58}$$

由式(17.5),有:

$$S_f = -\ln\left(\frac{0.28 K_f w}{K r_w}\right) \tag{17.59}$$

式(17.58)对应 C_{fD} 较小时该曲线的直线部分。由该曲线的形状可得,C_{fD} 值约等于 1 时这些关系式适用。

　　根据以上关系,非达西流动效应对气井产能的影响可按如下方法确定。首先,对于在拟稳态下生产且 C_{fD} 小于 1 的气井,不考虑非达西流动时的产量为:

$$q_{go} = \frac{\left[m(\bar{p}) - m(p_{wf})\right]Kh}{1424T}J_D \tag{17.60}$$

其中

$$J_D = \frac{1}{\ln\dfrac{r_e}{r_w} - 0.75 + S_f} = \frac{1}{\ln\dfrac{r_e}{r_w} - 0.75 - \ln\left(\dfrac{0.28K_f w}{Kr_w}\right)} \tag{17.61}$$

　　可得出考虑裂缝中非达西流动的生产指数 J_{nD} 与忽略非达西流动的生产指数 J_o 之比为:

$$\frac{J_{nD}}{J_o} = \frac{\ln\dfrac{r_e}{r_w} - 0.75 - \ln\left(\dfrac{0.28K_f w}{Kr_w}\right)}{\ln\dfrac{r_e}{r_w} - 0.75 - \ln\left[\dfrac{0.28K_f w}{Kr_w(1 + N_{Re,nD})}\right]} \tag{17.62}$$

整理可得:

$$\frac{J_{nD}}{J_o} = \frac{J_{Do}}{J_{Do} + \ln(1 + N_{Re,nD})} \tag{17.63}$$

　　该方程仍需要迭代求解,因为非达西雷诺数取决于裂缝中的流速,而流速反过来又取决于生产指数、压降和井底流压。此方法可以很简单地估计裂缝中非达西流动对气井产能的影响。

例 17.5　裂缝中非达西流动对常规气井产能的影响

　　气井相关性质如下: $K = 0.1\text{mD}$, $x_f = 500\text{ft}$, $\bar{w} = 0.2\text{in}$, $K_f = 3000\text{mD}$, $\gamma_g = 0.71$, $T = 120\ °\text{F}$, $\bar{p} = 4000\text{psi}$, $m(\bar{p}) = 1.005 \times 10^9 \text{psi}^2/\text{cP}$, $p_{wf} = 1500\text{psi}$, $m(p_{wf}) = 1.961 \times 10^8 \text{psi}^2/\text{cP}$, $\mu(p_{wf}) = 0.015$, $Z(p_{wf}) = 0.79$, $r_w = 0.328\text{ft}$ 且 $r_e = 1490\text{ft}$。计算裂缝中非达西流动对气井产能的影响;当井底流压变为 3500psi $[m(p) = 8 \times 10^8 \text{psi}^2/\text{cP}]$ 时,重新计算该问题。

　　解:

　　对于该井, C_{fD} 等于 1,对应式(17.59)适用的无量纲导流能力上限。首先,考虑忽略非达西效应的流动条件。

　　根据 $C_{fD} = 1$,由图 17.6 可得 $\ln(x_f/r_w) + S_f = 2$,因此 $S_f = -5.33$。由式(17.61)可得,无非达西效应时的无量纲生产指数为:

$$J_{Do} = \frac{1}{\ln\dfrac{1490}{0.328} - 0.75 - 5.33} = 0.43 \tag{17.64}$$

且

$$\begin{aligned}
q_g &= \frac{\left[m(\bar{p}) - m(p_{wf})\right]Kh}{1424T}J_D \\
&= \frac{(1.005 \times 10^9 - 1.961 \times 10^8) \times 0.1 \times 50}{1424 \times 580} \times 0.427 = 2090 \times 10^3 \text{ft}^3/\text{d}
\end{aligned} \tag{17.65}$$

为了计算雷诺数,需要知道此处的油藏性质。由式(4.13),有:

$$B_g = 0.0238 \times \frac{0.79 \times 580R}{1500psi} = 0.00864 ft^3(油藏)/ft^3 \tag{17.66}$$

和

$$\rho_g = 1.22 \frac{\gamma_g}{B_g} = 1.22 \times \frac{0.71}{0.00864} = 100.25 \ kg/m^3 \tag{17.67}$$

裂缝里井筒处的线性速度为:

$$v = \frac{B_g q_g}{2hw} = \frac{0.00864 \times 2090 \times 1000}{3600 \times 24 \times 2 \times 50 \times 0.008} = 0.126 ft/s = 0.038 m/s \tag{17.68}$$

对于给定的条件:支撑剂渗透率为 3000mD,支撑层孔隙度为 0.3,且裂缝中不含水,由 Frederick 和 Graves 关系式(1994)计算 β 系数为:

$$\beta = 7.89 \times 10^{10} \frac{1}{(K_f)^{1.6} \phi^{0.404}} = 7.89 \times 10^{10} \times \frac{1}{3000^{1.6} \times 0.3^{0.404}} = 1.14 \times 10^6 \ m^{-1} \tag{17.69}$$

那么相应的雷诺数为(用 SI 单位):

$$N_{Re,nD} = \frac{\beta K_{f,n} v \rho}{u} = \frac{1.14 \times 10^6 \times 3000 \times 9.869 \times 10^{-16} \times 0.126 \times 100.25}{0.015 \times 10^{-3}} = 2.87 \tag{17.70}$$

由式(17.63)计算非达西流动效应的第一次估计值为:

$$\frac{J_{nD}}{J_o} = \frac{0.43}{0.43 + \ln(1 + 2.87)} = 0.24 \tag{17.71}$$

现在用裂缝中非达西流动的生产指数估计值 J_{nD} 来计算新的产量、流速和雷诺数,由此得到新的非达西生产指数估计值。经过几次迭代,可得 $J_{nD}/J_o = 0.53$,这意味着裂缝中的非达西流动导致该井的产能仅为无非达西效应时产能的 53%。

对于更低的生产压差 500psi($p_{wf} = 3500psi$),$J_{nD}/J_o = 0.86$,产能只降低了 14%,这说明了产量与非达西效应的相关性。显然,较高导流能力的裂缝对上述气井有利,即使无量纲导流能力接近无非达西效应的理论最优值。

例 17.5 中得到的结果不利,因为使用了井筒处的条件(此处裂缝中的流速最大)来计算整个裂缝的非达西雷诺数。考虑沿着裂缝的流速变化时,为了计算裂缝中的流动,需要求油藏向裂缝的流动和裂缝中流动的耦合数值解。根据这种方法,Miskimins 等(2005)指出,对于典型的裂缝长度和导流能力,裂缝中非达西流动效应将使渗透率为 0.01~0.1mD 的致密气藏的 10 年累计采收率减少 10%~20%。

在较高渗油藏中非达西效应影响更大,使高裂缝导流能力成为关键。另外,在较高渗压裂气井中,油藏的非达西效应和完井设备(尤其是射孔孔道)的非达西效应也影响气井的性能。引自 Lolon,Chipperfield,McVay 和 Schubarth(2004)的图 17.12 描述了较高渗气井的总压力降分布。最大压力降为射孔孔眼的非达西压力降,裂缝本身的总压力降几乎可均匀地划分为达西流动压力降和非达西流动压力降。

预测裂缝中非达西流动的关键参数是非达西流动系数 β。根据支撑层导流能力的实验,已建立很多关于 β 的关系式,最早由 Cooke 建立。Cooke 的关系式为:

$$\beta = 1 \times 10^8 \frac{b}{(K_f)^a} \tag{17.72}$$

式中,经验系数 a 和 b 见表 17.3。如 Cooke 在他的文章中所述,此关系式预测的系数可能超出其允许的范围,因为实验中可能会发生管道破裂和堵塞。

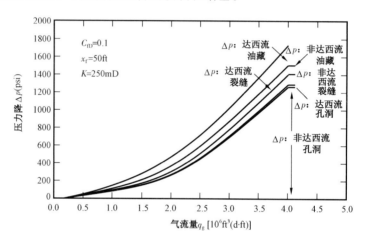

图 17.12　压裂井中的压降来源(据 Lolon 等,2004)

表 17.3　关于 β 的 Cooke 关系式用到的常数

砂级	a	b
8 ~ 12	1.24	3.32
10 ~ 20	1.34	2.63
20 ~ 40	1.54	2.65
40 ~ 60	1.60	1.10

目前已有许多关于支撑层非达西流动系数 β 的其他研究,包括 Geertsma(1974),Jin 和 Penny(1998),Frederick 和 Graves(1994),Barree 和 Conway(2004)以及 Vincent,Pearson 和 Kullman(1999)的研究。这些研究中有的提出了考虑支撑层内液相影响的关系式,如 Frederick 和 Graves 的关系式:

$$\beta = \frac{159160}{K_g^{0.5} (\phi(1 - S_w))^{5.5}} \tag{17.73}$$

式中:K_g 是气体有效渗透率,mD;ϕ 是支撑层孔隙度;S_w 是含水饱和度;β 的单位为 m^{-1}。

注意:非达西效应对生产优化有附加影响。水力裂缝的宽度应该设计得更大,以适应有效支撑层渗透率的降低。因此,对于给定质量的支撑剂,裂缝的几何形状以及长度与宽度之间的关系必须根据非达西效应的大小进行调整,UFD 方法以连贯的方式做到了这点。

17.6 致密砂岩及页岩储层压裂井动态

越来越多的石油和天然气(更常见)产自渗透率非常低的地层,称为非常规能源。这类储层包括致密砂岩和页岩,其共同特点是实现烃类的经济开采需要采取压裂增产措施。如 Holditch(2006)能源三角形(图 17.13)所述,这些非常规能源占大量比例,但实现这些储层中烃储量的经济开采具有一定的挑战性且成本较高。先进的水力压裂增产技术是非常规能源经济开采的关键,通常需要通过直井或水平井进行多级水力压裂。

17.6.1 致密砂岩气藏

大型水力压裂措施已应用于致密气藏的开发中,正式开始于 20 世纪 70 年代。致密砂岩气藏渗透率低于 0.1mD,甚至可低至 0.001mD。为了使天然气产量达到经济产量,储层必须由厚层组成,或必须存在可被多口井穿透的多个砂体。典型的致密气井往往钻于非常厚且堆叠的砂岩中,如在美国西部 Piceance 盆地 Mesa Verde 地质组的气井。该地层的辫状河沉积导致很多孤立砂体分布,其总垂直间距可达 5000ft(Wolhart,Odegard,Warpinski,Waltman 和 Machovoe,2005)。

图 17.13　油气资源三角形(据 Holditch,2006)

如图 17.14 所示(Juranek,Seeburger,Tolman,Choi,Pirog,Jorgensen 和 Jorgensen,2010),其为该地区致密气井的典型地层剖面图,说明为改造该地层分散的透镜状砂体,需要进行多级水力压裂。

对于具有多条裂缝的直井,假设裂缝之间彼此不连通或储藏中没有压力交换,通过分析每条裂缝可估计该井产能。然而,如果井筒中压力梯度与储层中压力梯度不同,则每条裂缝的压降不同,这种情况下气井产能无法与常规气井的产能问题区分开。这种情况下,对于沿气井垂直分布 n 条裂缝,该气井的产量为:

$$q = \sum_{n=1}^{N} J_n \{ m(\bar{p}_n) - m(p_{\text{wf},n}) \} \tag{17.74}$$

且每条裂缝处的井底流压 $p_{\text{wf},n}$ 并非相互独立,而与井筒流动特性有关。

17.6.2 页岩气藏

近年来,用于特低渗页岩储层增产的有效水力压裂措施不断发展,使烃类的经济采收率大幅度增加。在具有天然裂缝网络的脆性页岩地层中,多级水力压裂措施的应用使气井具有经济产量,尽管实际上此类地层的基质渗透率往往低于一个毫达西($< 10^{-3}$mD),甚至有时接近于纳米级达西。此类地层中影响产能的关键是制造大量的多级裂缝,有时关联复杂的裂缝网络。在得克萨斯州北部的巴尼特页岩地层中,数千口多级压裂水平井已对这一技术进行了实验。

岩石经水力压裂后,产生的裂缝可能从简单沿井向相反方向延伸的双翼裂缝转变为复杂的裂缝模式,如图 17.15(Fisher,Heinze,Harris,Davidson,Wright 和 Dunn,2004)所示。在水平

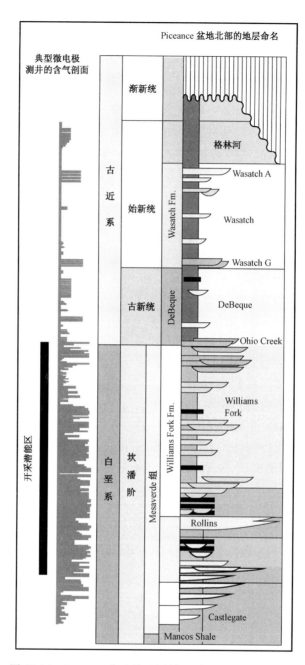

图 17.14　Piceance 盆地的地层剖面(据 Juranek 等,2010)

应力各向同性且具有天然裂缝的脆性页岩中,设计压裂以形成复杂裂缝网络,其裂缝导流能力在大体积的储层中形成。压裂储层的范围通常通过记录压裂过程中发生的微震事件来监控,如图 17.16(Daniels,Waters,LeCalvez,Lassek 和 Bentley,2007)所示,水平井多级压裂过程中产生微震事件的范围可向各方向延伸几千英尺。在整个影响区域,新形成的水力裂缝和改造的天然裂缝系统为井筒提供了更好的导流能力。与裂缝连通的页岩地层部分称为储层改造体积(SRV),压裂页岩井的最终采收率随 SRV 的增加而增加(Fisher 等,2004)。

　　由于裂缝特性极其多变,经压裂的页岩地层产能预测十分复杂。目前一些典型的方法假

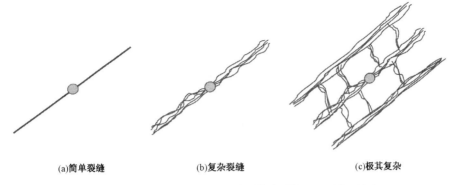

(a)简单裂缝   (b)复杂裂缝   (c)极其复杂

图 17.15   致密储层中形成的裂缝模式(据 Fisher 等,2004)

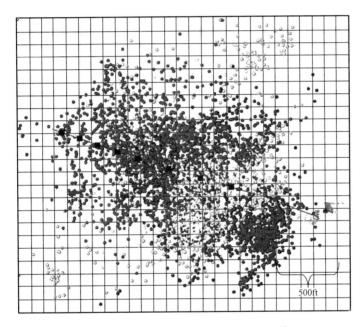

图 17.16   复杂裂缝模式的微震图(据 Daniels 等,2007)

设水力压裂形成的主裂缝与水平井筒相连通,并与其他较低导流能力的裂缝相交。用于页岩地层中多级压裂水平井的产能预测方法有:

(1)每条裂缝的产量分析模型;

(2)多个排油通道解决方案;

(3)递减曲线分析;

(4)考虑裂缝网络的油藏模拟。

最简单的方法是将每条主要裂缝当作独立的泄油区域,每个区域之间由非流动边界分隔,如图 17.17 所示(Song,Economides 和 Ehlig – Economides,2011)。以这种形式划分井的泄油面积,任一压裂井模型均可用于单条裂缝,且所有裂缝的产量之和即为总产量。计算中所用的渗透率应为反映裂缝网络对主裂缝贡献的有效渗透率或实际基质渗透率。17.4 节中所述的产量预测步骤或压裂井动态的其他模型也可以按这种方式加以应用。此外,有效渗透率和具有生产能力的裂缝长度可通过类似于第 13 章所述的步骤进行估算。

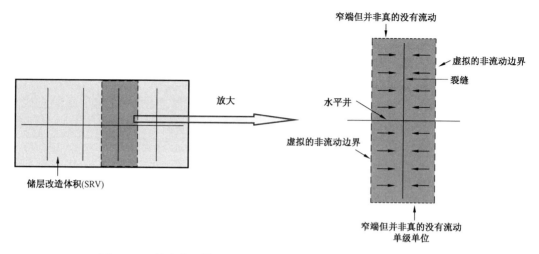

图 17.17　具有多级横向裂缝的水平井泄油模式(据 Song 等,2011)

对于多级裂缝产量问题的半解析模型,其方法是把裂缝看成通过裂缝或低渗地层相互连通的压力汇的集合。此方法通常需要应用一些数值方法,如拉普拉斯空间中解析解的数值转换。这类多级裂缝模型包括 Meyer,Bazan,Jacot 和 Lattibeaudiere(2010);Valko 和 Amini(2007)及 Lin 和 Zhu(2010)的模型。

正如第 13 章中所述,递减曲线分析通常用于确定水力压裂页岩井的最终采收率。例如,如图 17.18(Mattar,Gault,Morad,Clarkson,Freeman,Ilk 和 Blasingame,2008),Barnett 页岩多级裂缝水平井的生产数据绘制于 Agarwal – Gardner 典型曲线上。通过与典型曲线进行匹配预测可得,该井的最终产气量为 $50 \times 10^8 \, \text{ft}^3$。

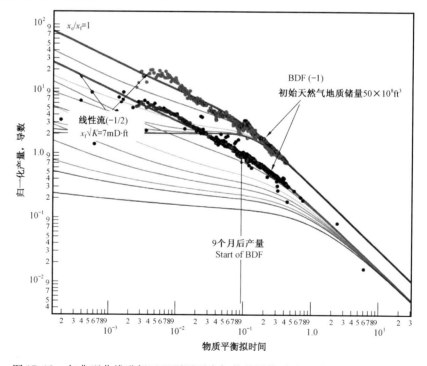

图 17.18　与典型曲线进行匹配预测页岩气井的最终采收量(据 Mattar 等,2008)

多年来,模拟天然裂缝油藏常使用双重孔隙方法的油藏模拟装置,此模拟装置通常也可用于预测压裂页岩井的性能。此方法中,先设定基质层的渗透率值,然后给裂缝网络设置一个更高的渗透率,主裂缝中的导流能力也可能与互相垂直且经改造的天然裂缝不同。图 17.19(Warpinski,Mayerhofer,Vincent,Cipolla 和 Lolon,2009)表示了页岩地层中复杂裂缝网络的压力场,以及不同裂缝间距对应的预测天然气产量。

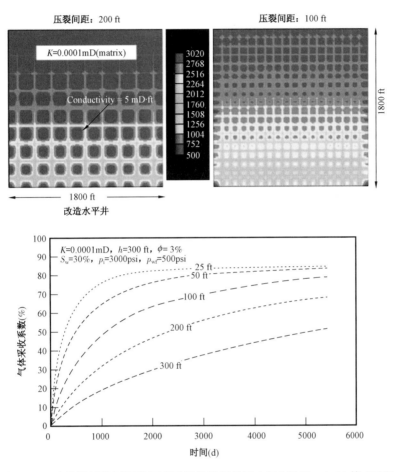

图 17.19　油藏模拟装置预测压裂页岩井附近的压力场(据 Warpinski 等,2009)

17.7　横向水力裂缝的阻流效应

对于渗透率大于 10mD 的油藏和 1mD 的气藏,水平井的多级横向裂缝压裂并不是较好的增产措施(Marongiu - Porcu,Wang 和 Economides,2009;Economides 和 Martin,2010)。对于横向裂缝,由油藏进入每条裂缝的流动形态是线性的,裂缝内流动形态是径向流入水平井(这与垂直井的水力裂缝相反,垂直井的裂缝内向井的流动是线性的)。结果产生的附加压力降可用表皮效应来描述,表示为阻塞表皮系数 S_c(Mukherjee 和 Economides,1991):

$$S_c = \frac{Kh}{K_f w}\left[\ln\left(\frac{h}{2r_w}\right) - \frac{\pi}{2}\right] \tag{17.75}$$

式中:K 是地层渗透率;h 是净油层厚度;K_f 是支撑层渗透率;r_w 是井筒半径,w 是裂缝宽度。

与水平井垂直的横向裂缝的无量纲生产指数 J_{DTH} 可由式(17.76)计算(Wei 和 Economides,2005):

$$J_{DTH} = \frac{1}{\dfrac{1}{J_{DV}} + S_c} \tag{17.76}$$

式中,J_{DV} 是压裂垂直井的无量纲生产指数。

例 17.6 水平井横向裂缝的最佳生产指数

使用例 17.2 中的油藏和油气井参数,水平井长 1000ft,且具有两条横向裂缝(分别处于趾端、跟端),确定油藏渗透率分别为 50mD 和 15mD 时水平井的最佳裂缝几何形态。考虑阻塞表皮效应,计算每条横向裂缝的无量纲生产指数。每条裂缝的泄油面积应为 $4 \times 10^6 ft^2$ 的一半;如例 17.2,对于 15mD 的情况,使用渗透率为 120000mD 的支撑剂,且用总支撑剂质量的一半(每条裂缝 37500lb)。

解:

对于这种情况,为了驱出油藏一半体积,每条裂缝将使用与之前例子中同样体积的支撑剂,且支撑剂数将为例 17.2 中确定的 2 倍。本问题中将使支撑剂渗透率变为原来的 2 倍,而使支撑剂体积减半。

对于每条裂缝,油层内支撑体积 V_p 和油藏体积 V_r 分别为:

$$V_p = \frac{\dfrac{50}{100} \times 37500}{2.65 \times 62.4 \times (1 - 0.38)} = 183 ft^3 \tag{17.77}$$

$$V_r = Ah = 2 \times 10^6 \times 50 = 10^8 ft^3 \tag{17.78}$$

支撑剂数可由式(17.17)计算得:

$$N_p = \frac{2K_f}{K}\frac{V_p}{V_{res}} = \frac{2 \times 120000}{50} \times \frac{183}{10^8} = 0.0088 \tag{17.79}$$

当 $N_p < 0.1$ 时,应用式 17.17,有:

$$N_p = N_{p,square}\frac{x_e}{y_e} = 0.0088 \times \frac{1}{2} = 0.0044 \tag{17.80}$$

由图 2.3 可得,对于尺寸 2:1 的矩形,迪茨形状系数为 21.8,且

$$N_{pe} = N_p\frac{C_A}{30.88} = 0.0044 \times \frac{21.8}{30.88} = 0.0031 \tag{17.81}$$

由式(17.18),有:

$$J_{Dmax\,pss}(N_p) = \frac{1}{0.990 - 0.5\ln N_p} = \frac{1}{0.990 - 0.5 \times \ln 0.0031} = 0.258 \tag{17.82}$$

由式(17.20),有:

$$x_{fopt} = \left(\frac{K_f V_f}{C_{fDopt}Kh}\right)^{0.5} = \left(\frac{120000 \times 183}{1.6 \times 50 \times 50}\right)^{0.5} = 52ft \tag{17.83}$$

且

$$w_{\text{opt}} = \left(\frac{C_{\text{fDopt}}KV_f}{K_f h}\right)^{0.5} = \left(\frac{1.6 \times 50 \times 183}{120000 \times 50}\right)^{0.5} = 0.035\text{ft} = 0.42\text{in} \quad (17.84)$$

由式(17.75)得：

$$S_c = \frac{Kh}{K_f w}\left[\ln\left(\frac{h}{2r_w}\right) - \frac{\pi}{2}\right] = \frac{50 \times 50}{120000 \times 0.0035} \times \left[\ln\left(\frac{50}{2 \times 0.3}\right) - \frac{\pi}{2}\right] = 1.7 \quad (17.85)$$

对于 $r_w = 0.3$ft，横向裂缝的无量纲产能为：

$$J_{\text{DTH}} = \frac{1}{\dfrac{1}{J_{\text{DV}}} + S_c} = \frac{1}{\dfrac{1}{0.258} + 1.7} = 0.179 \quad (17.86)$$

当渗透率为 50mD 时，横向裂缝的产能比垂直井相同裂缝的产能约少 30%。只有当第二口直井的费用过高时，才可能考虑选择针对该井设计两条横向裂缝。比如，在第二条裂缝所在位置钻井会受到地面限制。

对于 15mD 的情况，$S_c = 0.93$，$J_{\text{DTH}} = 0.238$，而直井 $J_D = 0.305$。在这种情况下，横向裂缝可能是更有效的选择。

对于气井，非达西流动使横向裂缝中的阻塞效应加剧，且由于裂缝中径向流的汇聚，有效支撑剂渗透率的降低比垂直裂缝情况更显著。

参 考 文 献

[1] Agarwal, R. G., Gardner, D. K., Kleinsteiber, S. W., and Fussell, D. D., "Analyzing Well Production Data Using Combined Type – Curve and Decline – Curve Analysis Concepts," SPERE, 2(5):478 – 486(October1999).

[2] Barree, R. D., and Conway, M. W., "Beyond Beta Factors: A Complete Model for Darcy, Forchheimer, and Trans – Forchheimer Flow in Porous Media," SPE Paper 89325, 2004.

[3] Cinco – Ley, H., and Samaniego, F., "Transient Pressure Analysis for Fractured Wells," JPT, 1749 – 1766(September 1981).

[4] Cooke, C, E, Jr., "Conductivity of Proppants in Multiple Layers." JPT, 1101 – 1107(October1993).

[5] Daal, J. A., and Economides, M. J., "Optimization of Hydraulically Fractured Wells in Irregularly Shaped Drainage Areas," SPE Paper 98047, 2006.

[6] Daniels, J., Waters, G., LeCalvez, J., Lassek, J., and Bentley, D., "Contacting More of the Barnett Shale Through an Integration of Real – Time Microseismic Monitoring, Petrophysics and Hydraulic Fracture Design," SPE Paper 110562, 2007.

[7] Economides, M. J., and Martin, A. N., "How to Decide Between Horizontal Transverse, Horizontal Longitudinal and Vertical Fractured Completion," SPE Paper 134424, 2010.

[8] Economides, M. J., Oligney, R. E., and Valkó, P., Unified Fracture Design, Orsa Press, Houston, 2002.

[9] Fisher, M. K., Heinze, J. R., Harris, C. D., Davidson, B. M., Wright, C. A., and Dunn, K. P., "Optimizing Horizontal Well Completion Techniques in the Barnett Shale Using Microseismic Fracture Mapping," SPE Paper 90051, 2004.

[10] Frederick, D. C., and Graves, R. M., "New Correlations to Predict Non – Darcy Flow Coefficients at Immobile and Mobile Water Saturation," SPE Paper 28451, 1994.

[11] Geertsma, J., "Estimating the Coefficient of Inertial Resistance in Fluid Flow through Porous Media," SPEJ,

445 – 450(October 1974).

[12] Gidley,J. L. ,"A Method for Correcting Dimensionless Fracture Conductivity for Non – Darcy Flow Effects," SPEPE,391 – 394(November 1991).

[13] Holditch,S. A. ,"Tight Gas Sands,"JPT,84 – 86(June 2006).

[14] Holditch,S. A. ,and Morse,R. A. ,"The Effects of Non – Darcy Flow on the Behavior of Hydraulically Fractured Gas Wells,"JPT,1169 – 1179(October 1976).

[15] Jin,L. ,and Penny,D. S. ,"A Study on Two – Phase,Non – Darcy Gas Flow Through Proppant Packs,"SPE Paper 49248,1998.

[16] Juranek,T. A. ,Seeburger,D. ,Tolman,R. ,Choi,N. h. ,Pirog T. W. ,Jorgensen,D. ,Jorgensen,E. ,"Evolution of Mesaverde Stimulations in the Piceance Basin:A Case History of the Application of Lean Six Sigma Tools," SPE Paper 131731,2010.

[17] Lin, J. , and Zhu, D. , "Modeling Well Performance for Fractured Horizontal Gas Wells," SPE Paper 130794,2010.

[18] Lolon,E. P. ,Chipperfield,S. T. ,McVay,D. A. ,and Schubarth,S. K. ,"The Significance on Non – Darcy and Multiphase Flow Effects in High – Rate,Frac – Pack Gas Completions,"SPE Paper 90530,2004.

[19] Marongiu – Porcu,M. ,Wang,X. ,and Economides,M. J. ,"Delineation of Application:Phyaical and Economic Optimization of Fractured Gas wells,"SPE Paper 120114,2009.

[20] Mattar,L. ,Gault,B. ,Morad,K. ,Clarkson,C. R. ,Freeman, C. M. ,Ilk,D. ,and Blasingame,T. A. ,"Production Analysis and Forecasting of Shale Gas Reservoirs:Case History – Based Approach," SPE Paper 119897,2008.

[21] Meyer,B. R. ,Bazan,L. W. ,Jacot,R. H. ,and Lattibeaudiere,M. G. ,"Optimization of Multiple Transverse Hydraulic Fractures in Horizontal Wellbores,"SPE Paper 131732,2010.

[22] Meyer,B. R. and Jacot,R. H. ,"Pseudosteady – State Analysis of Finite – Conductivity Vertical Fractures,"SPE 95941,2005.

[23] Miskimins,J. L. ,Lopez – Hernandez,H. D. ,and Barree,R. D. ,"Non – Darcy Flow in Hydraulic Fractures: Does It Really Matter?"SPE Paper 96389. 2005

[24] Mukherjee,H. ,and Economides,M. J. ,"A Parametric Comparison of Horizontal and Vertical Well Performance,"SPE Paper 18303,1991.

[25] Nolte,K. G. ,and Economides, M. J. ,"Fracture Design and Validation with Uncertainty and Model Limitations,"JPT,1147 – 1155(September 1991).

[26] Palacio,J. C. ,and Blasingame,T. A. ,"Decline – Curve Analysis Using Type Curves:Analysis of Gas Well Production Data,"SPE Paper 25906,1993.

[27] Poe,B. D. ,Jr. ,and Economides,M. J. , Reservoir Stimulation,3rd ed . ,Wiley, New York,Chap. 12,2000.

[28] Prats,M. ,"Effect of Vertical Fractures on Reservoir Behavior—Incompressible Fluid Case,"SPEJ,105 – 118 (June 1961).

[29] Song,B. ,Economides, M. J. ,and Ehlig – Economides,C. ,"Design of Multiple Transverse Fracture Horizontal Wells in Shale Gas Reservoirs,"SPE Paper 140555,2011.

[30] Valko,P. P. ,and Amini,S. ,"The Method of Distributed Volumetric Sources for Calculating the Transient and Pseudosteady – State Productivity of Complex Well – Fracture Configurations,"Paper presented at the SPE Hydraulic Fracturing Technology Conference, College Station,TX. ,Society of Petroleum Engineers,2007.

[31] Vincent,M. C. ,Pearson,C. M. ,and Kullman,J. ,"Non – Darcy and Multiphase Flow in Propped Fractures: Case Studies Illustrate the Dramatic Effect on Well Productivity, "SPE Paper 54630,1999.

[32] Warpinski,N. R. ,Mayerhofer,M. J. ,Vincent,M. C. ,Cipolla, C. L. ,and Lolon,E. P. ,"Stimulating Unconventional Reservoirs :Maximizing Network Growth While Optimizing Fracture Conductivity,"JCPT,48(10):39 –

51 (October2009).

[33] Wattenbarger, R. A. , El – Banbi, A. H. , Villegas, M. E. , and Maggard, J. B. , "Production Analy sis of Linear Flow into Fractured Tight Gas Wells," SPE Paper 39931, 1998.

[34] Wei, Y. , and Economides, M. J. , "Transverse Hydraulic Fractures from a Horizontal Well," SPE Paper 94671, 2005.

[35] Wolhart, S. L. , Odegard, C. E. , Warpinski, N. R. , Waltman, C. K. , and Machovoe, S. R. , "Microseismic Fracture Mapping Optimizes Development of Low – Permeability Sands of the Williams Fork Formation in the Piceance Basin," SPE Paper 95637, presented at the SPE Annual Technical Conference and Exhibition, Dallas, TX, October 9 – 12, 2005.

习　题

17.1 计算裂缝的等效表皮系数 S_f，条件如下：裂缝长为 500ft，无量纲导流能力 $K_f w = 1000\text{mD} \cdot \text{ft}$，油藏渗透率范围为 $0.001 \sim 100\text{mD}$。如果 $r_e = 1500\text{ft}$ 且 $r_w = 0.328\text{ft}$，计算对应的生产指数增加量。

17.2 假设泄油区域足够大，可形成拟径向流。对于习题 17.1 中的渗透率范围，如果 $K_f w$ 保持 $1000\text{mD} \cdot \text{ft}$ 不变，那么最优裂缝长度应为多少？提示：用图 17.7 中的结果。

17.3 向 $K = 3\text{mD}$、$h = 100\text{ft}$ 且泄油面积等于 320acre 的油藏中注入 75000lb 的支撑剂，计算可以最大生产指数生产的裂缝长度和裂缝宽度。假设裂缝高度为油藏厚度的 1.5 倍。如果 $B\mu = 1\text{cP} \cdot \text{bbl}(\text{油藏})/\text{bbl}$，$r_w = 0.328\text{ft}$，$\Delta p = 1000\text{psi}$，计算压裂前后的产量。首先，使用 $K_f = 60000\text{mD}$ 的天然砂，将支撑剂砂体的质量分别增加至 150000lb 和 500000lb，重新计算该问题。改用陶粒支撑剂($K_f = 220000\text{mD}$)和高强度支撑剂($K_f = 500000\text{mD}$)，再次重新计算该问题。

17.4 泄油区域高宽比分别为 0.1，0.25，0.5，0.75 和 1，支撑剂数范围为 $0.01 \sim 100$，绘制支撑剂数与 J_D 的一般关系曲线。

17.5 考虑附录 A 中的油井，但油藏渗透率为 0.1mD，且有一条半长 x_f 为 200ft 的水力裂缝。假设为无限导流能力裂缝，预测 3 年内该井动态。裂缝距垂直于裂缝的泄油边界 2000ft。

17.6 参考下面数据，使用 UFD 方法进行垂直气井的参数研究(可能并不需要全部数据，如果缺少必要的资料可自行假设)。

油藏渗透率 K 分别为 0.01mD，0.1mD，1mD 和 10mD；气体相对密度：$\gamma = 0.7$；油藏平均压力：$p = 4500\text{psi}$；井底流压：$p_{wf} = 2500\text{psi}$；油藏温度：180°F；井筒半径：$r_w = 0.328\text{ft}$；泄油面积：320acre；油藏净高度：$h = 100\text{ft}$；

压裂措施数据如下，支撑剂质量：300000lb；支撑剂相对密度：2.65；支撑剂孔隙度：38%；支撑层的理论渗透率 $K_f = 220000\text{mD}$；裂缝高度 $h_f = 150\text{ft}$。

Cook 常数：$a = 1.54$，$b = 110470$。

确定无量纲产油指数值、最优裂缝几何形态，以及非达西效应使支撑层渗透率的降低值。

17.7 如果例 17.6 中油井不受非达西效应影响，请证明当渗透率不变时裂缝几何形态的不同。并对气井的几何形态要求进行讨论。

17.8 利用习题 17.6 中的信息和数据，画出油藏和气藏中压裂井相比未压裂井产量的增长倍数。针对给定的渗透率值进行研究，非压裂油井使用 $J_D = 0.12$，压裂油井的 J_D 计算值满足估计的增长倍数。对于非压裂气井，使用式(4.53)和式(4.54)，允许油藏扰动。油藏孔隙度为 0.2。对于压裂井，使用井最优动态下的流量、降低的支撑层渗透率及调整后的裂缝几形态。

17.9 两口 2000ft 的水平井由横向裂缝贯穿,两口井分别在 $K = 0.01\text{mD}$ 和 $K = 10\text{mD}$ 的气藏中。每次压裂改造使用的支撑剂质量为 150000lb,且支撑层渗透率为 220000mD。其他重要变量:

支撑剂相对密度 2.65;支撑层孔隙度 0.38;Cooke 常数 $a = 1.34$;Cooke 常数 $b = 27539$;井半径 $r_w = 0.328\text{ft}$;净厚度 50ft;裂缝高度 100ft;油藏温度 $180\,^\circ\text{F}$;气体相对密度 0.596。

将所有裂缝的累计产量与裂缝垂直井的产量进行比对,并得出你的结论。

提示:用 1 条、2 条、3 条……裂缝划分泄油区域,假设雷诺数 $N_{\text{Re}} = 20$,计算考虑非达西流动时的裂缝有效渗透率。假设井底流压为 1500psi,且平均油藏压力为 3000psi,计算最优裂缝几何形态下的流量。井与每条裂缝相连通,计算此流量下的雷诺数。一个重要问题是降低的支撑层渗透率,不断重复这一计算直至计算得到的雷诺数与假设的雷诺数相匹配。

17.10 预测油井 3 年的生产动态,井长 4500ft,具有 10 条等间距裂缝,且泄油区域长5000ft、宽 2000ft、厚 200ft。使用例 17.3 中给出的除 $K = 0.01\text{mD}, h = 200\text{ft}, \phi = 0.1$ 之外的数据。

第18章 水力压裂设计及实施

18.1 简介

第17章给出了针对给定储层优选油井动态水力压裂类型的方法，以及假定裂缝条件下预测油井动态的方法。本章中，我们主要论述水力压裂设计及实施过程中所需要的技术。首先，压裂设计要考虑所需的裂缝几何形状及裂缝导流能力；然后，选择适当的压裂液和支撑剂，设计作业区域、泵送进度表及支撑剂注入过程来实现所需的最终裂缝几何形态。

压裂设计过程首先要确定选择压裂方式，如常规双翼裂缝设计、多级裂缝设计或特殊情况下多级裂缝综合压裂的天然裂缝设计。除了渗透率非常低的储层，双翼裂缝设计都适用。对于渗透率非常低（微达西）和超低（纳达西）的低渗、特低渗储层，多级裂缝的高裂缝密度设计是整个完井和压裂设计的关键部分。最后，在水平应力低且不变、具有天然裂缝的低渗储层中，如页岩地层，压裂的目的是建立新的水力裂缝与天然裂缝连通的复杂裂缝网络。

常规双翼裂缝的设计模型已经存在很多年，且对水力压裂设计仍然有用。对于给定的泵送条件，可以利用裂缝传导的二维分析模型估计形成的裂缝几何形态（包括高度、宽度、长度及方位角）。此模型综合考虑了弹性力学、裂缝中流体流动、流体在裂缝中漏失及流体与支撑剂的物质平衡，从而计算所形成的裂缝几何形态和支撑剂分布。本章给出了经典 Perkins – Kern – Nordgren(PKN)，Kristianovich – Zheltov，Geertsma – deKlerk(KGD)模型和径向模型。

所形成的裂缝几何形态由最优压裂液和支撑剂的选择来决定。本章也回顾了压裂液和支撑剂的物理性质，这在压裂设计中也需要了解。最后，给出了实时应用的裂缝诊断的现代模型。

18.2 储层压裂

水力压裂实施过程中，需要在足够大且能引起岩石破裂的压力下注入压裂液。在岩石刚开始破裂的压力下，岩石裂开，此压力通常称为破裂压力。随着流体的注入，裂缝开口扩大并延伸。

合理的水力压裂将形成与井连通的通道，其渗透率比周围地层高很多。此高渗通道（通常比储层渗透率大 5~6 个数量级）较窄但可以非常长。低渗储层（如 0.1mD 或更小）的水力裂缝的典型平均宽度约为 0.25in（或更小），有效翼长可达到 3000ft。对于高渗地层（如 50mD），裂缝长度可能仅为 25ft，而宽度可高达 2in。

储层深处承受着一定的应力作用，可用应力向量来表征。在地质稳定的环境中，存在 3 个主要应力，它们的方向与所有剪切应力消失的方向一致，分别为垂直方向、最小和最大水平应力所在的两个水平方向。

由于裂缝要克服最小应力开始形成并在岩石中延伸，水力裂缝将垂直于 3 个应力中最小应力的方向。在绝大多数要进行水力压裂的储层中，最小水平应力是最小的，从而压裂形成垂向水力裂缝(Hubbert 和 Willis,1957),水力裂缝面的方向(方位)与最小水平应力的方向相垂直。

裂缝几何形态受应力状态和岩石性质的影响,石油工程师进行压裂设计时必须考虑储层和岩石的自然状态及其对优化增产压裂措施的影响。

18.2.1 地应力

深层地层处于可分解成分矢量的应力场中。最容易理解的应力是垂向应力,其对应于覆盖层重量。对于深度为 H 的地层,垂向应力 σ_V 可简单地表示为:

$$\sigma_V = g \int_0^H \rho_f \mathrm{d}H \qquad (18.1)$$

式中,ρ_f 为目标层上覆地层的密度。该应力可由密度测井的积分计算得到。如果平均地层密度的单位为 $\mathrm{lb/ft}^3$,深度单位为 ft,那么式(18.1)变为:

$$\sigma_V = \frac{\rho H}{144} \qquad (18.2)$$

σ_V 单位为 psi。若 $\rho = 165\mathrm{lb/ft}^3$(大多数砂岩的密度),则垂向应力梯度约为 $165/144 \approx 1.1\mathrm{psi/ft}$。

该应力为绝对应力。在多孔介质中,由于上覆地层的重力由岩石颗粒和孔隙中的流体支撑,有效应力 σ'_V 的定义为:

$$\sigma'_V = \sigma_V - \alpha p \qquad (18.3)$$

式中,α 为 Biot 多孔弹性常数。对于大多数油气藏,该常数近似等于 0.7。

通过泊松关系可将垂向力转换至水平方向,其最简单表达式为:

$$\sigma'_H = \frac{\nu}{1-\nu} \sigma'_V \qquad (18.4)$$

式中:σ'_H 为有效水平应力;ν 为泊松比。该变量对应岩石的一个基本性质。对于砂岩,它约为 0.25,意味着有效水平应力约为有效垂向应力的 1/3。

那么,与式(18.3)关系式类似,绝对水平应力等于有效应力加 αp,绝对水平应力随流体产出而减小。

式(18.4)给出的应力不一定是储层中的应力,因为泊松变换反映岩石的自由膨胀。储层受构造应力作用,且受自从原始沉积以来地质过程的干扰。因此,绝对垂向应力容易测量和计算,而水平应力很难准确预测。裂缝注入测试,也称为"数据压裂测试"或"小型压裂测试",其分析结果可应用于这类测量。

此外,水平应力在水平面的所有方向是不一样的。由于不同的构造因素,存在最小水平应力和最大水平应力。

综上所述,可明显看出,在地层中可以识别 3 个主要应力,包括 σ_V,$\sigma_{H,\min}$ 和 $\sigma_{H,\max}$。裂缝方向将垂直于三者中的最小应力方向。

18.2.2 破裂压力

破裂压力的大小是 3 个主要应力及主应力、张应力和油藏压力三者相对大小的函数。

Terzaghi(1923)给出了破裂压力表达式,对于直井(即与垂向主应力的方向一致),压力 p_{bd} 为:

$$p_{bd} = 3\sigma_{H,min} - \sigma_{H,max} + T_0 - p \tag{18.5}$$

式中: $\sigma_{H,min}$ 和 $\sigma_{H,max}$ 分别为最小和最大水平应力; T_0 为岩石的张应力; p 为油藏压力。

对于非垂直井,如斜井或水平井,由于存在一个非零的剪切应力分量,破裂压力将不同于式(18.5)给出的结果。此破裂压力可能更小,但通常大于直井的破裂压力(McLennan,Roegiers 和 Economides,1989)。

例 18.1 *应力与深度的计算*

假设一个 75ft 的砂岩地层,深度为 10000ft,岩石密度为 165lb/ft³,多孔弹性常数为 0.72,泊松比为 0.25。计算并画出绝对和有效垂直应力及最小水平应力。

最大水平应力比最小水平应力大 2000psi。利用静水储层压力($\rho_w = 62.4$ lb/ft³),在图中也画出最大水平应力。

重复该计算,画出目的层及上覆和底部页岩层(每个 50ft 厚)的应力剖面。先利用泊松比取 0.25(同砂岩层一样)计算,然后对 $\nu = 0.27$ 和 $\nu = 0.3$ 重复计算。

解:

由式(18.2)及 $\rho = 165$ lb/ft³ 得, $\sigma'_V = 1.15H$ 。然后由式(18.3)得:

$$\sigma'_V = 1.15H - \frac{0.72 \times 62.4H}{144} = 0.84H \tag{18.6}$$

由式(18.4),有:

$$\sigma'_H = \frac{0.25}{1 - 0.25} \times 0.84H = 0.28H \tag{18.7}$$

因此

$$\sigma_{H,min} = 0.28H + \frac{0.72 \times 62.4H}{144} = 0.59H \tag{18.8}$$

图 18.1 包含所有应力 σ_V , σ'_V , $\sigma_{H,min}$, $\sigma'_{H,min}$ 和 $\sigma_{H,max}$ ($= \sigma_{H,min} + 2000$)的曲线。在 10000ft 处,这些应力分别为 11500psi,8400psi,5900psi,2800psi 和 7900psi。在 3 个绝对应力中, $\sigma_{H,min}$ 最小,这表明在任何深度(在该问题的假设下),水力裂缝将是垂直的,并垂直于最小水平应力方向。

如果深 10000ft 的对应位置是 75ft 地层的中点,那么地层顶部与底部的水平应力之差仅为 44psi[$= 0.59\Delta H$,见式(18.8)]。当考虑两个 50ft 页岩层时,页岩/砂岩和砂岩/页岩层序的顶部和底部的绝对垂向应力将分别在($1.15\Delta H = 1.15 \times 50$)58psi 和($1.15 \times 75 =$)86psi 之内,且绝对水平应力将分别在 30psi 和 44psi 之内[根据式(18.8)]。然而,如果页岩的 $\nu = 0.27$,砂岩的水平应力保持不变,由式(18.4)[与式(18.8)类似]可得, $\sigma_{H,min} = 0.62H$,这将导致在 10000ft 处产生约 400psi 的额外应力。对于 $\nu = 0.3$,此额外应力约为 800psi。如图 18.2 所示,即应力剖面图。

裂缝高度可控,其主要因为由泊松比差异造成的自然应力差。如果没有此差异,裂缝高度将很难控制。

本章稍后将给出裂缝高度的延伸和计算。

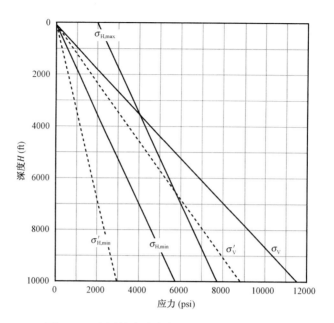

图 18.1　地层的绝对应力(σ_V , $\sigma_{H,min}$, $\sigma_{H,max}$)和
有效应力(σ'_V 、 $\sigma'_{H,min}$)(例 18.1)

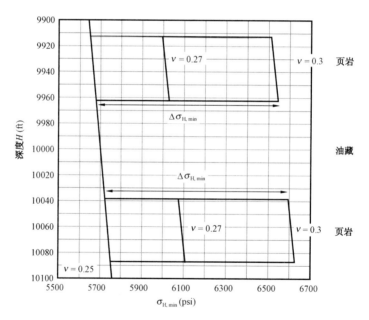

图 18.2　理想水平应力剖面及目的层、上覆页岩和
底部页岩之间的应力差异(例 18.1)

例 18.2　破裂压力的计算

对于例 18.1 中第一段所描述油藏中的井,估算裂缝开始形成时的压力。张应力为 1000psi。

解:

由式(18.5),有:

$$p_{bd} \approx 3 \times 5900 - 7900 + 1000 - 4330 \approx 6500 \text{psi} \tag{18.9}$$

该破裂压力对应井底,井口的作业压力 p_{tr} 将为:

$$p_{tr} = p_{bd} - \Delta p_{PE} + \Delta p_F \tag{18.10}$$

式中, Δp_{PE} 和 Δp_F 分别为静水力压力降和摩擦压降。

18.2.3 裂缝方向

裂缝方向垂直于最小阻力方向,这里即为垂直于最小绝对应力方向。

在前一节中,式(18.1)和式(18.4)及例18.1的结果(见图18.1)表明,按照定义,最小水平应力小于最大水平应力和垂直应力。由此得出,所有水力裂缝都应该是垂直于最小应力方向。

也有例外情况,在前一节中,论述了超压对水平应力大小的影响,而影响最大的是垂直应力自身的大小。

在沉积过程中,泊松关系式[式(18.4)]成立,且得到的刚性边界内水平应力处于一定范围内。垂向应力正比于上覆岩层重力,且与顶部各层的地质历史(侵蚀、冰蚀)有关。因此,如果消除 ΔH,那么地层的垂向应力为 $\rho g(H - \Delta H)$,这里 H 由原始地面开始测量。垂向应力与深度的关系曲线斜率仍保持不变,但曲线向图18.1中曲线的左边偏移。

当初始垂向应力和最小水平应力的交点处于原始地面时,消除部分上覆重力,且结合很大程度上保持不变的最小水平应力,将产生一个新的标志临界深度的曲线交点。超过这一临界深度,原始最小水平应力将不再是3个应力中最小的。相反,垂向应力变为最小,此时水力裂缝方向将是水平的,并支撑上覆层重量。

例18.3 计算水平裂缝的临界深度

假设例18.1中第一段描述的地层在地质历史过程中失去 2000ft 的上覆层。且假设水平应力为最初值,油藏压力为静水力压力,原始地面为基准,计算水平裂缝的临界深度。

解:

图18.3给出了该问题的图解结果。图中标出了原始地面以下 2000ft 的地层位置。从深度为0的新位置开始,平行于原始垂直应力画一条线,该线在距原始地面 $H = 4000\text{ft}$ 处或距目前地面 2000ft 处,与原始最小水平应力相交。

代数解法是在它们各自的表达式中,令(新)垂向应力值和最小水平应力值相等,并解出 H。如果原始 $\sigma_V = 1.15H$,那么移去 2000ft 的上覆层后, $\sigma_V = 1.15H - 2300$。

水平应力由式(18.4)得出, $\sigma_{H,min} = 0.59H$。

令两个应力相等,得:

$$0.59H = 1.15H - 2300 \tag{18.11}$$

因此,距原始地面深度小于 $H \approx 4100\text{ft}$ 或距目前地面小于 2000ft 时,裂缝将沿水平方向开始形成。

在该平面深度以下,有可能遇到复杂的裂缝几何形态。裂缝最开始是垂直的,而当最小应力加上裂缝净压力超过上覆岩层压力时,裂缝转变成水平的(T形裂缝)。T形裂缝肯定不是理想的,因其水平分支的宽度很小,容易导致支撑裂缝扩展延伸过程中大量液体滤失、钻井液脱水及滤砂(滤砂是指由于钻井液不能使支撑剂悬浮而产生额外的阻力,使得没有足够的压

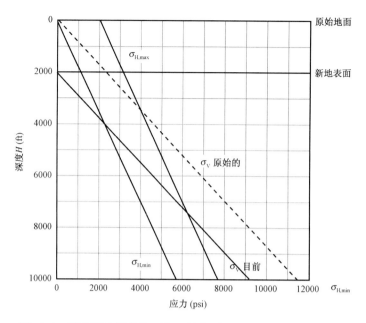

图 18.3　因上覆地层移除而产生的水平裂缝临界深度（例 18.3）

力来延伸裂缝）。除了 18.3.4 节中描述的人为端部脱砂（TSO），其他所有自然脱砂都是不可取的，均会导致压裂作业的过早终止。

如果两个水平应力值近似相等，在垂向裂缝扩展过程中也可能发生类似现象。压裂过程中，裂缝中的压力可能超过垂直于天然裂缝的闭合压力。虽然较窄裂缝可流通流体，但不流通支撑剂，因此增加了脱砂的可能性。

垂向裂缝的方位是设计压裂井位置及压裂水平井钻井方向时应考虑的重要因素。主裂缝沿垂直于最小水平应力的方向延伸，因此也是沿着最大水平应力方向。水力裂缝的方位有时可通过区域构造来预测。例如，沿着沉积盆地的海岸线，因为最小水平应力正交于海岸线，所以正断层通常平行于海岸线出现。如果形成正断层的应力条件仍然存在，形成的水力裂缝也平行于海岸线，因此平行于该区域的正断层。水力裂缝方位测量技术将在 18.7 节中进行讨论。

18.3　裂缝几何形态

裂缝张开后，流体的进一步注入会使裂缝继续扩展。根据经典模型，通过考虑岩石机械性能、压裂液性质、流体注入条件（流量、压力）以及孔隙介质中的应力和应力分布，可预测所形成的裂缝几何形状。

裂缝扩展是特别复杂的现象，描述它需要遵循两个重要定律：

（1）动量守恒、质量守恒和能量守恒等基本定律；

（2）传导准则（即引起裂缝顶部向前推进的因素），包括岩石、流体和能量分布的相互作用［见 Ben – Naceur（1989）对此问题的广泛讨论］。

现有 3 种一般模型可用，即二维（2 – D）、拟三维（p3 – D）和全三维（3 – D）模型。后者允许全二维流体流动与全三维裂缝延伸同时应用。将裂缝离散化，并使每个小单元中的计算都遵循各守恒定律和裂缝传导准则。允许裂缝横向和纵向扩展，并改变原始方向平面，这些取决于对应的应力分布和岩石性质。此全三维模型需要大量的数据才适用,计算量很大,已超出本书的范围。

二维模型是在假设裂缝高度或某些平均值不变的情况下,求解封闭近似解析解,石油工程应用通常采用以下三类模型。对于裂缝长度比裂缝高度大得多的情况($x_f \geqslant h_f$),近似适用 Perkins 和 Kern(1961)及 Nordgren(1971)所提出的模型,即 PKN 模型;对于裂缝长度比裂缝高度小得多的情况($x_f \leqslant h_f$),适用 Khristianovich 和 Zheltor(1955),Zheltor(1955),以及 Geertsma 和 de Klerk(1969)已提出的模型,即 KGD 模型;当地层足够厚或压裂作业规模足够小以至于裂缝扩展不受垂向阻力时,形成的裂缝近似为圆形,径向或扁平形模型均适用(Geertsma 和 de Klerk,1969)。在现代压裂环境,PKN 模型适用于低渗油藏中的深度穿透裂缝,而 KGD 模型更适用于高渗油藏中的高导流短裂缝。$h_f = 2x_f$ 时作为一种极限情况,对应于径向或扁平形模型。此处裂缝高度 h_f 为动态值,即缝长等于 x_f 时的裂缝高度。

本书中考虑了牛顿和非牛顿两种压裂液采用简单二维模型近似计算裂缝宽度和裂缝延伸压力。关于裂缝传导模型的更多内容,读者可参阅 Gidley,Holditch,Nierode 和 Veatch(1989),Economides 和 Nolte(2000),以及 Economides 和 Martin(2007)的文章。

在具有天然裂缝或由脆性岩石(如页岩)组成的地层中,在各向同性的情况下,使用低密度压裂液(滑溜水压裂液)进行水力压裂可能形成大型裂缝网络,而不是沿井筒向外延伸的单一主裂缝,这种压裂模式称为复杂压裂。复杂的裂缝几何形态无法用这里提出的简单模型来预测。

18.3.1　PKN 模型对应的水力裂缝宽度

图 18.4 描述了 PKN 模型。水力裂缝在井筒处呈椭圆状,最大宽度对应椭圆的中心线,椭圆的顶部和底部的宽度为零。对于牛顿流体,当裂缝半长等于 x_f 时,其最大宽度由式(18.12)给出(对应相关单位):

$$w_{max} = 3.27 \left[\frac{q_i \mu x_f}{E'} \right]^{1/4} \qquad (18.12)$$

式中,E' 为平面弹性模量,且与杨氏模量 E 的关系为:

$$E' = \frac{E}{1 - \nu^2} \qquad (18.13)$$

在式(18.12)和式(18.13)中:q_i 为注入速度;μ 为压裂液视黏度;ν 为泊松比。对于建立裂缝宽度、作业变量和岩石性质之间的关系,式(18.12)非常适用。开四次方的关系说明,为了使宽度扩大 1 倍,则必须把压裂液的黏度(或注入速度)增加 16 倍。

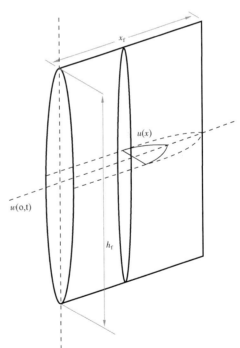

图 18.4　PKN 模型的几何形状

另一方面,岩石性质对裂缝宽度有很大影响。普通油藏岩石杨氏模量的变化可达两个数量级,从深层致密砂岩的 10^7 psi 到硅藻土、煤和软白垩岩的 2×10^5 psi。在这些极端情况下(甚至于无限压裂），裂缝宽度将相差 3 倍以上，这意味着在杨氏模量较大的硬质岩石内，以一定的流体注入体积进行压裂，所形成的裂缝窄而长。而在杨氏模量较小的地层中，注入同样体积的流体进行压裂，所形成的裂缝宽而短。这是地层自然状态协助压裂增产成功的现象之一，因为低渗透油藏需要长裂缝，而低渗透地层通常具有较大的杨氏模量。

但推论也有例外，因为低杨氏模量与较高渗透率地层并没有必然联系，尽管许多情况下是如此。

针对 PKN 模型的椭圆形几何形态，引入几何因子，得到平均宽度表达式：

$$\overline{w} = 3.27 \left(\frac{q_i \mu x_f}{E'} \right)^{1/4} \gamma \qquad (18.14)$$

系数 γ 由式（18.15）给出：

$$\gamma = \frac{\pi}{4} \frac{4}{5} = \frac{\pi}{5} = 0.628 \qquad (18.15)$$

因此式（18.14）中的常数变为 2.05。采用典型的油田单位，$\overline{w}$ 用 in，q_i 用 bbl/min，μ 用 cP，x_f 用 ft，E' 用 psi，式（18.14）变为：

$$\overline{w} = 0.19 \left(\frac{q_i \mu x_f}{E'} \right)^{1/4} \qquad (18.16)$$

例 18.4 计算牛顿流体的 PKN 模型裂缝宽度

当裂缝半长为 500ft、流体表观黏度为 100cP、注入速率为 40bbl/min 时，最大裂缝宽度和平均裂缝宽度分别是多少？假设 $\nu = 0.25$，$E = 4 \times 10^6$ psi，当 $x_f = 1000$ft 时平均裂缝宽度为多少？

对于上述地层，如果当 $x_f = 1000$ft 时，$h_f = 100$ft，那么请计算形成的裂缝体积。对于相同的裂缝体积，在 $E = 4 \times 10^5$ psi 的白垩系中形成的裂缝长度为多少？假设 h_f 和 ν 的值与上面相同。

解：

由式（18.13），有：

$$E' = \frac{4 \times 10^6}{1 - 0.25^2} = 4.27 \times 10^6 \text{psi} \qquad (18.17)$$

当 $x_f = 500$ft 时，式（18.16）得：

$$\overline{w} = 0.19 \left(\frac{40 \times 100 \times 500}{4.27 \times 10^6} \right)^{1/4} = 0.16 \text{in} \qquad (18.18)$$

那么最大裂缝长度（在井筒处）将为 0.25in［除以式（18.13）中的 γ］。

当 $x_f = 1000$ft 时，w_{max} 和 $\overline{w}$ 分别为 0.30in 和 0.19in（即前面的值乘以 $2^{1/4}$）。

1000ft（半长）裂缝的体积为：

$$V = 2 x_f h_f \overline{w} = 2 \times 1000 \times 100 \times \frac{0.19}{12} = 3170 \text{ ft}^3 \qquad (18.19)$$

在白垩系中，$x_f \overline{w}$ 乘积也一定为 15.8ft^2，因为 h_f 值相同。由式（18.72），$E' = 4.27 \times 10^5$ psi，且式（18.16）重新整理得：

$$x_f = \left\{ \left[\frac{12(x_f \overline{w})}{0.19} \right]^4 \frac{E'}{q_i \mu} \right\}^{1/5} \qquad (18.20)$$

因此，$x_f = 638$ft。相应的平均宽度为 0.30in。

18.3.2 非牛顿流体的裂缝宽度

非牛顿流体的最大裂缝宽度表达式为(用油田单位):

$$w_{\max} = 12 \left[\left(\frac{128}{3\pi} \right) (n'+1) \left(\frac{2n'+1}{n'} \right)^{n'} \left(\frac{0.9775}{144} \right) \left(\frac{5.61}{60} \right)^{n'} \right]^{1/(2n'+2)} \times \left(\frac{q_i^{n'} K' x_f h_f^{1-n'}}{E} \right)^{1/(2n'+2)}$$

(18.21)

式中,$w_{\max}$单位为 in。将 $w_{\max}$ 乘以 0.628 可计算得到平均宽度。n' 和 K' 为压裂液的幂律流变性参数。其他所有变量同牛顿流体方程[式(18.14)]。

例 18.5 非牛顿流体的裂缝宽度

使用例 18.4 中的处理参数和岩石变量,选用 $K' = 8 \times 10^{-3} \text{lbf} \cdot \text{s}^{n'}/\text{ft}^2$ 和 $n' = 0.56$ 的压裂液,计算在 $x_f = 1000\text{ft}$ 处的裂缝宽度。

解:

由式(18.21),有:

$$w_{\max} = 12 \times \left[13.59 \times 1.56 \times 3.79^{0.56} \times 0.0068 \times 0.0935^{0.56} \right]^{0.32} \times$$

$$\left(\frac{40^{0.56} \times (8 \times 10^{-3}) \times 1000 \times 100^{0.44}}{4 \times 10^6} \right)^{0.32} = 0.295\text{in}$$

(18.22)

因此,乘以 $\frac{\pi}{4}\gamma$,得 $\overline{w} = 0.18\text{in}$。

18.3.3 KGD 模型的裂缝宽度

如图 18.5 所示,KGD 模型由 PKN 模型旋转 90° 得到,且特别适用于估计 $h_f \geqslant x_f$ 的裂缝几何形状,但不适用于形成长裂缝的情况。

如图 18.5,KGD 裂缝沿井筒宽度相等,与 PKN 模型的椭圆形(在井筒处)形成鲜明的对比。裂缝长度一定的情况下,使用 KGD 模型代替 PKN 模型时,此宽度剖面将形成更大的裂缝体积。

$$\overline{w} = 2.70 \left(\frac{q_i \mu x_f^2}{E' h_f} \right)^{1/4} \left(\frac{\pi}{4} \right)$$

(18.23)

采用油田单位,$\overline{w}$ 用 in,有:

$$\overline{w} = 0.34 \left(\frac{q_i \mu x_f^2}{E' h_f} \right)^{1/4} \left(\frac{\pi}{4} \right)$$

(18.24)

注意:对于 KGD 模型,γ 值为 1。

18.3.4 径向模型的裂缝宽度

在压裂作业的早期,裂缝的延伸不受垂向阻力的限制,且在均质地层中,裂缝从侧面看近似为圆形。在厚地层或层间存在极少应力阻碍垂直裂缝形成的地层中,当进行相对小规模压裂时,此圆形几何形态可能会持续整个压裂过程,这类裂缝称为径向或扁平形裂缝。该裂缝的最大裂缝宽度为(Geertsma 和 DeKlerk,1969):

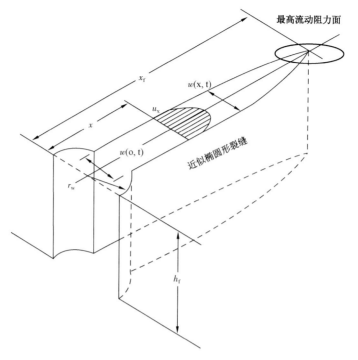

最高流动阻力面

x_f

$w(x, t)$

x

u_x

近似椭圆形裂缝

$w(o, t)$

r_w

h_f

图 18.5　KGD 模型的几何形态

$$w_{\max} = 2\left[\frac{q_i\mu(1-\nu)}{G}\right]^{1/4} \tag{18.25}$$

18.3.5　端部脱砂压裂（TSO）

　　PKN 模型、KGD 模型和径向模型描述的裂缝几何形态是无限制压裂的结果。从 1990 年初开始，端部脱砂压裂（TSO）普遍用于中高渗油藏。这一技术（有几种变形，尤其在 Economides 和 Martin（2007）的研究中）先阻止裂缝的生长，然后继续注入支撑剂以增加裂缝宽度。正如 17.3 节中所讲，对于给定的支撑剂体积，通过特定导流能力和半长的裂缝可使采油指数最大化。其实现可通过使用 TSO 技术阻止裂缝在指定半长处延伸，且在 TSO 后使裂缝膨胀至指定宽度。

　　TSO 的启动方法是通过注入低黏度流体来减少裂缝宽度从而使注入的支撑剂在裂缝端部架桥。由于滤失可能导致裂缝伤害，另一种排除滤失影响的方法是注入特定的多密度、多重支撑剂段塞，它可通过裂缝端部的过大压降再造成桥堵。某些更加复杂的技术涉及了钻井液工艺，所以由于沿裂缝的压降过大，裂缝延伸将自发停止这个问题不在本书的研究范围内。

18.3.6　复杂裂缝形态的形成

　　在渗透率非常低、应力基本各向同性的地层中，尤其是页岩地层，符合要求的油井动态取决于大型裂缝网络的形成，称为复杂压裂。为了形成复杂裂缝模式，不仅需要建立向远离井方向延伸的裂缝，还要形成垂直于主裂缝的次生裂缝或打开原本存在的天然裂缝系统。Warpinski，Mayerhofer，Vincent，Cipolla 和 Lolon（2009）及 King（2010）已提阐明了形成复杂裂缝的地层性质和压裂作业，包括：

（1）密集型天然裂缝网络的存在。复杂裂缝模式由延伸的水力裂缝和沟通的现有天然裂缝系统形成。即使天然裂缝没有导流能力（Barnett 页岩地层通常为此类情况），裂缝系统中存在足够的净压力，从而形成弱平面。即使不使用支撑剂，也可以通过剪切平移在此次生裂缝中形成导流能力。

（2）较小水平应力差和高净压力。当裂缝中的净压力大于最大水平应力时，次生裂缝沿垂直于主流动的方向打开。显然，最小和最大水平应力的差别越小，压裂过程中垂直裂缝越有可能打开。采用较高的泵送率通常可形成高净压力的裂缝。微地震监测及邻井压裂液的产出表明，垂向裂缝可以沿压裂井筒向外延伸 1000ft 以上。

（3）低黏度压裂液。复杂裂缝模式通常是采用滑溜水压裂液（添加减摩聚合物的水）压裂形成的。通常认为，低黏度流体更容易流入垂直的次生裂缝，所形成的裂缝比使用黏性凝胶压裂液所形成的裂缝更复杂。

（4）岩石脆性。脆性地层比软地层更容易形成复杂裂缝网络。大体而言，较高的杨氏模量对应高脆性页岩。

（5）密集型多级压裂。压裂页岩地层的常见方法是，沿水平井延伸方向在大量射孔簇处置注入多级压裂液和支撑剂段塞，多级裂缝相互作用并重叠，从而形成非常复杂的裂缝模式。前期裂缝形成的高应力改变了后面裂缝的应力条件，减少了水平应力差，从而提高了裂缝复杂性。

有关完井和复杂裂缝压裂作业的更多内容将在 18.8 节中给出。

18.4　裂缝几何特征与压力需求

18.4.1　净压裂压力

Sneddon 和 Elliot（1946）建立一个二维裂缝模型，该模型中一条裂缝无限大，另一条有限大（用特征维数 d 表示）。裂缝最大宽度正比于此特征维数，也正比于净压力（$p_f - \sigma_{min}$），而反比于平面应变模量 E'。

因此，裂缝的最大宽度（井筒处）可由式（18.26）给出：

$$w_{max} = \frac{2(p_f - \sigma_{min})d}{E'} \qquad (18.26)$$

式（18.26）适用于不同油藏和不同设定条件下水力裂缝宽度的计算。例如，对于 PKN 模型，特征维数 d 为裂缝高度 h_f。若进行无限压裂，200psi 的净压力可能已满足要求。因此，对于杨氏模量大（如 $E = 5 \times 10^6 psi$）、裂缝高度为 100ft 的致密储层，式（18.26）得到的最大裂缝宽度为 0.1in。但对于高渗、低硬度的岩石储层（杨氏模量变小 10 倍），当在 1000psi 净压力下进行 TSO 作业时，水力裂缝宽度约为 5in。目前在高渗压裂中已得到较大的裂缝宽度。

平均水力裂缝宽度 $\bar{w}$ 为：

$$\bar{w} = \frac{\pi}{4}\gamma w_{max} \qquad (18.27)$$

对于 PKN 模型，特征尺寸 d 为裂缝高度 h_f；而对于 KGD 模型，它等于从一端到另一端的裂缝长度 $2x_f$。在式（18.27）中，PKN 模型的 γ 值为 0.628；而 KGD 模型的 γ 值为 1。

Nolte 和 Economides(1989)已证明,对于效率 $\eta(=V_f/V_i)\to1$ 的压裂作业,裂缝体积 V_f 等于注入流体体积 V_i,因此:

$$\overline{w}A_f = q_i t \tag{18.28}$$

式中,A_f 为裂缝面积,等于 $2x_f h_f$。

然而,对于 $\eta\to0$,有:

$$A_f = \frac{q_i\sqrt{t}}{\pi\,C_L r_p} \tag{18.29}$$

式中:C_L 为滤失系数;r_p 为可渗高度与裂缝高度之比。在单层地层中,可渗高度为净油藏厚度 h。

对于 $\eta\to1$,由式(18.28)可得:

$$x_f\overline{w} = \frac{q_i t}{2h_f} \tag{18.30}$$

根据式(18.21),结合非牛顿流体 PKN 模型中最大宽度和平均宽度的几何参数,并将 $x_f^{1/(2n'+2)}$ 的所有乘数项作为常数 C_1(宽度没有用系数 12 转换成用 in 表示),式(18.30)变为:

$$x_f(C_1 x_f^{1/(2n'+2)}) = \frac{5.615q_i t}{2h_f} \tag{18.31}$$

式中:q_i 单位用 bbl/min 表示;t 用 min 表示。因此:

$$x_f = \frac{1}{C_1}\left(\frac{5.615q_i t}{2h_f}\right)^{(2n'+2)/(2n'+3)} \tag{18.32}$$

$\eta\to0$ 时,由式(18.20)可直接得到 x_f 与 t 的关系,因此:

$$x_f = \frac{5.615q_i\sqrt{t}}{2\,\pi\,hC_L} \tag{18.33}$$

将式(18.33)分母中的 $h_f r_p$ 变为 h。

根据 Sneddon 裂缝关系式[对应 PKN 模型,$d=h_f$ 的式(18.26)],净压裂压力可由式(18.34)给出:

$$\Delta p_f = p_f - \sigma_{min} = \frac{C_1}{(\pi\gamma/4)}x_f^{1/(2n'+2)}\frac{E}{2(1-\nu^2)h_f} \tag{18.34}$$

根据式(18.32),$\eta\to1$ 时,并将所有 $t^{1/(2n'+3)}$ 的乘数项取常数 C_2,可得:

$$\Delta p_f = C_2 t^{1/(2n'+3)} \tag{18.35}$$

类似地,$\eta\to0$ 时,由式(18.33)和式(18.34)得:

$$\Delta p_f = C_3 t^{1/4(n'+1)} \tag{18.36}$$

式中,C_3 是由于方程联立求解得到的常数。

裂缝穿透方程[式(18.32)和式(18.33)]、净压力方程[式(18.35)和式(18.36)]分别代表了 $\eta\to1$ 和 $\eta\to0$ 的两种极限情况。

压力研究对监测压裂作业非常有意义。由于 η' 通常近似等于 0.5，式(18.35)和式(18.36)中时间的幂次应取值于 1/6 和 1/4 之间。此结论最先由 Nolte 和 Smith(1981)提出，他们同时提出了类似 KGD 和径向模型的表达式，如下：

KGD 模型

$$\Delta p_f \propto t^{-n'/(n'+2)} \quad \eta \to 1 \tag{18.37}$$

$$\Delta p_f \propto t^{-n'/2(n'+1)} \quad \eta \to 0 \tag{18.38}$$

径向模型

$$\Delta p_f \propto t^{-n'/(n'+2)} \quad \eta \to 1 \tag{18.39}$$

$$\Delta p_f \propto t^{-3n'/8(n'+1)} \quad \eta \to 0 \tag{18.40}$$

结果表明，压裂实施过程中的双对数曲线能很方便地识别出延伸裂缝的形态。在 Δp_f 与时间的关系曲线中，正斜率对应 PKN 模型中裂缝正常扩展的情况；负斜率对应 KGD 模型中裂缝高度增长远大于长度增长的情况，或径向模型中径向裂缝扩展的情况。此技术目前正在广泛使用中。

最后，对于使用牛顿流体压裂液的 PKN 和 KGD 模型，也有简便的近似净压裂压力表达式。

对于 PKN 模型，使用统一单位，其表达式为：

$$\Delta p_f = 1.37 \left(\frac{E'^3 q_i \mu x_f}{h_f^4} \right)^{1/4} \tag{18.41}$$

用油田单位对应：

$$\Delta p_f(\text{psi}) = 0.015 \left(\frac{E'^3 q_i \mu x_f}{h_f^4} \right)^{1/4} \tag{18.42}$$

对于 KGD 模型，类似表达式为：

$$\Delta p_f(\text{psi}) = 0.030 \left[\frac{G^3 q_i \mu}{(1-\nu)^3 h_f x_f^2} \right]^{1/4} \tag{18.43}$$

易得出，对于 PKN 模型[式(18.41)]，随着 x_f 的增加，Δp_f 逐渐增大。对于 KGD 模型，随着 x_f 的增加，Δp_f 逐渐递减[式(18.43)]。

例 18.6 PKN 模型的裂缝穿透深度及净压力与时间的关系

计算两种极端情况(即 $\eta \to 1$ 和 $\eta \to 0$)下的裂缝穿透深度和对应的净压力。$n' = 0.5$，$K' = 8 \times 10^{-3} \text{lbf} \cdot \text{s}^2/\text{ft}^2$，$q_i = 40\text{bbl/min}$，$h = 100\text{ft}$，$h_f = 150\text{ft}$，$E = 2 \times 10^6 \text{psi}$，$\nu = 0.25$，$C_L = 5 \times 10^{-3} \text{ft}/\sqrt{\text{min}}$。

画出前 15min 的结果图。

解：

由式(18.21)和式(18.27)及给定的变量，可计算出式(18.32)中的常数 C_1：

$$C_1 = 0.628 \times 0.439 \times (6.8 \times 10^{-3}) = 1.87 \times 10^{-3} \tag{18.44}$$

$\eta \to 1$ 时，由式(18.32)，有：

$$x_f = 480t^{3/4} \tag{18.45}$$

$\eta \to 0$ 时,由式(18.33),有:

$$x_f = 71.5t^{1/2} \tag{18.46}$$

式(18.45)和式(18.46)中,时间单位为 min。

最后,$\eta \to 1$ 时,式(18.35)变为:

$$\Delta p_f = 171t^{1/4} \tag{18.47}$$

而 $\eta \to 0$ 时,式(18.36)变为:

$$\Delta p_f = 87.9t^{1/6} \tag{18.48}$$

图 18.6 是该例子的结果曲线。由 PKN 模型可预知,净压力随时间递增。注意,裂缝穿透深度的计算表明,流体效率对裂缝延伸有显著影响。因此,控制流体滤失对有效水力压裂作业有着重要意义。

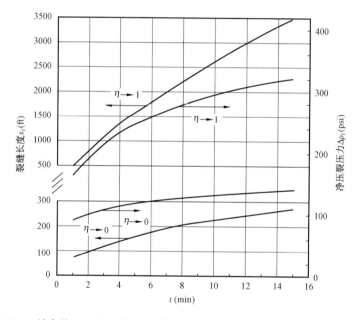

图 18.6　效率接近 0 和 1 的 PKN 模型裂缝穿透深度和净压裂压力(例 18.6)

18.4.2　裂缝的扩展高度

p3 – D 模型考虑了裂缝高度沿横向和纵向扩展的同时进行。下面给出了井筒处裂缝高度(此处值最大)的近似求解,裂缝高度是根据测井得到的机械性质和井筒净压裂压力进行预测得到的。

在 18.2.2 节中,已讨论沿垂直剖面的水平应力分布。研究表明,由于不同岩性具有不同的泊松比,所以垂直应力(上覆层重量)在水平方向上不均匀传播,导致层间出现应力差异。例 18.1 表明,目标砂岩与上覆或下部页岩间的水平应力可能有几百 psi 的差异。

Simonson(1978)已建立一个简单模型将此应力差、净压裂应力和井筒处的裂缝高度扩展关联起来，New-berry 等（1985）也已在此模型中考虑了层内临界应力强度因子 K_{IC}（断裂韧性）和重力的影响。图18.7为此模型示意图，厚度 h 的目的层的水平应力为 σ，上覆层的应力为 σ_u，下部地层应力为 σ_d，裂缝向上的扩展高度为 h_u（从油藏底部测量），裂缝向下的扩展高度为 h_d（从油藏顶部测量）。

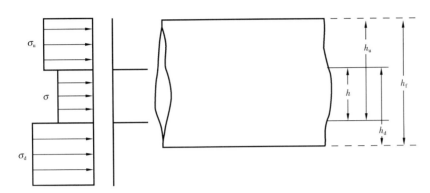

图 18.7　目的层、邻层的几何形状及裂缝高度扩展的应力剖面（据 Newberry 等,1985）

使裂缝高度向上扩展 h_u 所需的净压裂压力为：

$$\Delta p_f = \frac{C_1}{\sqrt{h_u}}\left[K_{IC}\left(1 - \sqrt{\frac{h_u}{h}}\right) + C_2(\sigma_u - \sigma)\sqrt{h_u}\cos^{-1}\left(\frac{h}{h_u}\right)\right] + C_3\rho(h_u - 0.5h) \quad (18.49)$$

同理，使裂缝高度向下扩展 h_d 所需的净压裂压力为：

$$\Delta p_f = \frac{C_1}{\sqrt{h_d}}\left[K_{IC}\left(1 - \sqrt{\frac{h_d}{h}}\right) + C_2(\sigma_d - \sigma)\sqrt{h_d}\cos^{-1}\left(\frac{h}{h_d}\right)\right] - C_3\rho(h_d - 0.5h) \quad (18.50)$$

在上述表达式中，来自层内的应力差异（右边第二项）对所有油藏均有很大影响。而第一项，即临界应力强度因子，占很小的比例。在向上扩展过程中，重力效应使其延迟，而在向下扩展过程中重力效应使其加速。

用油田单位（σ,σ_u 和 σ_d 用 psi 表示，h,h_u 和 h_d 用 ft 表示，ρ 用 lb/ft^3 表示，K_{IC} 用 psi/$\sqrt{\text{in}}$ 表示）时，常数 C_1,C_2 和 C_3 分别为 0.163,3.91 和 0.0069。计算得到的净压裂压力单位为 psi。

最后，反余弦必须用度数进行计算。

例 18.7　裂缝扩展高度的估算

一个砂岩储层，厚 75ft，其最小水平应力为 7100psi。上覆和下部页岩的应力分别为 7700psi、8100psi。$K_{IC} = 1000$psi/$\sqrt{\text{in}}$，$\rho = 62.4$lb/ft^3。计算净压裂压力分别等于 200psi、500psi 时的裂缝扩展高度。

如果上覆岩层厚度为 100ft，临界净压裂压力（高于该值时将可能发生裂缝向另一可渗地层的不利突破）应为多少？

解：

图18.8为 $\Delta h_{u,d}(= h_{u,d} - h)$ 与 Δp_f 的关系曲线。下面给出了目标层以上100ft 裂缝扩展高度的计算示例。

由于 $\Delta h_u = 100$，那么 $h_u = 175$ft，由式（18.49）得：

$$\Delta p_f = \frac{0.0217}{\sqrt{175}} \times \left[1000 \times \left(1 - \sqrt{\frac{175}{100}} \right) + 0.015 \times (7700 - 7100) \times \sqrt{175} \times \cos^{-1}\left(\frac{75}{175} \right) \right] +$$

$$0.0069 \times 55 \times (175 - 0.5 \times 75)$$

$$= -6.5 + 431 + 59 = 484\text{psi} \tag{18.51}$$

即作业过程中一定不能超过的临界净压裂压力。

上面计算的 3 项分别表示临界应力强度因子、层内应力差异和重力的相对贡献。针对该问题中的应力差异类型,第一项可以忽略,重力影响也可以忽略但约有 10% 的误差。

由图 18.8 可知,对于 200psi 和 500psi 的净压力,向上的裂缝扩展高度分别为 9ft、110ft。对 100ft 扩展高度的计算而言,第二个净压力将导致裂缝进入另一个可渗地层,这通常是不利的。

对于 200pis 和 500psi 的净压力,裂缝向下的扩展高度分别为 6ft、35ft。

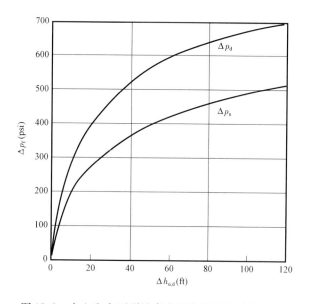

图 18.8　向上和向下裂缝高度迁移的压力(例 18.7)

18.4.3　压裂液体积需求量

压裂实施包括几个不同的流体阶段,它们各自执行着重要且特殊的任务。

前置液是不携带支撑剂的压裂液,其作用是压开并传导裂缝。在裂缝传导过程中,向油藏中及垂直于裂缝面的流体滤失由形成的滤饼所控制,当然也受储层渗透率影响。压裂液滤失体积正比于流体在裂缝内停留时间的平方根。因此,先注入前置液流体,其作用是为接下来注入携砂液作铺垫。

前置液注入后,在压裂液中加入适当的支撑剂,并不断增加其浓度,直到施工后期泥浆浓度达到预定值。这一值取决于流体的携砂能力或油藏及所形成裂缝的承受能力。

一般说来,压裂的过量滤失可能是由油藏的非均质性(如天然裂纹)引起,另一种可能就是裂缝高度迁移的影响。若压开两个可渗地层间的薄隔层,可能产生一个狭小通道(对应 Sneddon 关系式,对具有较大水平应力的页岩,净压力较小,因此形成的裂缝宽度也较小)。这一狭小通道允许流体进入,但会把支撑剂留在外面,此现象可能会导致泥浆过量脱水和"脱砂"。如前面所述,对应携砂液的失砂能力,这将导致压力过度增大,从而阻碍横向裂缝的进一步增长。

由于支撑剂不能进入宽度小于支撑剂直径三倍的小裂缝,此情况下形成的水力裂缝长度与支撑裂缝的长度不同。

Nolte(1986)和 Meng 及 Brown(1987)考虑流体效率 η,给出了总压裂液体积需求量 V_i 与前置液体积 V_{pad} 之间的近似关系式:

$$V_{pad} \approx V_i \left(\frac{1 - \eta}{1 + \eta} \right) \tag{18.52}$$

顶替液的作用是将混砂液从井筒驱至裂缝内,其用量应小于井筒容积,因为过量顶替可将支撑剂驱出井筒,并且在压裂压力消失、裂缝闭合后将形成"瓶颈"裂缝。这是压裂增产过程中应考虑的重要问题,必须避免其发生。

注入的压裂液总量、形成的裂缝体积 V_f 及流体滤失量 V_L 之间的物质平衡关系可写成:

$$V_i = V_f + V_L \tag{18.53}$$

通过引入组合变量,式(18.53)可扩展为:

$$q_i t_i = A_f \overline{w} + K_L C_L (2A_f) r_p \sqrt{t_i} \tag{18.54}$$

式中:q_i 为注入量;t_i 为注入时间;A_f 为裂缝面积;C_L 为滤失系数;r_p 为油层净厚度与裂缝高度之比(h/h_f);变量 K_L 为压开时间分布系数,其与流体效率之间的关系为(Nolte,1986):

$$K_L = \frac{1}{2} \left[\frac{8}{3} \eta + \pi (1 - \eta) \right] \tag{18.55}$$

由于裂缝具有上下两个表面,滤失项中的裂缝面积乘以 2,裂缝面积 A_f 等于 $2x_f h_f$。

对于给定的裂缝长度,利用假设的裂缝模型可计算得到平均裂缝宽度 $\overline{w}$[如对于 PKN 模型和非牛顿流体的式(18.21)]。已知裂缝高度、滤失系数和流体效率,可利用式(16.79)进行反向计算。在给出流体滤失量的情况下,此二次方程可计算裂缝扩展一定长度(也包括宽度)所需要的时间。此时间的两个平方根一正一负,正解的平方将是总注入时间 t_i,$q_i t_i$ 乘积等于所需的总压裂液体积(前置液和支撑剂携砂液)。

因为总压裂体积中前置液部分可由式(18.52)计算得到,那么加入支撑剂的开始时间可很容易得到:

$$t_{pad} = \frac{V_{pad}}{q_i} \tag{18.56}$$

物质平衡方程[式(18.54)]中的滤失系数可由 Nolte 和 Economides(1989)描述的裂缝校正得到。

例 18.8　总压裂液体积和前置液体积的计算

例 18.5 中,计算所得长 1000ft 的裂缝的平均缝宽等于 0.18in。假设 $r_p = 0.7$(即 $h = 70$ft),计算所需的压裂液总体积和前置液体积。取 $C_L = 2 \times 10^{-3}$ ft/$\sqrt{\text{min}}$,注入速度 q_i 为 40bbl/min,针对小滤失系数(2×10^{-4} ft/$\sqrt{\text{min}}$)重新进行计算。

解：

（1）$C_L = 2 \times 10^{-3} \text{ft}/\sqrt{\min}$，裂缝面积为 $2 \times 100 \times 1000 = 2 \times 10^5 \text{ft}^2$。由式（18.54），通过适当的单位转换，并假设 $K_L = 1.5$，有：

$$40 \times 5.615 t_i = 2 \times 10^5 \times \left(\frac{0.18}{12}\right) + 1.5 \times (2 \times 10^{-3}) \times (4 \times 10^5) \times 0.7 \sqrt{t_i} \quad (18.57)$$

或

$$t_i - 3.74 \sqrt{t_i} - 13.4 = 0 \quad (18.58)$$

由此得到 $t_i = 36\min$。

那么所需的总体积为：

$$V_i = 40 \times 42 \times 36 = 6 \times 10^4 \text{gal} \quad (18.59)$$

得效率 η 为：

$$\eta = \frac{V_f}{V_i} = \frac{(2 \times 10^5) \times (0.18/12) \times 7.48}{6 \times 10^4} = 0.37 \quad (18.60)$$

式中 7.48 为转换系数，由式（18.55）得，$K_L = 1.48$，证实了 $K_L = 1.5$ 的假设。该计算可通过试算法进行，尽管从式（16.80）可直接看出 K_L 在 1.33 和 1.57 之间，并且一般来说取 $K_L \cong 1.5$ 较为合适。由式（18.52），前置液体积 V_{pad} 为：

$$V_{pad} = (6 \times 10^4) \times \frac{1 - 0.37}{1 + 0.37} = 2.76 \times 10^4 \text{gal} \quad (18.61)$$

为总压裂液体积的 46%。注入量为 40bbl/min 的情况下，需要注入时间为 17min。

（2）$C_L = 2 \times 10^{-4} \text{ft}/\sqrt{\min}$时，二次方程为：

$$t_i - 0.374 \sqrt{t_i} - 13.4 = 0 \quad (18.62)$$

得 $t_i = 15\min$。

所需的总体积为：

$$V_i = 40 \times 42 \times 15 = 2.5 \times 10^4 \text{gal} \quad (18.63)$$

效率 η 为：

$$\eta = \frac{V_f}{V_i} = \frac{(2 \times 10^4) \times (0.18/12) \times 7.48}{2.5 \times 10^4} = 0.9 \quad (18.64)$$

前置液体积为：

$$V_{pad} = (2.5 \times 10^4) \times \frac{1 - 0.9}{1 + 0.9} = 1.3 \times 10^3 \text{gal} \quad (18.65)$$

为注入总体积的 5%，需要的注入时间少于 1min。

由上述计算可明显看出，滤失系数严重影响支撑剂加入钻井液前所需注入总压裂液量的比例，这无疑会严重影响注入的支撑剂总量以及给定裂缝长度所能形成的支撑缝宽度。

结合裂缝体积平衡方程［式（18.54）］与 2-D 裂缝模型（PKN、KGD 或径向模型）的裂缝宽度方程,可计算裂缝长度和宽度(为注入体积的函数)。由于裂缝宽度明显取决于裂缝长度,但与注入体积无关,所以最简单的方法是先假设一个裂缝长度,然后计算相应的裂缝宽度,最后计算对应裂缝几何形态所需泵入的压裂液体积。

例 18.9 变化的裂缝几何形态

对于例18.4中的压裂条件,计算作为时间函数的裂缝长度和裂缝宽度,直到裂缝长度达1000ft。假设 PKN 模型描述了形成的裂缝,且滤失系数为 $0.001 \mathrm{ft}/\sqrt{\min}$。

由例18.4可知,地层性质及泵入条件为:$\nu = 0.25$,$E = 4 \times 10^6 \mathrm{psi}$,$h_\mathrm{f} = 100 \mathrm{ft}$,$q_\mathrm{i} = 40 \mathrm{bbl}/\min$,$\mu = 100 \mathrm{cP}$。计算步骤为,首先假设一个裂缝长度 x_f 值,然后由式(18.16)计算平均裂缝宽度,最后将长度和裂缝宽度代入式(18.54)中,计算形成该裂缝几何形状所需的泵入时间。在此计算中,首先假设 K_L 为1.5,然后根据已知泵入的总体积(等于 $q_\mathrm{i} t_\mathrm{i}$)和裂缝体积,计算效率并用式(18.55)检验 K_L。如果 K_L 与1.5相差很多,则继续用 K_L 的新值计算得到 t_i 的新估计值。

首先,假设裂缝长度为50ft。由式(18.16)得:

$$\bar{w} = 0.19 \times \left(\frac{40 \times 100 \times 50}{4.27 \times 10^6} \right)^{1/4} = 0.088 \mathrm{in} \tag{18.66}$$

然后,根据裂缝长度和裂缝宽度,并假设 $K_\mathrm{L} = 1.5$,$r_\mathrm{p} = 1 \mathrm{in}$,式(18.54)得:

$$40 \times 5.615 t_\mathrm{i} = 2 \times 100 \times 50 \times \frac{0.088}{12} + 1.5 \times (1 \times 10^{-3}) \times 4 \times 100 \times 50 \sqrt{t_\mathrm{i}} \tag{18.67}$$

或

$$t_\mathrm{i} - 0.1336 \sqrt{t_\mathrm{i}} - 0.326 = 0 \tag{18.68}$$

解得 t_i 等于0.41min。裂缝体积除以对应注入体积,可得效率为0.79,且由式(18.55),有:

$$K_\mathrm{L} = \frac{1}{2} \times \left[\frac{8}{3} \times 0.79 + (1 - 0.79) \pi \right] = 1.38 \tag{18.69}$$

取 $K_\mathrm{L} = 1.38$ 重新计算,得注入时间为0.406min。再一次校核 K_L,得收敛值为1.38。

对不同的裂缝长度值(高达1000ft),重复此计算过程。如图18.9所示,即裂缝长度和裂缝宽度与时间的函数关系。

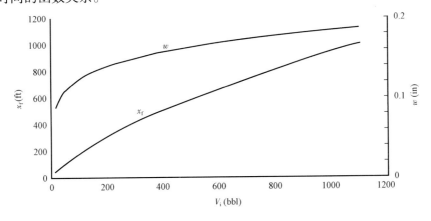

图18.9 预测的裂缝几何形态(例18.9)

18.4.4 支撑剂的注入进程

支撑剂的注入起点及其注入浓度与时间的关系取决于流体效率。在前一节中,估算前置液体积[式(18.52)]后,确定了支撑剂开始注入的时间。

根据物质平衡,Nolte(1986)已经证明,支撑剂线性注入进程中,连续注入的支撑剂与时间的关系满足以下关系式:

$$c_p(t) = c_f \left(\frac{t - t_{pad}}{t_i - t_{pad}} \right)^{\varepsilon} \tag{18.70}$$

式中:$c_p(t)$ 为携砂浓度,lb/gal;c_f 为作业结束时的携砂浓度;t_{pad} 和 t_i 分别是前置液注入时间和总注入时间。变量 ε 取决于流体效率,关系式为:

$$\varepsilon = \frac{1 - \eta}{1 + \eta} \tag{18.71}$$

式(18.70)和式(18.71)反映了适当的支撑剂注入模式,该模式中整个水力裂缝长度与支撑长度相一致。但这无法完全实现,因为在裂缝宽度小于支撑剂直径三倍的位置,支撑剂无法进入裂缝,从而发生桥堵(注意:在宽度大于支撑剂直径三倍的地方也可能发生桥堵,支撑剂直径的三倍是绝对最小值)。因此,在设计水力压裂作业时,该准则可用来检验注入支撑剂的总量。影响作业结束时携砂浓度 c_f 的另一个因素是压裂液的携砂能力。当然,在所有情况下计算的平均支撑宽度不能超过平均水力裂缝宽度。

例 18.10 支撑剂注入进程的确定

假设总注入时间 t_i 为 245min,效率 $\eta = 0.4$,前置液注入时间 t_{pad} 为 105min,作业结束时携砂液浓度 c_f 为 3lb/gal,画出连续加入支撑剂的进程图。

解:

由式(18.71)及 $\eta = 0.4$,得:

$$\varepsilon = \frac{1 - 0.4}{1 + 0.4} = 0.43 \tag{18.72}$$

然后由式(18.128)及 $c_f = 3$lb/gal 得:

$$c_p(t) = 3 \left(\frac{t - 105}{245 - 105} \right)^{0.43} \tag{18.73}$$

例如,当 $t = 150$min 时,$c_p(t) = 1.84$lb/gal;当 $t = 105$min 时,$c_p(t) = 0$;当 $t = 245$min 时,$c_p(t) = 3$lb/gal。

图 18.10 为支撑剂开始注入和注入进程的曲线图。

18.4.5 支撑裂缝宽度

正如 17.2 节和 17.3 节中所述,沿着裂缝长度的裂缝支撑宽度对压裂后的生产效果起决定性作用。裂缝导流能力可简单地表示为支撑裂缝宽度与支撑剂填充层渗透率的乘积。式(17.2)给出了无量纲导流能力,该表达式中的宽度为裂缝的支撑宽度。

正如最后两节所述,水力宽度与支撑宽度间存在间接关系,它在很大程度上取决于流体效率及压裂作业后期的支撑剂浓度。

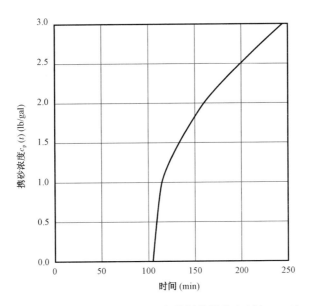

图 18.10　携砂液开始注入及支撑剂线性注入(例 18.10)

假设将质量为 M_p 的支撑剂注入到半长为 x_f、高度为 h_f 且支撑剂均匀分布的裂缝中,那么:

$$M_p = 2x_f h_f w_p (1 - \phi_p) \rho_p \tag{18.74}$$

式中,乘积 $2x_f h_f w_p (1 - \phi_p)$ 表示支撑剂填充层的体积,表征支撑剂类型和尺寸。密度 ρ_p 也是支撑剂的特性参数之一。

裂缝中的支撑剂浓度 C_p 为常用参数,其定义为:

$$C_p = \frac{M_p}{2x_f h_f} \tag{18.75}$$

C_p 的单位为 lb/ft^2。因此,式(18.74)重新整理得裂缝宽度 w_p 为:

$$w_p = \frac{C_p}{(1 - \phi_p) \rho_p} \tag{18.76}$$

为了计算支撑剂质量,首先必须将线性支撑剂注入表达式从 t_{pad} 到 t_i 积分,得到平均携砂液浓度。由式(18.70),有:

$$\bar{c}_p = \frac{1}{t_i - t_{pad}} \int_{t_{pad}}^{t_i} c_f \left(\frac{t - t_{pad}}{t_i - t_{pad}} \right)^\varepsilon dt \tag{18.77}$$

得到:

$$\bar{c}_p = \frac{c_f}{\varepsilon + 1}(1 - 0) = \frac{c_f}{\varepsilon + 1} \tag{18.78}$$

那么支撑剂质量将为:

$$M_p = \bar{c}_p (V_i - V_{pad}) \tag{18.79}$$

可通过式(18.75)~式(18.79)计算裂缝的平均支撑宽度。

例 18.11 支撑宽度的计算

假设将 20/40 目的烧结铝矾土（$\phi_p = 0.42$，$\rho_p = 230\text{lb/ft}^3$）注入到设计参数为 $x_f = 1000\text{ft}$、$h_f = 150\text{ft}$ 的裂缝中。如果 $c_f = 3\text{lb/gal}$ 且 $\varepsilon = 0.43$（见例 18.10），计算支撑剂的总质量、支撑宽度和裂缝中的支撑剂浓度。不含前置液的压裂液体积为 $4.12 \times 10^5 - 1.76 \times 10^5 = 2.36 \times 10^5\text{gal}$。

解：

由式（18.78）可计算平均携砂浓度：

$$\bar{c}_p = \frac{c_f}{\varepsilon + 1} = \frac{3}{1.43} = 2.1\text{lb/gal} \tag{18.80}$$

由式（18.79），可确定支撑剂质量：

$$M_p = 2.1 \times (2.36 \times 10^5) = 4.9 \times 10^5\text{lb} \tag{18.81}$$

裂缝中支撑剂浓度 C_p 为［式（18.75）］：

$$C_p = \frac{4.9 \times 10^5}{2 \times 1000 \times 150} = 1.63\text{lb/ft}^2 \tag{18.82}$$

最后，由式（18.76），有：

$$w_p = \frac{1.63}{(1 - 0.42) \times 230} = 0.012\text{ft} = 0.15\text{in} \tag{18.83}$$

正如在 17.3 节中所讨论的，对于每次压裂作业，都存在一个裂缝宽度和长度的最优组合，使压裂井产能最高。在压裂设计中，对于给定的压裂条件（如总流体和支撑剂体积），须尽量使裂缝宽度和长度与最优的宽度和长度相匹配。考虑到设计参数受限（如注入时间、注入速率、流体和支撑剂的选择等），最优条件只作为压裂设计和实施中的指导准则，在实际施工或经济上很难实现。

在裂缝设计的优化过程中，首先根据式（17.19）和式（17.18）计算优化的 C_{fD} 和最大 J_D，然后由式（17.20）计算最优裂缝长度和宽度。对于给定的储层和支撑剂注入速率，一旦确定了最优裂缝几何形状，可根据最优裂缝宽度计算水力裂缝宽度［比如 PKN 模型的式（18.16）］。根据计算得到的裂缝宽度，就可得到注入时间［式（18.54）］及总体积和前置液体积［式（18.52）］。所选定支撑剂的总质量可由式（18.79）估计得到，而支撑裂缝宽度可由式（18.75）和式（18.76）得到。最后，将计算得到的支撑宽度与最优条件下的宽度进行比较，应努力使设计的裂缝几何形态与最优几何形态相匹配，以实现压裂作业的经济效益最大化。此过程中也可通过调整注入速率和压裂液流变特性使裂缝几何形态尽可能接近最优。

此设计针对无限制压裂而言。TSO 作业适用于高渗油藏，合适的支撑裂缝宽度可通过裂缝延伸到所需长度时使裂缝膨胀得到。

例 18.12 最优裂缝尺寸的压裂设计

根据下面的作业参数和油藏数据，用 PKN 模型计算支撑裂缝宽度，并与例 17.2 的结果进行比较。

$K = 1\text{mD}$，$h = 50\text{ft}$，$h_f = 100\text{ft}$，$E = 1 \times 10^5$，$\nu = 0.2$，支撑剂相对密度为 2.65，支撑剂孔隙度为 0.38，$K_f = 60000\text{mD}$（20/40 目砂），$M_p = 150000\text{lb}$，流体视黏度为 200cP，$K_L = 1.5$，$C_L = 0.01\text{ft/}$

$\sqrt{\min}$, $c_f = 8 \text{lb/gal}$。

解:

由式（18.13），$E' = 1.04 \times 10^6 \text{psi}$。假设 q_i 为 50bbl/min，由式（18.16）可得，当 $x_f = 504 \text{ft}$ 时，

$$\overline{w} = 0.19 \times \left(\frac{50 \times 200 \times 504}{1.04 \times 10^6} \right)^{1/4} = 0.28 \text{in} \tag{18.84}$$

裂缝面积 A_f 为 100800ft^2。由式（18.54）得：

$$50 \times 5.615 t_i = 100800 \times \frac{0.28}{12} + 1.5 \times 0.02 \times 2 \times 100800 \times \frac{50}{100} \sqrt{t_i} \tag{18.85}$$

由此可得 $t_i = 44 \text{min}$。由该注入时间可得总注入体积为 $9.3 \times 10^4 \text{gal}$、裂缝效率为 0.2、$\varepsilon$ 为 0.67。

平均携砂浓度可由式（18.78）计算得到：

$$\overline{c}_p = \frac{c_f}{1 + \varepsilon} = \frac{8}{1 + 0.68} = 4.8 \text{lb/gal} \tag{18.86}$$

由式（18.79）和式（18.75），可确定支撑剂质量和支撑剂浓度：$M_p = 1.46 \times 10^5 \text{lb}$，$C_p = 1.5 \text{lb/ft}^2$。

最后，由式（18.76），有：

$$w_p = \frac{1.5}{(1 - 0.38) \times 2.65 \times 62.4} = 0.014 \text{ft} = 0.17 \text{in} \tag{18.87}$$

该结果与例17.2中渗透率为 1mD 的最优裂缝条件相匹配。

18.5 压裂液

目前有很多流体用作压裂液，包括水、聚合物水溶液、稠化油、黏弹性表面活性剂溶液、泡沫及乳化剂溶液。最常用的压裂液是"滑溜水"（加有少量聚合物以减少摩擦压降的水）和天然聚合物瓜尔胶溶液或其派生物，特别是羟丙基瓜尔胶（HPG）溶液。图 18.11（Brannon，2007）给出了常见压裂液使用的相对比例，表明滑溜水和瓜尔胶基流体约占使用的所有压裂液的80%。压裂液用来创造裂缝并输送支撑剂。为形成更大的裂缝宽度，并使支撑剂在裂缝中处于悬浮状态，同时减少滤失，需要选用高黏度压裂液。而对于低黏度压裂液，由于其摩擦压降较低，可以在较高速率下泵入，并更容易穿透进入超低渗地层形成复杂压裂的狭窄次生裂缝。因此，对于特定应用，最优的压裂液取决于所需的裂缝几何形态。

几乎所有压裂液的性质都与它们的视黏度有关，而视黏度又是聚合物用量的函数。聚合物，如瓜尔胶（某种天然物质）或羟丙基瓜尔胶（HPG），被加入水溶液中来增加压裂液的基本黏度。聚合物浓度通常用每 1000gal 流体中聚合物的磅含量（lb/1000gal）表示，且经验值为 $20 \sim 60$，目前正在使用的批量混合压裂液的最常见浓度为 30lb/1000gal。

典型的油藏温度（$170 \sim 200 ^\circ\text{F}$）使聚合物溶液呈现相对较低的黏度。例如，40lb/1000gal 的 HPG 溶液在室温和 170s^{-1} 剪切速率下的表观黏度约为 50cP，而同样的溶液在 $175 ^\circ\text{F}$ 下的表

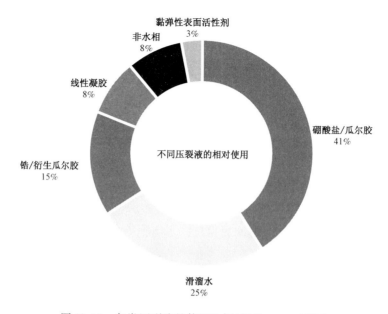

图 18.11　各类压裂液的使用比例(据 Brannon,2007)

观黏度却小于 20cP。因此,常用交联剂(通常为有机金属或过渡金属化合物)能显著提高压裂液的表观黏度,最常用的离子交联剂有硼酸盐、钛酸盐和锆酸盐。它们与瓜尔胶和 HPG 链在聚合物的不同位置生成化学键,从而形成相对分子质量非常高的化合物。在 100℉时 170s^{-1}剪切速率下 40lb/1000gal 的硼酸交联液的表观黏度大于 2000cP,在 200℉下约为 250cP。硼酸交联液使用的最高温度约为 225℉,而钛酸和锆酸交联液可在高达 350℉的温度下使用。图18.12(Economides 和 Martin,2007)是压裂实践中目前及发展中的压裂液选择指南。

18.5.1　流变特性

大多数压裂液都是非牛顿流体,描述其流变特性的最常用模型为幂次定律:

$$\tau = K\dot{\gamma}^{n} \tag{18.88}$$

式中:τ 为剪切应力,lbf/ft^2;$\dot{\gamma}$ 为剪切速率,s^{-1};K 为稠度系数,lbf·s^{n}/ft^2;n 为流动特性指数。τ 与 $\dot{\gamma}$ 的双对数曲线将是一条直线,其斜率为 n,在 $\dot{\gamma}=1$ 的截距为 K。

压裂液流变特性通常可在几何特定参数为 η' 和 K' 的同心圆筒中测得。当流动特性指数 n等于 n' 时,广义稠度系数 K 与同心圆筒参数 K' 的关系为:

$$K = K'\left[\frac{B^{2/n'}(B^2-1)}{n'(B^{2/n'}-1)B}\right]^{-n'} \tag{18.89}$$

式中,$B = r_{\text{cup}}/r_{\text{bob}}$ 且 r_{cup} 为内杯半径,r_{bob} 为内筒半径。

反过来,广义稠度系数与不同几何形状裂缝中压裂液的稠度系数有关。对于圆管,K'_{pipe} 为:

$$K'_{\text{pipe}} = K\left(\frac{3n'+1}{4n'}\right)^{n'} \tag{18.90}$$

对于狭缝,K'_{slot} 为:

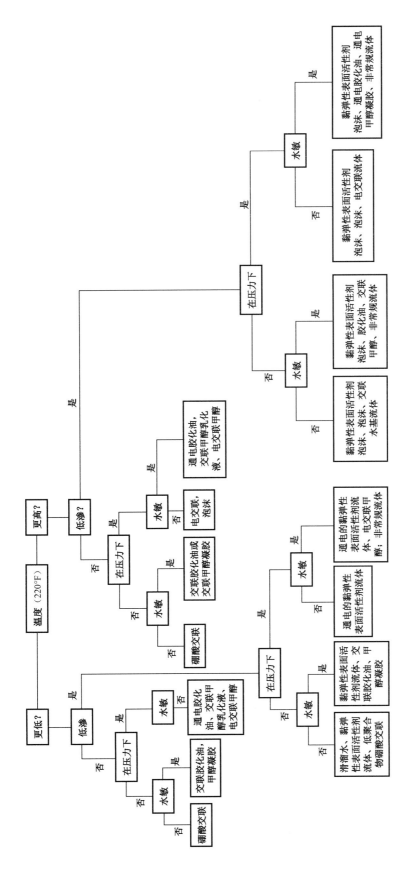

图18.12 压裂液选择指南（据Ecommides和Martin，2007）

$$K'_{slot} = K \left(\frac{2n' + 1}{3n'} \right)^{n'} \tag{18.91}$$

图 18.13 和图 18.14 给出了一种常见压裂液——40lb/1000gal 硼酸交联液的流变特性。

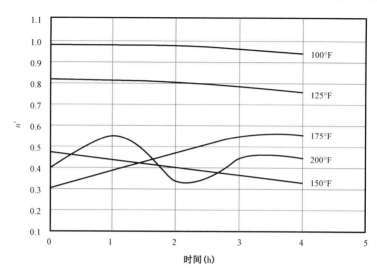

图 18.13　40lb/1000gal 硼酸交联液的 n' 值

（据 Economides，1991；获 Schlumberger 许可）

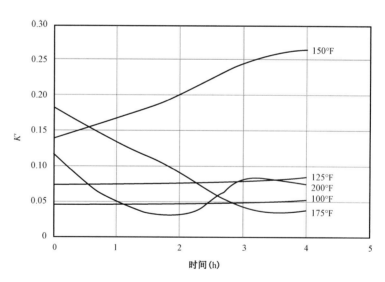

图 18.14　40lb/1000gal 硼酸交联液的 K' 值

（据 Economides，1991；获 Schlumberger 许可）

注意，表观黏度 μ_a 与裂缝几何形状所决定的 K'、n' 及给定的剪切速率 $\dot{\gamma}$ 有关：

$$\mu_a = \frac{47800 K'}{\dot{\gamma}^{1-n'}} \tag{18.92}$$

在式（18.92）中，黏度单位为 cP。

对于幂律流体，油管中管壁上的剪切速率为：

$$\dot{\gamma} = \left(\frac{3n'+1}{4n'}\right)\frac{8u}{d} \tag{18.93}$$

式中:d 为直径;u 为表观速度且等于 q/A。

对于接近于裂缝几何形状的狭缝,狭缝壁面的剪切应力为:

$$\dot{\gamma} = \left(\frac{2n'+1}{3n'}\right)\frac{6u}{w} \tag{18.94}$$

式中,w 为狭缝的宽度。

对于泡沫流体,Valkó、Economides、Baumgartner 和 McElfresh(1992)认为,式(18.88)中的稠度系数可以表示为:

$$K = K_{\text{foam}}\varepsilon^{1-n} \tag{18.95}$$

式中 ε 为特定的体积膨胀比,有:

$$\varepsilon = \frac{\hat{v}_{\text{foam}}}{\hat{v}_{\text{liquid}}} = \frac{\rho_{\text{liquid}}}{\rho_{\text{foam}}} \tag{18.96}$$

K_{foam} 和 ε 是给定温度下给定气液流体对应的特定值。在井筒中,由于压力的变化会引起密度变化,所以泡沫液的表观速度随深度而变化。式(18.95)的特点是,K 的变化会弥补密度变化,从而使层流和湍流中沿油管的摩擦系数恒定。式(18.95)称为"量平衡幂次定律"。

例 18.13 幂律流体流变特性的确定

计算 175℉下 40lb/1000gal 硼酸交联液的 K'_{pipe} 和 K'_{slot}。假设流变性质在 $B=1.3$ 的同心圆筒中测得,压裂作业中注入速度为 40bbl/min,裂缝高度为 250ft,且宽度为 0.35in,计算裂缝中流体的表观黏度。

解:

由图 18.13 和图 18.14($T=175℉$,$t=0$h)可得,$n'=0.3$,$K'=0.18$lbf·s$^{n'}$/ft^2。广义 K 由式(18.89)给出:

$$K = 0.18 \times \left[\frac{1.3^{2/0.3} \times (1.3^2-1)}{0.3 \times (1.3^{2/0.3}-1) \times 1.3}\right]^{-0.3} = 0.143\text{lbf·s}^{n'}/\text{ft}^2 \tag{18.97}$$

由式(18.90)得:

$$K'_{\text{pipe}} = 0.143 \times \left(\frac{3 \times 0.3+1}{4 \times 0.3}\right)^{-0.3} = 0.164\text{lbf·s}^{n'}/\text{ft}^2 \tag{18.98}$$

由式(18.91)得:

$$K'_{\text{slot}} = 0.143 \times \left(\frac{2 \times 0.3+1}{3 \times 0.3}\right)^{-0.3} = 0.17\text{lbf·s}^{n'}/\text{ft}^2 \tag{18.99}$$

裂缝中的剪切速率可用式(18.94)估算。表观速度(经过合适的单位转换)为:

$$u = \frac{(40/2) \times 5.615}{60 \times 250 \times (0.35/12)} = 0.26\text{ft/s} \tag{18.100}$$

将流量除以 2 对应流量的一半,直指裂缝的单翼。因此:

$$\dot{\gamma} = \left(\frac{2 \times 0.3 + 1}{3 \times 0.3} \right) \times \frac{6 \times 0.26}{0.35/12} = 95\,\text{s}^{-1} \tag{18.101}$$

表观速度为[由式(18.92)]:

$$u_a = \frac{47880 \times 0.17}{95^{0.7}} = 336\text{cP} \tag{18.102}$$

18.5.2 泵送过程中的摩擦压降

为了压裂岩石并使水力裂缝向储层深部延伸,需要注入高速压裂液来产生足够的压力,因此需要重视压裂液引起的摩擦压降。为了使流体沿管道流动过程中摩擦最小,大多数压裂液中含有聚合物,它能减少流体流动造成的摩擦压降。同时,用于提高压裂液高表观黏度的瓜尔胶基聚合物也呈现出减阻特性,此类压裂液虽然黏度高但光滑。滑溜水压裂液含有低浓度聚合物(最常见的是基于聚丙烯酰胺),以减少摩擦。压裂液的减阻特性与聚合物浓度、温度、盐度及其他因素的关系很复杂,通常根据经验确定。与没有减阻剂的水相比,摩阻降低的一般水平是50%~60%,最高可达90%。第7章中给出的管流计算方法可用来计算压裂液注入过程管道内的压力降。

为了计算幂律流体的摩擦压降,首先必须确定雷诺数:

$$N_{Re} = \frac{\rho u^{2-n'} D^{n'}}{K' 8^{n'-1} \left[(3n' + 1)/4n' \right]^{n'}} \tag{18.103}$$

式(18.103)中单位一致。使用油田单位,则变为:

$$N_{Re} = \frac{0.249 \rho u^{2-n'} D^{n'}}{96^{n'} K' \left[(3n' + 1)/4n' \right]^{n'}} \tag{18.104}$$

式中:ρ 为密度,lb/ft^3;u 为速度,ft/s;D 为直径,in;K'单位为 lbf·s$^{n'}$/ft^2。

使用油田速度为:

$$u = 17.17 \frac{q_i}{D^2} \tag{18.105}$$

式中,q_i 为注入速度,bbl/min。

18.6 支撑剂与裂缝导流能力

水力裂缝的长期导流能力是通过支撑剂形成的,支撑剂是指随着携砂液(与压裂液混合)泵入裂缝中的固体颗粒。最常见的支撑剂材料是天然砂,但一些其他材料(包括陶瓷颗粒、覆膜砂及烧结铝矾土)也经常使用(图18.15)。支撑剂的目的是在裂缝内高压释放后阻止压开裂缝发生闭合,从而形成由油藏向井筒的导流通道。当裂缝壁在支撑剂的支撑作用下闭合时,支撑剂必须能够抵抗产生的闭合应力而不被压碎,才能形成有效的导流能力。因此,支撑剂的强度是选择支撑剂类型时需考虑的一个重要因素。下面为支撑剂的某些重要性质(Brannon,2007):

导流能力——支撑剂形成的导流能力取决于支撑剂平均尺寸及尺寸分布、闭合后支撑剂含量或浓度(C_p)和支撑剂填充层。

运移性——理想的支撑剂可以在水力裂缝中运移很远。由于大多支撑剂都比携带它们的压裂液密度大很多,支撑剂的沉降影响支撑剂在裂缝中的运移能力。支撑剂的运移性与支撑剂的性质(包括它的密度和颗粒大小)和运移条件(如裂缝中流体的速度和表观黏度)都有关。

颗粒强度——支撑剂强度必须足够大,以致在闭合应力作用下不被压碎。因此天然砂支撑剂限制在约6000psi以下应用,而在更深地层(应力更大)则需要使用强度更大的支撑剂。考虑到闭合应力取决于裂缝压力,压裂井生产过程中闭合应力可能随着油藏压力下降(导致更低的井筒压力)而增大。

与储层流体配住——在压裂井生产过程中,支撑剂不能参与化学反应而被消耗。

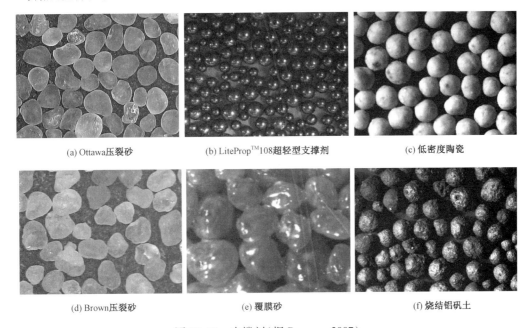

(a) Ottawa压裂砂　　　　(b) LiteProp™108超轻型支撑剂　　　　(c) 低密度陶瓷

(d) Brown压裂砂　　　　(e) 覆膜砂　　　　(f) 烧结铝矾土

图18.15　支撑剂(据Brannon,2007)

18.6.1　支撑裂缝导流能力

支撑剂填充层形成的裂缝导流能力与很多因素有关,包括支撑剂尺寸及浓度、降低支撑剂渗透能力的物质(如微粒或残余压裂液凝胶)的存在、支撑剂强度和闭合应力。

在实验室中可按照一个标准流程测量支撑裂缝导流能力(American Petroleum Institute,2007),该流程中含量为2lb/ft^{2}的支撑剂在一个标准传导单元中承受一系列负载(图18.16)。此实验结果往往比实际裂缝中得到的导流能力要高,但有利于对比不同支撑剂的应用效果。图18.17描述了各种常见支撑裂缝的导流能力随闭合应力增大的变化情况。应力高于6000psi时,沙粒被压碎,说明

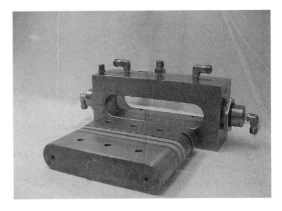

图18.16　实验室确定支撑剂导流能力的API单元
(据Brannon,2007)

需要更高强度的支撑剂来维持高导流能力。

支撑裂缝导流能力也与支撑剂尺寸有关,支撑剂尺寸越大,支撑剂填充层渗透率越高,从而导流能力越高(图18.18)。这一预测建立在支撑剂填充层未受到伤害的基础之上,因为某些颗粒加入到更大尺寸的支撑剂中可能导致更低的导流能力。导流能力和运移性之间存在权衡关系,因为支撑剂尺寸越大沉降越快,从而越难沿裂缝水平运移,如下一节所描述。

支撑裂缝的导流能力对某些因素非常敏感,包括较小颗粒侵入支撑剂填充层、部分支撑剂颗粒破碎、支撑剂嵌入裂缝表面,以及压裂液中未破损聚合物凝胶、两相流效应和非达西流动效应引起的渗透率降低(Cooke,1973;Barree 和 Conway,2004;Vincent,Pearson 和 Kullman,1999)。由此,裂缝有效导流能力的数量级常常小于标准试验值。

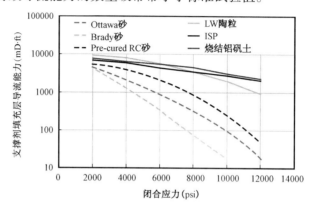

图 18.17 各支撑剂的导流能力与闭合应力(深度)的关系;20/40 目
(据 Predict K,2007)

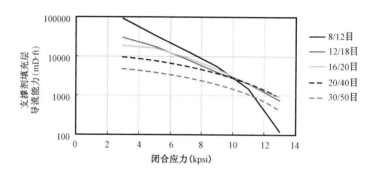

图 18.18 一系列尺寸的陶瓷支撑剂对应的导流能力与闭合应力(深度)的关系
(据 Predict K,2007)

18.6.2 支撑剂运移

理想情况下,支撑剂随压裂液运移,且不沉降,也不以其他形式从压裂液中分离。然而,由于大多支撑剂都比输送它们的压裂液的密度大很多,支撑剂会沉降,且更多的支撑剂在压裂裂缝下方沉积。幂律流体中支撑剂的沉降速度可用 Stokes 定律(Brannon 和 Pearson,2007)的一种广义形式来估算:

$$u_{\infty} = \left[\frac{(\rho_{\mathrm{p}} - \rho_{\mathrm{f}})g d_{\mathrm{p}}^{n'+1}}{3^{n'-1}18K'} \right]^{\frac{1}{n'}}$$
(18.106)

式中：u_∞ 为极限沉降速度；ρ_p 和 ρ_f 分别为支撑剂和流体的相对密度；g 为重力加速度；d 为颗粒直径；n' 和 K' 为幂律流体的一般流动特性和稠度系数。该方程单位一致。

例 18.14 支撑剂沉降速度

在例 18.12 的压裂设计中，泵入含泥浆的支撑剂约 14.5min 以形成长 504ft 的支撑裂缝。泵入 20/40 目砂的平均直径为 0.024in，其密度为 165lb/ft³。如果 K' 为 lbf·s$^{n'}$/ft²，n' 为 0.4，流体密度为 65.5lb/ft³，对例 18.13 和例 18.14 的典型硼酸盐交联凝胶，支撑剂运移到裂缝终末端时支撑剂将沉降多少？对于黏度为 3cP 的滑溜水压裂液，重新进行该计算。

解：

应用式（18.106），有：

$$u_\infty = \left[\frac{(165 - 65.5) \times 1 \times \left(\frac{0.024}{12}\right)^{1.4}}{3^{-0.6} \times 18 \times 0.07} \right]^{\frac{1}{0.4}} = 0.0001\text{ft/s} \qquad (18.107)$$

注意，对于英制单位，该方程中的 g 用 g/g_c 代替。在此低沉降速度下，当支撑剂向裂缝运移 500ft 时预计支撑剂只沉降 1in。支撑剂沉降可忽略的流体称为"完美"压裂液。

可把低黏度滑溜水压裂液当作牛顿流体，这样对于圆球颗粒的沉降，Stokes 定律为：

$$u_\infty = \frac{(\rho_p - \rho_f) g d_p^2}{18 u_f} \qquad (18.108)$$

所以，对于黏度为 3cP 的流体，有：

$$u_\infty = \frac{(165 - 65.5) \times 32.174 \times \left(\frac{0.024}{12}\right)^2}{18 \times 3 \times (6.70 \times 10^{-4})} = 0.35\text{ft/s} \qquad (18.109)$$

与凝胶压裂液相比，在低黏度滑溜水流体中，天然砂沉降得非常快，以至于在裂缝下方的运移更像移动沙丘而不是悬浮液。

18.7 裂缝诊断

通常实际应用的裂缝诊断方法旨在确定建立的裂缝几何形态，其极大程度上改善了压裂作业程序。从分析压裂压力来推断所形成的裂缝类型到实时应用当前微震监控，裂缝诊断方法已成为一种重要的水力压裂相关技术。

18.7.1 压裂压力分析

Nolte 和 Smith（1981）通过描述泵送过程中净压力与时间的双对数曲线性质推断裂缝延伸模式，提出了现代裂缝诊断方法。如图 18.19 所示的理想 Nolte—Smith 图，举例说明了此项技术（基于二维裂缝模型），且表 18.1 给出了该曲线上确定的裂缝延伸模式。裂缝长度大于其高度的受限垂直裂缝对应 PKN 模型，根据式 18.35 和式 18.36，Nolte—Smith 图

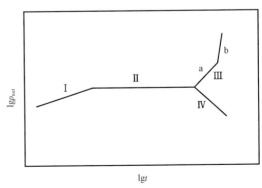

图 18.19 Nolte—Smith 图

应为一条正斜率直线。另一方面,如式(18.37)至式(18.40)所预测,如果裂缝不严格垂直(KGD 或径向裂缝几何),则该图将是一条负斜率直线。当滤砂情况出现时,裂缝延伸受限,Nolte—Smith 图的斜率为1。通过实时监测净压力,可迅速识别滤砂情况,必要时应停止作业或改变注入条件。实时监测净压力是水力压裂过程中的常规操作。

表 18.1　Nolte-Smith 分析压力响应模式(根据图 18.19)

模式	特征
I	以 PKN 裂缝几何形态延伸
II	常数梯度 =0。表示裂缝长度增长、流体损失增加及高度增长。也可用 p_{net} 与 w 之间关系的变化来解释
IIIa	斜率为1。表示 p_{net} 与时间(或速率,因为其为时间的常数函数)直接成正比。此特征与 w 的额外增长有关,比如端部脱砂期间
IIIb	斜率大于2。滤砂,通常发生在近井地带且压力快速上升
IV	负斜率。裂缝高度快速增长,可能出现 KGD 或径向裂缝几何形态

18.7.2　裂缝几何形态的监测

裂缝诊断用来测量压裂裂缝几何形态的多种参数,包括高度、长度及方位。对于复杂压裂,检测压裂过程所影响的区域。监测裂缝几何形态的主要技术有微地震监测、倾斜仪监测、温度剖面测量及示踪法。

18.7.2.1　微地震监测

微地震监测是用于反应水力裂缝形成时发生的微地震事件的诊断过程。微地震事件可用地震检波器或加速器检测得到,它们安装在监测井中,有时也在作业井中。根据假设的已知声速(此处为该方法误差的来源),进行微地震事件的位置可由同一事件的多次测量推断。该技术最初是美国 GIR/DOE 多站点项目的一部分(Sleefe,Warpinski 和 Engler,1995;Warpinski 等,1995,1996;Peterson 等,1996),现在通常用于映射水力裂缝。已证明,该技术对描述页岩压裂中形成的大型压裂区域特别重要。

如果形成的是一条单翼裂缝,那么微地震实施位置的平面视图是一个长而狭窄的微地震区域,如图 18.20 所示(Petersonet 等,1996)。虽然表观裂缝区域的宽度约为 100ft,但通过裂缝的取心分析确定的实际压裂区域宽度约为 5ft。此差异可能是由于微震源和接收器间岩石中声速的自然变化造成的。

微地震描述广泛用于测量页岩压裂中油藏压裂改造体积(SRV)、复杂压裂影响区域及形成的裂缝高度。该技术用于使 SRV 最大化,例如图 18.21(Cipolla,Lolon 和 Dzubi,2009)表示了不同压裂液类型对同一地层中油井附近油藏改造体积的影响。多级压裂作业过程中的微地震描述也可诊断多级压裂的有效性,如图 18.22 所示(Daniels,Waters,LeCalvez,Lassek 和 Bentley,2007),该图描述了4级压裂作业中监测到的微地震事件。最后,如果监测器垂直排列,也可监测到所形成裂缝的垂直程度,如 Barnett 页岩井压裂时监测到的微地震事件横截面,如图 18.23 所示(Fisher 等,2004)。

18.7.2.2　倾斜仪映射

另一种检测水力裂缝几何形态的方法是,用倾角计或倾斜仪测量非常小的地壳运动。随

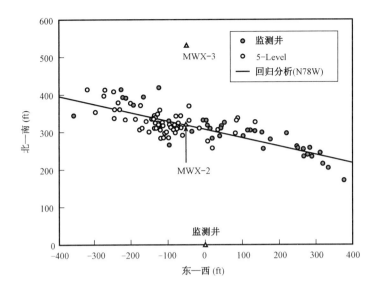

图 18.20　单翼裂缝微地震事件的平面视图(据 Peterson 等,1996)

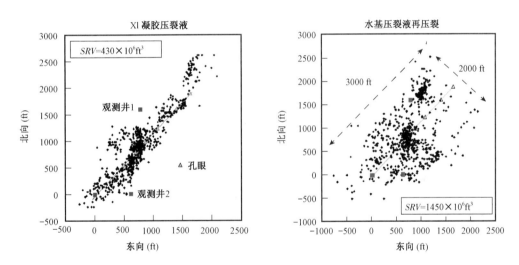

图 18.21　凝胶压裂液和水基压裂液的微地震描述对比(据 Cipolla 等,2009)

着裂缝延伸,其附近地层发生变形,可通过测量变形平面内杆柱角度变化,可检测该地层的变形。倾斜仪置于观测井井筒内或其表面来检测深度较浅的裂缝。Gidley 等(1989)给出了有关倾斜仪裂缝描述的综述。

18.7.2.3　示踪剂和温度

用化学剂或放射性示踪剂和温度剖面诊断裂缝特征已经进行了许多年(至少在近井地带是如此)。用化学剂或放射性同位素标记压裂液或支撑剂,然后用测井方法检测出井筒附近残留示踪剂的位置。King(2010)介绍了此类示踪方法,尤其是使用多种示踪剂诊断多级压裂中裂缝形成位置。

用温度测井可测量垂直井中的裂缝高度,此方法已应用多年。由于压裂液温度比压裂地层温度低得多,所以相比于井筒其他部分,与裂缝相连的井筒部分温度低得多,因而压裂井关

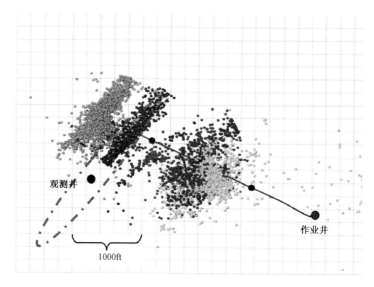

图 18.22　多级压裂作业的微地震描述（据 Daniels 等，2007）

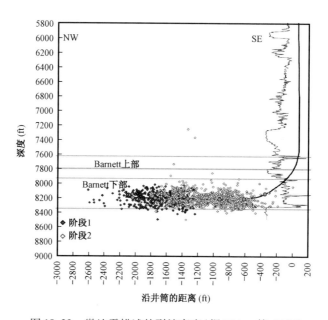

图 18.23　微地震描述的裂缝高度（据 Fisher 等，2004）

闭后迅速进行温度测井可以识别压裂区间，即温度异常低的位置。类似地，压裂水平井形成的多级裂缝位置可以认为是沿水平井的低温点位置。但是，这些简单解释会因许多因素影响而变得复杂，包括井筒轨迹的变化（Davis，Zhu 和 Hill，1997）。

18.8　压裂水平井

水平井筒和多级水力裂缝的组合可以实现井筒与油藏接触面积的最大化，且对低渗油藏的经济开发至关重要。与直井压裂不同，水平井中大部分压裂工作的目的在于通过单级泵或多级泵(由完井提供多级分离)建立多级裂缝。水平井压裂的新挑战包括形成所需裂缝类型的应力场中水平井方位、多级裂缝的顺利延伸、各级压裂间的短距离和有效隔离、更大的改造体积以及页岩地层中复杂裂缝网络系统的建立等。本节讨论了水平井中建立多级裂缝的现行做法。

18.8.1 水平井压裂中的裂缝方位

根据压裂措施的目的,水平井压裂形成的裂缝可以沿着井筒(称为纵向裂缝),或垂直于井筒(横向裂缝)。图18.24展示了水平井压裂形成的两种不同类型的裂缝。一般来说,纵向裂缝形成的主要原因是在具有不渗透夹层(低垂直渗透率)、相对较厚的地层中水平井压裂克服了垂直方向上的阻力,这种情况下的裂缝会为压裂水平井的生产提供必要的垂直渗透率;另一方面,建立横向裂缝的目的是与低渗透油藏形成较大的接触面积,从而使水平井可在不采用增产措施的情况下生产。这类压裂常用于致密砂岩气藏或页岩油气藏。实际上,多级横向压裂是非常规页岩地层实现经济生产的唯一方法。

若不考虑裂缝类型的应用,根据所要压裂地层的地应力场,只能形成某些特定类型的裂缝,包括纵向和横向的。三维应力场中的裂缝常常沿最大应力方向延伸(或垂直于最小应力方向)。在压裂目的明确的前提下所需裂缝的类型也已确定,钻井时正确确定水平井方向对保证裂缝的有效延伸十分重要。压裂裂缝首先沿井筒或孔眼延伸,为了避免远离井筒时裂缝方向变为与应力场一致,水平井方位需要在相对最小应力方向10°~15°范围以内,从而形成纵向裂缝(Yew,1997)。而相对于应力场的其他任意方位,则形成横向裂缝。

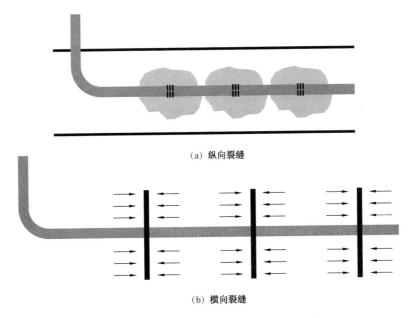

(a) 纵向裂缝

(b) 横向裂缝

图18.24　水平井的纵向和横向裂缝的几何形状

18.8.2 多级压裂完井

对于多级压裂(纵向或横向)水平井,有3种常见的完井方法:裸眼不可控压裂、带衬管和封隔器的裸眼多级压裂及下套管射孔多级压裂。裸眼不可控压裂可以使裂缝在一个或多个阶段形成;另外两种完井类型通过多个阶段形成多级裂缝。

18.8.2.1 裸眼压裂

裸眼压裂是压裂水平井最简单、最经济的方法。它允许裂缝在沿井筒地层岩石的弱点位置形成并延伸。此压裂作业中可以形成多级裂缝,但裂缝的位置不能预先决定或人工控制。美国奥斯汀白垩系和巴肯页岩地层中的许多井进行的都是裸眼压裂。该方法的缺点是无法控制裂缝位置、井眼稳定性和出砂情况,随着生产的进行,地层应力状态、油藏压力和流体流动都可能发生改变,导致难以预测的生产问题。设计裸眼压裂作业时,要考虑并应对这些问题。

18.8.2.2 衬管 + 滑套 + 裸眼多级压裂

为了更好地控制多级裂缝的位置和延伸,通常在裸眼中安装衬管,且将井眼与衬管之间的环空进行分段封隔,通常通过水力坐封套管外封隔器(ECPs)或与水或油接触膨胀的膨胀封隔器来实现封隔。每个隔离段可达几百英尺长,这取决于井筒长度和设计的裂缝数量。在安装衬管和封隔器之后,该井的压裂作业即可准备就绪。此类完井方式下有几种不同的多级压裂方法,这里我们介绍一种使用带有封隔球的滑套从井趾开始沿水平井连续形成多级裂缝的压裂方法。

沿衬管安装多个滑套(通常也称为裂缝端口),首先从井趾开始安装,滑套逐渐增大,以便尺寸增加的封隔球可以连续掉下,从而逐个激活滑套。压裂过程中,一次将一个封隔球掉入井中。封隔球有两个作用:打开一个裂缝端口和封隔端口后面的下部井筒,从而可使裂缝在端口开始形成。最小的封隔球首先掉落到水平井筒末端,从而在衬管里达到压力的完善性。当封隔完成后,向趾端方向落入与前一个滑套相匹配的下一个封隔球打开滑套,从而前一阶段的裂缝压裂作业已准备好,可以开始泵入压裂液。当一级压裂完成后,循环清洁井筒以进行下一阶段压裂。然后下一个更大尺寸的封隔球落入打开下一个滑套进行压裂,下部实现封隔。重复这一过程,随着球尺寸逐渐变大,最后阶段将是使用最大尺寸封隔球的最大衬管尺寸。目前该技术可以实施30级以上的压裂。图18.25举例说明了此技术。

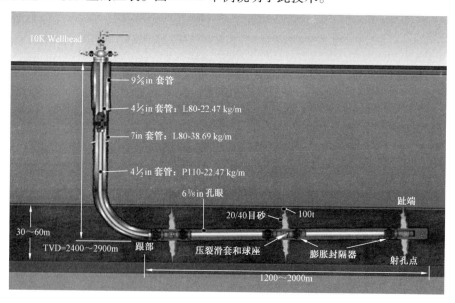

图 18.25 带滑套的多级压裂(据 Thompson,Rispler,Hoch 和 McDaniel,2009)

当压裂完成后,水平井中的封隔球能随着井的生产产生回流。此过程中存在一个问题,即当生产速率不够高时,不足以使球产生回流。当遇到这种情况,往往需要进行铣削来改造生产流动通道。

18.8.2.3 桥塞射孔压裂

在这种方法中,通过连续油管装置或泵送式电缆工具(射孔和段塞工具)将射孔枪输送到下套管和水泥固井的水平井中,射孔枪可以穿透多个层位,在朝向趾端的第一个位置射孔,然后桥塞和射孔工具回落至下一阶段的位置,造缝段通过环空泵入压裂液。压裂后清洗井眼,然后通过桥塞和射孔工具注入复合段塞(由凝胶、砂子、凝胶和砂子混合物或其他类似材料组成),使第一个裂缝区域与该井剩下部分封隔开,然后准备该井第二阶段的射孔和压裂。桥塞射孔压裂的完井结构如图18.26所示。

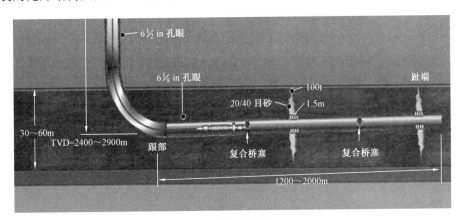

(a)泵送桥塞射孔完井

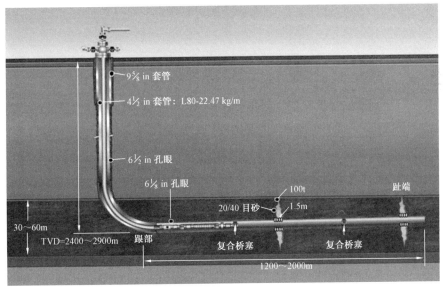

(b)CT送入桥塞射孔完井

图18.26 水平井多级压裂的完井(据Thompson等,2009)

当水平井通过射孔形成多级横向裂缝时,形成的孔眼簇沿井筒按主裂缝所需间距排列。每簇有多个孔眼,沿超过几百英尺长的井筒间隔排列。通常压裂过程中一次施工可得到多个孔眼簇。例如,页岩井多级压裂过程中,沿长 500 ~ 1000ft 的井筒段,通常配有 3 ~ 5 个间隔排列的孔眼簇。

参 考 文 献

[1] Agarwal,R. G. ,Carter,R. D. ,and Pollock,C. B. ,"Evaluation and Prediction of Performance of Low – Permeability Gas Wells Stimulated by Massive Hydraulic Fracturing,"JPT,362 – 372(March 1979) ;Trans,AIME,267.

[2] Barree,R. D. , and Conway,M. W. ,"Beyond Beta Factors:A Complete Model for Darcy,Forchheimer,and Trans – Forchheimer Flow in Porous Media,"SPE Paper 89325,2004.

[3] Ben – Naceur,K. ,"Modeling of Hydraulic Fractures,"in Reservoir Stimulation,2nd ed. ,M. J. Economides and K. G. Nolte,eds. ,Prentice Hall,Englewood Cliffs,NJ,1989.

[4] Biot, M. A. , "General Solutions of the Equations of Elasticity and Consolidation for a Porous Material," J. Appl. Mech. ,23:91 – 96,1956.

[5] Brannon,H. D. ,"Fracturing Materials,"keynote address,SPE Hydraulic Fracturing Conference,The Woodlands, TX,January 19 – 21,2007.

[6] Brannon,H. D. ,and Pearson,C. M. ,"Proppants and Fracture Conductivity,"in Modern Fracturing—Enhancing Natural Gas Production,M. J. Economides and T. Martin,eds. ,Chap. 8,Energy Tribune Publishing,2007.

[7] Cipolla, C. L. , Lolon, E. P. , and Dzubi, B. , "Evaluating Stimulation Effectiveness in Unconventional Gas Reservoirs,"SPE Paper 124843,2009.

[8] Cooke,C. E. Jr. ,"Conductivity of Proppants in Multiple Layers. "JPT,1101 – 1107(October 1993).

[9] Daniels,J. , Waters,G. , LeCalvez,J. , Lassek,J. ,and Bentley,D. ,"Contacting More of the Barnett Shale Through an Integration of Real – Time Microseismic Monitoring,Petrophysics and Hydraulic Fracture Design," SPE Paper 110562,2007.

[10] Davis, E. R. , Zhu, D. , and Hill, A. D. , "Interpretation of Fracture Height from Temperature Logs—the Effect of Wellbore/Fracture Separation,"SPE Formation Evaluation(June 1997).

[11] Economides,M. J. ,A Practical Companion to Reservoir Stimulation,SES,Houston, Texas, 1991 and Elsevier, Amsterdam,1991.

[12] Economides,M. J. ,and Martin,T. ,Modern Fracturing—Enhancing Natural Gas Production,Gulf Publishing, Houston,TX,2007.

[13] Economides,M. J. ,and Nolte,K. G. ,Reservoir Stimulation, 3rd ed. , Wiley. New York,2000.

[14] Fisher,M. K. , Heinze, J. R. , Harris, C. D. , Davidson, B. M. , Wright, C. A. , and Dunn, K. P. ,"Optimizing Horizontal Well Completion Techniques in the Barnett Shale Using Microseismic Fracture Mapping,"SPE Paper 90051,2004.

[15] Geertsma, J. , and deKlerk, F. ,"A Rapid Method of Predicting Width and Extent of Hydraulically Induced Fractures,"JPT,1571 – 1581(December 1969).

[16] Gidley, J. L. , Holditch, S. A. ,Nierode, D. E. ,and Veatch, Jr. , R. W. ,Recent Advances in Hydraulic Fracturing,SPE monograph, Vol. 12, Society of Petroleum Engineers,Richardson, TX,1989.

[17] Hubbert, M. K. , and Willis, D. G. , "Mechanics of Hydraulic Fracturing," Trans, AIME,210:153 – 168 (1957).

[18] Khristianovic(h) , S. A. , and Zheltov, Y. P. ,"Formation of Vertical Fractures by Means of Highly Viscous Liquid,"Proc,Fourth World Petroleum Congress, Sec. II ,579 – 586,1955.

[19] King, George E. ,"Thirty Years of Gas Shale Fracturing:What Have We Learned?",SPE Paper 133456,2010.

[20] McLennan, J. D. , Roegiers, J. – C. , and Economides, M. J. ,"Extended Reach and Horizontal Wells,"in Reservoir Stimulation, 2nd ed. , M. J. Economides and K. G. Nolte,eds. , Prentice Hall, Englewood Cliffs,

NJ,1989.

[21] Meng, H. - Z. , and Brown, K. E. "Coupling of Production Forecasting, Fracture Geometry Requirements, and Treatment Scheduling in the Optimum Hydraulic Fracture Design,"SPE Paper 16435,1987.

[22] Newberry, B. M. , Nelson, R. F. ,and Ahmed, U. ,"Prediction of Vertical Hydraulic Fracture Migration Using Compressional and Shear Wave Slowness,"SPE/DOE Paper 13895,1985.

[23] Nolte, K. G. ,"Determination of Proppant and Fluid Schedules from Fracturing Pressure Decline,"SPEPE, 255 – 265(July 1986).

[24] Nolte, K. G. , and Economides, M. J. ,"Fracturing, Diagnosis Using Pressure Analysis,"in Reservoir Stimulation, 2nd ed. , M. J. Economides and K. G. Nolte, eds. , Prentice Hall, Englewood Cliffs, NJ,1989.

[25] Norte, K. G. , and Smith, M. B. ,"Interpretation of Fracturing Pressure,"JPT, 1767 – 1775(September 1981).

[26] Nordgren, R. P. ,"Propagation of Vertical Hydraulic Fracture,"SPEJ,306 – 314(August 1972).

[27] Perkins, T. K. , and Kern, L. R. ,"Widths of Hydraulic Fracture,"JPT,937 – 949(September 1961).

[28] Peterson, R. E. , Wolhoart, S. L. , Frohne, K. H. , Branagan, P. T. , Warpinski, N. R. ,and Wright, T. B. , "Fracture Diagnostics Research at the GRI/DOE Multi – Site Project: Overview of the Concept and Results," SPE Paper 36449,1996.

[29] Predict K,v. 7. O,Proppant Conductivity Database,Stimlab,2007.

[30] Simonson,E. R. ,"Containment of Massive Hydraulic Fractures,"SPEJ,27 – 32(February 1978).

[31] Sleefe,G. E. , Warpinski,N. R. , and Engler,B. P. ,"The Use of Broadband Microseisms for Hydraulic Fracture Mapping,"SPE Formation Evaluation,233 – 239(December 1995).

[32] Sneddon, I. N. , and Elliott, A. A. , "The Opening of a Griffith Crack under Internal Pressure," Quart. Appl. Math. ,IV:262(1946).

[33] Terzaghi, K. ,"Die Berechnung der Durchlässigkeitsziffer des Tones aus dem Verlauf der Hydrodynamischen Spannungserscheinungen,"Sber. Akad. Wiss. ,Wien,132:105(1923).

[34] Thompson,D. ,Rispler,K. ,Hoch,and McDaniel,B. W. ,"Operators Evaluate Various Stimulation Methods for Mutizone Stimulation of Horizontals in Northeast British Columbia,"SPE Paper 119620,2009.

[35] Valkó,P. ,Economides,M. J. ,Baumgartner,S. A. ,and McElfresh,P. M. ,"The Rheological Properties of Carbon Dioxide and Nitrogen Foams,"SPE Paper 23778,1992.

[36] Vincent,M. C. ,Pearson,C. M. , and Kullman,J. ,"Non – Darcy and Multiphase Flow in Propped Fractures: Case Studies Illustrate the Dramatic Effect on Well Productivity,"SPE 54630,1999.

[37] Warpinski,N. R. ,Engler,B. P. ,Young,C. J. ,Peterson,R. E. ,Branagan,P. T. ,and Fix,J. E. ,"Microseismic Mapping of Hydraulic Fractures Using Multi – Level Wireline Receivers,"SPE Paper 30507,1995.

[38] Warpinski,N. R. , Mayerhofer,M. J. , Vincent,M. C. , Cipolla,C. L. ,and Lolon,E. P. ,"Stimulating Unconventional Reservoirs:Maximizing Network Growth While Optimizing Fracture Conductivity,"JCPT,48(10): 39 – 51(October 2009).

[39] Warpinski,N. R. , Wright, T. B. ,Uhl,J. E. , Engler,B. P. , Young,C. J. , and Peterson,R. E. , "Microseismic Monitoring of the B – Sand Hydraulic Fracture Experiment at the DOE/GRI Multi – Site Project,"SPE Paper 36450,1996.

[40] Yew,Ching H. ,Mechanics of Hydraulic Fracturing,Gulf Publishing Company,Houston,TY 1997.

习　　题

18.1 假设地层深 6500ft,压裂形成水平裂缝需要多大的压力(静水压力以上)？地层密度、流体密度及泊松比分别为 165lb/ft³、50lb/ft³、0.23。

18.2 在 Terzaghi 关系式[式(18.5)]中,破裂压力由绝对应力和油藏压力表示。假设习题 18.1 中的油藏在静水压力下,计算初始破裂压力,及当油藏压力分别下降 500psi、1000psi、2000psi 时的破裂压力。张应力为 500psi,假设最大水平应力比最小水平应力大 1500psi。

18.3 Terzaghi 关系式[式(18.5)]是针对沿垂直主应力方向钻得的完全垂直井而言的。如果有两口水平井,其分别沿最小水平应力方向与最大水平应力方向,求两口井的破裂压力。使用习题 18.1 和习题 18.2 中描述的油藏,并假设为静水压力。

18.4 从习题 18.1 开始,进行水平裂缝临界深度的参数研究。随着地质年代推移,在临界深度处分别有 500ft、1000ft、1500ft 和 2000ft 的上覆压力被移除。对于所有情况,使用静水压力进行计算,并针对 20% 和 40% 的超压情况重新进行计算,并请解释你的结论。

18.5 对于裂缝长度以 100ft 的递增速度从 100ft 增加至 2000ft 的情况,画出最大裂缝宽度和平均裂缝宽度及裂缝体积。流体的表观黏度为 100cP,注入速度为 40bbl/min。假设 $\nu = 0.25$,杨氏模量 E 在 10^5 到 4×10^6psi 范围内,保持高度恒定为 100ft。

18.6 如果 $q_i = 40$bbl/min,$h_f = 100$ft,$E = 4 \times 10^6$psi,$K' = 0.2$lbfs$^{n'}$/ft^2,根据 $n' = 0.3$、0.4、0.5 和 0.6 时的非牛顿流体表达式,分别计算平均裂缝宽度。假设 $n' = 0.5$,那么 $q_i = 40$bbl/min 和 20bbl/min 时的平均宽度比为多少?

18.7 如果 $q_i = 40$bbl/min,$\mu = 100$cP,$\nu = 0.25$,$E = 4 \times 10^6$psi,$h_f = 100$ft,计算并比较由 PKN 和 KGD 模型得到的平均裂缝宽度,同时对 x_f 直到 1000ft 进行计算(忽略 KGD 模型不应用于此长度)。

18.8 在式(18.34)中,常数 C_1 是注入速度 q_i 和幂律流变模型中稠化系数 K' 的函数,假设其他所有变量为常数,推导 $\Delta p_f = f(q_i, K', n')$ 的表达式。如果 $n' = 0.5$,Δp_f 减少 10%,指出对应的 $q_i (K'$ 为常数)或 $K' (q_i$ 为常数)的变化。

18.9 利用向上与向下裂缝扩展的式(16.49)和式(16.50),及宽度与 Δp_f 的关系式(16.21)和关系式(16.26),推导简单的 p3-D 裂缝传导模型。

18.10 注入速度以 10bbl/min 的增加速度由 10bbl/min 变到 50bbl/min,并使用 3 个滤失系数值:$C_L = 8 \times 10^{-4}$ft/$\sqrt{\text{min}}$,$C_L = 4 \times 10^{-3}$ft/$\sqrt{\text{min}}$,$C_L = 8 \times 10^{-3}$ft/$\sqrt{\text{min}}$。不同滤失系数对所需流体总量有什么影响? 使用非牛顿 PKN 宽度关系式,$n' = 0.56$,$K' = 8 \times 10^{-3}$lbf·s$^{n'}$/ft^2,$E = 4 \times 10^6$psi,$h_f = 100$ft,$\eta = 0.3$,$r_p = 0.7$,画出 V_i 与总注入时间 t_i 对注入速度的关系曲线。

18.11 取 $q_i = 40$bbl/min 和 $C_L = 8 \times 10^{-3}$ft/$\sqrt{\text{min}}$,并允许 h_f 从 100ft 增至 300ft(h 仍然为 70ft),重新计算习题 18.10。如果支撑宽度 w_p 不超过 $0.8\overline{w}$,当 h_f 增量为 50ft 时,计算压裂作业结束时支撑剂浓度 c_f。画出同样的裂缝高度下支撑剂的注入进程图。

18.12 根据 UFD 概念和下面的数据,估计最优裂缝几何形态,然后计算总注入时间、前置液时间、所需流体体积及携砂液浓度(时间的函数)。

支撑剂质量 300000lb;支撑剂材料比重(水的相对密度 = 1)2.65;支撑剂填充层渗透率 200000mD;地层渗透率 2mD;可渗(滤失)厚度 70ft;井半径 0.30ft;井的泄油半径 2100ft;裂缝高度 140.0ft;平面应变弹性模量 $E' = 2.00 \times 10^6$psi;携砂液注入速度(两翼,液 + 支撑剂)20.0bbl/min;流变性 $K' = 0.0180$lbf·s$^{n'}$/ft^2;流变性 $n' = 0.65$;可渗层的滤失系数 0.00400ft/$\sqrt{\text{min}}$;最大携砂液浓度 12lb/gal。

18.13 压裂设计形成长 600ft、平均宽度为 0.5in 的裂缝,泵入 20/40 目陶粒的直径为 0.024in,密度为 200lb/ft^3,流体密度为 65.5lb/ft^3(图 18.13 和图 18.14 中硼酸交联凝胶特有)。针对这两图的温度范围和2h的泵入时间,画出支撑剂沉降轨迹的简图(支撑剂填充层高度是裂缝中支撑剂位置的函数)。注入速度为40bbl/min,且裂缝高度为120ft。

18.14 根据二维PKN模型及下面的数据,进行水力裂缝设计:$q_i = 40$bbl/min,$h_f = 100$ft,泊松比 $\nu = 0.25$,$E = 5 \times 10^6$psi,$n' = 0.6$,$K' = 0.03$,滤失系数 $C_L = 5 \times 10^{-4}$ft/$\sqrt{\min}$,$r_p = 1$,泵入压裂液体积为60000gal。

支撑剂:$\rho_p = 165$lb/ft^3,$\phi_p = 0.42$,$C_f = 3$lb/gal,$K_f = 10$mD。

油藏:$\phi = 0.1$,$K = 0.1$mD,$r_e = 2980$ft,$c_t = 1 \times 10^{-5}$psi^{-1}。

计算:

(1)泵送结束时的平均裂缝宽度;

(2)裂缝长度;

(3)裂缝有效性;

(4)前置液体积 V_{pad} 及前置液注入时间 t_{pad};

(5)支撑剂质量 M_p;

(6)支撑裂缝宽度 w_p;

(7)裂缝导流能力;

(8)无量纲裂缝导流能力。

第19章 防　砂

19.1　简介

　　一般而言地层并不全为砂岩,但在石油工业中,从油井中产出的所有固体颗粒都统称为油井出砂。产出的固体颗粒经常在井筒中、水下流动管线中或地面流动管线中聚集,从而破坏井下泵,或磨蚀油井硬件设备(包括割缝衬管或筛管、气举阀、地面油嘴或地面管线弯曲部分),这都需要避免其发生。

　　用于解决不同出砂问题的费用差别很大,主要取决于除砂的难度,以及更换老化设备或已磨蚀固件的难度。某些情况下,可把此费用考虑到常规作业费用中,而作为常规作业的一部分,出砂是可允许的。在其他情况下,比如实施海底完井的海上油井,解决出砂问题可能会付出高昂的代价,甚至技术上根本不可行。

　　在较低的流速下,地层砂体会留在地层中。油井生产速度低于某一定值时可以避免油井出砂,此油井生产速度即为临界出砂生产率。随着时间推移,由于完井或流体流动的变化,临界出砂生产率可能会下降。例如,很多井直到见水才产出地层细颗粒。

　　出砂管理是一种应用于完井设计中的手段,其通过监视并控制井流量和压降(有时只监控其中一项),以防止出砂,或者允许出砂而实施控砂除砂方案。

　　在完井中应用防砂设计,可以阻止出砂进入井筒中。一种防砂方法是,在所产出的固体颗粒进入井筒之前,使用砾石填充对其进行过滤;另一种防砂方法是,设计流动几何形态,使完井段和地层的接触面积更大,从而降低地层中流体的流速,该方法适用于大斜度井、水平井、多分支井以及水力压裂井。

19.2　出砂建模

　　总的来说,在剪切破坏、体积破坏或拉伸破坏之后,地层固体颗粒可能会变得松动。如果油层砂体自然存在,当流体流速足够大时,疏松的砂体开始移动,出现出砂情况。

　　砂体流动建模可以用来预测出砂情况。大多砂体流动模型认为,射孔附近油层容易遭受破坏。此建模工作大部分用于避免常规填砂带来的作业成本,常规填砂初始投资高,维护困难,需要经常对油井进行酸化处理,并且由于填砂具有较高的表皮因子,会造成产能损失。而在进行射孔完井作业时控砂方法不使用砾石填充,利用砂体流动模拟结果,控制压降在临界压降以下,或控制流速在临界砂体流速以下。

　　例如,如果生产油管将流速限制在低于预测的临界出砂流速的范围内,完井设计便不需考虑防砂。同理,如果气顶驱、天然水驱或注水注气驱的压力预计维持在一定水平,使得预测压差低于临界压差,那么同样,也可以不考虑防砂。后者降低了油藏管理在完井设计中的重要性。

　　定量出砂预测研究可使油井设计达到预期目标,而砾石填充会使完井质量降低并且需要维护成本。相比之下,定量出砂预测研究更值得投资。

19.2.1 油层出砂的影响因素

Arii，Morita，Ito 和 Takano(2005)描述了 5 种造成出砂问题的情况,见图 19.1。位置 1 所在油层中的岩石可因有效应力较高而产生破坏或产生拉伸破坏。当原始地层压力与油井压力之差超过受压岩石的强度时,由于有效应力较高而使岩石遭到破坏。岩石受拉伸应力时,或当压力梯度很高时,油层发生拉伸破坏。拉伸破坏的典型特征是颗粒胶结的破坏。位置 2 位于射孔产生的孔洞,它表明流体以足够高的流速流经位置 1 中破坏的油层时,会将射孔洞表面的沙粒携带出去。在位置 3 的水平射孔段,流速足够高时颗粒会随之流动,但这些颗粒可能在射孔通道口处形成砂桥或者砂拱,如位置 4 所示。反过来,砂拱也可以在流速足够高时遭到破坏或侵蚀。颗粒一旦进入井筒,油层砂会沉到井底聚集,或者在足够高的流速下会在地面产出。

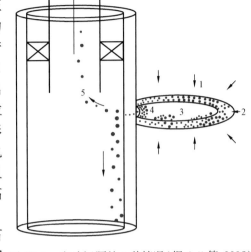

图 19.1　出砂问题的 5 种情况(据 Arii 等,2005)

Economides 和 Nolte(2000)提出了相关岩石力学基本原理,如图 19.2 所示的莫尔圆,可以用来确定岩样中任意方向的二维应力状态。对于岩样中任意与最大主应力 σ_1 方向夹角为 θ 的平面,由莫尔圆可得剪切应力 τ 与正应力 σ_n 之间的对应关系,且在此处岩样会遭到破坏,同时也画出了最小应力 σ_3。由于研究的是典型的液体饱和岩石,应力为有效应力,即实际应力大小与孔隙压力之差。下列公式定义了莫尔圆,莫尔圆上的点 $M = (\sigma_c, \tau_c)$ 对应特定角度 θ_c 下的正应力 σ_c 和剪切应力 τ_c,如图 19.2 所示。

$$\sigma_c = \frac{1}{2}(\sigma_1 + \sigma_3) + \frac{1}{2}(\sigma_1 - \sigma_3)\cos2\theta \qquad (19.1)$$

以及

$$\tau_c = \frac{1}{2}(\sigma_1 - \sigma_3)\sin2\theta \qquad (19.2)$$

图 19.3 所示的莫尔—库伦准线为一条经过点 M 的直线,岩石内聚力 C_o 可由式(19.3)确定:

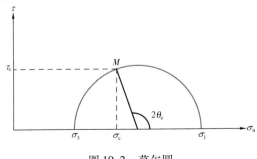

图 19.2　莫尔圆

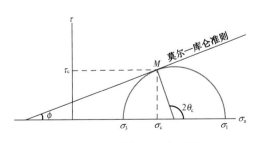

图 19.3　莫尔圆库伦准线

$$\tau = C_o + \sigma_n \tan\phi \qquad\qquad (19.3)$$

摩擦角 ϕ 与 θ 关系为：

$$2\theta = \phi + \frac{\pi}{2} \qquad\qquad (19.4)$$

例 19.1 阐明了一些基本几何关系。

例 19.1 莫尔—库伦塑性屈服包络线

给定摩擦角 $20°$，岩石内聚力 1000psi，画出莫尔—库伦准线。若最大应力 4000psi，确定最小应力，以及最小应力给出莫尔圆与莫尔—库伦准线的切点 M 对应的 σ_c 和 τ_c 值。

解：

对于给定的 ϕ 和 C_o 值，从式（19.3）知，有效应力轴与莫尔—库伦线焦点在：

$$\sigma_n = -\frac{C_o}{\tan\phi} = -\frac{1000}{0.577} = -2747\text{psi} \qquad\qquad (19.5)$$

当 $\sigma_n = 0, \tau = C_o$ 时，莫尔—库伦线必须经过此两点，如图 19.4 所示。

目前解法为迭代方法，首先假设最小应力值为 1000psi，此时可以画出莫尔圆，如图 19.4 所示，注意圆的中心为点 $\frac{1}{2}(\sigma_1 + \sigma_3)$，半径为 $\frac{1}{2}(\sigma_1 + \sigma_3)$。点 M 需要有 σ_n 和 τ 值，此二值可由式（19.1）、式（19.2）给出，角度 θ 可通过摩擦角 ϕ 用式（19.4）计算：

$$\theta = \frac{\phi}{2} + \frac{\pi}{4} = 55° \qquad\qquad (19.6)$$

从式 19.4 知，当 $\theta = 55°$ 时 σ_n 值为：

$$\sigma_n = \frac{1}{2}(\sigma_1 + \sigma_3) + \frac{1}{2}(\sigma_1 - \sigma_3)\cos 2\theta$$

$$= 2500 + 1500\cos(110°) = 1987\text{psi} \qquad\qquad (19.7)$$

从式（19.2）知：

$$\tau = \frac{1}{2}(\sigma_1 - \sigma_3)\sin 2\theta = 1500\sin(110°) = 1410\text{psi} \qquad\qquad (19.8)$$

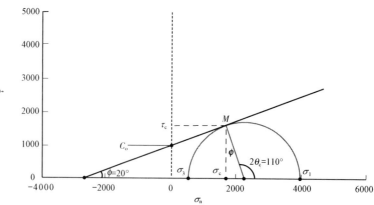

图 19.4　带莫尔圆的库伦准线

通过对假设值的迭代,计算得最小应力 σ_3 的正确值为 651psi。σ_c 和 τ_c 的最终值分别为 1692psi 和 1615psi。附答案的图解见图 19.4。

图 19.1 位置 1 的应力状态为,低于莫尔—库伦线的应力作用在完全弹性材料上。例 19.2 验证了压降导致不稳定有效应力的过程以及流动状态的失稳,从而油层有潜在的出砂风险。

例 19.2 求解生产破坏条件

假设砂岩油藏,其油层岩石属性与例 19.1 相同,在深度 10000ft 处正常受压。假设垂向应力梯度为 1.1psi/ft,并且垂向应力、摩擦角与岩石内聚力均连续,画出油藏初始压力下的莫尔圆。在多大的生产压差下油层开始达到破坏条件?

解:

垂向应力梯度 1.1psi/ft 表明,在 10000ft 深处的垂向应力为 11000psi(参考第 18 章)。对于正常受压的油藏,其初始油藏静压为 $0.433H=4330$psi。从式(18.3)可知,在这种情况下,有效垂向应力为:

$$\sigma'_1 = \sigma_1 - \alpha p = 11000 - 0.7 \times 4330 = 7969\text{psi} \tag{19.9}$$

其中,假定毕奥多孔弹性常数 α 为 0.7。从式(18.4)知,本题有效最小应力为:

$$\sigma'_3 = \frac{\nu}{1-\nu}\sigma'_1 = \frac{0.25}{1-0.25} \times 7969 = 2656\text{psi} \tag{19.10}$$

假设典型砂岩的泊松比 ν 为 0.25。当生产压差为 0 时,由最大、最小有效应力作出的莫尔圆见图 19.5,图中显示了井筒压力。井筒压力在圆内,因此预测不会产生破坏。

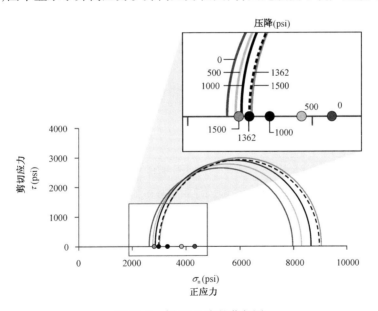

图 19.5 例 19.2 中的莫尔圆

对于 500psi 和 1000psi 的压差,预测仍不会产生破坏。但是对于 1500psi 的压差,井筒压力在莫尔圆的左侧,预测会产生破坏。对假设压差进行迭代,发现破坏条件发生在 1362psi 以上的压差,对应的井底流压为 2968psi。

针对简化的破坏模型,例 19.2 表明,在井底流压高于 2968psi 下进行生产,可以避免出砂。

预测出砂的实际模型更加复杂,而且需要进行数值模拟。Weingarten 和 Perkins(1995)基于半球形射孔中的流动,推导出了气井中射孔稳定性的解析模型。模型表明,生产压差造成射孔附近的破坏,衰竭式开采造成油藏整体剪切破坏。模型目的是实现对砾石填充需求的快速评估,同时也表明莫尔圆分析过于保守。

Morita,Whitfill,Massie 和 Knudsen(1989)研究中示例数值模型的结果见图 19.6,油层和流体数据见表 19.1,此结果适应于中等强度岩石。如图 19.6,在新形成的射孔中狭小洞穴中,临界流动和压降的关系用实线表示;而在井底出砂后产生的大洞穴中,临界流动和压降的关系用虚线表示。

表 19.1　图 19.6 和图 19.7 中所示数值模拟案例的条件

参数		套管 A	套管 B 和套管 D
孔隙尺寸	直径(in)	0.65	3.6
	长度(in)	7.5	7.5
套管 A:出口半椭圆形			
套管 B:出口直径(in)			0.85
渗透率（mD）	地层($\beta = 0.9 \times 10^6 \, \mathrm{ft}^{-1}$)	222	222
	伤害区($\beta = 6 \times 10^6 \, \mathrm{ft}^{-1}$)	22.2	22.2
伤害区厚度(in)		0.5	0.2
原油黏度(cP)		0.6	
原油密度(g/cm³)		0.8	
射孔	密度(孔/ft)	4	
	相位(°)	90	
原地应力	地层静压力(psi/ft)	0.8	
	系数 K	0.7	
	深度(ft)	6131	
原始孔隙压力(psi)		4400	

注:案例 A 和案例 B 中为中等地层强度。案例 D 中为弱地层强度,无侧限抗压强度为 150psi。

图 19.6 中列出了引起出砂的 3 种破坏形式。首先,剪切破坏曲线发生在生产压差较大的情况下,即使流量很小也会发生。当流量增加时,更小的生产压差也会出现剪切破坏。对比初始射孔与增大的洞穴(图中实线与虚线)发现,初始破坏增大了射孔洞之后,剪切破坏更不容易出现。所示剪切破坏的原因是挤压作用,正如本节介绍部分以及第 18 章所述。由 Δp_w 的最大值可得到临界生产压差,Δp_w 为平均地层压力和井底流压之差。

图中所示的第二种破坏类型为拉伸破坏,有两种拉伸破坏形式:一种为卸载,另一种为负载。当地层遭受瞬时压降时会产生卸载,这种情况可能发生在油井第一次开始生产时或者发生在欠平衡射孔时。生产较长时间的油井关井后也可能产生卸载。

Morita 等(1989)所著文章表明,图 19.6 可以应用于除表 19.1 所述的其他渗透率和黏度值,方法是将图中流量与(0.6/22.2)K/μ 作乘积。其中:K 为近井(破坏区)渗透率,mD;μ 为生产流体黏度,cP。

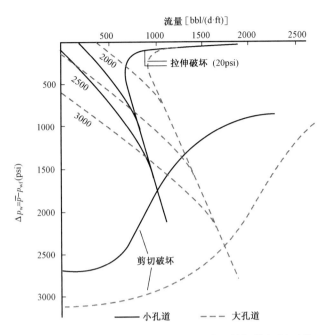

流量 [bbl/(d·ft)]

图 19.6　表 19.1 中案例 A 和案例 B 输入数据模拟得到的
中等强度岩石破坏标准（据 Morita 等,1989）

例 19.3　关井后的出砂

例 19.2 中的油藏,附加流体以及油层属性见附录 A,假设油藏渗透率为 82mD,破坏区渗透率为 8.2mD,油井关井前生产压差为 2100psi。如果油井为新井,射孔孔眼仍然为窄孔,基于图 19.6 的模型,关井后的初始流量为多少时会出现出砂情况? 如果由于出砂射孔洞扩张,那结果如何?

解:

图 19.6 显示,流量高于 150bbl/(d·ft)时,由于从 2100psi 卸压产生拉伸破坏,从而会引起出砂。校正流量和流体黏度,Δp_w 可忽略不计,给出 $150 \times 0.6/2.2 \times 8.2/1.72 = 20$bbl/(d·ft),厚 53ft 的地层为 1024bbl/d。射孔孔眼扩大之后,油井的无砂产量可高达大约 350bbl/(d·ft),相当于 46bbl/(d·ft)或 2390bbl/d。

图 19.7 表示了压力为 150psi 下低硬度岩石的临界生产压差特性。对比图 19.6 和图 19.7 发现,低硬度岩石破坏所需临界生产压差更低,而且在箭头所示的负载方向上,岩石的剪切破坏相比拉伸破坏所需压降更少。图 19.8 对比了中等硬度岩石和低硬度岩石中扩大洞穴的临界压降特性,临界压降为射孔密度的函数。此图表明,当射孔洞之间的最小距离小于 1～2in 时,高射孔密度可以使洞穴间产生相互作用。

射孔破坏会增加生产压差。如图 19.9 所示,在非破坏性射孔和破坏性射孔中,生产速度都为射孔密度的函数。图中上部曲线对比了两组情况的生产率,一组为直径为 3.6in 的扩大孔,另一组为流至射孔洞直径 0.85in 的汇流,两组都没有射孔或油层破坏。下部曲线显示了破碎带的影响,破碎带渗透率为油层渗透率的 1/10,从射孔洞贯穿地层 0.5in,同时也有油层破坏的影响,油层破坏渗透率比 $K_s/K = 0.4$,贯穿地层 5in。所有情况中,射孔长度 7.5in,井眼直径 12.25in。在图中模拟的情况中,即使每英尺 12 孔,压差也比在相同产量时指示射孔及井筒破坏下的压差高 25%。

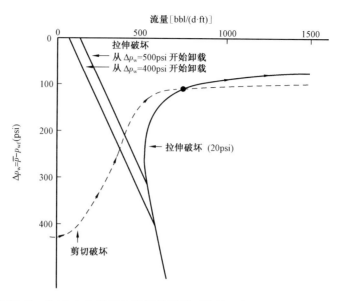

图 19.7 表 19.1 中案例 D 数据模拟得到的软弱岩石扩大孔破坏标准
（据 Morita 等,1989）

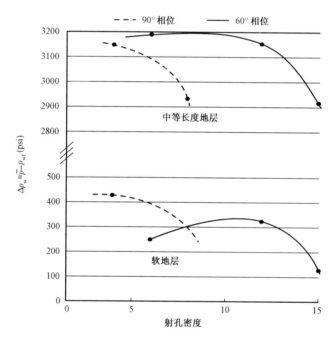

图 19.8 扩大孔临界生产压差模拟
（孔直径 3.8in,射孔长度 7.5in,井眼直径 12.25in,其他数据见表 19.1）

水侵后,地层通常开始出砂或者出砂显著增加。Morita 等(1989)提出出现此情况的原因包括:(1)随自由水饱和度的增加,毛细管压力控制住的地层颗粒释放出来;(2)当油水同产时,近井地带压力梯度增加;(3)水驱维持压力之前,油层压力可能已大幅度下降;(4)由于水的存在,砂粒之间的胶结物质溶解;(5)由于含水率增加,为了维持产油量,总流量也会相应增加。原因(5)会导致地层破坏增加,因为在更高的流速下颗粒运移会产生堵塞,反过来也会导致压力梯度超过临界生产压差。

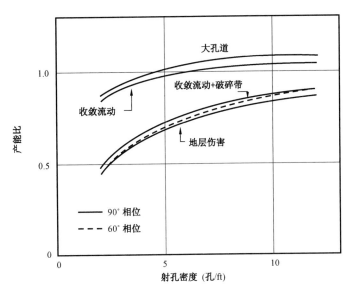

图 19.9　生产率与射孔密度的关系(据 Morita 等,1989)

19.2.2　井筒中的砂流

当砂粒流入井筒后,可能会流到地面,也可能沉降在井底,这取决于井筒流速。假设条件为球状颗粒、牛顿流体以及层流,则可用斯托克斯定律判断流速能否将砂粒举升到地面,对应的特定流速称为滑脱速度 u_s。斯托克斯定律也可求出最终沉降速度,滑脱速度至少为最终沉降速度的 50%,单位为 m/s,kelessidis,Maglione 和 Mitchel(2011)给出了钻井中岩屑运移流速算法:

$$u_s = \frac{1}{18}\frac{d_p^2}{\mu}(\rho_s - \rho_f)g \qquad (19.11)$$

颗粒直径 d_p 单位为 m,颗粒和流体密度 ρ_s 及 ρ_f 单位为 kg/m³,黏度 μ 单位为 Pa·s。紊流开始时间与颗粒雷诺数有关,由式(19.12)计算:

$$N_{Re} = \frac{\rho_f u_s d_p}{\mu} \qquad (19.12)$$

在 $N_{Re} < 0.1$ 时斯托克斯定律比较精确。当 $N_{Re} > 0.1$ 时使用经验公式确定的因子 C_D,称为阻力系数。

$$C_D = \frac{4}{3}g\frac{d_p}{u_s^2}\left(\frac{\rho_s - \rho_f}{\rho_f}\right) \qquad (19.13)$$

对于非球状颗粒,阻力系数可以用图 19.10 进行校正。该图的使用方法见例 19.4。

例 19.4　砂粒产出后流至地面

如果砂粒平均直径 0.006in,相对密度 2.65,当例 19.3 中油井流量为 1200bbl/d 时,压碎的球状砂粒流入井筒,砂粒会流至地面吗?假设井筒流体密度为 55lb/ft³,套管直径为 7in。

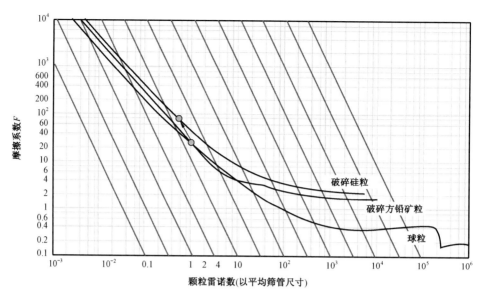

图 19.10 颗粒滑脱速度的摩擦因子(阻力系数)

(据 Mitchell 和 Miska,2011)

解：

公制单位下,颗粒直径 d_p,流体密度 ρ_f,流体黏度 μ 和固体密度 ρ_s 分别为:

$$d_p = \frac{0.006\text{in}}{3.937 \times 10\text{in/m}} = 0.000152\text{m} \tag{19.14}$$

$$\rho_f = \frac{55\text{lb/ft}^3}{0.062428(\text{lbm/ft}^3)/(\text{kg/m}^3)} = 881\text{kg/m}^3 \tag{19.15}$$

$$\mu = \frac{1.72\text{cP}}{10^3\text{cP}/(\text{Pa} \cdot \text{s})} = 0.00172\text{Pa} \cdot \text{s} \tag{19.16}$$

$$\rho_s = \frac{2.65 \times 62.4\text{lb/ft}^3}{0.062428(\text{lb/ft}^3)/(\text{kg/m}^3)} = 2650\text{kg/m}^3 \tag{19.17}$$

首先猜想,假设应用斯托克斯定律,用式(19.11)得:

$$
\begin{aligned}
u_s &= \frac{1}{18}\frac{d_p^2}{\mu}(\rho_s - \rho_f)g \\
&= \frac{1}{18} \times \frac{(0.000152)^2}{0.0017}(2650 - 881) \times 9.81 \\
&= 0.0130\text{m/s} \tag{19.18}
\end{aligned}
$$

这一滑脱速度与阻力系数关系为:

$$C_D = \frac{4}{3}g\frac{d_p}{u_s^2}\left(\frac{\rho_s - \rho_f}{\rho_f}\right) = \frac{4}{3} \times 9.81 \times \frac{0.000152}{0.0130^2} \times \left(\frac{2650 - 881}{881}\right) = 23.6 \tag{19.19}$$

雷诺数为:

$$N_{Re} = \frac{\rho_f u_s d_p}{\mu} = \frac{881 \times 0.0130 \times 0.000152}{0.00172} = 1.02 \tag{19.20}$$

图 19.10 中输入点 $(C_D = 23.6, N_{Re} = 1.02)$，沿斜线平行移动与破碎岩石曲线相交于点 $(C_D = 70, N_{Re} = 0.6)$。通过式 (19.13) 求解 u_s，即可得到滑脱速度：

$$u_s = \sqrt{\frac{4}{3} \frac{g d_p}{C_D} \frac{(\rho_s - \rho_f)}{\rho_f}} = \sqrt{\frac{4}{3} \frac{9.81 \times 0.000152}{70} \times \left(\frac{2650 - 881}{881}\right)}$$

$$= 0.00756 \text{m/s} = 0.0248 \text{ft/s} \tag{19.21}$$

给出 $C_D = 70, N_{Re} = 0.6$，用新值重新计算 u_s，与同一滑脱速度相符。

在 1200bbl/d 下，井筒流速为：

$$u = \frac{q}{A} = \frac{1200}{\pi \left(\frac{7}{24}\right)^2} \times \left(\frac{5.615}{86400}\right) = 0.292 \text{ft/s} = 0.0890 \text{m/s} \tag{19.22}$$

该结果远大于滑脱速度的 50%，因此产出砂粒会流到地面。反过来说，如果油井在低于 100bbl/d 的情况下生产，产出砂粒会沉降并且在井眼中聚集。

例 19.5 井筒的砂粒聚集

砂流大约占油管容积的 0.5%，油管鞋深度 10000ft，生产油管内径为 $2\frac{7}{8}$in，油管鞋深度为 10200ft，关井后砂粒会在油管鞋中沉降到哪个深度位置？

解：

井筒体积为：

$$V_w = 200 \pi \times \left(\frac{7}{24}\right)^2 + 10000 \pi \times \left(\frac{2.875}{24}\right)^2 = 504 \text{ ft}^3 \tag{19.23}$$

如果砂粒沉降后的孔隙度为 0.40，那么砂体体积大约为 $504 \times 0.005/(1 - 0.4) = 4.2 \text{ft}^3$，相应深度为 $4.2/[\pi \times (7/24)^2] = 15.7 \text{ft}$。只要一直有砂粒产出，每次油井关井时都会有新砂沉降到井眼中。

例 19.6 砂粒冲蚀

流速 1ft/s 且体积含量为 0.1% 的砂粒具有磨蚀性，每月磨蚀 0.02in 金属厚度。经过多久会蚀穿 0.25in 厚的筛管？假设有 200 个射孔，射孔半径 $r_{perf} = 0.25$in，体积流量为多少时可使流经每个射孔的流速为 1ft/s，此时每天产出多少砂粒？（$B_o = 1.2$bbl（油藏）/bbl），砂粒密度为 165lb/ft³。

解：

在给定的冲蚀速度下，12 个月可以冲蚀 0.25in 厚的筛管。

由 $r_{perf} = 0.25$in，每个射孔洞的流动截面积 1.36 × 10⁻³ft²，则全部射孔截面积为 0.27ft²。由此，可得体积流量为 0.27ft²/s 或 4190bbl（油藏）/d 或 3500bbl/d（除以 1.2）。

砂粒体积含量 0.1%，出砂量为 3.5bbl 或 3250lb/d。

油井关井后，每次重新生产都容易引起短暂的出砂。Morita 等 (1989) 建议避免增加的压降超过临界循环值。总的来说，不使用防砂手段的控砂管理主要依靠控制流速和压差的大小，避免引起过度出砂。

19.3　控砂管理

在提供防砂措施情况下,完井一般都会面临出砂问题。由于防砂完井成本较高,另外砾石填充会在一开始就产生正表皮系数,并且表皮系数会随时间越来越高,作业者更倾向于避免采用防砂完井,而是保持生产井低于临界出砂速率或在临界压差下生产,或者在生产井设计中考虑出砂而不至于造成破坏。

19.3.1　出砂的预防

例 19.7　*出砂的预防*

对于例 19.2 中的油藏,其附加的流体以及油层属性见附表 1,不包括 82mD 渗透率的假设,如果近井伤害产生的表皮系数为 3,可允许初始流量为多少? 如果细砂粒在射孔孔眼聚集导致表皮系数增至 30,允许流量为多少? 如果最小井底流压为 1323psi,且表皮系数为 3,在初始流量下采收率为多少? 同样情况下表皮系数为 30 时采收率为多少?

解:

对于例 19.2,为了避免超过最大生产压差 1362psi,井底流压不能低于 2968psi。针对初始压力 4330psi,为了预防出砂,最大可允许生产速率为:

$$
\begin{aligned}
q &= \frac{Kh\Delta p}{141.2B\mu\left[\ln\left(0.472\,\dfrac{r_e}{r_w} + S\right)\right]} \\
&= \frac{82 \times 53 \times (4330 - 2968)}{141.2 \times 1.17 \times 1.72 \times \left[\ln\left(0.472 \times \dfrac{1500}{0.328} + 3\right)\right]} \\
&= 1950\text{bbl/d}
\end{aligned}
\tag{19.24}
$$

表皮系数为 30 时,流量不能超过 595STB/d。对于最低井底流压 1323psi,要维持 2090bbl/d 的流量,生产井供油面积内的平均压力必须为:

$$
\bar{p} = \Delta p_{max} + p_{wf,min} = 1362 + 1323 = 2685\text{psi}
\tag{19.25}
$$

式(10.7)估算的原油采收率为:

$$
r = e^{C_t(p_i-\bar{p})} - 1 = e^{1.29\times10^{-5}\times(4330-2685)} - 1 = 2.1\%
\tag{19.26}
$$

如果表皮系数为 30,采收率的影响因素是一样的。但在更低生产速率下,采出相同体积的原油需要更长时间。井底流压降到最小值之后,单井生产速率便开始下降。

例 19.7 表明,生产压差的限制有时会非常严重。但通过这个简单模型可以看出,若在水驱作用下维持地层压力,在表皮系数为 3 时油井产量为 1950bbl/d,在表皮系数为 30 时产量为 595bbl/d,这至少可维持到油井见水。如果见水前采收率影响因素满足要求,则可选择适当的出砂预防措施。

19.3.2　洞穴完井

洞穴完井(类洞穴完井)可在可能出砂的情况下清除近井地带的伤害,从而优化完井。其结果是,在近井地带产生较高孔隙度的地层,甚至洞穴。对于某些油层,模拟技术可以估测出砂量。一旦出砂,一定程度降低生产压差,便可以长时间内不再出砂。这一方法可以使出砂出现在流体流到地面生产设备之前,最终的恢复出砂可能伴随水侵,或可能在长时间重复关井情况下破坏完井;另外,关井以及生产恢复需要避免流量的突变。最重要的是,这一方法适用于弱胶结地层,且新井中的无侧限抗压强度范围为 20 ~ 50psi;而对于衰竭油藏,则需要更高的抗压强度。Palmer 和 McClennan(2004)提供了完井方法的综述,同时也总结了大量控砂方法的特性。尽管洞穴完井方法有一些风险,但其最终结果往往能弥补最初处理出砂所带来的成本。

19.4　防砂

很多油藏由相对早期的沉积物组成,胶结差。若不严格限定产量,砂粒会随油藏流体一起产出。出砂会导致很多生产问题,包括:井下油管侵蚀;阀、配件以及地面管线的侵蚀;井筒砂堵;缺失地层支撑导致的套管破坏;地面加工设备的堵塞。即使允许出砂,清理出砂也是一个问题,在海上油田尤其如此。因此,需要一种方法,既可以排出出砂,又不会明显限制产量。

起初,控制出砂的方法主要有砾石充填完井、割缝衬管完井、固沙措施,其中砾石充填完井是最常用的方式。Suman,Ellis 和 Snyder(1983)总结了早期控砂完井方法,Penberthy 和 Shaughnessy(1992)以及 Ghalambor,Ali 和 Norman(2009)总结了后期控砂完井方法。

在 20 世纪 90 年代,作业者发现成功预置砾石需要的注入压力往往高于油层破裂压力,此发现促进了压裂填充方法的发展。此方法是形成一条裂缝,使其延伸经过渗透率受损区域,包括钻井、完井流体侵入区。Tiner,Ely 和 Schraufnagel(1996)对完井进行系统研究发现,与常规砾石充填完井和高速水充填完井相比,压裂充填完井具有更低的表皮系数。Norman(2003)以及 Keck,Colbert 和 Hardham(2005)的最新研究表明,压裂填充完井开采时间更长。

常规砾石充填完井认为正表皮系数 5 ~ 10 已是很好的效果,然而已发现此完井方式会产生更高表皮系数,导致 50% 产能的损失。高速水充填技术可始终在 +2 ~ +5 范围内降低砾石充填完井的表皮,原理为在砾石填充作业的预充填阶段,在射孔通道外的水泥环与地层之间置入砾石。目前统一的水力压裂技术引用第 17 章所述的端部脱砂技术,通过控制裂缝半长和缝宽来设计规格。

实践中,高速水充填技术和压裂充填完井最好的已经达到零表皮系数甚至微负表皮系数的效果,最低可达 -2。水力增产很难产生更低的表皮,甚至常规裂缝半长超过 50ft 也不行,其原因在 19.4.2 节作了说明。然而,在高速水充填中,所有流体仍流经射孔,符合前面部分所描述的失效机理。砾石填充阻挡了颗粒,从而防止出砂,随着时间推移,砾石填充表皮系数会增加。尽管可以靠酸化来降低砾石充填表皮,但海上完井可能不能使用砾石填充,尤其是深水中。相反,由于压裂充填中流动几何特性可提供更大的流动区域,在井底地层有更低的压力梯度,压裂充填表皮不会随时间增加,从而减少了甚至避免了完井维护。

19.4.1　砾石充填完井

砾石充填完井选用比平均地层砂尺寸更大的砂砾,置入地层与滤网或割缝衬管之间。尽管砾石填充砂实际上是砂粒的尺寸,仍称其为砾石,并且可留住大部分油层砂,但会使更细小颗粒通过并且产出。两种最常见砾石充填完井是套管内砾石充填完井和裸眼或扩眼套管砾石充填完井(图 19.11)。扩孔套管砾石充填为流体通过砾石提供了更好的导流性,但只局限于单一区域完井。成功的砾石充填完井必须封隔油层砂,而且使流体流经砾石的流动阻力尽可能小。

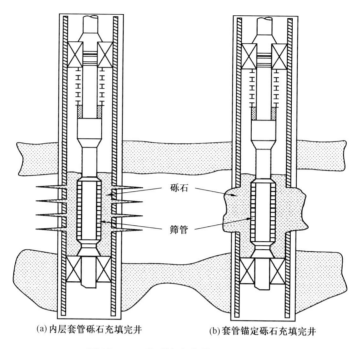

(a)内层套管砾石充填完井   (b)套管锚定砾石充填完井

图 19.11　砾石填充完井的常用类型

19.4.1.1　砾石充填布位

对于成功的砾石充填完井,砾石必须与地层接触,不能混杂地层砂,滤网和套管或地层之间的环空必须完全填满砾石。经过多年的技术发展,已经研究出砾石充填完井的特殊设备和工艺,可完成更好的砾石布位。

以前常将水或其他低黏度流体用作砾石充填作业的输送流体,由于这些流体不能悬浮砂,往往需要低含沙浓度和高流速。而目前使用增黏流体,最常用的是溶剂羟乙基纤维素(HEC),可传递高浓度砂且不会沉降(Scheuerman,1984)。正如水力压裂中用到的流体一样,需要在聚合物溶液中添加破乳剂,从而使流体降到低速时基本不含残渣。

在裸眼完井中,可以将携砂液泵入油套环空,然后携砂液流经滤网流回油管中。这属于反循环方法,如图 19.12(a)所示。该方法主要缺点是铁锈、管线涂料或其他残渣被扫出环空,混合到砾石中,从而破坏填充地层渗透率。普遍使用的是一种交叉方法,将携砂液泵入油管,流过滤网—裸眼井底环空,然后流入滤网中的清洗管路,将砾石留在环空中,最后经由油套环空向上流回至地面[图 19.12(b)]。注意,裸眼部分经常会通过生产段扩眼来增加油井产能。

对于套管内砾石充填,可采用直冲式、反循环以及交叉方法(图 19.13)(Suman 等,1983)。在直冲式方法中,在下滤网之前将砾石置入到与生产段对应的位置,然后把滤网下到最终位置。反循环和交叉方法与裸眼完井方法类似。现代交叉方法如图 19.14,Schechter(1992)已对其具体细节作了相关描述。通过循环经过滤网部分(称之为指示滤网),将砾石置于射孔段

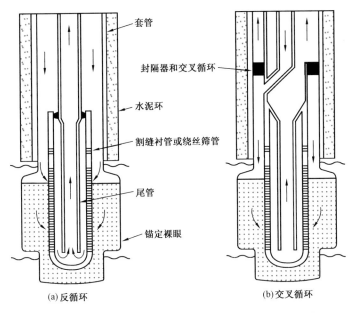

图 19.12　裸眼或扩眼套管完井的砾石布位方式（据 Suman 等，1983）

下部。当射孔段完全覆盖后，压力开始上升，标志着挤压时期的开始。在挤压期间，冲洗管线抬升，携砂液循环经过生产滤网，将套管—生产滤网环空填满砾石。砾石也被布置在滤网上部管段，以作为砾石沉降之后的备用砾石。

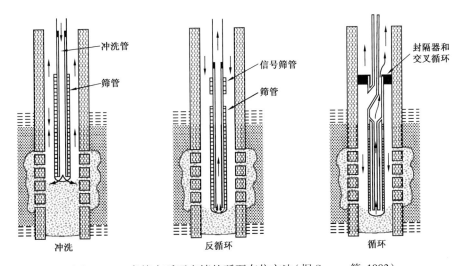

图 19.13　套管内砾石充填的砾石布位方法（据 Suman 等，1983）

　　在斜井中，砾石填充非常复杂，因为砾石会沉降到井身更低的一侧，在套管—滤网环空形成砾石聚集。在斜井井身与水平方向夹角大于 45°时，此问题非常明显（Shryock，1983）。为了改进斜井中的砾石布位，常选用比滤网尺寸更大的冲洗管线（Gruesbeck，Salathiel 和 Echols，1979）；由于提高了滤网—冲洗管路环空间的流动阻力，可在滤网和套管环空中的砂体上部产生更高的流速。Shryock 的结果表明，中速携砂液可能比高速携砂液更适合斜井。

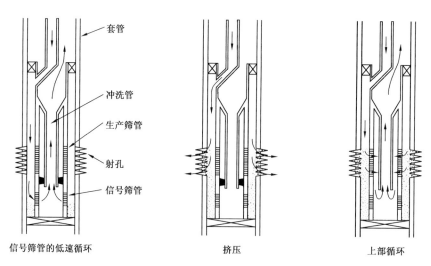

信号筛管的低速循环   挤压   上部循环

图 19.14　砾石布位交叉方法步骤(据 Suman 等,1983)

19.4.1.2　砾石与滤网的尺寸控制

设计砾石充填完井的一个关键因素是砾石和滤网或割缝衬管的合适尺寸。为了达到控砂目的且保证砾石充填渗透率最大,砾石必须足够小,以便阻挡地层砂;同时又要足够大,以便黏土颗粒和其他地层微粒能通过填充空间。因此,最佳砾石尺寸与油层颗粒尺寸分布有关,滤网尺寸必须能够阻挡所有砾石。

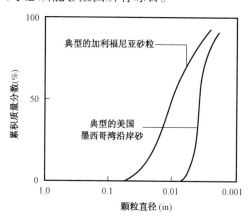

图 19.15　加利福尼亚及美国墨西哥湾岸砂的颗粒尺寸分布(据 Suman 等,1983)

要确定砾石尺寸,首先要准确测量地层颗粒尺寸分布。按照优先次序,从橡胶筒岩心、常规岩心或井壁岩心中,取得具有代表性的地层样品。产出砂样品或捞出砂样品不能用于确定砾石尺寸,因为产出砂的小尺寸颗粒比例往往较高,而捞出砂的大尺寸颗粒比例较高。

美国标准的筛网网眼开口尺寸见表 19.2(Perry,1963),使用一系列的标准筛,通过筛网分析可以获得地层颗粒尺寸。筛网分析结果通常可绘成半对数曲线,横纵坐标分别为颗粒尺寸与累计阻挡地层颗粒质量。加州和美国墨西哥湾岸区非胶结砂砾的典型尺寸分布如图 19.15。

针对基于地层颗粒尺寸分布上的最优砾石尺寸,Schwartz(1969)和 Saucier(1974)得出了其相似关系(稍有不同)。Schwartz 得出的关系取决于地层均质性和流体流经滤网的流速,但大多情况下(非均质砂)为:

$$D_{g40} = 6D_{f40} \tag{19.27}$$

式中:D_{g40} 为推荐砾石尺寸;D_{f40} 为 40% 颗粒尺寸较大的地层砂尺寸。为了确定砾石尺寸分布,Schwartz 建议砾石尺寸分布需在标准半对数坐标中绘制成一直线,且定义非均质系数 U_c 为:

$$U_c = \frac{D_{g40}}{D_{g90}}$$

(19.28)

非均质系数应为 1.5 或更小。由此我们可以得出：

$$D_{g,min} = 0.615 D_{g40}$$

(19.29)

$$D_{g,max} = 1.383 D_{g40}$$

(19.30)

表 19.2　标准筛网尺寸

美国标准筛孔尺寸	筛孔尺寸	
	（in）	（mm）
21/2	0.315	8.00
3	0.265	6.73
31/2	0.223	6.68
4	0.187	4.76
5	0.157	4.00
6	0.132	3.36
7	0.111	2.83
8	0.0937	2.38
10	0.0787	2.00
12	0.0661	1.68
14	0.0555	1.41
16	0.0469	1.19
18	0.0394	1.00
20	0.0331	0.840
25	0.0280	0.710
30	0.0232	0.589
35	0.0197	0.500
40	0.0165	0.420
45	0.0138	0.351
50	0.0117	0.297
60	0.0098	0.250
70	0.0083	0.210
80	0.0070	0.177
100	0.0059	0.149
120	0.0049	0.124
140	0.0041	0.104
170	0.0035	0.088

美国标准筛孔尺寸	筛孔尺寸	
	（in）	（mm）
200	0.0029	0.074
230	0.0024	0.062
270	0.0021	0.053
325	0.0017	0.044
400	0.0015	0.037

资料来源：Freon Perry（1963）。

其中，$D_{g,min}$ 和 $D_{g,max}$ 分别指所用的最小、最大砾石尺寸。式（19.29）和式（19.30）确定了推荐砾石尺寸的范围。

Saucier 建议砾石平均几何尺寸为平均地层颗粒尺寸的 5 倍或 6 倍。

$$D_{g50} = (5 \text{ 或 } 6) D_{f50} \tag{19.31}$$

Saucier 没有给出砾石尺寸分布的推荐值。如果我们应用 Schwartz 准则，那么

$$D_{g,min} = 0.667 D_{g40} \tag{19.32}$$

$$D_{g,max} = 1.5 D_{g50} \tag{19.33}$$

筛孔应该足够小，以便筛出所有砾石，这就需要筛孔尺寸略小于最小砾石尺寸。

例 19.8 选择最佳砾石尺寸及筛孔尺寸

加利福尼亚非胶结砂岩的颗粒尺寸分布见图 19.15。用 Schwartz 和 Saucier 的关系式，确定该区最佳砾石尺寸和筛孔尺寸。

解：

（1）Schwartz 关系式。

加利福尼亚非胶结砂岩的颗粒尺寸分布重新绘制在图 19.16 中。从图中读出累计质量分数 40% 对应 $D_{f40} = 0.0135in$。于是 40% 砾石颗粒尺寸为 $6 \times 0.0135in = 0.081in$。那么 90% 砾石尺寸是 $D_{g40}/1.5 = 0.054in$。推荐的砾石尺寸分布在图 19.16 中用虚线表示；其与累计质量分数为 100% 和 0 的两条线交点定义为最小和最大砾石尺寸，分别用式（19.29）和式（19.30）计算，结果为 0.05in 和 0.11in。

从表 19.2 知，与最大、最小砾石尺寸最匹配的网眼尺寸分别为 7 目和 16 目；由于 7 目很少用到，可以选择 8/16 目的砂砾。筛尺寸应小于 0.0469in，因此所有 16 目砾石都可以被筛留住。

（2）Saucier 关系式。

从地层砾石尺寸分布看出，平均砾石尺寸（D_{f50}）为 0.0117in。推荐平均砾石尺寸为或 $5 \times 0.0117in = 0.059in$ 或 $6 \times 0.0117in = 0.070in$，从式（19.32）和式（19.33）知，最小砾石尺寸为 0.039 ~ 0.047in，最大砾石尺寸为 0.088 ~ 0.105in。这一范围由图 19.16 中阴影区域表示。从表 19.2 中可见，这些砾石尺寸与 8 目和 16（或 18）目的网眼大小相关。可再次选择 8/16 目砂，筛直径小于 0.0469in。

一旦选定砾石尺寸，核实所用砾石与此尺寸的匹配情况是很重要的。美国石油协会

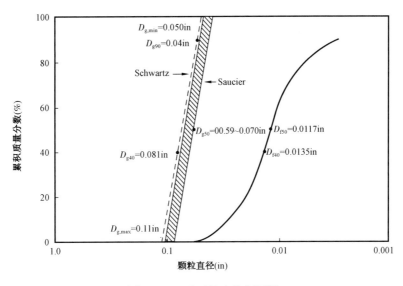

图 19.16　砾石尺寸分布预测

(1986)指出,最少96%砾石充填砂应通过引导筛而留在精细筛中。更多砾石填充砂质量控制的相关信息参见 API RP58(1986)。

19.4.1.3　砾石充填井的产能

与油层压降相比,如果通过砾石的压力降很显著,那么砾石充填井的产能会受到影响。如第6章所述,与其他形式的完井一样,砾石充填完井对油井产能的影响体现为表皮效应。在裸眼砾石充填中,通过砾石的压降比地层中压降小得多,除非地层颗粒严重降低了砾石的渗透率。如果产能表达式基于井眼半径,并且砾石渗透率大于地层渗透率,那么砾石充填完井可造成较小的负表皮效应,因为它的实际作用像采用更大直径的井筒。裸眼砾石充填的表皮因子由式(6.61)给出。

对于套管内砾石充填完井,经过砾石充填完井射孔的压降以及射孔附近汇流区域的压降对总压降有明显贡献,套管内砾石充填完井的表皮因子可由式(6.62)~式(6.70)计算。由于保证未胶结砂岩地层的产能往往需要砾石充填,砾石充填射孔通道中的非达西流动效应有时起决定性作用。Furui,Zhu 和 Hill(2004)提出了一个表征砾石填充完井效果的综合模型,该模型考虑了非达西流动效应。

19.4.1.4　高速水充填

在砾石充填作业的预填充阶段,随着输送流体渗漏到油层中,砂砾也经挤压通过射孔通道。泵入高砾石含量的黏性输送流体的作业称为泥浆充填。尽管此方法可以同时完成预充填和砾石充填,且能降低流体体积以及泵入时间,但它会导致砾石充填不均衡,尤其在海上定向井中较长且高度倾斜的完井段,这种情况经常出现。

如果不均衡的砾石充填无法填充射孔通道,那么油层细砂粒可能会堵塞未填充的通道。常规砾石充填完井中的生产测井表明,只有很少射孔段有生产能力,它们往往处在井的底部,因为在底部重力对砾石布位起到辅助作用。但是此结论的证据很少,因为对海上斜井进行测井是很困难的。这导致结果与预期不同,完井为部分完井,并且有相当高的表皮因子。例6.4表明,部分完井可以导致大约 +5 ~ +10 甚至更高的正表皮系数,这解释了砾石充填油井的压力恢复测试所测出的高表皮因子。

在高速水充填中,水以高速泵入,并且其含砾石量较低,以保证在预填充阶段,所有的射孔通道都可以得到填充;同时保证在砾石充填阶段,套管和砾石充填筛管的环空部分可以充分填充。这样可以使所有部位的表皮系数低于在常规砾石充填的表皮系数。但是由于钻完井流体的侵入会导致地层渗透率降低,产生的表皮系数不会被抵消。另外,随着时间增加,地层细颗粒堆积在油层或砾石填充区域中,导致表皮系数增加,从而所有砾石充填完井都会受其影响。如果大部分射孔都被地层细颗粒堵塞,那么这一影响会更严重,因为油层中的流动速度和油井流动速度与总流动面积的比值有关。

例 19.9 地层中的流动速度

假设有一口井,完井段所在区域的厚度 100ft,以 5000bbl/d 生产,地层体积系数为 1.1bbl(油藏)/bbl,地层胶结程度较差,渗透率高,只在射孔段最底部的 20ft 处成功砾石填充。进入生产段的地层流体流速是多少?此地层的岩心测试得到临界流速为 0.000095ft/s,此流速是否超过了临界流速?

解:

假设在预填充阶段沿着 20ft 处生产段有统一的流动分布,井筒半径 0.328ft,流动面积为:

$$A = 2\pi r_w h_p = 41\text{ft}^2 \tag{19.34}$$

故在完井层的地层流速为:

$$\frac{q}{A} = \frac{5000 \times 1.1 \times 5.615}{41 \times 86400} = 0.0087\text{ft/s} \tag{19.35}$$

结果已经超过地层的临界流速。假设砾石填充的颗粒分布有效阻断了出砂,这意味着细砂会在完井层聚集,完井表皮会随时间增加,从而可能需要在生产阶段定期进行酸化处理来降低表皮。但是,由于受堵塞的射孔孔眼限制,酸化不会深入到所有生产层段。如果地层中在整个 100ft 的长度都以统一速度流动,在完井层地层流动速度为 0.0017ft/s。由于这仍然会导致地层流动速度高于临界流速,因此还是需要定期进行酸化处理。

19.4.1.5 砾石充填评价

通过测量完井区域中物质的密度,不聚焦 γ 射线密度测井可以用于定位砾石充填的顶部截面,也可以用于探测砾石充填的空隙。使用的工具为伽马—伽马密度设备,其拥有伽马射线源,主要为铯 – 137,还有一个单 γ 射线检测仪。在砾石充填井中,除了砾石的含量之外,γ 射线穿过的物质都应不变——当环空被完全充满时,尽管探测器的响应值达到最低,孔隙空间会产生更高的计数率。

如图 19.17(Neal 和 Carroll,1985)所示,在砾石填充含有孔隙的情况下,不聚焦 γ 射线密度测井可以在填充空间呈现出高强度 γ 射线区域。尽管一部分砾石填充区域会产生低计数率,但是通过大面积完井区域的 γ 射线强度很高,这表明砾石填充不够完全。

19.4.2 压裂充填完井

在非胶结地层中,以高于地层破裂压力泵入压裂液,可使砾石填充到水泥与地层之间,同时还会填充到射孔通道中。此压裂充填方法在相关文献称之为晕轮。在压裂充填完井中,运用第 17 章、第 18 章中所述的水力压裂设计技术,经常将砾石在高于地层破裂压力下泵入地层。目的是生成一个具有高导流能力的裂缝平面,使其半长比近井地带储层伤害半径要大。

合理地设计并实行压裂充填完井,既可以保证防砂,也可以保证较低的完井表皮。假设有一口直井,几何裂缝表皮为S_f,结合式(17.5)和式(17.8),可以得到裂缝表皮为:

$$S_f = \ln\left[\frac{r_w\left(\frac{\pi}{C_{fD}} + 2\right)}{x_f}\right] \tag{19.36}$$

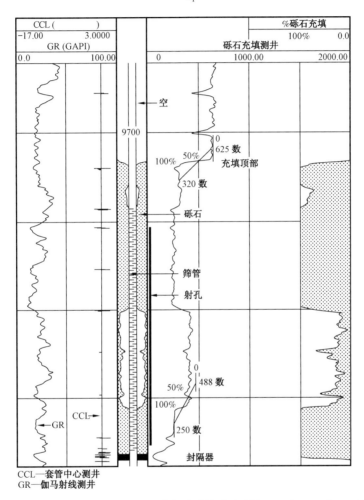

图 19.17　砾石填充测井显示对砾石填充孔隙的响应(据 Neal 和 Carroll,1985)

然而,通常压裂充填完井的表皮因子为 + 5 ~ + 10。图 19.18 展示了在压裂—充填完井中可能对表皮有影响的因素。Mathur,Ning,Marcinew,Ehlig – Economides 和 Economides(1995)提出了下面的公式,可计算在压裂充填完井中破坏表皮的估计值:

$$S_f = \frac{\pi K}{2}\left(\frac{b_1 K_s K_{sb}}{(b_1 - b_2)K_{sb} + b_2 K_s} + \frac{(x_f - b_1)KK_b}{(b_1 - b_2)K_b + b_2 K_s}\right)^{-1} - \frac{\pi b_1}{2x_f} \tag{19.37}$$

式中:b_1 为钻井或完井的伤害区域半径;b_2 为裂缝面伤害的深度;K_s 为钻井伤害区渗透率;K_b 为裂缝面伤害区渗透率;K_{sb} 为钻井和裂缝面伤害区域渗透率;K 为未伤害地层渗透率。对于没有井筒伤害的情况,$K_1 = K_r$,$K_3 = K_2$,且 $b_1 = 0$,单一裂缝面表皮因子为:

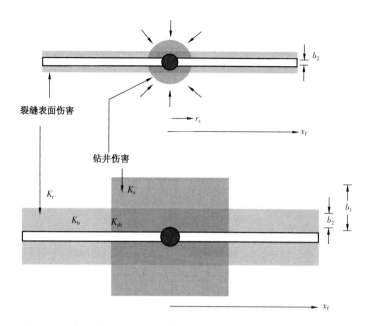

图 19.18　径向伤害与裂缝面伤害的理论模型（据 Mathur 等，1995）

$$S_d = \frac{\pi b_2}{2x_f}\left(\frac{K_r}{K_2} - 1\right) \qquad (19.38)$$

总裂缝表皮为 S_f 和 S_d 的和。图 19.18 中可粗略估计正方形区域内的径向伤害，对应式（19.37）中所用的几何形态。

例 19.10　压裂充填完井表皮

对于压裂充填完井，$x_f = 25ft$，$C_{fD} = 1.6$，假设伤害半径为 1ft，油井半径 0.328ft，$K_s/K_r = K_{sb}/K_r = 0.1$。另外，假设裂缝面伤害区厚 2in，渗透率伤害 $K_b/K_r = 0.05$。如果地层渗透率为 100mD，总完井表皮是多少？ 如果地层渗透率是 1000mD，总完井表皮又是多少？

解：

首先，应用式（19.36），裂缝的几何表皮 S_f 为：

$$S_f = \ln\left[\frac{r_w\left(\frac{\pi}{C_{fD}} + 2\right)}{x_f}\right] = \ln\left[\frac{0.328\left(\frac{\pi}{1.6} + 2\right)}{25}\right] = -2.96 \qquad (19.39)$$

伤害半径为 1ft，对应 $b_1 = 1.328\,\pi^{0.5}/2 = 1.18ft$。从式（19.37）知，若 $K_r = 100mD$，$K_s = K_{sb} = 10mD$，且 $K_b = 5mD$，则：

$$S_d = \frac{100\pi}{2} \times \left[\frac{1.18 \times 10 \times 10}{(1.18 - 0.0833) \times 10 + 0.0833 \times 10} + \frac{(25 - 1.18) \times 100 \times 5}{(1.18 - 0.0833) \times 5 + 0.0833 \times 10}\right]^{-1}$$

$$- \frac{1.18\pi}{2 \times 25} = 0.0087 \qquad (19.40)$$

其总表皮为 -2.95。

对于 $K_r = 1000$，$S_d = 0.0087$，总表皮为 -2.95。

如例 19.10 所示，当裂缝半长比渗透率改变区域的半径更长时，钻井伤害几乎没有影响。

同样地，裂缝面表皮对伤害表皮也几乎没有影响。然而，压力恢复测试中压裂充填井的表皮很少出现负值，通常高于 +5。

射孔通道中的压力降可能导致附加表皮的出现。根据 Wong，Fair，Bland 和 Sherwood（2003）等的研究，压力恢复测试中的总表皮（S_t）与裂缝几何表皮（S_f）的差定义为机械表皮（S_{mech}），其主要受射孔通道中层流和紊流的压降（Δp_{perf}）影响。当实际流通的射孔数量较少时，会出现更多的紊流。即，给出砾石填充渗透率 K_g、贝塔因子 β_g、密度 ρ 以及射孔通道长度 l_{perf}（单位为 in），机械表皮由下式给出：

$$\Delta p_{S_{mech}} \cong p_{perf} = \frac{1.138 \times 10^6 \mu l_{perf}}{K_g}(v_{perf}) + 1.799 \times 10^{-5} \rho \beta_g l_{perf} (v_{perf})^2 \qquad (19.41)$$

其中，v_{perf} 为射孔通道中的流速，ft/s。反过来，Wong 等（2003）利用射孔流速计算流通射孔数：

$$N = \frac{9.358 \times 10^{-3} qB}{v_{perf} A_p} \qquad (19.42)$$

式中，q 为油井产量；A_p 为射孔截面积，in^2。最终，射孔流通效率 SPF' 由沿着井筒的射孔长度 h_p 计算：

$$SPF' = \frac{N}{h_p} \qquad (19.43)$$

例 19.11 流通射孔数

对前述压裂充填完井，几何表皮为 -2.95，假设砾石性质与例 19.9 中一样，即 $K_g = 500000$mD，$\beta_g = 1.94 \times 10^4$，$l_{perf} = 2$in $= 0.167$ft，轻质油的黏度为 1cP，密度为 50lbf/ft^3，若从压力恢复测试中测得总表皮为 7，确定射孔孔眼中的流速。若井底产量 10000bbl/d，射孔半径 0.5in，确定可以流通的射孔个数，若射孔长度 120ft 且 SPF 为 12，确定射孔流通效率。

解：
首先求出机械表皮：

$$S_{mech} = S_t - S_f = 7 - (-2.95) = 9.95 \qquad (19.44)$$

然后，由式（19.41），有：

$$S_{mech} = 9.94 \frac{1.138 \times 10^6 \mu l_{perf}}{K_g}(v_{perf}) + 1.799 \times 10^{-5} \rho \beta_g l_{perf} (v_{perf})^2$$

$$\cong \frac{1.138 \times 10^6 \times 1 \times 0.167}{500000} v_{perf} + 1.799 \times 10^{-5} \times 50 \times 1.94 \times 10^4 \times 0.167 (v_{perf})^2$$

$$= 0.38(v_{perf}) + 2.91(v_{perf})^2 \qquad (19.45)$$

计算得到 v_{perf} 为 1.49ft/s，若射孔半径为 0.5in，射孔区域面积为 $(0.5)^2 \pi = 0.7854$in^2，从式（9.42）知，射孔数为：

$$N = \frac{9.358 \times 10^{-3} \times 10000}{1.49 \times 0.7854} = 80$$

而总射孔数量为 $120 \times 12 = 1440$，这表示射孔流通效率低于 6%。

根据此结果，作业者推测砾石充填渗透率远低于实验室提供的数据。事实上，由于裂缝闭合时压碎部分支撑剂,导致裂缝中的支撑剂在一定程度上降低了渗透率,但是射孔通道中的砾石不会受裂缝闭合压力的影响。如果假定砾石充填渗透率仅为50000mD,那么上述案例给出的射孔流通效率结果是非常合理的。

表19.3 砾石充填以及压裂充填介质中的 β 因子关系式

参考文献	充填介质 β 因子关系式	计量单位	
		β	K
Cooke(1973)	$\beta = \dfrac{3.41 \times 10^{12}}{K^{1.54}}$	ft $^{-1}$	mD
Ergun(1952)	$\beta = \dfrac{1.39 \times 10^{6}}{K^{0.5}\phi^{1.5}}$	ft $^{-1}$	mD
Penny 和 Jin(1995)	$\beta = \dfrac{5.19 \times 10^{11}}{K^{1.45}}$	ft $^{-1}$	mD
Purseli, Holditch 和 Blakeley(1988)	$\beta = \dfrac{2.35 \times 10^{10}}{K^{1.12}}$	ft $^{-1}$	mD
Welling(oil)(1998)	$\beta = \dfrac{6.5 \times 10^{4}}{K_g^{0.996}}$	ft $^{-1}$	mD
Welling(gas)(1998)	$\beta = \dfrac{10^{7}}{K_g^{0.5}}$	ft $^{-1}$	mD
Martins, Milton－Taylor 和 Leung(1990)	$\beta = \dfrac{8.32 \times 10^{9}}{K_g^{1.036}}$	ft $^{-1}$	mD

上述计算要求一个 β 因子值。对于砾石充填和压裂充填的介质,表19.3提供了合适的 β 因子。

19.4.3 高效压裂

在偏远或者极端的钻井环境下,如深水环境等,钻井成本极高,因此设计油井时会注重高产。由于水下输油管线中不能含砂,因此除砂是必要的一步。在这种情况下,当原油按设计流速在油井中流动时,首要先确保压裂区域足够大,以保证地层原油流速不超过临界流速。

例19.12 高效压裂的地层流速

如例19.9,假设在厚度为100ft的疏松高渗透地层中,地层体积系数为1.1bbl(油藏)/bbl,油井日产量为20000bbl,那么当临界流速为0.000095ft/s时,裂缝半长为多少时才能确保地层流速低于临界流速? 若地层渗透率为100mD,导流能力 K_{fw} 为多少时才能使油井在此裂缝半长下达到最大产能? 当地层渗透率为1000mD时,导流能力 Kf_w 又应为多少? 每种情况下,表皮系数又相应为多少?

解:

当地层流速低于0.000095ft/s时,流通区域必须超过以下面积:

$$A \geqslant \frac{q}{v_c} = \frac{20000 \times 1.1 \times 5.615}{0.000095 \times 86400} = 15050\text{ft}^2 = 4hx_f$$

求解上述公式,裂缝半长 x_f 值不得低于38ft。根据统一裂缝设计的原则,无量纲导流能力

$C_{fD} = 1.6$ 对应的产量最大。如果地层渗透率为 $100mD$,那么:

$$Kf_w = 1.6 \times 38 \times 100 = 6080mD \cdot ft \qquad (19.46)$$

此导流能力对应 $K = 100mD$,$K = 1000mD$ 时导流能力为 $60800mD \cdot ft$。如果支撑剂渗透率为 $200000mD$,那么 $100mD$ 的油藏裂缝宽度应该为 $0.36in$,$1000mD$ 的油藏裂缝宽度应该为 $3.6in$。在后者的情况下,最好使用更高渗透率的支撑剂。

从式(19.36)知:

$$S_f = \ln\left[\frac{r_w\left(\frac{\pi}{C_{fD}} + 2\right)}{x_f}\right] = \ln\left[\frac{0.328\left(\frac{\pi}{1.6} + 2\right)}{38}\right] = -3.4 \qquad (19.47)$$

此结果适用任一渗透率值。

如果按照例19.12中的简单方法进行设计,高效压裂应该产生负表皮,而且与砾石充填井不同,其表皮不会随着时间增加。同样地,不同于砾石充填井,支撑剂的砾石尺寸分布并不重要,因为油层细颗粒不会在低于临界流速的情况下流动。

19.4.4 斜井中的高效压裂

尽管有的作业者在钻井末端试图使其尽量接近垂直(此段后续会进行水力压裂),但其他作业者更倾向于保持井延伸出去的角度,使其从井眼延伸到预定生产位置。在第17章、第18章中,假设一口将要压裂的垂直井或水平井,除了非常浅的井及高压地层,地层中最大应力均为上覆岩石应力,大部分裂缝沿着垂直井筒方向延伸。如果井眼轨迹垂直,水力压裂裂缝与井对齐。

对于水平井,若井眼轨迹与最小应力方向垂直,那么裂缝作为纵向裂缝,与井对齐;而若井眼轨迹与最小应力平行,那么当压裂井产生横向裂缝时裂缝会沿着与井轴垂直的面传播。对于后者,第18章论述了相关解决方法,如密集射孔。

与延伸方向相关的井方位角可能会设计为任何方向,因为主要目的是以最短距离达到预期生产位置。通常情况下,压裂沿着生产层段的射孔进行。以高于地层岩石破裂压力注入砾石,便在地层中产生裂缝,此过程可能会严格执行水力压裂设计原则,也可能不会。压裂很有可能会产生多个裂缝面(Yew,Schmidt 和 Lee,1989),或者主裂缝面会在 1~2 倍的井眼直径范围内垂直于最小应力方向,如图19.19所示。在这种情况下,大部分射孔可能会与裂缝无法连通,导致出现瓶颈裂缝,如17.7节所述。然而,当裂缝连通较差时,向井底的流动可能会绕过裂缝,而直接流向无效的射孔,这部分射孔在井的砾石填充部分仍然可用(图19.20)。

Zhang,Marongiu - Porcu,Ehlig - Economides,Tosic 和 Economides(2010)提供的图19.21 阐明了水力压裂斜井的特性。值得注意的是,即使是对油井,Zhang 等的模型也预测到存在非达西流动的可能,这是因为在高产井中,经过射孔通道的流动存在着紊流。随着砾石充填表皮 S_{gp} 的增加,非达西流动会变得更加显著,这是因为随着井斜角的增加,更多流体流经与射孔相连的裂缝,而射孔数目不断减少。然而,与裂缝连接的射孔通道中紊流会减弱裂缝中的流动,导致绕过裂缝的流动比例增加,如图19.21(b)所示。在较高角度情况下,大多液流会绕过裂缝。如图19.22所示,此情况在气井中更加明显。图19.21和图19.22的模型输入数据由表19.4 提供,两图说明了通过晕轮效应产生的与井筒连接的附加1ft裂缝的影响。图19.22中

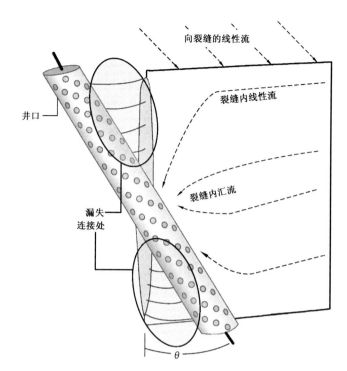

图 19.19 当井轨迹不在裂缝面时的无效射孔.

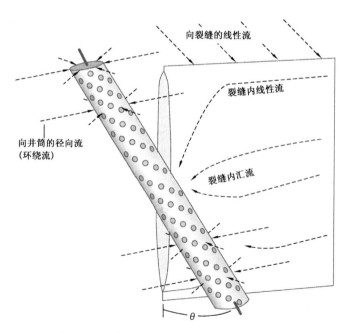

图 19.20 井筒不在裂缝面时流到裂缝中以及
直接流到砾石填充井筒中的平行流动

气井敏感性分析取气体特定的密度 0.65,所有 PVT 参数的计算采用低于平均油藏压力 6000psi 和温度 180 ℉下的 PVT 方程,所有模拟中流量为 $100 \times 10^6 \text{ft}^3/\text{d}$。

表 19. 4　图 19. 22 和图 19. 23 所用的油藏参数和裂缝参数

井筒半径(ft)	0. 354
油藏厚度(ft)	100
孔隙度	0. 28
油藏水平渗透率(mD)	202
油藏垂向渗透率(mD)	30
套管内径(ft)	0. 5
射孔密度与直径[孔/ft(in)]	18/0. 78
射孔相位角(°)	140/20
裂缝半缝长(ft)	27
裂缝高度(ft)	100
裂缝宽度(in)	1. 13
裂缝渗透率(mD)	170000
射孔孔道渗透率(mD)	200000

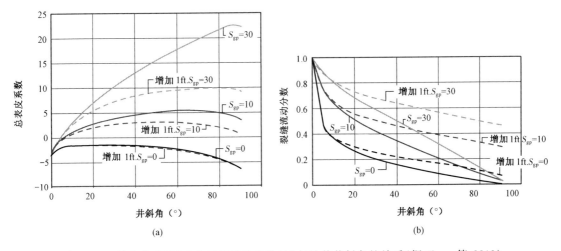

图 19. 21　总表皮系数(a)和裂缝流动分数(b)与油井井斜角的关系(据 Zhang 等,2010)

19. 4. 5　高效压裂的射孔方法

为了使高效压裂的产量达到最大,裂缝和井筒之间必须保证极好的连通性。有研究者提倡用 180°定相技术将射孔方向定位为与最小地应力垂直,以此提高裂缝与井筒的连通性。否则,裂缝中流体可能须从边界流过以到达射孔通道,这会导致流动受阻以及表皮增加。同理,在压裂充填中的深穿透射孔中,使用大孔径射孔弹更合适,这是因为裂缝位置并不与射孔洞一致,所以射孔截面积越大越好。

在斜井中,连接裂缝和井筒的射孔数量可以用几何方法估算,如 Zhang 等(2010)文章中提到的,射孔数量可能会由于与边界的连通而稍有增加。然而,正如图 19. 21 和图 19. 22 所示,考虑到绕流直接进入井的砾石填充部分,实际可流动的射孔数量可能会多得多。尽管如此,由于裂缝设计时已避免近井伤害,所以绕过裂缝的流动很有可能会遇到近井伤害,最终会

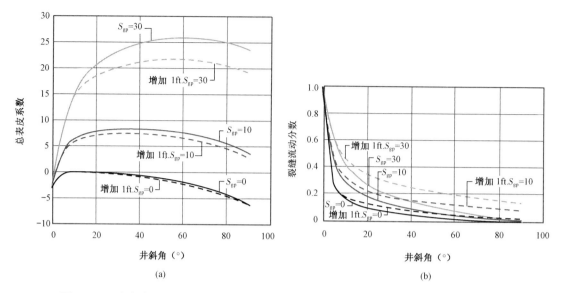

图 19.22　总表皮系数(a)和裂缝流动分数(b)与气井井斜角的关系(据 Zhang 等,2010)

降低井的产量,而这与高效压裂完井的初衷完全相反。

　　在 Zhang 等 2010 年提出的模型中,假定沿着斜井井筒会生成一条主裂缝。然而,Yew 等在 1989 年发现另一种可能性,即地层中形成多重 S 形微裂缝,而过多的微裂缝会导致流体无法绕过近井伤害,也有可能导致导流能力比单一径向流低。Veeken,Davies 和 Walters(1989)强调,如果目的是进行水力压裂,那么在生产层段保证钻井的垂直十分重要。

19.5　预防完井失败

　　常规完井失败原因包括出砂、筛管侵蚀、环空填充失稳、筛管损坏以及压实作用。我们已经看到,高效压裂完井应该完全避免出砂,而砾石充填完井可能只需将出砂控制在较细的颗粒范围。第 10 章中 Penberthy 和 Shaughnessy(1992)提出,对比裸眼与套管砾石充填、是否预先充填完井、是否选用生产油管、射孔段流动区域以及新旧砾石充填,可得出砾石充填效果的成功率与累积流体的生产相关。研究表明,对于产量为 1000000bbl 的井,砾石充填成功率为 20%~95%,但生产井效率比高效完井所需效率低得多,尤其是在高成本深水井中。针对这些井,Tiner 等(1996)、Norman(2003)以及 Keck 等(2005)的研究更有指导性意义。

　　筛管侵蚀是海上完井失败的关键原因,深水中的高产井完井经常配备有井底压力永久测量装置,以便连续监测井底压力。每次由于操作原因关井,永久测量装置都会记录压力回升数据,以便估算机械表皮系数,表皮增加可能意味着流体流动集中在相对较少的射孔孔眼处。筛管侵蚀通常只集中在筛管的一小部分,这是因为一小部分流动区域(可忽略但不为零)的高速流动就足以侵蚀筛管。一旦遭到侵蚀,充填的砾石将掉落到井底,从而堵塞油井,使流体流到地表侵蚀水下采油树以及流动管线。高速紊流可能形成较高的压力梯度,从而导致环空砾石充填不稳定、筛管破坏以及压实作用等。

　　本章介绍了油气井经济生产情况下防砂的必要性。可知,高速水充填形成的表皮系数与压裂充填形成的表皮系数类似。尽管降低表皮系数能显著提高油气井产能,但设计高产井完井的首要目标是防止油气井的产能损失,而不是减小表皮系数。

参 考 文 献

[1] American Petroleum Institute,"Recommended Practices for Testing Sand Used in Gravel Packing Operations," API Recommended Practice 58(RP 58),March 1986.

[2] Arii,H.,Morita,N.,Ito,Y.,and Takano,E.,"Sand – Arch Strength Under Fluid Flow With and Without Capillary Pressure,"SPE Paper 95812,presented at the 2005 SPE Annual Technical Conference and Exhibition in Dallas,TX,October,9 – 12,2005.

[3] Cooke,C. E.,Jr.,"Conductivity of Fracture Proppants in Multiple Layers,"JPT,1101 – 1107(September 1973).

[4] Economides,M. J.,and Nolte,K. G.,Reservoir Stimulation,3rd ed.,Wiley,Hoboken,NJ,2000.

[5] Ergun,S.,"Fluid Flow through Packed Columns."Chemical Engineering Progress,Vol. 48,No 2,89 – 94,1952.

[6] Furui,K.,Zhu,D.,and Hill,A. D.,"A New Skin Factor Model for Gravel – Packed Wells,"SPE Paper 90433, presented at the SPE ATCE,September 26 – 29,2004.

[7] Ghalambor,A.,Ali,S.,and Norman,W. D.,Frac Packing Handbook,Society of Petroleum Engineers,2009.

[8] Gruesbeck,C.,Salathiel,W. M.,and Echols,E. E.,"Design of Gravel Packs in Deviated Wellbores,"JPT,31: 109 – 115(January 1979).

[9] Keck,R. G.,Colbert,J. R.,and Hardham,W. D.,"The Application of Flux – Based Sand – Control Guidelines to the Na Kika Deepwater Fields,"SPE Paper 95294,presented at the Annual Technical Conference and Exhibition,Dallas,TX,October 9 – 12,2005.

[10] Kelessidis,V. C.,Maglione,R.,and Mitchel,R. F.,Drilling Hydraulics in Fundamentals of Drilling Engineering,SPE Textbook Series No. 12,R. F. Mitchel and S. Z. Miska eds.,Society of Petroleum Engineers,2011.

[11] Mathur,A. K.,Ning,X.,Marcinew,R. B.,Ehlig – Economides,C. A.,and Economides,M. J.,"Hydraulic Fracture Stimulation of Highly Permeability Formations:The Effect of Critical Fracture Parameters on Oilwell Production and Pressure,"SPE Paper 30652,presented at the Annual Technical Conference and Exhibition in Dallas,TX,October 1995.

[12] Martins,J. P.,Milton – Tayler,D.,and Leung,H. K.,"The Effects of Non – Darcy Flow in Propped Hydraulic Fractures,"SPE 20709,presented at the SPE Annual Technical Conference and Exhibition in New Orleans,LA, September 23 – 26,1990.

[13] Mitchell,R. F.,and Miska,S. Z.,Fundamentals of Drilling Engineering,SPE Textbook Series No. 12,2011.

[14] Morita,N.,Whitfill,D. L.,Massie,I.,and Knudsen,T. W.,"Realistic Sand – Production Prediction:Numerical Approach,"SPEPE(February 1989).

[15] Neal,M. R.,and Carroll,J. F.,"A Quantitative Approach to Gravel Pack Evaluation,"JPT,1035 – 1040(June 1985).

[16] Norman,D.,"The Frac – Pack Completion:Why has it Become the Standard Strategy for Sand Control,"SPE Paper 101511,presented as an SPE Distinguished Lecture,2003 – 2004.

[17] Palmer,I.,and McClennan,J.,"Cavity Like Completions in Weak SandsPreferred Upstream Management Practices,"DOE Report DE – FC26 – 02BC15275,April 2004.

[18] Penberthy,W. L.,and Shaughnessy,C. M.,Sand Control,SPE Series on Special Topics Vol. 1,Henry L. Doherty Series,Society of Petroleum Engineers,1992.

[19] Penny,G. S.,and Jin,L.,"The Development of Laboratory Correlations Showing the Impact of Multiphase Flow,Fluid,and Proppant Selection Upon Gas Well Productivity,"SPE 30494 presented at the 1995 SPE Technical Conference and Exhibition,Dallas,TX,October 22 – 25,1995.

[20] Perry,J. H.,Chemical Engineer's Handbook,4th ed.,McGraw – Hill,New York,1963.

[21] Pursell, D. A., Holditch, S. A., and Blakeley, D. M., "Laboratory Investigation of Inertial Flow in High – Strength Fracture Proppants,"paper SPE 18319 presented at the SPE Annual Technical Conference and Exhibition of the Society of Petroleum Engineers, Houston, October 2 – 5, 1988.

[22] Saucier, R. J., "Considerations in Gravel Pack Design,"JPT, 205 – 212 (February 1974).

[23] Schechter, R. S., Oil Well Stimulation, Prentice Hall, Englewood Cliffs, NJ, 1992.

[24] Scheuerman, R. F., "New Look at Gravel Pack Carrier Fluid,"SPE Paper 12476, presented at the Seventh Formation Damage Control Symposium, Bakersfield, CA, 1984.

[25] Schwartz, D. H., "Successful Sand Control Design for High – Rate Oil and Water Wells,"JPT, 1193 – 1198 (September 1969).

[26] Shryock, S. G., "Gravel – Packing Studies in Full – Scale Deviated Model Wellbore,"JPT, 603 – 609 (March 1983).

[27] Suman, G. O., Jr., Ellis, R. C., and Snyder, R. E., Sand Control Handbook, 2nd ed., Gulf Publishing Co., Houston, TX, 1983.

[28] Tiner, R. L., Ely, J. W, and Schraufnagel, R. S., "Frac Packs – State of the Art,"SPE Paper 35456, presented at the 71st Annual Technical Conference and Exhibition, Denver, CO, 1996.

[29] Veeken, C. A. M., Davies, D. R., and Walters, J. V., "Limited Communication between Hydraulic Fracture and (Deviated) Wellbore,"SPE Paper 18982, 1989.

[30] Weingarten, J. S., and Perkins, T. K., "Prediction of Sand Production in Gas Wells: Methods and Gulf of Mexico Case Studies,"JPT (July 1995).

[31] Welling, R. W. F., "Conventional High Rate Well Completions: Limitations of Frac – Pack, High Rate Water,"SPE Paper 39475, February 1998.

[32] Wong, G. K., Fair, P. S., Bland, K. F., and Sherwood, R. S., "Balancing Act: Gulf of Mexico Sand Control Completions, Peak Rate Versus Risk of Sand Control Failure,"SPE Paper 84497, presented at the SPE Annual Technical Conference and Exhibition, Denver, CO, October 5 – 8, 2003.

[33] Yew, C. H., Schmidt, J. H., and Li, Y., "On Fracture Design of Deviated Wells,"SPE Paper 19722, presented at the SPE Annual Technical Conference and Exhibition, San Antonio, TX, October 8 – 11, 1989.

[34] Zhang, L., and Dusseault, M. B., "Sand Production Simulation in Heavy Oil Reservoirs,"SPE Paper 64747, presented at the International Oil and Gas Conference and Exhibition in Beijing, China, November 7 – 10, 2000.

[35] Zhang, Y., Marongiu – Porcu, M., Ehlig – Economides, C. A., Tosic, S., and Economides, M. J., "Comprehensive Model for Flow Behavior of High – Performance Fracture Completions,"SPE Production and Operations, 484 – 497, November 2010.

习　　题

19.1 一油井生产未饱和原油（见附录 A），油井生产情况如下：

$$q = 0.5(p - p_{wf})\text{IPR}$$

$$q = 0.85(p_{wf} - p_{tf})\text{VFP}$$

在平均压力 3200psi、油管头压力 300psi 下，油井产量及井底流压分别为多少？如果岩心测试得到的地层临界流速 0.0005ft/s，应采取怎样的防砂措施？

19.2 某地层厚 50ft，r_w = 0.328ft，分别在地层临界流速为 0.03ft/s，0.0005ft/s 和 0.000095ft/s 时，流速分别为多少时会出现出砂危害？

19.3 针对例 19.2 中的油藏,流体与地层物性参数见附录 A,假设油藏渗透率为 82mD,伤害渗透率为 8.2mD,在 2000psi 的压降下,利用图 19.6 确定流速为多少时在细孔洞和扩大孔洞中会发生剪切破坏?

19.4 利用 Schwartz 和 Saucier 关系式,针对图 6.5 中墨西哥湾地层沙粒大小分布,确定最优的砾石尺寸。

19.5 某未胶结砂岩油藏厚 50ft,渗透率为 800mD,泄油半径为 1490ft,该油藏生产未饱和原油(见附录 A),利用 20/40 目砂砾进行套管内砾石充填完井,套管 7in,井眼直径 10in,请绘出 p_{wf} 在 2000~5000psi 范围内的 p_{wf}—q 关系曲线。假设射孔直径 0.5in,射孔密度分别为:(1)1 孔/ft;(2)2 孔/ft;(3)4 孔/ft。

19.6 假设在砂粒百分数与砂粒尺寸的半对数关系曲线中,砂层砂粒分布呈一条直线。根据 Schwartz 和 Saucier 关系式,找出砾石充填中预测的平均颗粒尺寸的关系。

19.7 将 x_f 改为 4ft,伤害半径改为 5ft,利用其他相同的数据重新计算例 19.10。

19.8 假设 K_g =50000mD,重新计算例 19.11。

19.9 对于图 19.21 中虚线所对应的情况,井距取 80acre,画出无量纲产量与井斜角的关系曲线;另外,针对图 19.22 进行同样的分析。